普通高等教育土木工程学科“十四五”规划教材(专业核心课程适用)
中国大学出版社图书奖获奖优秀教材

混凝土结构设计

DESIGN OF CONCRETE STRUCTURE

（第3版）

严加宝　张晋元　编著

天津大学出版社
TIANJIN UNIVERSITY PRESS

内 容 提 要

本书是天津大学出版社与天津大学土木工程系共同组织出版的"普通高等教育土木工程学科'十四五'规划教材"之一。本书依据2021系列通用设计规范、2010系列(2024年版)结构设计规范和设计标准,并按照全国高等学校土木工程学科专业指导委员会编制的《高等学校土木工程本科指导性专业规范》所规定的知识单元编写而成。

全书内容分为4篇,包括结构设计入门、梁板结构设计、单层工业厂房结构设计和框架结构设计。本书在内容上注重结构设计概念,力求突出重点、文字简洁、深入浅出,且每篇最后附有思考题或思考题与习题,以供学生巩固所学知识使用。

本书既可作为土木工程专业建筑工程方向本科生的专业课教材,也可供专业技术工作者参考使用。

图书在版编目(CIP)数据

混凝土结构设计 / 严加宝, 张晋元编著. -- 3版.
天津 : 天津大学出版社, 2025. 6. -- (普通高等教育土木工程学科"十四五"规划教材 : 专业核心课程适用)(中国大学出版社图书奖获奖优秀教材). -- ISBN 978-7-5618-8046-3

Ⅰ. TU370.4

中国国家版本馆CIP数据核字第2025H7U002号

HUNNINGTU JIEGOU SHEJI（DI 3 BAN）

出版发行　天津大学出版社
地　　址　天津市卫津路92号天津大学内(邮编:300072)
电　　话　发行部:022-27403647
网　　址　www.tjupress.com.cn
印　　刷　天津泰宇印务有限公司
经　　销　全国各地新华书店
开　　本　787mm×1092mm　1/16
印　　张　26
字　　数　633千
版　　次　2025年6月第3版
印　　次　2025年6月第1次
定　　价　99.00元

普通高等教育土木工程学科“十四五”规划教材

编写委员会

总序

随着我国高等教育的发展,全国土木工程教育状况有了很大的发展和变化,教学规模不断扩大,对能够培养适应社会的多样化人才的教学方式的需求越来越迫切。因此,必须按照新的形势,在教育思想、教学观念、教学内容、教学计划、教学方法及教学手段等方面进行一系列的改革,按照改革的要求编写新的教材就显得十分必要。

全国高等学校土木工程学科专业指导委员会编制了《高等学校土木工程本科指导性专业规范》(以下简称《规范》)。《规范》对规范性、多样性、拓宽专业口径和核心知识等提出了明确的要求。本丛书编写委员会根据当前土木工程教育的形势和《规范》的要求,结合天津大学土木工程学科已有的办学经验和特色,对土木工程本科生教材建设进行了研讨,并组织编写了"普通高等教育土木工程学科'十四五'规划教材"。为保证教材的编写质量,我们组织成立了教材编审委员会,聘请了一批学术造诣高的专家担任教材主审,同时成立了教材编写委员会,组建了系列教材编写团队,由长期为本科生授课的具有丰富教学经验和工程实践经验的教师完成教材的编写工作。在此基础上,统一编写思路,力求做到内容连续、完整、新颖,避免内容的重复交叉和真空缺失。

"普通高等教育土木工程学科'十四五'规划教材"将陆续出版。我们相信,本系列教材的出版将对我国土木工程学科本科生教育的发展与教学质量的提高,以及土木工程人才的培养产生积极的作用,为我国的教育事业和经济建设做出贡献。

丛书编写委员会

土木工程学科本科生教育课程体系

通识教育

↓

专业教育

学科基础课程

- 土木工程概论
- 画法几何及工程制图A
- 土木工程制图
- 理论力学
- 材料力学
- 结构力学（上）
- 水力学
- 土力学
- 土木工程材料
- 工程地质
- 工程测量
- 结构试验Ⅰ——实验技术基础
- 房屋建筑学
- 道路勘测设计
- 地下空间建筑与规划

专业核心课程

- 工程抗震原理
- 混凝土结构原理
- 钢结构设计原理
- 基础工程
- 土木工程施工
- 结构力学（下）
- 结构试验Ⅱ——专业基础实验
- 土木工程建设法规
- 荷载与结构设计方法
- 工程承包与项目管理
- 弹性力学
- ABAQUS在工程结构分析中的应用
- 混凝土结构设计★

专业方向课程

建筑工程方向

- 混凝土结构设计
- 高层建筑结构
- 建筑钢结构设计
- 砌体结构
- 建筑结构设计软件
- 结构试验ⅢA——专业实验

桥梁工程方向

- 桥梁工程（上）
- 桥梁工程（下）
- 桥梁抗震与抗风设计
- 桥梁施工
- 桥梁结构设计软件
- 结构试验ⅢB——专业实验

地下工程方向

- 地下工程结构设计
- 地下工程施工
- 隧道工程
- 地下结构抗震与防灾
- 岩体力学
- 地下结构设计软件
- 结构试验ⅢC——专业实验

专业拓展课程

- 大跨空间结构
- 组合结构设计原理
- 高层建筑钢结构
- 工程造价与经济
- 有限元基础
- 通用结构分析软件
- MIDAS Gen软件基础与实例教程
- 铝结构原理与设计

集中实践课程

- 公共必修
  - 钢结构课程设计
  - 土木工程施工课程设计
  - 基础工程课程设计
- 建筑工程方向
  - 房屋建筑学课程设计
  - 钢筋混凝土楼盖课程设计
  - 砌体结构课程设计
  - 单层工业厂房课程设计
- 桥梁工程方向
  - 道路勘测课程设计
  - 钢筋混凝土桥课程设计
  - 预应力混凝土桥课程设计
  - 钢桥课程设计
- 地下工程方向
  - 地下空间建筑课程设计
  - 地下工程结构课程设计
  - 基坑支护结构课程设计
- 认识实习
  - 工程测量实习
  - 工程地质实习
  - 生产实习
  - 毕业实习

创新与研修

- 研究与创新（学科前沿讲座）
  - 土木工程施工新技术
  - 现代预应力结构
  - 结构改造与加固
  - 建筑信息模型（BIM）
- 学生创新实践计划（PSIP）
  - 创新创业实践
  - 学科竞赛
  - 科研实践

前言

本书是天津大学出版社与天津大学土木工程系共同组织出版的“普通高等教育土木工程学科‘十四五’规划教材”之一，2013 年 10 月荣获第三届中国大学出版社图书奖优秀教材奖二等奖。

本书依据 2021 系列通用设计规范、2010 系列（2024 年版）结构设计规范和设计标准，并按照全国高等学校土木工程学科专业指导委员会编制的《高等学校土木工程本科指导性专业规范》所规定的知识单元编写而成。

作为“混凝土结构原理”的后续课程，“混凝土结构设计”是土木工程专业建筑工程方向的专业必修课程。本书密切结合现行结构设计规范，遵循学习规律和教学规律，强调基本概念和基本原理的应用，力求突出重点、文字简洁、深入浅出；同时注重实践训练，每篇中有大量例题，且最后附有思考题或思考题与习题，以供学生巩固所学知识使用。

本书由严加宝教授、张晋元教授编著，姜忻良教授审阅了全书，书中例题由关慧凝博士进行了演算和修正。

由于编者水平有限，错误之处在所难免，敬请读者批评指正。

编　者

2025 年 5 月于天津大学

目　　录

第 1 篇　结构设计入门

第 2 篇　梁板结构设计

第3篇 单层工业厂房结构设计

第 4 篇 框架结构设计

附 录

第1篇　结构设计入门

结构是由基础、墙、柱、支撑、梁、板（壳）等基本元素（构件）组成的一个空间骨架受力系统。其主要功能是形成建（构）筑物所需的空间骨架，并能长期安全可靠地承受使用期间可能出现的各种直接作用（荷载）、间接作用（如变形等）和环境介质长期作用（如锈蚀、碳化等）的影响，以及可能出现的各种意外事件（如火灾、地震和爆炸等）的影响。

0.1　结构体系

根据用途的不同，工程结构可分为以下几类。

（1）建筑结构，如厂房、民居、办公建筑等，即人类生产和生活的空间。

（2）桥梁结构、隧洞结构，其作用是为人群和车辆提供通道。

（3）水工结构，如水坝、护堤、挡土墙、涵洞等，用于抵御自然界水、土、岩石等侧向压力的作用。

（4）地下结构，如地铁、水电站地下厂房、矿井等。

（5）特种结构，如烟囱、水塔、油罐、筒仓、水池、水电站、海上石油平台等。

按所使用的材料不同，结构可分为木结构、砌体（砖石、砌块）结构、混凝土结构、钢结构以及钢-混凝土组合结构、塑料结构、充气薄膜结构、索-膜结构等。不同材料的物理力学性能差异很大，在长期的实践中，人类不断探索能够充分发挥材料特性的结构形式，并逐步形成了各种结构体系。

结构体系是由若干结构构件组成的受力骨架定式。建筑结构体系可大致分为水平分体系、竖向分体系和基础结构体系等三部分。有一些结构体系兼有水平分体系和竖向分体系，如拱结构、悬挂结构等。

（1）建筑结构的水平分体系指建筑物的楼盖和屋盖结构，一般由梁、板以及拉压杆等构件组成，如梁-板结构体系、桁架结构体系、薄壳结构体系、网架（壳）结构体系、悬索结构体系以及膜结构体系等。其作用如下：

①在竖向，通过楼（屋）面结构构件的弯曲承受楼（屋）面的竖向荷载，并将荷载传递给竖向分体系；

②在水平方向，起到隔板和支承竖向构件的作用，并保持竖向构件的稳定；

③作为竖向分体系的组成部分，与竖向构件形成整体结构，提高整体结构的抗侧移刚度和承载力。

（2）建筑结构的竖向分体系指建筑物的竖向承重结构，一般由（框架）柱、（剪力）墙、（剪力墙）筒体等构件或子结构组成，如框架（框架-支撑）结构体系、剪力墙结构体系和筒体结构

体系。其作用如下:

①将水平分体系传来的竖向荷载传递给基础结构体系;

②抵抗水平力(如风荷载、地震作用等)。

竖向分体系是整个建筑结构的关键,通常整体结构体系是以竖向分体系来划分的。

(3)建筑结构的基础结构体系包括地下室和基础。其中,主要的基础形式包括柱下独立基础、柱(墙)下条形基础、筏形基础、箱形基础和桩基础等。

不同的水平分体系和竖向分体系可组成各种结构体系,见表0-1。其中,每一种结构体系通常对应一种结构计算简图和相应的计算理论、计算方法,以及相关的施工技术。

表0-1 建筑结构体系分类

多层与高层建筑	砌体结构体系	多层砌体结构、底部框架-抗震墙结构
	框架结构体系	框架结构、框架-支撑结构
	剪力墙结构体系	框架-剪力墙结构、剪力墙结构、筒体结构
单层大跨度建筑(屋盖结构)	平面结构体系	门式刚架结构、排架梁结构、拱结构
	空间结构体系	薄壳结构、网架结构、悬索结构、索-膜结构、张拉整体结构

注:刚架与排架仅是力学计算方法上的区分。

0.2 结构设计的内容和流程

所谓结构设计,就是根据建筑功能或生产要求,选择合理的结构体系,以承受各种荷载(作用),并将各种荷载(作用)效应以最简捷且满足力学原理的方式传递至基础及地基。

结构设计需要解决的问题包括:①结构形式;②结构材料;③结构的安全性、适用性和耐久性;④结构的连接构造和施工方法等。

结构设计的原则是安全适用、经济合理、技术先进、施工方便。其目的是根据建筑及工艺布置和荷载大小,选择结构体系和结构布置方案,并确定各部分尺寸、材料和构造方法,同时体现结构设计原则。

结构设计的内容包括基础结构设计、上部结构设计和构造细部设计。结构设计一般可分为三个阶段,即方案确定阶段、结构分析与计算阶段、施工图设计阶段。结构设计的主要流程如图0-1所示。

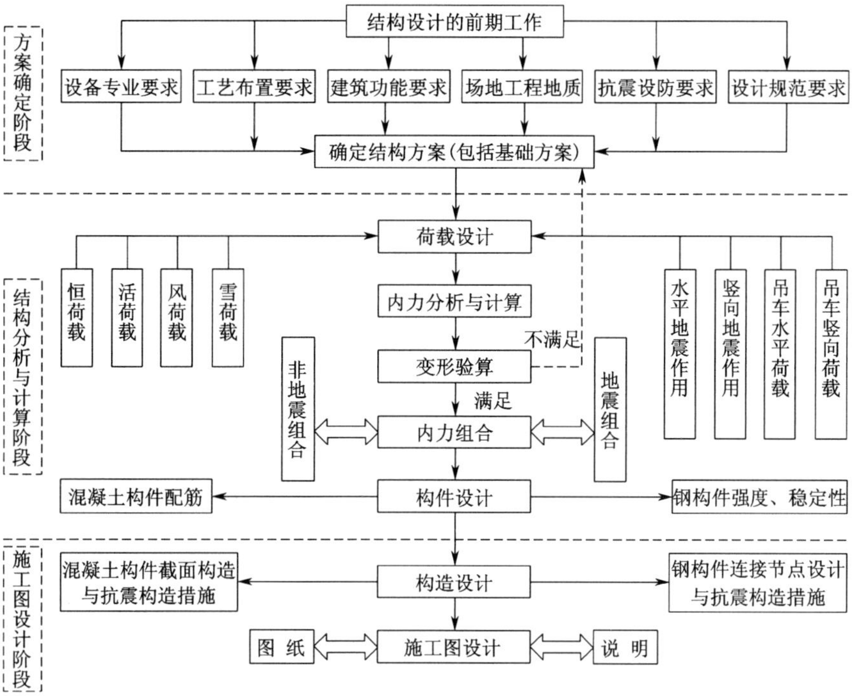

图 0-1　结构设计的主要流程

第1章 结构方案设计

结构方案设计包括结构选型(材料和结构体系的确定)、结构布置和主要构件尺寸的估算、基础结构形式的确定。

结构方案的确定是结构设计是否合理的关键。在各种规范的限定条件下,结构方案应满足使用要求,且受力合理、技术上可行,并尽可能达到先进的综合经济技术指标。

1.1 结构设计准备工作

确定具体工程的结构方案之前,结构设计人员应掌握建筑场地的地质条件、自然条件,所在地区的抗震参数、荷载条件,当地的施工技术条件以及该工程所执行的规范(规程)标准等,才能得出正确的总体结构方案。

1.1.1 设计标准

为保证结构的安全性和经济性,结构设计必须遵循一定的设计标准,这些标准包括国家、地方及行业规范(规程)和国家、地方及行业标准图集。

1. 国家、地方及行业规范(规程)

各种规范(规程)是结构设计的主要依据,也是国家及当地建筑方针和技术政策在土木工程专业工作实践中的具体体现,具有法律效力,必须遵照执行。在结构设计入门阶段,首先应熟悉并学会使用各类规范(规程),养成学习规范(规程)、执行规范(规程)的意识。当需要突破规范(规程)的某些规定时,必须持慎重态度,做到论据充分。

目前,现行结构设计规范主要如下:

《工程结构通用规范》(GB 55001—2021);

《建筑与市政工程抗震通用规范》(GB 55002—2021);

《建筑与市政地基基础通用规范》(GB 55003—2021);

《组合结构通用规范》(GB 55004—2021);

《木结构通用规范》(GB 55005—2021);

《钢结构通用规范》(GB 55006—2021);

《砌体结构通用规范》(GB 55007—2021);

《混凝土结构通用规范》(GB 55008—2021);

《建筑结构可靠性设计统一标准》(GB 50068—2018);

《建筑工程抗震设防分类标准》(GB 50223—2008);

《建筑抗震设计标准(2024年版)》(GB/T 50011—2010,以下简称《抗震标准》);

《混凝土结构设计标准(2024年版)》(GB/T 50010—2010,以下简称《混凝土标准》);

《钢结构设计标准》(GB 50017—2017,以下简称《钢结构标准》);

《砌体结构设计规范》(GB 50003—2011,以下简称《砌体规范》);

《建筑结构荷载规范》(GB 50009—2012,以下简称《荷载规范》);

《建筑地基基础设计规范》(GB 50007—2011,以下简称《地基规范》);

《建筑桩基技术规范》(JGJ 94—2008,以下简称《桩基规范》);

《高层建筑混凝土结构技术规程》(JGJ 3—2010,以下简称《高规》)。

随着技术的进步和工程经验的积累,各类规范也在不断修订中,应注意使用有效版本。

2. 国家、地方及行业标准图集

标准图集是依据各类规范制定的国家和地方统一的设计标准和施工构造做法,其可以简化结构设计、加快施工进度,并取得较好的经济效益。标准图集的种类很多,编制条件各有特点,在选用标准图集时一定要根据具体工程的实际情况酌情选用,并应说明选用的图集号和页号,必要时可进行局部修改。

1.1.2　工程地质条件

先勘察、后设计、再施工是工程建设必须遵守的程序。由于场地地质条件直接影响基础(甚至上部结构)选型的合理性和经济性,因此工程地质勘察报告也是结构设计的重要依据。

1. 工程地质勘察报告的主要内容

工程地质勘察的任务是查明场地或地区的工程地质条件,为规划、设计、施工提供必需的地质资料。工程地质勘察报告一般包括文字说明和图纸两个部分。

文字说明部分通常描述建筑场地的地形地貌、地质构造、地层特征、不良地质现象、地下水水位 / 水质和冻结深度及所在地区的地震烈度等,各个地层岩土的物理力学性质、室内和野外试验结果一般列表说明,地基土承载力特征值和压缩模量、桩端土承载力特征值、桩周土摩擦力极限标准值(或特征值)必须有明确的数据,并对建筑场地的稳定性、基础形式、地基处理方法、地下水对基础材料(混凝土、混凝土中的钢筋)的腐蚀性、施工降水方案等做出评价。

图纸部分包括勘探点平面布置图、钻孔地质柱状图、工程地质剖面图,以及载荷试验、静力触探试验、标准贯入试验等原位测试成果。

2. 工程地质勘察报告成果的使用

(1)工程地质剖面图可以使结构设计人员对地层构造一目了然,包括土壤的分层标高、物理力学性能、地下水水位等,可以用来选择地基持力层,了解下卧层,确定基础埋置深度和桩端入土深度;同时应注意是否有不良地质现象,如滑坡、断层、互层、溶洞、裂隙等,以便采取必要措施。

(2)地基承载力特征值用于验算基底持力层和下卧层,确定基底的形状和面积,验算基础强度并计算配筋等。

(3)压缩系数和压缩模量用于判定土的压缩性质,计算基础的最终沉降量、相对沉降差和整体倾斜等。

(4)剪切试验结果用于确定土的抗剪强度、黏聚力 c 和内摩擦角 φ,评价地基的稳定性,计算挡土墙的土压力。

(5)桩端阻力 q_p 和桩侧摩擦力 q_s 用于估算单桩承载力和设计试桩。

(6)黄土的湿陷系数用于评价地基土的湿陷性质,计算湿陷量,判定湿陷等级,以便制定防止湿陷的措施。

通过阅读工程地质勘察报告,要对场地土层的分布和性质有清楚和完整的概念,特别应注意对工程起到关键作用的土层及土工问题。对于工程地质勘察报告中提出的基础方案和地基处理的意见及建议,在采纳之前应分析其依据是否合理充分,勘察方法是否可靠,以及对本工程是否适用;若有矛盾或疑问,应设法查明或要求进行补充勘察,以保证工程质量。

1.1.3 抗震参数

地震作用是建筑结构承受的主要荷载之一,而地震作用的随机性和巨大破坏性会对人们的生命财产造成严重损失。因而,抗震参数的确定对结构设计至关重要,关系到安全使用和建造成本,对结构选型、结构平面布置、材料选用、构造措施、结构计算、施工技术等都有相应的要求,对结构设计具有重要的指导意义。

1. 抗震设防烈度

抗震设防烈度指按国家规定的权限批准作为一个地区抗震设防依据的地震烈度。一般情况下,采用《中国地震动参数区划图》(GB 18306—2015)中的地震基本烈度,地震基本烈度指该地区一般场地条件下 50 年内超越概率为 10% 的地震烈度值。《中国地震动参数区划图》给出了较为详尽的全国各省县镇人民政府所在地、县级以上城市的基本地震动峰值加速度和基本地震动加速度反应谱,作为各地的抗震设防依据。抗震设防烈度和设计基本地震加速度值的对应关系见表 1-1。

表 1-1 抗震设防烈度和设计基本地震加速度值的对应关系

抗震设防烈度	6	7	8	9
设计基本地震加速度值	0.05g	0.10(0.15)g	0.20(0.30)g	0.40g

注:g 为重力加速度。

2. 场地类别

场地指建(构)筑物所在地,不同场地上建筑物的震害差异很大,相比而言,软弱场地上的建筑物震害一般重于坚硬场地。《抗震标准》根据场地覆盖层厚度和土层等效剪切波速这两个指标将建筑场地划分为 4 个大类,其中Ⅰ类又划分为两个亚类,当有可靠的剪切波速和覆盖层厚度,且其值处于规范所列场地类别的分界线附近时,应允许利用插值方法确定地震作用计算所用的特征周期。

3. 抗震设防分类

根据建筑遭遇地震破坏后,可能造成的人员伤亡、直接和间接经济损失、社会影响程度及其在抗震救灾中的作用等因素,对各类建筑进行设防类别划分。《建筑工程抗震设防分类标准》(GB 50223—2008)将建筑工程分为四个抗震设防类别:特殊设防类(甲类)、重点设防类(乙类)、标准设防类(丙类)及适度设防类(丁类)。

1.1.4 自然条件

自然条件包括年最高温度、最低温度、季节温差、昼夜温差、基本雪压、基本风压及其主导风向、最大冰冻深度等。

温差作用是对结构的主要间接作用,结构设计中需进行计算或采取相应的构造措施;基本雪压和基本风压是作用在结构上的主要荷载;最大冰冻深度用于确定地基处理方案、基础结构方案、基础埋置深度等。

1.1.5 荷载条件

常规荷载可根据《荷载规范》的规定采用,设备荷载及其土建参数应由相应的设备样本提供。这些是结构布置和结构分析的必要数据。

1.1.6 施工技术条件

施工技术条件包括:施工队伍的素质、技术水平;建筑材料、建筑构配件及半成品供应条件;施工机械设备及大型工具供应条件;场地施工及运输条件;水、电、动力供应条件等。

1.2 结构选型

工程结构设计是各相关专业集体智慧的结晶。一个好的设计,不仅要使本专业的设计合理,更重要的是要能保证建(构)筑物整体的协调和统一。结构作为建筑的骨架,受其他专业(建筑、工艺、设备等)的制约和影响很大,因此必须与各专业密切配合,详细了解各专业对结构专业的要求,并采用与建筑空间功能要求相适应的结构形式,将合理的结构形式与使用要求和美观需要尽可能统一起来。

1.2.1 结构设计应满足的功能要求

建筑物按用途可分为民用建筑、工业建筑、园林建筑、其他建筑(含构筑物)等四类,其中民用建筑根据使用功能又可分为居住建筑和公共建筑。不同用途的建筑有不同的功能要求,从而对建筑的跨度、柱距、层高提出相应要求,需要对梁、柱、墙的截面及布置加以控制。

(1)公共建筑往往需要布置较大空间,因而层高通常较大,柱网尺寸也较大。

(2)高层建筑的屋顶需要设置电梯机房、水箱间,为满足疏散要求还要设置出屋面的楼梯间;综合性高层建筑由于功能的变化导致结构体系上下不同,需结合管道、设备的布置设置结构转换层。

(3)若临街住宅底层设置商业用房,也会导致结构体系上下不同。

(4)影剧院等观演建筑不仅需要有较大的使用空间,同时还需要考虑声、光等要求。

(5)居住建筑上下层厕所、楼梯间、电梯井要对齐,常用异型柱代替传统的矩形柱。

(6)对于工业建筑,结构设计要明确工艺流程、设备布置、吊车吨位等工艺要求,这是柱网布置、轴线定位、房屋标高确定以及荷载计算的依据。还需注意到,其他专业条件图的绘制习惯、尺寸模数均与土建专业有所不同,应仔细核对。

(7)填充墙不仅要轻质高强,同时还应满足保温、隔热、隔声的要求。

类似的问题在结构设计中会遇到很多,需要平时多注意观察,设计前多查阅相关资料,设计中多与相关专业人员协商,充分论证结构方案后再开始结构计算,否则欲速则不达。

1.2.2 结构选型

结构选型主要包括结构形式、结构体系和施工方案。结构体系的选择应考虑建筑功能要求、建筑的重要性、建筑所在场地的抗震设防烈度、地基主要持力层及其承载力、建筑场地的类别及建筑的高度和层数等。

1.2.3 结构布置

结构体系选定后,要进行结构布置。结构布置主要包括轴线定位、构件布置和变形缝设置。结构布置是否合理,不但影响使用,而且影响结构受力、施工、造价等。结构布置应满足以下原则:

(1)在满足使用要求的前提下,结构的平面布置和竖向布置应尽可能简单、规则、均匀、对称,避免发生突变;

(2)荷载传递路线要明确、快捷,结构计算简图要简单并易于确定;

(3)结构要整体性好、受力可靠;

(4)施工简便、经济合理。

定位轴线一般为正交轴网,可用来确定构件的平面位置,而构件的竖向位置由标高确定。根据建筑结构的受力特点和抗震设防要求,结构专业希望建筑的平面规则、体型简单,且避免凹凸曲折和高低错落。当生产工艺或建筑功能要求采用复杂的平面和体型时,可通过变形缝(温度缝、沉降缝或防震缝)将其划分为平面规则、体型简单、受力明确的独立结构单元,但必须与建筑专业相协调,处理好变形缝。

1.2.4 构件截面尺寸的估算

水平构件(梁、板等)的截面尺寸一般根据刚度和稳定性要求,利用经验公式确定;竖向构件的截面尺寸一般根据侧移(或侧移刚度)、稳定性和轴压比等要求确定。

1.3 几个基本概念

在结构设计的入门阶段,以下几个概念是非常重要的。

1.3.1　建筑物高度

建筑物的高度主要包括建筑高度、结构高度和结构计算高度。一般来说，这三种高度是不相等的，如图 1-1 所示。

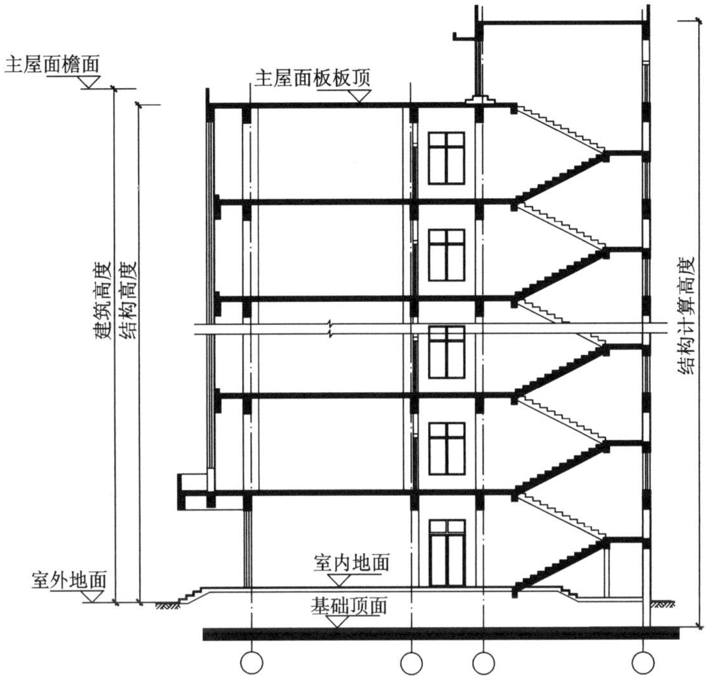

图 1-1　建筑物高度

1. 建筑高度

建筑高度指建筑物室外地面到其主屋面檐口或屋面面层的高度，屋顶上的水箱间、电梯机房、排烟机房和楼梯间等不计入建筑高度。该高度的作用是区分建筑的属性和类别（多层建筑、一类高层建筑、二类高层建筑），并依据其属性和类别确定消防要求及相应对策。

2. 结构高度

结构高度指建筑物室外地面到其主屋面板板顶或檐口的高度，突出屋面的水箱间、电梯机房、排烟机房和楼梯间等不计入结构高度。该高度的作用是区分建筑结构的类别（多层建筑结构、高层建筑结构），并依此确定其适用的规范和应采取的抗震措施。

3. 结构计算高度

结构计算高度指结构底部嵌固端至屋面板顶面的高度，包括突出屋面的水箱间、电梯机房、排烟机房和楼梯间等。该高度的作用是准确计算风荷载及地震作用，确定结构首层层高，并估计首层竖向构件（柱、剪力墙）的截面尺寸等。

1.3.2　结构底部嵌固端

结构的底部嵌固部位理论上应能限制构件在两个水平方向的平动位移和绕竖轴的转角位移，并将上部结构的剪力全部传递给地下室结构或基础。

结构底部嵌固端用于确定结构首层的计算高度及整体结构计算高度，一般按下述原则确定。

（1）对无地下室的结构，结构底部嵌固端可取基础顶面（混凝土结构）或室外地面以下500 mm（砌体结构）。

（2）对带地下室的多高层混凝土结构，当地下室结构的楼层侧向刚度不小于相邻上部结构楼层侧向刚度的2倍时，地下室顶板可作为上部结构的嵌固部位。但设计时应满足相应的构造措施（详见《抗震标准》及《高规》）。若不满足上述要求，地下一层应计入上部结构。

（3）对带地下室的多层砌体结构，半地下室从地下室室内地面算起，全地下室和嵌固条件好的半地下室可从室外地面算起，详见《抗震标准》第7.1.2条。

（4）对多高层钢结构，应依据结构底部嵌固端的嵌固条件确定。

1.3.3 建筑层与结构层

在结构设计中存在建筑学概念上的楼层与结构概念上的楼层不一致的矛盾。建筑层指从地面构造做法即装饰层上表面到上一层的装饰层上表面的高度，包括地面层、楼层和顶层等；结构层是空间概念，一个结构层指从该层底部至该层楼盖顶面处的所有构件，包括水平布置的梁、板以及空间布置的柱、剪力墙、斜柱、支撑构件等，如图1-2所示。

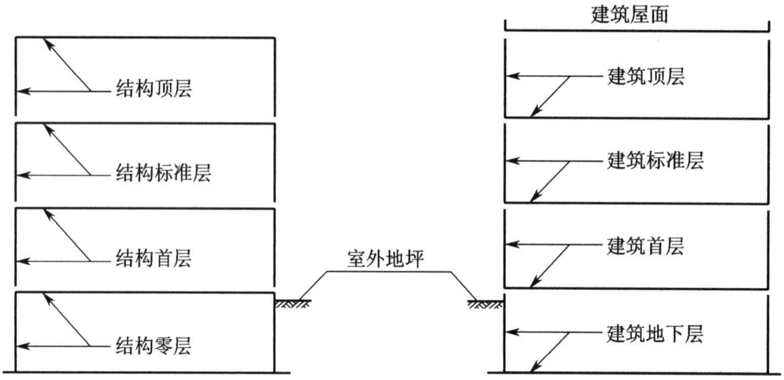

（a） （b）

图1-2 建筑层与结构层

（a）结构层 （b）建筑层

在图纸表示上，结构首层的梁、板布置是依据建筑二层的平面布置得到的，其中包括从结构的底部嵌固部位算起的柱、剪力墙等竖向构件；二层及以上各层依此类推；地下室顶板的梁、板布置是依据建筑首层的平面布置得到的，在结构上通常称之为零层板。

1.3.4 建筑标高与结构标高

一般来说，建筑标高指楼层、屋面及檐口完成面相对于建筑首层地面的高度。但考虑到屋面排水坡度、屋面构造做法厚度的不准确性，一般屋面建筑标高取结构板顶标高，即等于结构标高。

对楼面而言，考虑到建筑装修层的构造做法，其结构标高应比建筑标高低。而且由于不同功能区的装修层构造做法不同，建筑标高相同的区域，其结构标高也不一定相同；若装修层构造做法厚度相差较多，将引起结构板配筋的不连续。

例如，卫生间楼面建筑标高一般比楼面标高低 20 mm，但由于卫生间的防水要求、地面排水坡度要求，卫生间板面结构标高比楼板面结构标高要低约 100 mm，且楼板配筋与其周边相邻板不连续。

当考虑人防要求时，人防地下室顶板上要求的覆土厚度使结构零层板顶面结构标高比首层地面建筑标高低更多。

1.3.5　建筑净空与梁高

建筑净空（室内吊顶高度）是根据使用功能要求确定的，且与层高、梁高、敷设设备管线的空间要求有关。当层高已定时，为确保建筑净空，在满足结构受力和变形要求的前提下，梁高应尽可能小，或采用宽扁梁，顶层也可采用上反梁。当混凝土梁截面高度较大或采用钢梁时，也可考虑在梁上开洞以穿越设备管线来满足对建筑净空的要求。

当楼盖结构高度与建筑净空要求相矛盾时，可通过改变楼盖结构形式或增加层高来解决。

1.3.6　基础埋置深度

基础埋置深度的确定对建筑物的安全、正常使用、施工工期及基础造价影响很大。大量的中小型建筑物一般都采用浅埋基础。在工程实践中，对于土质地基上的基础，考虑到基础的稳定性、基础大放脚的要求、动植物活动的影响、耕土层的厚度以及习惯做法等因素，基础埋置深度一般不宜小于 0.5 m；对于岩石地基，则可不受此限制。

建筑物基础的埋置深度，应根据建筑物本身的特点（如使用要求、结构形式等），荷载的类型、大小和性质，以及建筑物周边条件（如地质条件、相邻建筑物基础埋深的影响）等因素全面分析确定；必要时，还应通过多方案综合比较来确定。

确定的基础埋置深度，首先应满足地基持力层承载力和变形的要求，其次要求水管位于冰冻线以下，同时基础顶面标高位于管线埋深及室内管（缆）沟底板以下。基础埋置深度一般从建筑首层室内地面算起，并应达到地基持力层深度（图 1-3），可近似按下式估算：

$$H = \Delta + d + D + h + 100\ \text{mm} \tag{1-1}$$

式中　H——基础埋置深度（mm）；

Δ——室内外高差（mm）；

d——从室外地面算起的冰冻深度（mm）；

D——地下管线管道直径（mm）；

h——预估的基础高度（mm）。

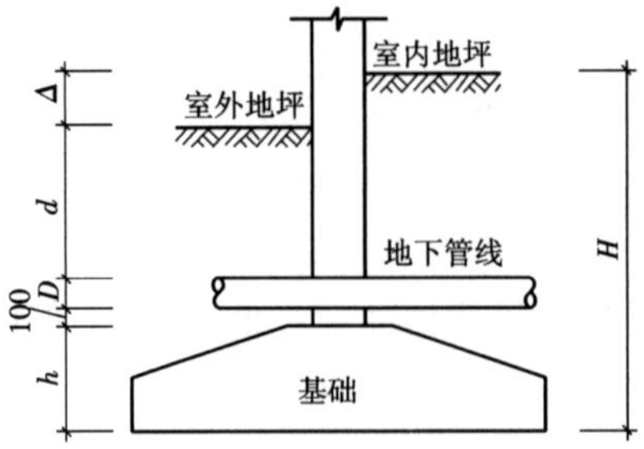

图 1-3　基础埋置深度

第 2 章　结构分析与计算

结构分析与计算是根据已确定的结构方案、结构布置、构件截面尺寸和材料性能等，确定合理的计算简图和分析方法，进行荷载（作用）计算，采用力学方法求解结构在各种荷载与作用下的内力、变形等作用效应，并根据计算结果进行构件截面设计和采取可靠的构造措施。

结构分析与计算阶段的工作包括以下内容。

1. 荷载（作用）计算

根据相关规范的规定、工艺设备样本的要求以及建筑构造做法进行荷载（作用）计算。

2. 内力分析与计算

根据荷载（作用）值初步确定构件截面尺寸和计算简图，并按适当的理论方法进行构件内力的计算，包括弯矩、剪力、扭矩、轴力等。

3. 变形验算

根据结构内力验算变形（裂缝宽度、挠度和水平侧移等）是否满足正常使用极限状态的要求；如不满足要求，则需要调整构件的截面尺寸或结构布置，直到满足要求为止。

4. 内力组合

在满足变形验算的前提下，根据荷载与作用效应组合原则进行不同工况下的内力组合计算，并求解构件的内力最不利设计值。

5. 构件截面设计

根据构件内力验算结构试算时选用的构件是否符合相关规范规定和要求（如混凝土构件的轴压比、剪跨比等，钢构件的强度、稳定、长细比等）；如不满足要求，则需要调整构件的截面尺寸或结构布置，直到满足要求为止。

2.1　结构分析的基本原则

实际的工程结构往往是非常复杂的，不可能完全按照其实际状况进行结构分析，通常必须依据理论分析或试验分析进行必要的简化和近似假定，从而得到相应的分析模型（计算简图），然后按照结构力学方法进行分析。

进行结构分析时，应遵循以下原则。

（1）当结构按承载能力极限状态和正常使用极限状态验算时，应按照《荷载规范》《抗震标准》等国家标准规定的荷载（作用）组合，对结构的整体进行准荷载（作用）效应分析。必要时，还应对结构中的重要部位、形状突变部位以及内力和变形异常的部位进行更详细的分析。

（2）当结构在施工和使用期间的不同阶段有多种受力状况时，应分别进行结构分析，并确定其最不利的作用效应组合。

(3)结构分析所需要的各种几何尺寸以及所采用的计算简图、边界条件、荷载(作用)的取值与组合、材料性能的计算指标、初始应力和变形状况等,应符合结构的实际工作状况,并应具有相应的构造措施。例如,固定端和刚性节点承受弯矩的能力和对变形的限制,以及混凝土受弯构件塑性铰的充分转动能力等应能得到保证。结构分析中所采用的各种近似假定和简化手段,应有理论或试验依据,或经工程实践验证;对计算结果还应进行校核和修正,其精度应符合工程设计的要求。

(4)结构的整体和局部必须满足力学平衡条件,在不同程度上符合结构的变形协调条件,并应选用合理的材料本构关系或构件单元的应力-应变关系。所有结构分析方法的建立都基于力学平衡方程、变形协调(几何)方程和材料本构(物理)方程。其中,结构的整体和其中任何一部分的力学平衡条件都必须得到满足;结构的变形协调条件,包括边界条件、节点和支座处的约束条件、截面变形条件等,若难以严格满足,也应在不同程度上予以满足;材料或各种计算单元的本构关系应合理选取,并尽可能符合或接近材料的实际性能。

(5)结构分析时宜根据结构类型、构件布置、材料性能和受力特点选择合理的分析方法和适宜的分析程序。

2.2 结构分析模型

结构分析模型是基于结构的实际形状和尺寸、构件或单元的受力和变形特点、构件间的连接构造和支承条件等的合理简化而得到的计算简图。

一般的建筑结构宜按空间体系进行结构整体分析,并宜考虑构件弯曲以及轴向、剪切和扭转变形对结构内力的影响。当采用简化方法分析时,体型规则的空间杆系结构,可沿柱列或墙轴线分解为不同方向的平面结构分别进行分析,但应考虑平面结构的空间协同工作。

建筑结构的基本受力构件包括梁、板、柱、剪力墙及支撑等。这些构件可根据具体情况简化为不同的计算单元,梁、柱及支撑可简化为一维单元(梁元、杆元),板可简化为二维单元(板元、膜元),剪力墙可简化为二维单元(壳元)或三维单元(实体单元)。构件间的连接可根据连接构造措施简化为铰接和刚接。边界支座则可根据支承情况简化为铰支承、刚性支承和弹性支承。

为简化计算,在结构整体分析模型中一般假定楼板在其自身平面内具有无限刚性,则相应的设计应采取必要措施以保证楼板平面内的整体刚度。当楼板或局部楼板产生较明显的平面内变形时,应对采用楼板平面内无限刚性假定的分析结果进行适当调整,或考虑对楼板平面内变形进行结构整体分析。

杆件的轴线宜取其截面几何中心的连线,杆件的节点和支座根据其构造对变形的约束程度取为刚接或铰接。钢筋混凝土现浇式和装配整体式的梁柱节点、柱与基础连接处等可视为刚接;梁板与其支承构件非整体连接可视为铰接;钢柱、钢梁及钢支撑的连接则可根据实际情况予以处理,并在设计中使实际连接和计算假定尽可能一致。

杆件的计算跨度(或高度)宜按两端支承条件的中心线或净距离确定,并根据支承节点的连接刚度或支承反力的位置加以修正。例如，当杆件间连接部分的刚度远大于杆件中间截面的刚度时，连接部分可作为刚域插入计算简图。

当构件材料不同时，构件间的连接部分应根据实际构造情况进行简化。例如，当混凝土梁端支承在砖墙上时，梁端支承条件可假设为铰接；而当混凝土梁端支承在混凝土剪力墙上时，梁端支承条件则应假设为刚接。

当计算要求不同时，简化处理也不同。例如，当进行结构整体分析时，钢梁与混凝土剪力墙的连接可按铰接考虑；而当进行预埋件设计时，螺栓群连接转动刚度所形成的嵌固弯矩较大，为保证“强连接、弱构件”的设计原则，必须按刚接考虑。

构件间的相互影响也应在计算模型中体现。对钢筋混凝土现浇式和装配整体式结构，宜考虑楼板作为翼缘对梁刚度和承载力的影响，梁受压区有效翼缘计算宽度可按表 2-1 所列情况中的最小值取用，也可采用梁刚度增大系数法近似考虑。

表 2-1　T 形、I 形及倒 L 形截面梁受压区有效翼缘计算宽度 b_f'

情况			T 形、I 形截面		倒 L 形截面
			肋形梁、肋形板	独立梁	肋形梁、肋形板
1	按计算跨度 l_0 考虑		$l_0/3$	$l_0/3$	$l_0/6$
2	按梁（纵肋）净距 s_n 考虑		$b+s_n$	—	$b+s_n/2$
3	按翼缘高度 h_f' 考虑	$h_f'/h_0 \geq 0.1$	—	$b+12h_f'$	—
		$0.05 \leq h_f'/h_0 < 0.1$	$b+12h_f'$	$b+6h_f'$	$b+5h_f'$
		$h_f'/h_0 < 0.05$	$b+12h_f'$	b	$b+5h_f'$

注：1. b 为腹板宽度；

2. 当肋形梁在梁跨内设有间距小于纵肋间距的横肋时，则可不遵守表列情况 3 的规定；

3. 对加腋的 T 形、I 形及倒 L 形截面，当受压区加腋的高度 $h_h \geq h_f'$ 且加腋的宽度 $b_h \leq 3h_h$ 时，其翼缘计算宽度可按表列情况 3 的规定分别增加 $2b_h$（T 形、I 形截面）和 b_h（倒 L 形截面）；

4. 当独立梁受压区的翼缘在荷载作用下经验算沿纵肋方向可能产生裂缝时，其翼缘计算宽度应取腹板宽度 b。

对钢梁 - 压型钢板混凝土现浇楼板，如采用栓钉连接，也宜采用梁刚度增大系数法近似考虑楼板作为翼缘对梁刚度和承载力的影响。梁刚度增大系数应根据梁有效翼缘尺寸与梁截面尺寸的相对比例确定。

在楼面梁受扭计算中应考虑楼盖对梁的约束作用，当杆件的轴向、剪切和扭转变形对结构内力分析影响不大时，可不考虑。

2.3　结构分析方法

目前，工程设计中常用的结构分析方法，按其力学原理和受力阶段可分为以下五类。

1. 线弹性分析方法

线弹性分析方法假定结构材料的本构关系和构件的受力 - 变形关系均是线弹性的，当忽略二阶效应影响时，荷载（作用）效应与荷载大小成正比。

线弹性分析方法可用于正常使用极限状态和承载能力极限状态的作用效应分析。一般来说，结构在正常使用极限状态下，采用线弹性分析方法得到的结构内力和变形与实际情况的误差很小。但当结构达到承载能力极限状态时，由于结构中不同构件的屈服次序有先后，而且结构材料也有不同程度的塑性，因此采用线弹性分析方法得到的内力和变形会与实际情况有差别，其中内力计算结果是偏于安全的，而变形计算结果的误差较大。

因此，线弹性分析方法是目前结构设计中使用最普遍的一种方法。

2. 考虑塑性内力重分布分析方法

混凝土结构在一定条件下可以采用考虑塑性内力重分布的分析方法，该方法具有充分发挥结构潜力、节约材料、简化设计、方便施工的特点，目前应用广泛的是弯矩调幅法。

按该方法设计的结构和构件，还应满足正常使用极限状态的要求，或采取有效的构造措施。对于直接承受动力荷载的结构以及要求不出现裂缝或处于严重侵蚀环境等情况下的结构，不应考虑采用该方法。

3. 塑性极限分析方法

混凝土结构和构件（框架、连续梁、板）的承载能力极限状态设计可采用塑性极限分析方法。特别是对于承受均布荷载的矩形双向板，可采用塑性铰线法或条带法等塑性极限分析方法进行设计。工程设计和使用的实践经验证明，该方法简便易行，可保证结构安全，但仍应满足正常使用极限状态的要求。

4. 非线性分析方法

结构的非线性包括材料非线性和几何非线性。材料非线性指材料、截面或构件的非线性本构关系，如应力 - 应变关系、弯矩 - 曲率关系、荷载 - 位移关系等；几何非线性指结构的受力与结构变形有关，又称为二阶效应。

非线性分析方法以材料（如钢筋混凝土）的实际力学性能为依据，通过引入相应的材料非线性本构关系，可精确分析结构受力全过程的各种荷载反应，详尽地描述结构受力各阶段直至破坏的内力、变形和裂缝发展，适用于任何形式和受力复杂的结构分析。

当结构变形对结构受力的影响不可忽略时，还需考虑结构的几何非线性（二阶效应）。例如，高层建筑结构、高耸结构分析就必须考虑竖向荷载作用下结构侧移引起的附加内力，悬索结构、薄膜结构等柔性结构分析也必须考虑结构几何非线性的影响。

5. 试验分析方法

对于体型复杂或受力状况特殊的结构整体或其部分（如不规则的空间壳体、异型框架等），或采用新型材料、构造及连接形式的结构，由于对现有分析方法的计算结果没有十足把握，可采用试验分析方法对结构的正常使用极限状态和承载能力极限状态进行分析或复核。

由于上述分析方法有各种具体的计算方法，如解析法或数值法、精确解法或近似解法，因此结构设计时应根据结构的重要性和使用要求、结构体系的类型和受力特点、构件布置、材料性能、荷载（作用）工况以及计算精度等选择计算方法。计算方法的选择还取决于已有的分析手段，如计算软件、手册及图表等。

在各种结构设计手册中给出了不同结构形式的设计原理和方法、一般规定、适用条件、算例以及用来直接选用的各种表格，这对于各种结构形式的具体设计具有良好的指导作用。

解析法的应用范围较窄,仅适用于特定结构(如桁架、三铰拱等静定结构)分析,但其结果是精确解。数值法常用的方法包括有限元法、差分法、有限条法等,一般需要借助计算程序进行计算,故也称为程序分析方法,其中有限元法的适用范围最广,可用于计算各种复杂的结构形式和边界条件。

2.4　结构分析软件

目前,在我国建筑行业使用结构分析软件已经成为必要的设计手段,其极大地提高了设计效率和水平。比较成熟、应用较广的结构设计和分析软件有 Midas Building、PKPM 等建筑结构专用分析软件以及 ETABS、Midas Gen、SAP、ANSYS 等通用分析软件。

通用分析软件功能强大,但用于建筑结构时较为烦琐,且计算结果的输出格式一般不便于直接用于施工图设计;建筑结构专用分析软件专门针对建筑结构的特点编制,应用较为方便。目前,我国建筑结构专用分析软件不仅包括力学分析,还包括符合我国现行规范规定的荷载分布图形、荷载效应组合和截面设计计算、构造规定等,甚至可以自动生成施工图,大大减轻了结构工程师繁重的手工劳动。

对复杂的结构设计,一般先用建筑结构专用计算程序进行结构整体分析,然后用通用计算程序进行局部应力分析以作为补充。

但是,结构工程师必须意识到以下几点。

(1)分析软件是设计的辅助手段,其仅具有快捷的计算速度,不能记录有关模型、分析和设计的一些技巧;一些计算参数必须由结构工程师根据结构的实际情况和计算模型的适用条件确定。因此,仅关心“怎样”使用分析软件是不够的,了解“为什么”这样设计才是关键。

(2)现代建筑工程具有复杂的理论细节,不可能存在一种全能的智慧软件能够完全适应各种形式的建筑结构;而且分析软件种类繁多,其计算模型及方法各异,计算结果的表达式也各不相同。因此,在进行结构分析时,结构工程师首先要选择可信度高、经过实际应用考验的分析软件,并且必须了解所使用分析软件的技术细节、适用范围以及计算所依据的理论和假设,还要判断由此形成的结构计算简图是否符合结构的实际情况,而不是依靠过分的简化来适应已购买的商业软件。

(3)在结构工程实践中,结构工程师必须重视手工求解的原理、基本原则和模型的提炼,尊重工程实践经验,对计算结果持批评态度,以甄别计算结果中的错误,并判断计算结果的合理性和有效性。此外,在结构布置的合理与否、结构体系的创新等方面,也需要结构工程师用最简单的概念设计方法做出符合力学规律的判断和选择。

(4)由分析软件的 CAD 辅助设计系统生成的施工图是不完善的,必须由结构工程师进行审核、补充,还要根据施工的可行性和难易程度进行调整。

总之,对各类结构分析软件,在应用前应仔细阅读其用户手册和技术条件,以确认其技术条件符合国家现行规范和有关标准的要求,并应对分析结果进行判断和校核,在确认其合理、有效后方可应用于工程设计。

2.5 结构验算准则

根据《工程结构通用规范》《建筑结构可靠度设计统一标准》的规定，结构在规定的设计使用年限内应具有足够的可靠度，即应具有足够的强度安全储备和充分的侧向刚度，满足承载能力极限状态和正常使用极限状态的要求。

2.5.1 承载能力极限状态

结构构件的承载力应大于作用于该构件的最不利的荷载效应，构件截面验算应满足下列要求。

无地震作用组合时，有

$$\gamma_0 S \leqslant R \tag{2-1}$$

有地震作用组合时，有

$$S_E \leqslant R/\gamma_{RE} \tag{2-2}$$

式中 γ_0——结构重要性系数，应按表2-2选用；

S、S_E——无地震作用时和有地震作用时作用效应基本组合的设计值；

R——构件承载力设计值；

γ_{RE}——构件承载力抗震调整系数，对钢筋混凝土构件应按表2-3选用。

表2-2 构件的结构重要性系数 γ_0

结构重要性系数	持久设计状况和短暂设计状况			偶然设计状况和地震设计状况
	安全等级			
	一级	二级	三级	
γ_0	1.1	1.0	0.9	1.0

表2-3 构件的承载力抗震调整系数 γ_{RE}

材料	结构构件	受力状态	γ_{RE}
钢筋混凝土	梁	受弯	0.75
	轴压比小于0.15的柱	偏压	0.75
	轴压比不小于0.15的柱	偏压	0.80
	抗震墙	偏压	0.85
	各类构件	受剪、偏拉	0.85

注：当仅计算竖向地震作用时，各类结构构件承载力抗震调整系数均应采用1.0。

2.5.2 正常使用极限状态

混凝土结构构件应根据其使用功能及外观要求，按下列规定进行正常使用极限状态验算：

（1）对需要控制变形的构件，应进行变形验算；

（2）对不允许出现裂缝的构件，应进行混凝土拉应力验算；

（3）对允许出现裂缝的构件，应进行受力裂缝宽度验算；

（4）对舒适度有要求的楼盖结构，应进行竖向自振频率验算。

对于正常使用极限状态，混凝土结构构件应分别按荷载的准永久组合、标准组合，并考虑长期作用的影响，采用下列极限状态设计表达式进行验算：

$$S \leqslant C \tag{2-3}$$

式中　S——正常使用极限状态荷载组合的效应设计值；

C——结构构件达到正常使用要求所规定的变形、应力、裂缝宽度等的限值。

第3章　结构施工图的内容及深度

结构施工图设计的工作内容是将结构方案设计、结构计算分析结果经调整、归并后，用具体的图形和文字说明表达出来，形成施工图文件。施工图文件是结构主体施工时的主要依据，也是结构工程师的语言。

结构施工图设计要做到"横平、竖直、按比例"，其表述的内容必须满足施工条件，图例及表示方法遵守《房屋建筑制图统一标准》（GB/T 50001—2017）和《民用建筑工程建筑施工图设计深度图样》（09J801）的规定。

一般来说，结构施工图包括设计与施工说明、基础平面图（采用桩基时还包括桩位图）及基础详图、各层结构平面图、构件（梁、柱、剪力墙、支撑）配筋详图、楼面梁的配筋图、楼梯结构详图等；另外，根据建筑复杂程度，还包括若干节点大样图。

在实际工程设计中，混凝土结构目前大多按《混凝土结构施工图平面整体表示方法制图规则和构造详图》（22G101-1~3）采用平面表示方法画梁柱施工图，特殊构造应另附详图。

3.1　结构设计与施工说明

每一单项工程均应编写结构设计与施工说明，对多子项工程宜编写统一的结构设计与施工说明，以便在同一工程中做到做法统一。对简单的小型单项工程，也可将说明的内容分散在各相关图纸中。结构设计与施工说明应主要包括以下内容。

（1）本工程设计的主要设计依据。

（2）± 0.000 m 所对应的绝对标高值，图纸中标高、尺寸的单位以及比例尺。

（3）建筑结构的安全等级和设计使用年限，混凝土结构的耐久性要求和砌体结构工程施工质量控制等级。

（4）抗震设防类别，设计基本地震加速度、设计地震分组、场地类别等抗震设计参数。

（5）结构体系，结构总高度（层高、层数），结构抗震等级和人防等级。

（6）地基概况，地基的液化等级、湿陷性黄土等级，不良地基的处理措施及技术要求，地基土的冰冻深度，地基基础的设计等级，基础底面标高，地基验槽要求等。

（7）水池、地下室等有抗渗要求的混凝土结构的抗渗等级、防潮、抗渗及防腐蚀做法、抗浮要求等。

（8）施工缝及后浇带构造要求。

（9）所使用的结构材料的品种、规格、性能及相应的产品标准。

①对钢筋混凝土结构，应说明受力钢筋的保护层厚度、接长方法、锚固长度、搭接长度，预应力构件的锚具类型、施工工艺及要求、锚具防腐措施等，以及对某些构件或部位的特殊要求。

②对钢结构，应说明钢结构材料标准、加工制作要求、防锈防腐措施、特殊部位的要求（如高强螺栓与板件接触面的处理措施）、运输安装注意事项等。

（10）施工图中所采用的通用做法和标准构件图集。

（11）施工中应遵循的施工规范和注意事项，以及需通过说明来表达的信息等。

3.2 基础施工图

基础施工图主要包括基础平面图和基础详图。

扫一扫：基础施工图

3.2.1 基础平面图

基础平面图中应包括以下内容。

（1）基础定位轴线，必要时应注明轴线交点或外墙面角点处的施工坐标，以便于放线。

（2）基础外轮廓线以及基础构件（承台、地梁等）的位置（即相对于轴线的定位尺寸）、尺寸、底标高、构件编号；当基础底标高不同时，还应绘出放坡示意。

（3）管沟、设备地坑和设备基础的平面位置、尺寸、标高，无地下室时 ±0.000 m 标高以下预留孔与埋件的位置、尺寸、标高。

（4）沉降要求及测点布置要求。

（5）地基持力层及基础进入持力层的深度，地基承载力特征值，基底及基槽回填土的处理措施与要求，以及对施工的有关要求等。

（6）桩基础应绘出桩平面位置及定位尺寸，并注明桩的类型和桩顶标高，桩端持力层及进入持力层的最小厚度，成桩的施工要求、试桩要求和桩基检测要求，桩的单桩极限承载力标准值（或单桩承载力特征值）。

（7）复合地基应注明地基处理的范围和深度，置换桩的平面位置及材料和性能要求、构造详图，复合地基承载力特征值及压缩模量等参数和检测要求。

（8）筏板基础的配筋、板厚及板面标高。

（9）后浇带的位置、宽度、封闭时间和封闭要求。

（10）基础墙体、墙垛、构造柱的定位尺寸。

（11）指北针。

3.2.2 基础详图

基础详图中应包括以下内容。

（1）无筋扩展基础应绘出剖面、基础圈梁、防潮层位置，并注明总尺寸、分尺寸、标高及定位尺寸等。

（2）扩展基础应绘出平面、剖面及配筋、基础垫层，并注明总尺寸、分尺寸、标高及定位尺寸等。

（3）桩基应绘出承台梁剖面或承台板平面、剖面、垫层、配筋，并注明总尺寸、分尺寸、标高及定位尺寸,且绘出桩身(包括锚桩及试桩)构造详图、桩与承台的连接构造详图等。

(4)筏基、箱基可参照现浇楼面梁、板详图的方法表示,但应绘出承重墙、柱的位置。设置后浇带时,应表示其平面位置并绘制构造详图。对箱基和地下室基础,应绘出钢筋混凝土墙的平面、剖面及其配筋和定位尺寸。当预留孔洞、预埋件较多或复杂时,可另绘出墙的模板图。

(5)基础梁可参照楼面梁详图方法表示。

(6)对形状简单、规则的无筋扩展基础、扩展基础、基础梁和承台详图,可用列表法表示。

(7)筏形基础也可采用《混凝土结构施工图平面整体表示方法制图规则和构造详图(独立基础、条形基础、筏形基础、桩基础)》(22G101-3)所示方法绘制,并在平面图上注明配筋要求。

(8)附加说明基础材料的品种、规格性能、抗渗等级、垫层材料、杯口填充材料、钢筋保护层厚度及其他对施工的要求。

3.3 上部结构施工图

3.3.1 各层结构平面图

扫一扫:结构平面图

上部结构各层结构平面图自下而上绘制,如连续几层有相同的平面,可统一成标准层(即连续几层只绘制一个平面,仅注明不同的层号和标高);如个别层有局部不同,也可只绘制局部不同处来表示该层平面。

各层结构平面图包括模板图和配筋图,当结构平面比较简单时,可合二为一;而较复杂的结构平面(如工业建筑中设备布置较多的楼面或屋面),模板图和配筋图应分别绘制。

1. 混凝土结构和砌体结构

混凝土结构和砌体结构的结构平面图中应包括以下内容。

(1)定位轴线,梁、柱、承重墙、抗震构造柱、楼梯柱等的定位尺寸及编号,楼层标高。梁一般按层编号,如1L-××,1指1层,××为梁编号;柱编号一般仅标注在首层结构布置图中,也可标注在基础平面图中。

(2)现浇板的板厚、板面标高、板配筋。通用的板厚及板面标高可在图名下说明,厨房、厕所及其他不同处另外标明。板配筋包括板的负筋、底筋、分布筋、外檐双向挑板角部钢筋、位置相对固定的轻隔墙下板内加筋。应标明配筋直径、间距、编号、定位尺寸等;跨度较大的板还应注明施工时的预拱度。

(3)现浇预应力混凝土板应绘出预应力筋定位图,并提出锚固要求。

(4)预制板的布置范围、跨度方向、选用型号、数量、板缝尺寸及配筋、现浇板带位置。

(5)预留孔洞的大小、定位尺寸、洞边加筋,位置相对固定的轻隔墙下板内加筋。

（6）在平面图上不能表达清楚的外檐细节要加剖面，并标明其剖切线位置及编号。

（7）砌体结构中预制梁、圈梁、洞口过梁的位置、编号以及梁底标高。

（8）楼梯间编号和所在详图号。

（9）屋面设备基础尺寸、定位尺寸及详图索引编号。

（10）屋面板结构找坡时应注明板的坡度、坡向、坡向起点和终点处的板面标高，以及女儿墙或女儿墙构造柱的位置、编号及详图。

2. 单层空旷结构

单层空旷结构的结构平面图包括构件布置图和屋面结构布置图，应分别包括以下内容。

（1）构件布置图应包括定位轴线，柱、墙、天桥、过梁、门樘、雨篷、柱间支撑、连系梁等的布置、编号、标高及详图索引号等，并加注有关说明。

（2）屋面结构布置图应包括定位轴线，屋面结构构件的位置及编号，支撑系统的布置及编号，预留孔洞的位置及尺寸，节点详图索引号等，并加注有关说明。

3. 钢结构

钢结构的结构平面图中应包括以下内容。

（1）各层楼面（屋面）布置图应注明定位关系、标高、构件（可用单线绘制）的位置及编号、节点详图索引号等。

（2）必要时应绘制檩条、墙梁布置图和关键剖面图。

（3）空间网架应绘制上、下弦杆和关键剖面图。

3.3.2　钢筋混凝土构件详图

目前，现浇钢筋混凝土构件（梁、柱、剪力墙）一般采用《混凝土结构施工图平面整体表示方法制图规则和构造详图（现浇混凝土框架、剪力墙、梁、板）》（22G101-1）所示方法绘制，其要求详见该图集。

需要单独绘制详图的构件应包括以下内容。

1. 现浇钢筋混凝土梁

梁详图包括梁的纵向配筋剖面图和横向配筋剖面图（截面图）。

（1）纵向配筋剖面图中应标明梁的跨度及支座尺寸、梁顶或梁底标高。

①纵筋及腰筋的直径、根数，支座负筋的断点位置，纵筋伸入支座的锚固长度。

②箍筋的直径、根数、肢数（梁宽大于 350 mm 时，应采用四肢箍），箍筋加密区长度等。

③集中荷载和次梁作用处的附加箍筋或吊筋，宜优先采用附加箍筋，但次梁作用在梁顶时不必加附加箍筋。

（2）截面图中应标明梁与轴线的关系、梁顶或梁底标高、纵筋、箍筋、腰筋、拉筋等。

①折梁内折角处的配筋应符合《混凝土标准》第 9.1.12 条的相关要求。

②曲梁或平面折梁宜绘制平面图，必要时应绘制展开详图。

③集中荷载和次梁作用处的附加横向钢筋（箍筋或吊筋），宜优先采用附加箍筋，但次梁作用在梁顶时不必加附加横向钢筋。

2. 现浇钢筋混凝土柱

柱详图包括柱的纵向配筋剖面图和横向配筋剖面图(截面图)。

(1)纵向配筋剖面图中应标明柱与轴线的关系(偏心)、楼层及柱顶标高、纵筋、箍筋。

①纵筋的直径、根数,钢筋连接点的位置,柱顶纵筋伸入梁内的锚固长度。

②箍筋的直径、根数、肢数(梁宽大于 350 mm 时,应采用四肢箍),箍筋加密区长度等。

(2)截面图中应标明柱在两个主轴方向与轴线的关系(偏心)、纵筋、箍筋、拉筋等。

3. 现浇钢筋混凝土剪力墙

剪力墙详图包括墙的水平配筋剖面图和墙立面图。

(1)墙的水平配筋剖面图中应标明墙与柱及轴线的关系(偏心),边缘构件的范围、配筋,墙身水平钢筋和竖向钢筋的直径、根数,墙身水平钢筋伸入边缘构件的锚固长度。

(2)墙立面图中应标明边缘构件的范围、配筋,墙身水平钢筋和竖向钢筋的直径、根数,楼层标高,洞口的定位尺寸,洞口边缘加筋等。

4. 预制现浇钢筋混凝土构件

预制现浇钢筋混凝土构件详图包括构件模板图和构件配筋图。

(1)构件模板图应标明模板尺寸、轴线关系、预留孔洞及预埋件位置 / 尺寸 / 编号和必要的标高等;后张预应力构件还需标明预留孔道的定位尺寸、张拉端、锚固端等。

(2)构件配筋图与现浇构件的配筋要求相同。

3.3.3 钢构件详图和节点详图

钢构件详图和节点详图中应包括以下内容。

(1)简单的钢梁、钢柱、钢支撑可用统一的详图和列表法表示,并应注明构件的钢材牌号、尺寸、规格、加劲肋做法,以及连接节点详图、施工安装要求。

(2)格构式钢梁、钢柱、钢支撑应绘制平、剖面图(必要时加立面图),并应注明定位尺寸、分尺寸、总尺寸,以及单构件型号、规格、组装节点和其他构件连接详图。

(3)钢构件加工制作图一般由加工制作单位完成,应包括组成结构构件的零件大样图、标准细部尺寸、材质要求、加工精度、工艺流程要求、焊缝质量等级等,一般宜对零件进行编号,并考虑运输和安装能力确定构件的分段和设计拼接节点。

3.3.4 其他详图

1. 楼梯详图

楼梯详图包括楼梯平面图、剖面图及梯板(梯梁)详图。

(1)楼梯平面图一般是从各层窗台标高附近剖切得到的水平投影图,其中应包括楼梯及梯柱的定位尺寸,梯板和梯梁的编号,上、下行方向指示,踏步面宽和梯段总水平长度,楼面和休息平台板面标高,休息平台板的板厚和配筋等。

(2)楼梯剖面图中应包括楼梯的定位尺寸,梯板的厚度和编号,梯梁的编号,踏步面宽和梯段总水平长度,踏步高度和梯段总高度,楼面和休息平台板面标高等。

(3)梯板详图包括板底和板面的纵筋直径、根数,钢筋弯折点、断点的位置,钢筋锚入支座的长度以及分布钢筋等。

现浇混凝土板式楼梯详图也可采用《混凝土结构施工图平面整体表示方法制图规则和构造详图(现浇混凝土板式楼梯)》(22G101-2)所示方法绘制。

2. 电梯详图

电梯详图包括底坑、井道、机房平面图以及井道剖面图。电梯选型确定后,机房平面图主要应标注各种预留孔洞的位置及大小,其他与一般楼面结构布置要求相同;井道剖面图应标注各停靠站门口标高、固定导轨的腰梁位置、机房顶的检修吊钩等。

3. 预埋件详图

预埋件详图应绘制预埋件平面、侧面,并注明尺寸以及钢材和锚筋的规格、型号、性能和焊接要求。

思考题

1. 结构设计的内容包括哪些？
2. 了解结构设计的设计阶段和主要流程。
3. 结构布置的原则是什么？
4. 如何确定结构底部的嵌固端？
5. 建筑层与结构层的概念有何异同？
6. 如何确定基础埋置深度？
7. 结构分析应遵循哪些原则？
8. 如何将实际结构简化为结构分析模型？
9. 了解结构施工图的内容和深度要求。
10. 结构设计的方法有哪些？如何正确运用各种结构设计方法？

第 2 篇　梁板结构设计

混凝土梁板结构是工业与民用建(构)筑物中常用的结构,如楼盖、屋盖、阳台、雨篷、楼梯、水池的底板和顶板、扶壁式挡土墙、板式基础、桥面结构等,如图 0-1 所示。

建筑工程中的楼(屋)盖是最典型的梁板结构,主要承担楼(屋)面上的使用荷载,并将荷载传至承重结构(梁、墙及柱),再由承重结构传至基础及地基。

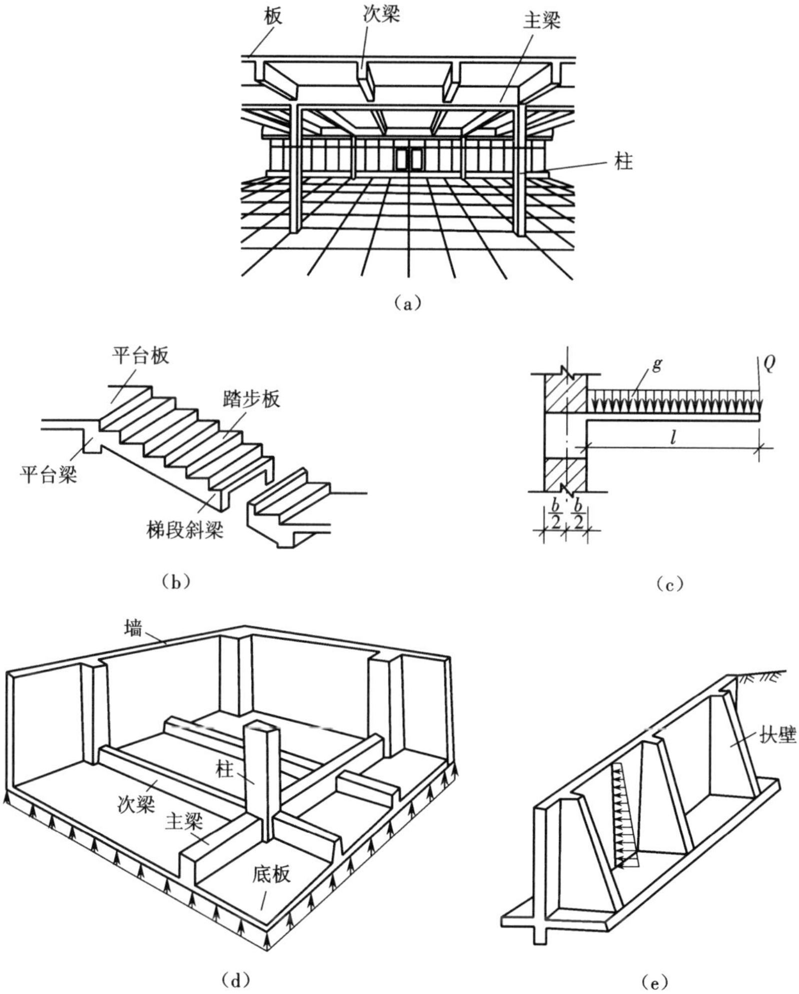

图 0-1　混凝土梁板结构

(a)肋梁楼盖　(b)梁式楼梯　(c)雨篷　(d)地下室底板　(e)扶壁式挡土墙

第4章 概 述

4.1 楼盖的结构类型

楼盖是房屋结构中重要的组成部分，在整个结构的材料用量和造价方面所占比重较大。因此，合理选择楼盖形式、正确进行设计，将会对整个房屋的使用和技术经济指标带来有利影响。

楼盖的结构类型有以下三种分类方法。

1. 按施工方法分类

混凝土楼盖按施工方法可分为装配式、装配整体式和现浇式三种。

装配式楼盖采用混凝土预制件在现场安装连接而成，便于工业化生产和机械化施工，一般用于多层建筑中，可减轻劳动强度、提高生产率、减少现场湿作业。装配式楼盖有铺板式、无梁式和密肋式等多种形式，其中铺板式楼盖的应用最为广泛，但是这种楼盖整体性、抗震性能及防水性能较差，而且不便于开设孔洞，还容易产生干缩裂缝。

装配整体式楼盖是将混凝土预制板或者预制梁现场装配完成后采用一些附加的措施连接而成的，如在板面浇筑钢筋混凝土整浇层形成的楼盖，就是利用预制部分作为现浇部分混凝土的模板，这样不仅能节省模板和减少现场工作，而且其结构整体性也较好，如图 4-1 所示。

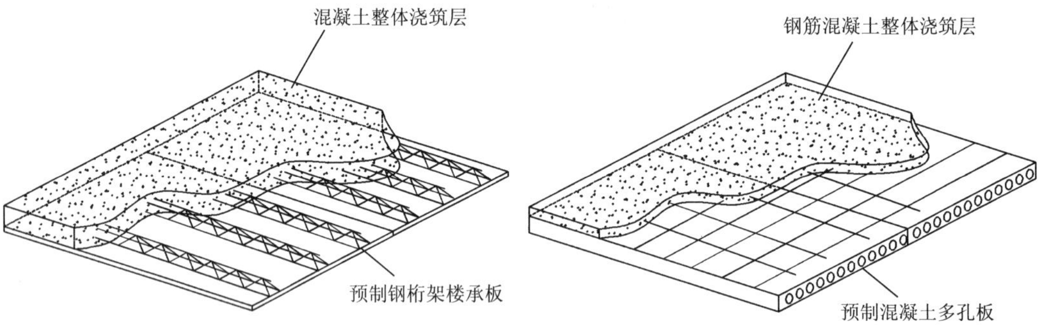

图 4-1 装配整体式楼盖

目前使用较多的楼盖是现浇式混凝土楼盖，其刚度大，整体性、抗震性能及防水性能都比较好，适用于各种特殊的情况，如有较重的集中设备荷载或有较复杂的孔洞，有振动荷载作用，平面布置不规则，高层建筑以及抗震结构等。这种楼盖的缺点是需要现场支模和铺设钢筋，现场的工作量大，且工期较长。

2. 按结构形式分类

混凝土楼盖按结构形式可分为肋梁楼盖、井格梁楼盖、密肋楼盖、无梁楼盖及扁梁楼盖，如图 4-2 所示。

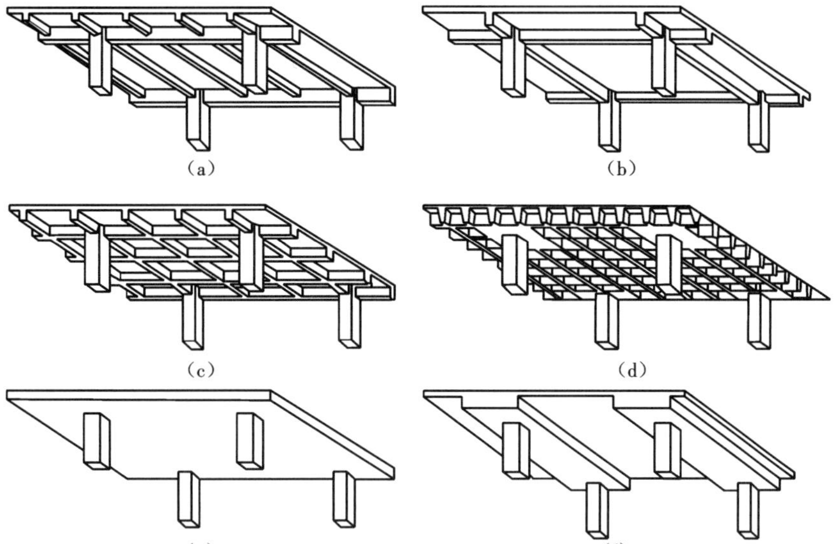

图 4-2　混凝土楼盖按结构形式分类

(a)单向板肋梁楼盖　(b)双向板肋梁楼盖　(c)井格梁楼盖　(d)双向密肋楼盖　(e)无梁楼盖　(f)扁梁楼盖

用梁将楼板分成多个区格，从而形成整浇的连续板和连续梁，由于板厚也是梁高的一部分，故梁的截面形状为 T 形。这种由梁、板组成的现浇楼盖，通常称为肋梁楼盖。依据板区格平面尺寸比的不同，肋梁楼盖又可分为单向板肋梁楼盖和双向板肋梁楼盖，如图 4-2(a)和(b)所示。

当所形成的板区格为正方形或接近正方形时，两个方向的梁截面相同，不分主梁和次梁，共同承受板传来的荷载，这种楼盖称为井格梁楼盖，如图 4-2(c)所示。

当梁间距较密而梁高较小时，形成的楼盖称为密肋楼盖。根据梁的布置情况，密肋楼盖又可分为单向密肋楼盖和双向密肋楼盖(图 4-2(d))。

特殊情况下，也可不设梁，而将板直接支承在柱上，这种楼盖称为无梁楼盖，如图 4-2(e)所示。无梁楼盖与柱可构成板柱结构体系，在柱的上端通常需设置柱帽。

为提高无梁楼盖的刚度，可在柱上设置宽度较大而梁高较小的扁梁，从而形成扁梁楼盖，如图 4-2(f)所示。

3. 按施加应力情况分类

混凝土楼盖按施加应力情况可分为钢筋混凝土楼盖和预应力混凝土楼盖两种。预应力混凝土楼盖可有效减轻结构自重，降低建筑物层高，增大楼板跨度，减少裂缝的产生和发展。目前，在高层建筑和大跨度楼盖中使用较多的是后张无粘结预应力混凝土平板楼盖。

4.2　荷载传递与分配原则

在整体式梁板结构中，其两个方向均为简支的正交梁系，如图 4-3 所示。设有集中荷载 P 作用于该正交梁系跨度的中点处，x 和 y 两个方向梁所承担的荷载分别为 P_x、P_y，则有

$$P = P_x + P_y \tag{4-1}$$

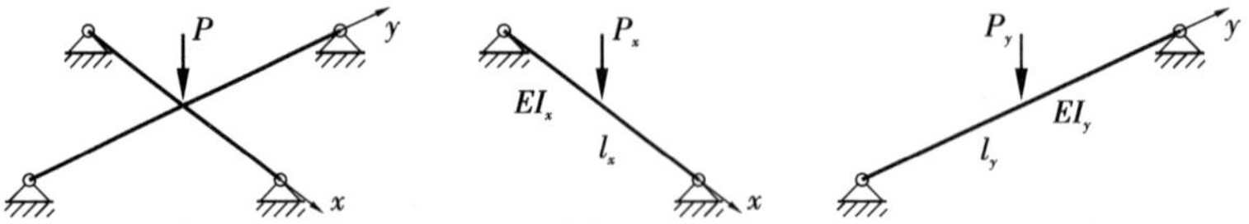

(a) (b) (c)

图 4-3 正交梁系的荷载传递

(a)正交梁系计算简图 (b)x方向梁计算简图 (c)y方向梁计算简图

根据变形协调条件,梁系跨中相交处的挠度必然相等,即

$$f_x = f_y = \frac{P_x l_x^3}{48EI_x} = \frac{P_y l_y^3}{48EI_y} \tag{4-2}$$

因此,有

$$\frac{P_x}{P_y} = \left(\frac{l_y}{l_x}\right)^3 \frac{EI_x}{EI_y} \tag{4-3}$$

由式(4-1)及式(4-3),可得

$$\begin{cases} P_x = \dfrac{P}{1+\left(\dfrac{l_x}{l_y}\right)^3 \dfrac{EI_y}{EI_x}} \\ P_y = \dfrac{P}{1+\left(\dfrac{l_y}{l_x}\right)^3 \dfrac{EI_x}{EI_y}} \end{cases} \tag{4-4}$$

式中 l_x, l_y——x 方向和 y 方向梁的计算跨度;

f_x, f_y——x 方向和 y 方向梁在跨中相交处的位移;

EI_x, EI_y——x 方向和 y 方向梁的截面抗弯刚度。

由式(4-4)可知,两个方向梁所承担的荷载与梁的跨度比 l_x/l_y 和截面抗弯刚度比 EI_x/EI_y 有关。在式(4-4)中,若假定 EI_x/EI_y=1.0,则 P_x/P(P_y/P)随 l_x/l_y 的变化如图 4-4(a)所示;若假定 l_x/l_y=1.0,则 P_x/P(P_y/P)随 EI_x/EI_y 的变化如图 4-4(b)所示。

由图 4-4(a)可知,当两个方向梁的截面抗弯刚度相等时,随着 l_x/l_y 的增大,短跨 l_y 方向梁分担的荷载 P_y 在总荷载 P 中所占的比例迅速增大,而长跨 l_x 方向梁分担的荷载 P_x 在总荷载 P 中所占的比例迅速减小。这就是荷载最短路径传递原则。

由图 4-4(b)可知,当两个方向梁的计算跨度相等时,随着 EI_x/EI_y 的增大,x 方向梁分担的荷载 P_x 在总荷载 P 中所占的比例逐渐增大,而 y 方向梁分担的荷载 P_y 在总荷载 P 中所占的比例逐渐减小,这种变化近似为线性关系。这就是荷载按刚度分配原则。

4.3 单向板和双向板的概念

严格意义上的单向板指单向受力的板。其特征是在板面荷载的作用下,两支座之间宽

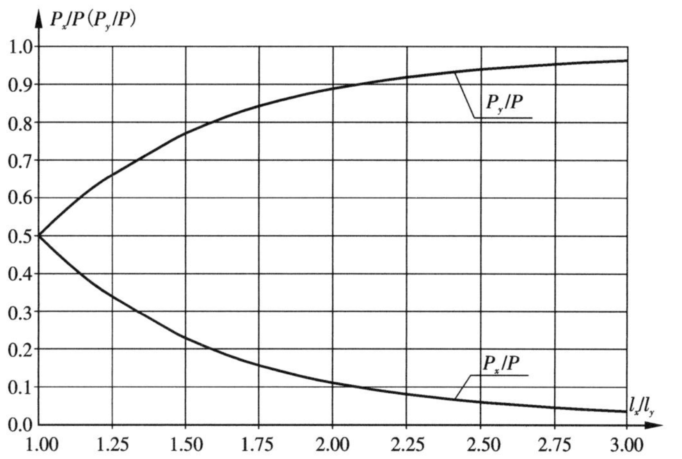

(a)

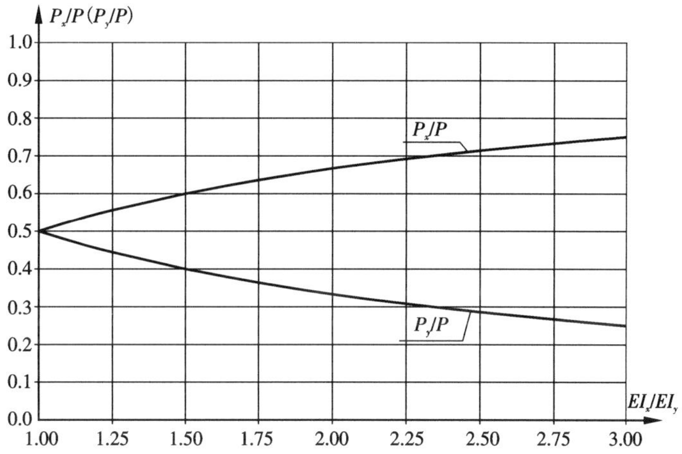

(b)

图 4-4　P_x/P(P_y/P)随梁的跨度比 l_x/l_y 和截面抗弯刚度比 EI_x/EI_y 的变化

(a)EI_x/EI_y=1.0 时,P_x/P(P_y/P)随 l_x/l_y 的变化　(b)l_x/l_y =1.0 时,P_x/P(P_y/P)随 EI_x/EI_y 的变化

度相同的板带的弯曲形状相同,且各板带的弯矩也相等;而平行于支座边方向的板带则没有弯曲,也就没有弯矩,即单向板是单向受弯的板。两对边简支的板(如预制楼板、板式楼梯的踏步板),在板面均布面荷载或平行于支座边的均布线荷载作用下,其弯曲变形属于单曲型,则为典型的单向板(图 4-5(a)和(b));但在板面集中荷载的作用下,其弯曲变形属于双曲型,则不属于单向板(图 4-5(c))。

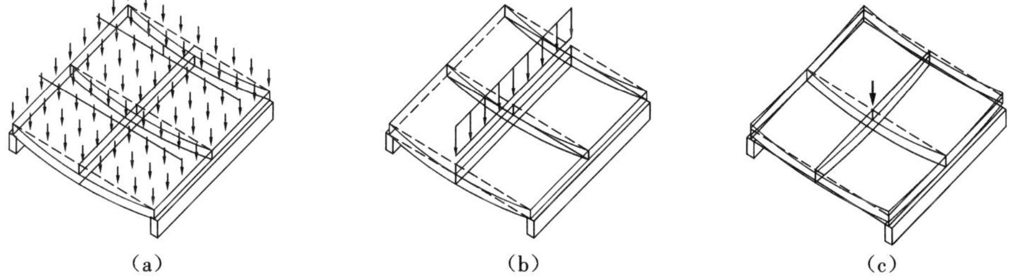

(a)　(b)　(c)

图 4-5　两对边简支板的变形

(a)均布面荷载作用下板的变形　(b)均布线荷载作用下板的变形　(c)集中荷载作用下板的变形

在实际工程中,绝大部分现浇式钢筋混凝土楼盖是四边简支板。这时,板面荷载将通过板的双向受弯传给四周的支承边。为便于设计,通常根据两个方向的尺寸比将板划分成单向板和双向板。当板上荷载主要沿短跨方向传递给支承构件,而沿长跨方向传递的荷载可忽略不计时,这种主要沿短跨方向弯曲的板称为单向板;当沿长跨方向传递的荷载不能忽略时,这种在两个方向弯曲的板称为双向板。

图4-6所示的四边简支板受均布荷载 q 的作用。在该板中央沿两个方向各取单位宽度的板带,设两个方向的跨度 $l_x \geq l_y$,沿长跨方向和短跨方向传递的荷载分别为 q_x 和 q_y,则有

$$q = q_x + q_y \tag{4-5}$$

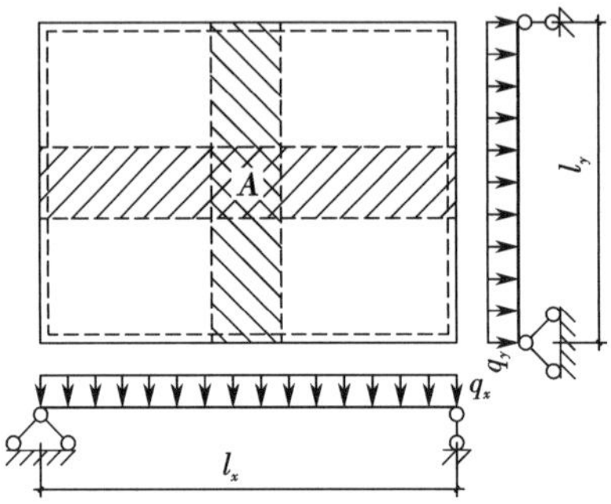

图4-6 四边简支板计算简图

当不考虑相邻板带的影响时,两个板带交叉点 A 处的挠度必然相等,即

$$f = \frac{5q_x l_x^4}{384EI} = \frac{5q_y l_y^4}{384EI} \tag{4-6}$$

因此,有

$$\frac{q_x}{q_y} = \left(\frac{l_y}{l_x}\right)^4 \tag{4-7}$$

由式(4-5)及式(4-7),可得

$$\begin{cases} q_x = \dfrac{q}{1 + (l_x/l_y)^4} \\ q_y = \dfrac{q}{1 + (l_y/l_x)^4} \end{cases} \tag{4-8}$$

由式(4-8)可知,板带所分配到的荷载 q_x、q_y 与板带的长短跨度比 l_x/l_y 有关。q_x/q 和 q_y/q 随板带的长短跨度比 l_x/l_y 的变化遵循荷载最短路径传递原则,如图4-7所示。

当 l_x/l_y=3时,q_x=0.012q、q_y=0.988q,均布荷载主要沿短跨 l_y 方向传递到长边上;沿长跨 l_x 方向传递到短边上的荷载不到总荷载的1.5%,显然可忽略不计。

当 l_x/l_y=2时,q_x=0.059q、q_y=0.941q,均布荷载主要沿短跨 l_y 方向传递到长边上,但沿长跨 l_x 方向传递到短边上的荷载上升至总荷载的约6%。

当 l_x/l_y=1.5时,q_x=0.165q、q_y=0.835q,荷载传递表现出明显的双向性。

因此,《混凝土标准》有以下规定。

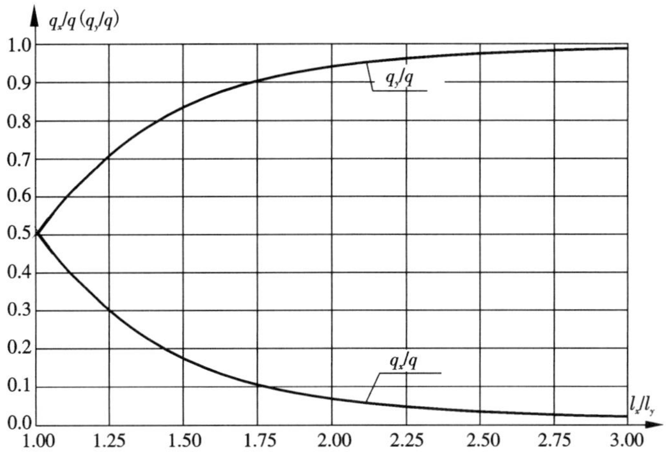

图 4-7　板的荷载传递与长短跨度比 l_x/l_y 的关系

(1)两对边支承的板应按单向板计算。

(2)四边支承的板,当 $l_x/l_y \leq 2$ 时,应按双向板计算;当 $2<l_x/l_y<3$ 时,宜按双向板计算;当 $l_x/l_y \geq 3$ 时,可按沿短跨 l_y 方向受力的单向板计算。

根据以上分析及荷载最短路径传递原则,在肋梁楼盖设计中,对于单向板,通常沿板跨中将均布面荷载传递给板两长边的支承梁(墙),而忽略传递给板两短边的支承梁(墙)的荷载,如图 4-8(a)所示;对于双向板,一般近似按图 4-8(b)所示的 45° 线划分,将均布面荷载传递给邻近的支承梁(墙)。

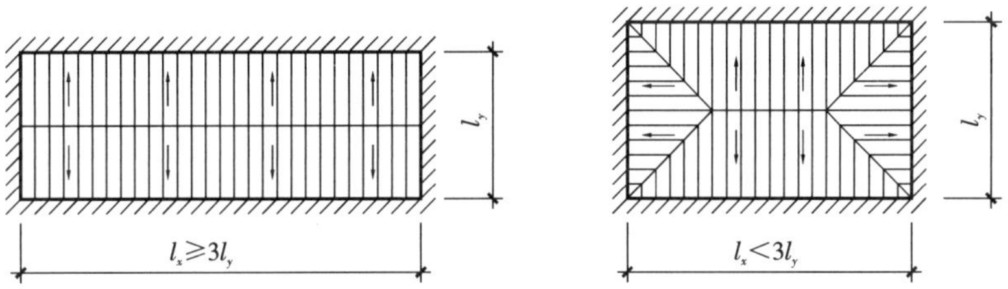

(a)　(b)

图 4-8　均布面荷载作用下板的荷载传递

(a)单向板　(b)双向板

4.4　主梁和次梁的概念

在整体式梁板结构布置中,经常提及主梁和次梁。下面以图 4-9 为例,说明主梁和次梁的概念。

图 4-9(a)所示为两个方向均为简支的正交梁系,在 x 方向梁 AB 上均布荷载 q 的作用下,假设正交梁系 AB 和 CD 在交点 M 处存在相互的作用力 R_M,则可得到如图 4-9(b)和(c)所示的基本体系。

根据梁系在 M 点处的变形协调条件, x 方向梁 AB 和 y 方向梁 CD 在跨中相交点处的挠度相等,即 $f_x=f_y$,故有

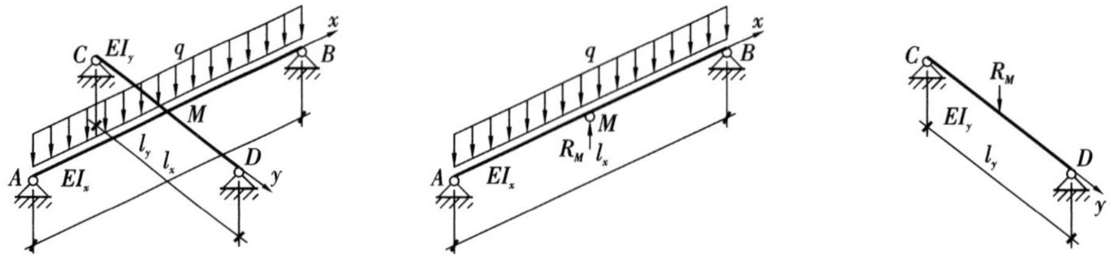

图 4-9 主梁和次梁的概念

(a)正交梁系 (b)x 方向梁计算简图 (c)y 方向梁计算简图

$$\frac{5ql_x^4}{384EI_x}-\frac{R_M l_x^3}{48EI_x}=\frac{R_M l_y^3}{48EI_y} \tag{4-9}$$

可得

$$R_M=\frac{5ql_x}{8}\cdot\frac{1}{1+\dfrac{EI_x}{EI_y}\left(\dfrac{l_y}{l_x}\right)^3} \tag{4-10}$$

因此,梁 AB 和梁 CD 在 M 点处的弯矩分别为

$$M_{M,AB}=\frac{1}{8}ql_x^2-\frac{1}{4}R_M l_x=\frac{1}{8}ql_x^2\cdot\left[1-\frac{5}{4}\cdot\frac{1}{1+\dfrac{EI_x}{EI_y}\left(\dfrac{l_y}{l_x}\right)^3}\right] \tag{4-11a}$$

$$M_{M,CD}=\frac{1}{4}R_M l_y=\frac{5}{32}ql_x l_y\cdot\frac{1}{1+\dfrac{EI_x}{EI_y}\left(\dfrac{l_y}{l_x}\right)^3}=\frac{1}{8}ql_x^2\cdot\frac{5}{4}\cdot\frac{1}{1+\dfrac{EI_x}{EI_y}\left(\dfrac{l_y}{l_x}\right)^2} \tag{4-11b}$$

令 $M_0=\frac{1}{8}q\left(\frac{1}{2}l_x\right)^2$,则式(4-11a)和式(4-11b)可分别简化为

$$M_{M,AB}=M_0\cdot\frac{4\cdot\dfrac{EI_x}{EI_y}\left(\dfrac{l_y}{l_x}\right)^3-1}{\dfrac{EI_x}{EI_y}\left(\dfrac{l_y}{l_x}\right)^3+1} \tag{4-12a}$$

$$M_{M,CD}=M_0\cdot\frac{5}{1+\dfrac{EI_x}{EI_y}\left(\dfrac{l_y}{l_x}\right)^2} \tag{4-12b}$$

式中 l_x,l_y——x 方向和 y 方向梁的计算跨度;

EI_x,EI_y——x 方向和 y 方向梁的截面抗弯刚度。

由式(4-12a)和式(4-12b)可知,x 方向梁 AB 在跨中 M 点的弯矩与梁的跨度比 l_y/l_x 和截面抗弯刚度比 EI_x/EI_y 有关,并可得到以下结论。

(1)若 EI_x/EI_y 一定,当 $l_y/l_x\to+\infty$ 时,则 $M_{M,AB}=4M_0=ql_x^2/8$,$M_{M,CD}=0$,即梁 AB 是以 A 和 B

为支座、跨度为 l_x 的单跨简支梁，梁 CD 不受力。

（2）若 EI_x/EI_y 一定，当 $l_y/l_x \to 0$ 时，则 $M_{M,\ AB}=-M_0$，即梁 AB 是以 A 和 B 为边支座、以 M 为中间支座、跨度为 $l_x/2$ 的两跨连续梁，荷载由梁 AB 传递至梁 CD。由式（4-10）可得，梁 CD 承担的荷载 $R_M=5ql_x/8$，弯矩 $M_{M,\ CD}=5M_0$，即梁 CD 是梁 AB 的支座。此时，将 x 方向梁 AB 称为连续次梁，y 方向梁 CD 称为主梁，且主梁是连续次梁的支座。

（3）若 l_y/l_x 一定，当 $EI_x/EI_y \to +\infty$ 时，则同样有 $M_{M,\ AB}=4M_0=ql_x^2/8$，$M_{M,\ CD}=0$；当 $EI_x/EI_y \to 0$ 时，也同样有 $M_{M,AB}=-M_0$，$M_{M,CD}=5M_0$。

上述结论是该正交梁系的两种极端情况。在实际工程中，主梁 CD 的跨高比（l_y/h_y）一般取 8~12，连续次梁 AB 的跨高比（$0.5l_x/h_x$）一般取 14~18，按式（4-12a）可得 $M_{M,\ AB} \approx -0.80M_0$。由此可知，由于主梁的抗弯刚度有限，因此会产生一定的挠度变形，导致连续次梁在中间支座（主梁）处的实际负弯矩小于计算值，而跨中实际正弯矩则大于计算值，尽管这一误差并不是很大，但在配筋中也应予以考虑。

4.5　楼盖结构平面布置

现浇式楼盖结构平面布置就是在建筑平面上进行梁、板的布置。梁、板布置应力求对称、等跨、等截面，并符合模数要求。在满足使用要求的情况下，梁、板布置应符合经济跨度的原则，以保证楼盖设计的经济合理。根据实践经验，梁、板的经济跨度大致如下：单向板为 2~3 m，双向板为 3~5 m，次梁为 4~7 m，主梁为 5~8 m。

4.5.1　板

板的跨厚比应在满足承载力和正常使用要求的前提下，按经济合理的原则根据表 4-1 确定；同时，考虑防火、防爆、预埋管线等要求，现浇钢筋混凝土板的最小厚度不应小于表 4-2 的规定。当荷载、跨度较大时，板的跨厚比宜适当减小。

表 4-1　按挠度控制板的最大跨厚比

楼盖形式	肋梁楼盖		双向密肋楼盖	无梁楼盖		悬臂板
	单向板	双向板		有柱帽	无柱帽	
最大跨厚比 l/h	30	40	20	35	30	12

注：h 为板厚，l 为板的跨度或悬臂长度。

表 4-2　现浇钢筋混凝土板的最小厚度

板的类别		最小厚度（mm）	板的类别		最小厚度（mm）
实心楼板		80	实心屋面板		100
密肋楼盖	面板	50	悬臂板（根部）	悬臂长度不大于 500 mm	80
	肋高	250		悬臂长度 500~1 000 mm	100
无梁楼板		150	现浇空心楼盖		200

4.5.2 梁

进行结构方案布置时,一般先按经验假定梁的截面尺寸(表4-3),再根据实际受力和施工要求进行调整,其中应注意以下问题。

表4-3 按经验估算梁的截面尺寸

梁的类型	梁的类别	梁高 h	梁宽 b
整体浇筑的T形梁	主梁	$(1/12\sim1/8)l$	$(1/3\sim1/2)h$,且$\geqslant$250 mm
	次梁	$(1/18\sim1/14)l$	$(1/3\sim1/2)h$,且$\geqslant$200 mm
	井格梁	$(1/20\sim1/15)l$	$(1/4\sim1/3)h$,且$\geqslant$250 mm
	悬臂梁	$(1/8\sim1/6)l$	$(1/3\sim1/2)h$

注:l为梁的跨度或悬臂长度。

1. 受力合理

在楼(屋)面上有机器设备、冷却塔、悬吊装置和隔墙等荷载较大部位,宜设置次梁;当条件允许时,主梁跨内最好设置两根及以上次梁,以减小主梁跨内弯矩分布的不均匀性;当楼板上开有较大尺寸(大于1 000 mm)的洞口时,应在洞边设置小梁。

2. 满足建筑要求

当不设吊顶时,房间内梁的布置宜有规律,避免凌乱,否则影响美观;也可不设梁,采用厚板处理。当周边需设梁时,应结合门、窗过梁综合考虑。

3. 施工方便

梁的截面类型不宜过多,梁的截面尺寸应考虑支模方便,特别是采用钢模板时。

按施工要求,次梁应穿过主梁,因此次梁的截面高度至少应比主梁小50 mm;同样,纵向梁与横向梁的高度也应相差至少50 mm。当需加大次梁的截面高度时,应相应增加主梁的截面高度。

为了便于施工,梁的高度和宽度宜按50 mm进位;当梁高超过1 m时,宜按100 mm进位。但在砌体结构中,梁(包括圈梁和过梁)的宽度、高度应符合砌体的模数。

为充分利用梁的截面高度,减少钢筋的排数,主梁的截面宽度不宜小于250 mm,通常取300 mm,而次梁的截面宽度可取200 mm或250 mm。

此外,对荷载较大及正常使用时变形要求较高的梁,还需验算挠度和裂缝宽度。

第 5 章　单向板肋梁楼盖

单向板肋梁楼盖有两种结构布置方案，即次梁沿纵向布置和次梁沿横向布置，如图 5-1 所示。梁格布置应尽可能规整，使梁、板跨度相等或接近，以便于统一梁、板截面尺寸，简化设计、方便施工，取得较好的经济效益和建筑效果。

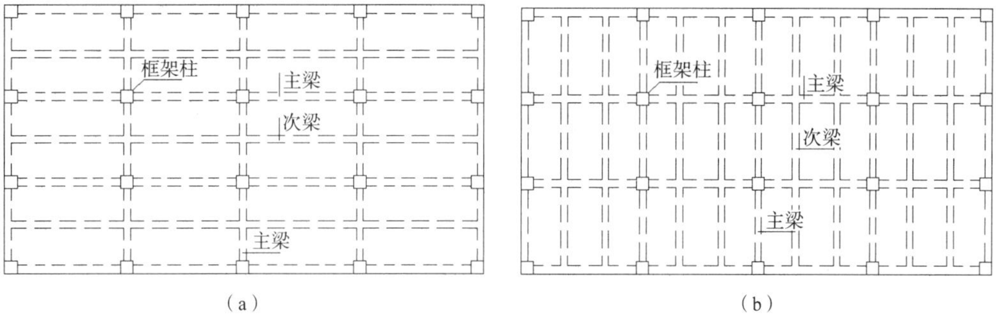

图 5-1　单向板肋梁楼盖结构布置方案

(a)次梁纵向布置方案　(b)次梁横向布置方案

本章及以后章节中的“墙”均指“钢筋混凝土剪力墙”，其他类型墙体按定义说明。

5.1　计算简图

5.1.1　计算假定

在单向板肋梁楼盖中，板可看作以次梁为中间支座和以边梁(墙)为边支座的多跨连续梁(梁宽为 1 m)；次梁可看作以主梁为中间支座和以边梁(墙)为边支座的多跨连续梁；主梁则是以柱为中间支座和以墙(或柱)为边支座的多跨连续梁。为简化内力计算，通常做以下计算假定。

(1)梁在支座处可以自由转动，但无竖向位移。梁在支座处可以自由转动，即忽略了次梁对板、主梁对次梁的约束，该误差通过“折算荷载”加以消除。支座处没有竖向位移，实质上是忽略了次梁的竖向变形对板的影响、主梁的竖向变形对次梁的影响以及柱的竖向变形对主梁的影响。

(2)不考虑薄膜效应对板内力的影响。薄膜效应的存在将减小竖向荷载产生的弯矩，这种有利作用在计算板内力时忽略不计，但在配筋计算时可根据不同的支座约束条件，通过对板的计算弯矩进行折减加以考虑。

(3)构件传至支座的荷载按简支条件计算，且忽略其连续性。对于板和次梁，不论其支承端是剪力墙还是钢筋混凝土梁，均可简化成集中于一点的支承连杆，以简化计算，并通过构造考虑实际约束的影响。主梁应根据梁与柱的抗弯线刚度比值确定支座约束条件,如果梁与柱的抗弯线刚度比值较大(如大于5),近似计算时可将主梁视为铰支于钢筋混凝土柱上的连续梁进行计算,否则应视为刚接,并按框架计算(详见第4篇)。

(4)实际跨数小于或等于五跨时,按实际跨数计算;实际跨数大于五跨且跨差小于10%时,按五跨计算。对等跨连续梁,实际跨数大于五跨时,中间各跨的内力与第三跨非常接近,为简化计算,中间各跨的内力与配筋均按第三跨处理。

5.1.2 荷载与计算单元

楼盖荷载可分为永久荷载(恒载)和可变荷载(活载)两种,恒载包括板(梁)自重、建筑构造层重量、固定设备重量等;活载包括使用荷载(人群、堆料)和临时性设备重量等。

图5-2所示为承受均布荷载的单向板肋梁楼盖,板的计算单元取1 m宽板带,次梁和主梁均取具有代表性的一根梁。

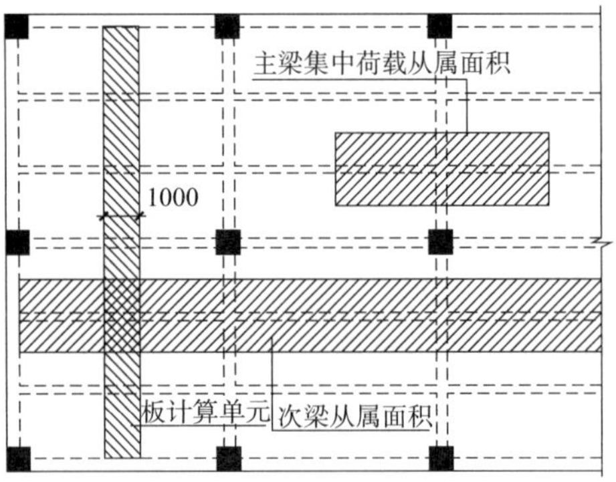

图5-2 梁、板的计算单元

在计算主、次梁上的荷载时,根据计算假定(3),可忽略板或次梁连续性的影响,按简支传递考虑。

次梁和主梁上的荷载取其从属面积上的荷载,梁的从属面积指该梁与其两侧相邻梁间距的一半范围内的面积(图5-2)。

板主要承受均布面荷载;次梁主要承受均布线荷载;主梁则主要承受由次梁传来的集中荷载,一般主梁自重所占比重不大,可将其换算成集中荷载加到次梁传来的集中荷载内。次梁和主梁上承托的墙体重量,一般按均布线荷载考虑。

根据极限状态设计法,在承载能力极限状态设计中,应采用荷载效应的基本组合。一般可近似认为荷载与荷载效应之间具有线性关系,因此在楼盖设计中可将荷载标准值转化为荷载设计值来计算荷载效应的基本组合值。荷载设计值取值如下:

$$\begin{cases} G = \gamma_G G_k \\ Q = \gamma_Q Q_k \\ P = \gamma_P S_P \end{cases} \tag{5-1}$$

式中 G、G_k——恒载设计值和恒载标准值;

Q、Q_k——活载设计值和活载标准值,计算作用于梁上的荷载时,若楼面梁的从属面积较大，应对活载标准值进行折减，活载标准值和折减系数应根据《荷载规范》的规定确定；

P、S_P——预应力作用设计值和预应力作用有关代表值；

γ_G——恒载效应分项系数，按表 5-1 取值；

γ_Q——活载效应分项系数，按表 5-1 取值；

γ_P——预应力作用分项系数，按表 5-1 取值。

表 5-1　建筑结构的作用(效应)分项系数

作用(效应)类型	分项系数	当作用(效应)对承载力不利时	当作用(效应)对承载力有利时
恒载效应	γ_G	1.3	$\leqslant 1.0$
预应力作用	γ_P	1.3	$\leqslant 1.0$
活载效应	γ_Q	1.5	0

5.1.3　计算跨度

梁、板的计算跨度 l_0 指内力计算时采用的跨间长度，其在理论上是该跨两端支座转动点之间的距离。

钢筋混凝土连续梁、板计算跨度 l_0 的确定与内力计算方法、支承条件有关。内力计算可采用两种计算方法，即按弹性理论计算和按考虑塑性内力重分布方法计算；支承条件包括支座的实际尺寸、构造做法以及对构件的约束情况，如图 5-3 所示。表 5-2 给出了不同条件下梁、板计算跨度 l_0 的确定方法。

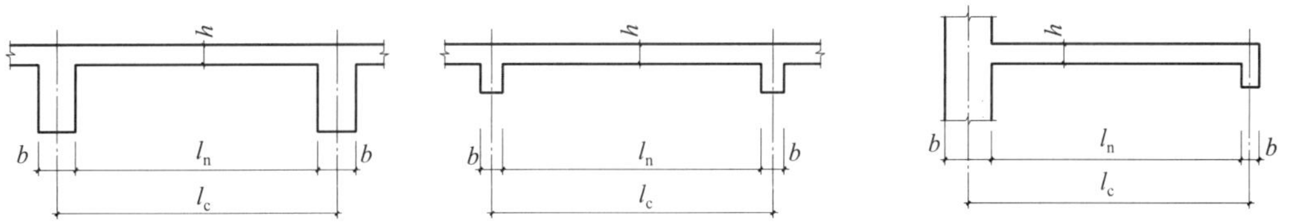

(1)两端与刚度较大的梁(墙)连接　(2)两端与刚度较小的梁(墙)连接　(3)一端与刚度较大的梁(墙)连接，另一端与刚度较小的梁(墙)连接

(a)

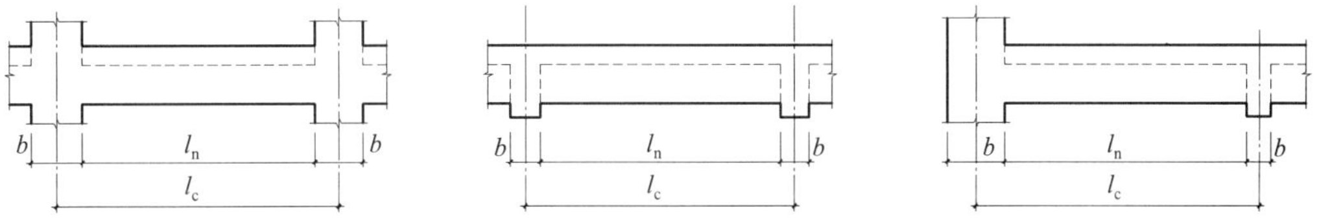

(1)两端与刚度较大的柱(梁、墙)连接　(2)两端与刚度较小的柱(梁、墙)连接　(3)一端与刚度较大的柱(梁、墙)连接，另一端与刚度较小的柱(梁、墙)连接

(b)

图 5-3　梁、板的支承条件

(a)板的支承条件　(b)梁的支承条件

表 5-2 不同条件下梁、板的计算跨度 l_0

板			梁		
支承条件	按弹性理论计算	按考虑塑性内力重分布方法计算	支承条件	按弹性理论计算	按考虑塑性内力重分布方法计算
(1)两端与刚度较大的梁(墙)连接	l_c	l_n	(1)两端与刚度较大的柱(梁、墙)连接	l_c	l_n
(2)两端与刚度较小的梁(墙)连接	$\min\begin{cases}l_n+h\\l_c\end{cases}$	$\min\begin{cases}l_n+h\\l_c\end{cases}$	(2)两端与刚度较小的柱(梁、墙)连接	$\min\begin{cases}1.05l_n\\l_c\end{cases}$	$\min\begin{cases}1.05l_n\\l_c\end{cases}$
(3)一端与刚度较大的梁(墙)连接,另一端与刚度较小的梁(墙)连接	$\min\begin{cases}l_n+\frac{b}{2}+\frac{h}{2}\\l_c\end{cases}$	$\min\begin{cases}l_n+\frac{h}{2}\\l_n+\frac{b}{2}\end{cases}$	(3)一端与刚度较大的柱(梁、墙)连接,另一端与刚度较小的柱(梁、墙)连接	$\min\begin{cases}1.025l_n+\frac{b}{2}\\l_c\end{cases}$	$\min\begin{cases}1.025l_n\\l_n+\frac{b}{2}\end{cases}$

注:l_n 为净跨;l_c 为支座中心线之间的距离;b 为柱(梁、墙)的支承宽度;h 为板厚。

5.1.4 折算荷载

在计算假定(1)中,假定连续板、梁与支座均为铰接。但实际上,现浇肋梁楼盖的板、次梁及主梁之间是整体连接的,在支座处有一定的相互约束作用。

以板为例,在各跨均布的恒载作用下,板虽发生挠曲,但支座处的转角接近于零,实际情况与计算简图比较吻合;在隔跨布置的活载作用下,按计算假定(1),板在简化为铰的中间支座处产生转角 θ(图 5-4(a)),但由于板与次梁是整体连接的,次梁的抗扭作用将使支座处的实际转角 $\theta' < \theta$(图 5-4(b));在接近次梁的支座处,由于主梁的约束作用,次梁的抗扭刚度更大,则此处连续板支座截面的实际转角 θ' 将更小。由此可知,支座处的转动主要是由活载的不利布置引起的。

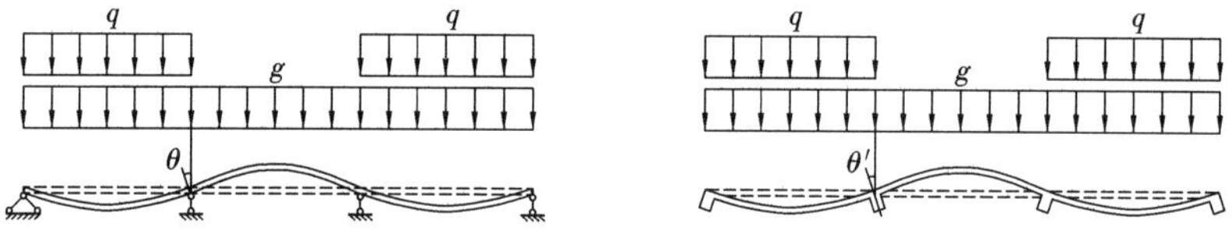

图 5-4 梁、板整体性对变形的影响

(a)理论转角 θ (b)实际转角 θ'

同理,主梁的抗扭作用也将减小连续次梁支座截面的实际转角,这就使得连续次梁、板在活载作用下各跨的跨中弯矩和挠度相应减小,因此需要对求得的荷载效应进行调整。

一般采用增大恒载并相应地减小活载的方法来考虑支座约束作用对构件内力的影响,即以折算荷载代替计算荷载。

对连续板,折算荷载取值为

$$\begin{cases}g' = g + \frac{1}{2}q\\ q' = \frac{1}{2}q\end{cases} \tag{5-2a}$$

对连续次梁，由于主梁对次梁的约束作用不及次梁对板的约束作用大，故折算荷载取值为

$$\begin{cases} g' = g + \dfrac{1}{4}q \\ q' = \dfrac{3}{4}q \end{cases} \tag{5-2b}$$

式中　g, q——实际恒载和活载，按式（5-1）计算。

采用折算荷载后，对于作用活载的跨，荷载总值不变，即 $g+q=g'+q'$；而邻跨的折算恒载 g' 大于实际恒载 g，其效果相当于考虑支座的约束作用。

当连续板或连续次梁的中间支座为砖墙或钢梁时，上述约束作用很小，故不考虑上述荷载折算。

主梁也不考虑上述荷载折算，因为当支承主梁的柱刚度较大时，则应按框架计算结构内力；而当柱刚度较小（主梁线刚度与柱线刚度之比大于 5）时，柱对梁的约束作用很小，其影响可忽略，故无须修正荷载。（主梁计算详见第 4 篇）

5.2　连续梁、板的弹性分析方法

5.2.1　活载的最不利布置

当约束条件一定时，构件中内力最大的截面称为控制截面。例如，如图 5-5（a）所示，在均布恒载 g 作用下，内支座 B、C、D、E 处的负弯矩大于跨内其他任意截面，故这些支座即为负弯矩的控制截面。

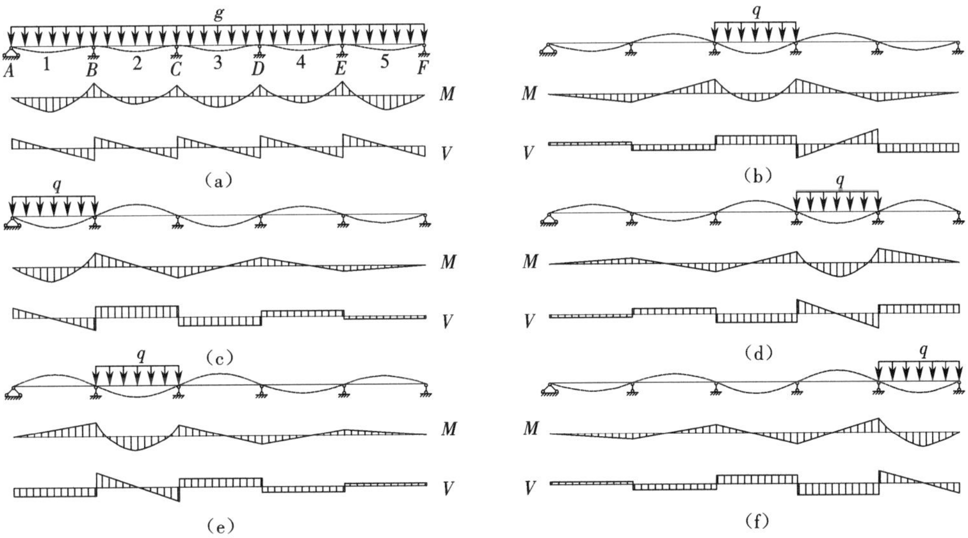

图 5-5　五跨连续梁在各种荷载作用下的内力图

（a）均布恒载　（b）、（c）、（d）、（e）、（f）恒载 + 单跨活载

在连续梁、板中，活载的位置是变化的，一般以跨为单位改变，因此应找出使连续梁、板

控制截面产生最大内力的活载布置,这种布置称为活载的最不利布置。

图5-5(b)至(f)所示为五跨连续梁在恒载及五种单跨活载作用下的内力图。归纳活载的布置情况,可总结出以下规律。

(1)求某支座最大负弯矩或支座左、右截面最大剪力时,应在该支座左、右两跨布置活载,然后隔跨布置。例如,按图5-6(a)布置活载,可求得B支座的最大负弯矩;按图5-6(b)布置活载,可求得C支座的最大负弯矩。

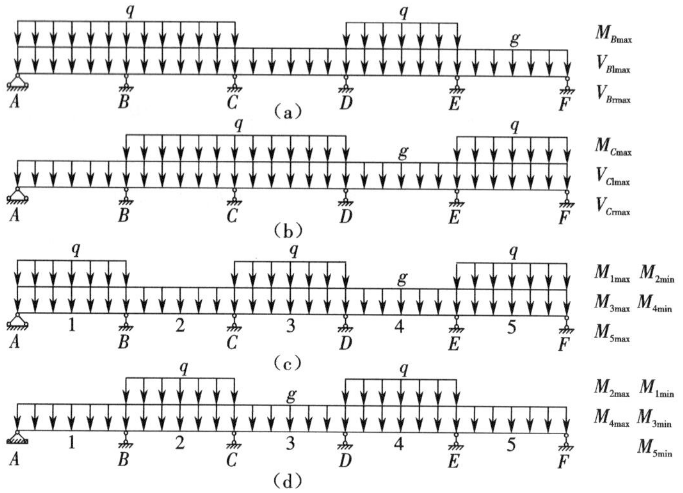

图5-6 单跨布置活荷载时连续梁的弯矩和剪力

(a)求B支座最大负弯矩 (b)求C支座最大负弯矩 (c)、(d)求不同跨中截面的最大正弯矩和最小正弯矩

(2)求某跨跨内最大正弯矩时,应在该跨布置活载,然后隔跨布置。例如,按图5-6(c)布置活载,可求得第1、3、5跨跨中截面的最大正弯矩;按图5-6(d)布置活载,可求得第2、4跨跨中截面的最大正弯矩。

(3)求某跨跨内最小正弯矩(或最大负弯矩)时,该跨不布置活载,而应在其左、右邻跨布置活载,然后隔跨布置。例如,按图5-6(c)布置活载,可求得第2、4跨跨中截面的最小正弯矩;按图5-6(d)布置活载,可求得第1、3、5跨跨中截面的最小正弯矩。

5.2.2 内力计算

按弹性理论计算连续梁、板内力时,可采用结构力学中的方法。对于工程中常用的两跨至五跨等跨连续梁,常遇荷载形式和不同布置工况下的内力已编制成表格,以供设计计算时查用,见附录A。对恒载,可直接采用附录A表中各跨满布荷载时的内力系数;对活载,应采用最不利布置时的内力系数。

当跨数少于五跨时,按实际跨数取用内力系数。当跨数多于五跨时,可简化为五跨连续梁,即边跨及离端第二支座按五跨的边跨及离端第二支座考虑,其余中间跨及中间支座按五跨的中间跨及中间支座考虑,如图5-7所示。

等跨连续梁、板各跨跨中及支座截面的弯矩、剪力及支座反力设计值应取恒载效应设计值与活载效应设计值之和,按式(5-3)或式(5-4)计算。

连续梁、板在均布荷载作用下：

$$\begin{cases} M = k_{gM} g' l_0^2 + k_{qM} \psi_c q' l_0^2 \\ V = k_{gV} g' l_0 + k_{qV} \psi_c q' l_0 \end{cases} \tag{5-3}$$

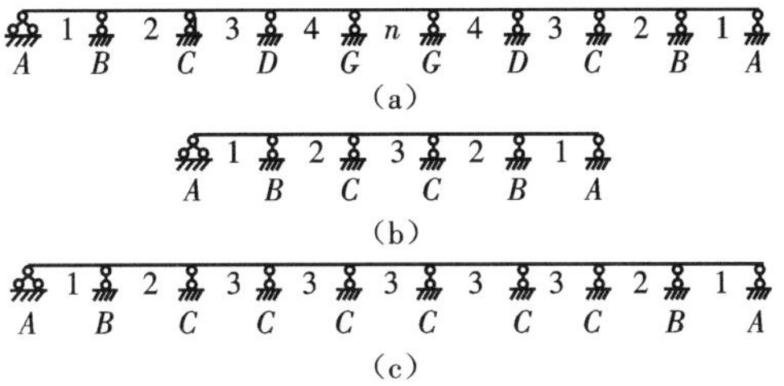

图 5-7 连续梁跨数多于五跨时的计算简图

(a)实际简图 (b)计算简图 (c)配筋构造简图

连续梁在集中荷载作用下：

$$\begin{cases} M = k_{GM} G l_0 + k_{QM} \psi_c Q l_0 \\ V = k_{GV} G + k_{QV} \psi_c Q \end{cases} \tag{5-4}$$

式中 g'、q'——折算均布恒载设计值、折算均布活载设计值；

G、Q——集中恒载设计值、集中活载设计值；

l_0——梁或板的计算跨度，按表 5-2 确定；

k_{gM}、k_{qM}——均布恒载、活载作用下的弯矩系数，按附录 A 确定；

k_{gV}、k_{qV}——均布恒载、活载作用下的剪力系数，按附录 A 确定；

k_{GM}、k_{QM}——集中恒载、活载作用下的弯矩系数，按附录 A 确定；

k_{GV}、k_{QV}——集中恒载、活载作用下的剪力系数，按附录 A 确定；

ψ_c——活载效应组合系数，荷载效应由恒载控制时取 0.7，荷载效应由活载控制时取 1.0。

当多跨连续梁、板的跨度不等，但相邻两跨的长跨与短跨之比小于 1.10 时，仍可以利用上述系数进行内力计算。此时，各跨的跨中弯矩和支座剪力应按照各跨的实际计算跨度 l_0 计算；支座弯矩可按左、右两跨计算跨度 l_0 的平均值计算；其余截面处的内力可根据静力平衡条件计算。

不满足上述条件的不等跨连续梁、板，可查阅《建筑结构静力计算实用手册》(第 3 版，姚谏，中国建筑工业出版社)选用适当系数，也可采用二次弯矩分配法或其他结构力学方法进行计算。

5.2.3 内力包络图

内力包络图由不同工况下内力图叠合后图形的外包线构成，它反映了构件内力沿跨长方向可能出现的最不利分布情况。将恒载作用下各截面的内力和最不利活载布置作用下相应截面的内力叠加(包括正负弯矩和剪力)，即可得到各截面可能出现的最不利内力。各截面最不利内力值的连线称为内力包络图。

内力包络图给出了连续梁、板各个截面内力的上、下限值,它是连续梁、板截面承载力计算的依据。根据梁、板跨内截面和支座截面的最大弯矩值,可以进行正截面承载力设计,并确定该截面的最大钢筋用量,而钢筋在跨内的配置情况(如梁上部纵向钢筋的切断、锚固以及下部纵向钢筋的弯起等)需要根据每一跨内力沿跨长的变化情况(即弯矩包络图)确定。

根据梁跨内截面和支座截面的最大剪力值,可以进行斜截面承载力设计,并确定最大箍筋用量,根据剪力包络图确定箍筋直径和/或间距在跨内沿跨长的变化。

按内力包络图确定纵筋和箍筋可以节约钢筋。但为保证连续梁整体的结构安全,结构所有截面均要具有足够的承载力,这就需要知道结构的抵抗内力图。结构各截面承载力值的连线即为结构的抵抗内力图,也称为材料抵抗图,如材料抵抗弯矩图、材料抵抗剪力图等。结构的材料抵抗图必须将内力包络图包含在内,参见5.5节相关例题。

下面以集中荷载作用下的两跨连续梁(图5-8)为例,说明内力包络图的确定方法。

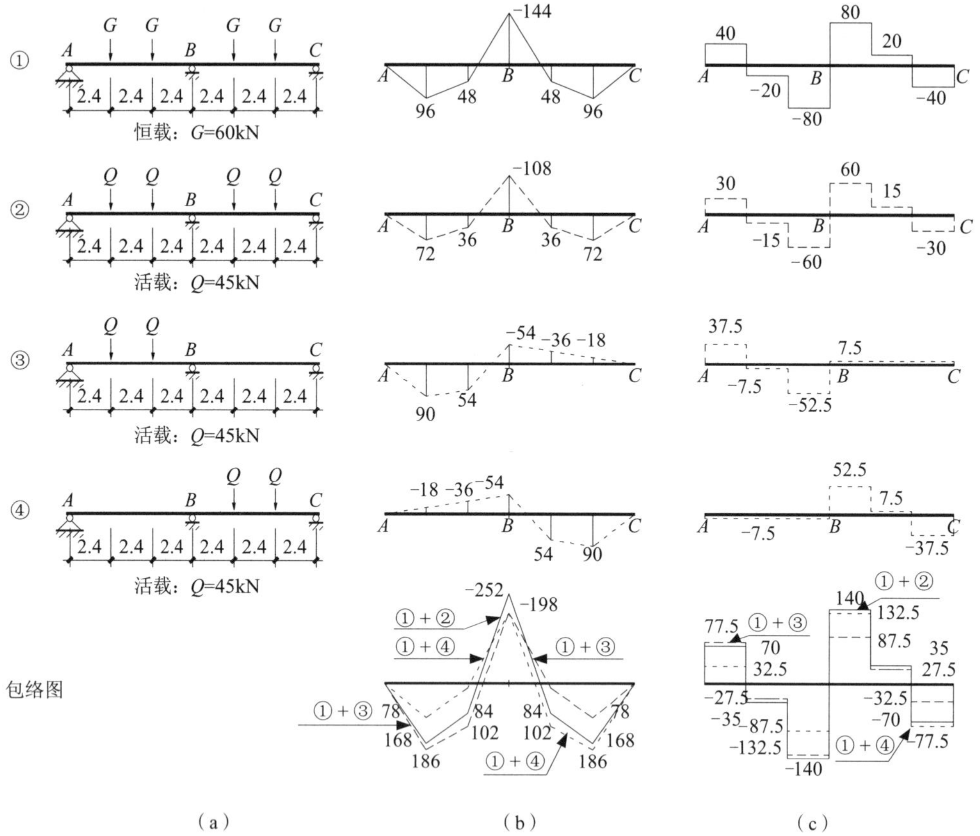

图5-8 集中荷载作用下两跨连续梁的内力包络图

(a)计算简图(单位:m) (b)弯矩图(单位:kN·m) (c)剪力图(单位:kN)

(1)根据式(5-4)计算出在恒载和各种最不利活载作用下的弯矩图和剪力图。

(2)根据各控制截面最不利内力的活载布置,叠加恒载和相应活载作用下的内力图。在图5-8所示弯矩包络图中,①+②为B支座最大负弯矩;①+③为AB跨跨中最大正弯矩;①+④为BC跨跨中最大正弯矩。同样地,在图5-8所示剪力包络图中,①+②为B支座最大剪力；① + ③为 A 支座最大剪力；① + ④为 C 支座最大剪力。

（3）各截面最大内力的外包络线即为内力包络图。

同样，在图 5-5 中，根据各控制截面最不利内力的活载布置，将其作用下的内力图与恒载作用下的内力图叠加，即可得其内力包络图，如图 5-9 所示。

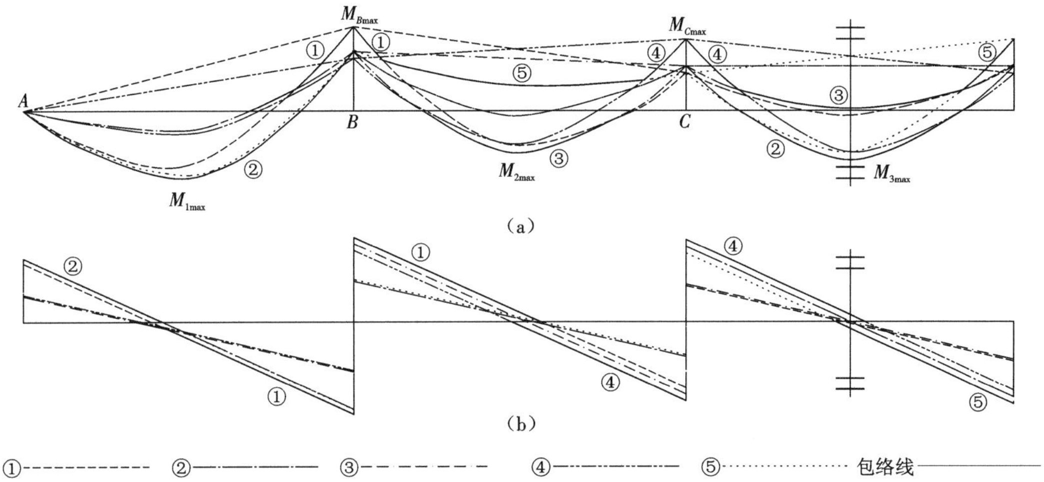

①$g+q$（1、2、4跨）；②$g+q$（1、3、5跨）；③$g+q$（2、4跨）；④$g+q$（2、3、5跨）；⑤$g+q$（1、3、4跨）

图 5-9　内力包络图示意图

（a）弯矩包络图　（b）剪力包络图

5.2.4　支座截面弯矩和剪力取值

按弹性理论计算连续梁、板内力时，中间跨的计算跨度 l_0 取支座中心线间的距离，因此所求得的支座弯矩和剪力均指支座中心处。但此处的截面高度较大，正截面受弯承载力和斜截面受剪承载力的实际控制截面在支座边缘处，故弯矩设计值和剪力设计值均应以支座边缘截面为准（图 5-10），并按以下各式计算。

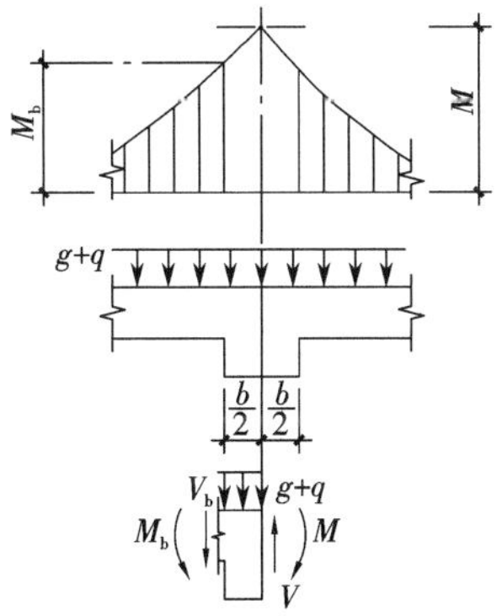

图 5-10　支座边缘截面内力

（1）弯矩设计值：

$$M_b = M - V\frac{b}{2} \approx M - V_0\frac{b}{2} \tag{5-5}$$

(2)剪力设计值:

在均布荷载下为

$$V_{\mathrm{b}}=V-(g+q)\frac{b}{2} \tag{5-6a}$$

在集中荷载下为

$$V_{\mathrm{b}}=V \tag{5-6b}$$

式中 M、V——支座中心处的弯矩设计值、剪力设计值;

V_0——按简支条件计算的支座中心处剪力设计值,取绝对值;

b——支座宽度。

5.3 连续梁、板的塑性分析方法

5.3.1 内力重分布与应力重分布

按弹性理论计算连续梁、板内力时,假定整个连续梁是等刚度的,且在受力全过程中抗弯刚度始终不变,因而荷载效应(内力)与荷载呈线性关系。当连续梁某跨内的某个截面达到极限承载力时,即可认为整个连续梁发生破坏。

上述结论仅适用于由弹性材料构成的结构(如简支钢梁)。对钢筋混凝土结构,在外荷载作用下,其截面的受力全过程一般包括三个工作阶段:开裂前的弹性阶段、开裂后的带裂缝阶段和钢筋屈服后的破坏阶段。由于混凝土的非弹性变形、裂缝的出现和开展、钢筋的锚固滑移以及塑性铰的形成和转动等因素的影响,在构件内将产生应力重分布和内力重分布现象。

应力重分布指由于材料的非线性(如徐变、收缩)或裂缝出现后传力机构的改变,而导致构件截面上的应力分布与弹性应力分布不一致的现象,这种现象与构件的约束条件无关。也就是说,无论是静定结构还是超静定结构,都存在应力重分布现象。

例如,钢筋混凝土受弯构件,在裂缝出现前,其截面应变基本符合平截面假定;而裂缝出现后,裂缝处混凝土的拉应力为0,应变激增,从而使该处的钢筋应变和应力突然增大,同时受压区混凝土的应变和应力也显著增大,这就是由裂缝引起的受弯构件截面上的应力重分布现象。

又如,钢筋混凝土短柱,在轴向压力作用下,钢筋和混凝土共同工作,其压应变基本一致,即 $\varepsilon_{\mathrm{c}}=\varepsilon_{\mathrm{s}}$;在轴向压力的长期作用下,由于混凝土材料的徐变,导致应变增大,即 $\varepsilon_{\mathrm{s}}'=\varepsilon_{\mathrm{c}}'>\varepsilon_{\mathrm{c}}$,因而钢筋应力也随之增大,即 $\sigma_{\mathrm{s}}'=E_{\mathrm{s}}\varepsilon_{\mathrm{s}}'>\sigma_{\mathrm{s}}=E_{\mathrm{s}}\varepsilon_{\mathrm{s}}$;在轴向压力不变的情况下,钢筋应力增大,混凝土应力相应减小,这就是由于混凝土徐变引起的受压截面上钢筋和混凝土之间的应力重分布现象。

但对于超静定结构,其内力不仅与荷载大小有关,而且还与各部分抗弯刚度的比值有关。如果各部分抗弯刚度的比值改变,内力分布的规律也将随之改变,这种刚度随荷载变化而引起的内力变化称为结构的内力重分布。

钢筋混凝土连续梁、板在受力全过程中，材料由弹性阶段进入塑性阶段，各个截面的抗弯刚度在各受力阶段随荷载变化而不断发生变化，因而结构的实际内力和变形明显不同于按弹性理论分析的计算结果，这种差异是由钢筋混凝土的受弯塑性变形引起的，称为塑性内力重分布。

因此，内力重分布指结构上各个截面间内力变化规律不同于弹性理论，并且只有超静定结构才有内力重分布现象。静定结构不存在内力重分布，因为静定结构的内力与截面刚度无关，某一截面（如简支梁跨中最大弯矩截面）一旦形成塑性铰，整个结构就成为几何可变体系，从而丧失了继续承载的能力，也就意味着结构的破坏。

5.3.2　钢筋混凝土受弯构件的塑性铰和塑性内力重分布

对于钢筋混凝土受弯构件（图 5-11），在外荷载的作用下，当受拉钢筋应力达到屈服强度后，其塑性应变增大，而应力维持不变。随着截面受压区高度的减小，中和轴上升，内力臂略有增大，截面的弯矩有所增加，但弯矩的增量（M_u-M_y）不大，而截面的曲率增量（$\phi_u-\phi_y$）却很大，在 M-ϕ 图上基本是一条水平线。这样，在弯矩基本维持不变的情况下，截面曲率急剧增加，截面“屈服”从而形成一个能转动的“铰”，称为塑性铰。

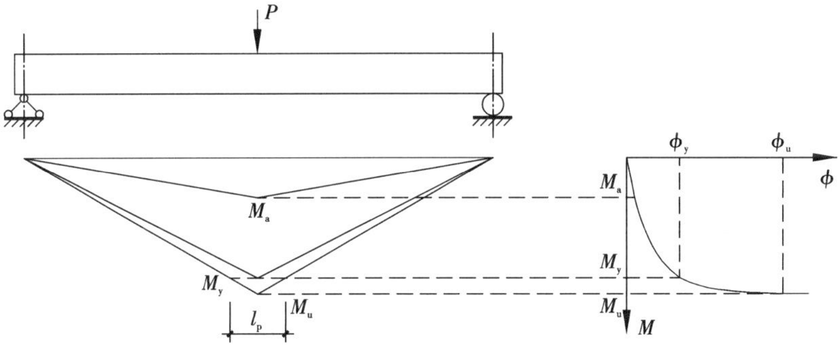

图 5-11　受弯构件弯矩 M 和截面曲率 ϕ 关系曲线

试验表明，在跨中截面弯矩从 M_y 增加到 M_u 的过程中，上述截面“屈服”并不仅限于受拉钢筋首先屈服的那个截面，与该截面相邻的一些截面也会进入屈服，受压区混凝土的塑性变形也会在一定区域内发展，而且混凝土与钢筋混凝土间的粘结作用也可能发生局部破坏。通常将这一非弹性变形集中产生的区域理想化为集中于一个截面上的塑性铰，该区域的长度称为塑性铰长度 l_p，所产生的转角称为塑性铰的转角 θ_p。塑性铰转角 θ_p 的大小是塑性铰转动能力的标志。

综上可知，塑性铰形成于破坏阶段开始时，它具有一定的长度，且能承受一定的弯矩，并在弯矩作用方向发生转动，直至截面破坏。

将塑性铰与结构力学中的理想铰相比较，可以看出：①塑性铰能承受（基本不变的）弯矩，理想铰不能承受弯矩；②塑性铰具有一定长度，理想铰集中于一点；③塑性铰只能沿弯矩方向转动，理想铰可任意转动。

塑性铰的形成使超静定结构的超静定次数减少，并产生内力重分布。当塑性铰出现时，只要结构不产生机动，则仍可承受荷载；只有当出现足够的塑性铰而使结构变成机构时，结构才失效。

下面以两跨等矩形截面连续梁（图 5-12）为例，说明内力重分布的概念。

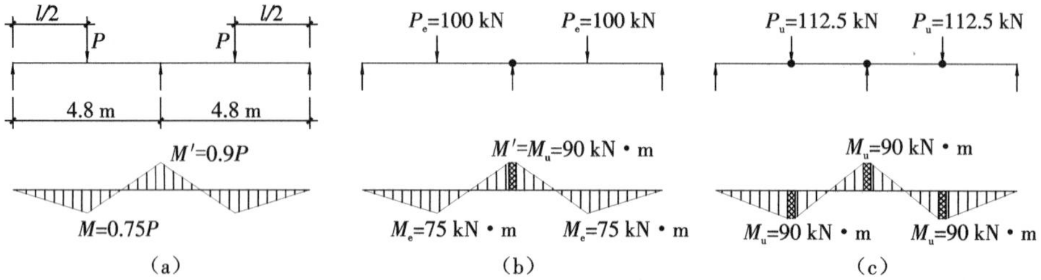

图 5-12 两跨等矩形截面连续梁的弯矩重分布

（a）弹性理论弯矩图 （b）第一个塑性铰形成时弯矩图 （c）破坏机构形成时弯矩图

在集中荷载作用下，假定按受弯构件计算，连续梁跨中截面的极限正弯矩和中间支座截面的极限负弯矩均为 M_u=90 kN·m。

当荷载 P 很小时，混凝土未开裂，连续梁各部分截面抗弯刚度均未改变，结构接近弹性体系，弯矩分布可由弹性理论确定，中间支座截面负弯矩 $M' = 0.9P$，跨中截面正弯矩 $M= 0.75P$，如图 5-12（a）所示。

当荷载增大到 P_e=100 kN 时，中间支座截面负弯矩 $M' = 90$ kN·m，达到极限弯矩 M_u。按弹性理论分析，荷载 P_e 就是该连续梁所能承受的最大荷载。此时，荷载作用点处的最大正弯矩 M_e=75 kN·m，如图 5-12（b）所示。

但实际上，在荷载 P_e 作用下，该连续梁并未丧失承载能力，只是中间支座处形成了塑性铰，跨内截面承载力尚未耗尽，因此还可以继续增加荷载，但是在加载过程中塑性铰处的弯矩值不再增加。当加载增量 ΔP_e=12.5 kN 时，跨中截面的总弯矩为

$$M = 75 + 12.5 \times 4.8/4 = 90 \text{ kN·m}$$

即跨中截面处的弯矩也达到极限弯矩 M_u，从而形成塑性铰，整个结构变为机构而失效，如图 5-12（c）所示。此时，集中荷载 P 的极限值为

$$P_u = P_e + \Delta P_e = 100 + 12.5 = 112.5 \text{ kN}$$

由此可见，对超静定结构，在支座处形成塑性铰并不表示结构丧失承载能力，只是减少了一次超静定次数。对该结构还可以继续增加荷载，直至其他截面陆续形成塑性铰，整个结构变为可变（机动）体系而破坏。第一个塑性铰形成后，结构受力状态与弹性体系有很大不同，即结构发生了塑性内力重分布。

5.3.3 影响塑性内力重分布的因素

从受弯构件的破坏过程可知，塑性铰的转动能力受到截面配筋率和材料极限压应变值的限制，如果完成充分的内力重分布过程所需要的转角超过了塑性铰的转动能力，则在形成预期的破坏机构前出现的塑性铰已经因为受压区混凝土达到极限压应变而“过早”地被压碎，这种情况属于不充分的内力重分布。例如，对图 5-12 中的两跨连续梁，若中间支座截面的塑性铰缺乏足够的转动能力，混凝土“过早”被压碎致使结构破坏，这时跨内截面的承载

能力尚未被完全利用，这就是不充分的内力重分布；又如，对多跨连续梁，在使连续梁整体变为机动体系的最后一个塑性铰形成前，如果某一跨的左、右支座截面和跨内截面都出现了塑性铰，则该跨已经成为机动体系，结构发生局部破坏，这也属于不充分的内力重分布。

此外，如果在形成破坏机构前，有截面因受剪承载力不足而破坏，内力也不可能充分地重分布。因此，要实现充分的内力重分布，除塑性铰要有足够的转动能力外，还要求塑性铰出现的先后顺序不会导致结构的局部破坏，并具有足够的斜截面受剪承载力。

综上可知，内力重分布需考虑以下三个因素。

1. 塑性铰的转动能力

塑性铰可分为钢筋铰和混凝土铰两种，其转动能力取决于截面屈服后的曲率增量（$\phi_u-\phi_y$）和塑性铰的长度 l_p。对于配置具有明显屈服点钢筋的适筋梁，塑性铰形成的起因是受拉钢筋先屈服，故称为钢筋铰。当截面配筋率达到最大配筋率（即界限配筋率）时，钢筋屈服的同时，受压区混凝土达到最大压应变，此时塑性铰转动主要是由受压区混凝土的非弹性变形引起的，故称为混凝土铰，由于曲率增量（$\phi_u-\phi_y$）约为 0，其转动量很小，截面破坏突然。混凝土铰大都出现在受弯构件的超筋截面或小偏心受压构件中，钢筋铰则出现在受弯构件的适筋截面或大偏心受压构件中。钢筋铰的转动能力较大、延性好，它是连续梁、板结构中允许出现的。

塑性铰长度 l_p 与荷载作用形式及截面有效高度 h_0 有关。根据试验研究，塑性铰长度 l_p 一般为截面有效高度 h_0 的 1.0~1.5 倍，即 l_p=（1.0~1.5）h_0。若近似认为在 l_p 范围内截面曲率均达到极限曲率 ϕ_u，则塑性铰的转角 θ_p 可表示为

$$\theta_p=(\phi_u-\phi_y)\cdot l_p \tag{5-7}$$

式中：截面的极限曲率 $\phi_u=\varepsilon_{cu}/\xi$，对受弯构件，在适筋范围内，配筋率越低，混凝土受压区高度 ξ 就越小，故 ϕ_u 值越大，塑性铰转角 θ_p 越大；当混凝土强度等级提高时，其极限压应变值 ε_{cu} 减小，ϕ_u 值随之减小，塑性铰转角 θ_p 也减小，转动能力降低。

由此可见，塑性铰的转动能力（塑性铰转角 θ_p 的大小）主要取决于截面延性，即纵筋的配筋率、钢材的品种和混凝土的极限压应变值。为保证塑性铰有足够的转动能力，对按塑性内力重分布设计的连续梁，应控制配筋率，并使用普通热轧钢筋等延伸率大的钢筋。

2. 斜截面承载能力

要实现预期的内力重分布的前提条件之一是在破坏机构形成前，不发生因斜截面承载能力不足而引起的剪切破坏。国内外的试验研究表明，支座出现塑性铰后，连续梁的受剪承载能力比不出现塑性铰的梁要低。在加载过程中，连续梁首先在中间支座和跨内出现垂直裂缝，随后在梁的中间支座两侧还会出现斜裂缝。对一些破坏前支座已形成塑性铰的梁，在中间支座两侧的剪跨段，纵筋与混凝土之间的粘结有明显的破坏，有的甚至还出现了沿纵筋的劈裂裂缝；而且剪跨比越小，这种现象越明显。由试验结果可知，随着荷载增加，梁上反弯点两侧原本处于受压工作状态的钢筋，将会由受压变为受拉，这种因纵筋与混凝土之间的粘结破坏而导致的应力重分布，使纵筋出现拉力增量，而此拉力增量只能依靠增加梁截面剪压区的混凝土压力来维持平衡，这就势必会降低梁的斜截面受剪承载能力。

因此,为了保证连续梁内力重分布能充分发展,构件必须有足够的受剪承载能力。

3. 结构正常使用条件

如果最初出现的塑性铰转动角度过大、塑性铰附近截面的裂缝开展过宽、构件的挠度过大,则可能不满足正常使用阶段对裂缝宽度和挠度变形的要求,这是在工程实用中应予以避免的。因此,在考虑内力重分布时,应对塑性铰的允许转动量予以控制,也就是要控制内力重分布的幅度。

5.3.4 考虑内力重分布方法的意义与适用范围

与弹性理论相比,在混凝土连续梁、板的设计中,恰当地考虑结构的内力重分布,建立弹塑性的内力计算方法,具有以下优点。

(1)按弹性理论计算,在钢筋混凝土超静定结构设计中,结构的内力分析与构件的截面设计在基本假定上是不协调的。考虑结构的塑性内力重分布,内力分析结果更符合结构的实际内力分布规律,并能正确计算结构的承载力,验算使用阶段的变形和裂缝宽度。

(2)弹性理论计算方法以保证各个控制截面的承载力为依据,因此每个控制截面都要考虑活载的最不利布置,按内力包络图配置钢筋,但这种最不利布置的活载不会在各个控制截面同时出现,则各个控制截面的配筋也不能同时发挥作用。塑性内力重分布的计算方法可以使结构在破坏时有较多的截面达到极限承载力,从而充分发挥结构的潜力,更有效地节约材料。

(3)按弹性理论计算,各控制截面的弯矩及配筋很不均衡,支座处弯矩及配筋过大,从而造成施工不便。利用结构的内力重分布现象,可以合理地调整钢筋用量,缓解支座钢筋的拥挤现象,简化配筋构造,方便混凝土浇筑与振捣,有利于提高施工效率和质量。

(4)根据结构的内力重分布现象,在一定条件下可以人为控制结构中的弯矩分布,从而使设计得以简化。

但考虑内力重分布的计算方法以形成塑性铰为前提,因此下列结构或构件不宜采用考虑塑性内力重分布的方法计算内力:

(1)直接承受动荷载和重复荷载的工业与民用建筑;

(2)轻质混凝土结构和其他特种混凝土结构;

(3)在使用阶段不允许出现裂缝或对裂缝有较严格限制的结构,如水池、自防水屋面、地下水位以下的地下室外墙和底板,以及受侵蚀性气体或液体严重作用的结构;

(4)预应力混凝土结构(裂缝宽度和挠度要求更严格)和二次受力的叠合结构;

(5)重要的或可靠性要求较高的构件。

5.3.5 弯矩调幅法

考虑钢筋混凝土连续梁、板的塑性内力重分布的方法很多,一般使用弯矩调幅法,即对结构按弹性理论计算得到的某些弯矩绝对值较大的支座截面弯矩进行适当的调整,以考虑结构非弹性变形所引起的内力重分布,然后按调整后的内力进行截面设计和配筋构造。

构件截面弯矩的调整幅度用弯矩调幅系数 β 表示,即

$$\beta = (M_e - M_a)/M_e \tag{5-8}$$

式中 β——弯矩调幅系数；

M_a——调幅后的支座弯矩设计值；

M_e——按弹性理论计算得到的支座弯矩设计值。

弯矩调幅法的具体步骤如下。

（1）按弹性理论方法计算连续梁的内力，并确定弯矩包络图。

（2）将支座最大弯矩按弯矩调幅系数 β 下调，调幅后的支座弯矩设计值为

$$M_a = M_e(1-\beta) \tag{5-9}$$

（3）根据调幅后的支座弯矩设计值，计算相应工况下的跨中弯矩设计值 M_l。此时，应满足静力平衡条件，即连续梁任意跨两端支座调幅后的弯矩 M_B 和 M_B（取绝对值）的平均值与该跨中点处的弯矩设计值 M_l 之和，不得小于按简支条件求得的该跨中点处的弯矩值 M_0，如图 5-13 所示。

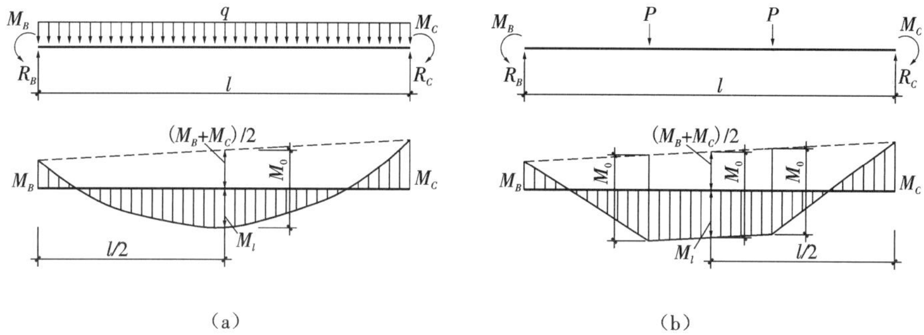

图 5-13 连续梁任意跨的静力平衡条件

（a）均布荷载作用下 （b）集中荷载作用下

为了确保结构安全，《钢筋混凝土连续梁和框架考虑内力重分布设计规程》（CECS 51—1993）将上述平衡条件改为

$$\frac{M_B + M_C}{2} + M_l \geqslant 1.02M_0 \tag{5-10}$$

此外，各控制截面弯矩值均不得小于按简支条件求得的跨中弯矩的 1/3。

（4）比较 M_l 与按弯矩包络图确定的该跨跨中最大弯矩设计值 M_m，取两者的较大值作为该跨最终的弯矩设计值。

（5）按调幅后的弯矩设计值进行截面配筋设计。

以图 5-8 中的弯矩包络图为例，按简支条件求得的跨中弯矩设计值 M_0=252 kN·m，调幅后的弯矩设计值按下述方法求得。

①若考虑 B 支座负弯矩调幅 15%，则 B 支座弯矩设计值 M_B=−252×0.85=−214.2 kN·m，在此工况（①+②）下，根据静力平衡条件，跨中弯矩 M_l=1.02×252−214.2/3=185.64 kN·m。该值小于按弯矩包络图确定的跨中最大弯矩（工况①+③）M_m=186 kN·m，故该跨跨中弯矩设计值应取 186 kN·m。

②若考虑 B 支座负弯矩调幅 20%，则 B 支座弯矩设计值 M_B= −252×0.80=−201.6 kN·m，跨

中弯矩 $M_l=1.02\times252-201.6/3=189.84$ kN·m,则该跨跨中弯矩设计值取 189.84 kN·m。

根据试验研究结果和工程实践经验,按塑性内力重分布方法计算钢筋混凝土连续梁、板时,还应符合以下原则。

(1)钢筋混凝土梁支座或节点边缘截面的负弯矩调幅幅度不宜大于 25%;钢筋混凝土板的负弯矩调幅幅度不宜大于 20%。这是为了避免塑性铰的塑性转角需求过大,并使正常使用阶段的裂缝宽度不致过大。

(2)弯矩调幅后,梁端截面受压区相对高度 ξ 不应超过 0.35,也不宜小于 0.10。如果截面按计算配有受压钢筋,在计算 ξ 时,可考虑受压钢筋的作用。通过限制截面受压区相对高度 $\xi\leqslant0.35$,使弯矩调幅截面的配筋不宜过大,从而保证塑性铰具有足够的转动能力。

(3)计算正截面承载力时,宜采用 HRB400 级普通热轧钢筋,混凝土强度等级宜在 C25~C40。

(4)弯矩调幅后,连续梁在下列区段内的箍筋应将计算面积增大 20% 后配置:对集中荷载,取支座边至最近一个集中荷载之间的区段;对均布荷载,取支座边至距支座边 $1.05h_0$ 的区段(h_0 为梁截面的有效高度)。此外,箍筋的配筋率不应小于 $0.3f_t/f_{yv}$。

(5)弯矩调幅后,构件在正常使用阶段(即荷载效应标准组合下)不应出现塑性铰,且构件在正常使用阶段的变形和裂缝宽度应符合《混凝土标准》的要求。

5.3.6 考虑塑性内力重分布时单向连续梁、板的内力计算

单向连续梁、板各跨控制截面位置如图 5-14 所示,其计算跨度 l_0 应按表 5-2 确定。

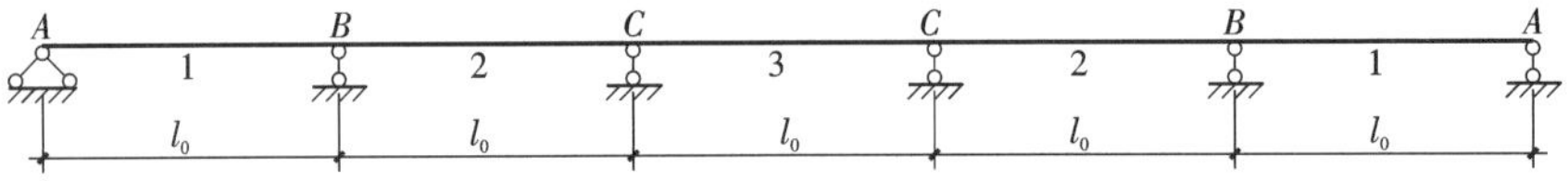

图 5-14 单向连续梁、板内力计算截面位置

1. 等跨连续板

考虑塑性内力重分布时,承受均布荷载的等跨单向连续板各跨跨中及支座截面的弯矩设计值按下式计算:

$$M=\alpha_{mp}(g+q)\cdot l_0^2 \tag{5-11}$$

式中 g、q——沿板跨单位长度上的恒载设计值、活载设计值;

α_{mp}——连续板考虑塑性内力重分布时的弯矩系数,对荷载比 $q/g>0.3$ 的等跨连续板,可按表 5-3 选用。

表 5-3 连续板考虑塑性内力重分布时的弯矩系数 α_{mp}

<table>
<tr><td rowspan="2">端支座支承情况</td><td>端支座</td><td>边跨跨中</td><td>离端第二支座</td><td>离端第二跨中</td><td>中间支座</td><td>中间跨中</td></tr>
<tr><td>A</td><td>1</td><td>B</td><td>2</td><td>C</td><td>3</td></tr>
<tr><td>支座对板约束较小</td><td>0</td><td>1/11</td><td rowspan="2">−1/10(两跨连续板)
−1/11(多跨连续板)</td><td rowspan="2">1/16</td><td rowspan="2">−1/14</td><td rowspan="2">1/16</td></tr>
<tr><td>支座对板约束较大</td><td>−1/16</td><td>1/14</td></tr>
</table>

下面以支座对板约束较小的承受均布荷载的五跨等跨连续板(图 5-15)为例,说明采用

弯矩调幅法考虑结构的塑性内力重分布时，表 5-3 中弯矩系数的确定方法。

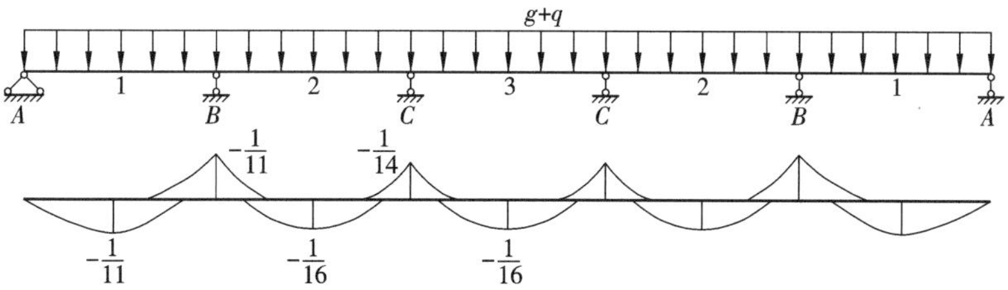

图 5-15　五跨等跨连续板的弯矩系数

若活载与恒载之比即 q/g=3，则有 $g+q=q/3+q=4q/3$ 及 $g+q=g+3g=4g$，可得

$$q=3(g+q)/4$$

$$g=(g+q)/4$$

连续板的折算荷载为

$$g'=g+\frac{1}{2}q=0.625\cdot(g+q)$$

$$q'=\frac{1}{2}q=0.375\cdot(g+q)$$

按弹性理论计算 B 支座的最大负弯矩时，活载应布置在 1、2、4 跨，查附录 A，可得

$$\begin{aligned}M_{B\max}&=-0.105g'l^2-0.119q'l^2\\&=-0.105\times0.625(g+q)\cdot l^2-0.119\times0.375(g+q)\cdot l^2\\&=-0.110\,3(g+q)\cdot l^2\end{aligned}$$

考虑弯矩调幅 20%，则有

$$M_B=0.8M_{B\max}=-0.088\,2(g+q)\cdot l^2$$

表 5-3 中，取 $M_B=-(g+q)\cdot l^2/11=-0.090\,9(g+q)\cdot l^2$，实际弯矩调幅为 17.59%。此时，可求得边跨跨中最大弯矩位于距左支座 A 的 $x=9l/22=0.409l$ 处，最大弯矩值为

$$M_1=\left(\frac{9}{22}l\right)^2(g+q)-\frac{1}{2}\left(\frac{9}{22}l\right)^2(g+q)=0.083\,7(g+q)\cdot l^2$$

而按弹性理论计算边跨跨中最大弯矩时，活载应布置在 1、3、5 跨，故有

$$\begin{aligned}M_{1\max}&=0.078g'l^2+0.100q'l^2\\&=0.078\times0.625(g+q)\cdot l^2+0.100\times0.375(g+q)\cdot l^2\\&=0.086\,3(g+q)\cdot l^2>M_1\end{aligned}$$

因此，边跨跨中最大弯矩应按 $M_{1\max}$ 计算，为便于记忆，取 $M_{1\max}=(g+q)\cdot l^2/11$，其余系数可按类似方法确定。

2. 等跨连续梁

1）弯矩

考虑塑性内力重分布时，各控制截面的弯矩设计值计算如下。

承受均布荷载时：

$$M=\alpha_{\mathrm{mb}}(g+q)\cdot l_0^2 \tag{5-12a}$$

承受间距相同、大小相等的集中荷载时：

$$M = \eta\alpha_{mb}(G+Q)\cdot l_0 \tag{5-12b}$$

式中 g、q——沿梁跨单位长度上的恒载设计值、活载设计值；

G、Q——梁跨内一个集中恒载的设计值、一个集中活载的设计值；

α_{mb}——连续梁考虑塑性内力重分布时的弯矩系数，对荷载比 p/g>0.3 的等跨连续梁，可按表 5-4 选用；

η——集中荷载作用下弯矩修正系数，依据单跨内集中荷载的个数按表 5-5 选用。

表 5-4 连续梁考虑塑性内力重分布的弯矩系数 α_{mb}

端支座支承情况	截面位置					
	A	1	B	2	C	3
支座对梁约束作用较小	0	1/11	−1/10（两跨连续梁） −1/11（多跨连续梁）	1/16	−1/14	1/16
支座对梁约束作用中等	−1/24	1/14				
支座对梁约束作用较大	−1/16	1/14				

注：柱（墙）与梁线刚度之比小于 5 时，柱对梁的约束作用较小。

表 5-5 集中荷载作用下弯矩修正系数 η

端支座支承情况	截面位置					
	A	1	B	2	C	3
当在跨中中点处作用一个集中力时	1.5	2.2	1.6	2.7	1.6	2.7
当在跨中三分点处作用两个集中力时	2.7	3.0	2.7	3.0	2.9	3.0
当在跨中四分点处作用三个集中力时	3.8	4.1	3.8	4.5	4.0	4.8

2）剪力

考虑塑性内力重分布时，连续梁各跨支座截面的剪力设计值计算如下。

承受均布荷载时：

$$V = \alpha_{vb}(g+q)\cdot l_n \tag{5-13a}$$

承受间距相同、大小相等的集中荷载时：

$$V = \alpha_{vb}n(G+Q) \tag{5-13b}$$

式中 l_n——梁的净跨；

α_{vb}——连续梁考虑塑性内力重分布时支座截面的剪力系数，可按表 5-6 选用；

n——单跨内集中荷载的个数。

表 5-6 连续梁考虑塑性内力重分布时支座截面的剪力系数 α_{vb}

荷载形式	端支座支承情况	A 支座内侧	B 支座外侧	B 支座内侧	C 支座外侧	C 支座内侧
		A_{in}	B_{ex}	B_{in}	C_{ex}	C_{in}
均布荷载	对梁约束作用较小	0.45	0.60	0.55	0.55	0.55
	梁、柱（墙）对梁约束作用较大	0.50	0.55			

续表

荷载形式	端支座支承情况	A 支座内侧	B 支座外侧	B 支座内侧	C 支座外侧	C 支座内侧
		A_{in}	B_{ex}	B_{in}	C_{ex}	C_{in}
集中荷载	对梁约束作用较小	0.42	0.65	0.60	0.55	0.55
	梁、柱(墙)对梁约束作用较大	0.50	0.60			

3. 不等跨连续梁、板

计算跨度相差不超过 10% 时的不等跨连续梁、板,可按等跨连续梁、板计算。但是,计算跨中弯矩和支座剪力时,应取本跨的跨度值;计算支座弯矩时,应取相邻两跨较大的跨度值。

计算跨度相差超过 10% 时的不等跨连续梁、板,或各跨荷载值相差较大的等跨连续梁,可按下列步骤进行内力重分布计算。

(1)按荷载的最不利布置,用弹性理论方法计算各控制截面的最不利弯矩 M_e。

(2)在弹性分析的基础上,降低各支座截面的弯矩,弯矩调幅系数 β 不宜超过 25%。

(3)当连续梁两端与梁或柱整体连接时,各支座边缘截面的弯矩 M_b 可按下式计算:

$$M_b = (1-\beta)M_e - V_0 b/3 \tag{5-14}$$

式中　V_0——按简支条件计算的支座中心处的剪力设计值;

b——支座宽度。

(4)连续梁各跨中截面的弯矩不宜调整,其弯矩值 M 可取考虑荷载最不利布置,并按弹性理论方法计算得到的弯矩值,且两支座弯矩的平均值与跨中弯矩之和不得小于按简支条件求得的跨中弯矩的 1.02 倍,各控制截面弯矩值不得小于按简支条件求得的跨中弯矩的 1/3。

5.4　截面设计与构造要求

5.4.1　连续单向板

连续单向板的计算宽度取 1 m,按单筋矩形截面设计。

当板达到极限状态时,支座处在负弯矩作用下上部开裂,跨中在正弯矩作用下下部开裂,使其跨中与支座之间的受压混凝土形成一个拱,如图 5-16 所示。板的周边与钢筋混凝土梁整体连接时,支座处不能自由移动,因此板在竖向荷载作用下产生横向推力,推力由与板整体连接的梁承受。这种拱的作用可减少板中各计算截面的弯矩。因此规定,对四周与梁整体连接的板,其中间跨的跨中和支座弯矩设计值均可降低 20%;但对边跨和离端第二支座,由于边梁的侧向刚度不大,难以提供足够的反推力,故计算弯矩不予降低。

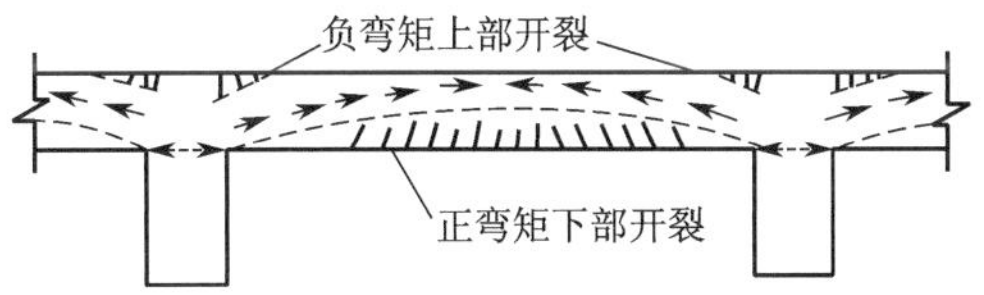

图 5-16　板的拱作用

通常,板的宽度较大而荷载相对较小,板的承载力主要取决于受弯承载力。一般情况下,可不进行斜截面抗剪承载力验算,也不必配置抗剪钢筋。

1. 受力钢筋

板中的受力钢筋一般采用HRB400级钢筋,常用直径为8 mm、10 mm、12 mm。为避免施工时由于踩踏而造成截面有效高度 h_0 减小,支座负筋不宜太细,其直径一般不小于8 mm。

板中受力钢筋的间距,当板厚 $h \leqslant 150$ mm时,不宜大于200 mm;当板厚 $h>150$ mm时,不宜大于 $1.5h$,且不宜大于250 mm。

一般来说,为使截面有效高度 h_0 尽可能大,以节约钢筋,应使单向板跨中受力钢筋在下,分布钢筋在上;支座处受力钢筋在上,分布钢筋在下。

由于分离式配筋施工方便,现已成为我国建筑工程中混凝土板的主要配筋形式,连续单向板中受力钢筋分离式配筋方式如图5-17所示。

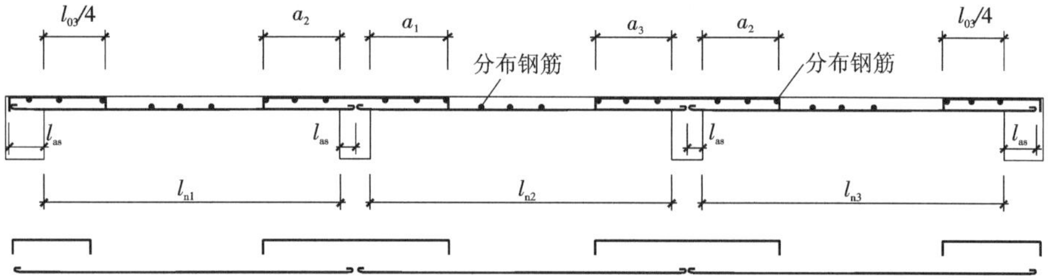

图5-17 钢筋混凝土连续单向板分离式配筋

扫一扫:弯起式配筋构造

采用分离式配筋的多跨连续板,板底钢筋宜全部伸入支座;支座负弯矩钢筋向跨内延伸的长度应根据负弯矩图确定,并满足钢筋的锚固要求。

单跨或多跨连续板下部纵向受力钢筋伸入支座的锚固长度不应小于钢筋直径的5倍,且宜伸过支座中心线。当连续板内温度较高、收缩应力较大时,纵向受力钢筋伸入支座的长度宜适当增加。

2. 分布钢筋

连续单向板除沿受力方向布置受力钢筋外,还应在垂直受力方向布置分布钢筋,如图5-17所示。分布钢筋的主要作用包括:①固定受力钢筋的位置;②抵抗因温度变化、混凝土收缩所产生的内力;③将板上的集中荷载分布在较大的宽度上,以传给更多的受力钢筋;④在四边支承的单向板中承受计算中没有考虑的长跨方向的正弯矩。

单位宽度上的分布钢筋截面面积不宜小于单位宽度上受力钢筋截面面积的15%,且配筋率不宜小于0.15%;分布钢筋的间距不宜大于250 mm,直径不宜小于6 mm;对集中荷载较大的情况,分布钢筋的截面面积应适当增加,其间距不宜大于200 mm。

在温度较高、收缩应力较大的现浇板区域内,钢筋间距宜为150~200 mm,并应在板的未配筋表面双向配置防裂钢筋,板的上、下表面沿纵、横两个方向的配筋均不宜小于0.1%。

防裂钢筋可利用原有钢筋贯通布置，也可另行设置构造钢筋网，并与原有钢筋按受拉钢筋的要求搭接或在周边构件中锚固。

3. 构造钢筋

凡是在计算中未考虑而实际可能产生负弯矩的区域，如板的长向支承在主梁或混凝土墙上，均应配置板面附加钢筋。

（1）板的长向支承在主梁或混凝土墙上时，虽然板上荷载基本上是沿短向传给次梁，但板沿长跨方向弯曲也会将部分荷载传给主梁，而使板沿主梁边界附近长跨方向产生负弯矩，因此必须在主梁上部配置板面附加钢筋，且其间距不大于 200 mm，直径不宜小于 8 mm，单位长度内的总截面面积不宜小于板中单位宽度内受力钢筋截面面积的 1/3。该钢筋伸入板内的长度自梁边算起，每边不宜小于板计算跨度 l_0 的 1/4，如图 5-18 所示。

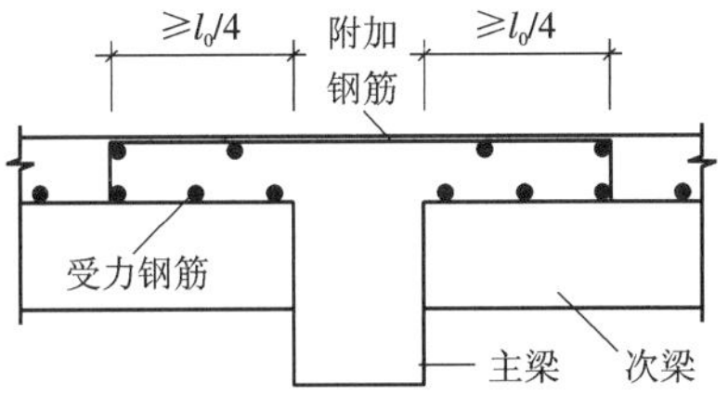

图 5-18　板的截面配筋构造

（2）现浇楼盖周边与混凝土梁或混凝土墙整体浇筑时，应在板边上部设置垂直于板边的上部构造钢筋，其截面面积不宜小于板跨中相应方向纵向钢筋截面面积的 1/3，直径不宜小于 8 mm，间距不宜大于 200 mm；该钢筋自梁边或墙边伸入板内的长度，不宜小于受力方向板计算跨度 l_0 的 1/4（图 5-18）。当柱角或混凝土墙的阳角突出到板内且尺寸较大时，也应沿柱边或墙阳角边布置构造钢筋，该构造钢筋伸入板内的长度应从柱边或墙边算起，并应按受拉钢筋锚固在梁内、墙内或柱内。

4. 板内开洞处的附加钢筋

当孔洞的边长 b（矩形孔）或直径 d（圆孔）不大于 300 mm 时，由于削弱面积较小，可不设附加钢筋，板内受力钢筋可绕过孔洞，不必截断。例如，上下水管、电缆管等分散穿越楼面时，均可按上述方法处理。

当 b 或 d 大于 300 mm，但小于 1 000 mm 时，应在洞边每侧配置加强洞口的附加钢筋，该钢筋的截面面积不小于被洞口截断的受力钢筋截面面积的 1/2，且不小于 2ф8，每侧可附加 2ф8~2ф12 的钢筋（图 5-19（a））。

当 b 或 d 大于 1 000 mm，且无特殊要求时，宜在洞边加设小梁（图 5-19（b））；当洞边作用有集中荷载或墙体时，则洞边必须加设小梁。对于圆形孔洞，板中还必须配置图 5-19（b）所示的上部钢筋和下部钢筋。

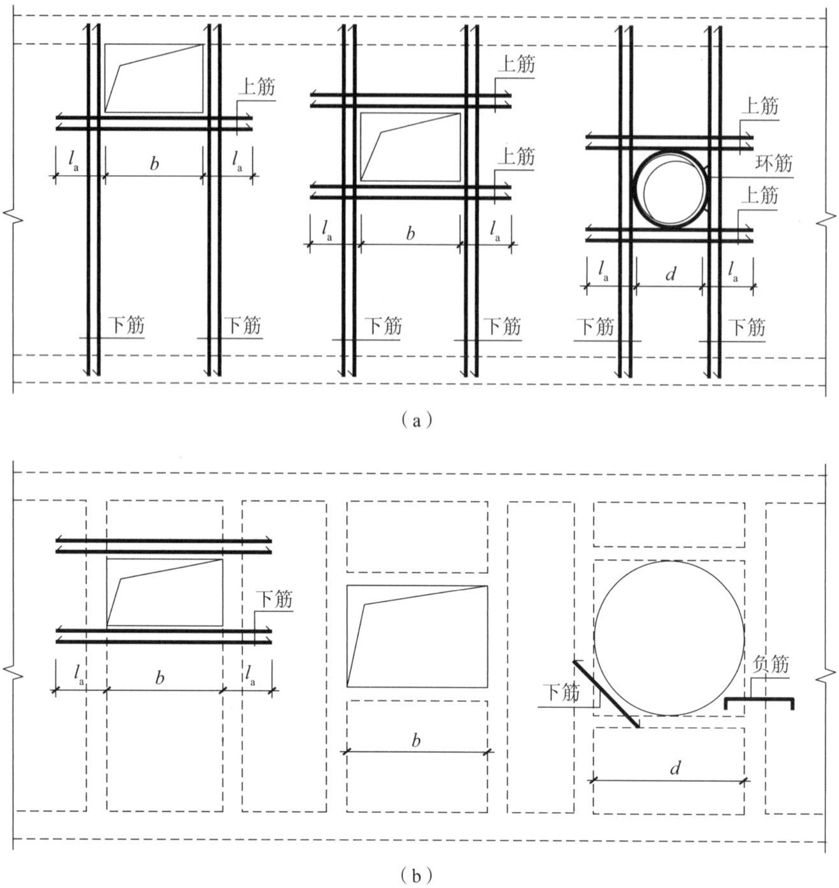

图 5-19　板内开洞处的附加钢筋

（a）300 mm<b（或 d）<1 000 mm 时，板洞周边附加钢筋　（b）b（或 d）≥ 1 000 mm 时，板洞周边附加钢筋

5.4.2　连续次梁和主梁

由于梁和板整体浇筑，因此进行正截面承载力计算时，对支座负弯矩应按矩形截面设计，对跨中正弯矩应按 T 形截面设计，梁的内力可按弹性方法或塑性方法计算。

1. 梁的截面有效高度 h_0

在主梁支座处，次梁与主梁的负筋相互交叉，主梁的负筋在次梁负筋的下面（图 5-20），因此计算主梁支座负弯矩钢筋时，其截面有效高度取值如下：

当为单排筋时，$h_0=h-$（50~60）mm；

当为双排筋时，$h_0=h-$（70~80）mm。

2. 纵向受力钢筋

纵向受力钢筋直径，当梁高 $h \geqslant 300$ mm 时，不应小于 10 mm；当梁高 $h<300$ mm 时，不应小于 8 mm。

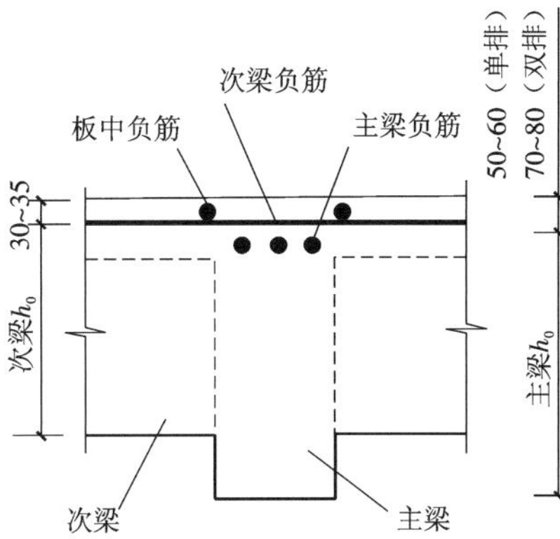

图 5-20　梁的截面有效高度

梁中纵向受力钢筋的弯起和截断，一般应按弯矩包络图确定。承受均布荷载的等跨连续梁，纵向受力钢筋的弯起和截断位置可按图 5-21 和图 5-22 确定；当相邻跨度相差不超过 20% 时，也可以参照等跨连续梁配筋。

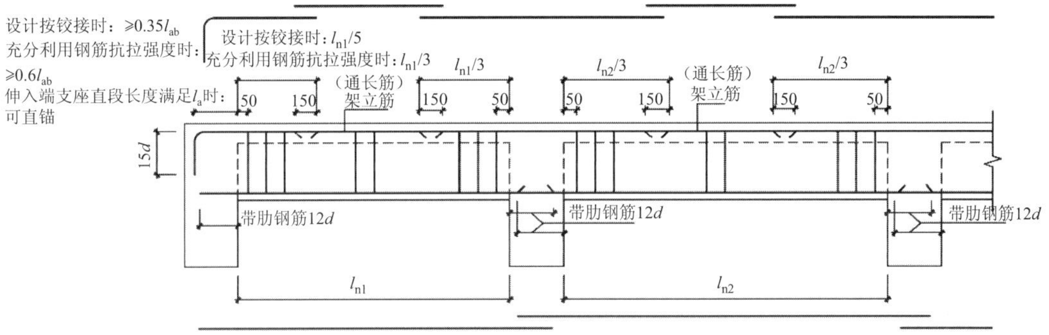

图 5-21　次梁配筋构造图

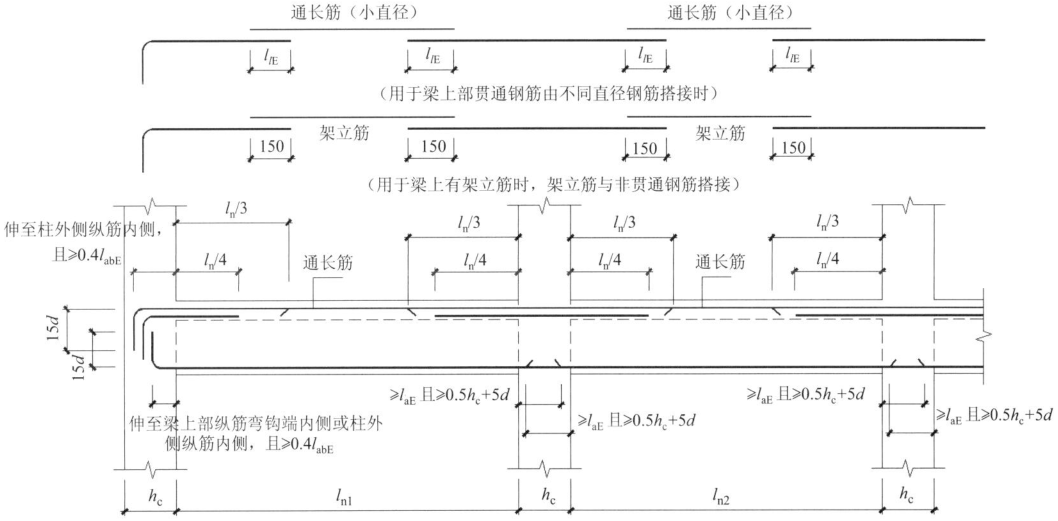

图 5-22　主梁配筋构造图

连续框架梁中一般不设置弯起钢筋,弯起钢筋易导致梁内裂缝开展;连续次梁中可以设置弯起钢筋,设置时应注意梁底的角部钢筋不应弯起;梁顶无现浇板时,顶层的角部钢筋不应弯下。弯起钢筋的弯起角宜取 45°(梁高 $h \le 800$ mm)或 60°($h>800$ mm);在弯终点外应留有平行于梁轴线方向的锚固长度,且该锚固长度在受拉区不应小于 $20d$,在受压区不应小于 $10d$,其中 d 为弯起钢筋的直径,如图 5-23 所示。

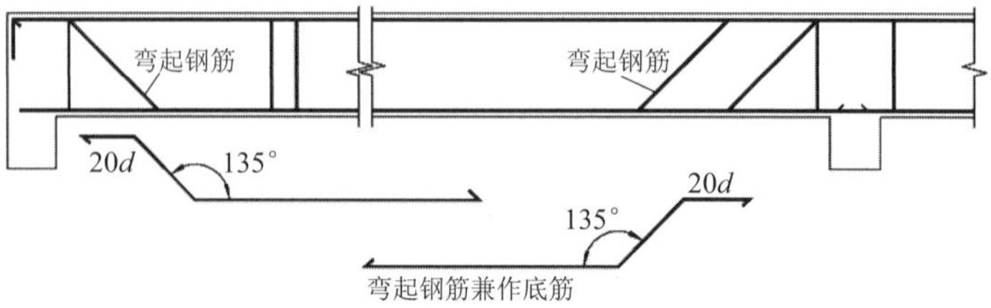

图 5-23 弯起钢筋构造详图(参考图集 22G101-1)

当梁端实际上受到部分约束但按简支计算时,应在支座区上部设置纵向构造钢筋,该钢筋截面面积不应小于梁跨中下部纵向受力钢筋计算所需截面面积的 1/4,且不应少于两根;该纵向构造钢筋自支座边缘向跨内伸出的长度不应小于 $0.2l_0$(l_0 为该跨的计算跨度)。

按简支计算的梁下部纵向受力钢筋,其伸入梁支座范围内的锚固长度应大于或等于 12 倍钢筋直径,如不满足直锚要求,应按照图集 22G101-1 中要求施作。

当纵向受力钢筋伸入梁支座范围内的锚固长度不符合上述要求时,应采取在钢筋上加焊锚固钢板或将钢筋端部焊接在梁端预埋件上等有效的锚固措施。伸入梁支座范围内的纵向受力钢筋不应少于两根。

梁上部纵向钢筋的净间距不应小于 30 mm 和 $1.5d$;梁下部纵向钢筋的净间距不应小于 25 mm 和 d。当下部纵向钢筋多于两层时,两层以上钢筋水平方向的中距应比下面两层钢筋的中距增大一倍,各层钢筋之间的净间距不应小于 25 mm 和 d。其中,d 为纵向钢筋的最大直径。

带有悬臂的连续梁,其根部截面应与内跨截面相同,悬臂部分应有不少于两根上部钢筋伸至悬臂梁外端,其余上部钢筋配筋不应截断,应按照弯矩包络图确定其不需要点并弯下,锚入受压区的长度不应小于 $10d$,弯下点位置也可按图 5-24 确定。

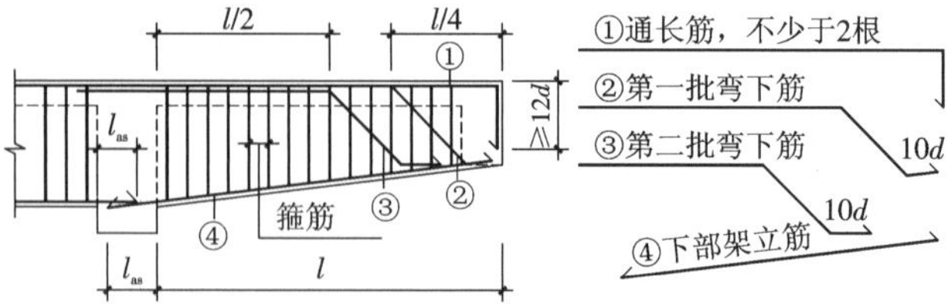

图 5-24 连续梁悬臂端的配筋形式

3. 纵向构造钢筋

当梁上部纵向钢筋为架立钢筋时,其直径根据梁的跨度 l 确定,当 $l \le 4$ m 时,不宜小于 8 mm;当 l=4~6 m 时,不宜小于 10 mm;当 $l>6$ m 时,不宜小于 12 mm。

当梁的腹板高度 $h_w \geqslant 450$ mm 时，在梁的两个侧面应沿高度方向配置纵向构造钢筋，每侧纵向构造钢筋（不包括梁上、下部受力钢筋及架立钢筋）的截面面积不应小于腹板截面面积 bh_w 的 0.1%，且其间距不宜大于 200 mm，如图 5-25 所示。

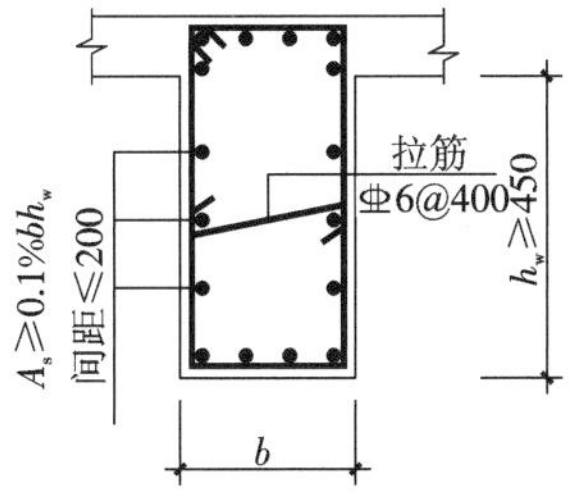

图 5-25　梁侧纵向构造钢筋

4. 箍筋

梁的箍筋应按剪力包络图计算确定。按计算不需要箍筋的梁，当截面高度 h>300 mm 时，应沿梁全长设置箍筋；当 h=150~300 mm 时，可仅在构件端部各 1/4 跨度范围内设置箍筋，但当在构件中部 1/2 跨度范围内有集中荷载作用时，则应沿全长设置箍筋；当 h<150 mm 时，可不设箍筋。

梁中箍筋的最大间距宜符合表 5-7 的规定，当剪力 $V>0.7f_t bh_0$ 时，箍筋的配箍率应满足 $\rho_{sv}=A_{sv}/(bs) \geqslant 0.24f_t/f_{yv}$，$f_{yv}$ 为箍筋强度设计值。

表 5-7　梁中箍筋的最大间距（mm）

梁高 h	$150<h \leqslant 300$	$300<h \leqslant 450$	$450<h \leqslant 800$	$h>800$
$V>0.7f_t bh_0$	150	200	250	300
$V \leqslant 0.7f_t bh_0$	200	300	350	400

对截面高度 h>800 mm 的梁，其箍筋直径不宜小于 8 mm；对截面高度 $h \leqslant 800$ mm 的梁，其箍筋直径不宜小于 6 mm。当梁中配有计算需要的纵向受压钢筋时，箍筋直径尚不应小于纵向受压钢筋最大直径的 25%。

5. 附加钢筋

在次梁和主梁相交处，次梁顶部在负弯矩作用下将产生裂缝（图 5-26（a）），而次梁传给主梁的集中荷载将通过次梁下部受压区的剪切作用传至主梁的腹中，在主梁上荷载作用点以下将产生法向局部拉应力 σ_y 和剪应力 τ，从而可能在主梁内引起斜向裂缝（图 5-26（b））。

为了防止次梁斜向裂缝的发生而引起主梁局部破坏，主梁中应设置附加横向钢筋（箍筋、吊筋），以将上述荷载有效地传递到主梁的受压区域。附加横向钢筋优先采用箍筋，集中荷载较大时宜采用附加吊筋或同时采用箍筋和吊筋，但不允许用布置在集中荷载影响区域内的受剪箍筋代替附加箍筋。

当附加横向钢筋采用箍筋时，箍筋应布置在长度 $s=3b+2h_1$ 的范围内，如图 5-26（c）所示；当采用吊筋时，其弯起段应伸至梁上边缘处，水平锚固长度不应小于 $20d$，如图 5-26（d）所示。

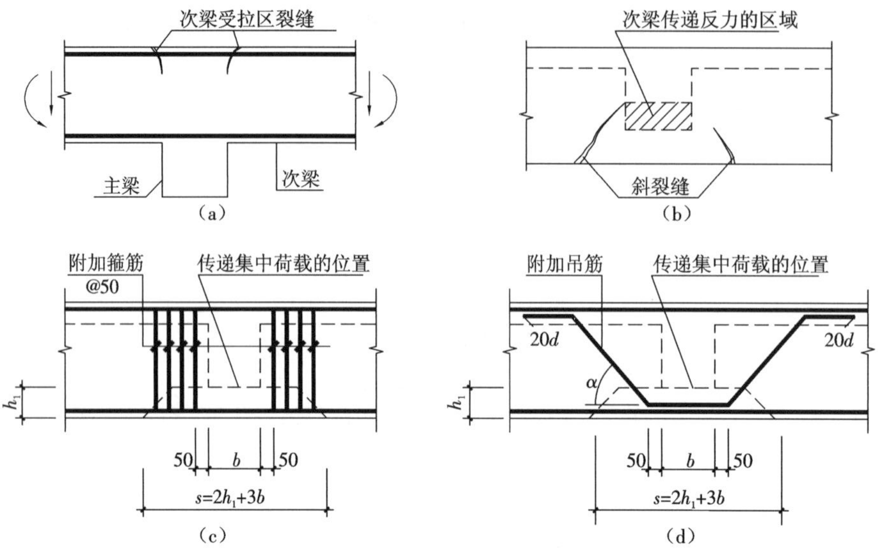

图 5-26 集中荷载作用下梁的附加横向钢筋

(a)次梁裂缝 (b)主梁斜裂缝 (c)附加箍筋 (d)附加吊筋

当单独配置附加箍筋和附加吊筋时,所需钢筋截面面积 A_{sv1}(附加箍筋)和 A_{sb1}(附加吊筋)应分别按下式计算:

$$A_{sv1} \geqslant \frac{F}{mnf_{yv}} \tag{5-15a}$$

$$A_{sb1} \geqslant \frac{F}{2nf_y \sin\alpha} \tag{5-15b}$$

同时配置附加箍筋和附加吊筋时,应按下式验算:

$$F \leqslant 2nf_y A_{sb1} \sin\alpha + mnf_{yv} A_{sv1} \tag{5-15c}$$

式中 A_{sv1}——单肢附加箍筋的截面面积;

A_{sb1}——单根附加吊筋的截面面积;

F——两侧次梁传给主梁的集中荷载;

m——在宽度 s 范围内的附加箍筋总数;

n——同一截面内附加箍筋的肢数或附加吊筋的根数;

f_y、f_{yv}——附加吊筋、附加箍筋的抗拉强度设计值。

5.4.3 钢筋的混凝土保护层

钢筋的混凝土保护层指结构构件中最外层钢筋的外边缘至混凝土表面的部分。其作用包括:①保证钢筋与混凝土共同工作,确保结构受力性能;②保证钢筋不锈蚀,确保结构安全和耐久性。

《混凝土标准》规定,混凝土保护层厚度应不小于钢筋的公称直径,并应符合下列要求。

(1)当混凝土强度等级不低于 C30 时,对设计使用年限为 50 年的混凝土结构,其最外层钢筋的混凝土保护层厚度应符合表 5-8 的规定;对设计使用年限为 100 年的混凝土结构,其最外层钢筋的混凝土保护层厚度应不小于表 5-8 规定数值的 1.4 倍。

表 5-8　混凝土保护层的最小厚度(mm)

环境类别	板、墙、壳	梁、柱、杆
一	15	20
二 a	20	25
二 b	25	35
三 a	30	40
三 b	40	50

注：钢筋混凝土基础宜设置混凝土垫层，基础中钢筋的混凝土保护层厚度应从垫层顶面算起，且不应小于 40 mm。

(2)当混凝土强度等级不高于 C25 时，表 5-8 中规定的混凝土保护层厚度应增加 5 mm。

(3)当有充分依据，并采取下列有效措施时，可适当减小混凝土保护层的厚度：

①构件表面有可靠的防护层；

②采用工厂化生产的预制构件，并能保证构件混凝土的质量；

③在混凝土中掺加阻锈剂或采用阴极保护处理等防锈方式；

④对地下室墙体采取可靠的建筑防水做法或防护措施时，与土层接触一侧钢筋的混凝土保护层厚度可适当减小，但不应小于 25 mm。

(4)对有防火要求的建筑，其混凝土保护层厚度还应符合国家现行有关标准的规定。

5.5　单向板肋梁楼盖设计例题

【设计资料】

某多层框架结构厂房的标准层局部平面图(楼梯间在此平面图外)如图 5-27 所示，楼面做法如图 5-28 所示，且楼面活载为 10.0 kN/m^2，柱、梁和板混凝土强度等级均为 C30，梁内受力纵筋为 HRB400 级钢筋，箍筋为 HRB400 级钢筋，板内钢筋均为 HRB400 级钢筋，柱截面尺寸为 $b \times h$= 550 mm × 550 mm。

【设计要求】

(1)采用现浇钢筋混凝土单向板肋梁楼盖。

(2)进行板、次梁的承载力计算。要求板内力按塑性内力重分布方法计算，次梁内力分别按塑性内力重分布方法和弹性方法计算。

(3)绘制结构施工图，包括板平面配筋图、板剖面配筋图和次梁及主梁配筋图。

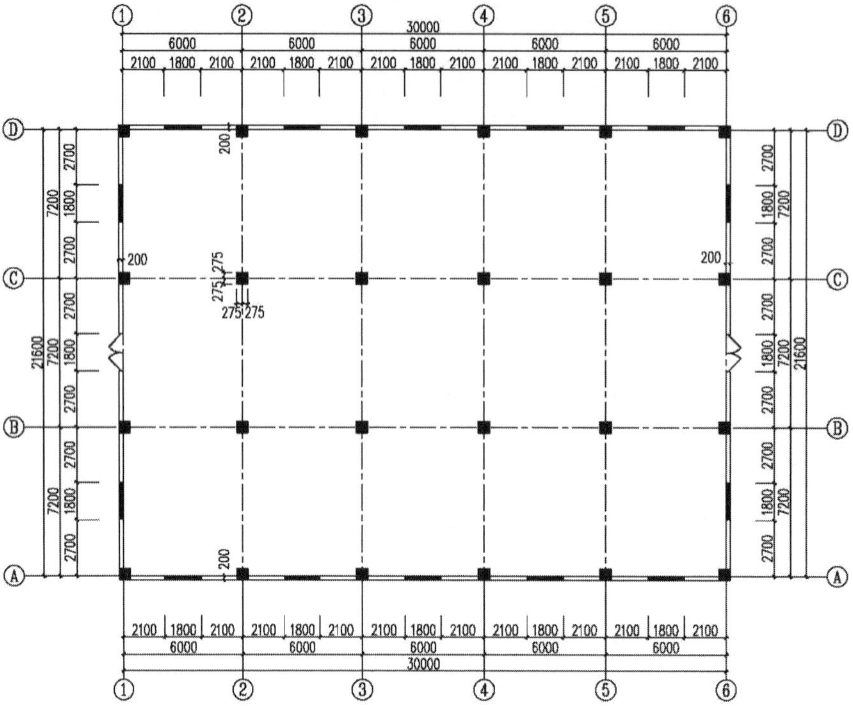

图 5-27　建筑标准层局部平面布置图

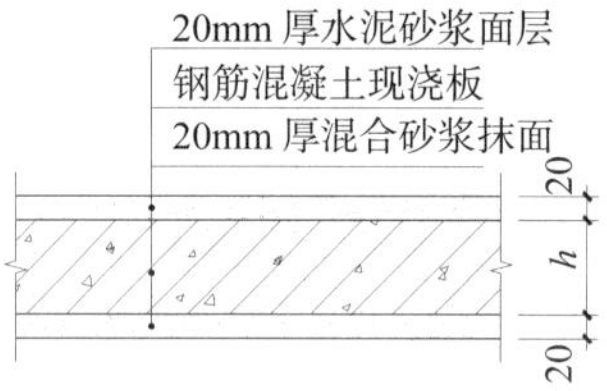

图 5-28　标准层楼面做法

5.5.1　结构平面布置及构件尺寸

结构平面布置如图 5-29 所示，按板周边支承条件，将板区分为中间区格板（A）、边区格板（B、C）和角区格板（D）。梁、板尺寸确定如下。

（1）主梁：根据表 4-3，高度 $h=(1/12\sim1/8)l=(1/12\sim1/8)\times7\,200=600\sim900$ mm，取 $h=700$ mm；宽度 $b=(1/3\sim1/2)h$，取 $b=300$ mm。

（2）次梁：根据表 4-3，高度 $h=(1/18\sim1/12)l=(1/18\sim1/12)\times6\,000=333\sim500$ mm，取 $h=500$ mm；宽度 $b=(1/3\sim1/2)h$，取 $b=200$ mm。

（3）板厚：根据表 4-1，$h\geqslant l/30=2\,400/30=80$ mm；根据表 4-2，$h\geqslant80$ mm；因此取 $h=100$ mm。

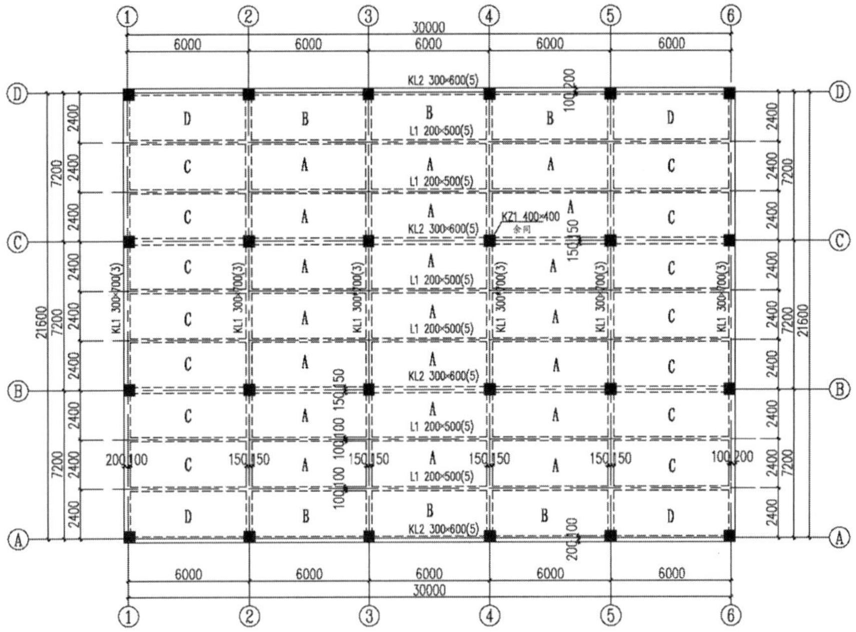

图 5-29　标准层局部结构平面布置图

5.5.2　板的设计

板按考虑塑性内力重分布方法计算，板实际跨数大于 5 跨，按 5 跨连续板计算，板的几何尺寸和计算简图如图 5-30 所示。

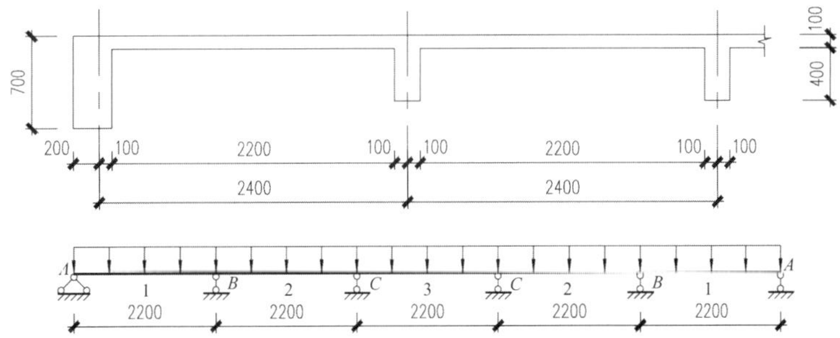

图 5-30　板的几何尺寸和计算简图

1. 计算跨度

根据表 5-2，按考虑塑性内力重分布方法计算时，考虑边框梁对板的约束，板的计算跨度如下。

边跨：

$$l_0=l_n=2\ 400-200=2\ 200\ \mathrm{mm}$$

中间跨：

$$l_0=l_n=2\ 400-200=2\ 200\ \mathrm{mm}$$

2. 荷载计算

1)荷载标准值

水泥砂浆面层	20 mm 厚	$0.02 \times 20 = 0.40$ kN/m^2
钢筋混凝土现浇板	100 mm 厚	$0.10 \times 25 = 2.5$ kN/m^2
混合砂浆抹面	20 mm 厚	$0.02 \times 17 = 0.34$ kN/m^2
恒载标准值	$g_k = 3.24$ kN/m^2	
活载标准值	$p_k = 10.00$ kN/m^2	

2)荷载设计值

荷载设计值 $q = 1.3g_k + 1.5p_k = 19.21$ kN/m^2

3. 弯矩及配筋计算

根据端支座支承情况,按表 5-3 确定各控制截面弯矩系数,计算各控制截面的弯矩设计值,见表 5-9。计算跨中弯矩时,l_0 取该跨跨度。中间区格板(A)考虑穹顶作用,除边跨跨中和离端第二支座外,相应弯矩设计值均降低 20%(表 5-9 中括号内数)。表 5-9 中,配筋计算参数取:b=1 000 mm;$h_0=h-20=80$ mm;C30 级混凝土,f_c=14.3 MPa;HRB400 级钢筋,f_y=360 MPa。

表 5-9 板弯矩及截面配筋计算

计算内容		端支座	边跨跨中	离端第二支座	离端第二跨跨中	中间支座	中间跨跨中
		A	1	B	2	C	3
计算跨度 l_0(mm)		2 200	2 200	2 200	2 200	2 200	2 200
弯矩系数 α_{mp}		−1/16	1/14	−1/11	1/16	−1/14	1/16
弯矩 $M=\alpha_{mp}ql^2$(kN·m)		−5.811	6.641	−8.452	5.811 (4.649)	−6.641 (−5.313)	5.811 (4.649)
$\alpha_s = M/(f_c b h_0^2)$		0.063 5	0.072 6	0.092 4	0.063 5 (0.050 8)	0.072 6 (0.058 1)	0.063 5 (0.050 8)
$\gamma_s = \left(1+\sqrt{1-2\alpha_s}\right)/2$		0.967 2	0.962 3	0.951 5	0.967 2 (0.973 9)	0.962 3 (0.970 1)	0.967 2 (0.973 9)
$A_s = M/(\gamma_s f_y h_0)$(mm^2)		209	240	309	210 (168)	240 (192)	210 (168)
分离式	配筋	Φ8@200	Φ8@200	Φ10@200	Φ8@200 (200)	Φ8@200 (200)	Φ8@200 (200)
	实配面积(mm^2)	251	251	393	251 (251)	251 (251)	251 (251)
	配筋率 $\rho=A_s/(bh)$	0.25%	0.25%	0.39%	0.25% (0.25%)	0.25% (0.25%)	0.25% (0.25%)

板最小配筋率 ρ_{min}= max(0.2,$45f_t/f_y$)%=0.2%,表 5-9 中实配钢筋均满足要求。

分离式板配筋平面图和剖面图分别如图 5-31 和图 5-32 所示。

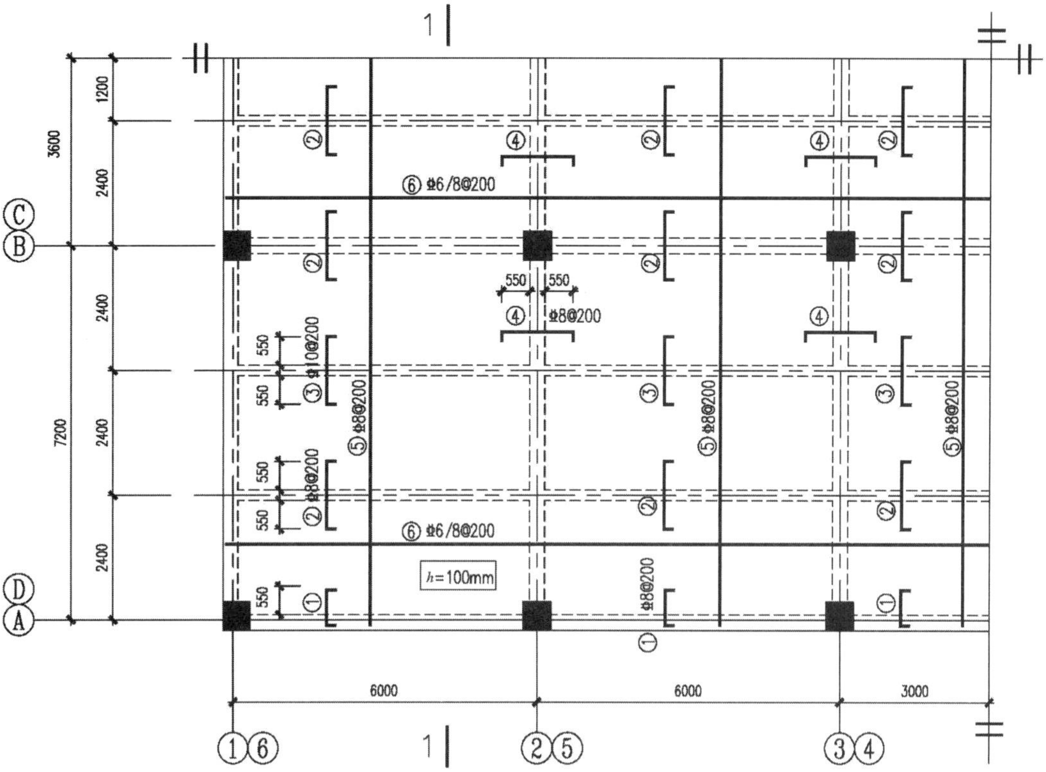

图 5-31　分离式板配筋平面图

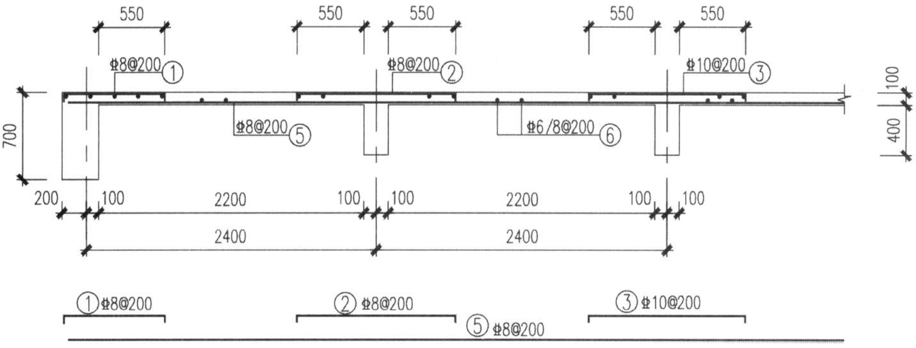

图 5-32　分离式板配筋剖面图(1—1)

5.5.3　次梁按考虑塑性内力重分布方法设计

次梁按考虑塑性内力重分布方法计算,次梁的几何尺寸和计算简图如图 5-33 所示。

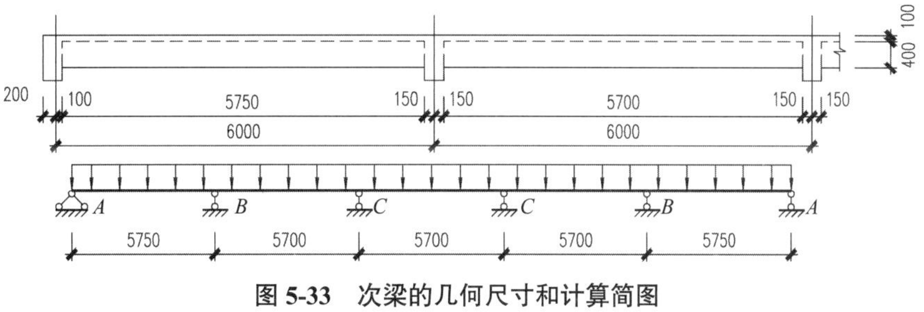

图 5-33　次梁的几何尺寸和计算简图

1. 计算跨度

根据表5-2,次梁的计算跨度如下。

边跨:

$$l_0=l_n=5\ 750\ \text{mm}$$

中间跨:

$$l_0=l_n=6\ 000-300=5\ 700\ \text{mm}$$

以上两跨的跨度相差小于10%,该次梁共5跨,按5跨等跨连续梁计算。

2. 荷载计算

1)荷载标准值

恒载	由板传来	$3.24\times2.4=7.78$ kN/m
	次梁自重	$0.20\times(0.50-0.10)\times25=2.00$ kN/m
	梁侧抹灰	$0.02\times(0.50-0.10)\times2\times17=0.27$ kN/m
	恒载标准值	$g_k=10.05$ kN/m
活载	活载标准值由板传来	$p_k=10.0\times2.4=24.00$ kN/m

2)荷载设计值

荷载设计值为

$$q=1.3\times10.05+1.5\times24=49.07\ \text{kN/m}$$

3. 正截面承载力计算

根据次梁端支座支承情况,按表5-4取用弯矩系数。次梁弯矩及正截面承载力计算结果见表5-10,其中计算参数取:b=200 mm;h_0=500−35=465 mm;C30级混凝土,f_c=14.3 MPa;纵筋采用HRB400级钢筋,f_y=360 MPa;箍筋采用HRB400级钢筋,f_y=360 MPa。

表5-10 次梁弯矩及正截面承载力计算

计算内容	端支座	边跨跨中	离端第二跨支座	离端第二跨跨中	中间跨支座	中间跨跨中
	A	1	B	2	C	3
计算跨度 l_0(mm)	5 750	5 750	5 700	5 700	5 700	5 700
弯矩系数 α_{mb}	−1/24	1/14	−1/11	1/16	−1/14	1/16
弯矩	−67.589	115.866	−144.912	99.627	−113.860	99.627
截面类型	矩形	第一类T形	矩形	第一类T形	矩形	第一类T形
A_s(mm^2)	429	699	1 001	600	758	600
配筋	3⌀14	3⌀18	3⌀18+2⌀16	2⌀18+1⌀16	3⌀18	2⌀18+1⌀16
实配面积(mm^2)	462	763	1 165	710	763	710

表5-10中,支座截面按矩形截面计算,跨中截面按T形截面计算。

边跨T形截面的翼缘计算宽度:

$$b_f'=l_0/3=5.75/3=1.92\ \text{m}$$

$$b_f'=b+s_n=0.2+2.2=2.4\ \text{m}$$

$$h_f'/h_0 \geqslant 0.1$$

取 $b_f' = 1.92$ m。

中跨 T 形截面的翼缘计算宽度：

$$b_f' = l_0/3 = 5.70/3 = 1.90\ \text{m}$$

$$b_f' = b + s_n = 0.2 + 2.2 = 2.4\ \text{m}$$

$$h_f'/h_0 \geqslant 0.1$$

取 $b_f' = 1.90$ m。

则有

$$f_c b_f' h_f'(h_0 - h_f'/2) = 14.3\ \text{MPa} \times 1\,900\ \text{mm} \times 100\ \text{mm} \times (465\ \text{mm} - 100\ \text{mm}/2)$$

$$= 1127.6\ \text{kN} \cdot \text{m}$$

该值大于各跨跨中截面弯矩设计值，故各跨跨中截面均属于第一类 T 形截面。

次梁纵筋最小配筋面积 $A_{smin}=\rho_{min}bh = 0.2\% \times 200 \times 500 = 200\ \text{mm}^2$，表 5-10 中实配面积均满足要求。

4. 斜截面承载力计算

按表 5-6 取用剪力系数，次梁剪力及斜截面承载力计算结果见表 5-11。按塑性内力重分布要求，支座边至距支座边 $1.05h_0$ 的区段内应将箍筋计算面积增大 20% 后配置。

表 5-11　次梁斜截面承载力计算

截面位置	*A* 支座内侧	*B* 支座外侧	*B* 支座内侧	*C* 支座外侧	*C* 支座内侧
	A_{in}	B_{ex}	B_{in}	C_{ex}	C_{in}
净跨度 l_n（m）	5.750	5.750	5.700	5.700	5.700
剪力系数 α_{vb}	0.50	0.55	0.55	0.55	0.55
剪力 V（kN）	141.054	155.160	153.811	153.811	153.811
$0.25\beta_c f_c bh_0$（kN）	$0.25 \times 1.0 \times 14.3 \times 200 \times 465=332.48$ kN>V，满足截面限制条件				
$0.7\beta_h f_t bh_0$（kN）	$0.7 \times 1.0 \times 1.43 \times 200 \times 465=93.09$ kN				
$A_{sv}/s=(V-0.7f_t bh_0)/(f_{yv}h_0)$	0.286 5	0.370 8	0.362 7	0.362 7	0.362 7
实配箍筋（双肢）	⌀8@200	⌀8@200	⌀8@200	⌀8@200	⌀8@200
$V_{cs} = 0.7f_t bh_0+f_{yv}h_0A_{sv}/s$（kN）	178.467 kN>V				
$\rho_v=A_{sv}/(bs)$	0.255%	0.255%	0.255%	0.255%	0.255%

此外，箍筋的配筋率不应小于 $0.3f_t/f_{yv}$，即 $\rho_{vmin}=0.3f_t/f_{yv}=0.3 \times 1.43/360=0.12\%$。表 5-11 中实配箍筋面积均满足最小配筋率要求。

5. 次梁配筋图

次梁配筋图如图 5-34 所示。

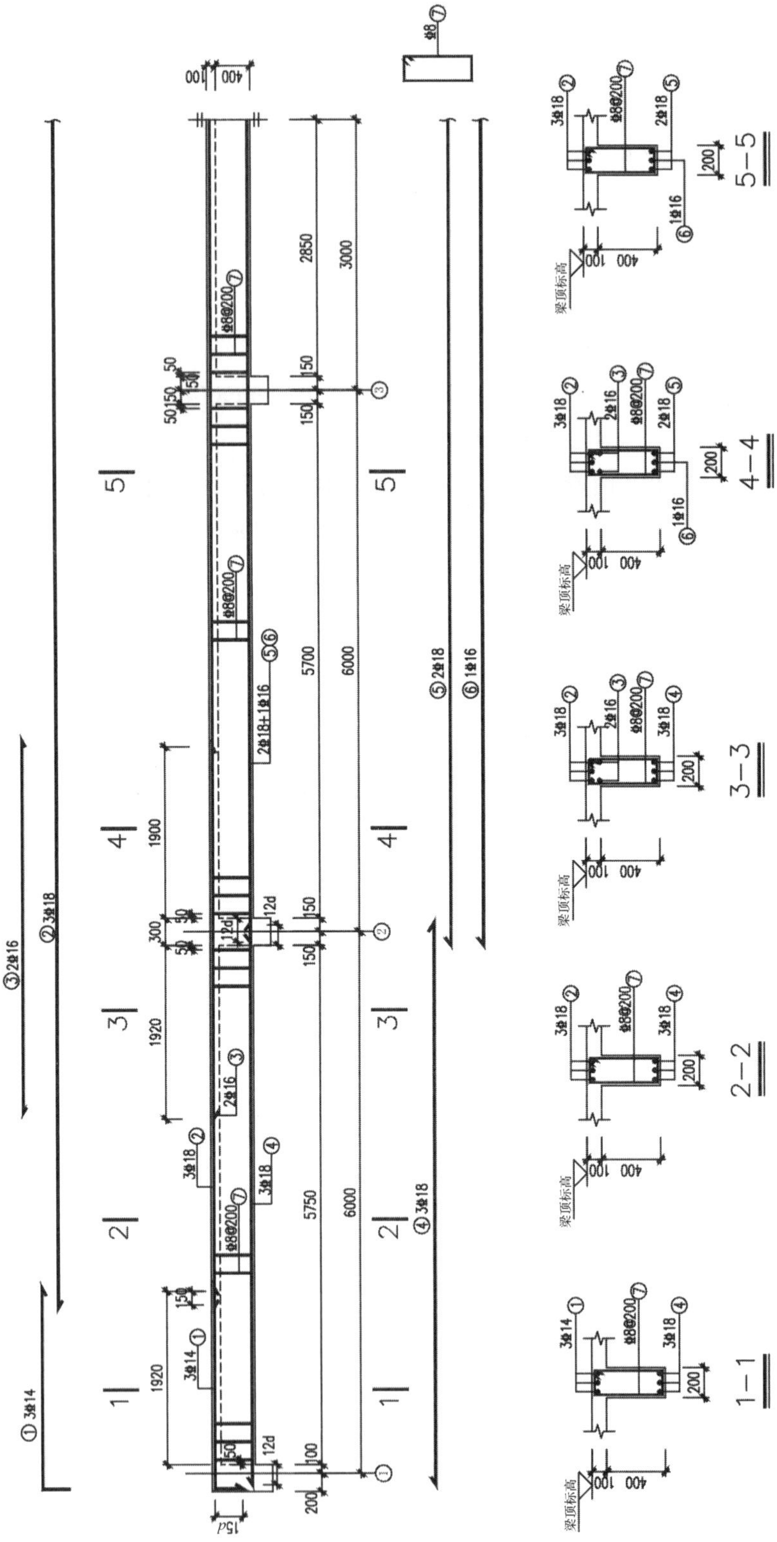

图 5-34 次梁配筋图

5.5.4　次梁按弹性理论方法设计

1. 计算跨度

次梁按弹性理论计算时，根据表 5-2，其计算跨度如下。

边跨 l_0：

l_c=6 050 mm

$1.05l_n=1.05\times 5\ 750$=6 038 mm

$l_0=\min(1.05l_n, l_c)$=6 038 mm

中间跨 l_0：

$l_0=l_c$=6 000 mm

梁跨度相差小于 10%，按 5 跨等跨连续梁计算，取 l_0=6 000 mm，次梁的几何尺寸和计算简图如图 5-35 所示。

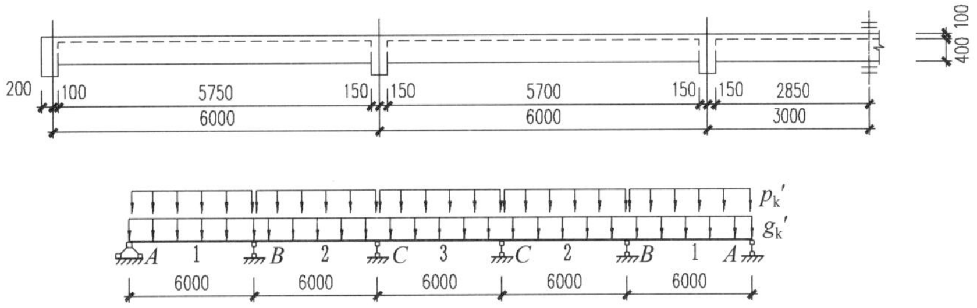

图 5-35　次梁的几何尺寸和计算简图

2. 荷载计算

1）荷载标准值

恒载	由板传来	$3.24\times 2.4=7.78$ kN/m
	次梁自重	$0.20\times(0.50-0.10)\times 25=2.00$ kN/m
	梁侧抹灰	$0.02\times(0.50-0.10)\times 2\times 17=0.27$ kN/m
	恒载标准值	$g_k=10.05$ kN/m
活载	活载标准值由板传来	$p_k=10.0\times 2.4=24.00$ kN/m

2）折算荷载

对连续次梁，折算荷载取值如下。

折算恒载：

$g_k'=g_k+0.25p_k=10.05+0.25\times 24=16.05$ kN/m

折算活载：

$p_k'=0.75p_k=18.00$ kN/m

3. 内力及配筋计算

1）内力计算

次梁弯矩计算结果见表 5-12，支座剪力计算结果见表 5-13。分项系数为 γ_G=1.30，γ_Q=1.5，ψ_c=1.0。但在计算跨中截面负弯矩时，恒载效应是有利的，故取 γ_G=1.0。

表 5-12 次梁弯矩计算

项次	荷载图	弯矩图				
恒载①	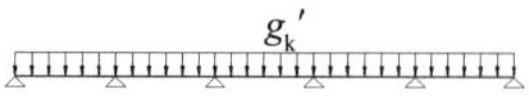	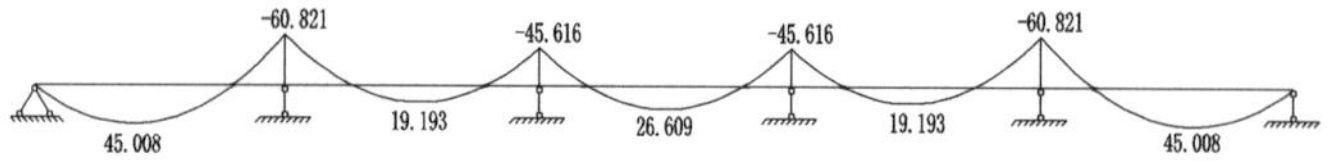				
活载②	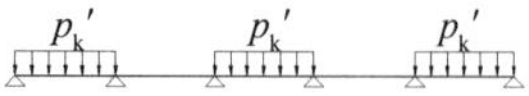	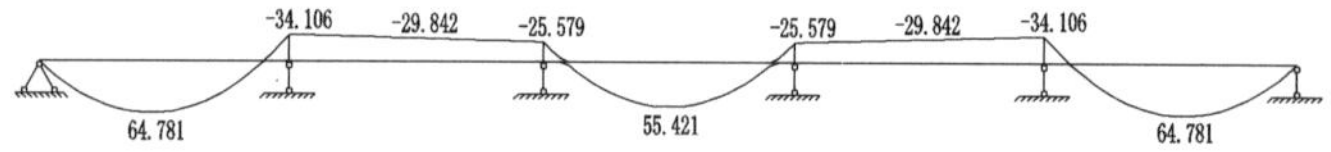				
活载③	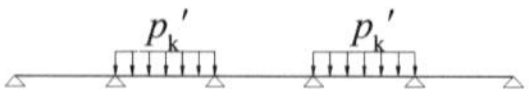	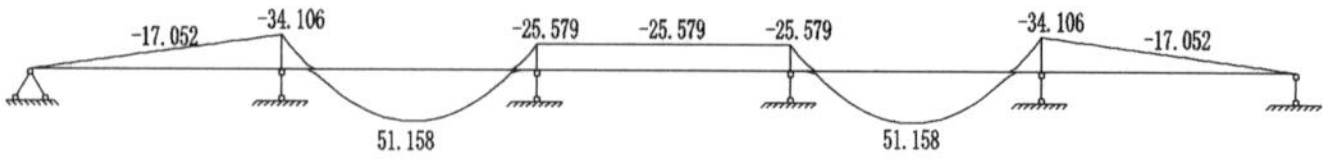				
活载④	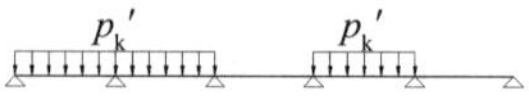	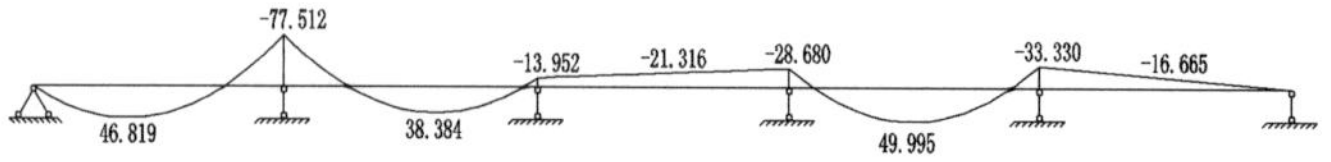				
活载⑤	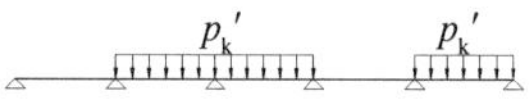	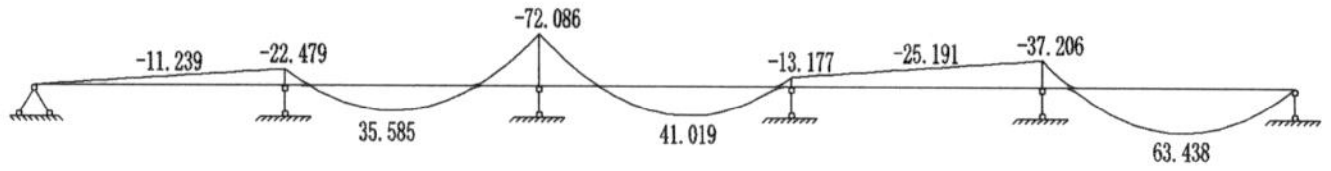				
弯矩包络图	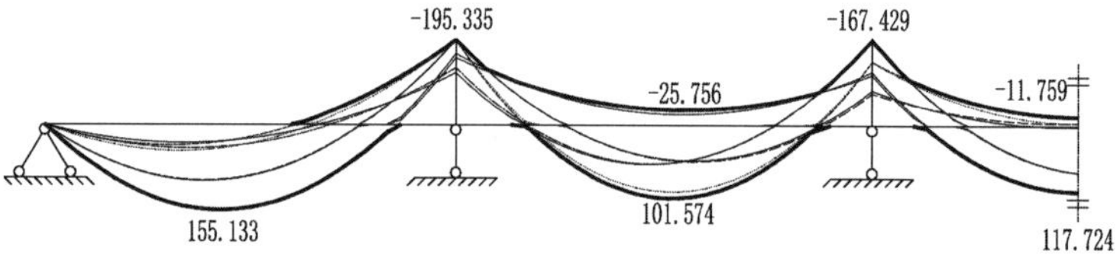					
$-M_{max}$	组合项次		1.3①+1.5④	1.0①+1.5②	1.3①+1.5⑤	1.0①+1.5③
	最不利弯矩组合值（kN·m）		−195.335	−25.756	−167.429	−11.759
$+M_{max}$	组合项次	1.3①+1.5②		1.3①+1.5③		1.3①+1.5②
	最不利弯矩组合值（kN·m）	155.133		101.574		117.724

表 5-13 支座剪力计算

项次	荷载图	剪力图
恒载①	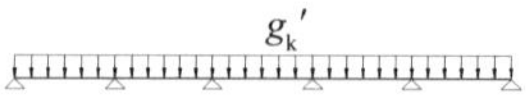	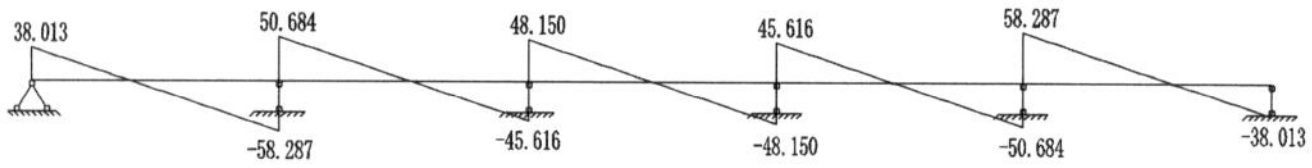
活载②	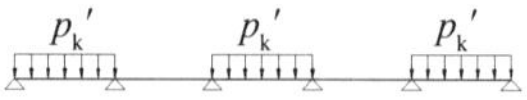	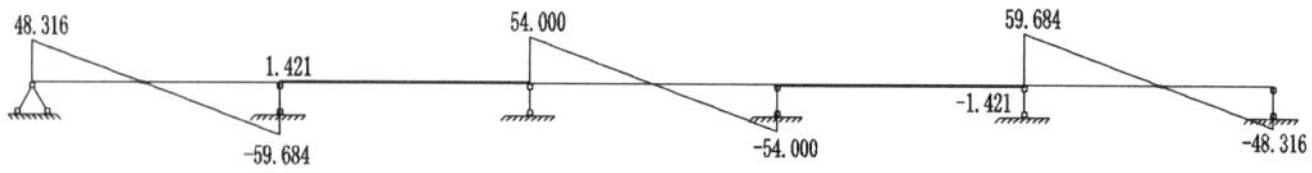
活载③	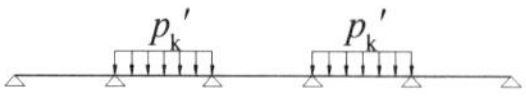	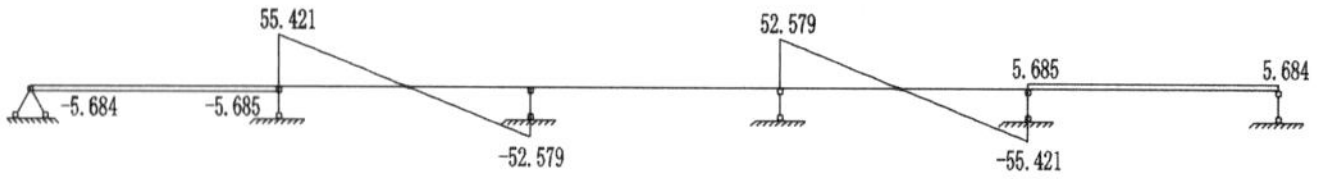

续表

<table>
<tr><td>项次</td><td>荷载图</td><td colspan="3">剪力图</td></tr>
<tr><td>活载④</td><td>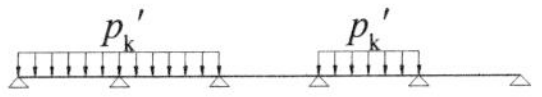
</td><td colspan="3">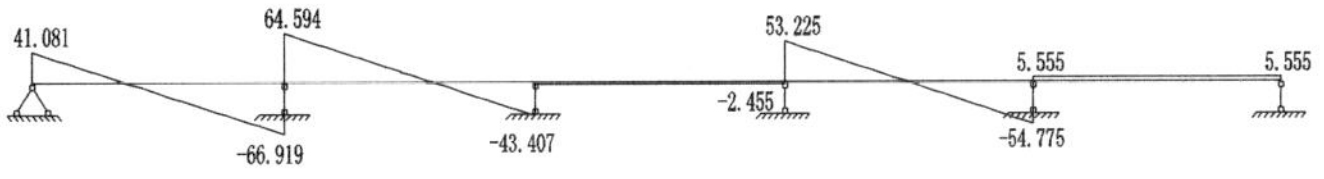
</td></tr>
<tr><td>活载⑤</td><td>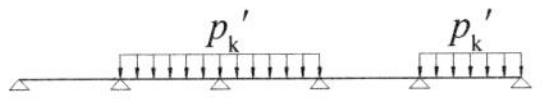
</td><td colspan="3">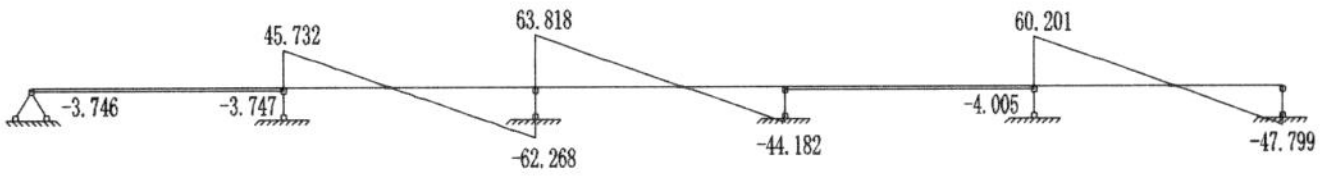
</td></tr>
<tr><td>剪力包络图</td><td colspan="4">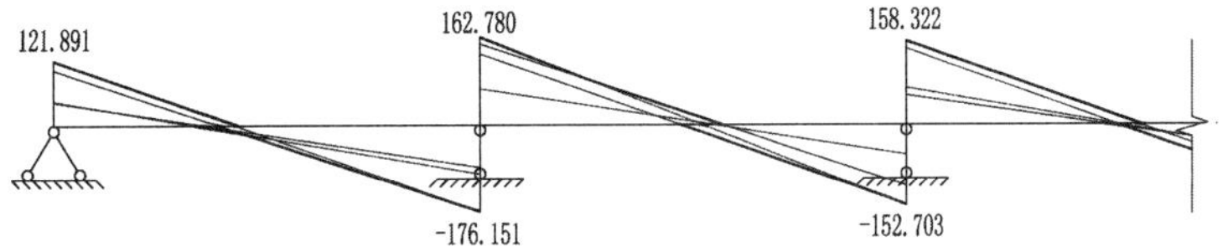
</td></tr>
<tr><td colspan="2">组合项次</td><td>1.3 ① +1.5 ②</td><td>1.3 ① +1.5 ④</td><td>1.3 ① +1.5 ⑤</td></tr>
<tr><td colspan="2" rowspan="2">最不利剪力组合值 V_{max}（kN）</td><td>V_A</td><td>$V_{B左}/V_{B右}$</td><td>$V_{C左}/V_{C右}$</td></tr>
<tr><td>121.891</td><td>−176.151/162.780</td><td>−152.703/158.322</td></tr>
</table>

2）配筋计算

次梁弯矩及正截面承载力计算结果见表 5-14，斜截面承载力计算结果见表 5-15。

表 5-14　次梁弯矩及正截面承载力计算

计算内容	截面位置				
	边跨跨中	离端第二跨支座	离端第二跨跨中	中间跨支座	中间跨跨中
	1	B	2	C	3
弯矩 M（kN·m）	155.133	−195.335	101.574	−167.429	117.724
截面类型	第一类 T 形	矩形	第一类 T 形	矩形	第一类 T 形
$V_0 \cdot b/2$（kN·m）	—	17.610	—	15.270	—
$M_b = M - V_0 \cdot b/2$（kN·m）	155.133	−177.725	101.574	−152.159	117.724
计算面积（mm²）	939	1 224	612	1 023	711
配筋	3Φ22	3Φ25	3Φ20	3Φ22	3Φ20
实配面积（mm²）	1 140	1 473	942	1 140	942

表 5-15　次梁斜截面承载力计算

计算内容	A 支座内侧	B 支座外侧	B 支座内侧	C 支座外侧	C 支座内侧
	A_{in}	B_{ex}	B_{in}	C_{ex}	C_{in}
剪力 V（kN）	121.891	−176.151	162.780	−152.703	158.322
$0.25\beta_c f_c b h_0$（kN）	$0.25 \times 1.0 \times 14.3 \times 200 \times 465=332.475$ kN$>V$，满足截面限制条件				
$0.7\beta_h f_t b h_0$（kN）	$0.7 \times 1.0 \times 1.43 \times 200 \times 465=93.093$ kN				
实配箍筋（双肢）	Φ8@200	Φ8@200	Φ8@200	Φ8@200	Φ8@200

续表

截面位置	A 支座内侧	B 支座外侧	B 支座内侧	C 支座外侧	C 支座内侧
	A_{in}	B_{ex}	B_{in}	C_{ex}	C_{in}
$f_{yv}h_0A_{sv}/s$(kN)	84.202	84.202	84.202	84.202	84.202
$0.7f_tbh_0+f_{yv}h_0A_{sv}/s$(kN)	177.295>V	177.295>V	177.295>V	177.295>V	177.295>V
$\rho_v=A_{sv}/(bs)$	0.002 52	0.002 52	0.002 52	0.002 52	0.002 52
$\rho_{vmin}=0.24f_t/f_{yv}$	0.000 953				

支座截面按矩形截面设计,取 b=200 mm,h_0=500−35=465 mm,且为单排筋。

跨中截面按T形截面设计,其翼缘计算宽度:

$$b_f' = l_0/3 = 6.00/3 = 2.00\ \text{m}$$

$$b_f' = b + s_n = 0.20 + 3.60 = 3.80\ \text{m}$$

$$h_f'/h_0 \geqslant 0.1$$

取 b_f' =2.00 m。

则有

$$f_c b_f' h_f'(h_0 - h_f'/2) = 14.3\ \text{MPa} \times 2\ 000\ \text{mm} \times 100\ \text{mm} \times (465\ \text{mm} - 100\ \text{mm}/2) = 1\ 186.90\ \text{kN} \cdot \text{m}$$

该值大于各跨跨中截面弯矩设计值,故各跨跨中截面均属于第一类T形截面。

次梁施工图绘制参照图5-34。

第 6 章　双向板肋梁楼盖

理论上，凡是纵、横两个方向的弯曲都不能忽略的板均应称为双向板。双向板的支承形式可以是四边支承、三边支承、两邻边支承或四点支承；其承受的荷载可以是均布荷载、三角形分布荷载或局部荷载；其平面形状可以是矩形、正方形、圆形、三角形或其他形状。在楼盖设计中，最常见的是均布荷载作用下四边支承的矩形板和正方形板。

6.1　双向板的受力特点和试验研究

如前所述，当四边支承板的边长之比 $l_x/l_y \leqslant 2$ 时，其在纵、横两个方向的弯曲都不能忽略，故应按双向板设计。此时的楼盖称为双向板肋梁楼盖。

6.1.1　四边支承双向板受力分析

在第 4 章中，我们讨论了四边支承板的板面荷载向两个方向传递的大小与跨度之间的关系。实际上，图 4-2 中的板带并不是独立工作的，它们都受到相邻板带的约束，并使其竖向位移和弯矩减小。因此，上述分析仅说明了双向板在两个方向受力的大致情况，不能直接按此计算板的内力和变形。

在图 6-1（a）中，沿两个方向各取一条板带（宽度分别为 dx 和 dy），两板带相交处构成一个微元体 1234，由板的双向弯曲变形曲线可以看出，板带边缘处的竖向位移是不相等的，43 面的竖向位移比 12 面要小，故在 43 面上必有向上的相对于 12 面的剪力增量存在；同时，43 面的曲率也比 12 面要小，因此两者间还存在相对扭转角，在 12 面、43 面上必有扭矩作用；同理，32 面、41 面上也有剪力增量和扭矩作用。此外，各截面上还有弯矩作用。微元体 1234 的受力如图 6-1（b）所示。

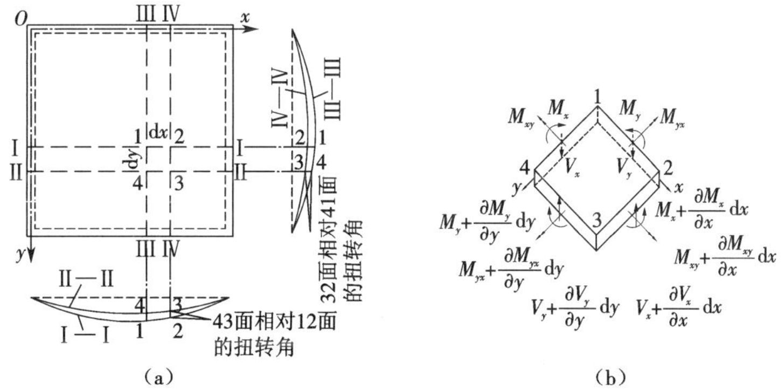

图 6-1　双向板微元体的受力与变形示意图

（a）微元体的变形示意图　（b）微元体的受力示意图

由竖向力的平衡条件,可得

$$\frac{\partial V_x}{\partial x}+\frac{\partial V_y}{\partial y}=q \tag{6-1a}$$

对图 6-1(b)中的 23 面、43 面分别取力矩平衡,可得

$$V_x=-\frac{\partial M_x}{\partial x}-\frac{\partial M_{yx}}{\partial y} \tag{6-1b}$$

$$V_y=-\frac{\partial M_y}{\partial y}-\frac{\partial M_{xy}}{\partial x} \tag{6-1c}$$

由 $M_{xy}=M_{yx}$,并将式(6-1b)、式(6-1c)代入式(6-1a),可得

$$\frac{\partial^2 M_x}{\partial x^2}+\frac{\partial^2 M_{xy}}{\partial x\partial y}+\frac{\partial^2 M_y}{\partial y^2}=-q \tag{6-1d}$$

式(6-1d)就是薄板的微分方程式。可知,扭矩的存在减小了按独立板带计算的弯矩值。通过与按弹性薄板理论计算的弯矩值进行比较可知,可将双向板的弯矩计算简化为按独立板带计算的弯矩乘以小于 1 的修正系数来考虑扭矩的影响。

与材料力学中由正应力、剪应力确定主应力的大小和方向相类似,由 l_{01}、l_{02} 方向的弯矩 M_1、M_2 及扭矩 $M_{12}=M_{21}$ 即可确定主弯矩 M_{I} 和 M_{II} 的大小及方向:

$$\left.\begin{matrix}M_{\mathrm{I}}\\M_{\mathrm{II}}\end{matrix}\right\}=\frac{M_1+M_2}{2}\pm\sqrt{\left(\frac{M_1-M_2}{2}\right)^2+M_{12}^2} \tag{6-2}$$

$$\tan 2\varphi=\frac{2M_{12}}{M_1-M_2} \tag{6-3}$$

式中 φ——主弯矩作用平面与 l_{01} 方向的夹角;

M_{I}、M_{II}——两个互相垂直的主弯矩。

由于板的对称性,板的对角线上没有扭矩,故板的对角线截面就是主弯矩平面。图 6-2 所示为均布荷载 q 作用下,四边简支正方形板对角线上主弯矩的变化图形,以及板中心线上弯矩 $M_x(=M_y)$的变化图形(泊松比 $\upsilon=0$)。当用矢量表示时,主弯矩 M_{I} 是与对角线垂直的,且数值较大的正弯矩,双向板底沿 45° 方向开裂就是由主弯矩 M_{I} 引起的;主弯矩 M_{II} 是与对角线平行的,并在角部为负值,且数值较大,双向板角部顶面垂直于对角线的裂缝就是由主弯矩 M_{II} 引起的。

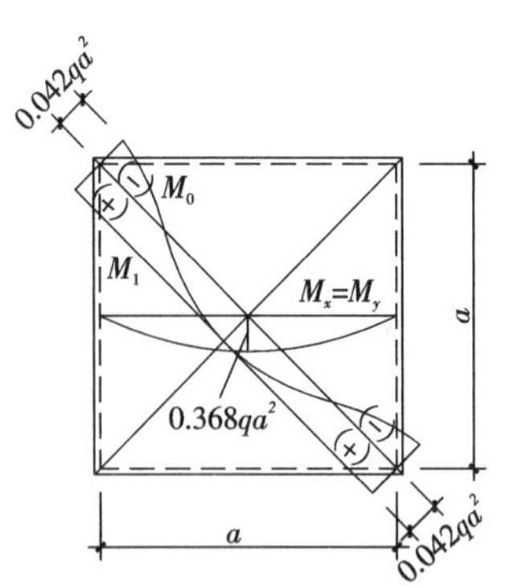

图 6-2 均布荷载作用下四边简支正方形板的主弯矩变化

6.1.2　双向板的试验结果

通过四边简支的正方形板和矩形板在均布荷载作用下的试验研究,可得到以下结论。

(1)混凝土开裂前,双向板基本上处于弹性工作阶段。

(2)当荷载作用时,板的四周有翘起的趋势,如果不锚固,将产生如图 6-3 所示情况。因此,板传给四边支座的压力沿边长是不均匀分布的,即中部大、两端小,大致呈正弦曲线分布。

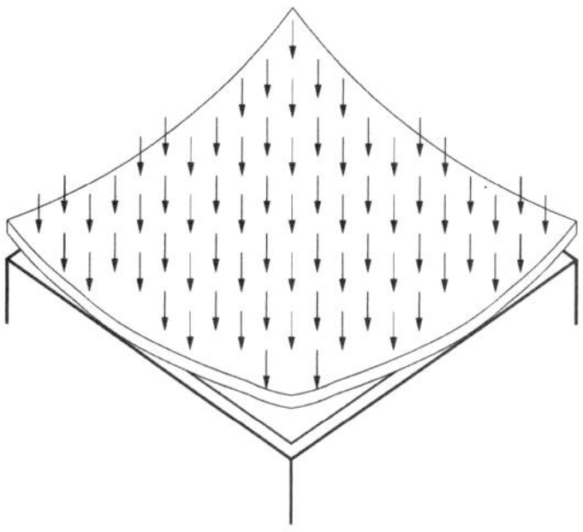

图 6-3　双向板变形图

(3)板的竖向位移曲面呈碟形,矩形双向板沿短跨方向的最大正弯矩出现在跨中截面上,而沿长跨方向的最大正弯矩偏离跨中截面。

(4)两个方向配筋相同的四边简支正方形板,由于跨中的正弯矩最大,因此首先在板底中间部分出现第一批裂缝,并沿着对角线方向向四角扩展,如图 6-4(a)所示。随着荷载不断增加,板底裂缝继续向四角扩展,直至板的底部钢筋屈服而破坏。当接近破坏时,板顶面靠近四角附近出现垂直于对角线方向、大体呈圆形的裂缝,如图 6-4(b)所示。这些裂缝的出现,又促进了板底对角线方向裂缝的进一步扩展。

扫一扫:单双向板应力云图(彩色)

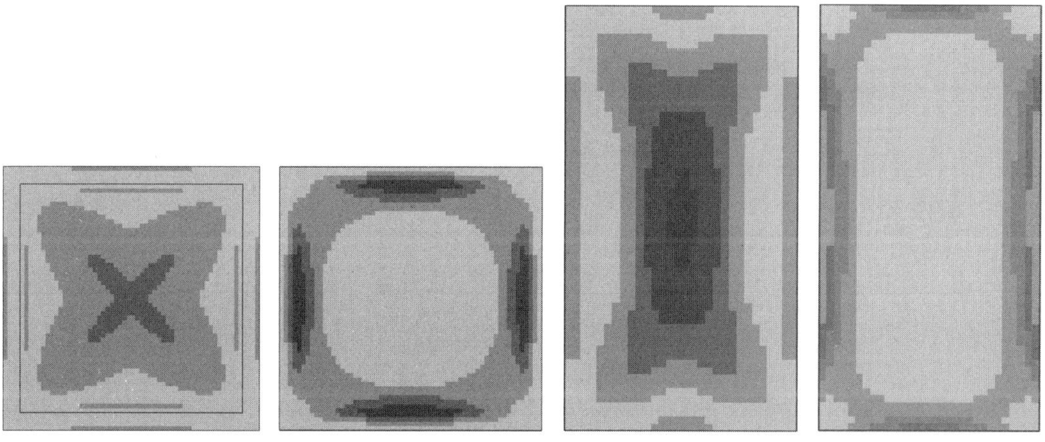

(a)　(b)　(c)　(d)

图 6-4　均布荷载作用下双向板的应变云图分布

(a)正方形板板底应变　(b)正方形板板顶应变　(c)矩形板板底应变　(d)矩形板板顶应变

(5)两个方向配筋相同的四边简支矩形板板底的第一批裂缝出现在中部,且平行于长边方向,这是由于短跨跨中的正弯矩 M_{I} 大于长跨跨中的正弯矩 M_{II}。随着荷载进一步增大,这些板底的跨中裂缝逐渐延长,并沿 45° 角向板的四角扩展,如图 6-4(c)所示。当接近破坏时,板顶四角也出现大体呈圆形的裂缝,如图 6-4(d)所示。最终因板底裂缝处受力钢筋屈服而破坏。

(6)板中钢筋的布置方向对破坏荷载影响不大,对开裂荷载有一定影响,平行于对角线方向配筋板的开裂荷载比平行于四边配筋的板要小些。

(7)当配筋率相同时,较细的钢筋较为有利;当钢筋数量相同时,板中间部分钢筋排列较密的比均匀排列的有利。

根据双向板的理论分析和试验结果可知,双向板配筋如图 6-5 所示。其中,跨中板底应配置平行于板边的双向钢筋,以承担跨中正弯矩;沿支座边配置板面负筋(当四边受约束时),以承担负弯矩;当为四边简支的双向板时,在角部板面应配置对角线方向的斜筋,在角部板底应配置垂直于对角线的斜筋,由于斜筋长短不一,施工不便,故常用平行于板边的钢筋代替。

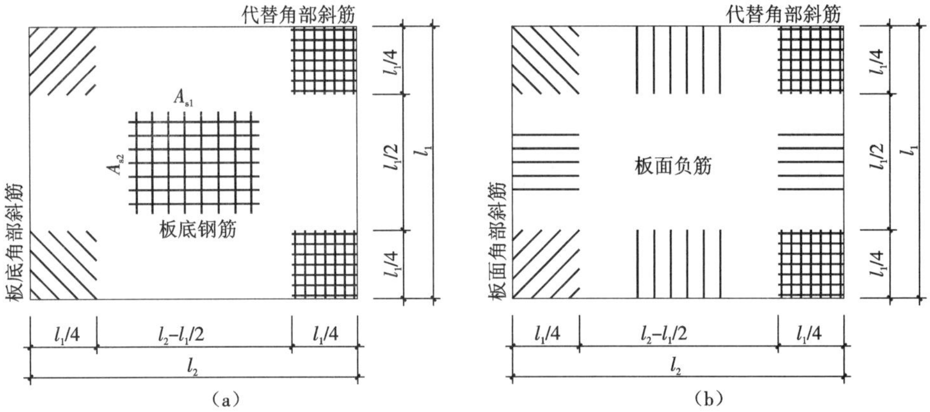

图 6-5 双向板配筋概念图

(a)板底配筋 (b)板面配筋

6.2 按线弹性理论计算双向板

6.2.1 单区格双向板

四边支承的双向板,当板厚 h 远小于平面尺寸,且挠度不超过 $h/5$ 时,其内力可按弹性薄板小挠度理论计算,沿两个主轴方向单位宽度内的弯矩 M_x、M_y 可写成如下形式:

$$\begin{cases} M_x = B_c\left(\dfrac{\partial^2 w}{\partial x^2} + \upsilon\dfrac{\partial^2 w}{\partial y^2}\right) \\ M_y = B_c\left(\dfrac{\partial^2 w}{\partial y^2} + \upsilon\dfrac{\partial^2 w}{\partial x^2}\right) \end{cases} \tag{6-4}$$

式中　B_c——板的弯曲刚度，$B_c=Eh^3/[12(1-\upsilon^2)]$，$E$ 为弹性模量；

w——板的挠度函数，与板的支承条件和荷载形式有关；

υ——材料的泊松比。

上述计算是相当繁杂的。为了使用方便，根据板四周的支承条件、两个方向的跨度比以及荷载形式，《建筑结构静力计算实用手册》将按弹性薄板理论计算的结果编制成表格，供设计时查用。

附录 B 给出了均布荷载作用下、泊松比 $\upsilon=0$ 时，单区格双向板在六种边界支承条件下按式（6-4）计算的最大弯矩系数和最大挠度系数。这六种边界支承条件包括：①四边简支；②一边固定，三边简支；③对边固定，对边简支；④四边固定；⑤邻边固定，邻边简支；⑥三边固定，一边简支。

按照不同的边界支承条件查附录 B 中的表格，即可得到支座和跨中的弯矩系数 m。则单位板宽内的弯矩设计值为

$$M=m(g+q)l_0^2 \tag{6-5}$$

对混凝土，泊松比 $\upsilon=1/6$，由式（6-4）可知，单区格双向板的支座及跨中弯矩（图 6-6）应按下式计算：

$$\begin{cases} M_x=m_x(g+q)l_0^2+\upsilon\cdot m_y(g+q)l_0^2 \\ M_y=m_y(g+q)l_0^2+\upsilon\cdot m_x(g+q)l_0^2 \\ M_x^0=m_x^0(g+q)l_0^2 \\ M_y^0=m_y^0(g+q)l_0^2 \end{cases} \tag{6-6}$$

式中　l_0——两个方向计算跨度 l_{0x} 和 l_{0y} 中的较小值，l_{0x} 和 l_{0y} 按表 5-2 确定；

M_x, M_y——两个方向跨中单位板宽内的弯矩（kN·m/m）；

M_x^0, M_y^0——两个方向支座单位板宽内的弯矩（kN·m/m）；

m_x, m_y——两个方向跨中的弯矩系数；

m_x^0, m_y^0——两个方向支座的弯矩系数。

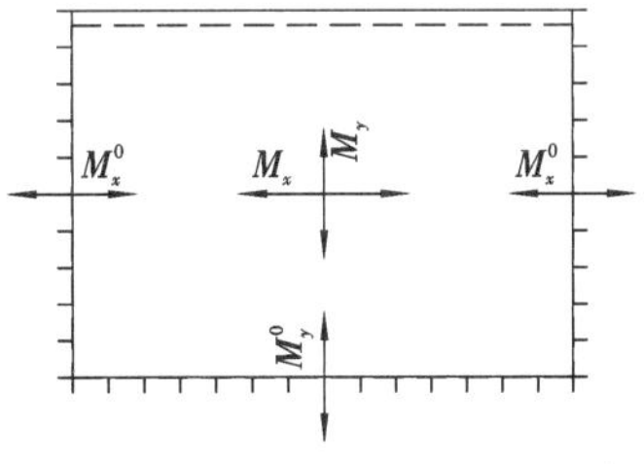

图 6-6　单区格双向板弯矩计算

6.2.2　多区格连续双向板

多区格连续双向板的内力计算比单区格双向板更为复杂。为了简化计算，在工程中多采用以单区格双向板计算结果为基础的实用计算方法。该计算假定：

（1）支承梁的抗弯刚度很大，不产生竖向位移，由此可以略去远跨荷载的影响；

(2)连续板在支座处可以自由转动,即略去梁的侧向抗扭刚度;

(3)双向板沿同一方向相邻跨度的比值 $l_{min}/l_{max} \geq 0.75$,以避免计算误差过大。

多区格连续双向板的活载布置,可以仿照连续单向板的活载布置,即在计算各区格跨中最大弯矩时,将活载隔跨布置;在计算各区格支座最大弯矩时,将活载并跨布置。

1. 连续双向板各区格跨中最大弯矩

多区格连续双向板的边界条件既不是完全嵌固又不是理想简支,为了利用附录B给出的单区格双向板在典型边界条件下的系数表,在计算连续双向板各区格跨中最大正弯矩时,仿照连续梁中的活载布置,按图6-7所示的棋盘式布置活载 q,即在两个方向上活载 q 均隔跨布置。

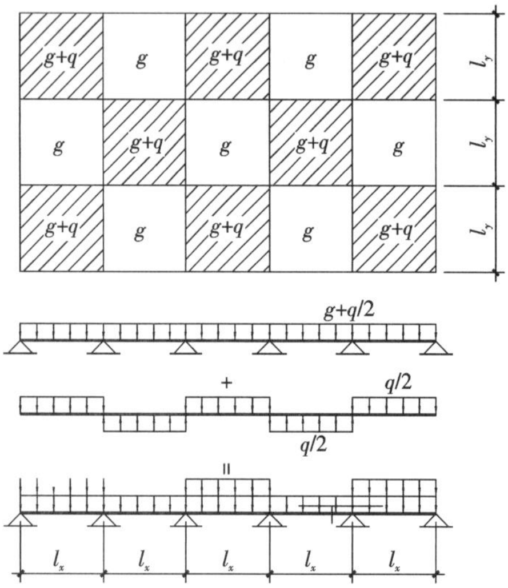

图 6-7 连续双向板各区格跨中最大弯矩

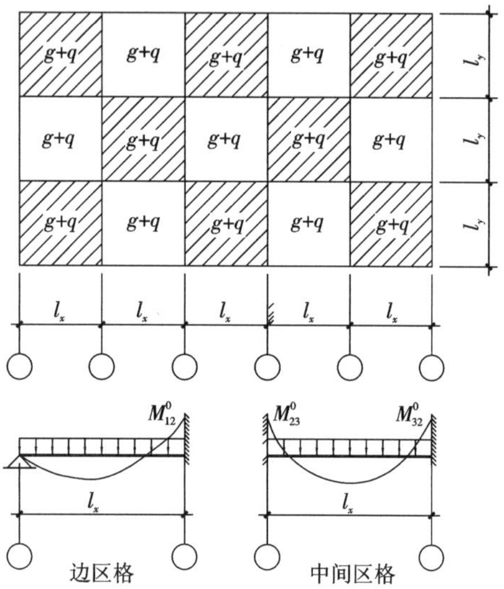

图 6-8 连续双向板支座最大弯矩

将图6-7中布置的荷载(满布各跨的均布恒载 g 和隔跨布置的均布活载 q)分解成满布各跨的正对称荷载($g+q/2$)和隔跨交替布置的反对称荷载($\pm q/2$),两者叠加以后形成棋盘式的布局。此时,有活载的区格将产生最大跨中弯矩。

在正对称荷载($g+q/2$)作用下,中间区格板支座两边结构对称,且荷载对称或接近对称布置,则各中间支座不转动或转动很小,因此所有中间区格均可看作四边固定的双向板。

在反对称荷载($\pm q/2$)作用下,荷载在各区格大小相等、方向相反,可以认为各区格板在共同支座处垂直截面的转角大小相等、方向相反、变形协调,不会产生弯矩,因此可以把中间支座看作铰支,所有中间区格板均可看作四边简支的双向板。

将各区格板看作单区格板,叠加上述两种荷载作用下的跨中弯矩,即得到各区格的跨中最大正弯矩。

2. 连续双向板支座最大弯矩

将均布活载 q 满布楼盖的各区格(图6-8),此时各中间支座处垂直截面的转角为零。可假定各区格在中间支座处嵌固,所有中间区格板均按四边固定的单区格双向板计算其支座最大弯矩。

3. 边区格和角区格

楼盖周边的区格板，其外边界的支座需按实际支承情况确定。若支承在抗扭刚度较大的梁或剪力墙上，可看作固定边；若支承在砌体墙、钢梁或抗扭刚度较小的混凝土梁上，则应看作简支边。然后，按中间区格板的计算方法进行内力计算。

有时由于对边或邻边支承条件不同，由相邻区格板各自求出的共用支座弯矩并不相同，配筋时可以取平均值。

6.3　按塑性理论计算双向板

由试验结果(图 6-4)可知，四边支承的钢筋混凝土双向板在均布荷载作用下，裂缝不断出现与扩展，当板破坏时，裂缝最大处钢筋达到屈服，受压混凝土可能达到其抗压强度，反映出钢筋混凝土板具有一定的塑性性能。

6.3.1　塑性铰线的基本概念

板中连续出现的塑性铰连在一起形成的连线称为塑性铰线(也称为屈服线)，其概念与连续梁中的塑性铰概念相仿，后者出现在杆系结构中，前者出现在板式结构中，两者都是由受拉钢筋屈服所致。当板中出现足够数量的塑性铰线后，板成为机动体系，会因荷载达到其承载能力极限状态而破坏，这时板所承受的荷载称为极限荷载。

1. 塑性铰线的确定

一般将裂缝出现在板底的塑性铰线称为正塑性铰线；裂缝出现在板面的塑性铰线称为负塑性铰线。板中塑性铰线的分布形式与诸多因素有关，如板的平面形状、周边支承条件、纵横两个方向跨中及支座截面的配筋量、荷载类型等。具体确定塑性铰线时，通常根据以下规律判断：

(1)分布荷载作用下，塑性铰线是直线，它是两块板的交线；

(2)集中荷载作用下，塑性铰线由荷载作用点呈放射状向外扩散；

(3)当板产生竖向位移时，板块必绕一转动轴转动；

(4)两相邻板块的塑性铰线必经过该两板块旋转轴的交点；

(5)板的支承边必是转动轴；

(6)转动轴必定通过柱支承点。

均布荷载作用下，板在不同支承条件的塑性铰线如图 6-9 所示。

2. 结构的极限分析与极限设计

当结构构件的截面尺寸、材料强度等已定，则截面所能承担的内力已知，经过分析求出结构所能承担的极限荷载值，称为极限分析；当结构上所作用的荷载值已知，根据荷载作用下的结构内力值，确定结构构件的截面尺寸、材料强度等，则称为极限设计。

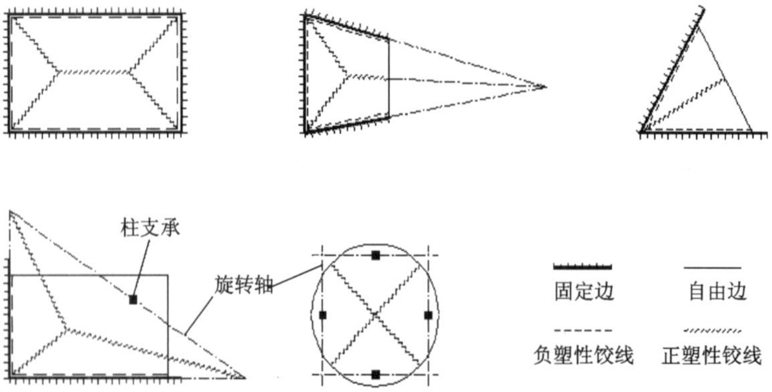

图 6-9 板在不同支承条件的塑性铰线

结构的极限分析必须满足以下条件。

(1)极限条件,即当结构达到极限状态时,结构任一截面的内力都不能超过该截面的承载能力。对于理想弹塑性材料,极限条件也称为屈服条件。

(2)机动条件,即在极限荷载作用下,结构丧失承载能力时的运动形式,此时整个结构应是机动体系。

(3)平衡条件,即外力(包括支座反力)和内力处于平衡状态。平衡条件可以用力的平衡方程表示,也可假设虚位移从而用虚功方程表示。

进行结构极限分析时,如果上述三个条件同时满足,则得到的解答就是结构的真实极限荷载。对于复杂结构,同时满足上述三个条件的真实解答一般难以直接求得,工程中常用近似方法求解,即下限解法和上限解法。

(1)下限解法仅满足极限条件和平衡条件,一般是选取内力分布场,该内力分布场满足平衡条件和力的边界条件,同时又满足结构的极限条件,即所选取的内力分布场中任何一处都不超过该截面所能承担的内力。对于钢筋混凝土板,实用的下限解法有两种:一种是直接选取弯矩分布方程,由内力与外力相平衡计算出板的极限荷载;另一种是板带法,即对板面荷载选取某种方式的分配方案,然后分别列出板带在相应荷载作用下的平衡方程,本质上也属于选取板的弯矩方程。

在一般情况下,下限解法求得的极限荷载值小于真实解。这是由于结构并不满足机动条件,并未达到破坏阶段。由于结构的可能内力分布场有很多个,因此理论上应选取多个内力分布场,并分别进行计算,最后选取其中最大的一个荷载值作为极限荷载的近似值。

(2)上限解法仅满足机动条件和平衡条件,通常也称为塑性铰线理论或屈服线理论,利用功能方程求解时称为机动法或功能法,直接建立平衡方程求解时称为极限平衡法。利用上限解法求钢筋混凝土板的极限荷载时,一般是先在板面布置一定形式的塑性铰线,使板成为机动体系;然后建立功能方程或平衡方程,据此可得到含有若干待定参数的极限荷载表达式或板块平衡方程组;最后求出待定参数,并代入极限荷载表达式或任一板块的平衡方程,即可求得极限荷载值。如此求得的塑性铰线位置对应于最危险的破坏机构,相应的极限荷载为上限解法中的最小值。

在一般情况下,上限解法求得的极限荷载值大于真实解。这是由于结构并不满足极限条件,有的截面内力值可能超过该截面所承担的内力。对于双向板,由于整块板存在薄膜-穹拱作用的有利影响,试验结果表明板的实际破坏荷载都大于按塑性铰线计算得到的值。

若活载相对较大,则当棋盘式间隔布置活载时,无活载的区格板可能向上鼓起,发生如图 6-10 所示的幕形分布的塑性铰线。通常采用构造钢筋来防止这种破坏的出现。

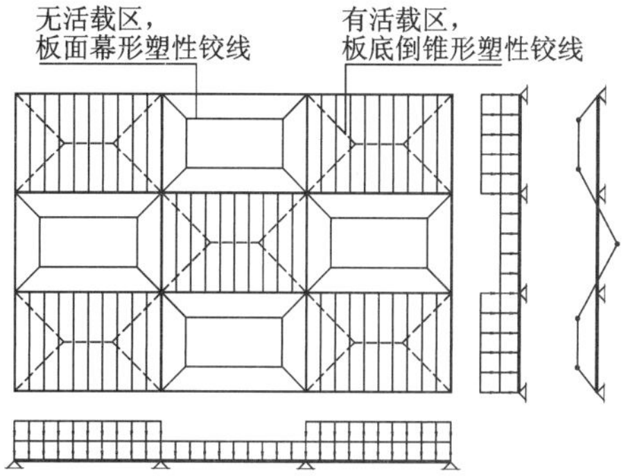

图 6-10　连续双向板的塑性铰线

6.3.2　按塑性铰线理论计算钢筋混凝土双向板

利用机动法求解板的极限荷载,首先应给定一次几何可变的破坏机构图形,并给破坏机构以虚位移。根据虚功原理,当给预先确定的破坏机构一个微小的虚位移时,塑性铰线处所做的内功等于外荷载所做的外功。因而,根据机动位移场分别计算内功和外功,即可求得板在给定破坏机构下的极限荷载。

在均布荷载作用下的四边支承矩形双向板,当不考虑其角部和边界效应时,其破坏图式主要有倒锥形、倒幕形及正幕形三种,基本破坏图式是倒锥形。从工程实用角度出发,对倒锥形破坏图式可近似取为对称的,即跨内斜向塑性铰线与邻边的夹角取为 45°,如图 6-11 所示。

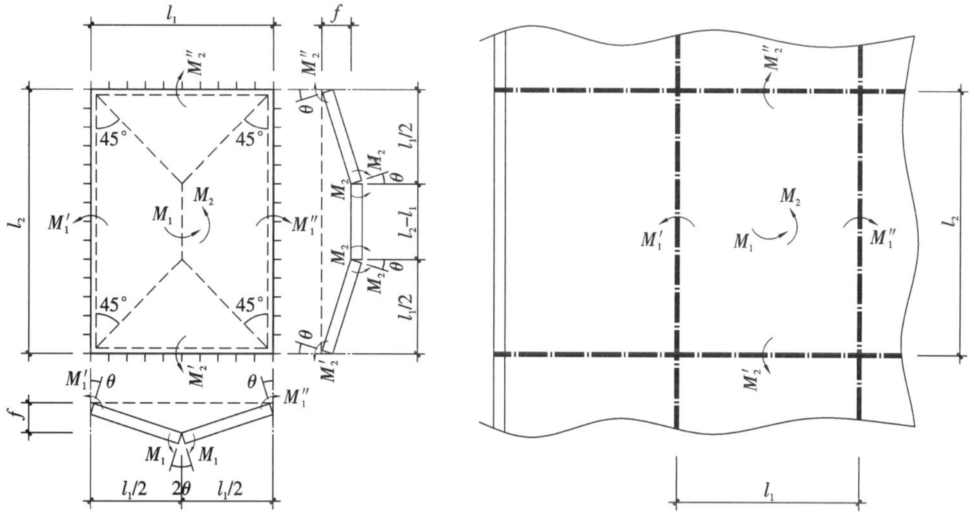

图 6-11　多区格矩形双向板

1. 基本假定

按塑性铰线理论计算双向板的极限荷载时,需做以下假定。

(1)板在即将破坏时,塑性铰线发生在弯矩最大处。

(2)分布荷载作用下,塑性铰线为直线,整块板被塑性铰线划分成若干个板块。

(3)板块的变形远小于塑性铰线处的变形,故可把板块看作刚体,整块板的变形集中在塑性铰线上,破坏时各板块均绕塑性铰线转动。

(4)整块板在荷载作用下达到极限状态时,理论上存在多个破坏图式,在所有可能的破坏图式中最危险的是对应的极限荷载最小的塑性铰线。

(5)最危险的塑性铰线上扭矩和剪力均极小,可略去不计,因此只有塑性铰线上的极限弯矩抵抗外荷载,并假定在旋转过程中此弯矩为常值,即等于钢筋达到屈服和混凝土达到弯曲抗压极限强度所构成的极限内力矩。

2. 基本方程

根据板在极限荷载作用下所形成的塑性铰线体系,可按虚功原理求其极限承载力。也就是,在任一微小虚位移下,外力所做的功恒等于内力所做的功,即

$$\int q_u \delta = \sum M\theta \tag{6-7}$$

式中 q_u——极限均布荷载设计值;

δ——板的虚位移;

M——各塑性铰线上的总内力矩;

θ——塑性铰线所连接的一对板块之间的虚角变位。

下面以图6-11所示的多区格矩形双向板的中间区格为例,说明虚功原理法的计算过程。

当板上作用有均布荷载 q 并形成破坏机构时,跨中产生微小的竖向位移。此时,外力所做的功的总和应等于内力所做的功的总和。

外功为均布荷载 q 乘以高度为 f 的角锥体体积,即

$$qV = q\left[\frac{1}{3}\times l_1 \times l_1 \times f + \frac{1}{2}\times l_1 \times (l_2 - l_1)\times f\right] = \frac{qfl_1}{6}(3l_2 - l_1) \tag{6-8a}$$

内功则为

$$\sum M\theta = 2\theta\cdot M_1 + 2\theta\cdot M_2 + \theta\cdot M_1'' + \theta\cdot M_1' + \theta\cdot M_2'' + \theta\cdot M_2' \tag{6-8b}$$

将 $\theta \approx \tan\theta = \dfrac{f}{l_1/2}$ 代入式(6-8b),可得

$$\sum M\theta = \frac{2f}{l_1}(2M_1 + 2M_2 + M_1'' + M_1' + M_2'' + M_2') \tag{6-8c}$$

令外功等于内功,则得

$$\frac{ql_1^2}{12}(3l_2 - l_1) = 2M_1 + 2M_2 + M_1'' + M_1' + M_2'' + M_2' \tag{6-8d}$$

式中 q——均布荷载设计值;

l_1、l_2——板的短跨与长跨的计算跨度;

M_1、M_2——沿跨度 l_1、l_2 方向，整个截面宽度的跨中极限正弯矩；

M_1'、M_1''——沿跨度 l_1 方向，整个截面宽度的支座极限负弯矩，取绝对值；

M_2'、M_2''——沿跨度 l_2 方向，整个截面宽度的支座极限负弯矩，取绝对值。

式（6-8d）就是连续双向板的中间区格按塑性铰线法计算的基本方程。

3. 设计公式

进行双向板设计时，求解方程（6-8d）需要增加下列补充条件：

$$\begin{cases} n = \dfrac{l_2}{l_1} \\ \alpha = \dfrac{m_2}{m_1} \\ \beta = \dfrac{m_1'}{m_1} = \dfrac{m_1''}{m_1} = \dfrac{m_2'}{m_2} = \dfrac{m_2''}{m_2} \end{cases} \tag{6-9}$$

式中　m_1、m_2——沿跨度 l_1、l_2 方向，单位板宽的跨中极限正弯矩；

m_1'、m_1''——沿跨度 l_1 方向，单位板宽的支座极限负弯矩，取绝对值；

m_2'、m_2''——沿跨度 l_2 方向，单位板宽的支座极限负弯矩，取绝对值。

于是，式（6-8d）中各跨中极限弯矩和支座极限弯矩可表示为

$$\begin{cases} M_1 = m_1 l_2 = n \cdot m_1 l_1 \\ M_2 = m_2 l_1 = \alpha \cdot m_1 l_1 \\ M_1' = M_1'' = m_1' l_2 = n \cdot \beta \cdot m_1 l_1 \\ M_2' = M_2'' = m_2' l_1 = \alpha \cdot \beta \cdot m_1 l_1 \end{cases} \tag{6-10}$$

将式（6-10）代入式（6-8d），可得

$$m_1 = \frac{1}{8} q l_1^2 \frac{3n - 1}{3(n\beta + \alpha\beta + n + \alpha)} = \frac{1}{8} q l_1^2 \frac{3n - 1}{3(n + \alpha)(\beta + 1)} \tag{6-11}$$

式（6-11）中，n 为已知，只要假定 α、β 值，即可解得 m_1，再将 m_1 代回到式（6-9），即可求得其余截面的弯矩值。

考虑到应尽量使塑性铰线法得出的两个方向跨中极限正弯矩的比值与按弹性理论得出的比值接近，以期在使用阶段使两个方向的截面应力较接近，一般取 $\alpha=1/n^2$；同时，考虑到节省钢材及配筋方便，根据经验，宜取 $\beta=1.5\sim2.0$，通常取 $\beta=2.0$。

4. 连续双向板楼盖的设计步骤

整个双向板楼盖的计算，首先从中间区格开始，选定 α、β 值，求出该区格板的跨中极限弯矩 m_1、m_2 以及支座极限弯矩 m_1'、m_1'' 和 m_2'、m_2''；然后将支座极限弯矩值作为相邻区格板的共界弯矩值，依次向外计算各区格板，直至楼盖的边区格板和角区格板，详见 6.7 节相关例题。

6.4　双向板支承梁的设计

当双向板承受均布荷载作用时，钢筋混凝土双向板的底面中央及沿 45° 对角线方向出

现裂缝,因而由双向板传给支承梁的荷载显然应按三角形或梯形分布。

双向板的支座反力,即其支承梁的荷载,分布比较复杂,对于实用计算可近似地把每一区格按图 6-12 划分为四个分区,并认为每一区格的荷载直接传给邻近的支承梁。如果假定塑性铰线上没有剪力,则由塑性铰线划分的板块范围就是双向板支承梁的负荷范围。近似认为塑性铰线是 45° 斜线,则沿短跨方向的支承梁承受三角形分布荷载,沿长跨方向的支承梁承受梯形分布荷载。此外,还需考虑梁自重以及直接作用在梁上的荷载(如隔墙重量等)。

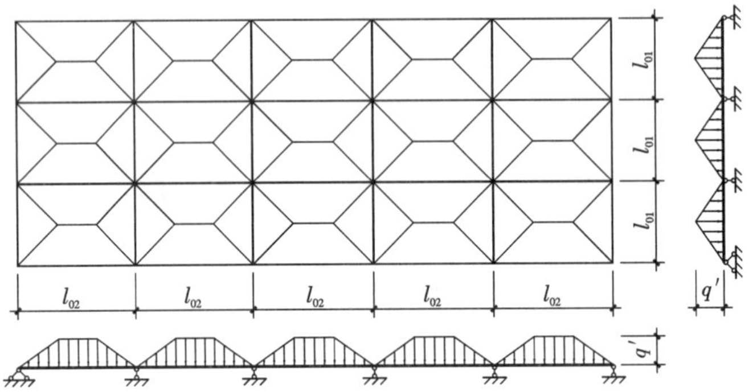

图 6-12 双向板支承梁的负荷范围

支承梁的内力可按弹性理论计算或按考虑塑性内力重分布的调幅法计算。

对等跨或近似等跨(跨度相差不超过 10%)的连续支承梁,可按支座弯矩等效的原则将三角形荷载和梯形荷载等效为均布荷载 q_e,再利用均布荷载作用下等跨连续梁的计算表格来计算梁的支座弯矩,梁的跨中弯矩及剪力则需按静力平衡条件求解。

三角形荷载作用时,有

$$q_e = \frac{5}{8}q' \tag{6-12}$$

梯形荷载作用时,有

$$q_e = (1 - 2\alpha^2 + \alpha^3) \cdot q' \tag{6-13}$$

式中 α——系数,$\alpha = \dfrac{l_{01}}{2l_{02}}$;

q'——作用在支承梁上的三角形荷载及梯形荷载的最大值,$q' = ql_{01}/2$,q 为板面的均布恒载或均布活载。

对于无内柱的双向板楼盖,仍按连续双向板计算,支承梁的内力则按结构力学的交叉梁系进行计算。

6.5 截面设计与构造要求

在荷载作用下,板的裂缝不断出现与扩展;同时,由于支座的约束,在板的平面内逐渐产生相当大的水平推力,使整块板存在薄膜 - 穹拱作用,如图 6-13 所示。考虑到薄膜 - 穹拱作用的有利影响,不论按弹性理论方法还是按塑性理论方法计算,弯矩值均可按下列情况予以减小。

(1)中间区格的跨中截面及中间支座减小 20%(塑性铰线法中取 $\eta=0.8$)。

(2)边区格的跨中截面及第一内支座:

①当 $l_b/l<1.5$ 时,减小 20%(塑性铰线法中取 $\eta=0.8$);

②当 $1.5\leqslant l_b/l\leqslant 2$ 时,减小 10%(塑性铰线法中取 $\eta=0.9$);

③当 $l_b/l>2$ 时,不折减。

其中,l 为垂直于楼板边缘方向的计算跨度;l_b 为沿楼板边缘方向的计算跨度,如图 6-14 所示。

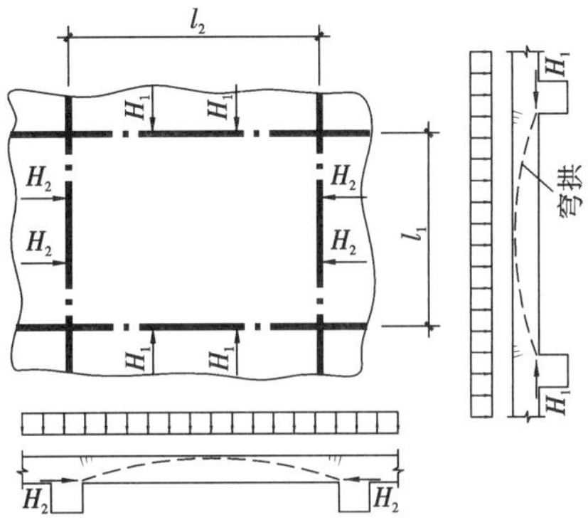

图 6-13　双向板薄膜 - 穹拱作用图

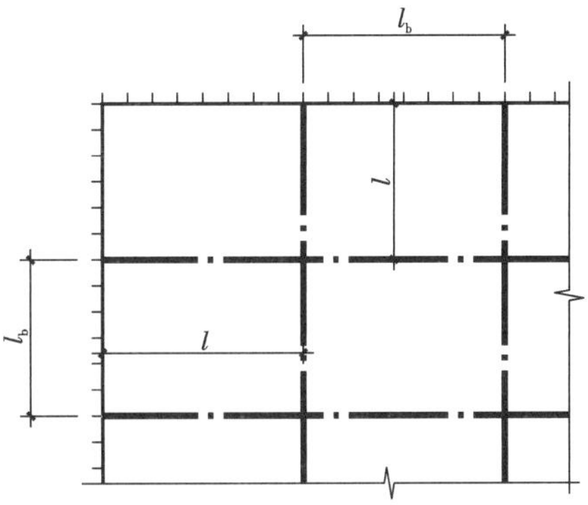

图 6-14　计算跨度取法

(3)楼板角区格不应折减。

双向板跨中钢筋,一般短向钢筋在下、长向钢筋在上,并取各自的有效高度 h_0。钢筋的配置方式采用分离式,如图 6-15 所示。

按弹性理论计算时,板跨中弯矩不仅沿板长变化,且沿板宽自中央向两边逐渐减小,但板底配筋却是按最大弯矩求得的,因此也应向两边逐渐减小。考虑到施工方便,其减小方式如下:将板在 l_1、l_2 方向各分为三个板带(图 6-16);两边板带的宽度为较小跨度 l_1 的 1/4,其余板带则为中间板带;在中间板带内均配置按最大弯矩求得的板底钢筋,边板带内则减少一半配置,但每米宽度内不得少于 3 根。对支座负钢筋,为了承受四角扭矩,钢筋沿支座宽度均匀分布。

按塑性理论计算时,钢筋可以按板带分别配置,为了施工方便,也可以均匀分布。

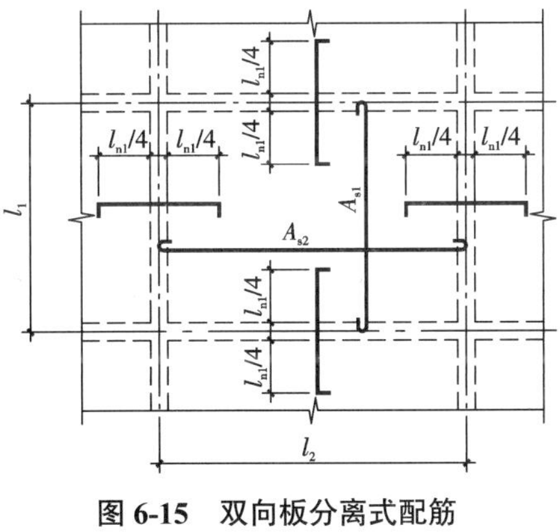

图 6-15　双向板分离式配筋

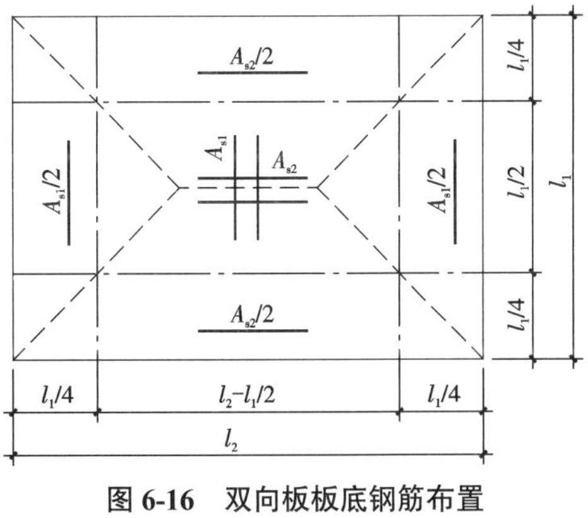

图 6-16　双向板板底钢筋布置

当板中采用焊接网片配筋时，应符合国家现行有关标准的规定。

双向板受力钢筋的直径、间距、弯起点及截断点的位置等均可参照单向板配筋的有关规定，沿墙边及墙角的板内构造钢筋与单向板肋梁楼盖相同。

6.6 井格梁楼盖

图4-2(c)所示井格梁楼盖是由双向板肋梁楼盖演变而来的。它与肋梁楼盖的主要区别是两个方向梁的截面高度相等，没有主梁与次梁之分，共同承受楼板传来的荷载。

井格梁楼盖的主要优点如下。

(1)梁的交叉点处不设柱，可以形成较大的使用空间。因此，特别适用于车站、候机楼、图书馆、展览馆、会议厅、影剧院门厅、多功能活动厅、仓库、车库等要求室内不设或少设柱的建筑。当作为屋盖时，可去掉柱网中的一些中柱，以满足顶层的大空间使用要求；也可去掉楼板而采用有机玻璃或玻璃钢采光罩，以满足建筑采光的要求。

(2)节省材料，造价较低。与肋梁楼盖相比，由于交叉梁系双向受力，梁的截面高度较小，不但楼盖的厚度较薄，而且材料用量较省。

(3)外形美观。由于两个方向的梁等高，通常两个方向梁的间距也近似相等，楼盖底部形成一个个整齐的方格，加之适当的艺术处理，外形美观。

6.6.1 井格梁楼盖结构布置

在井格梁楼盖中，交叉梁系的布置有正交正放和正交斜放两种方案，如图6-17所示。

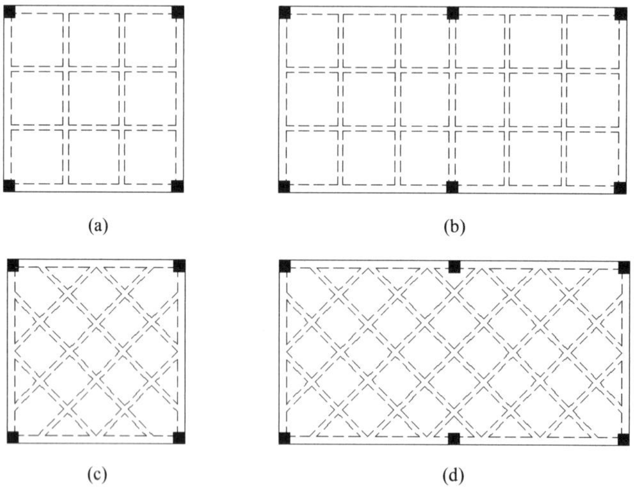

(a) (b) (c) (d)

图6-17 井格梁楼盖的梁系布置

(a)、(b)正交正放 (c)、(d)正交斜放

当建筑平面或柱网为正方形时，这两种布置方式均可采用，如图6-17(a)、(b)、(c)所示。这时两个方向的梁系能够同时充分发挥作用。

当建筑平面或柱网为长方形时，若长短边之比不大于1.5，交叉梁系的布置也可采用正交正放形式；若长短边之比大于 1.5，则应优先采用正交斜放形式（图 6-17（d）），这时交叉梁系的最大跨度为短边长的 $\sqrt{2}$ 倍，与平面长边无关；但这种布置方式中，四角区域的短梁刚度较大，形成长梁的支座，造成楼盖四角上翘，并使角柱受拉。

井格梁的间距一般为 1.5~3 m，常用跨度 10~20 m。

单跨井格梁楼盖的支承条件一般有四角柱支承、周边墙（梁）支承、周边柱支承三种。采用周边柱支承时，应尽量使每根梁都能直接支承在柱上；当柱距与梁距不一致时，应设置截面较高、刚度较大的框架梁，以使两个方向的肋梁都支承在竖向位移都很小的支座上，保证井格梁的刚性。

当建筑平面尺寸较大时，也可在井格梁交叉点处设柱，或由周边墙（梁）与内柱共同支承，形成多跨连续的井格梁楼盖。

6.6.2　井格梁楼盖受力分析

井格梁楼盖的交叉梁系属于空间杆系高次超静定结构。其中一个方向的梁在变形的过程中会使另一个方向的梁发生扭转，由于梁的抗扭刚度的存在，反过来又对梁的变形产生一定的约束。因此，井格梁楼盖的内力与变形计算是一个十分复杂的问题，精确的内力与变形分析大都采用有限元法。

在实际工程设计中，常采用荷载分配法近似解决井格梁楼盖的受力分析问题，其计算简图如图 6-18 所示。井格梁楼盖中的楼板一般按双向板计算，板上荷载就近传至最近的井格梁节点，其值为 $P=ql^2$，梁的内力与变形可近似按节点竖向变形相等的原则进行计算，并引入以下假定：

（1）板简支于梁上，忽略板的连续性对梁的内力与变形的影响；

（2）荷载作用在交叉梁系的各节点上；

（3）不考虑梁的抗扭刚度和剪力的影响。

然后，根据两个方向梁的刚度和其交叉点挠度相同的条件计算每根梁所承受的荷载及其相应的内力。

根据荷载分配法编有各种井格梁楼盖的内力、变形计算表格，详见《建筑结构静力计算实用手册》，可直接查用。

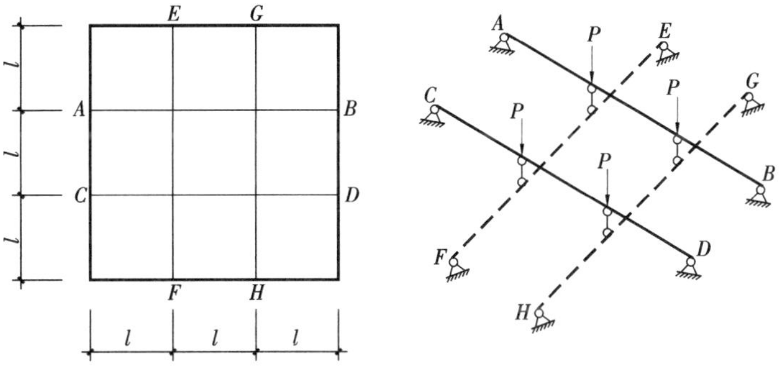

图 6-18　井格梁楼盖的计算简图

6.7 双向板肋梁楼盖设计例题

【设计资料】

同5.5节“单向板肋梁楼盖设计例题”。

【设计要求】

(1)计算内容:按双向板肋梁楼盖进行设计,板按弹性理论、极限平衡法两种方法计算。

(2)绘图内容:结构平面配筋图(板平面配筋图),板配筋按弹性理论计算结果配置。

6.7.1 结构平面布置与构件基本尺寸确定

根据设计要求,双向板肋梁楼盖结构平面布置如图6-19所示。按板周边支承条件,将板区分为中间区格板(A)、边区格板(B、C)和角区格板(D)。

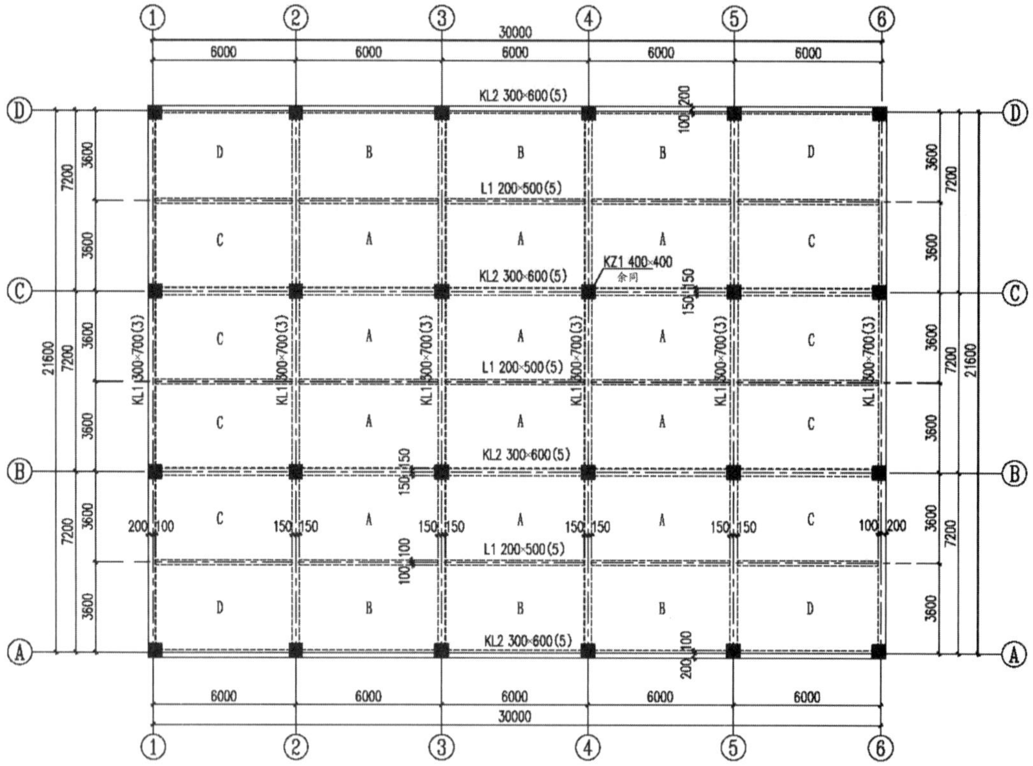

图6-19 双向板肋梁楼盖结构平面布置

主梁尺寸同5.5节“单向板肋梁楼盖设计例题”,框架梁1取 $b\times h$=300 mm×700 mm;框架梁2取 $b\times h$=300 mm×600 mm;次梁取 $b\times h$=200 mm×500 mm。

板厚:根据表4-1,$h\geq l/40$=3 600/40=90 mm;根据表4-2,$h\geq$ 70 mm;因此取 h=100 mm。

6.7.2 荷载计算

1. 荷载标准值

水泥砂浆面层	20 mm 厚	$0.02\times20=0.40\ \text{kN/m}^2$
钢筋混凝土现浇板	100 mm 厚	$0.10\times25=2.50\ \text{kN/m}^2$
混合砂浆抹面	20 mm 厚	$0.02\times17=0.34\ \text{kN/m}^2$
恒载标准值	$g_k=3.24\ \text{kN/m}^2$	
活载标准值	$q_k=10.00\ \text{kN/m}^2$	

2. 荷载设计值

恒载设计值	$g=1.3g_k=4.212\ \text{kN/m}^2$
活载设计值	$q=1.5q_k=15.00\ \text{kN/m}^2$

6.7.3 按弹性理论设计双向板

1. 跨度计算

按不同的边界支承情况，各区格板的计算跨度根据表 5-2 计算，并列于表 6-1 中。

2. 弯矩计算

取每个方向上跨中 1 m 宽板带作为计算单元。根据支座支承情况，查附录 B 中的相应表格取用弯矩系数，并取混凝土泊松比 $\upsilon=1/6$，各区格弯矩确定如下。

（1）中间区格（A）：跨中最大正弯矩为四边固定时在 $g+q/2$ 作用下的跨中弯矩值与四边简支时在 $q/2$ 作用下的跨中弯矩值之和；支座最大负弯矩为四边固定时在 $g+q$ 作用下的支座弯矩值。

（2）边区格（B、C）：跨中最大正弯矩为三边固定、一边简支时在 $g+q/2$ 作用下的跨中弯矩值与四边简支时在 $q/2$ 作用下的跨中弯矩值之和；支座最大负弯矩为三边固定、一边简支时在 $g+q$ 作用下的支座弯矩值。

（3）角区格（D）：跨中最大正弯矩为邻边固定、邻边简支时在 $g+q/2$ 作用下的跨中弯矩值与四边简支时在 $q/2$ 作用下的跨中弯矩值之和；支座最大负弯矩为邻边固定、邻边简支时在 $g+q$ 作用下的支座弯矩值。

以 A 区格为例，$l_{01}/l_{02}=0.6$，查附录 B 中的计算系数表，可得

$$m_1=(0.0367+0.0076/6)\cdot(g+q/2)\cdot l_{01}^2+(0.0820+0.0242/6)\cdot(q/2)\cdot l_{01}^2$$
$$=5.763+8.362=14.13\ \text{kN}\cdot\text{m/m}$$

$$m_2=(0.0076+0.0367/6)\cdot(g+q/2)\cdot l_{01}^2+(0.0242+0.0820/6)\cdot(q/2)\cdot l_{01}^2$$
$$=2.082+3.68=5.763\ \text{kN}\cdot\text{m/m}$$

$$m_1'=m_1''=0.0793\cdot(g+q)\cdot l_{01}^2=19.745\ \text{kN}\cdot\text{m/m}$$

$$m_2'=m_2''=0.0571\cdot(g+q)\cdot l_{01}^2=14.217\ \text{kN}\cdot\text{m/m}$$

同理，可得其余各区格跨中及支座截面的弯矩设计值，计算结果详见表 6-1。

表 6-1 按弹性理论计算双向板弯矩值

板区格编号		A	B	C	D
计算简图		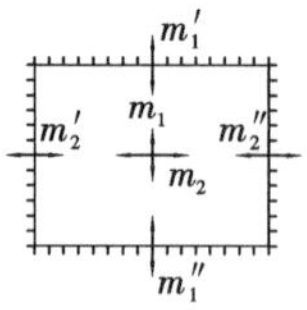	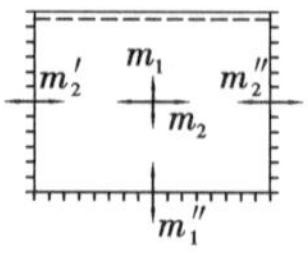	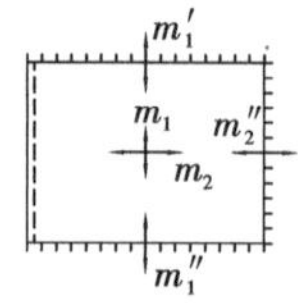	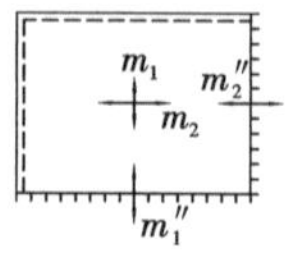
计算跨度（mm）	l_{01}	3 600	3 650	3 600	3 650
	l_{02}	6 000	6 000	6 050	6 050
l_{01}/l_{02}		0.60	0.61	0.60	0.60
跨中弯矩（kN·m/m）	m_1	14.13	16.70	14.70	16.70
	m_2	5.76	8.20	6.70	7.70
支座弯矩（kN·m/m）	m_1'	19.75	0	20.30	0
	m_1''	19.75	26.20	20.30	27.90
	m_2'	14.22	19.70	0	0
	m_2''	14.22	19.70	14.20	19.90

3. 配筋计算

考虑到板的薄膜 - 穹拱作用，配筋计算时各区格弯矩设计值进行以下调整。

（1）中间区格 A：跨中和支座弯矩设计值均降低 20%（η=0.80）。

（2）边区格 B：1.5<l_b/l=6 000/3 650=1.64<2，跨中和支座弯矩设计值均降低 10%（η=0.90）。

（3）边区格 C：l_b/l=3 600/6 050=0.60<1.5，跨中和支座弯矩设计值均降低 20%（η=0.80）。

取钢筋保护层厚度为 15 mm，钢筋直径 d=10 mm；截面有效高度 h_0，短跨（l_{01} 方向）为 $h_{01}=h-15-0.5d$=80 mm，长跨（l_{02} 方向）为 $h_{02}=h-15-d-0.5d$ =70 mm。

配筋计算参数取：b=1 000 mm；C30 级混凝土，f_c=14.3 MPa；HRB400 级钢筋，f_y=360 MPa。计算结果见表 6-2，最小配筋率为

$$\rho_{smin}=\max(0.2, 45f_t/f_y)\%=0.20\%$$

表 6-2 按弹性理论计算双向板配筋

截面			h_0（mm）	弯矩（kN·m）	计算配筋（mm²）	实配钢筋	实配面积（mm²）
跨中	A 区格	l_{01} 方向	80	14.13 × 0.8=11.30	393	Φ12@200	565
		l_{02} 方向	70	5.76 × 0.8=4.61	183	Φ10@200	393
	B 区格	l_{01} 方向	80	16.70 × 0.9=15.03	522	Φ12@200	565
		l_{02} 方向	70	8.20 × 0.9=7.38	293	Φ10@200	393
	C 区格	l_{01} 方向	80	14.70 × 0.8=11.76	409	Φ12@200	565
		l_{02} 方向	70	6.70 × 0.8=5.36	213	Φ10@200	393

续表

截面			h_0(mm)	弯矩(kN·m)	计算配筋(mm²)	实配钢筋	实配面积(mm²)
跨中	D 区格	l_{01} 方向	80	16.70	580	Φ12@200	565
		l_{02} 方向	70	7.70	306	Φ10@200	393
支座	A-A	l_{01} 方向	80	19.75×0.8=15.80	549	Φ12@200	565
		l_{02} 方向	80	14.22×0.8=11.38	396	Φ10@150	523
	A-B		80	(19.75×0.8+26.2×0.9)/2=19.69	684	Φ12@150	754
	A-C		80	14.20×0.8=11.36	395	Φ10@150	523
	B-B		80	19.70×0.9=17.73	616	Φ12@150	754
	B-D		80	(19.70+19.90)/2=19.80	688	Φ12@150	754
	C-C		80	20.3×0.8=16.24	565	Φ12@150	754
	C-D		80	(20.30×0.8+27.90)/2=22.07	767	Φ12@140	808

6.7.4 按塑性铰线法设计双向板

1. 跨度计算

各区格板的计算跨度根据表 5-2 计算，并列于表 6-3 中。

2. 弯矩计算

假定边缘板带跨中配筋率与中间板带相同，支座截面配筋率不随板带而改变，即取同一数值。对所有区格均取 $\alpha=0.34$，$\beta=2$。

对 A 区格板，将已知条件代入式(6-11)中，即可直接计算得到 m_1。再利用式(6-9)，可求得其余各项弯矩值。

对 B 区格板，应将 A 区格板的 m_1' 作为 B 区格板 m_1'' 的已知值，并取 $m_1'=0$；再利用式(6-10)和式(6-8d)求解得到 m_1，将 m_1 代回式(6-10)，即可求得其余各项弯矩值。

对 C、D 区格板，也按同样的方法进行计算。各区格板弯矩计算结果列于表 6-3 中。

表 6-3　按塑性铰线法计算双向板弯矩值

板区格编号		A	B	C	D
计算简图		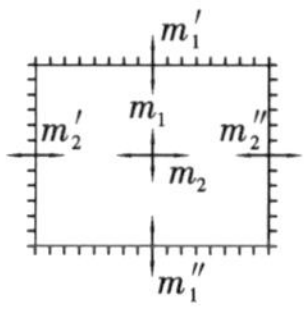	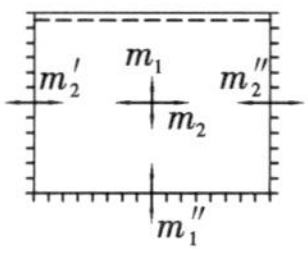	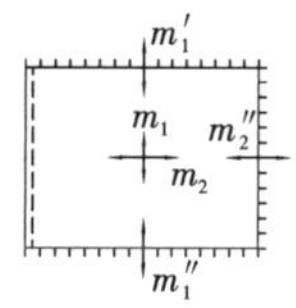	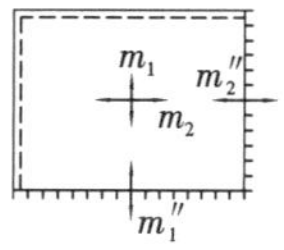
计算跨度(mm)	l_{01}	3 350	3 400	3 350	3 400
	l_{02}	5 700	5 700	5 750	5 750
l_{02}/l_{01}		1.701	1.676	1.716	1.691
跨中总弯矩(kN·m)	M_1	$5.698m_1$	$5.698m_1$	$5.749m_1$	$5.749m_1$
	M_2	$1.139m_1$	$1.156m_1$	$1.139m_1$	$1.156m_1$

续表

板区格编号		A	B	C	D
支座总弯矩(kN·m)	M_1'	$-11.396m_1$	0	$-11.498m_1$	0
	M_1''	$-11.396m_1$	-68.630	$-11.498m_1$	-73.83
	M_2'	$-2.278m_1$	$-2.312m_1$	0	0
	M_2''	$-2.278m_1$	$-2.312m_1$	-13.735	-19.720
跨中弯矩(kN·m/m)	m_1	6.02	8.52	6.42	11.80
	m_2	2.05	2.90	2.18	4.01
支座弯矩(kN·m/m)	m_1'	-12.04	0	-12.84	-12.84
	m_1''	-12.04	-12.04	-12.84	0
	m_2'	-4.10	-5.80	0	0
	m_2''	-4.10	-5.80	-4.10	-5.80

3. 配筋计算

当计算条件与按弹性理论计算相同时,配筋计算结果见表6-4。

表6-4 按塑性铰线法计算双向板配筋

截面			h_{01}、h_{02}(mm)	弯矩(kN·m)	计算配筋(mm²)	配筋	实配面积(mm²)
跨中	A区格	l_{01}方向	80	6.02	210	Φ8@200	251
		l_{02}方向	70	2.05	81	Φ8@200*	251*
	B区格	l_{01}方向	80	8.52	296	Φ10@200	393
		l_{02}方向	70	2.90	115	Φ8@200*	251*
	C区格	l_{01}方向	80	6.42	223	Φ8@200	251
		l_{02}方向	70	2.18	87	Φ8@200*	251*
	D区格	l_{01}方向	80	11.80	410	Φ10@180	436
		l_{02}方向	70	4.01	160	Φ8@200*	251*
支座	A-A	l_{01}方向	80	-12.04	419	Φ10@180	436
		l_{02}方向	80	-4.10	143	Φ8@200*	251*
	A-B		80	-12.04	419	Φ10@180	436
	A-C		80	-5.80	202	Φ8@200	251
	B-B		80	-12.04	419	Φ10@180	436
	B-C		80	-5.80	202	Φ8@200	251
	C-C		80	-12.84	446	Φ10@150	525
	C-C		80	-12.84	446	Φ10@150	525

注:带"*"的数值为按最小配筋率计算得到的结果。

6.7.5　板平面配筋图

板平面配筋图如图 6-20 所示。

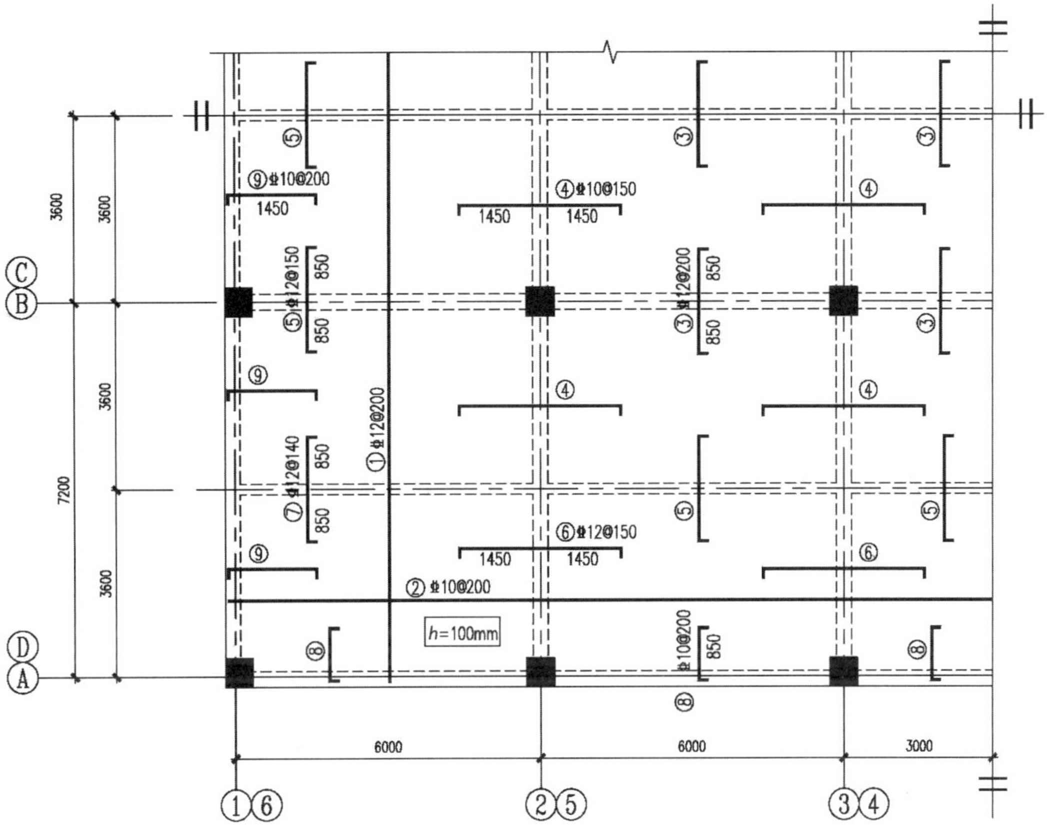

图 6-20　板平面配筋图

第7章　无梁楼(屋)盖

无梁楼盖是一种双向受力的板柱结构体系，其中柱直接支承钢筋混凝土楼板。为了加强板与柱的整体连接，提高柱顶处平板的受冲切承载力，并减小板的计算跨度，通常加大柱上端周边尺寸，从而形成柱帽。当柱网尺寸较小时，也可不设柱帽。柱和柱帽的截面形状一般为矩形，也可根据建筑功能要求设计成圆形截面。

无梁楼盖的建筑构造高度比肋梁楼盖小，从而增大了楼层内部的有效空间；同时，平滑的底板可很好地改善采光、通风和卫生条件。无梁楼盖常用于多层的工业与民用建筑中，如商场、冷藏库、书库、仓库以及地下水池的顶盖等。

无梁楼盖按施工方法的不同可分为现浇式和装配整体式两种。其中，装配整体式是先在现场浇筑基础、预制柱，再将柱插入基础杯口内，并浇筑混凝土固定，再浇筑楼地面；然后在地面上分层浇筑楼板与屋面板，并利用升板施工技术，在现场逐层将地面上预制的屋面板和楼板分阶段提升至相应的设计标高后，通过浇筑柱帽与柱连接成整体。由于它将大量的高空作业改在地面上进行，因此可大大加快施工进度。其设计原理，除需要考虑施工阶段验算外，其他与一般无梁楼盖相同。

无梁楼盖可布置为等跨或不等跨，每一方向的跨数一般不少于三跨，且通常柱网为正方形时最为经济。根据经验，当楼面活载标准值在 5 kN/m² 以上、柱距在 6~8 m 时，无梁楼盖比肋梁楼盖更为经济。

这种板柱结构体系抵抗侧向力的能力较差，所以当房屋的层数较多或有抗震要求时，宜设置剪力墙，形成板柱 - 抗震墙结构。

7.1　无梁楼盖的试验研究

无梁楼盖是四点支承的双向板，按柱网可划分成若干区格，如图 7-1 所示。其中，柱轴线两侧各 $l_x/4$（或 $l_y/4$）范围内的板带称为柱上板带，柱距中间 $l_x/2$（或 $l_y/2$）范围内的板带称为跨中板带。柱上板带相当于以柱为支承点的连续梁（柱的线刚度相对较小时）或与柱整体连接的框架扁梁（柱的线刚度相对较大时）；跨中板带相当于弹性支承在与之方向垂直的柱上板带上的连续梁；而整个楼盖是由柱上板带和跨中板带组成的水平结构。在均布荷载作用下，无梁楼盖的弹性变形如图 7-2 所示，板在柱支承处为抛物线形的上凸曲面，在区格中部为抛物线形的下凹曲面。若柱上板带的跨中挠度为 f_1、跨中板带相对于柱上板带的跨中挠度为 f_2，则无梁楼盖跨中的总挠度为 f_1+f_2，此挠度较相同柱网尺寸的肋梁楼盖的挠度要大，因而无梁楼盖的板厚应取得大些。

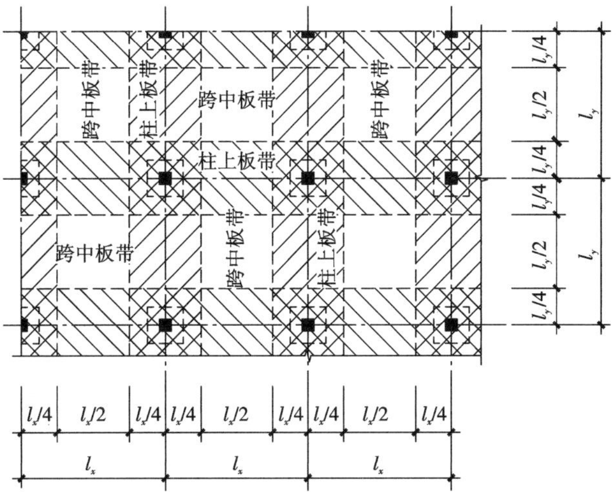

图 7-1　无梁楼盖的板带划分

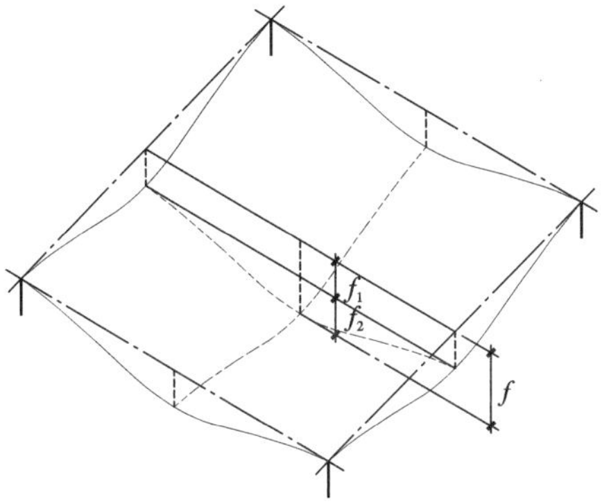

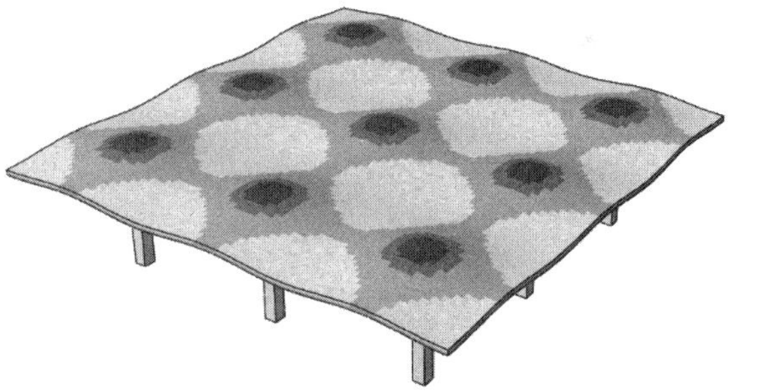

图 7-2　无梁楼盖的弹性变形

试验表明，在均布荷载作用下，无梁楼盖在开裂前基本上是处于弹性工作阶段；随着荷载的增加，在柱帽顶部首先出现裂缝；继续加载，在柱帽顶面边缘的板上出现沿柱列轴线的裂缝。随着荷载的继续增加，板顶裂缝将不断延伸，在跨中中部 1/3 跨度内相继出现成批的板底裂缝，这些裂缝相互正交，且平行于柱列轴线。无梁楼盖即将破坏时，在柱帽顶上和柱列轴线上的板顶裂缝以及跨中的板底裂缝出现一些特别大的主裂缝，在这些裂缝处，受拉钢筋屈服，受压混凝土达到极限压应变，最终导致楼板破坏。楼板破坏时的裂缝分布情况如图 7-3 所示。

7.2　按弹性理论计算无梁楼盖内力

无梁楼盖按弹性理论计算的方法有精确计算法、等代框架法、经验系数法等，下面仅介绍工程设计中较常采用的等代框架法和经验系数法。

7.2.1　等代框架法

将整个结构分别沿纵、横柱列两个方向划分为具有框架柱和框架梁的纵向与横向框架，这些框架即为等代框架,等代框架的划分如图7-4所示。采用等代框架法计算时,可做以下假定。

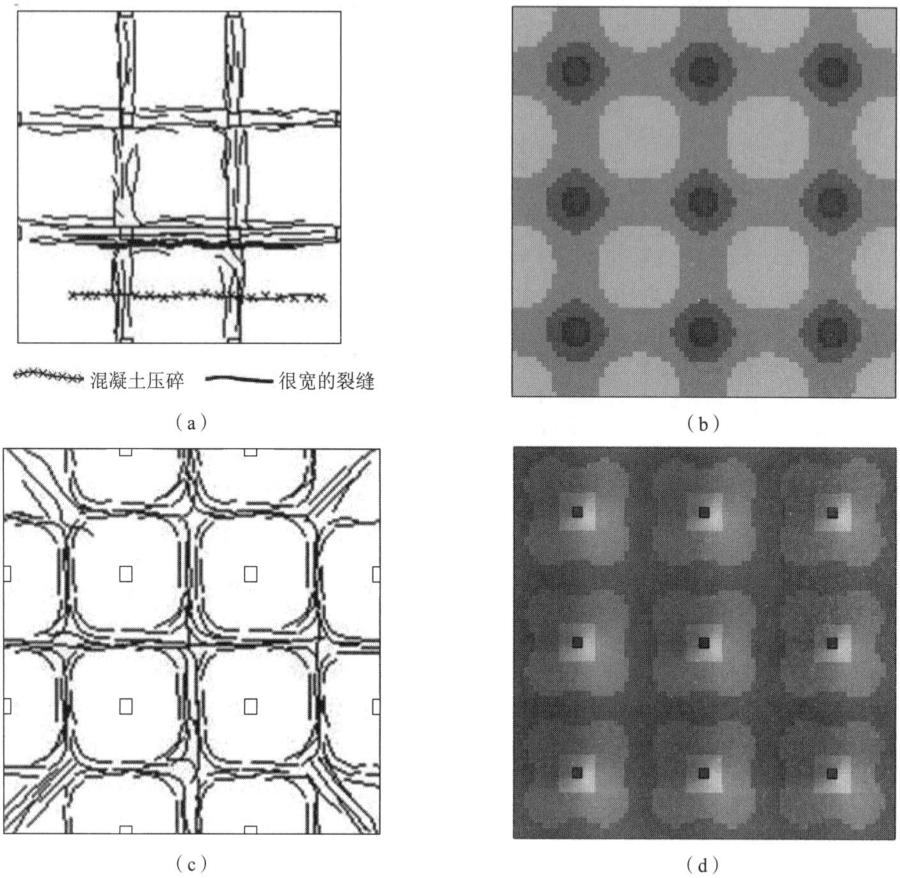

图7-3 无梁楼盖的应变与裂缝分布

(a)板面裂缝 (b)板面混凝土应变 (c)板底裂缝 (d)板底混凝土应变

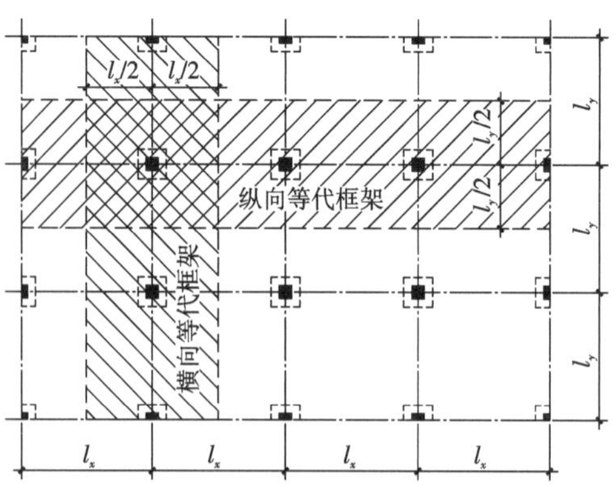

图7-4 等代框架的划分

(1)等代框架梁就是各层的无梁楼板,因此等代框架梁的高度取板厚;等代框架梁的宽度,在竖向荷载作用下取与梁跨方向相垂直的板跨中心线间的距离(即 l_y 或 l_x),在水平荷载作用下取板跨中心线间距离的一半；等代框架梁的跨度分别取为 $l_x-2C/3$ 与 $l_y-2C/3$，其中 C 为柱帽顶宽（或直径）。

（2）等代柱的截面即原柱截面，柱的计算高度，底层取基础顶面至该层楼板底面的高度减去柱帽高度，其余楼层取层高减去柱帽高度。

（3）当仅有竖向荷载作用时，可近似按分层法计算。

按等代框架法计算时，应考虑活载的不利组合。当活载不超过 75% 的恒载时，可按满布活载计算。

按框架内力分析得出的柱内力，可直接用于柱的截面设计。对于梁的内力，还需分配给相应的板带，即将梁的弯矩乘以表 7-1 给出的分配系数，得出柱上板带和跨中板带的弯矩设计值，然后进行板带的截面设计。

等代框架法的适用范围为任一区格的长跨与短跨之比应不大于 2。

表 7-1　等代框架梁的板带弯矩分配系数（等代框架法）

<table>
<tr><th colspan="2">截面</th><th>柱上板带</th><th>跨中板带</th></tr>
<tr><td rowspan="2">内跨</td><td>支座截面负弯矩</td><td>0.75</td><td>0.25</td></tr>
<tr><td>跨中正弯矩</td><td>0.55</td><td>0.45</td></tr>
<tr><td rowspan="3">端跨</td><td>第一内支座截面负弯矩</td><td>0.75</td><td>0.25</td></tr>
<tr><td>跨中正弯矩</td><td>0.55</td><td>0.45</td></tr>
<tr><td>边支座截面负弯矩</td><td>0.90</td><td>0.10</td></tr>
</table>

7.2.2　经验系数法

经验系数法是在试验研究和实践经验的基础上，总结出一整套的弯矩分配系数，计算时先求出板的总弯矩，再乘以相应的弯矩分配系数，即可得到各板带控制截面上的弯矩设计值，又称为总弯矩法。为使各截面的弯矩设计值适用于各种活载的不利布置，应用经验系数法时，无梁楼盖应符合以下要求：

（1）活载与恒载之比不大于 3；

（2）每个方向至少应有 3 个连续跨；

（3）区格必须为矩形，任一区格内的长边与短边之比不应大于 1.5；

（4）同一方向上各跨跨度相近，最大与最小跨度之比不应大于 1.2，且端跨的跨度不大于其相邻内跨的跨度；

（5）仅适用于竖向荷载作用下的内力分析，且不考虑活载的不利布置，为了保证无梁楼盖本身不承受水平荷载产生的弯矩作用，在无梁楼盖的结构体系中应设置抗侧力支撑或剪力墙。

假定恒载和活载满布在整个板面上，两个方向中间区格的截面总弯矩设计值分别为

$$M_{0x}=\frac{1}{8}(g+q)l_y\left(l_x-\frac{2}{3}C\right)^2 \tag{7-1a}$$

$$M_{0y}=\frac{1}{8}(g+q)l_x\left(l_y-\frac{2}{3}C\right)^2 \tag{7-1b}$$

式中 g、q——板单位面积上作用的恒载和活载设计值；

l_x、l_y——两个方向的柱距；

C——柱帽在弯矩方向的有效宽度，当无柱帽时取零。

应注意的是，无梁楼盖区格板的四角直接支承在柱上，即为四点支承。在这种支承条件下，板在两个方向的总弯矩(全板宽内，包括柱上板带和跨中板带)相互垂直，且互不影响，因而并不存在板的荷载在两个方向进行分配的概念，这与前面的双向板肋梁楼盖是不同的。如果按双向板考虑，也同样会得出这个结论。由于柱上板带相当于梁，承受跨中板带传来的荷载，再传到柱上，因此跨中板带和柱上板带的正弯矩与两板带负弯矩绝对值之和必然等于M_{0x}或M_{0y}。另外，对双向板肋梁楼盖，若计算包括支承梁在内的一个区格内的总弯矩，其结果与由式(7-1)计算所得的结果是相同的。

将中间区格的截面总弯矩M_{0x}(M_{0y})按表7-2给出的分配系数分配给同一方向的柱上板带和跨中板带。表7-2中的分配系数按以下原则确定：

(1)中间区格的总弯矩分解为支座负弯矩和跨中正弯矩，两者分别占总弯矩的67%和33%；

(2)对支座负弯矩，柱上板带承担75%，跨中板带承担25%；

(3)对跨中正弯矩，柱上板带承担55%，跨中板带承担45%。

表7-2 等代框架梁的板带弯矩分配系数(经验系数法)

截面		柱上板带	跨中板带
内跨	支座截面负弯矩	$-0.50M_{0x}(-0.50M_{0y})$	$-0.17M_{0x}(-0.17M_{0y})$
	跨中正弯矩	$0.18M_{0x}(0.18M_{0y})$	$0.15M_{0x}(0.15M_{0y})$
端跨	第一内支座截面负弯矩	$-0.50M_{0x}(-0.50M_{0y})$	$-0.17M_{0x}(-0.17M_{0y})$
	跨中正弯矩	$0.22M_{0x}(0.22M_{0y})$	$0.18M_{0x}(0.18M_{0y})$
	边支座截面负弯矩	$-0.48M_{0x}(-0.48M_{0y})$	$-0.05M_{0x}(-0.05M_{0y})$

注：1. 在总弯矩值不变的情况下，必要时允许将柱上板带负弯矩的10%分给跨中板带负弯矩；

2. 此表针对无悬臂板，有较小悬臂板时仍可采用，当有较大悬臂板且其负弯矩大于边支座截面负弯矩时，应考虑悬臂弯矩对边支座及内跨的影响。

对边区格的弯矩，也可按表7-2给出的分配系数分配给柱上板带和跨中板带。

对沿外边缘(靠墙)平行于圈梁的跨中板带和半柱上板带的截面弯矩，由于沿外边缘设置的圈梁承担了部分板面荷载，因此可比中间区格和边区格的相应分配系数值有所降低。一般可采用以下方法确定：跨中板带每米宽的正、负弯矩为中间区格和边区格跨中板带每米宽相应弯矩的80%；柱上板带每米宽的正、负弯矩为中间区格和边区格柱上板带每米宽相应弯矩的50%。

截面设计时，对竖向荷载作用下有柱帽的板，考虑到板的薄膜-穹拱作用的有利影响，除边缘及边支座外，所有截面的弯矩设计值均按上述弯矩值乘以折减系数0.8计算。

7.3　柱帽设计与构造要求

柱帽的截面形状一般为矩形，常用的矩形柱帽有以下三种形式（图 7-5）：

（1）无帽顶板，适用于板面荷载较小时；

（2）有折线帽顶板，适用于板面荷载较大时，可使荷载自板到柱的传递过程较为平缓，但施工较复杂，其中 h_1/h_2 最好为 2/3；

（3）有矩形帽顶板，荷载传递条件稍次于有折线帽顶板，但施工方便。

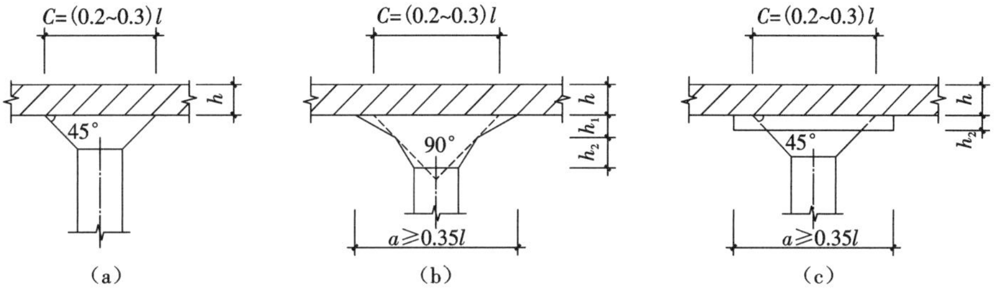

图 7-5　柱帽形式

（a）无帽顶板　（b）有折线帽顶板　（c）有矩形帽顶板

柱帽中的拉、压应力均很小，柱帽的尺寸及配筋应满足柱帽边缘处平板的受冲切承载力的要求。当满布荷载时，可认为无梁楼盖中的内柱柱帽边缘处的平板承受中心冲切，如图 7-6 所示。

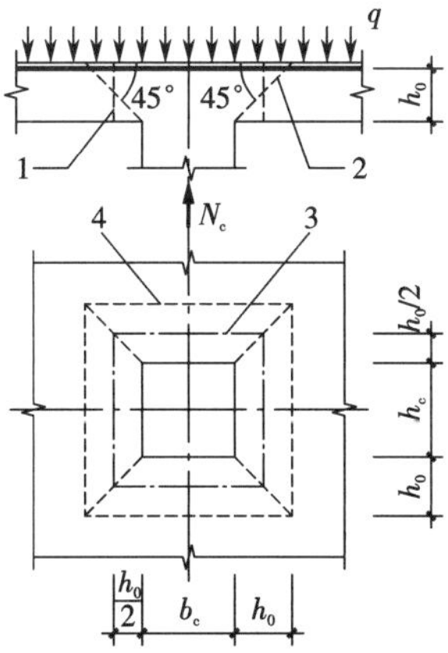

图 7-6　板受冲切承载力计算

1—临界截面；2—冲切破坏锥体的斜面；3—临界截面的周长；4—冲切破坏锥体的底面线

1. 试验结果

平板的中心冲切属于在局部荷载作用下具有均布反力的冲切情况。试验表明：

（1）冲切破坏时，形成破坏锥体的锥面与平板面大致呈 45° 的倾角；

（2）受冲切承载力与混凝土轴向抗拉强度、局部荷载的周边长度（柱或柱帽周长）及板纵、横两个方向的配筋率（仅对不太高的配筋率而言）均大体呈线性关系，而与板厚大体呈抛物线关系；

（3）配有弯起钢筋与箍筋时，可以大大提高板的受冲切承载力。

2. 冲切承载力计算公式

根据中心冲切承载力的试验结果，并参照国内外有关资料，《混凝土标准》有以下规定。

（1）对于不配置箍筋或弯起钢筋的钢筋混凝土平板，其受冲切承载力可按下式计算：

$$F_l \leqslant (0.7 f_t + 0.15\sigma_{pc,m}) \cdot u_m h_0 \tag{7-2}$$

式中 F_l——冲切荷载设计值，即柱所承受的轴向力设计值减去柱顶冲切破坏锥体范围内的荷载设计值，参见图 7-6，$F_l = N_c - q(b_c + 2h_0)(h_c + 2h_0)$；

$\sigma_{pc,m}$——临界截面周长上两个方向混凝土有效预压应力按长度的加权平均值，宜控制在 1.0~3.5 MPa 范围内；

u_m——临界截面（距柱帽周边 $h_0/2$ 处）的周长；

f_t——混凝土抗拉强度设计值；

h_0——板的截面有效高度。

（2）当受冲切承载力不能满足式（7-2）的要求，且板厚不小于 150 mm 时，可配置箍筋或弯起钢筋，如图 7-7 所示。此时，受冲切截面应符合以下条件：

$$F_l \leqslant 1.05 f_t \cdot u_m h_0 \tag{7-3}$$

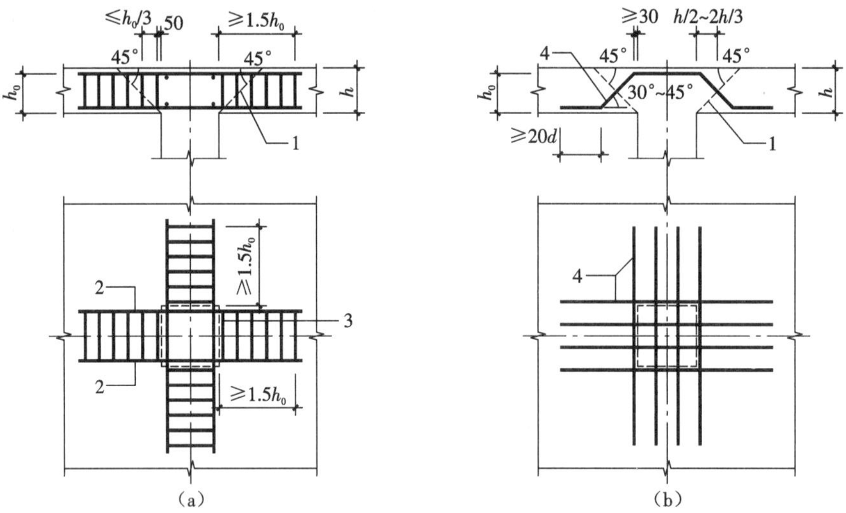

图 7-7 板中箍筋和弯起钢筋的配置

（a）箍筋 （b）弯起钢筋

1—冲切破坏锥面；2—架立钢筋；3—箍筋；4—弯起钢筋

当配置箍筋时，受冲切承载力按下式计算：

$$F_l \leqslant (0.3 f_t + 0.15\sigma_{pc,m}) \cdot u_m h_0 + 0.8 f_{yv} A_{svu} \tag{7-4a}$$

当配置弯起钢筋时，受冲切承载力按下式计算：

$$F_l \leqslant (0.3 f_t + 0.15\sigma_{pc,m}) \cdot u_m h_0 + 0.8 f_y A_{sbu} \sin\alpha \tag{7-4b}$$

式中 A_{svu}——与呈 45° 冲切破坏锥体斜截面相交的全部箍筋截面面积；

A_{sbu}——与呈 45° 冲切破坏锥体斜截面相交的全部弯起钢筋截面面积；

α——弯起钢筋与板底面的夹角；

f_y、f_{yv}——弯起钢筋和箍筋的抗拉强度设计值。

对于配置箍筋或弯起钢筋的冲切破坏锥体以外的截面，仍应按式（7-2）进行受冲切承载力验算。此时，临界截面取冲切破坏锥体以外 $0.5h_0$ 处的最不利周长计算。

3. 柱帽配筋构造要求

柱帽的配筋根据板的受冲切承载力确定。计算所需的箍筋应配置在冲切破坏锥体范围内。此外，还应按相同的箍筋直径和间距向外延伸至不小于 $0.5h_0$ 范围内。箍筋宜为封闭式，并应箍住架立钢筋，箍筋直径不应小于 6 mm，且间距不应大于 $h_0/3$，如图 7-7（a）所示。

计算所需的弯起钢筋可由一排或两排组成，其弯起角可根据板的厚度在 30°~45° 选取，弯起钢筋的倾斜段应与冲切破坏锥体斜截面相交，其交点应在离集中反力作用面积周边以外 $h/2$~$2h/3$ 范围内，如图 7-7（b）所示。弯起钢筋直径不应小于 12 mm，且每一方向不应少于三根。

不同类型柱帽的一般配筋构造要求如图 7-8 所示。

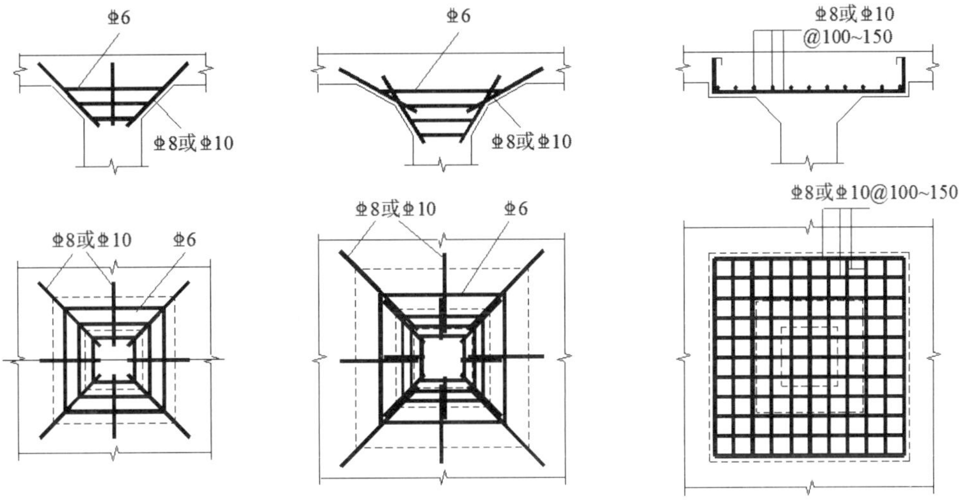

图 7-8　不同类型柱帽的一般配筋构造要求

7.4　无梁楼盖的截面设计与构造

1. 板厚

无梁楼盖通常设计成等厚的。对于板厚的要求，除满足承载力的要求外，还需要满足刚度方面的要求。由于目前对板挠度的计算方法尚不完善，故一般用板厚 h 与最大跨度 l_{max} 之比来控制：有帽顶板时，取 $h/l_{max} \geq 1/35$；无帽顶板时，取 $h/l_{max} \geq 1/32$。无柱帽时，柱上板带可适当加厚，加厚部分的宽度可取相应跨度的 30%。

2. 板的配筋

板的截面有效高度取值与双向板类似。当同一部位两个方向的弯矩同号时，由于纵、横两个方向钢筋叠置，应分别取各自的截面有效高度。

与计算结果相对应,配筋时也将板纵、横两个方向均分成柱上板带和跨中板带,然后根据各个板带的跨中及支座计算所需的钢筋,并参照单向连续板配筋。

板的配筋通常采用绑扎骨架的双向配筋方式。为了减少钢筋类型并方便施工,一般采用一端弯起、另一端为直线段的弯起式配筋。钢筋弯起、切断点的位置,应满足图7-9的构造要求。对于承受负弯矩的钢筋,为了使其在施工阶段具有一定的刚性,其直径不宜小于12 mm。

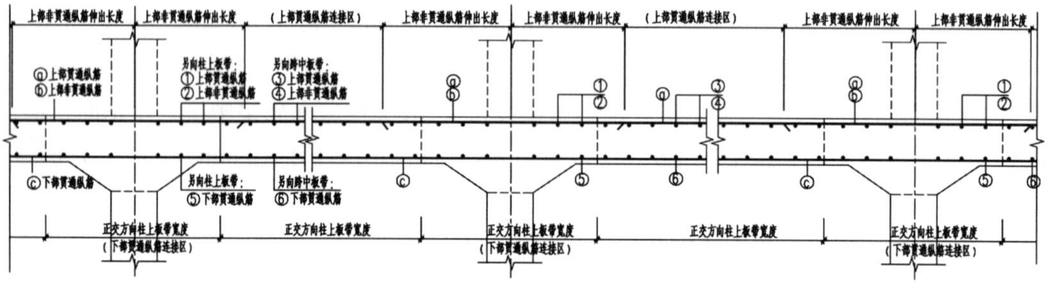

(a)

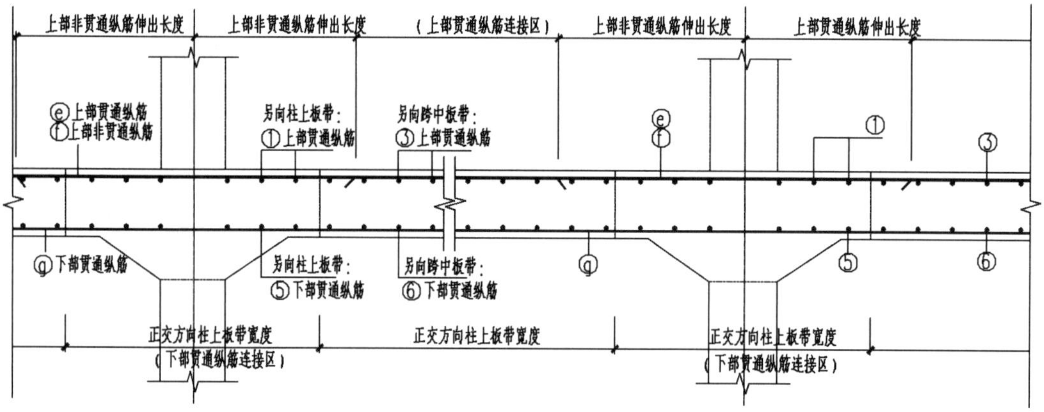

(b)

图7-9 无梁楼盖的配筋构造

(a)柱上板带配筋 (b)跨中板带配筋

3. 圈梁

无梁楼盖的周边应设置圈梁,圈梁的截面高度不小于板厚的2.5倍及板跨的1/5。圈梁除与半个柱上板带一起承受弯矩外,还要承受一定的扭矩和剪力。由于扭矩计算困难,因此实际上圈梁可按受弯构件考虑,但需设置附加抗扭构造钢筋,一般取Φ6~Φ8@200。

7.5 无梁楼盖设计例题

【设计资料】

某矩形调蓄水池平面布置如图7-10所示,柱的截面尺寸为600 mm×600 mm,水池顶板采用无梁楼盖,池壁厚度为600 mm,水池底板厚度为750 mm,水池顶面均布活载标准值为 6.0 kN/m²，水池整体采用 C30 混凝土，并采用 HRB400 级钢筋。

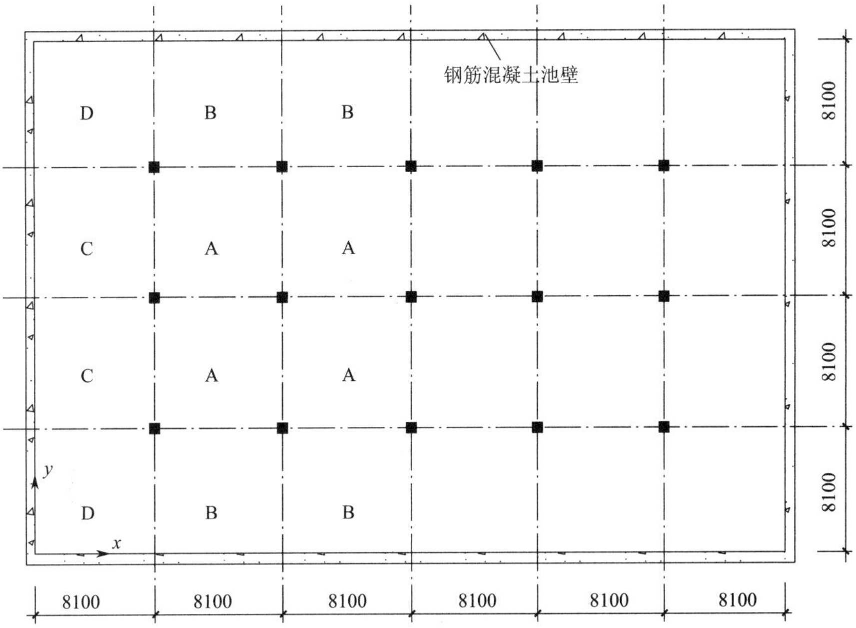

图 7-10　无梁楼盖柱网平面图

【设计要求】

按经验系数法设计此无梁楼盖（包括柱帽），并画出配筋图。

7.5.1　确定构件的截面尺寸

各区格板编号及 x、y 方向如图 7-10 所示。

板厚：按挠度要求，$h \geq l/35=8\ 100/35=231.4$ mm，取 $h=250$ mm。

柱帽：采用无帽顶板柱帽（图 7-5（a）），柱帽尺寸 $C=(0.2\sim0.3)l=1\ 620\sim2\ 430$ mm，取 $C=2\ 000$ mm。

7.5.2　荷载计算

1. 荷载标准值

水泥砂浆面层	20 mm 厚	$0.02\times20=0.40$ kN/m²
钢筋混凝土现浇板	240 mm 厚	$0.24\times25=6.00$ kN/m²
混合砂浆抹面	20 mm 厚	$0.02\times17=0.34$ kN/m²
恒载标准值		$g_k=6.74$ kN/m²
活载标准值		$q_k=6.00$ kN/m²

2. 荷载设计值

$$q=\gamma_G g_k+\gamma_Q q_k=1.3\times6.74+1.5\times6.0=17.76\ \text{kN/m}^2$$

7.5.3 弯矩及配筋计算

按式(7-1a)和式(7-1b),中间区格 A 的跨中弯矩和支座弯矩的总和为

$$M_0 = M_{0x} = M_{0y} = \frac{1}{8}ql_y\left(l_x - \frac{2}{3}C\right)^2 = \frac{1}{8}\times 17.76\times 8.1\times\left(8.1-\frac{2}{3}\times 2\right)^2$$

$$= 823.36\ \text{kN}\cdot\text{m}$$

柱上板带弯矩及配筋见表 7-3,跨中板带弯矩及配筋见表 7-4,板配筋如图 7-11 所示。

表 7-3 柱上板带弯矩及配筋计算(经验系数法)

区格	弯矩位置	x 方向		y 方向	
		弯矩(kN·m/m)	配筋(mm²/m)	弯矩(kN·m/m)	配筋(mm²/m)
中间区格 A	支座截面负弯矩	$0.50M_0\times 0.8/l_b$=81.32	986(Φ14@100)	$0.50M_0\times 0.8/l_b$=81.32	1 251(Φ14@100)
	跨中截面正弯矩	$0.18M_0\times 0.8/l_b$=29.28	355(Φ14@200)	$0.18M_0\times 0.8/l_b$=29.28	375(Φ12@200)
边区格 B	第一内支座截面负弯矩	$0.50M_0/l_b$=101.65	1 233(Φ14/16@100)	$0.50M_0/l_b$=101.65	1 301(Φ14/16@100)
	跨中截面正弯矩	$0.22M_0/l_b$=44.73 $0.22M_0/l_b\times 0.5$=22.36	543(Φ14@200) 272(Φ14@200)	$0.22M_0/l_b$=44.73	573(Φ14@200)
	边支座截面负弯矩	$0.50M_0/l_b\times 0.5$=50.83	617(Φ14@200)	$0.48M_0/l_b$=97.6	1 249(Φ14/16@100)
边区格 C	第一内支座截面负弯矩	$0.50M_0/l_b$=101.65	1 233(Φ14/16@100)	$0.50M_0/l_b$=101.65	1 301(Φ14/16@100)
	跨中截面正弯矩	$0.22M_0/l_b$=44.73	543(Φ14@200)	$0.22M_0/l_b$=44.73 $0.22M_0/l_b\times 0.5$=22.36	573(Φ14@200) 287(Φ14@200)
	边支座截面负弯矩	$0.48M_0/l_b$=97.60	1 184(Φ14/16@100)	$0.50M_0/l_b\times 0.5$=50.83	651(Φ14@200)
角区格 D	第一内支座截面负弯矩	$0.50M_0/l_b$=101.65	1 233(Φ14/16@100)	$0.50M_0/l_b$=101.65	1 301(Φ14/16@100)
	跨中截面正弯矩	$0.22M_0/l_b$=44.73 $0.22M_0/l_b\times 0.5$=22.36	543(Φ14@200) 272(Φ14@200)	$0.22M_0/l_b$=44.73 $0.22M_0/l_b\times 0.5$=22.36	573(Φ14@200) 287(Φ14@200)
	边支座截面负弯矩	$0.50M_0/l_b\times 0.5$=50.83	617(Φ14@200)	$0.50M_0/l_b\times 0.5$=50.83	651(Φ14@200)

表 7-4 跨中板带弯矩及配筋计算(经验系数法)

区格	弯矩位置	x 方向		y 方向	
		弯矩(kN·m/m)	配筋(mm²/m)	弯矩(kN·m/m)	配筋(mm²/m)
中间区格 A	支座截面负弯矩	$0.17M_0\times 0.8/l_b$=27.65	336(Φ12@200)	$0.17M_0\times 0.8/l_b$=27.65	354(Φ12@200)
	跨中截面正弯矩	$0.15M_0\times 0.8/l_b$=24.40	296(Φ12@200)	$0.15M_0\times 0.8/l_b$=24.40	313(Φ12@200)
边区格 B	第一内支座截面负弯矩	$0.17M_0/l_b$=34.56	420(Φ12@200)	$0.17M_0/l_b$=34.56	443(Φ12@200)
	跨中截面正弯矩	$0.18M_0/l_b$=36.60 $0.18M_0/l_b\times 0.8$=29.28	444(Φ12@200) 356(Φ12@200)	$0.18M_0/l_b$=36.60	469(Φ12@200)
	边支座截面负弯矩	$0.17M_0/l_b\times 0.8$=27.65	336(Φ12@200)	$0.05M_0/l_b$=10.16	130(Φ12@200)
边区格 C	第一内支座截面负弯矩	$0.17M_0/l_b$=34.56	420(Φ12@200)	$0.17M_0/l_b$=34.56	443(Φ12@200)
	跨中截面正弯矩	$0.18M_0/l_b$=36.60	444(Φ12@200)	$0.18M_0/l_b$=36.60 $0.18M_0/l_b\times 0.8$=29.28	469(Φ12@200) 375(Φ12@200)
	边支座截面负弯矩	$0.05M_0/l_b$=10.16	124(Φ12@200)	$0.17M_0/l_b\times 0.8$=27.65	354(Φ12@200)

续表

区格	弯矩位置	x 方向		y 方向	
		弯矩（kN·m/m）	配筋（mm^2/m）	弯矩（kN·m/m）	配筋（mm^2/m）
角区格 D	第一内支座截面负弯矩	$0.17M_0/l_b=34.56$	420（Φ12@200）	$0.17M_0/l_b=34.56$	443（Φ12@200）
	跨中截面正弯矩	$0.18M_0/l_b=36.60$ $0.18M_0/l_b\times0.8=29.28$	444（Φ12@200） 356（Φ12@200）	$0.18M_0/l_b=36.60$ $0.18M_0/l_b\times0.8=29.28$	469（Φ12@200） 375（Φ12@200）
	边支座截面负弯矩	$0.17M_0/l_b\times0.8=27.65$	336（Φ12@200）	$0.17M_0/l_b\times0.8=27.65$	354（Φ12@200）

分配板带弯矩时，柱上板带及跨中板带的全板带宽均为 l_b=4.05 m。中间区格板考虑薄膜 - 穹拱作用，相应弯矩设计值均降低 20%，分配系数见表 7-2。

x 方向与 y 方向的板带弯矩值相同，但由于截面有效高度不同，因此配筋计算值不同。选用Φ12 钢筋，则板的截面有效高度分别为 h_{0x}=250−15−6=229 mm 和 h_{0y}=250−15−12−6=217 mm。

板最小配筋率取 ρ_{min}= max（0.2，$45f_t/f_y$）%=0.2%，配筋 $A_{smin}=\rho_{min}bh$=500 mm^2/m。

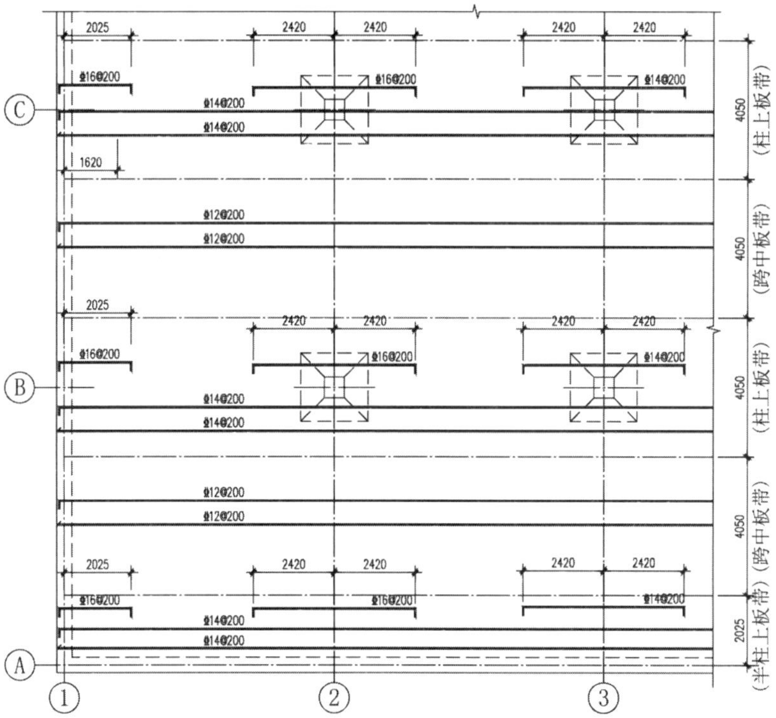

（a）

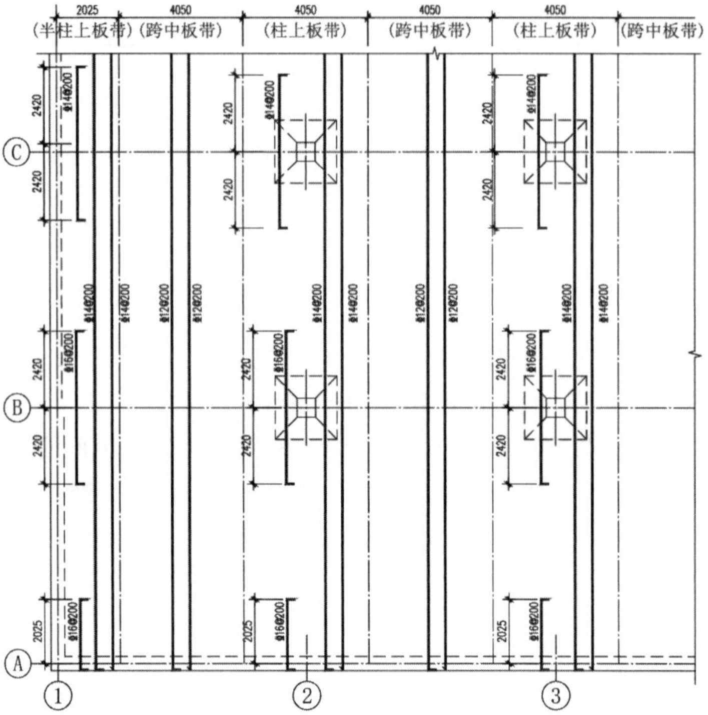

(b)

图 7-11 无梁楼盖配筋图(经验系数法)

(a)纵向配筋(x方向) (b)横向配筋(y方向)

7.5.4 受冲切承载力计算

计算参数:q=17.76 kN/m^2,h_0=217 mm,l_x=l_y=8.1 m,f_t=1.43 MPa。

冲切荷载设计值为

$$F_l = q[l_x l_y - (C + 2h_0)^2] = 17.76 \times [8.1 \times 8.1 - (2.0 + 2 \times 0.217)^2] = 1\ 060\ \text{kN}$$

按式(7-2),可得受冲切承载力

$$(0.7 f_t + 0.15\sigma_{pc,m}) \cdot u_m h_0 = (0.7 \times 1.43 + 0.15 \times 0) \times 4 \times (2\ 000 + 217) \times 217$$

$$= 1\ 926.28\ \text{kN} > F_l$$

即满足板的受冲切承载力要求,无须设置箍筋和弯起钢筋。柱帽构造配筋如图 7-12 所示。

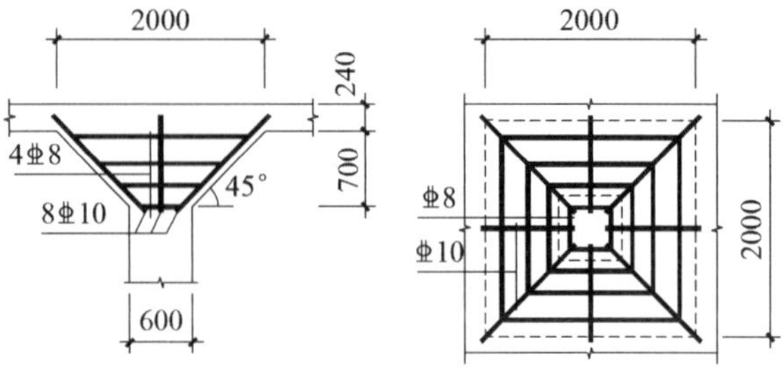

图 7-12 柱帽构造配筋

矩形水池配筋构造可详见《矩形钢筋混凝土蓄水池》(22S804)。

扫一扫:矩形水池标准图集

第8章 楼 梯

楼梯是多层及高层房屋建筑的重要组成部分。楼梯的结构设计与楼梯间的建筑布置密切相关,楼梯的平面布置、踏步尺寸、栏杆形式等由建筑设计确定。

楼梯的形式很多,按结构受力特点可分为板式、梁式、螺旋式和悬挑式楼梯等;按材料可分为钢、木和钢筋混凝土楼梯等。由于钢筋混凝土的耐火、耐久性能均比其他材料好,因此在一般建筑中钢筋混凝土楼梯应用最为广泛。

钢筋混凝土楼梯按施工方法的不同可分为现浇式楼梯和预制装配式楼梯。现浇式楼梯容易满足建筑的使用要求,且布置灵活,抗震性能好,在实际工程中应用较多。本章主要介绍钢筋混凝土现浇式楼梯的设计与构造。

板式楼梯由梯段板、平台板和平台梁组成,有时还包括梯柱,如图 8-1 所示。板式楼梯的下表面平整,施工支模方便,外观比较轻巧,一般多用于梯段板水平投影在 4 m 以内的楼梯。其缺点是斜板较厚,当跨度较大时,材料用量较多。为了节约材料,可在踏步板两侧或中间设置斜梁,即形成梁式楼梯。

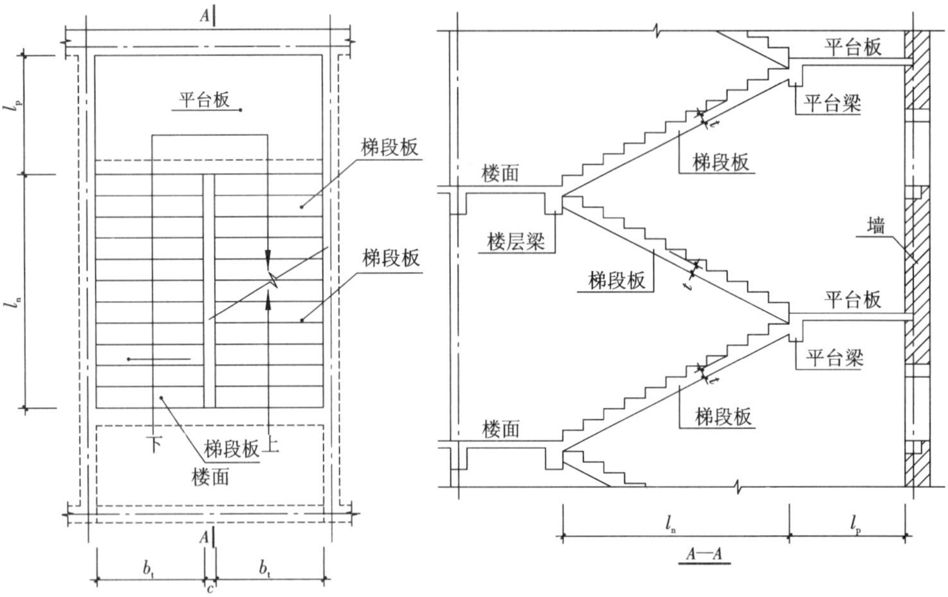

（a）

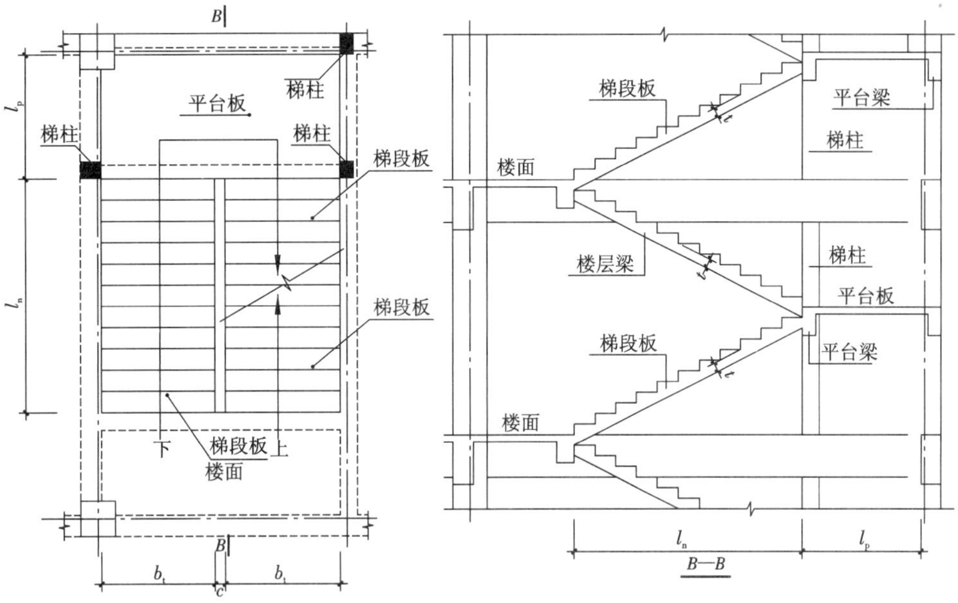

（b）

图 8-1　板式楼梯布置图

（a）砌体结构或剪力墙结构中板式楼梯布置图　（b）框架结构中板式楼梯布置图

l_n—梯段板净跨；t—梯段板厚度；l_p—平台宽度；b_t—梯段板宽度；c—楼梯井宽度

梁式楼梯由踏步板、梯段斜梁、平台板和平台梁组成，如图 8-2 所示。当梯段较长时，梁式楼梯较为经济，但支模及施工都比较复杂，而且外观也显得比较笨重，一般多用于室外楼梯。

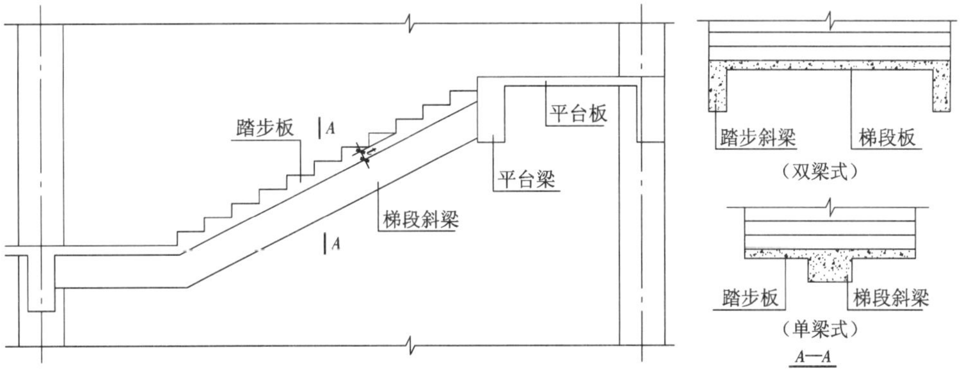

图 8-2　梁式楼梯

梁式楼梯的斜梁一般设在踏步板两侧，即为双梁式楼梯。当采用钢筋混凝土栏板时，可利用栏板代替一侧的斜梁，形成栏板梁。在砌体结构中，不宜将现浇的踏步板直接支承在楼梯间的隔墙上，这样做虽然能节省一根斜梁，但砌墙时需预留槽口，给施工增添许多不便，且对墙身截面也有削弱，因此不宜采用。在框架结构中，这种布置方式会导致受力体系不明确，更应避免。当楼梯宽度较小时，可将斜梁设在楼梯宽度的中间，即为单梁式楼梯。

板式楼梯和梁式楼梯的荷载传递路径如图 8-3 所示。

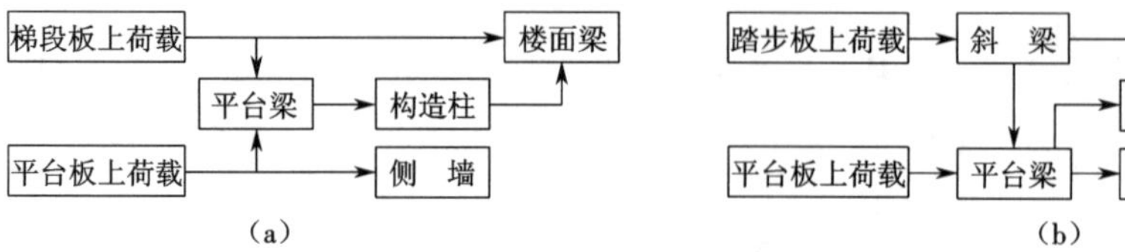

图 8-3 楼梯的荷载传递路径

(a)板式楼梯 (b)梁式楼梯

当房屋层高较大、楼梯间进深不够时,楼梯可做成三折式,如图 8-4 所示。其中,TB-1、TB-3 为板式楼梯,TB-2 为梁式楼梯。

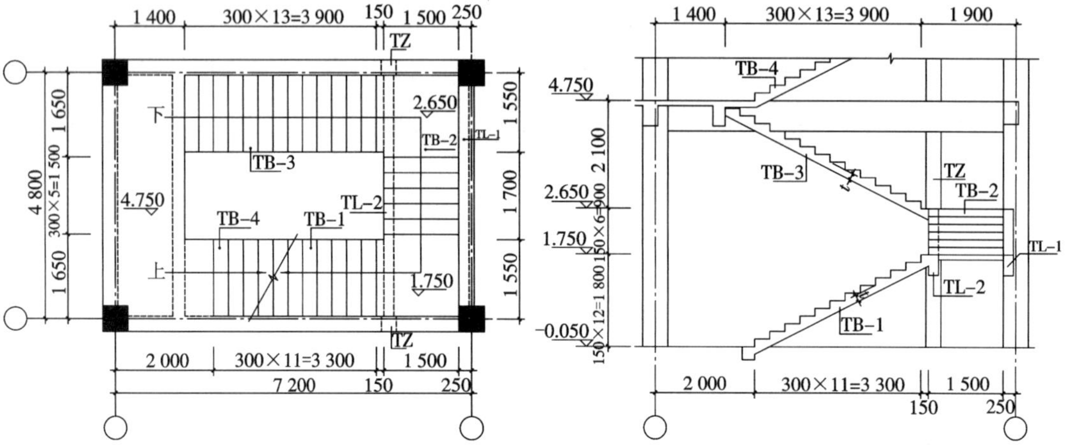

图 8-4 三折式楼梯

楼梯的结构设计包括以下内容:

(1)根据使用要求和施工条件,确定楼梯的结构形式和结构布置;

(2)根据建筑类别,按《荷载规范》确定楼梯的活载标准值;

(3)根据楼梯的组成和传力路径,进行楼梯各构件的内力计算和截面设计;

(4)进行楼梯连接部位的配筋构造,并绘制施工图。

8.1 板式楼梯的计算与构造

板式楼梯的设计包括梯段板、平台板和平台梁。

8.1.1 梯段板

梯段板支承在楼梯两端的楼面梁及平台梁上,最下端可支承在地基上,常用的梯段板可分为图 8-5 所示的四种形式。

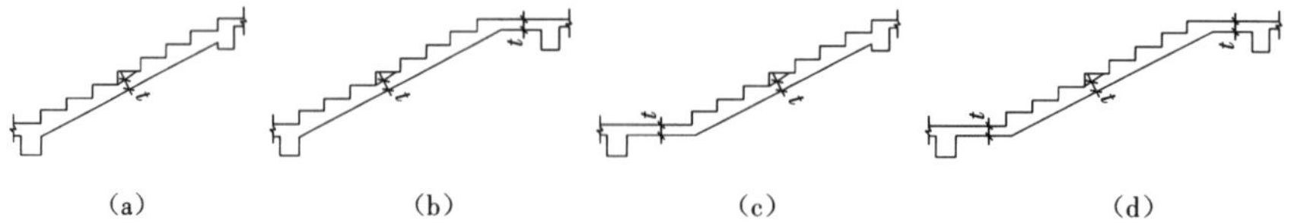

图 8-5 板式楼梯梯段板形式

(a)斜板 (b)上折线形斜板 (c)下折线形斜板 (d)双折线形斜板

1. 内力计算

梯段板可简化为两端简支的单向板，计算跨度 l_0 按表 5-2 确定。以图 8-1（a）为例，板的正截面与梯段板垂直，设梯段板沿水平向单位长度上的竖向均布荷载 $q=g+p$，g 为恒载，p 为活载，如图 8-6 所示。

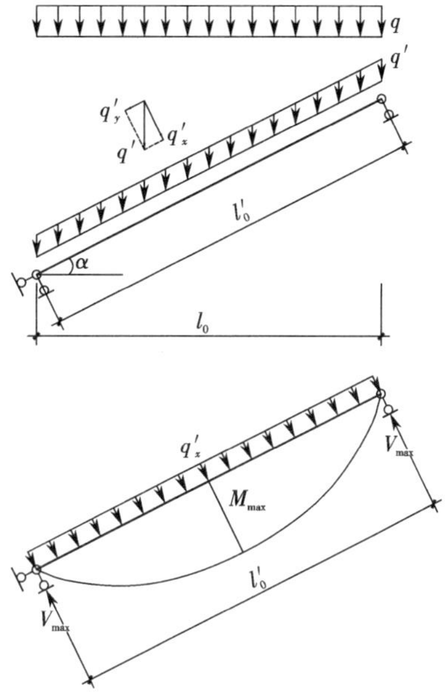

图 8-6　梯段板的计算简图

沿水平向单位长度上的竖向均布荷载 q 可等效转化为沿梯段板斜向单位长度上的竖向均布荷载 q'，即

$$q' = ql_0/l'_0 = q\cos\alpha \tag{8-1a}$$

式中　l_0——梯段板的水平计算长度；

l'_0——梯段板的实际长度；

α——梯段板与水平线间的夹角。

将 q' 分解为垂直于斜板方向的分力 q'_x 和沿斜板方向的分力 q'_y，可得

$$q'_x = q'\cos\alpha = q\cos\alpha\cos\alpha \tag{8-1b}$$

$$q'_y = q'\sin\alpha = q\cos\alpha\sin\alpha \tag{8-1c}$$

其中，q'_y 仅使斜板产生轴向力，可忽略对梯段板的影响，而只考虑 q'_x 对梯段板的弯曲作用。

斜板的跨中最大弯矩和支座最大剪力分别为

$$M_{\max} = \frac{1}{8}q'_x(l'_0)^2 = \frac{1}{8}ql_0^2 \tag{8-2a}$$

$$V_{\max} = \frac{1}{2}q'_x l'_0 = \frac{1}{2}ql_0\cos\alpha \tag{8-2b}$$

由式（8-2a）和式（8-2b）可知，简支斜梁（板）在竖向均布荷载 q 作用下，跨中最大弯矩等于其相应水平投影长度的简支梁（板）在 q 作用下的跨中最大弯矩；支座最大剪力等于其

相应水平投影长度的简支梁(板)在 q 作用下的支座最大剪力值乘以 $\cos\alpha$。

计算斜板正截面受弯承载力时,截面高度应垂直于斜面量取,取其齿形的最薄处。

实际上,斜板与平台梁是整浇在一起的,并非铰接,因而平台梁对斜板的转动变形有一定的约束作用,即减小了斜板的跨中弯矩,则计算板的跨中弯矩时,可近似取

$$M_{\max}=\frac{1}{10}q_x'(l_0')^2=\frac{1}{10}ql_0^2 \tag{8-3}$$

2. 配筋构造

梯段板的厚度一般取(1/30~1/25)l_c,常用厚度为 100~150 mm,l_c 为支座中心线的距离。

为避免斜板在支座处产生裂缝,应在板面配置一定数量的负筋,一般取跨中配筋的 1/4,且不小于Φ8@200,伸入板内的长度不小于 $l_n/4$。斜板内分布钢筋可采用Φ6 或Φ8,放置在受力钢筋的内侧,每级踏步不少于一根,如图 8-7(a)所示。

梯段板为折线形时,应注意以下两个问题。

(1)梯段板中的水平段的板厚应与梯段斜板相同,不能与平台板(或楼盖板)厚度相同。

(2)上折角处的下部受拉钢筋不允许沿板底弯折,以免产生向外的合力,应将该处的混凝土崩脱,并将纵筋断开,各自延伸至上面再进行锚固;同理,下折角处的支座受拉钢筋也不允许沿板面弯折,如图 8-7(b)所示。

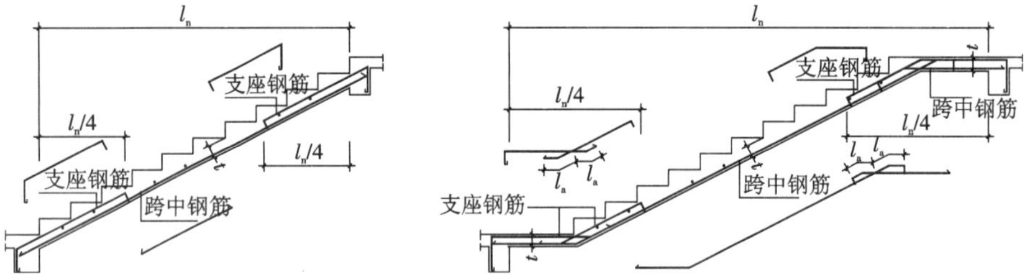

图 8-7 板式楼梯梯段板配筋

(a)无折板梯段板 (b)带折板梯段板

8.1.2 平台板

与梯段板一样,平台板一般也设计成简支单向板,计算跨度 l_0 按表 5-2 确定。当平台板两边都与梁整浇时,考虑到梁对板的约束,板跨中弯矩可按 $ql_0^2/10$ 计算;当平台板的一端与平台梁整体连接,另一端支承在砖墙上时,板跨中弯矩可按 $ql_0^2/8$ 计算。考虑到板支座的转动会受到一定约束,在板面支座处应配置构造负筋,如图 8-8 所示。

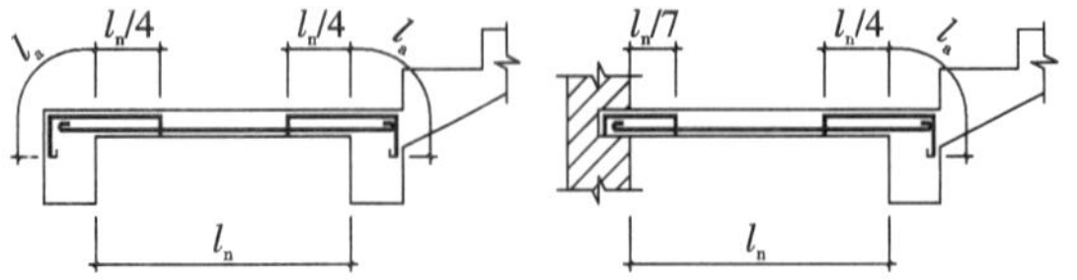

图 8-8 平台板配筋

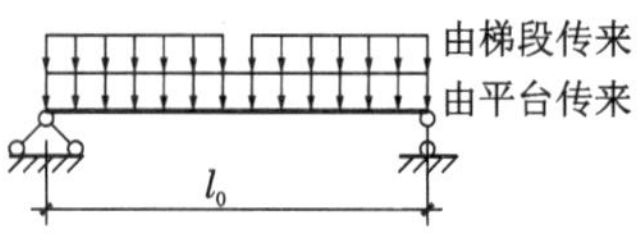

图 8-9 平台梁的计算简图

8.1.3　平台梁

平台梁两端支承在墙体或梯柱上，承受平台板和斜板传来的均布荷载，如图 8-9 所示，其计算和构造与一般受弯构件相同。平台梁进行内力计算时可不考虑斜板之间的空隙，即荷载按全跨满布考虑，按简支梁计算。

8.2　梁式楼梯的计算与构造

梁式楼梯的设计包括踏步板、斜梁、平台板和平台梁。

8.2.1　踏步板

踏步板两端支承在斜梁上，按两端简支的单向板计算，一般取一个踏步作为计算单元。踏步板为梯形截面，板截面计算高度可近似取平均高度 $h=(h_1+h_2)/2$，板厚一般不小于 40 mm，每个踏步内配置不少于 2Φ6 的受力钢筋，沿斜向布置的分布钢筋直径不小于 6 mm，间距不大于 300 mm，如图 8-10 所示。

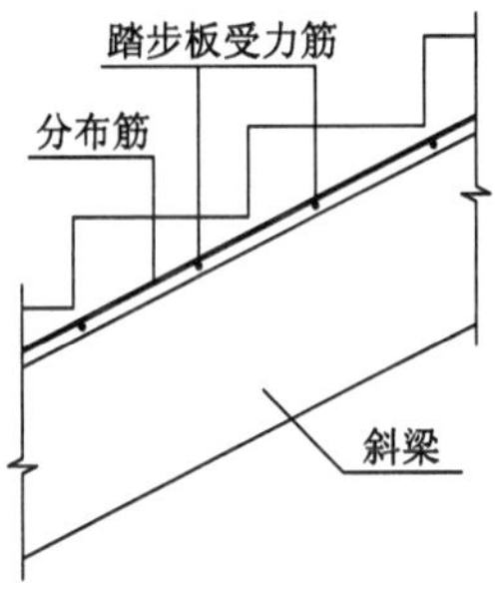

图 8-10　梁式楼梯的踏步板

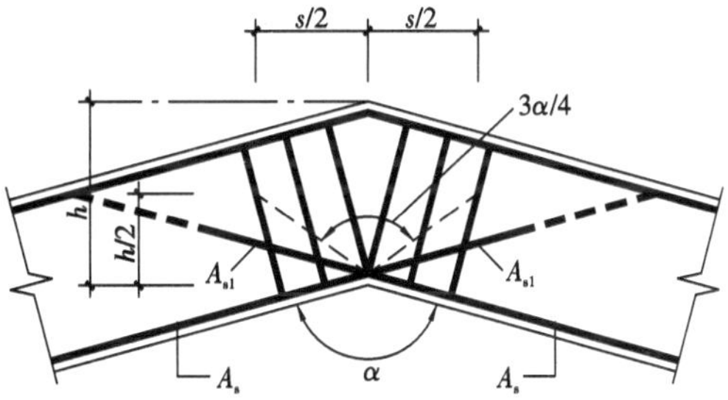

图 8-11　折线形斜梁内折角的配筋

8.2.2　斜梁

斜梁两端支承在平台梁上，斜梁的内力计算与板式楼梯的斜板计算相同。在斜梁的内力计算中不考虑平台梁的约束作用，按简支计算，跨中弯矩可近似取 $M_{max}=ql_0^2/8$。踏步板位于斜梁截面高度的上部时，斜梁为倒 L 形截面；踏步板位于斜梁截面高度的下部时，斜梁为 L 形截面。具体计算时，均可近似取为矩形截面。

对折线形斜梁，当内折角处于受拉区时，该处受拉纵向钢筋应分开配置，并各自延伸以满足锚固要求，同时还应在该处增设附加箍筋，该箍筋应足以承受未伸入受压区锚固的纵向受拉钢筋的合力，且在任何情况下不应小于全部纵向受拉钢筋合力的 35%，并应布置在长度 $s = h\tan\left(\dfrac{3}{8}\alpha\right)$ 的范围内，如图 8-11 所示。

由附加箍筋承受的纵向受拉钢筋的合力按下式计算。

未伸入受压区锚固的纵向受拉钢筋合力为

$$N_{s1}=2f_yA_{s1}\cos\frac{\alpha}{2} \tag{8-4}$$

全部纵向受拉钢筋合力的35%为

$$N_{s2}=0.7f_yA_s\cos\frac{\alpha}{2} \tag{8-5}$$

式中 A_{s1}——未伸入受压区锚固的纵向受拉钢筋截面面积;

A_s——全部纵向受拉钢筋截面面积;

α——构件的内折角。

8.2.3 平台板和平台梁

梁式楼梯平台板的计算及构造与板式楼梯相同。

平台梁支承在楼梯间两侧的横墙或梯柱上,承受斜梁传来的集中荷载和平台板传来的均布荷载,可按简支梁计算,计算简图如图8-12所示。

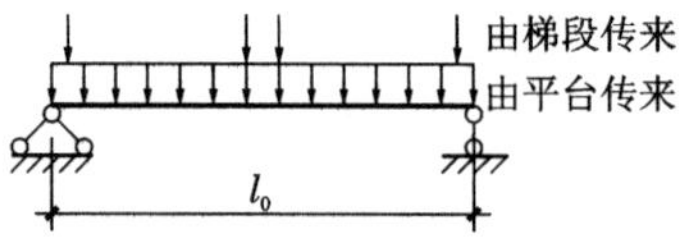

图8-12 平台梁的计算简图

8.3 其他楼梯形式结构设计简述

其他楼梯形式,如双跑现浇板式悬挑楼梯、钢筋混凝土螺旋楼梯等,均属于空间受力体系。

8.3.1 双跑现浇板式悬挑楼梯

双跑现浇板式悬挑楼梯的梯段板和休息平台板均为悬挑构件,板底平整,挑出部分没有梁和柱,外形轻巧美观,适用于建筑标准较高的公共建筑。常见的悬挑式楼梯有剪刀式、转角式和V形悬挑式三种。剪刀式悬挑楼梯的形式如图8-13所示,下面简单介绍该类楼梯的内力计算方法。

1. 空间刚架法

采用空间刚架法计算时,把上、下跑楼梯段都用一根经过其形心的直线杆件代替,平台板则用半径为 R 的半圆形水平曲杆代替,其中 $R=(b+c)/2$(b 为平台板挑出长度,c 为上、下跑梯段板内侧净距)。其计算简图如图8-14所示,可利用结构力学的方法求解各杆件的内力。

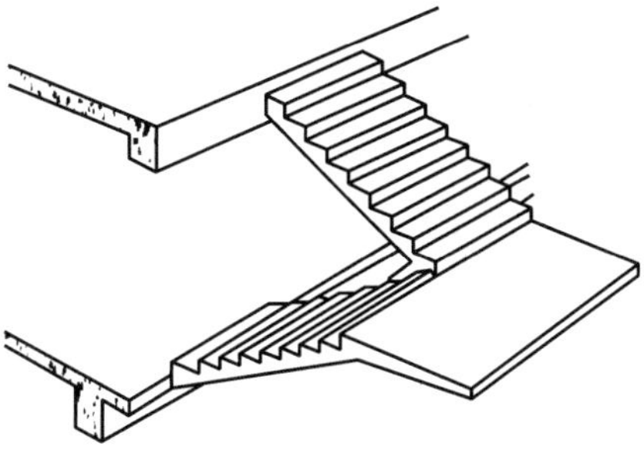

图 8-13　剪刀式悬挑楼梯

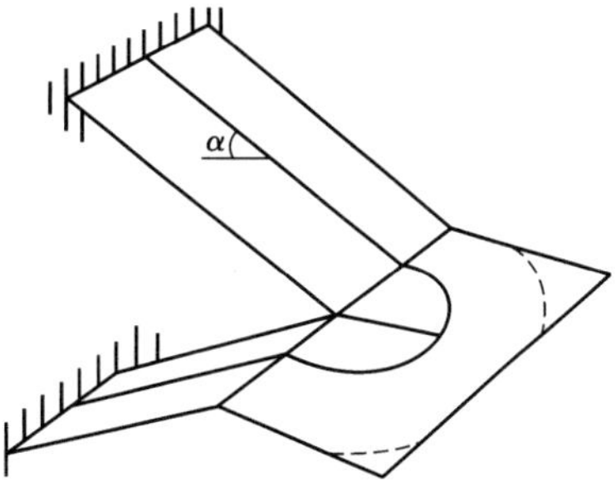

图 8-14　空间刚架法计算简图

2. 板的相互作用法

内力分析包括基本内力和附加内力。

(1)各控制截面上的基本内力计算步骤如下：

①在交线 3-4 和 9-10 的长度上，虚设竖向不动铰支座(图 8-15(a))，求出在竖向荷载作用下不动铰支座的反力 R_b，以及平台板和上、下梯段斜板各控制截面的内力值；

②去掉上述虚设的竖向不动铰支座，把支座反力 R_b 反向作用到交线 3-4 和 9-10，由静力平衡条件求得上跑楼梯的偏心拉力 V_{0s} 及下跑楼梯的偏心拉力 V_{0x}(图 8-15(b))；

③叠加以上两个图形的内力总和即为悬挑楼梯的内力。

(2)附加内力是由交线梁的变形与上、下跑楼梯段的变形相一致的变形协调条件求得的次要内力，也是对基本内力的修正。

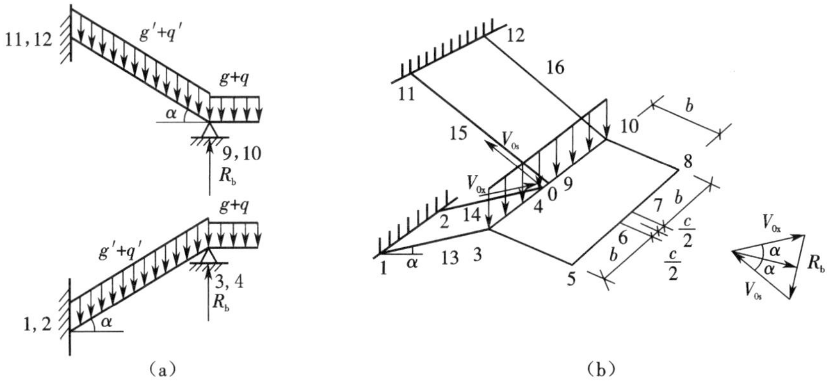

图 8-15　板的相互作用法计算简图

(a)虚设竖向不动铰支座　(b)去掉虚设的竖向不动铰支座

8.3.2　钢筋混凝土螺旋楼梯

钢筋混凝土螺旋楼梯有板式和梁式两种，目前多采用板式螺旋楼梯，如图 8-16 所示。

板式螺旋楼梯包括有中柱的螺旋楼梯、两端简支的板式螺旋楼梯、两端固结的板式螺旋楼梯。其中，两端简支的板式螺旋楼梯应用较多，因为其与楼梯上端连接的楼层梁以及与楼梯下端连接的基础的抗扭刚度都不大，工程计算时常把支承在其上的支点当作铰支端处理，其计算简图如图 8-17 所示。

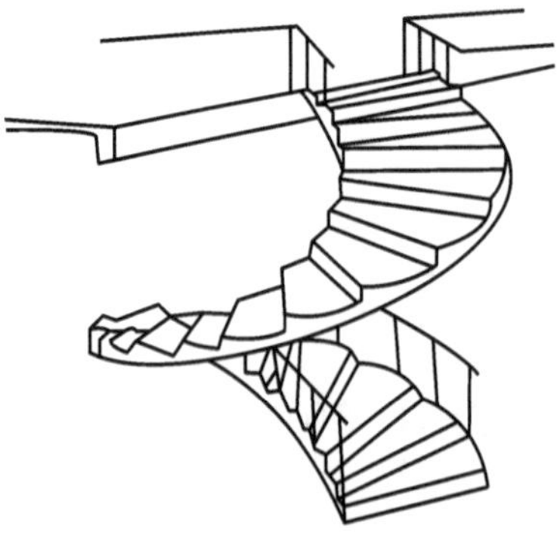

图 8-16　板式螺旋楼梯

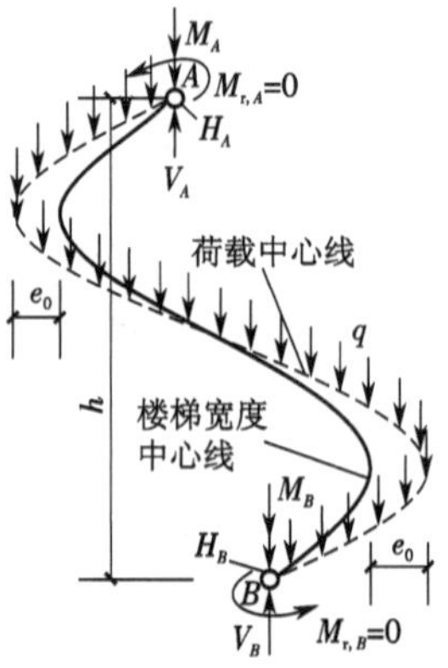

图 8-17　板式螺旋楼梯计算简图

8.4　楼梯设计例题

【设计资料】

某办公楼的现浇板式楼梯标准层结构平面布置如图 8-18 所示，其层高为 3.6 m，踏步尺寸为 150 mm × 300 mm。踏步面采用花岗岩，构造做法荷载为 1.16 kN/m²；楼梯上的均布活载标准值 p_k=2.5 kN/m²；采用 C30 混凝土，板、梁的纵向受力钢筋采用 HRB400 级钢筋。

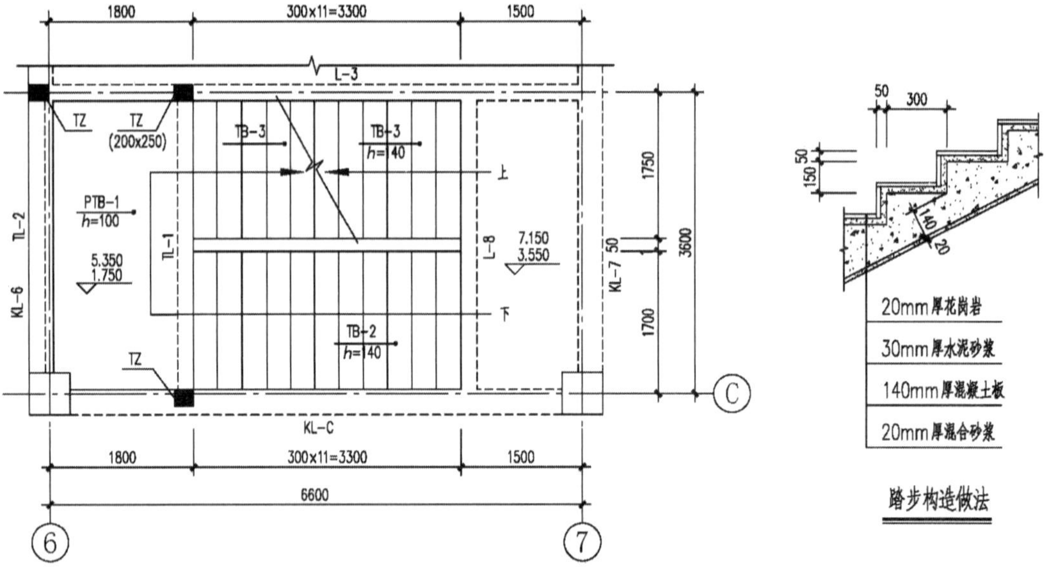

图 8-18　现浇板式楼梯标准层结构平面布置

【设计要求】

试设计该楼梯，包括梯段板 TB-2、平台板 PTB-1 及平台梁 TL-1。

8.4.1　楼段板设计

梯段板厚取 h=(1/30~1/25)l=(1/30~1/25) × 3 600=120~144 mm，取 140 mm，并取 1 m

宽板带计算。

1. 荷载计算

恒载：

石材踏步面	50 mm 厚	$1.16\times(0.3+0.15)/0.3=1.74\ \mathrm{kN/m^2}$
楼梯踏步板	140 mm 厚	$(0.14/\cos\alpha+0.15/2)\times 25=5.79\ \mathrm{kN/m^2}$
板下抹灰	20 mm 厚	$0.02\times 20/\cos\alpha=0.45\ \mathrm{kN/m^2}$
合计		$g_k=7.98\ \mathrm{kN/m^2}$

活载：

$p_k=2.50\ \mathrm{kN/m^2}$

荷载设计值：

$q_g=1.3g_k+1.5p_k=1.3\times 7.98+1.5\times 2.50=14.12\ \mathrm{kN/m^2}$

2. 截面设计

斜板的水平计算跨度：

$l_0=l_c=l_n+b_z/2+b_y/2=3\ 300+100+100=3\ 500\ \mathrm{mm}$

最大设计值：

$$M_{\max}=\frac{1}{10}ql_0^2=\frac{1}{10}\times 14.12\times 3.5^2=17.30\ \mathrm{kN\cdot m}$$

取 $h_0=140-20=120\ \mathrm{mm}$，可得 $A_s=401\ \mathrm{mm^2}$，选配钢筋为Φ12@200（$A_s=567\ \mathrm{mm^2}$）。梯段板配筋如图 8-19（a）所示。

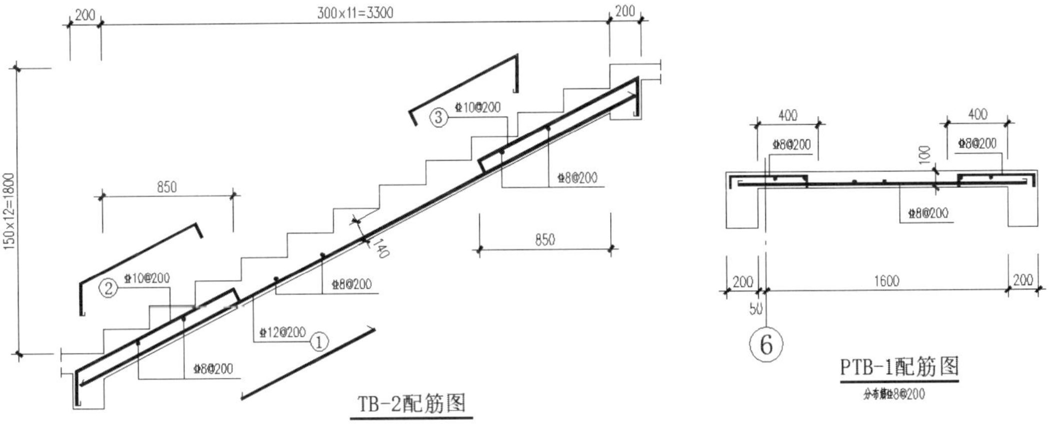

（a）　　（b）

图 8-19　梯段板及平台板配筋

（a）梯段板　（b）平台板

8.4.2　平台板设计

平台板厚取 100 mm，并取 1 m 宽板带计算。

1. 荷载计算

恒载：

石材地面	50 mm 厚	$1.16\ kN/m^2$
平台板	100 mm 厚	$0.10\times25=2.50\ kN/m^2$
板下抹灰	20 mm 厚	$0.02\times20=0.40\ kN/m^2$
合计		$g_k=4.06\ kN/m^2$

活载:

$p_k=2.50\ kN/m^2$

荷载标准值:

$q_k=g_k+p_k=4.06+2.50=6.56\ kN/m^2$

荷载设计值:

$q=1.3g_k+1.5p_k=1.3\times4.06+1.5\times2.50=9.03\ kN/m^2$

2. 截面设计

平台板的水平计算跨度:

$l_0=l_c=l_n+b_z/2+b_y/2=1\ 650+100+100=1\ 850\ mm$

最大设计值:

$$M_{max}=\frac{1}{10}ql_0^2=\frac{1}{10}\times9.03\times1.85^2=3.09\ kN\cdot m$$

取 h_0=100−20=80 mm,可得 A_s=108 mm²,选配钢筋为⌀8@200(A_s=251 mm²)。

平台板配筋如图 8-19(b)所示。

8.4.3 平台梁设计

1. 荷载计算

恒载:

梯段板传来		$7.98\times3.30/2=13.17\ kN/m$
平台板传来		$4.06\times(1.65/2+0.2)=4.16\ kN/m$
平台梁自重		$0.2\times(0.35-0.08)\times25=1.35\ kN/m$
梁侧抹灰	20 mm 厚	$0.02\times0.2\times20=0.08\ kN/m$
梁底抹灰	20 mm 厚	$0.02\times(0.35-0.08)\times20=0.11\ kN/m$
合计		$g_k=18.87\ kN/m$

活载:

梯段板传来	$2.50\times3.30/2=4.13\ kN/m$
平台板传来	$2.50\times(1.65/2+0.2)=2.56\ kN/m$
合计	$p_k=6.69\ kN/m$

荷载设计值:

$q_g=1.3g_k+1.5p_k=1.3\times18.87+1.5\times6.69=34.57\ kN/m$

2. 截面设计

平台梁的计算跨度:

$l_0=l_c=l_n+b_z/2+b_y/2=(3\ 600-50-100)+100+100=3\ 650\ mm$

弯矩设计值：

$$M_{\max} = \frac{1}{8} q l_0^2 = \frac{1}{8} \times 34.57 \times 3.65^2 = 57.60\ \text{kN} \cdot \text{m}$$

取 h_0=350−35=315 mm，可得 A_s=508 mm²，选配钢筋为 2 Φ16+1 Φ18（A_s=656 mm²）。

剪力设计值：

$$V_{\max} = \frac{1}{2} q l_0 = \frac{1}{2} \times 34.57 \times 3.65 = 63.1\ \text{kN}$$

箍筋选用Φ8@200，则斜截面的受剪承载力为

$$V_{cs} = 0.7 f_t b h_0 + f_{yv} \frac{A_{sv}}{s} h_0 = 0.7 \times 1.43 \times 200 \times 315 + 360 \times \frac{2 \times 50.3}{200} \times 315$$

$$= 120.103\ \text{kN} > V_{\max} = 63.1\ \text{kN}\quad （满足要求）$$

平台梁配筋如图 8-20 所示。

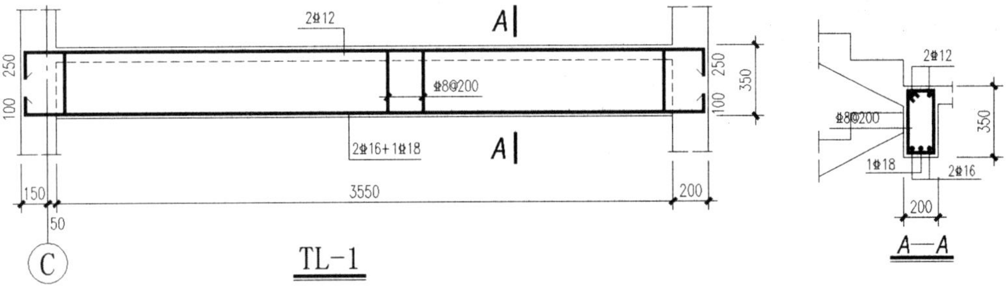

图 8-20　平台梁配筋

第9章　雨　篷

雨篷、外阳台、挑檐是建筑工程中常见的悬挑构件，它们的设计除与一般梁板结构相似外，还存在倾覆、翻倒的危险，因此应进行抗倾覆验算。根据它们的悬挑长度，可采用以下两种结构布置方案：

（1）悬臂长度 $l<1\ 500$ mm 时，可采用悬挑板结构；

（2）悬臂长度 $l\geq 1\ 500$ mm 时，可采用悬挑梁板结构。

本章主要讨论现浇钢筋混凝土雨篷的设计与构造。

9.1　雨篷的形式

雨篷是建筑出入口处和顶层阳台上部用以遮挡雨水、保护外门免受雨水侵蚀而设置的水平构件。目前，常用的雨篷主体结构多为钢筋混凝土结构。

在钢筋混凝土结构中，填充墙为非承重墙，因此当采用挑板式雨篷时，作为支承构件的过梁两端不能支承在砌体墙上，而应支承在柱或剪力墙上。当柱距较大时，也可设置构造柱（图 9-1（a）），构造柱上端与主体结构的楼面梁连接，下端支承在基础或地圈梁上。当柱距较小时，框架梁也可充当雨篷梁（图 9-1（b））。

当采用挑梁式雨篷时，挑梁可在柱或剪力墙上直接挑出。此外，挑板式雨篷也可根据具体工程条件由楼板或楼梯休息平台板直接挑出。

雨篷虽是小构件，但雨篷的计算对结构概念的要求很高，且其整体受力复杂。雨篷的受力特点与结构类别、支承条件、布置、构造等有关。

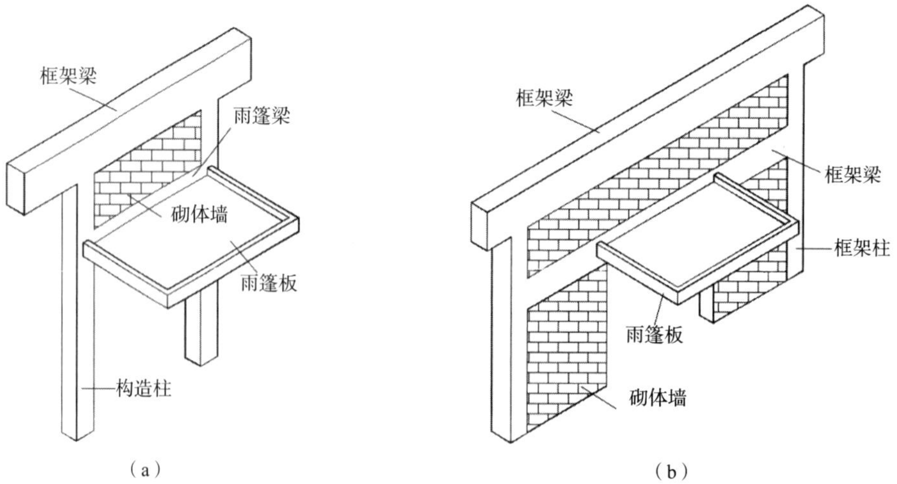

图 9-1　钢筋混凝土结构中的雨篷形式

（a）雨篷梁两端与构造柱连接　（b）雨篷梁两端与框架柱连接

9.2　雨篷设计

在荷载作用下，钢筋混凝土结构中的雨篷可能发生以下两种破坏情况：①雨篷板在支承截面处发生受弯破坏；②雨篷梁受弯、剪、扭作用而破坏。

扫一扫：当主体结构为砌体形式时，砌体结构中雨篷的设计与构造

总体来说，雨篷计算包括以下内容：

①雨篷板的正截面抗弯承载力计算；

②雨篷梁的受弯、受剪和受扭承载力计算。

9.2.1　雨篷板的设计

雨篷板是固定于雨篷梁上的悬挑板，其计算跨度取板的挑出长度，计算单元取 1 m 宽板带。雨篷板的厚度，可取挑出长度的 1/12~1/10，且不小于 80 mm，若采用变厚度板，则板的悬挑端厚度应不小于 50 mm。

1. 荷载

作用在雨篷上的荷载主要有以下几种：

（1）恒载 g，包括结构自重、防水构造层自重、面层做法自重以及作用于板端的其他集中恒载（如栏杆、栏板等）；

（2）雪荷载 s；

（3）均布活载 p，一般取 0.5 kN/m^2；

（4）施工和检修荷载 F，在板端部沿板宽每隔 1 m 取一个集中荷载。

2. 截面设计

雨篷板的承载力按受弯构件计算，其最大负弯矩截面应取在雨篷梁的边缘处，其弯矩设计值取以下各种情况的较大值：

（1）$M=1.3M_{gk}+1.5\times\max(M_{sk}, M_{pk})$；

（2）$M=1.3M_g+1.5M_{Fk}$。

配筋计算时，截面高度应取板根部的厚度，钢筋应设置在板的上部。

此外，在特定条件下也需考虑以下三种荷载工况。

（1）位于高层建筑较高部位或风荷载较大区域的悬臂雨篷板，应考虑风荷载的上浮作用，并按素混凝土验算板的受弯承载力；不满足要求时，应在雨篷下部配筋。此时，不考虑均布活载和雪荷载。

（2）对灰源附近的厂房建筑物的雨篷，应考虑积灰荷载。积灰荷载应与雪荷载和均布活载两者的较大值同时考虑。

（3）带较高上反檐的雨篷板，当有可能排水不畅时，应考虑积水荷载，积水深度按满槽深度计算，其分项系数可按恒载取用。此时，可不考虑均布活载以及施工和检修荷载。

9.2.2 雨篷梁的设计

作用在雨篷梁上的荷载有以下几种。

(1)梁自重、面层做法等恒载。

(2)梁上砌体自重。除砌体结构外,梁上砌体自重按梁上全部砌体的均布重量采用。

(3)梁上楼(屋)面梁、板传来的恒载和活载。在除砌体结构外的其他结构体系中,梁上荷载主要考虑与雨篷梁连接的板(如楼梯平台板、楼面板)上传递的荷载。

(4)雨篷板传来的恒载和活载。由于悬臂雨篷板上作用的荷载不在雨篷梁中心轴平面内,这些荷载除使雨篷梁产生弯矩外,还会产生扭矩,如图9-2(a)所示。

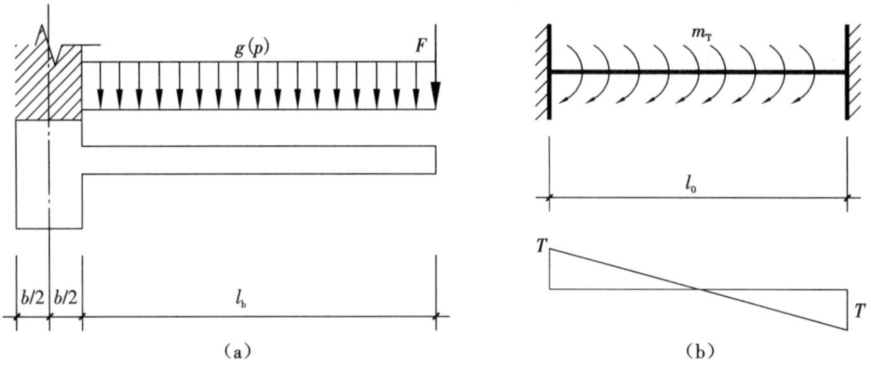

图9-2 雨篷梁上的荷载和扭矩

(a)雨篷板传来的荷载 (b)雨篷梁上的扭矩分布

雨篷梁在恒载 g、活载 p 和集中荷载 F 的作用下,单位长度上的扭矩 m_T 取以下两式的较大值:

$$m_T = (g + p)l_b \cdot \frac{l_b + b}{2} \tag{9-1a}$$

$$m_T = gl_b \cdot \frac{l_b + b}{2} + F \cdot \left(l_b + \frac{b}{2}\right) \tag{9-1b}$$

式中 l_b——雨篷板的悬挑长度;

b——雨篷梁的宽度。

m_T 会使雨篷梁转动,但雨篷梁的两端由于上、下砌体的约束作用又会阻止雨篷梁转动,因此梁应嵌入墙体一定的长度。梁在扭矩作用下的计算简图取为两端嵌固的单跨梁,如图9-2(b)所示。

在分布扭矩 m_T 的作用下,梁在门洞边缘处的最大扭矩值为

$$T = \frac{1}{2}m_T \cdot l_0 \tag{9-2}$$

式中 l_0——雨篷梁的计算跨度。

梁各截面的扭矩值由洞边最大值向跨中按直线比例减小,跨度中央处为零。由图9-2(b)可以看出,m_T 与 T 的关系和简支梁在均布荷载 q 作用下梁上荷载 q 与剪力 V 的关系相类似。

雨篷梁的纵筋和箍筋应分别按弯、剪、扭承载力计算确定,并应满足相应的构造要求。

9.2.3 雨篷梁支承构件

在混凝土结构中,当位于楼层半高处的雨篷梁由结构构件(柱、剪力墙)支承时,应将雨篷板传来的荷载加至相应作用位置,并进行整体分析。当雨篷梁由构造柱支承时,构造柱受到雨篷梁传来的弯矩、剪力和扭矩作用,其计算简图可取为下端铰支于基础或地圈梁上,上端铰支于首层框架梁的单跨构件,雨篷梁标高以上部分可按双向偏心受拉构件计算,雨篷梁标高以下部分可按双向偏心受压构件计算,如图 9-3 所示。

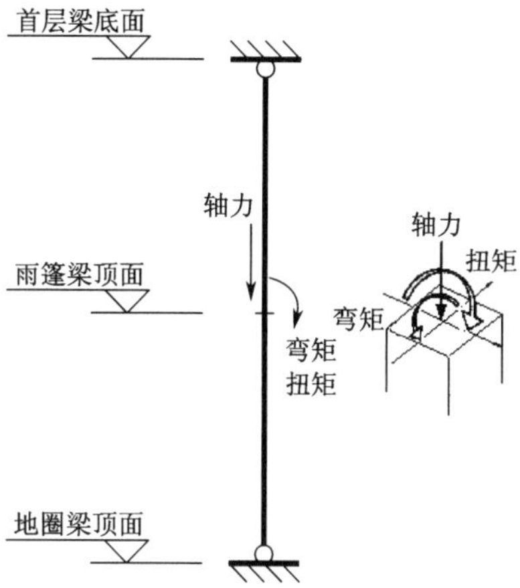

图 9-3 构造柱计算简图

9.2.4 构造要求

1. 悬挑板的构造

悬挑板嵌固在墙体内的深度应由抗倾覆验算确定,并宜与墙体厚度相等,如图 9-4(a)所示。一般情况下,受力钢筋在砖墙内的长度应满足最小锚固长度 l_a 的要求。

由内跨伸出的悬挑板,必须考虑悬臂支座处负弯矩对板内跨跨中的影响。板内跨跨中不出现负弯矩时,悬挑板负筋伸入内跨的净长度应不小于悬臂长度,如图 9-4(b)所示;板内跨跨中出现负弯矩时,悬挑板负筋伸入内跨的另一端支座内。

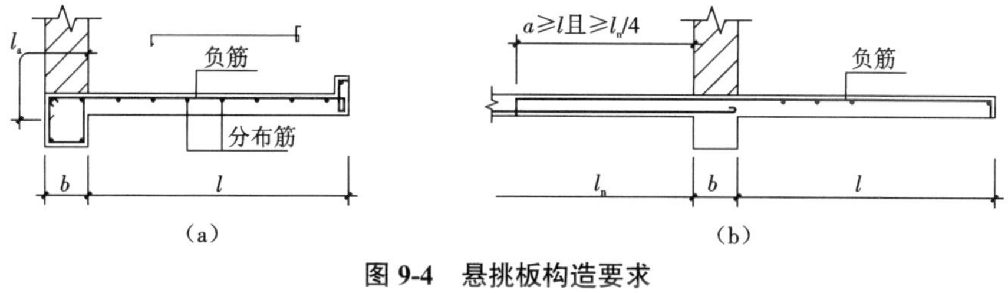

图 9-4 悬挑板构造要求

(a)嵌固深度等于墙厚 (b)板内跨跨中无负弯矩

2. 悬挑梁的构造

混凝土结构中的悬挑梁配筋要求参见图 5-23。

3. 现浇屋面板挑檐转角处的构造

现浇屋面板挑檐转角处应配置承受负弯矩的放射状构造钢筋,如图 9-5 所示。其间距沿 $l/2$(l 为挑檐长度)处应不大于 200 mm,钢筋的锚固长度一般取 $l_a>l$,钢筋的直径与悬挑板支座处受力钢筋相同且不小于 6 mm。

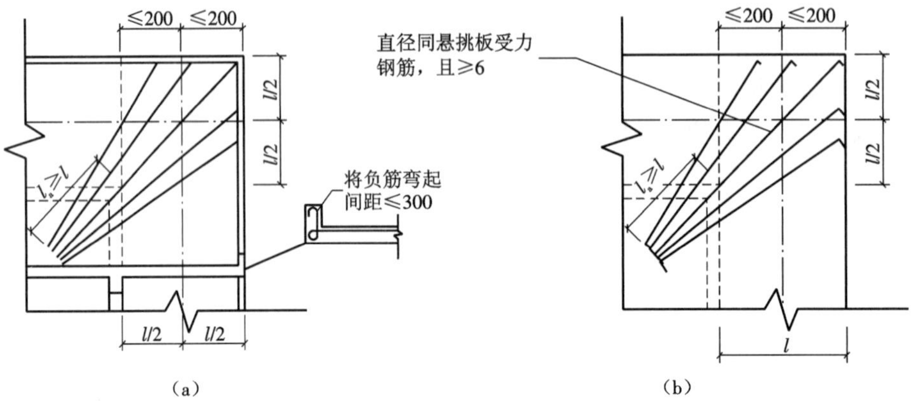

图 9-5 屋面板挑檐转角处的构造配筋

(a)有肋挑檐 (b)平板挑檐

当挑檐长度 $l\leqslant 500$ mm 时,构造钢筋可用 3 根,锚固长度 $l_a>500$ mm;当 500 mm$<l\leqslant 800$ mm 时,构造钢筋可用 5 根,锚固长度 $l_a\geqslant 800$ mm。

9.3 雨篷设计例题

【设计资料】

某多层框架结构厂房,墙体材料为加气混凝土砌块,首层层高为 5.500 m,门洞宽度为 3.0 m、高度为 2.4 m。雨篷立面图和剖面图如图 9-6 所示,采用 C30 混凝土和 HRB400 级钢筋。

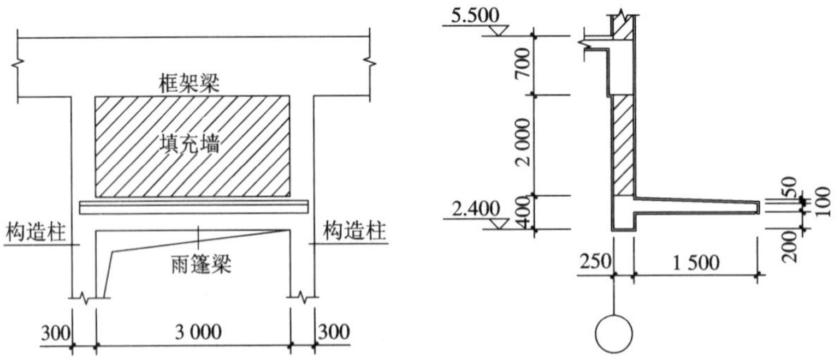

图 9-6 雨篷立面图和剖面图

【设计要求】

设计该雨篷。

9.3.1　雨篷板

该雨篷悬挑长度为 1 500 mm，按表 4-2 的要求，其根部厚度取 150 mm，端部厚度取 100 mm，计算单元取 1 m 宽板带，计算跨度 l_0=1.5 m。

1. 荷载计算

恒载：

SBS 改性沥青防水材料		0.20 kN/m^2
水泥砂浆找平层	厚 20 mm	$0.02\times20=0.40$ kN/m^2
雨篷板	平均厚 125 mm	$0.125\times25=3.13$ kN/m^2
板下水泥砂浆抹灰	20 厚 mm	$0.02\times20=0.40$ kN/m^2
合计		$g_k=4.13$ kN/m^2

活载：

$p_k=0.50$ kN/m^2

施工和检修集中荷载：

F= 1.0 kN/m

2. 内力计算及截面设计

比较上述荷载，可知恒载对作用效应有利，故悬臂根部最大弯矩为

$$
\begin{aligned}
M_{\max} &= \max\left(1.3\times\frac{1}{2}g_k l_0^2+1.5\times\frac{1}{2}p_k l_0^2,\ 1.3\times\frac{1}{2}g_k l_0^2+1.5\times0.7\times Fl_0\right)\\
&=1.3\times\frac{1}{2}g_k l_0^2+1.5\times0.7\times Fl_0\\
&=1.3\times\frac{1}{2}\times4.13\times1.5^2+1.5\times0.7\times1.0\times1.5\\
&=7.62\ \text{kN}\cdot\text{m/m}
\end{aligned}
$$

雨篷处于室外露天环境，环境类别为二 b 类，最小保护层厚度 c=25 mm，取截面有效高度 h_0=150−20−5=125 mm，采用 HRB400 级钢筋，可得 A_s=170 mm^2，选配钢筋为⌀10@200（A_s=392 mm^2，最小配筋率要求），板内分布钢筋取⌀8@200。

9.3.2　雨篷梁

该雨篷梁两端支承在构造柱上，雨篷梁截面尺寸取 250 mm × 400 mm，按弹性理论计算，计算跨度 l_0=3.0+0.3=3.3 m。

1. 荷载计算

恒载：

梁自重		$0.25\times0.40\times25$=2.50 kN/m
梁底及梁侧水泥砂浆抹灰	厚 20 mm	$0.02\times(0.40\times2+0.25)\times20$=0.42 kN/m
梁上砌块砌体自重	高 2.0 m	$(0.25\times8.0+0.02\times20\times2)\times2.0$=5.60 kN/m
雨篷板传来		4.13×1.5=6.20 kN/m
合计		g_k=14.72 kN/m

活载:

雨篷板传来 $p_k=0.50\times1.5=0.75$ kN/m

施工和检修集中荷载(转化为均布荷载):

$F=1.0$ kN/m

2. 内力计算

取活载与施工和检修集中荷载两者的较大值,则弯矩设计值为

$$M=1.3\times\frac{1}{8}g_kl_0^2+1.5\times0.7\times\frac{1}{8}Fl_0^2$$

$$=1.3\times\frac{1}{8}\times14.72\times3.3^2+1.5\times0.7\times\frac{1}{8}\times1.0\times3.3^2=27.48\ \text{kN}\cdot\text{m}$$

剪力设计值为

$$V=1.3\times\frac{1}{2}g_kl_0+1.5\times0.7\times\frac{1}{2}Fl_0$$

$$=1.3\times\frac{1}{2}\times14.72\times3.3+1.5\times0.7\times\frac{1}{2}\times1.0\times3.3=33.31\ \text{kN}$$

扭矩由雨篷板传来的荷载产生,梁中心线处的均布扭矩设计值为

$$m_p=gl\cdot\frac{l+b}{2}+F\cdot\left(l+\frac{b}{2}\right)$$

$$=1.3\times4.13\times1.5\times\frac{1.5+0.25}{2}+1.5\times1.0\times\left(1.5+\frac{0.25}{2}\right)=9.48\ \text{kN}\cdot\text{m/m}$$

支座处的最大扭矩设计值为

$$T=\frac{1}{2}m_pl_0=\frac{1}{2}\times9.48\times3.3=15.64\ \text{kN}\cdot\text{m}$$

3. 验算构件截面尺寸

雨篷梁高 h=400 mm,宽 b=250 mm,最小保护层厚度 c=35 mm,截面有效高度 h_0=355 mm,则有

$$W_t=\frac{b^2}{6}(3h-b)=\frac{250^2}{6}(3\times400-250)=9.896\times10^6\ \text{mm}^3$$

$$\frac{V}{bh_0}+\frac{T}{0.8W_t}=\frac{33.31\times10^3}{250\times355}+\frac{15.64\times10^6}{0.8\times9.896\times10^6}=2.35\ \text{MPa}$$

$$<0.25b_cf_c=0.25\times1.0\times14.3=3.575\ \text{MPa}$$

$$\frac{V}{bh_0}+\frac{T}{W_t}=\frac{33.31\times10^3}{250\times355}+\frac{15.64\times10^6}{9.896\times10^6}=1.96\ \text{MPa}$$

$$>0.7f_t=0.7\times1.43=1.001\ \text{MPa}$$

因此,截面尺寸满足要求,但需要按计算配置箍筋。

4. 配筋计算

1)确定计算方法

$T=15.64$ kN·m$>0.175f_tW_t=0.175\times1.43\times9.896\times10^6=2.48$ kN·m

$V=33.31$ kN·m$<0.35f_tbh_0=0.35\times1.43\times250\times355=44.42$ kN·m

必须考虑扭矩及剪力对构件受剪和受扭承载力的影响。

2)计算受弯纵筋

由 M=27.67 kN·m 可求得受弯纵筋 A_s=217 mm²。

3)计算受剪及受扭钢筋

$$A_{cor} = b_{cor}h_{cor} = 170 \times 230 = 39\,100\ \text{mm}^2$$

$$u_{cor} = 2(b_{cor} + h_{cor}) = 2 \times (170 + 230) = 800\ \text{mm}$$

$$\beta_t = \frac{1.5}{1+0.5\dfrac{V}{T}\cdot\dfrac{W_t}{bh_0}} = \frac{1.5}{1+0.5\times\dfrac{33.31}{15.64\times10^3}\times\dfrac{9.896\times10^6}{250\times355}} = 1.34 > 1.0$$

因此,取 b_t=1.0 m。

Ⅰ.受扭箍筋计算

取受扭的纵向钢筋与箍筋的配筋强度比值 ζ=1.2,则有

$$\frac{A_{st1}}{s} = \frac{T-0.35\beta_t f_t W_t}{1.2\sqrt{\zeta} f_{yv} A_{cor}} = \frac{15.64\times10^6-0.35\times1.0\times1.43\times9.896\times10^6}{1.2\sqrt{1.2}\times360\times39\,100} = 0.58\ \text{mm}^2/\text{mm}$$

$$\frac{A_{sv}}{s} = \frac{V-0.7(1.5-\beta_t)bh_0}{1.25 f_{yv} h_0} = \frac{33.31\times10^3-0.7(1.5-1.0)\times250\times355}{1.25\times360\times355} = 0.014\ \text{mm}^2/\text{mm}$$

梁抗剪和抗扭所需单肢箍筋总截面面积为

$$\frac{A_{st1}}{s} + \frac{A_{sv}}{2s} = 0.58 + \frac{0.014}{2} = 0.587\ \text{mm}^2/\text{mm}$$

箍筋取直径 8 mm 的 HRB400 级钢筋,其截面面积为 78.5 mm²,箍筋间距为

$$s = \frac{78.5}{0.588} = 133.5\ \text{mm}$$

取 s=100 mm。

Ⅱ.受扭纵筋计算

$$A_{stl} = \frac{\zeta\cdot f_{yv} A_{st1} u_{cor}}{f_y s} = \frac{1.2\times360\times0.58\times100\times800}{360\times100} = 557\ \text{mm}^2$$

梁底面所需受弯和受扭纵筋的截面面积为 $A_s+A_{stl}/2$=217+557/2=496 mm²,选用 3 ⌀16,其截面面积为 603 mm²。

梁顶面所需受扭纵筋的截面面积为 $A_{stl}/2$=557/2=279 mm²,选用 2 ⌀14,其截面面积为 308 mm²。

注意:若梁截面高度大于 450 mm,梁侧纵向构造钢筋可由受扭纵筋替代,梁侧受扭纵筋按边长比分配得到。

4)验算梁最小箍筋配筋率

$$\rho_{sv,min} = 0.28 f_t/f_y = 0.28\times1.43/360 = 0.112\%$$

实际配筋率为

$$\rho_{sv} = \frac{nA_{sv1}}{bs} = \frac{2\times50.3}{250\times100} = 0.40\% > \rho_{sv,min} = 0.112\%$$

5)验算梁纵筋配筋量

受扭纵筋的最小配筋率：

$$\rho_{\mathrm{stl,min}}=0.6\sqrt{\frac{T}{Vb}}\cdot\frac{f_{\mathrm{t}}}{f_{\mathrm{y}}}=0.6\sqrt{\frac{15.64\times10^{6}}{33.31\times10^{3}\times250}}\times\frac{1.43}{360}=0.326\ 7\%$$

受弯纵筋的最小配筋率：

$$\rho_{\mathrm{s,min}}=0.45\frac{f_{\mathrm{t}}}{f_{\mathrm{y}}}=0.45\times\frac{1.43}{360}=0.178\ 8\%<0.2\%$$

因此，取 $\rho_{\mathrm{s,min}}=0.2\%$。

截面弯曲受拉边的纵向受力钢筋最小配筋量为

$$\left(\rho_{\mathrm{s,min}}+\frac{\rho_{\mathrm{stl,min}}}{2}\right)bh=\left(0.2+\frac{0.325\ 6}{2}\right)\%\times250\times400=363\ \mathrm{mm}^{2}$$

实配钢筋满足要求。

9.3.3 雨篷梁支承构件

支承雨篷梁的构造柱，在弯矩、剪力和扭矩的共同作用下，其计算简图可按图 9-3 确定，计算从略。

本篇小结

1. 楼盖的选型和布置对其可靠性和经济性有重要意义。因此，应熟悉各种楼盖的受力特点及其结构适用范围，以便根据不同的建筑要求和使用条件选择合适的结构类型。

2. 楼盖、楼梯都属于梁板结构，其设计步骤包括：

（1）结构选型和结构布置；

（2）结构计算（确定计算简图，并进行荷载计算、内力分析、内力组合、截面配筋计算）；

（3）结构构造设计及施工图绘制。

上述步骤不仅适用于梁板结构，也适用于其他结构设计。

3. 按弹性理论计算连续梁、板时，应采用折算荷载；对于主梁，在梁柱线刚度比≥5的条件下，也可按连续梁计算，并忽略柱对梁的约束作用。

4. 当考虑塑性内力重分布计算钢筋混凝土连续梁、板时，为保证塑性铰具有足够的转动能力和结构的内力重分布，应采用塑性好的HRB400级钢筋，截面受压区高度$x \leq 0.35h_0$，斜截面应具有足够的抗剪能力；为保证结构在使用阶段裂缝不致出现过早和开展过宽，设计中应对弯矩调幅予以控制（塑性铰转动幅度不过大，$\beta \leq 25\%$）。

5. 双向板可按弹性理论和塑性理论计算，相应地配筋构造有所不同。

6. 无梁楼盖可采用等代框架法或经验系数法计算，并注意其配筋方式及板带划分原则。

7. 楼梯是建筑的重要组成部分，应熟练掌握板式楼梯的结构布置、计算及构造。

8. 雨篷也属于梁板结构。在荷载作用下，雨篷可能发生三种破坏情况：①雨篷板在支承截面处发生受弯破坏；②雨篷梁受弯、剪、扭作用而破坏；③整体倾覆破坏。

雨篷计算包括以下内容：

（1）雨篷板的正截面抗弯承载力计算；

（2）雨篷梁的受弯、受剪和受扭承载力计算；

（3）抗倾覆验算；

（4）必要时，还需要验算悬挑梁支座下的砌体局部受压承载力。

思考题与习题

【思考题】

1. 钢筋混凝土楼盖结构有哪几种类型？简述它们各自的受力特点和适用范围。

2. 如图所示，假定长短边之比均不大于 2，试说明在均布荷载作用下哪些是单向板。

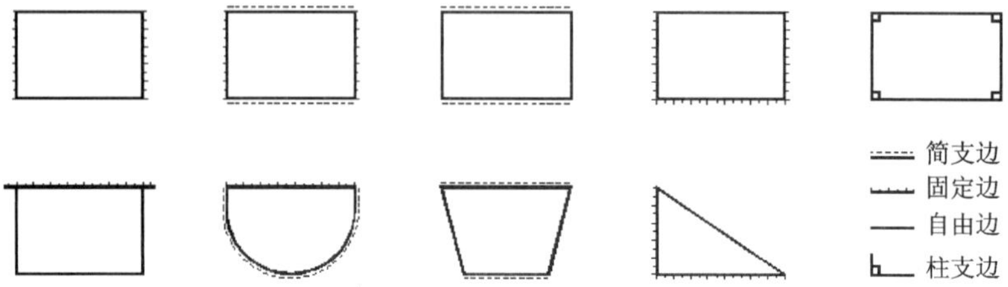

思考题 2 图

3. 对于现浇单向板肋形楼盖中的板、次梁和主梁，当按弹性理论计算其内力时，如何确定其计算简图和计算跨度？

4. 简述在连续梁计算中折算荷载的概念，并简述次梁和板折算荷载计算存在差异的原因。

5. 当考虑活载不利布置时，如何确定连续单向板某跨支座及跨中的最大弯矩？

6. 什么是“内力包络图”？如何绘制主梁在均布荷载作用下的弯矩包络图？

7. 什么是“塑性铰”？什么是“内力重分布”？两者有何关系？

8. 钢筋混凝土中的“塑性铰”与结构力学中的“理想铰”有何异同？

9. 当考虑塑性内力重分布计算钢筋混凝土连续梁、板的内力时，应满足哪些条件？为什么？

10. 对于现浇单向板肋形楼盖中的板、次梁和主梁，当按塑性理论计算其内力时，如何确定其计算简图和计算跨度？

11. 板在竖向荷载作用下的内拱是如何形成的？其有什么作用？四周与梁整体连接的板，对于中间跨的跨中截面及中间支座，计算弯矩可以降低，为什么？

12. 当考虑塑性内力重分布计算钢筋混凝土连续梁、板的内力时，如何进行弯矩调幅？

13. 试绘出周边简支矩形板裂缝出现和开展的过程以及破坏时板底裂缝示意图。

14. 简述板内分布钢筋的主要作用和配置要求。

15. 在主梁与次梁交接处，为什么要在主梁上次梁作用点处设置附加箍筋或吊筋？

16. 利用单跨双向板弹性弯矩系数计算连续双向板跨中最大弯矩和支座最大负弯矩时，采用哪些假定？

17. 现浇单向板肋形楼盖板、次梁和主梁的配筋计算和构造有哪些要点？

18. 无梁楼盖的板带如何划分？
19. 采用等代框架法计算无梁楼盖时，需引入哪些假定？
20. 采用经验系数法计算无梁楼盖时，结构布置应满足哪些条件？
21. 无梁楼盖设置柱帽的作用是什么？柱帽有哪几种形式？如何选择？
22. 楼板的抗冲切破坏与梁的受剪破坏有何异同？
23. 如何计算板式楼梯的梯段斜板和平台梁？
24. 雨篷板承受的荷载有哪些？计算时按哪两种情况组合？
25. 雨篷的设计包括哪些内容？
26. 如何进行砌体墙中钢筋混凝土挑梁的抗倾覆验算？

【习题】

1. 某三跨连续梁，各跨计算跨度均为 l_0=6.0 m，如图所示。已知梁上作用有均布恒载标准值 g_k= 10 kN/m，均布活载标准值 p_k= 25 kN/m，集中恒载标准值 G_k= 40 kN，集中活载标准值 P_k= 60 kN。试按弹性理论计算各控制截面的弯矩设计值和剪力设计值，并画出其包络图。

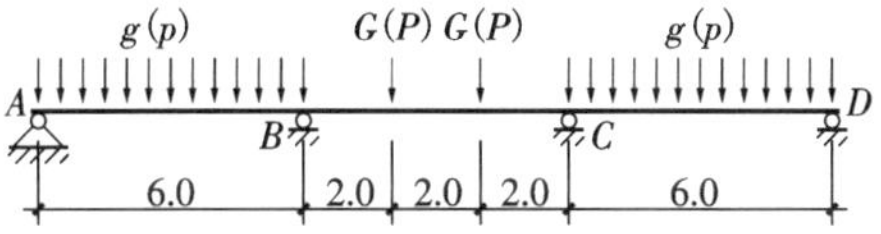

习题 1 图

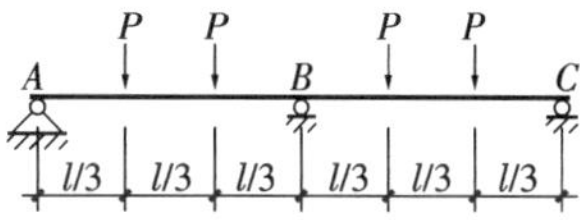

习题 2 图

2. 某两跨等跨连续梁，计算简图如图所示。已知跨中极限弯矩为 M_u，支座极限弯矩为 αM_u。试求其极限荷载 P_u。（注：α<1.0）

3. 某四边固定的正方形板，边长为 a，如图所示。已知板中心作用集中荷载 P，跨中单位宽度屈服弯矩 m_x=m_y=m，支承边的屈服弯矩 m' =1.5m。试用塑性铰线法计算其极限荷载 P_u。

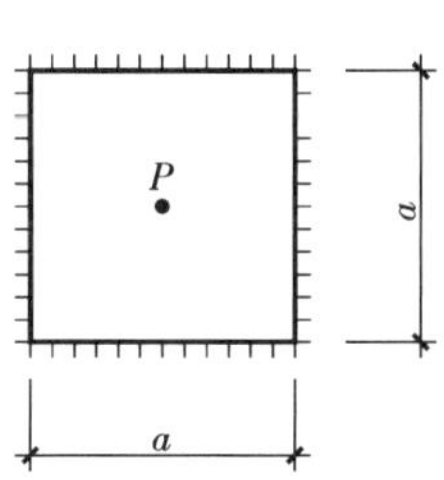

习题 3 图

第3篇　单层工业厂房结构设计

单层工业厂房结构是服务于生产需要的单层空间结构骨架，依据主要承重结构所用的材料可分为砖混结构、钢筋混凝土结构和钢结构等。单层工业厂房结构具有以下特点：

（1）具有较大的跨度和净空，可承受较大的荷载，因而其结构构件的内力大、截面尺寸大、材料用量多；

（2）结构设计时必须考虑吊车荷载、动力设备荷载等动力作用的影响；

（3）厂房内部几乎没有隔墙，属于空旷结构，其中柱是主要的承重构件，而承重结构的选择主要取决于厂房的跨度、高度和吊车的起重量等因素；

（4）除基础和围护墙外，其余结构构件均可先在工厂或现场预制，然后进行吊装拼装，因此属于典型的装配式结构体系。

钢筋混凝土单层工业厂房是20世纪50—80年代中期我国工业建筑的主要结构形式。这种结构形式自重大、施工周期长，但受力明确、传力直接，有助于建立清晰的结构概念，更好地理解荷载传递路径、荷载效应组合原则等，掌握结构构件计算的基本技能。20世纪90年代以后，随着技术的发展和新型轻质围护材料的出现，这种结构体系逐渐被轻钢结构厂房所取代。

单层工业厂房的主要设计流程如图0-1所示。

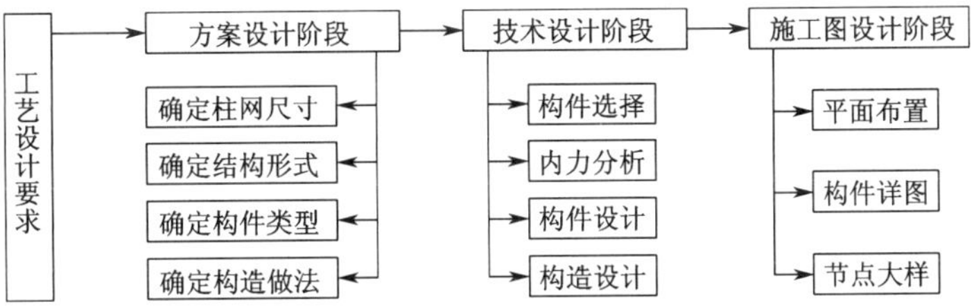

图0-1　单层工业厂房的主要设计流程

首先，由工艺专业向土建专业提出一系列土建设计要求，具体包括：①根据生产工艺提出厂房各功能区域的平面布局，如厂房的跨度和跨数，各功能区域所需的长度和平面布局，主要设备布置，交通运输等；②根据生产条件提出对厂房各部分的技术要求，如吊车形式、吨位和轨顶标高，主要设备埋深，采光通风，保暖隔热，防震防腐等。

其次，结构专业与建筑专业根据上述要求，确定厂房各部分的结构平面、剖面布置草图，包括柱网、轴线、标高、吊车跨间布置方式、排架结构形式、主要结构构件类型、门窗选型以及屋面、墙面和地面做法等，作为进一步设计的依据。这即是结构设计的方案设计阶段。

再次，结构专业进行技术设计，包括选择各种结构构件、排架内力分析、柱和基础的配筋、构造设计等四个方面。一般来说，一些构件如屋面构件、屋架、吊车梁等可以选用标准图集中的定型构件；柱、基础等构件则需按照厂房的具体条件进行设计和计算。排架的内力分析是为了设计柱和基础。技术设计的成果是结构设计说明书(也称结构计算书),其中包括选定各种结构构件、排架内力分析、柱及基础的配筋等,并附有构件间连接的构造草图。这即是结构设计的技术设计阶段。

最后,绘制结构施工图。

第10章　单层工业厂房的基本知识

钢筋混凝土单层工业厂房结构有排架结构和刚架结构两种基本类型，如图10-1所示。

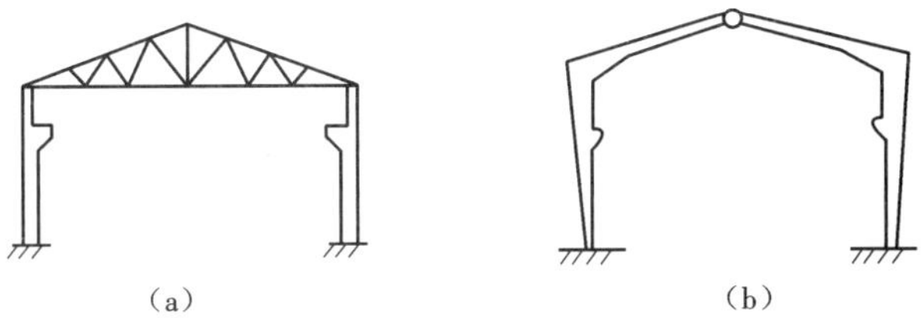

图10-1　钢筋混凝土单层工业厂房结构的两种基本类型

(a)排架结构　(b)刚架结构

排架结构由屋架(或屋面梁)、柱、基础等构件组成，其中柱与屋架铰接，而与基础刚接。根据生产工艺和使用要求的不同，排架结构可以是单跨或多跨、等高或不等高以及锯齿形等多种形式。排架结构能承担较大的荷载，在冶金和机械工业厂房中应用广泛，其跨度可达30 m，高度为20~30 m，吊车吨位可达150 t以上。

刚架结构也由屋面梁、柱、基础等构件组成，但屋面梁与柱刚接，而柱与基础则既可为刚接，也可为铰接。由于刚架结构的梁、柱整体连接，因此受荷载作用后，在刚架的转折处将产生较大的弯矩，容易引起开裂；另外，柱顶在横梁推力的作用下将产生相对位移，使厂房的跨度发生变化。因此，此类结构的刚度较差，仅适用于屋盖较轻的厂房或吊车吨位不超过10 t、跨度不超过10 m的轻型厂房或仓库等，也适用于礼堂、食堂、体育馆等公共建筑。

本篇主要介绍单层钢筋混凝土柱铰接排架结构厂房的设计与构造。

10.1　厂房的结构组成和荷载传递路径

10.1.1　结构组成

单层钢筋混凝土柱铰接排架结构是由多种构件组成的空间受力体系，如图10-2所示。

1. 屋盖结构

屋盖结构可分为无檩和有檩两种体系。无檩体系由大型屋面板、屋面梁(或屋架)以及屋盖支撑组成；有檩体系由小型屋面板、檩条、屋面梁(或屋架)以及屋盖支撑组成。有时屋盖结构还包括天窗架、托架等。屋盖结构的作用主要是围护和承重(承受屋盖结构的自重、屋面活载、雪荷载和其他荷载，并将这些荷载传给排架柱)，以及采光和通风等。

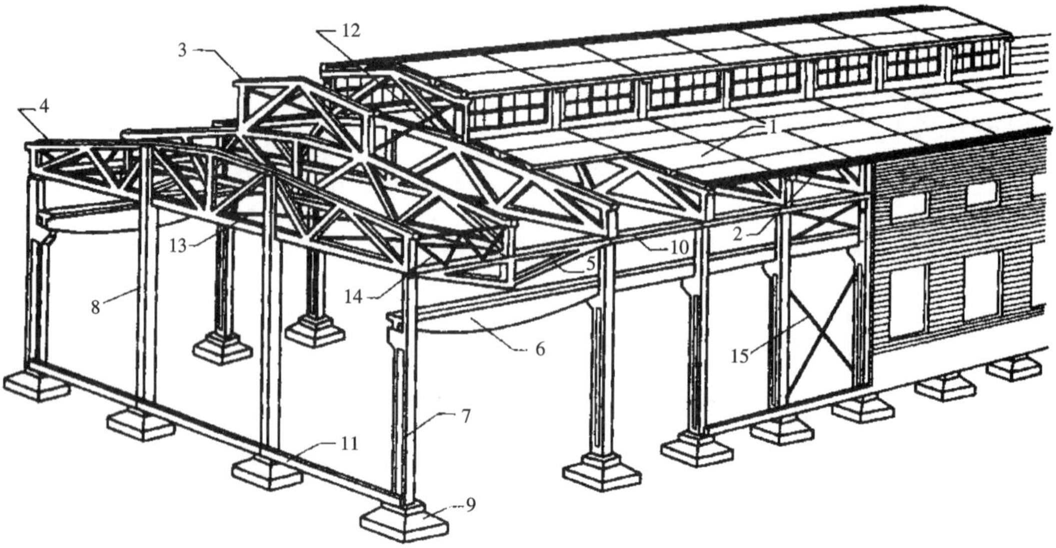

图 10-2　单层厂房的结构组成

1—屋面板;2—天沟板;3—天窗架;4—屋架;5—托架;6—吊车梁;7—排架柱;8—抗风柱;9—基础;10—连系梁;11—基础梁;12—天窗架垂直支撑;13—屋架下弦横向水平支撑;14—屋架端部垂直支撑;15—柱间支撑

2. 横向排架

横向排架由横梁(屋面梁或屋架)、横向柱列和基础组成,它是厂房的基本承重结构。横向排架的作用是承受竖向荷载(结构自重、屋面活载、雪荷载和吊车竖向荷载等)和横向水平荷载(风荷载和吊车横向制动力、地震作用),并将荷载传至地基,如图 10-3 所示。

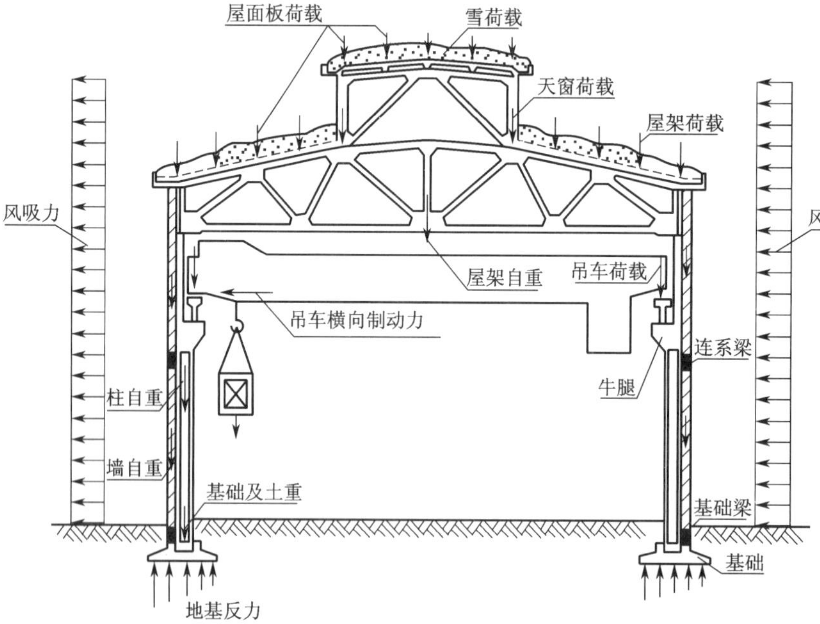

图 10-3　单层厂房的横向排架及其荷载示意图

3. 纵向排架

纵向排架由纵向柱列(包括基础)、连系梁、吊车梁和柱间支撑等组成,如图 10-4 所示。

纵向排架的作用是保证厂房结构的纵向稳定性和刚度，并承受作用在山墙和天窗端壁上通过屋盖结构传来的纵向风荷载、吊车纵向水平荷载、纵向地震作用以及温度应力等。

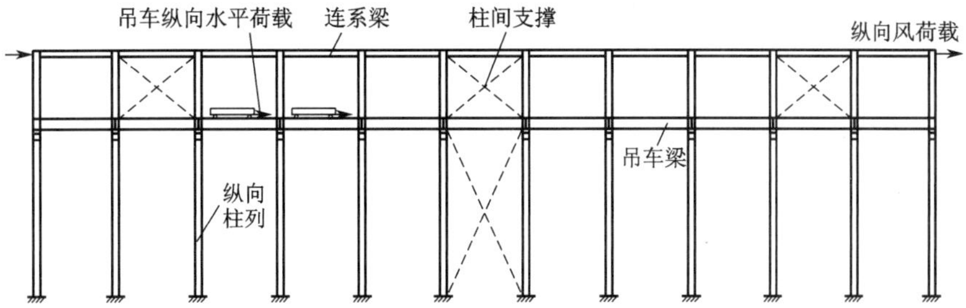

图 10-4　单层厂房的纵向排架及其荷载

4. 吊车梁

吊车梁简支在柱牛腿上，主要承受吊车竖向荷载、横向和纵向水平荷载，并将它们分别传至横向或纵向排架。

5. 支撑

单层厂房的支撑包括屋盖支撑和柱间支撑，其作用是加强厂房结构的空间刚度，并保证结构构件在安装和使用阶段的稳定和安全，同时传递风荷载和吊车水平荷载或地震作用。

6. 基础

基础承受柱和基础梁传来的荷载，并将它们传至地基。

7. 围护结构

围护结构包括纵墙和横墙（山墙），以及由墙梁、抗风柱（有时还有抗风梁或抗风桁架）和基础梁等组成的墙架。这些构件所承受的荷载主要是墙体和构件的自重以及作用在墙面上的风荷载。

10.1.2　荷载传递路径

单层厂房排架结构的荷载传递路径如图 10-5 所示。

10.2　单层工业厂房的结构布置

在单层工业厂房结构设计中，结构布置是最关键的环节，其合理与否直接关系到厂房结构设计的安全可靠和经济合理，以及厂房面积的使用和施工速度等。

为使单层工业厂房的构配件逐步达到统一，提高设计标准化、生产工厂化和施工机械化的水平，在考虑厂房结构的布置时，必须使其主要尺寸和标高符合《厂房建筑模数协调标准》（GB/T 50006—2010）规定的统一模数制，统一模数以 100 mm 为基本单位，并用“M”表示。

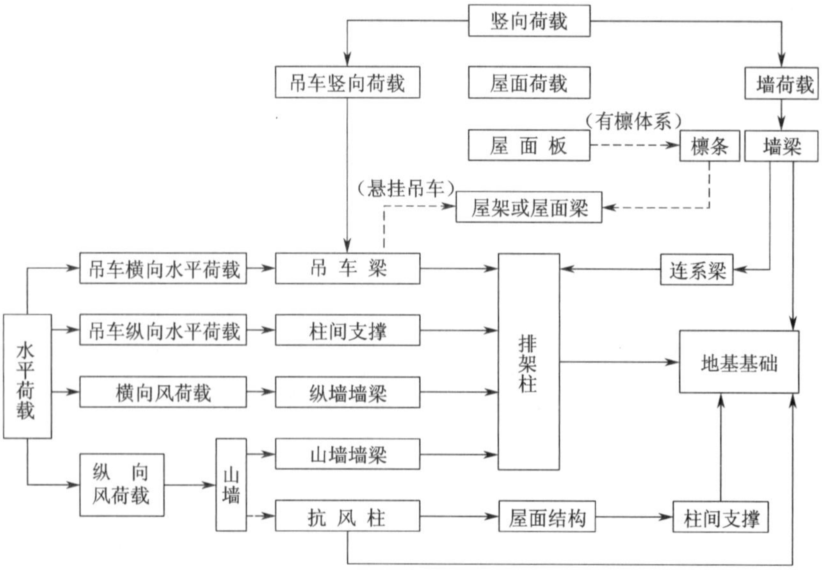

图 10-5 单层厂房排架结构的荷载传递路径

10.2.1 柱网布置

1. 定位轴线

结构平面的主要尺寸都由定位轴线表示,定位轴线可分为横向定位轴线和纵向定位轴线。其中,与厂房横向平面排架平行的轴线,称为横向定位轴线,以 1, 2, 3,…表示;与横向定位轴线垂直的轴线,称为纵向定位轴线,以 A, B, C,…表示。纵向、横向定位轴线在平面上排列所形成的网格,称为柱网,如图 10-6 所示。

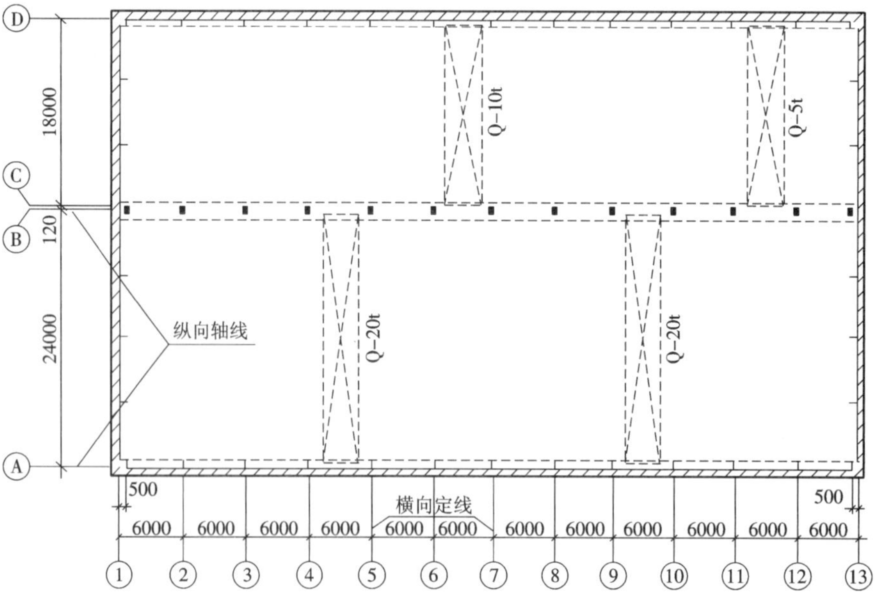

图 10-6 某金工装配车间的平面布置

定位轴线之间的距离应和主要构件的标志尺寸相一致，且应符合建筑模数，以有利于标准构件的选用、构造节点的简化和施工方便等。所谓标志尺寸，即构件的实际尺寸加上两端必要的构造尺寸。如图 10-7 所示，屋面薄腹梁的标志跨度是 18 000 mm，实际跨度为 17 950 mm；大型屋面板的标志宽度是 1 500 mm，实际宽度为 1 490 mm。

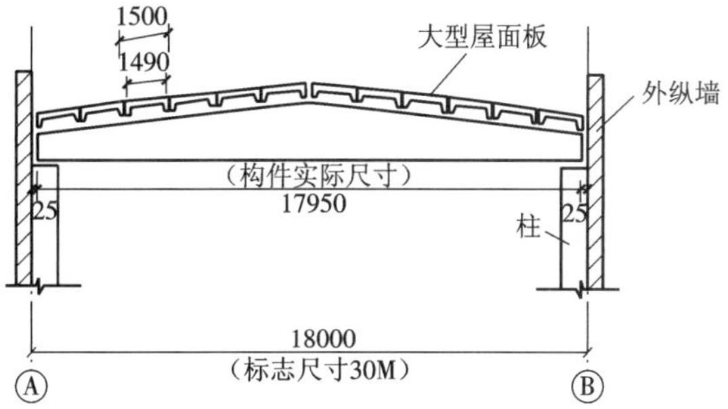

图 10-7　定位轴线与构件尺寸的关系

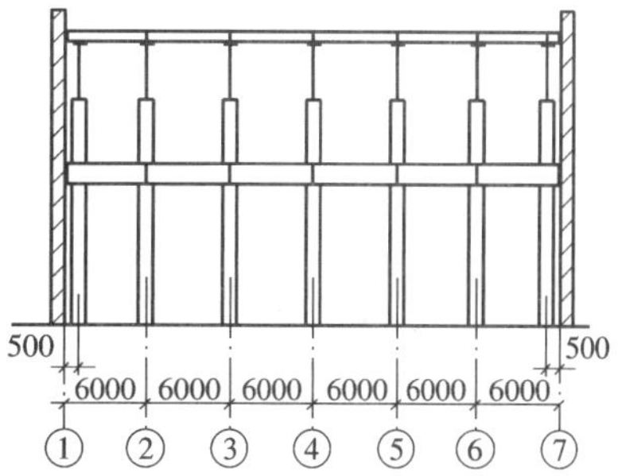

图 10-8　山墙与第一排柱中心线的关系

单层厂房的围护墙一般采用外贴式墙体，而不采用柱间嵌砌墙，以避免墙体刚度给厂房纵向柱列带来过大的刚度和地震作用。因此，定位轴线一般按下述原则确定。

（1）横向定位轴线与柱距方向的主要承重构件（如屋面板、吊车梁、连系梁、基础梁、纵向支撑等）的标志尺寸应相一致，即横向定位轴线通过柱截面的几何中心，且通过屋架中心线。在厂房端部，横向定位轴线应取山墙内边缘，并将山墙内侧第一排柱中心内移 500 mm 或 600 mm，其目的是避免使端屋架和山墙抗风柱的位置发生冲突，并使端部屋面板与中部屋面板的长度相同（图 10-8），同时也使屋面板端头与山墙内边缘重合，且屋面不留缝隙，形成封闭式横向定位轴线。同理，纵向伸缩缝两边的柱中心线也需向两边移 500 mm 或 600 mm，而使伸缩缝中心线与横向定位轴线重合。

（2）边柱的纵向定位轴线与墙内缘（即柱外缘）重合；多跨厂房中柱的纵向定位轴线一般与柱中心线重合，纵向定位轴线间的距离与屋架（屋面梁）的标志尺寸相等。

2. 柱网

柱网布置就是确定纵向定位轴线之间（跨度）和横向定位轴线之间（柱距）的尺寸。柱网尺寸是确定屋面板、屋架和吊车梁等构件的跨度的主要依据。柱网布置恰当与否，将直接影响厂房结构的经济合理性和先进性，与生产使用也有密切关系。

柱网布置的一般原则如下。

（1）符合生产和使用要求。建筑平面和结构方案经济合理，在厂房结构形式和施工方法上具有先进性和合理性，符合《厂房建筑模数协调标准》的有关规定，适应生产发展和技术革新的要求。

（2）柱距和跨度应符合模数要求。厂房跨度不大于 18 m 时，应采用 30M（3 m）的模数；大于 18 m 时，应采用 60M（6 m）的模数。厂房柱距应采用 6 m 或 6 m 的倍数，如图 10-9 所示。当工艺布置和技术经济有明显的优越性时，也可采用 21 m、27 m、33 m 的跨度和 9 m 或其他柱距。

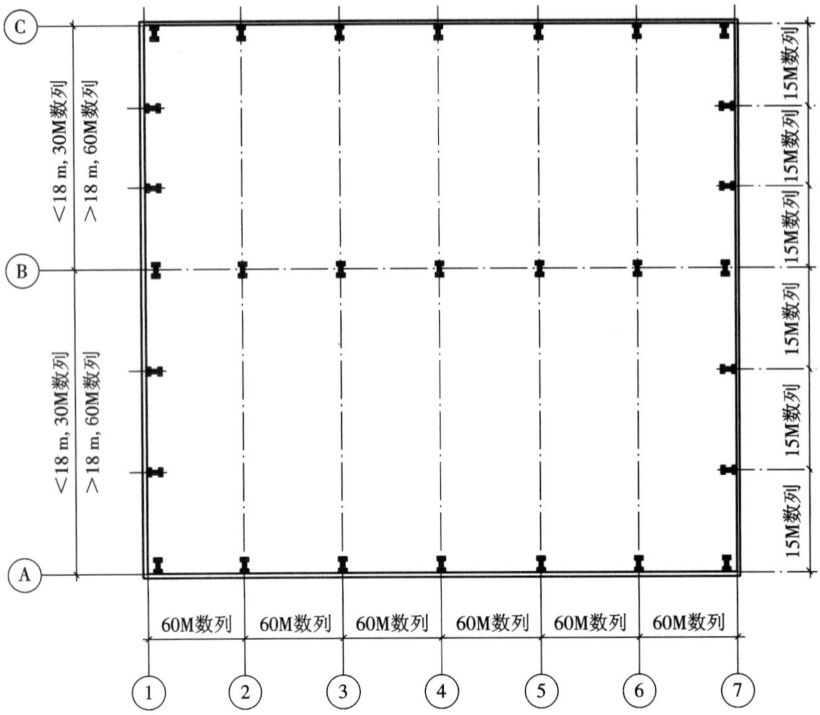

图 10-9 柱网布置示意图

从经济指标、材料消耗、施工条件等方面来衡量,一般厂房特别是高度较低的厂房,采用 6 m 柱距比 12 m 柱距优越。

从现代化工业发展趋势来看,扩大柱距对增加车间有效面积、提高设备布置和工艺布置的灵活性、减少机械化施工中结构构件的数量和加快施工进度等都是有利的。但由于构件尺寸增大,也会给制作、运输和吊装带来不便。12 m 柱距是 6 m 柱距的扩大模数,在大小车间相结合时,两者可配合使用。此外,12 m 柱距既可利用现有设备做成 6 m 屋面板系统(有托架梁),当条件具备时也可直接采用 12 m 屋面板系统(无托架梁)。所以,在选择 12 m 柱距和 9 m 柱距时,应优先采用前者。

3. 变形缝

单层厂房的变形缝包括伸缩缝、沉降缝和防震缝三种。

1)伸缩缝

如果厂房长度和宽度过大,当气温变化时,会使结构内部产生很大的温度应力,严重的可将墙面、屋面等拉裂,从而影响使用。为了减小厂房结构中的温度应力,可设置伸缩缝,将厂房结构分成几个温度区段。伸缩缝应从基础顶面开始,将两个温度区段的上部结构构件完全分开,并留出一定宽度的缝隙,使上部结构在气温变化时,水平方向可以自由地发生变形。温度区段的形状应力求简单,并应使伸缩缝的数量最少。

温度区段的长度(伸缩缝之间的距离)取决于结构类型和温度变化情况。对于钢筋混凝土排架结构(装配式),其伸缩缝的最大间距不应超过 100 m(室内或土中)或 70 m(露天),当厂房的伸缩缝间距超过上述规定值时应验算温度应力。伸缩缝的具体做法可参阅有关构造手册。

2)沉降缝

沉降缝应将建筑物从屋顶到基础全部分开，以使当缝两边发生不同沉降时不致损坏整个建筑物。沉降缝可兼作伸缩缝，一般单层厂房中可不设沉降缝，但在下列情况下应考虑设置沉降缝：

(1)厂房相邻两部分高度相差很大；

(2)两跨间吊车起重量相差悬殊(如 10 t 以上)；

(3)地基承载力或下卧层土质有较大差别；

(4)厂房分期建造或各部分的施工时间先后相差很长，地基土压缩程度不同。

3)防震缝

防震缝是减轻厂房地震灾害的有效措施之一。当厂房结构平、立面布置复杂或结构高度及刚度相差很大，以及在厂房侧边贴建生活间、变配电间等附属建筑时，应设置防震缝将相邻部分分开。

对于有抗震设计要求的厂房，其伸缩缝和沉降缝均应符合防震缝的要求。

10.2.2 抗震设计的结构布置原则

对于有抗震设计要求的厂房，结构平面应尽可能规则、对称，以避免显著的扭转振动，在竖向应减少刚度突变，具体要求如下。

(1)多跨厂房宜等高和等长，高低跨厂房不宜采用一端开口的结构布置。

(2)相邻两个主厂房之间的过渡跨至少应有一侧采用防震缝与主厂房脱开。

(3)厂房的贴建房屋和构筑物不宜布置在厂房角部和紧邻防震缝处。

(4)厂房体型复杂或有贴建的建(构)筑物时，宜设置防震缝，缝宽可取 50~90 mm；厂房纵横跨交接处、大柱网厂房或不设柱间支撑的厂房，防震缝宽度可取 100~150 mm。

(5)厂房内通向吊车司机室的钢梯不应靠近防震缝设置，多跨厂房各跨通向吊车司机室的钢梯不宜设置在同一横向定位轴线附近。

(6)厂房内的工作平台、刚性工作间宜与厂房主体结构脱开。

(7)厂房的同一结构单元内，不应采用不同的结构形式；厂房端部应设屋架，不应采用山墙承重；厂房单元内不应采用横墙和排架混合承重的结构布置方案。

(8)厂房纵向柱距宜相等，各柱列的侧移刚度宜均匀；当有抽柱时，应采取抗震加强措施。

(9)厂房的抗侧力体系应有明确的计算简图，横向抗侧力体系常为屋盖横梁(屋架)与柱铰接的排架形式，纵向抗侧力体系由纵向柱列形成的排架、柱间支撑和纵墙组成。

10.2.3 抗风柱、圈梁、连系梁、过梁和基础梁的布置

1. 抗风柱

单层厂房的端墙(山墙)受风面积较大，一般需要设置抗风柱将山墙分成几个区格，使墙面受到的风荷载一部分(靠近纵向柱列的区格)直接传至纵向柱列，另一部分则经抗风柱

下端直接传至基础和经上端通过屋盖系统传至纵向柱列。

当厂房高度和跨度均不大(如柱顶高度在 8 m 以下,跨度为 9~12 m)时,可在山墙设置砖壁柱作为抗风柱;当厂房高度和跨度较大时,一般应设置钢筋混凝土抗风柱,柱外侧再贴砌山墙;当厂房很高时,为了不使抗风柱的截面尺寸过大,可加设水平抗风梁或钢抗风桁架,作为抗风柱的中间铰支点。

抗风柱一般与基础刚接,而与屋架上弦铰接。根据具体情况,抗风柱也可与下弦铰接或同时与上、下弦铰接。抗风柱与屋架连接必须满足以下两个要求:①在水平方向必须与屋架有可靠的连接,以保证有效地传递风荷载;②在竖向允许两者之间有一定相对位移,以防厂房与抗风柱沉降不均匀时产生不利影响。所以,抗风柱和屋架一般采用竖向可以移动、水平向有较大刚度的弹簧板连接,如图 10-10(a)所示;当厂房沉降量较大时,则宜采用螺栓连接,如图 10-10(b)所示。

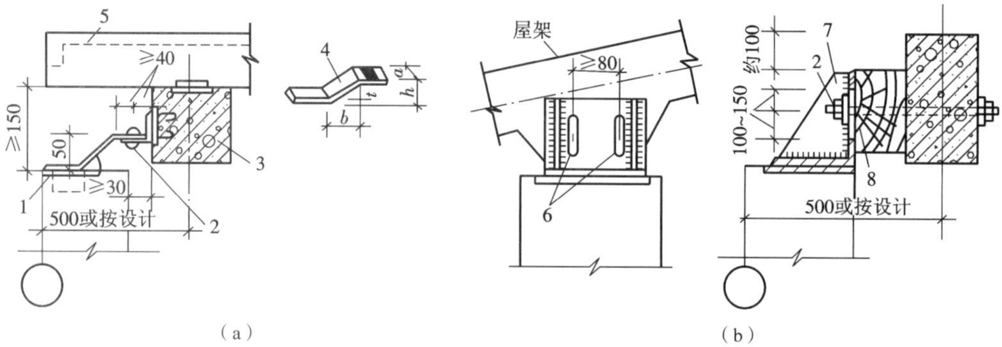

图 10-10 抗风柱与屋架连接示意图

(a)弹簧板连接 (b)螺栓连接

1—预埋件;2—连接螺栓;3—屋架上弦;4—弹簧板;5—屋面板纵肋或檩条;6—长圆孔;7—加劲板;8—硬木块

2. 圈梁、连系梁、过梁和基础梁

当用砖墙作为厂房围护墙时,一般要设置圈梁、连系梁、过梁和基础梁。

(1)圈梁的作用是将墙体与厂房柱箍在一起,以加强厂房的整体刚度,防止由于地基的不均匀沉降或较大振动荷载对厂房产生不利影响。圈梁通常设置于墙体内,并和柱连接,仅起拉结作用。圈梁不承受墙体重量,所以柱上不设置支撑圈梁的牛腿。圈梁的布置与墙体高度、对厂房刚度的要求以及地基情况有关。对于一般单层厂房,可参照下述原则布置圈梁。

①对无桥式吊车的厂房,当墙厚≤240 mm、檐高为 5~8 m 时,应在檐口附近布置一道;当檐高大于 8 m 时,宜增设一道圈梁。

②对有桥式吊车或有较大振动设备的厂房,除在檐口或窗顶布置圈梁外,还宜在吊车梁处或墙中适当位置增设一道圈梁;当外墙高度大于 15 m 时,还应适当增设圈梁。

③圈梁应连续设置在墙体的同一平面上,并尽可能沿整个建筑物形成封闭状。当圈梁被门窗洞口切断时,应在洞口上部墙体中设置一道附加圈梁(过梁),其截面尺寸不应小于被切断的圈梁,且两边伸入墙体内不少于 1 000 mm。

(2)连系梁的作用是连系纵向柱列,以增强厂房的纵向刚度,并传递风荷载到纵向柱列。此外,连系梁还承受其上部墙体的重量。连系梁通常是预制的,两端搁置在柱牛腿上,其连接可采用螺栓连接或焊接连接。

(3)过梁的作用是承托门窗洞口上部墙体的重量。在进行厂房结构布置时,应尽可能将圈梁、连系梁和过梁结合起来,以节约材料、简化施工,使一个构件在一般厂房中能起到两种或三种构件的作用。

(4)基础梁的作用是承托围护墙体的重量,而不另设墙基础。基础梁底部距土层表面应预留约 100 mm 的空隙,使梁可随柱基础一起沉降。当基础梁下有冻胀性土时,应在梁下铺设一层干砂、碎砖或矿渣等松散材料,并预留 50~150 mm 的空隙,以防止土壤冻结膨胀时将梁顶裂。基础梁与柱一般不要求连接,可将基础梁直接放置在柱基础杯口上;当基础埋置较深时,也可将基础梁放置在基础上面的混凝土垫块上,如图 10-11 所示。施工时,基础梁支承处应坐浆。当厂房不高、地基比较好、柱基础较浅时,也可不设基础梁而设砖石或混凝土基础。

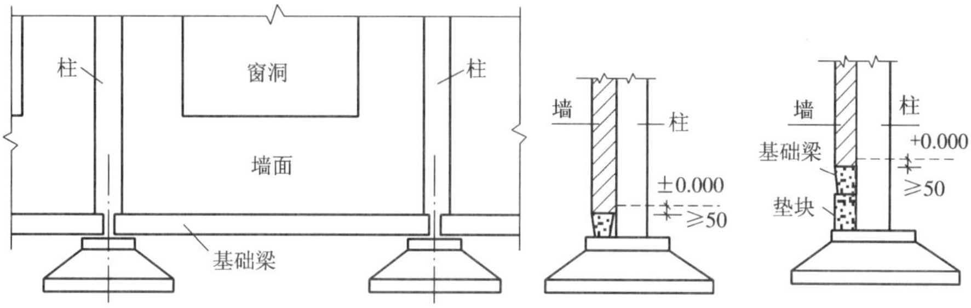

图 10-11　基础梁的位置

连系梁、过梁和基础梁的选用均可查国家标准或地方标准图集,如连系梁可查国家标准图集 G321 和 CG421,过梁可查国家标准图集 G322 和 CG422,基础梁可查国家标准图集 G320 和 CG420。

10.3　单层工业厂房的支撑系统

在装配式钢筋混凝土柱单层工业厂房结构中,支撑虽不是主要的构件,但却是连系主要结构构件以构成整体的重要组成部分。如果支撑布置不当,不仅会影响厂房的正常使用,甚至可能引起工程事故,所以应予以足够的重视。

下面主要介绍屋盖体系为屋架时,各类支撑的作用和布置原则、布置方法。支撑与其他构件的连接构造可参阅有关标准图集。

10.3.1　柱间支撑

柱间支撑的作用主要是提高厂房的纵向刚度和稳定性。对于有吊车的厂房,柱间支撑可分为上柱柱间支撑和下柱柱间支撑两种。其中,上柱柱间支撑位于吊车梁上部,用以承受由屋盖及山墙传来的纵向水平荷载,并保证厂房上部的纵向刚度;下柱柱间支撑位于吊车梁下部,用以承受上柱柱间支撑传来的纵向水平力和吊车梁传来的吊车纵向制动力。地震区厂房的柱间支撑还要承受纵向地震作用。

1. 非抗震设计

非抗震设计时,当柱间设有强度和稳定性足够的墙体,且其与柱连接紧密能起整体作用,以及吊车起重量较小(≤5 t)时,可不设柱间支撑。

一般来说,单层厂房凡属下列情况之一者,应设置柱间支撑:

(1)设有臂式吊车或3 t及大于3 t的悬挂式吊车时;

(2)吊车工作级别为A6~A8或吊车工作级别为A1~A5且在10 t或大于10 t时;

(3)厂房跨度≥18 m或柱高≥8 m时;

(4)纵向柱的总数在7根以下时;

(5)露天吊车栈桥的柱列。

一般来说,上柱柱间支撑设置在温度区段两侧与屋盖横向水平支撑相对应的柱间,以及温度区段中央或邻近中央的柱间;下柱柱间支撑设置在温度区段中部与上柱柱间支撑相对应的位置。这种布置方法,在纵向水平力作用下,传力的路线较短,而且在温度变化或混凝土收缩时厂房可自由变形,而不致发生较大的温度或收缩应力,如图10-12(a)所示。

当柱顶纵向水平力没有简捷传递途径时,则必须设置一道通长的纵向受压水平系杆(如连系梁)。柱间支撑杆件应与吊车梁分离,以免受吊车梁竖向变形的影响。

当厂房的温度区段长度超过120 m时,为了避免纵向水平力的传力路径太长和厂房纵向刚度不足,除应验算温度应力外,还应在温度区段长度的1/3附近各布置一道上柱柱间支撑和下柱柱间支撑,但它们之间的距离不宜大于60 m,如图10-12(b)所示。

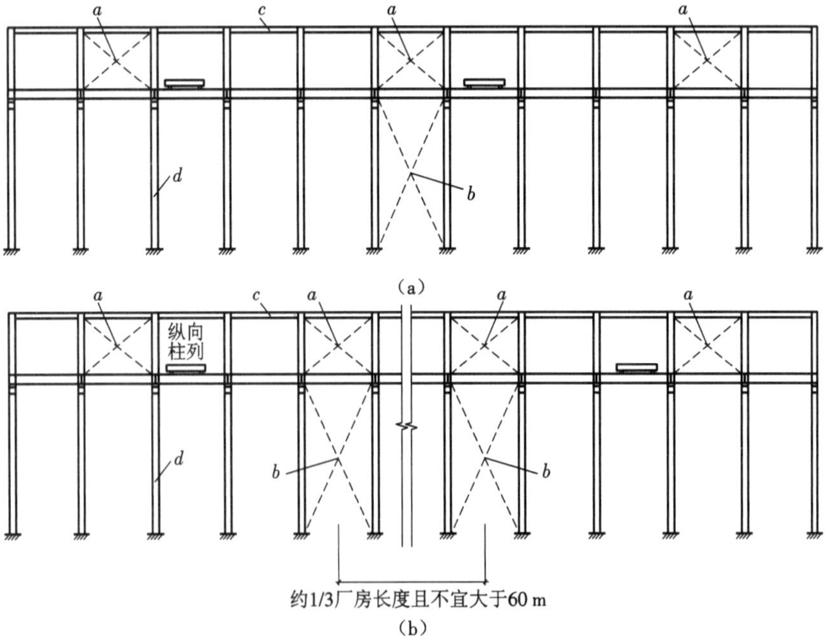

图10-12 柱间支撑的设置

(a)柱间支撑布置方式1 (b)柱间支撑布置方式2

a—上柱柱间支撑;*b*—下柱柱间支撑;*c*—连系梁(系杆);*d*—纵向柱列

2. 抗震设计

抗震设计时，柱间支撑是保证单层厂房纵向刚度、传递纵向地震作用的重要构件，应按以下原则合理设置支撑，使厂房形成空间传力体系。

（1）柱间支撑应按厂房单元进行布置。

（2）一般情况下，应在厂房单元中部设置上、下柱柱间支撑，且下柱柱间支撑应与上柱柱间支撑配套设置。

（3）有吊车或抗震设防烈度为8度和9度时，宜在厂房单元两端（与屋盖横向水平支撑相对应的柱间）增设上柱柱间支撑，使屋盖传来的纵向水平地震作用分散到各道上柱柱间支撑上，如图10-12（a）所示。

（4）厂房单元较长或抗震设防烈度为8度Ⅲ、Ⅳ类场地和9度时，可在厂房单元中部1/3区段内设置两道柱间支撑，其间距不宜大于60 m（图10-12（b）），且下柱柱间支撑应与上柱柱间支撑配套设置。

（5）抗震设防烈度为8度且跨度不小于18 m的多跨厂房中柱以及抗震设防烈度为9度的多跨厂房各柱，宜在纵向设置通长水平压杆，该压杆可与梯形屋架支座处通长水平系杆合并设置，钢筋混凝土系杆端头与屋架间的空隙应采用混凝土填实。

（6）为使地震时由柱间支撑传来的纵向水平地震作用不致在柱内引起过大的纵向弯矩和剪力，柱间支撑的下节点位置应尽量设置在靠近基础顶面处，并使斜杆的内力作用线与基础底面在基础中心附近相交；或者在基础顶面设置连系梁，使连系梁中心线、柱中心线和下柱柱间支撑斜杆中心线交于一点。否则，应考虑支撑内力对柱的影响。抗震设防烈度为8度Ⅲ类场地和9度时，必须采取措施将地震力直接传给基础。

3. 柱间支撑的形式

柱间支撑宜采用交叉形式，交叉倾角通常为35°~55°。当柱间因交通、设备布置或柱距较大而不宜或不能采用交叉式支撑时，可采用门架式支撑、八字形支撑及人字形支撑等。

柱间支撑一般采用型钢（槽钢或双角钢），杆件截面尺寸应进行强度和稳定性验算。

10.3.2　屋盖支撑

简支于柱顶的钢屋架（或钢筋混凝土屋架）仅依靠大型屋面板或檩条连系，属于几何可变体系，在荷载作用下或安装过程中，屋架可能向侧向倾倒；屋架上弦侧向支撑点间距过大，也容易侧向失稳破坏。各个平面桁架（屋架）必须用各种支撑及纵向杆件（系杆）连成一个空间几何不变的整体结构，才能使屋架形成稳定的空间结构体系。这些支撑及系杆统称为屋盖支撑，具体包括上弦横向水平支撑、下弦横向水平支撑、下弦纵向水平支撑、垂直支撑及水平系杆。

1. 屋盖支撑的作用

屋盖支撑虽不是主要受力构件，但它对主要承重构件——屋架的正常工作具有重要作用，具体如下。

（1）上弦横向水平支撑：构成刚性框，增强屋盖整体刚度，保证屋架上弦或屋面梁上翼缘的侧向稳定，同时将抗风柱传来的水平力传递到（纵向）排架柱顶。

(2)下弦横向水平支撑:保证将屋架下弦受到的水平力传至(纵向)排架柱顶。

(3)下弦纵向水平支撑:提高厂房刚度,保证横向水平力的纵向分布,增强排架的空间工作性能。

(4)垂直支撑和下弦水平系杆:保证屋架的整体稳定(抗倾覆),防止在吊车工作时(或有其他振动)屋架下弦的侧向颤动。

(5)上弦水平系杆:保证屋架上弦或屋面梁受压翼缘的侧向稳定(防止局部失稳)。

2. 非抗震设计时屋盖支撑的布置

非抗震设计时,屋盖支撑的布置如图 10-13 所示。

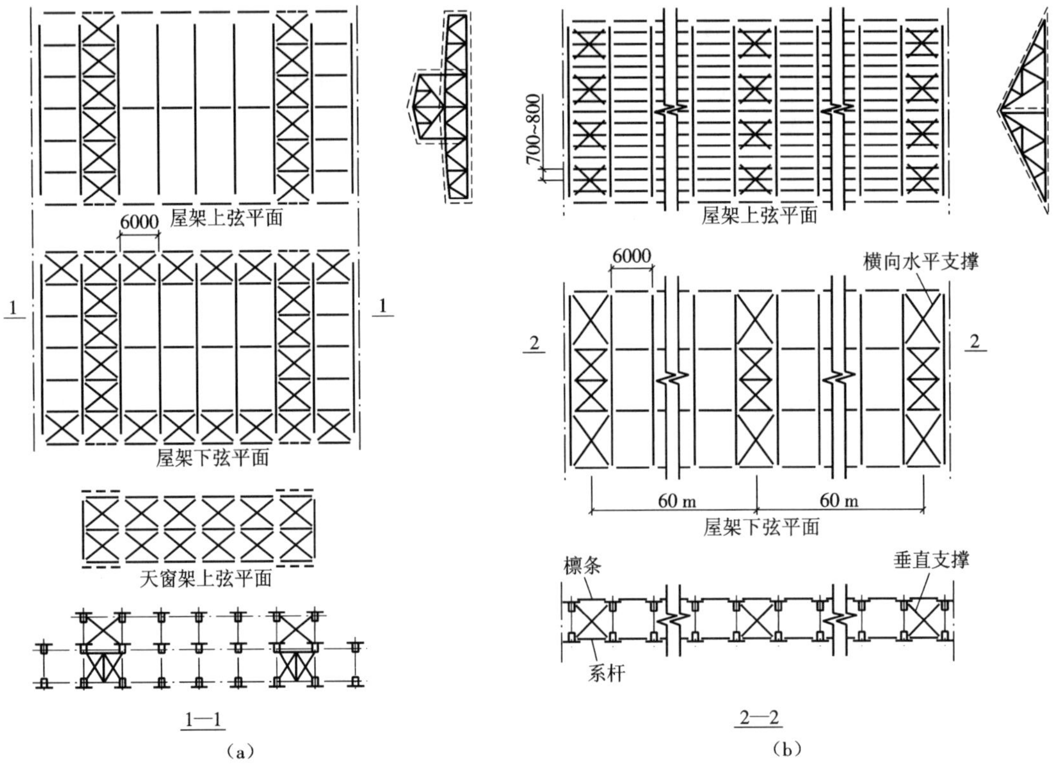

图 10-13 非抗震设计时屋盖支撑布置图

(a)无檩屋盖结构体系的支撑布置 (b)有檩屋盖结构体系的支撑布置

1)上弦横向水平支撑

上弦横向水平支撑一般布置在屋盖两端(或每个温度区段的两端)的两榀相邻屋架的上弦杆之间,一般设在第一个柱间;有时考虑到要与天窗架支撑相配合,也可以设在第二个柱间内。

横向支撑的间距不宜大于 60 m,当温度区段较长时,在区段中间还应增设支撑。

上弦横向水平支撑在屋架上弦平面沿屋架全跨布置,形成一个平行弦桁架,其节间长度为屋架节间距的 2~4 倍。其弦杆即屋架的上弦杆,腹杆由交叉的斜杆和竖杆组成。交叉的斜杆一般用单角钢或圆钢制成(按拉杆计算),竖杆常用 T 形截面的双角钢。当屋架有檩条时,檩条兼作竖杆。

在无檩体系中，大型屋面板本应起横向支撑作用，但因工地施焊条件不能保证焊缝质量，故认为其只起系杆作用。当大型屋面板屋面与屋面梁或屋架有三点焊接，屋面板纵肋间的空隙用 C20 细石混凝土灌实，且能保证屋盖平面的稳定，并能传递山墙风力时，则认为其可起上弦横向水平支撑的作用，不必再另设上弦横向水平支撑。

凡是屋面为有檩体系，或山墙风荷载传至屋架上弦而大型屋面板的连接又不符合上述要求时，则应在屋架上弦平面的伸缩缝区段内两端各设一道上弦横向水平支撑；当天窗通过伸缩缝时，应在伸缩缝处天窗缺口下设置上弦横向水平支撑。

2）下弦横向水平支撑

下弦横向水平支撑和上弦横向水平支撑对应地布置在同一柱间，以形成稳定的空间体系。因此，当屋架下弦设有悬挂吊车或受到其他水平力，或抗风柱与屋架下弦连接时，则应设置下弦横向水平支撑。

下弦横向水平支撑的间距要求与上弦横向水平支撑相同。

下弦横向水平支撑位于屋架下弦平面，也形成一个平行弦桁架，其弦杆即屋架的下弦，腹杆也由交叉的斜杆和竖杆组成，其形式和构造与上弦横向水平支撑相同。

3）下弦纵向水平支撑

下弦纵向水平支撑一般沿纵向设置在屋架下弦两端节间内，位于屋架下弦平面，沿房屋全长布置，也组成一个具有交叉斜杆和竖杆的平行弦桁架（其端竖杆就是屋架端节间的下弦），并和下弦横向水平支撑共同形成一个封闭的支撑框架，以保证屋盖结构有足够的水平刚度，并增强排架的空间工作性能；同时，保证横向水平力的纵向分布，将局部荷载（吊车横向制动力）分散至相邻横向排架结构。

一般情况下，屋架可以不设置下弦纵向水平支撑，仅在房屋设有大吨位吊车、有较大振动设备以及房屋较高、跨度较大或空间刚度要求较大时采用，以满足侧向稳定和侧向刚度的要求。此外，在房屋设有托架处，为保证托架的侧向稳定，在托架范围及两端各延伸一个柱间应设置下弦纵向水平支撑，以承受屋架传来的横向风力。

4）垂直支撑

垂直支撑位于上、下弦横向水平支撑同一开间内，形成一个跨长为屋架间距的平行弦桁架，以确保屋盖结构为几何不变体系。

垂直支撑一般布置在屋架两端及跨中的竖直面内。其上、下弦杆分别为上、下弦横向水平支撑的竖杆，端竖杆就是屋架的竖杆。垂直支撑中央腹杆的形式由支撑桁架的高跨比决定，常采用 W 形或双节间交叉斜杆等形式，且腹杆截面可采用单角钢或双角钢 T 形截面。

对梯形屋架，当跨度 $l \leq 30$ m 时，可仅在屋架两端和跨度中央各设置一道垂直支撑，共三道；当跨度 $l > 30$ m 时，则在屋架两端和跨度 1/3 处（或天窗架侧柱处）分别设置一道垂直支撑，共四道。天窗架垂直支撑设于两侧，当天窗架宽度 ≥ 12 m 时，还应在跨度中央增设一道垂直支撑。

对三角形屋架，当跨度 $l \leq 24$ m 时，可仅在跨度中央设置一道垂直支撑；当跨度 $l > 24$ m 时，则在跨度 1/3 处（或天窗架侧柱处）分别设置一道垂直支撑，共两道。

在沿厂房纵向每间隔 4~6 个屋架应设置一道垂直支撑，以保证屋架安装时的稳定性。

5)系杆

系杆设在未设横向支撑的开间,相邻平面屋架由系杆连接。系杆通常在屋架两端有垂直支撑位置的上、下弦节点以及屋脊和天窗侧柱处,沿房屋纵向通长布置,以保证不设横向支撑的屋架的侧向稳定性。

系杆对屋架上、下弦杆提供侧向支撑,因此必要时还应根据控制这些弦杆长细比的要求按一定距离增设中间系杆。对于有檩屋盖,檩条可兼作系杆。

系杆有刚性系杆和柔性系杆两种。其中,承受压力的截面较大的系杆称为刚性系杆,常采用双角钢T形或十字形截面;只承受拉力的截面较小的系杆称为柔性系杆,常采用单角钢或张紧的圆钢拉条。

上弦系杆:对有檩体系,檩条可兼作柔性系杆;对无檩体系,大型屋面板可兼作系杆,仅需在屋脊及屋架两端设置刚性系杆,当无天窗时,应在设置垂直支撑的位置设置通长的柔性系杆。

下弦系杆:在设置垂直支撑的平面内,均应设置通长的柔性系杆;对梯形屋架及三角形屋架,应在支座处设置通长的刚性系杆;对芬克式屋架,当跨度 $l \geqslant 12$ m 时,宜在主斜杆与下弦连接的节点处设置水平柔性系杆;对有弯折下弦的屋架,宜在弯折点处设置通长系杆。

系杆应与横向支撑的节点相连。当横向水平支撑设在房屋端部或温度区段的第二柱间时,第一柱间的所有系杆,包括檩条均应为刚性系杆。

非抗震设计时屋盖支撑布置见表10-1。

表10-1 非抗震设计时屋盖支撑布置

支撑名称	支撑布置位置及要求	
	有檩体系屋盖	无檩体系屋盖
上弦横向支撑	屋盖(或温度区段)两端第一个柱间或第二个柱间内,沿房屋纵向间距不宜大于60 m; 对无檩体系,大型屋面板屋面与屋面梁或屋架连接满足要求时,可不设	
上弦 通长水平系杆	檩条兼作(柔性)	屋脊及屋架两端设置(刚性),垂直支撑的位置设置(柔性)
	横向水平支撑在第二柱间时,第一柱间设置(刚性)	
下弦横向支撑	对应于上弦横向支撑	
下弦纵向支撑	设有大吨位吊车、有较大振动设备以及房屋较高、跨度较大或空间刚度要求较大时,下弦两端节间内,沿房屋全长布置; 设有托架处,托架范围及两端各延伸一个柱间	
下弦 通长水平系杆	设置垂直支撑的平面内设置(柔性); 梯形及三角形屋架的支座处设置(刚性); 对芬克式屋架,跨度 $l \geqslant 12$ m时,主斜杆与下弦连接的节点处设置(柔性); 对有弯折下弦的屋架,弯折点处设置	
垂直支撑	上、下弦横向水平支撑同一开间内、屋架两端及跨中的竖直面内。 梯形屋架:跨度 $l \leqslant 30$ m时,屋架两端、跨度中央各设置一道,共三道;跨度 $l>30$ m时,屋架两端、跨度1/3处(或天窗架侧柱处)各设置一道,共四道。 三角形屋架:跨度 $l \leqslant 24$ m时,跨中设置一道;跨度 $l>24$ m时,跨度1/3处各设置一道,共两道。 沿厂房纵向每间隔4~6个屋架应设置一道	
天窗架支撑	垂直支撑设于两侧侧柱处,当天窗架宽度 $\geqslant 12$ m时,应在中央增设一道	

3. 抗震设计时屋盖支撑的布置

抗震设计时，无檩体系屋盖的支撑布置应满足表 10-2 的要求；有檩体系屋盖的支撑布置应满足表 10-3 的要求。此外，屋盖支撑还应符合下列要求。

表 10-2　抗震设计时无檩屋盖的屋架支撑布置

支撑名称			抗震设防烈度		
			6、7 度	8 度	9 度
屋盖支撑	上弦横向支撑		屋架跨度 l<18 m 时，同非抗震设计；$l \geq 18$ m 时，在厂房单元端开间各设一道	厂房单元端开间及柱间支撑开间各设一道；天窗开洞范围的两端各增设局部支撑一道	
	上弦通长水平系杆		同非抗震设计	沿屋架跨度不大于 15 m（8 度）或 12 m（9 度）设一道，但装配整体式屋面可不设；围护墙在屋架上弦高度有现浇圈梁时，其端部处可不另设	
	下弦横向支撑		同非抗震设计		同上弦横向支撑
	跨中垂直支撑				
	两端垂直支撑	屋架端部高度 ≤ 900 mm	同非抗震设计	厂房单元端开间各设一道	厂房单元端开间及每隔 48 m 各设一道
		屋架端部高度 >900 mm	厂房单元端开间各设一道	厂房单元端开间及柱间支撑开间各设一道	厂房单元端开间、柱间支撑开间及每隔 30 m 各设一道
		屋面梁屋盖	同非抗震设计	屋面梁跨度 $l \leq 18$ m 时，在厂房单元两端各设一道	
天窗架支撑	两端垂直支撑		厂房单元端开间及每隔 30 m（6、7 度）、24 m（8 度）或 18 m（9 度）各设一道		
	上弦横向支撑		同非抗震设计	8 度天窗架跨度 $l \geq 18$ m 时和 9 度，厂房单元端开间及柱间支撑开间各设一道	

表 10-3　抗震设计时有檩屋盖的支撑布置

支撑名称		抗震设防烈度		
		6、7 度	8 度	9 度
屋架支撑	上弦横向支撑	厂房单元端丌间各设一道	厂房单元端开间及厂房单元长度大于 66 m 的柱间支撑开间各设一道；天窗开洞范围的两端各增设局部支撑一道	厂房单元端开间及厂房单元长度大于 42 m 的柱间支撑开间各设一道；天窗开洞范围的两端各增设局部的上弦横向支撑一道
	下弦横向支撑	同非抗震设计		
	跨中垂直支撑			
	端部垂直支撑	屋架端部高度大于 900 mm 时，厂房单元端开间及柱间支撑开间设一道		
天窗架支撑	上弦横向支撑	厂房单元天窗端开间各设一道	厂房单元大窗端廾间及每隔 30 m 各设一道	厂房单元天窗端开间及每隔 18 m 各设一道
	两端垂直支撑	厂房单元天窗端开间及每隔 36 m 各设一道		

（1）天窗开洞范围内，在屋架脊点处应设上弦通长水平压杆。

(2)屋架跨中垂直支撑在跨度方向的间距,抗震设防烈度为6~8度时不大于15 m,抗震设防烈度为9度时不大于12 m;当仅在跨中设一道时,应设在跨中屋架屋脊处;当设两道时,应沿跨度方向均匀布置。

(3)屋架上、下弦通长水平系杆与竖向支撑宜配合设置。

(4)柱距不小于12 m且屋架间距为6 m的厂房,托架(梁)区段及其相邻开间应设下弦纵向水平支撑。

第 11 章　单层工业厂房的结构构件类型与选择

在单层工业厂房结构设计中，为加快建设速度，提高设计标准化水平，应尽可能使用标准定型的构配件，逐步做到构配件的统一。除柱和基础外，屋面板、天窗架、支撑、屋架、吊车梁、墙梁、连系梁、基础梁等构件，一般都可以根据工程的具体情况，从工业厂房结构构件标准图集中选用合适的定型构件，不必另行设计。

11.1　单层工业厂房标准或通用、定型构件的选择

单层工业厂房结构构件标准图集有全国通用标准图集、地区（或行业）通用标准图集及各设计部门自行设计的定型图集三类。下面以全国通用标准图集为例，说明这些设计文件所包含的内容以及选用构件的注意事项。

标准图集一般包括设计与施工说明、构件选用表、结构布置图、连接大样图、模板图、配筋图、预埋件详图、钢筋及钢材用量表等，均属于结构施工图范畴。根据标准图集可以对该类结构构件进行施工。

1. 设计与施工说明

设计与施工说明包括本类构件的适用范围、主要设计依据（规范和规程等）、主要计算方法、所采用的材料标准、施工制作及安装要求等。选用构件时，要特别注意其适用的范围和规定的选用条件，这是选择构件的前提。

主要计算方法指的是编制设计本类构件标准图集时所采用的荷载、各种分项系数、内力及配筋计算方法等。

选用构件还要考虑制作该构件时需要提供的材料和施工设施、施工制作及安装要求，以供制作构件时使用。

2. 构件选用表

构件选用表是选用构件的主要依据。一般应根据以下两种方法选用构件。

1）根据荷载或对负荷的限制条件

在编制标准图集时，经过充分调查分析，确定几种出现可能性很大的荷载（表示为荷载级别），并按照这几种荷载设计成几种标准构件。因此，只要满足荷载条件，就可直接选用相应的构件。

2）根据允许的最大内力（弯矩和剪力）

根据标准构件的截面实际承载能力，得到该构件所允许的最大弯矩和剪力，并列在构件选用表中。当所设计的构件的荷载情况与标准构件所要求的荷载情况不一致时，就需根据

构件的内力条件进行选用,即

$$S \leqslant [S] \tag{11-1}$$

式中 S——根据设计条件,计算所得到的某构件内力最大值;

$[S]$——标准图集中相应构件的允许内力最大值。

选用构件时,还必须参考构件选用表中列出的构件的技术经济指标。必要时,应先与其他标准构件的相应指标进行比较分析,然后才能决定是否选用。决定选用后,要列出构件自重,作为设计或选用支承本构件的其他构件时的荷载依据,同时也作为安装时选择起重设备的依据。

3. 结构布置图、连接大样图

结构布置图、连接大样图是和构件配套的相应图纸。例如,选用某型号的屋架时,必须参阅有关结构布置图,才能确定与该屋架配套的支撑构件型号;还必须参阅有关连接大样图(或称安装节点图),以确定屋架与其他构件的连接做法,并确定预埋件的位置和尺寸等。

4. 模板图、配筋图、预埋件详图

模板图表示构件总体尺寸、截面尺寸、细部尺寸,主要供支模时使用。配筋图表示构件的配筋情况和节点配筋大样,供钢材加工和成型时使用。预埋件详图表示构件中各种预埋件的尺寸,供加工时使用。

5. 钢筋及钢材用量表

钢筋及钢材用量表表示构件中各种钢筋和钢材的形状、尺寸、数量、总用量、总重量,主要供钢筋成型、钢材加工和编制施工预算时使用。

选用构件时,对以上各部分内容都应认真了解,尤其要仔细阅读“设计与施工说明”和“构件选用表”两部分,对其中的适用范围和施工要求更应予以重视。

当所设计的构件完全符合标准图集中所列的各项要求时,便可直接选用标准图集中的某个型号的构件。但在某些情况下,如材料强度、荷载情况、施工条件等不符合标准图集的各项要求时,则应对标准图集中某个型号的构件进行必要的强度、抗裂度、变形和最大裂缝宽度验算,必要时需进行局部修改,以满足设计需要。

11.2 屋盖构件的选择

11.2.1 屋面板

单层工业厂房中常用的屋面板有预应力混凝土屋面板(槽形板)、预应力混凝土F形屋面板、预应力混凝土单肋板、钢丝网水泥波形瓦、石棉水泥瓦及钢筋混凝土挂瓦板等,见表11-1。其中,应用最广泛的是预应力混凝土屋面板。选用屋面板时,雪荷载标准值应按屋面积雪不均匀情况确定,积雪厚的位置用大号屋面板,积雪薄的位置用小号屋面板。抗震设防烈度为8度(0.30g)和9度时,跨度大于24 m的厂房不宜采用混凝土屋面板。

表 11-1　无檩体系屋盖的各种屋面板

构件名称（标准图集号）	截面形状及排列情况	尺寸（宽 × 长 × 高）（mm）	适用范围
预应力混凝土屋面板（G410）	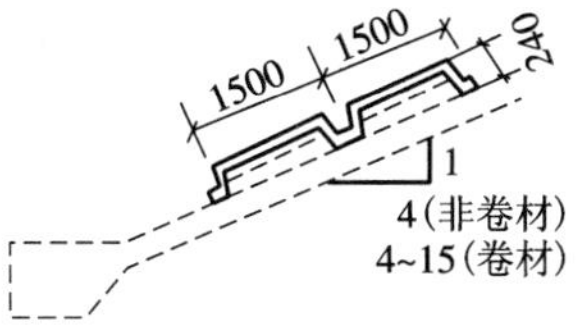	1 500 × 6 000 × 240	适用于中、重型和振动较大，对屋面刚度要求较高的厂房
预应力混凝土F 形屋面板（CG412）	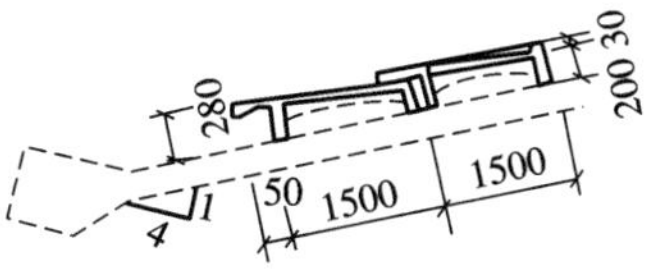	1 500 × 6 000 × 280 1 500 × 6 000 × 200	适用于中、轻型非保温厂房，不适用于对屋面刚度及防水要求较高的厂房
钢筋混凝土天沟板（G410）	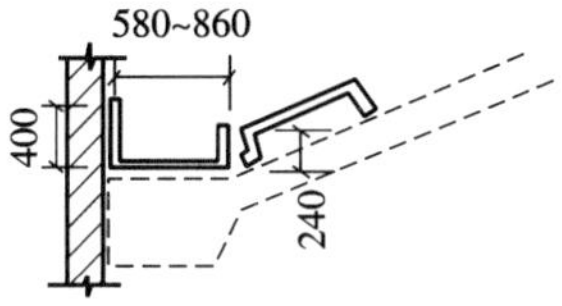	（580~860）× 6 000 ×（240~400）	—

11.2.2　檩条

檩条起着支承小型屋面板并将屋面荷载传给屋架的作用。檩条与屋架应连接牢固，并与支撑构件共同组成整体，保证厂房的空间刚度，并可靠地传递水平荷载。

檩条一般有倒 L 形和 T 形两种，其材料可为普通混凝土，也可为预应力混凝土。当檩条跨度为 9 m 或更大时，可采用组合式（上弦杆材料为钢筋混凝土，腹杆与下弦杆材料为钢材）和轻钢檩条。

檩条支撑在屋架上弦有正放和斜放两种形式。正放受力较好，但屋架上弦要做水平支托；斜放在荷载作用下产生双向弯曲，若屋面坡度较大，需在支座处屋架上弦预埋件上事先加焊短钢板以防止倾翻。

11.2.3　屋架

屋架是单层工业厂房中的重要构件，起着支承屋面板或檩条并将屋面荷载传给排架柱的作用。屋架形式的选择，应根据厂房的使用要求、跨度大小、吊车吨位和工作制级别、抗震设防烈度、现场条件及当地使用经验等因素而定。

表 11-2 给出了常用屋架的标准图集号、特点及适用条件。选用屋架时，在有雪地区，屋顶迎风面积雪有可能被风吹掉，应分别按全跨和半跨雪荷载均匀分布的情况计算考虑。

表 11-2 屋架（屋面梁）选用表

序号	构件名称（标准图集号）	形式	跨度（m）	特点及适用条件
1	预应力混凝土工字形屋面梁（G414-1~5）	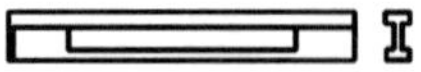 单坡	9、12	梁高小，重心低，侧向刚度好，施工较方便；适用于有较大振动和腐蚀性介质的厂房；屋面坡度为 1/12~1/8
2		 双坡	12~18	
3	钢筋混凝土两铰拱屋架（G310，CG311）	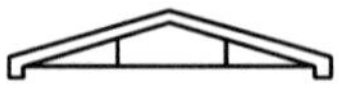	9~15	上弦为钢筋混凝土构件，下弦为角钢，顶节点刚（铰）接；自重较轻，构造简单，但应防止下弦受压；适用于跨度不大的中、轻型厂房；屋面坡度，卷材防水为 1/5，非卷材防水为 1/4
4	钢筋混凝土三铰拱屋架（G312，CG313）			
5	预应力混凝土三铰拱屋架（CG424）		9~18	上弦为先张法预应力混凝土构件，下弦为角钢，其余同上
6	钢筋混凝土组合式屋架（CG315）		12~18	上弦及受压腹杆为预应力混凝土构件，下弦及受拉腹杆为角钢，自重较轻；适用于中、轻型厂房；屋面坡度为 1/4
7	钢筋混凝土折线形屋架（G314）	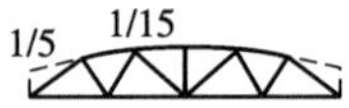	15~24	外形较合理，屋面坡度合适，适用于卷材防水屋面的中型厂房
8	预应力混凝土折线形屋架（G415）	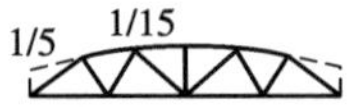	18~30	适用于卷材防水屋面的重、中型厂房，其余同上
9	预应力混凝土折线形屋架（CG423）	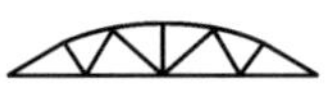	18~24	外形较合理，屋面坡度合适，自重较轻；适用于非卷材防水屋面的重、中型厂房；屋面坡度为 1/4
10	预应力混凝土梯形屋架（CG417）		18~30	自重较大，刚度较好；适用于卷材防水屋面的重型、高温及采用井式或横向天窗的厂房；屋面坡度为 1/12~1/10

抗震设计时，屋架的选择应符合下列要求。

（1）宜采用钢屋架或重心较低的预应力混凝土、钢筋混凝土屋架；当跨度不大于 15 m 时，可采用钢筋混凝土屋面梁。

（2）在抗震设防烈度为 6~8 度地震区可采用预应力混凝土或钢筋混凝土屋架，但 8 度区Ⅲ、Ⅳ类场地和 9 度区，或屋架跨度大于 24 m 时，应优先采用钢屋架。

（3）当柱距为 12 m 时，可采用预应力混凝土托架；当采用钢屋架时，也可采用钢托架。

（4）有突出屋面天窗架的屋盖，不宜采用预应力混凝土或钢筋混凝土空腹屋架。

11.2.4 天窗架

根据采光和通风的要求，单层工业厂房有时需设置天窗，传统的气楼或天窗是用天窗架支承屋面构件，并将其上的全部荷载传给屋面梁或屋架。天窗架对整个屋盖结构在受力性能和经济性能等方面均有较大的影响。除气楼或天窗外，还有下沉式、井式或其他形式的天窗。

钢筋混凝土天窗架一般由两个三角形刚架组成，中间设一个铰，以便制作和运输。天窗常用形式有W形与Π形两种。

设计天窗架时,可根据构件跨度、天窗高度在相应的全国性和地区性标准图集中选用。

抗震设计时,天窗架应满足以下要求。

(1)天窗宜采用突出屋面较小的避风型天窗,并应优先选用抗震性能好的结构;有条件或抗震设防烈度为9度时宜采用下沉式天窗。

(2)突出屋面的天窗架宜采用钢结构;抗震设防烈度为6~8度时,可采用矩形截面杆件的钢筋混凝土天窗架。

(3)天窗在纵向的起始部位应尽可能远离伸缩缝区段(厂房单元)的端部;抗震设防烈度为8度和9度时,天窗架宜从厂房单元端部第三柱间开始设置。

(4)天窗屋盖、端壁板和侧板宜采用轻型板材,不宜采用大型屋面板。

11.2.5　托架

当柱距大于大型屋面板或檩条的跨度时,则需沿纵向柱列设置托架,用于支承中间屋面梁或屋架,这种情况通常在需有大型设备出入车间时发生,在建筑上称为抽柱方案。托架的常见形式有三角形和折线形两种,当预应力筋为粗钢筋时采用三角形,当预应力钢筋为钢丝束时采用折线形,也可采用钢桁架作为托架。

设计时应根据托架的跨度和其上荷载的大小选用。全国性标准图集和地区性标准图集中均有托架部分,如《预应力混凝土三角形托架》(96G433-2)等。

11.3　吊车梁的选择

吊车梁是单层工业厂房中的重要构件,直接承受吊车传来的竖向和水平荷载,并将其传递给排架柱,它对吊车的正常运行和厂房的纵向刚度都有重要作用。

11.3.1　吊车梁的受力特点

吊车梁是支承在柱牛腿上的简支梁,其受力特点取决于吊车荷载的特性,具体如下。

1. 吊车荷载是可移动的荷载

吊车荷载是两组移动的集中荷载,一组是移动的竖向荷载P,另一组是移动的横向水平荷载Z。所以,既要考虑吊车梁在自重和P作用下的竖向弯曲,又要考虑吊车梁在自重、P和Z联合作用下的双向弯曲。由于吊车荷载是移动荷载,可应用影响线的方法计算各截面的最大内力或作包络图。在两台吊车作用下,弯矩包络图一般呈“鸡心”状,这时可对绝对最大弯矩截面至支座一段近似取为二次抛物线;支座和跨中截面间的剪力包络图可近似取为直线,如图11-1所示。

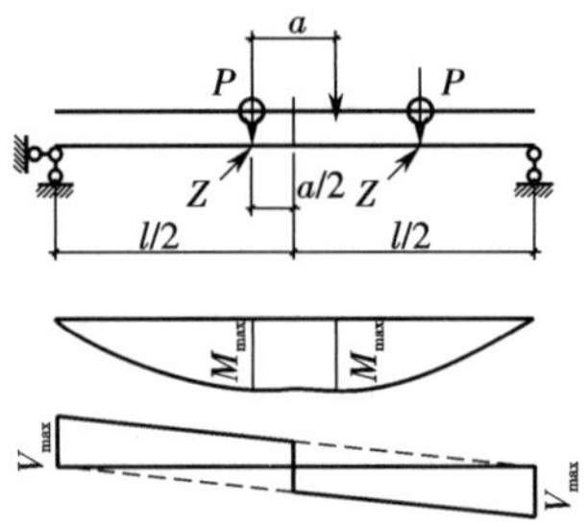

图 11-1 吊车梁的内力包络图

2. 吊车荷载是重复荷载

根据实际调查,在 50 年的使用期内,对于特重级和重级工作制吊车,其荷载的重复次数的总和可达(4~6)× 10^6 次;中级工作制吊车一般为 2 × 10^6 次。直接承受这种重复荷载,吊车梁会因疲劳而产生裂缝,直至破坏。所以,对特重级、重级和中级工作制吊车梁,除进行静力计算外,还要进行疲劳验算。

按吊车在使用期内要求的总工作循环次数可分为 10 个利用等级,又按吊车达到其额定值的频繁程度可分为 4 个载荷状态(轻、中、重、特重)。根据要求的利用等级和载荷状态,确定吊车的工作级别(表 11-3),共分为 8 个级别作为吊车设计的依据。

表 11-3 吊车的工作级别与工作制等级

工作制等级	轻级	中级	重级	超重级
工作级别	A1、A2、A3	A4、A5	A6、A7	A8

3. 吊车荷载的动力特性

桥式吊车特别是速度较快的重级工作制桥式吊车,对吊车梁的作用带有明显的动力特性。因此,在计算吊车梁及其连接部分的承载力以及吊车梁的抗裂性能时,都必须对吊车的竖向荷载乘以动力系数,详见 12.3 节。

4. 考虑吊车荷载的偏心影响

吊车竖向荷载 P 和横向水平荷载 Z 对吊车梁横截面的弯曲中心具有偏心作用。竖向荷载 P 产生的偏心作用是由吊车轨道安装时的允许误差引起的。在这两个偏心荷载作用下,吊车梁将处于受扭状态。

因此,吊车梁是重复受力的双向弯曲的弯、剪、扭构件。

11.3.2 吊车梁的选型

目前,单层工业厂房中常用的吊车梁,按材料可分为钢筋混凝土、预应力混凝土和钢-混凝土组合结构三种;按梁外形可分为等截面 T 形和工字形截面吊车梁、鱼腹式吊车梁、折线形吊车梁、拱形吊车梁以及桁架式吊车梁五种。

吊车梁的选用应根据吊车的跨度、起重量、工作制以及材料供应、技术条件、工期等因素综合考虑、灵活掌握。根据工程实践经验,选用吊车梁可参考以下建议。

(1)对6 m跨以及4 m跨的吊车梁,轻、中级工作制起重量30 t以内,重级工作制起重量20 t以内,可采用钢筋混凝土吊车梁,也可采用预应力混凝土吊车梁;轻、中级工作制起重量大于30 t,重级工作制起重量大于20 t,应采用预应力混凝土吊车梁。

(2)对9 m跨的吊车梁,起重量为10 t及以下,可采用普通钢筋混凝土吊车梁,也可采用预应力混凝土吊车梁;中、重级工作制起重量大于10 t,应采用预应力混凝土吊车梁或桁架式吊车梁。

(3)对12 m和18 m跨的吊车梁,一般均应采用预应力混凝土吊车梁或桁架式吊车梁。

钢筋混凝土吊车梁可按《6 m后张法预应力钢筋混凝土吊车梁》(04G426)选用;吊车梁轨道联结按《吊车梁轨道联结及车挡》(17G325)选用。

11.4 柱的选择

单层工业厂房柱的形式很多,常用形式可分为以下几种(图11-2)。

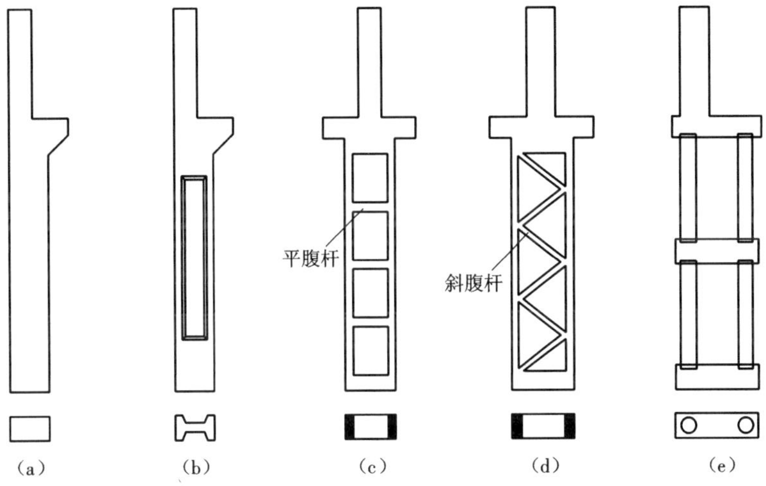

图11-2 排架柱的形式

(a)矩形截面柱 (b)工字形截面柱 (c)平腹杆双肢柱 (d)斜腹杆双肢柱 (e)管柱

(1)矩形截面柱(图11-2(a)),外形简单,施工方便,但自重大、经济指标差,主要用于截面高度较小的偏压柱。

(2)工字形截面柱(图11-2(b)),能较合理地利用材料,在单层厂房中应用较多,但当截面高度较大时,自重较大,吊装较困难,因此使用范围受到一定限制。

(3)双肢柱(图11-2(c)、(d)),可分为平腹杆和斜腹杆两种。平腹杆双肢柱构造简单、制造方便,在一般情况下受力合理,且腹部整齐的矩形孔洞便于布置工艺管道,因此应用较广泛。当承受较大水平荷载时,宜采用具有桁架受力特点的斜腹杆双肢柱。双肢柱与I形柱相比,自重较轻,但整体刚度较差,构造复杂,用钢量稍多。

(4)管柱(图11-2(e)),可分为圆管和方管(外方内圆)混凝土柱以及钢管混凝土柱三种。其中,前两种采用离心法生产,质量好,自重轻,但受高速离心制管机的限制,且节点构造较复杂;后一种利用方钢管或圆钢管内浇膨胀混凝土,形成自应力(预应力)钢管混凝土柱,可承受较大荷载作用。

单层工业厂房柱的形式虽然很多,但在同一工程中柱型及规格宜统一,以便为施工创造有利条件。通常应根据有无吊车、吊车规格、柱高和柱距等因素选择柱的形式,做到受力合理、模板简单、节约材料、维护简便;同时,还要因地制宜,考虑制作、运输、吊装及材料供应等具体情况。一般可按柱截面高度 h 参考以下原则选用柱:

(1)当 $h \leqslant 500$ mm 时,采用矩形截面柱;

(2)当 600 mm $\leqslant h \leqslant$ 800 mm 时,采用矩形截面柱或工字形截面柱;

(3)当 900 mm $\leqslant h \leqslant$ 1 200 mm 时,采用工字形截面柱;

(4)当 1 300 mm $\leqslant h \leqslant$ 1 500 mm 时,采用工字形截面柱或双肢柱;

(5)当 $h \geqslant$ 1 600 mm 时,采用双肢柱。

抗震设防烈度为8度和9度时,宜采用矩形、工字形截面柱或斜腹杆双肢柱,不宜采用薄壁工字形截面柱、腹板开孔工字形截面柱、预制腹板的工字形截面柱和管柱,也不宜采用平腹杆双肢柱。

柱底至室内地坪以上 500 mm 范围内和阶形柱的上柱宜采用矩形截面柱,以增强这些部位的抗剪承载力。

在使用阶段,柱截面尺寸除应保证具有足够的承载力外,还应有一定的刚度,以免造成厂房横向和纵向变形过大,发生吊车轮和轨道的过早磨损,影响吊车正常运行或导致墙和屋盖产生裂缝,从而影响厂房的正常使用。

第 12 章　单层工业厂房排架结构的计算

12.1　排架计算简图

12.1.1　计算单元

作用在单层工业厂房排架上的各种荷载，除吊车荷载外，均沿厂房纵向均匀分布，如结构自重、雪荷载、风荷载等。横向排架的间距一般都是相等的，因此在不考虑排架间的空间作用的情况下，中间各横向排架受力情况是完全相同的。计算时，可通过任意两榀相邻排架的中线截取一部分厂房（图 12-1（a）中阴影部分）作为计算单元，该计算单元的几何尺寸如图 12-1（b）所示。

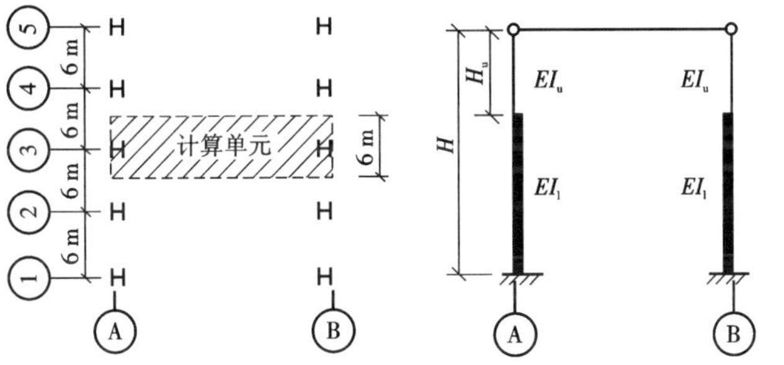

（a）　　（b）

图 12-1　排架计算单元的选取

（a）计算单元　（b）几何尺寸

12.1.2　基本假定和计算简图

为了简化计算，根据构造和实践经验，做以下假定。

1. 柱下端固接于基础顶面，横梁（屋架或屋面大梁）铰接在柱上

排架柱顶与横梁连接，仅用预埋钢板焊接，其抵抗转动的能力很小，因此可视为铰接。

排架柱底与基础连接，即将柱插入杯口基础一定深度，其间隙用高强细石微膨胀混凝土浇筑密实，且地基变形是受控制的，基础的转动一般较小，因此一般可视为固定端。固定端一般位于基础顶面。但有些情况，如地基土质较差、变形较大或有比较大的荷载（如大面积堆料）等，则应考虑基础位移和转动对排架内力的影响。

2. 横梁为没有轴向变形的刚性杆件

铰接排架横梁的刚度很大，受力后其轴向变形可忽略不计。由此假定，在排架荷载作用下，其横梁两端处的水平位移（侧移）相等。这对于屋面梁或大多数下弦杆刚度较大的屋架

是适用的,对于组合式屋架或两铰、三铰拱屋架应考虑其轴向变形对排架内力的影响。

3. 排架的跨度以厂房轴线为计算基准

由于上、下柱的截面形心线不重合,因此需在柱的截面改变处增加一个上柱轴力对下柱形心轴的附加力矩。

根据以上假定,可依次得到如图 12-2 所示的铰接排架计算简图。

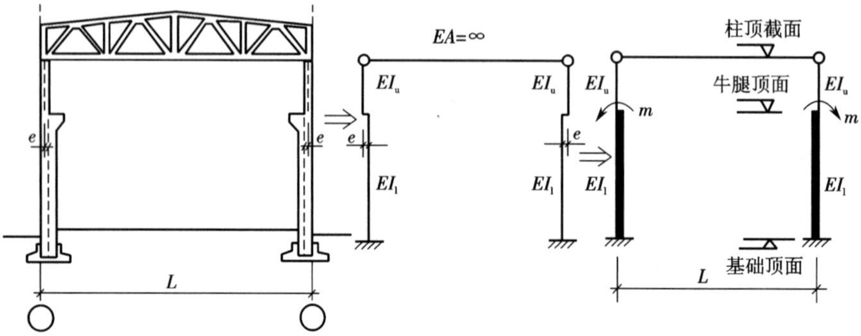

图 12-2 铰接排架计算简图

12.2 柱截面尺寸的确定

排架计算属于超静定问题,其内力与杆件尺寸有关,因此在计算中需初步确定柱的尺寸。

柱截面尺寸必须能满足承载力和刚度的要求,主要根据厂房的跨度、高度及吊车起重量等参数确定。钢筋混凝土工字形截面柱可参考同类厂房或按表 12-1 初步选定。工字形截面柱的翼缘厚度不宜小于 120 mm,腹板厚度不宜小于 100 mm。

表 12-1 排架柱截面尺寸的初步确定

柱的类型		截面宽度 b	截面高度 h		
			$Q\leqslant 10$ t	10 t<Q<30 t	30 t $\leqslant Q\leqslant$ 50 t
有吊车厂房下柱		$\geqslant H_l/25$,且$\geqslant$ 400 mm	$\geqslant H_l/14$	$\geqslant H_l/12$	$\geqslant H_l/10$
露天吊车柱		$\geqslant H_l/25$,且$\geqslant$ 400 mm	$\geqslant H_l/10$	$\geqslant H_l/8$	$\geqslant H_l/7$
无吊车厂房柱	单跨	$\geqslant H_l/30$,且$\geqslant$ 300 mm	$\geqslant 1.5H_l/25$		
	多跨		$\geqslant 1.25H_l/25$		
山墙柱	仅承受风荷载及自重	$\geqslant H_b/40$	$\geqslant H_l/25$		
	同时承受连系梁传来的墙重	$\geqslant H_b/30$			

注:H_l 为从基础顶面至装配式吊车梁底面或现浇吊车梁顶面的柱下部高度;

H_b 为山墙柱(抗风柱)从基础顶面至平面外(柱宽 b 方向)支承点的距离。

管柱或其他柱可根据经验和工程具体条件选用。

为了保证吊车的正常运行,确定柱截面尺寸时,还应考虑到应使吊车的外边缘与上柱侧面之间留有一定的空隙（图 12-3 中 b_1），吊车端部尺寸 b 应根据吊车样本确定。

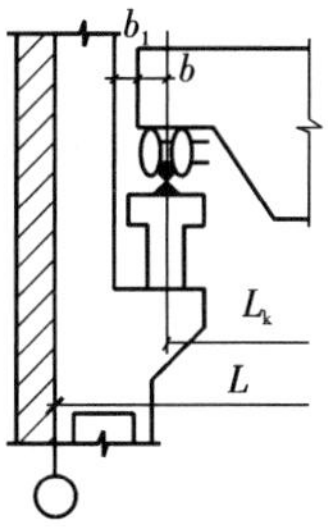

图 12-3　吊车端部的空隙

12.3　排架荷载计算

12.3.1　竖向荷载

1. 自重荷载

恒载包括屋盖、吊车梁和柱的自重，以及支承在柱上的围护墙的重量等，其值可根据构件的设计尺寸和材料的容重进行计算；对于标准构件，可从标准图集上查出。各类常用材料自重的标准值可查《荷载规范》。

2. 屋面活荷载

屋面活荷载包括雪荷载、积灰荷载和屋面均布活荷载等。考虑到不可能在屋面积雪很厚时进行屋面施工，规定雪荷载与屋面均布活荷载不同时考虑，设计时取两者中的较大值。积灰荷载应与雪荷载或屋面均布活荷载中的较大者同时考虑。

12.3.2　吊车荷载

吊车荷载可分为竖向荷载和水平荷载两种。吊车荷载由吊车两端行驶的四个轮子以集中荷载的形式作用于两边的吊车梁上，如图 12-4 所示。

1. 吊车竖向荷载

吊车竖向荷载指吊车（大车和小车）重量与所吊重量经吊车梁传给柱的竖向压力。

当吊车起重量达到额定最大值，而小车同时驶到大车桥一端的极限位置时，作用在该柱列吊车梁轨道上的压力达到最大值，称为最大轮压 P_{max}；此时作用在对面柱列轨道上的轮压则为最小轮压 P_{min}。最大轮压与最小轮压的标准值，可根据吊车的规格（吊车类型、起重量、跨度及工作级别）从厂家的产品样本中查出。P_{max} 与 P_{min} 的关系为

$$n(P_{max} + P_{min}) = G + g + Q \tag{12-1}$$

式中　G——吊车总重量（kN）；

g——横行小车重量（kN）；

Q——吊车额定起重量（kN），双钩吊车取大钩的最大吊重；

n——吊车一端的轮数，一般吊车为 n=2，当 $Q \geqslant 75$ t 时 n=4。

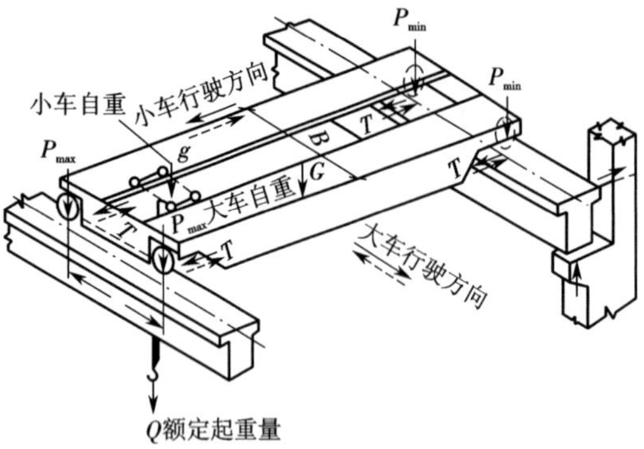

图 12-4 吊车荷载示意图

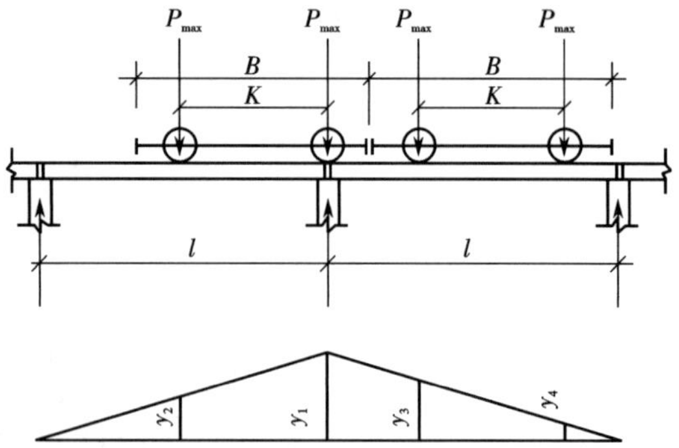

图 12-5 吊车梁的支座反力影响线

P_{max} 与 P_{min} 确定后,即可根据厂房的柱距,按吊车梁的支座反力影响线及吊车轮子的最不利位置,求得作用在柱牛腿上的吊车竖向荷载,如图 12-5 所示。

一台吊车经由吊车梁传给柱子的最大吊车竖向荷载标准值 D_{max} 与最小吊车竖向荷载标准值 D_{min} 分别为

$$D_{max} = P_{max}(y_1 + y_2) \tag{12-2a}$$

$$D_{min} = P_{min}(y_1 + y_2) \tag{12-2b}$$

两台规格不同的吊车经由吊车梁传给柱子的最大吊车竖向荷载标准值 D_{max} 与最小吊车竖向荷载标准值 D_{min} 分别为

$$D_{max} = P_{1max}(y_1 + y_2) + P_{2max}(y_3 + y_4) \tag{12-3a}$$

$$D_{min} = P_{1min}(y_1 + y_2) + P_{2min}(y_3 + y_4) \tag{12-3b}$$

式中 P_{1max}、P_{2max}——两台起重量不同的吊车最大轮压的标准值,且 $P_{1max}>P_{2max}$;

P_{1min}、P_{2min}——两台起重量不同的吊车最小轮压的标准值,且 $P_{1min}>P_{2min}$;

y_i——与吊车轮子相对应的支座反力影响线上的竖向坐标值(i=1,2,3,4),按图 12-5 所示的几何关系计算,其中 y_1=1.0。

当两台吊车完全相同时,按图 12-5 所示支座反力影响线比例,式(12-3a)和式(12-3b)可分别简化为

$$D_{max} = P_{max}\sum y_i = P_{max}\left(4 - \frac{2B}{l}\right) \tag{12-4a}$$

$$D_{min} = P_{min}\sum y_i = P_{min}\left(4 - \frac{2B}{l}\right) \tag{12-4b}$$

需要注意的是,当吊车宽度 B 大于柱距 l 时,应按式(12-3a)和式(12-3b)计算,且无 y_4 项。

2. 吊车水平荷载

吊车水平荷载可分为横向水平荷载和纵向水平荷载两种。

1)吊车横向水平荷载

吊车横向水平荷载主要指小车水平刹车或启动时产生的惯性力,其作用于吊车轨道上,方向与轨道垂直,并考虑正、反两个方向都有可能刹车或启动。

吊车横向水平刹车力的标准值,可根据按小车重量 g 与额定起重量 Q 之和确定,吊车上每个轮子所传递的最大横向水平刹车力标准值 Z_{max}(kN)为

$$Z_{max} = \frac{\eta_D(Q+g)}{2n} \tag{12-5}$$

式中 η_D——横向制动力系数,对软钩吊车,当 $Q \leqslant 100$ kN 时取 12%,当 Q =160~500 kN 时取 10%,当 $Q \geqslant 750$ kN 时取 8%;对硬钩吊车,取 20%。

确定吊车横向水平刹车力 Z_{max} 值后,按计算吊车竖向荷载的方法,计算吊车的横向水平荷载。两台规格不同的吊车经由吊车梁传给柱子的最大横向水平荷载的标准值 T_{max} 为

$$T_{max} = Z_{1max}(y_1 + y_2) + Z_{2max}(y_3 + y_4) \tag{12-6a}$$

式中 Z_{1max}、Z_{2max}——两台起重量不同的吊车最大横向水平刹车力标准值,且 $Z_{1max}>Z_{2max}$。

当两台吊车完全相同时,式(12-6a)可简化为

$$T_{max} = Z_{max}\left(4 - \frac{2B}{l}\right) \tag{12-6b}$$

注意:T_{max} 同时作用在吊车两边的柱列上。

2)吊车纵向水平荷载

吊车纵向水平荷载指大车刹车或启动时所产生的惯性力,其作用于刹车轮与轨道的接触点上,方向与轨道方向一致,由厂房的纵向排架承担。吊车纵向水平荷载仅在验算纵向排架柱少于 7 根时使用。

吊车纵向水平荷载标准值 H 不区分软钩吊车和硬钩吊车,均应按作用在一边轨道上所有刹车轮的最大轮压力之和的 10% 计算,即

$$H = 0.1mP_{max} \tag{12-7}$$

式中 m——每边轨道上的刹车轮数。

在非地震区,吊车的纵向水平荷载常用来计算柱间支撑;在地震区,由于厂房的纵向地震作用较大,吊车的纵向水平荷载可不考虑。

悬挂吊车的纵向水平荷载应由支撑系统承受,可不计算;手动吊车及单轨电动葫芦可不考虑水平荷载。

3. 多台吊车的组合及吊车的动力系数

在排架分析中,通常考虑多台吊车的共同作用。多台吊车同时达到荷载标准值的概率很小,因此在设计中进行多台吊车的荷载组合时,根据《荷载规范》的规定,应对其标准值乘以表 12-2 中相应的折减系数。所考虑的吊车台数如下。

(1)计算排架考虑多台吊车竖向荷载时,对一层吊车单跨厂房的每个排架,参与组合的吊车台数不宜多于 2 台;对一层吊车多跨厂房的每个排架,参与组合的吊车台数不宜多于 4 台。

(2)计算排架考虑多台吊车水平荷载时,对单跨或多跨厂房的每个排架,参与组合的吊车台数不应多于 2 台。

对于多层吊车的单跨或多跨厂房,计算排架时,参与组合的吊车台数及荷载的折减系数应按实际情况考虑。

吊车荷载的组合值系数、频遇值系数及准永久值系数可按表12-2中的规定采用。厂房排架设计时,在荷载准永久组合中不考虑吊车荷载。但在吊车梁按正常使用极限状态设计时,可采用吊车荷载的准永久值。

当计算吊车梁及其连接的强度时,吊车竖向荷载应乘以表12-2中的动力系数。

表12-2 多台吊车的荷载折减系数以及吊车荷载的动力系数和组合值系数、频遇值系数和准永久值系数

吊车种类	吊车工作级别(工作制)	多台吊车的荷载折减系数			动力系数	组合值系数 ψ_c	频遇值系数 ψ_f	准永久值系数 ψ_q
		2台	3台	4台				
软钩吊车	A1、A2、A3	0.90	0.85	0.80	1.05	0.70	0.60	0.50
	A4、A5	0.90	0.85	0.80	1.05	0.70	0.70	0.60
	A6、A7	0.95	0.90	0.85	1.10	0.70	0.70	0.70
	A8	0.95	0.90	0.85	1.10	0.95	0.95	0.95
硬钩和其他特种吊车		—	—	—	1.10	0.95	0.95	0.95

12.3.3 风荷载

风荷载垂直作用于建筑物的表面,可分为压力和吸力两种,如图12-6所示。

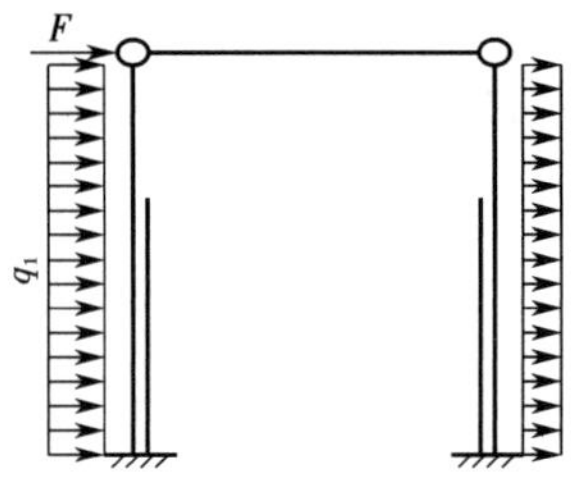

图12-6 排架风荷载计算简图

作用在单层工业厂房排架上的风荷载是由计算单元对应的部分墙身和屋面传来的。

柱顶以下的风荷载可按均布荷载计算,其标准值为

$$q_k = Bw_k \tag{12-8}$$

式中 B——计算单元的宽度(即纵向柱距,m);

w_k——风荷载标准值(kN/m²)。

柱顶以上墙面、屋面与天窗架所受的风荷载可折算成作用在柱顶的集中力 F。

12.4 等高排架内力计算——剪力分配法

单层工业厂房的横向排架可分为等高排架和不等高排架两种。如果排架各柱顶标高相同,或者柱顶标高不同,但由倾斜横梁贯通连接,当排架发生水平位移时,若柱顶的位移相等,这类排架称为等高排架,如图12-7所示;若柱顶的位移不相等,则称为不等高排架。对于等高排架,可采用下面介绍的剪力分配法进行计算;对于不等高排架,可采用力法进行计

算，详见 12.9 节。

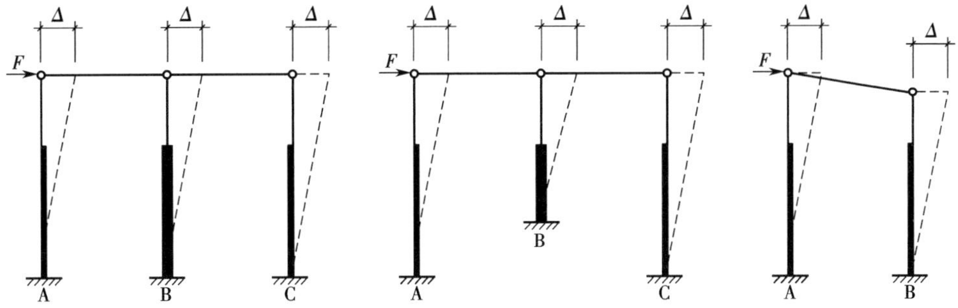

图 12-7　等高排架

12.4.1　柱的抗侧移刚度

由结构力学可知，当单位水平力 F=1 作用于单阶悬臂柱顶时（图 12-8），柱顶水平位移 δ（即柱的柔度）为

$$\delta = \int_0^H \frac{M_i M_p}{EI} dy \tag{12-9}$$

式中　M_p——外荷载（单位水平力 F=1）作用于柱顶所引起的弯矩；

M_i——在所求位移位置处作用与位移方向一致的单位水平力 F=1 所引起的弯矩。

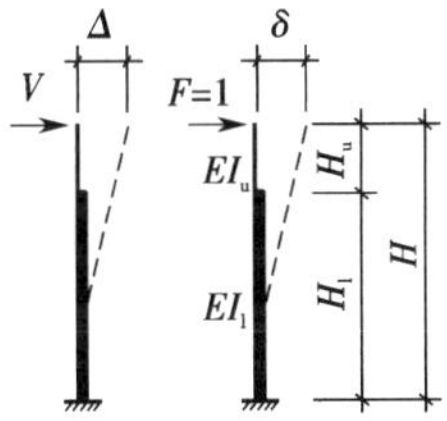

图 12-8　柱的柔度

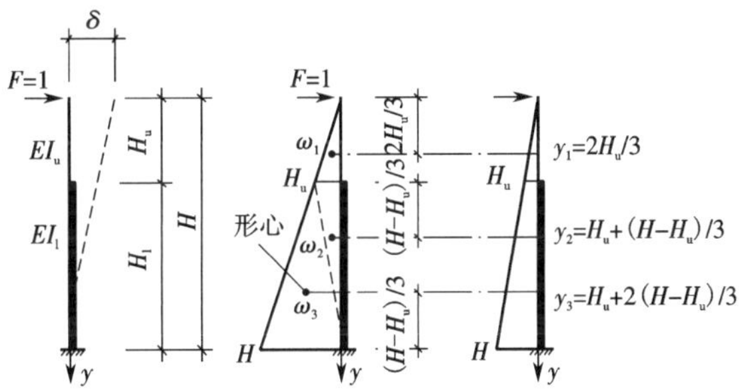

图 12-9　柱顶位移计算图

柱的柔度 δ 可根据虚功原理求得（图 12-9）。对变刚度柱，采用分段积分，可得

$$\delta = \int_0^H \frac{M_i M_p}{EI} dy = \int_0^{H_u} \frac{M_i M_p}{EI_u} dy + \int_{H_u}^{H} \frac{M_i M_p}{EI_l} dy \tag{12-10}$$

式中　H_u、H_l、H——上柱高度、下柱高度和柱的总高度；

I_u、I_l——上柱和下柱的截面惯性矩。

式（12-10）中的分段积分可用图乘法代替，即

$$\delta = \frac{1}{EI_u}\omega_1 y_1 + \frac{1}{EI_l}(\omega_2 y_2 + \omega_3 y_3) \tag{12-11}$$

式中　ω_i——M_p 图中各块面积，有

$$\omega_1 = \frac{1}{2}H_u^2,\ \omega_2 = \frac{1}{2}H_u H_l,\ \omega_3 = \frac{1}{2}HH_l$$

y_i——M_i 图中相应于 M_p 图中各面积的形心处的弯矩大小,有

$$y_1=\frac{2}{3}H_u,y_2=\frac{1}{3}H_l+H_u,y_3=\frac{2}{3}H_l+H_u$$

因此,可得

$$\begin{aligned}\delta&=\frac{1}{EI_u}\cdot\frac{1}{2}H_u^2\cdot\frac{2}{3}H_u+\frac{1}{EI_l}\left[\frac{1}{2}H_uH_l\cdot\left(\frac{1}{3}H_l+H_u\right)+\frac{1}{2}H_lH\left(\frac{2}{3}H_l+H_u\right)\right]\\&=\frac{H_u^3}{3EI_u}+\frac{H^3-H_u^3}{3EI_l}=\frac{H^3}{3EI_l}+\frac{H_u^3}{3EI_l}\left(\frac{I_l}{I_u}-1\right)\\&=\frac{H^3}{3EI_l}\left[1+\frac{H_u^3}{H^3}\left(\frac{I_l}{I_u}-1\right)\right]\end{aligned}\tag{12-12}$$

令 $\lambda=H_u/H,n=I_u/I_l,\ C_0=\dfrac{3}{1+\lambda^3\left(\dfrac{1}{n}-1\right)}$,则得

$$\delta=\frac{H^3}{3EI_l}\left[1+\lambda^3\left(\frac{1}{n}-1\right)\right]=\frac{H^3}{C_0EI_l}\tag{12-13}$$

反之,由式(12-13)可知,要使柱顶产生单位水平位移,则需在柱顶施加 $1/\delta$ 的水平力。$1/\delta$ 反映了柱抵抗侧移的能力,称为“抗侧移刚度”,有时也称为“抗剪刚度”。

12.4.2 柱顶作用水平集中力 *F* 时的排架内力计算

对于由若干柱子构成的等高排架,在确定排架的计算简图时,假定横梁刚度 $EA=\infty$,横梁自身没有变形。因此,在柱顶水平集中力作用下,各柱柱顶的水平位移相等。由于横梁的联系,这些柱共同承担该水平集中力,各柱分担的剪力可由平衡条件和变形条件求得。

如图 12-10(a)所示排架,任一柱的抗侧移刚度为 $1/\delta_i$,各柱柱顶的水平位移为

$$u_1=u_2=\cdots=u_i=\cdots=u_n=u\tag{12-14}$$

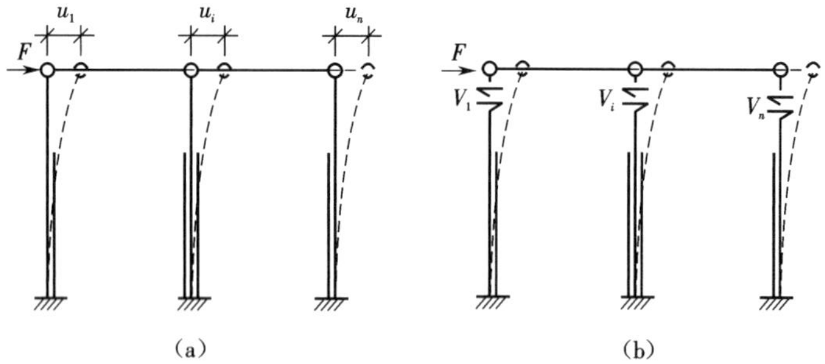

图 12-10 柱顶作用水平集中力 *F* 时排架计算示意图

(a)计算简图 (b)取隔离体

在考虑平衡条件时,为了使各柱柱顶的剪力与相应的柱顶位移相联系,可将柱在柱顶上部切开,在各柱的切口处的内力为一对相应的剪力(铰处无弯矩)(图 12-10(b)),并取上部为隔离体,由平衡条件,可得

$$F = \sum_{i=1}^{n} V_i \tag{12-15}$$

各柱柱顶的位移为

$$u_i = V_i / D_i = V_i \Big/ \left(\frac{1}{\delta_i}\right)$$

则有

$$V_i = u_i \cdot \frac{1}{\delta_i} \tag{12-16}$$

由式(12-15)及式(12-16),可得

$$F = \sum_{i=1}^{n} V_i = u \sum_{i=1}^{n} \frac{1}{\delta_i} \tag{12-17}$$

即

$$u = u_i = F \Big/ \sum_{i=1}^{n} \frac{1}{\delta_i} \tag{12-18}$$

将式(12-18)代回式(12-16),可得

$$V_i = \eta_i \cdot F \tag{12-19}$$

式中　η_i——i 柱的剪力分配系数,等于该柱本身的抗剪刚度与所有柱的抗剪刚度总和之比,即

$$\eta_i = \frac{D_i}{\sum_{j=1}^{n} D_j} = \frac{1/\delta_i}{\sum_{j=1}^{n} (1/\delta_j)} \tag{12-20}$$

12.4.3　任意荷载作用时的排架内力计算

为了能利用上述的剪力分配系数,分析任意荷载作用下的排架(图 12-11(a))时,必须把计算过程分为以下步骤:

(1)在排架柱顶附加不动铰支座以阻止水平侧移,求出其支座反力 R_a(图 12-11(b));

(2)撤除附加不动铰支座且加反向作用的 R_a 于排架柱顶(图 12-11(c)),使排架恢复到原始受力状态;

(3)叠加上述两个步骤中的内力,即为排架的实际内力。

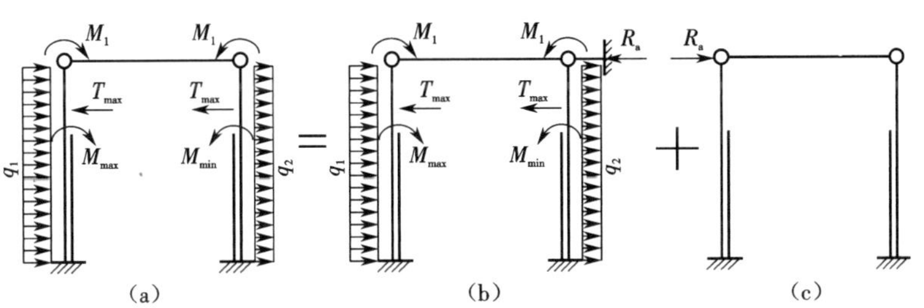

图 12-11　任意荷载作用时排架计算示意图

(a)任意荷载作用下的排架　(b)在柱顶附加不动铰支座　(c)加反向支座反力 R_a 作用于柱顶

其中,应当注意以下几点。

(1)在风荷载作用下,直接受载的排架柱的弯矩图为曲线,非直接受载的排架柱的弯矩图为直线,且柱底弯矩值最大。所以,风荷载在单层工业厂房排架结构内力分析中是一种主要荷载。

(2)排架剪力按柱的抗侧移刚度分配,刚度较大的柱所分配到的剪力也较大。

(3)在计算过程中,应随时对柱顶剪力或柱底剪力与荷载的关系进行校核,以免出错。同时,还应注意柱底剪力的方向问题,且柱的弯矩图应画在柱子受拉的一侧。

任意荷载作用下排架柱的柱顶不动铰支座的支座反力 R_a 计算公式,详见表12-3。

表12-3 任意荷载作用下排架柱的柱顶不动铰支座的支座反力 R_a

序号	计算简图	R_a	反力系数 C_i
1	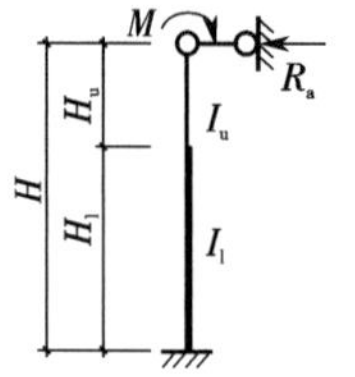	$R_a=\frac{M}{H}C_1$	$C_1=\frac{3}{2}\times\frac{1-\lambda^2\left(1-\frac{1}{n}\right)}{S}$
2	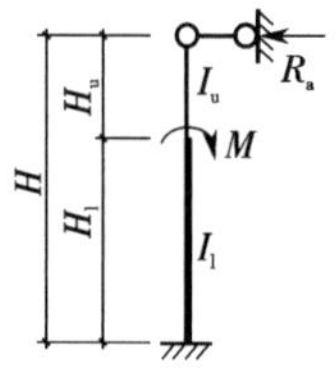	$R_a=\frac{M}{H}C_2$	$C_2=\frac{3}{2}\times\frac{1-\lambda^2}{S}$
3	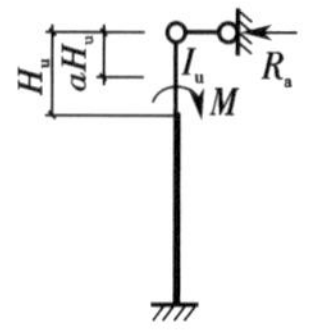	$R_a=\frac{M}{H}C_3$	$C_3=\frac{3}{2}\times\frac{1+\lambda^2\left(\frac{1-a^2}{n}-1\right)}{S}$ 若 $a=1$,则 $C_3=C_2$
4	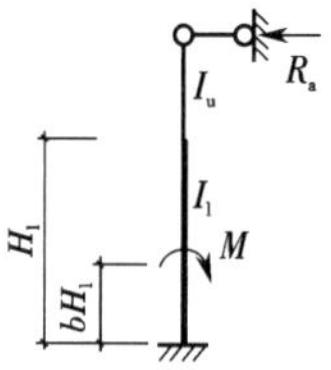	$R_a=\frac{M}{H}C_4$	$C_4=\frac{3}{2}\times\frac{2b(1-\lambda)-b^2(1-\lambda)^2}{S}$ 若 $b=1$,则 $C_4=C_2$
5	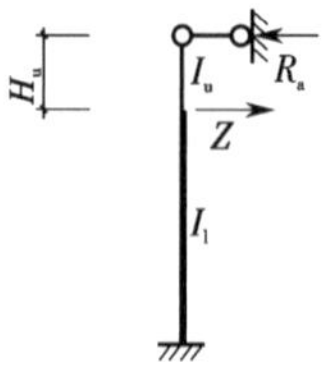	$R_a=TC_5$	$C_5=\frac{2-3\lambda+\lambda^3}{2S}$

续表

序号	计算简图	R_a	反力系数 C_i
6	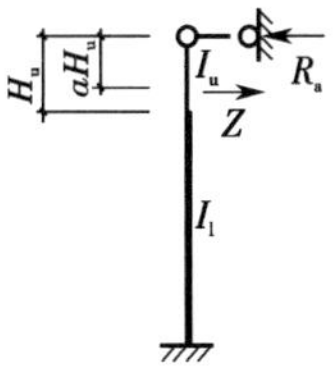	$R_a = TC_6$	$C_6 = \dfrac{2-3a\lambda+\lambda^3\left[\dfrac{(2+a)(1-a)^2}{n}-(2-3a)\right]}{2S}$ 若 a=1,则 C_6=C_5
7	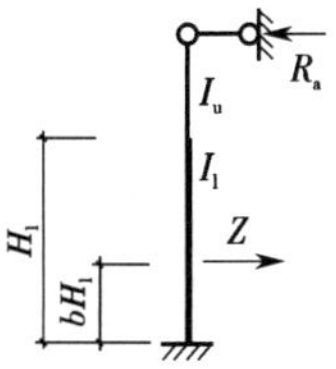	$R_a = TC_7$	$C_7 = \dfrac{(1-\lambda)^2\left[(3b-1)(1+\lambda)-\lambda\right]}{2S}$ 若 b=1,则 C_7=C_5
8	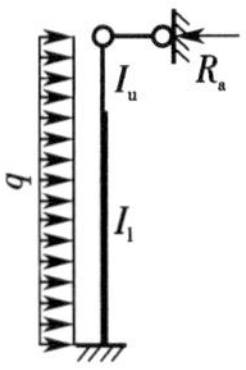	$R_a = qHC_8$	$C_8 = \dfrac{3}{8}\times\dfrac{1+\lambda^4\left(\dfrac{1}{n}-1\right)}{S}$
9	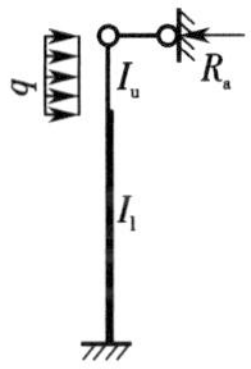	$R_a = qHC_9$	$C_9 = \dfrac{8\lambda-6\lambda^2+\lambda^4\left(\dfrac{3}{n}-2\right)}{8S}$
10	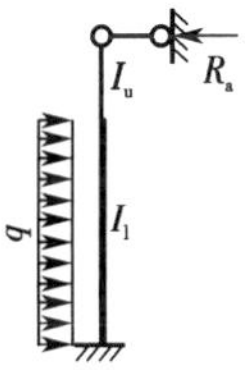	$R_a = qHC_{10}$	$C_{10} = \dfrac{(1-\lambda)^2(3+\lambda)}{8S}$
11	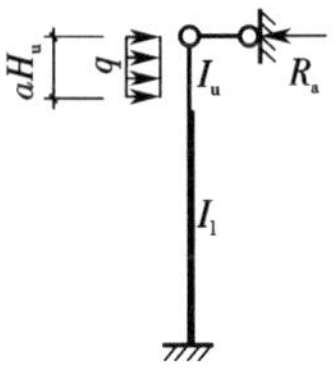	$R_a = qHC_{11}$	$C_{11} = \dfrac{8a\lambda-6a^2\lambda^2+(8a-6a^2)\left(\dfrac{1}{n}-1\right)\lambda^4+\dfrac{a^4\lambda^4}{n}}{8S}$ 若 a=1,则 C_{11}=C_9
12	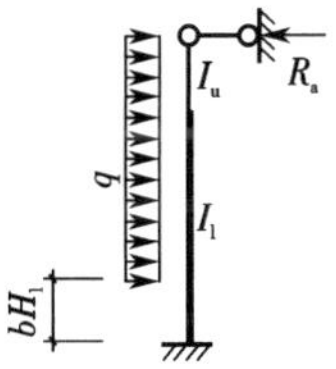	$R_a = qHC_{12}$	$C_{12} = \dfrac{\left[1-b(1-\lambda)\right]^4+2\left[1+2b(1-\lambda)-3b(1-\lambda)^2\right]+3\left(\dfrac{1}{n}-1\right)\lambda^4}{8S}$ 若 b=0,则 C_{12}=C_8 若 b=1,则 C_{12}=C_9

注:$n=\dfrac{I_u}{I_l}$;$\lambda=\dfrac{H_u}{H}$;$1-\lambda=\dfrac{H_l}{H}$; $S=1+\lambda^3\left(\dfrac{1}{n}-1\right)$。

下面以柱牛腿顶面作用弯矩 M_c(图 12-12(a))为例,说明表 12-3 中支座反力 R_a 的计算过程。

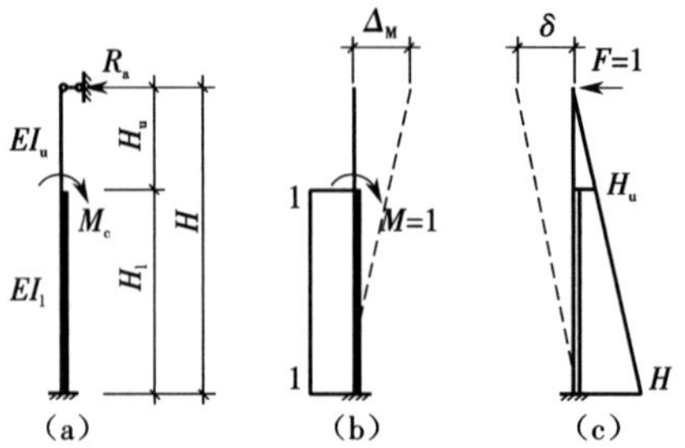

图 12-12 支座反力 R_a 计算示意图

(a)计算简图 (b)M=1 简图 (c)F=1 简图

基本体系为悬臂柱,其力法方程为

$$R_a\delta = M_c\Delta_M \tag{12-21}$$

式中,δ 可由式(12-13)求得,即

$$\delta = \frac{H^3}{3EI_l}\left[1 + \lambda^3\left(\frac{1}{n} - 1\right)\right] = \frac{H^3}{C_0EI_l}$$

Δ_M 可由图乘法求得(图 12-12(b)、(c)),即

$$\begin{aligned}\Delta_M &= \frac{1}{EI_l}\left[\frac{1}{2}H_u(H - H_u) + \frac{1}{2}H(H - H_u)\right] \\ &= \frac{H^2 - H_u^2}{2EI_l} = \frac{H^2}{2EI_l}(1 - \lambda^2)\end{aligned} \tag{12-22}$$

因此,可得

$$R_a = \frac{M_c\Delta_M}{\delta} = \frac{3}{2}\cdot\frac{1 - \lambda^2}{1 + \lambda^3\left(\frac{1}{n} - 1\right)}\frac{M}{H} = C_2\frac{M}{H} \tag{12-23}$$

即得

$$C_2 = \frac{3}{2}\cdot\frac{1 - \lambda^2}{1 + \lambda^3\left(\frac{1}{n} - 1\right)} \tag{12-24}$$

12.5 排架考虑厂房空间作用时的内力计算

如图 12-13(a)所示,若厂房某一排架 C 柱柱顶受一水平集中荷载 P 作用,当按平面排架计算时,荷载 P 完全由这一榀排架单独承担,柱顶将产生平面位移 Δ,如图 12-13(b)所示。但实际上,厂房是由若干榀排架组成的整体空间结构,排架与排架间由纵向构件连接,故荷载 P 是由全部厂房排架及两端山墙共同承担,故排架 C 柱柱顶空间位移仅为 Δ_l,如图 12-13(c)所示。

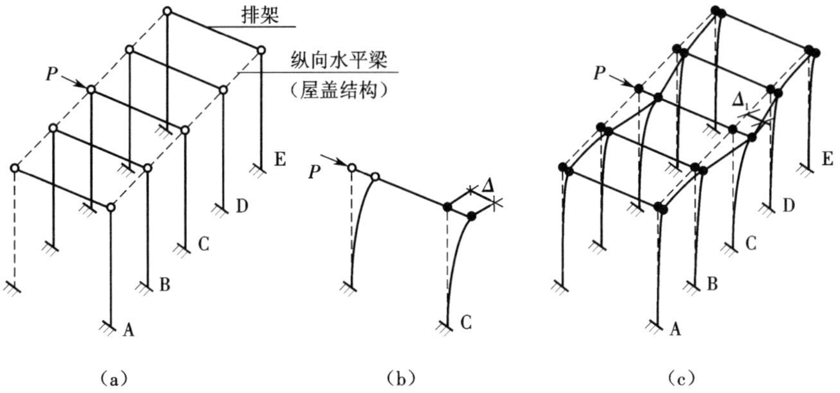

图 12-13　厂房排架的空间作用

(a)厂房排架 (b)按平面排架计算 (c)考虑空间作用的排架计算

令空间位移与平面位移的比值为

$$m=\Delta_1/\Delta \tag{12-25}$$

m 称为厂房的空间作用分配系数。其物理意义是当水平荷载作用于排架柱顶时，由于结构的空间作用，该排架所分配到的实际水平荷载和按平面排架计算的水平荷载的比值。也可以认为 *m* 是考虑结构的空间作用时排架柱顶的实际侧移和不考虑空间作用时柱顶侧移的比值。所以，*m* 又可称为侧移折减系数。显然，厂房的空间作用越好，*m* 值就越小。

空间作用分配系数 *m* 值的大小主要与以下因素有关。

(1)屋盖刚度。当屋盖刚度大时，沿纵向分布的荷载能力强，空间作用好，*m* 值就小。因此，无檩屋盖的 *m* 值大于有檩屋盖的 *m* 值。

(2)厂房两端有无山墙。山墙的横向刚度很大，能分担大部分的水平荷载。因此，两端有山墙的厂房的 *m* 值远远小于无山墙的 *m* 值。

(3)厂房长度。当厂房的长度大时，水平荷载可由较多的横向排架分担，则 *m* 值小，空间作用就好。

(4)荷载形式。在局部水平荷载(如吊车水平荷载)作用下，厂房的空间作用好；当厂房承担均匀分布的水平荷载(如风荷载)时，由于各排架直接承受的荷载基本相同，仅靠两端的山墙分担荷载，其空间作用差；若两端无山墙，在均布水平荷载作用下，接近于平面排架受力，无空间作用。

目前，在单层工业厂房排架计算中，仅在分析吊车水平荷载产生的内力时，才考虑厂房的空间作用。空间作用分配系数可从表 12-4 中直接查得，但在下列情况下不考虑空间作用：

(1)当厂房一端有山墙或两端均无山墙，且厂房长度小于 36 m 时；

(2)当天窗跨度大于厂房跨度的二分之一，或天窗布置使厂房屋盖沿纵向不连续时；

(3)当厂房柱距大于 12 m 时(包括一般柱距小于 12 m，但有个别柱距不等，且最大柱距超过 12 m 的情况)；

(4)当屋架下弦为柔性拉杆时。

另外，还应注意以下两点：

(1)山墙应为实心砖墙,如山墙上有孔洞,其在山墙水平截面的削弱面积不应大于山墙全部水平截面面积的50%,否则应视为无山墙情况;

(2)当厂房设有伸缩缝时,表12-4中的厂房长度应以一个伸缩缝区段为计算单元考虑,并应将伸缩缝处视为无山墙情况。

表 12-4 单跨厂房整体空间作用分配系数 m

厂房情况		吊车吨位(t)	厂房长度(m)			
			≤60		>60	
			厂房跨度(m)			
			12~27	>27	12~27	>27
无檩屋盖	两端无山墙及一端有山墙	≤75	0.90	0.85	0.85	0.80
	两端有山墙	≤75	0.80			
有檩屋盖	两端无山墙及一端有山墙	≤30	0.95		0.85	
	两端有山墙	≤30	0.85			

平面排架考虑厂房空间作用的计算方法与排架内力计算中的任意荷载作用时相类似,仅在其排架顶部加一弹性支撑即可。如图12-14所示,其内力计算可按以下步骤进行:

(1)假设排架无侧移,求出吊车荷载作用下的柱顶反力 R_a($=R_{a,A}+R_{a,B}$)及柱顶剪力;

(2)将柱顶反力 R_a 乘以空间作用分配系数 m,并将其反向加于有侧移的排架上,求出各柱顶剪力;

(3)将上述两项的柱顶剪力叠加,即为考虑空间作用的柱顶剪力。

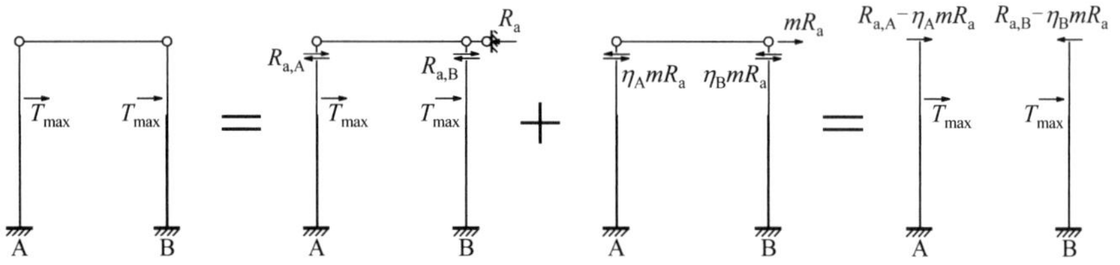

图 12-14 厂房排架考虑空间作用的计算

平面排架考虑厂房空间作用后,其内力及侧移均减小,从而可减少排架柱下柱的主筋用量;但直接承受荷载的上柱,其弯矩值则有所增大,需增加配筋。

12.6 排架内力组合

通过排架的内力分析,可分别求出排架柱在恒载及各种活载作用下所产生的内力(M、N、V),并确定柱及柱基础在恒载及哪几种活载(不一定是全部的活荷载)的作用下才产生最危险的内力,然后根据以上恒载和某几种活载组合进行柱截面的配筋计算及柱基础设计,这是排架内力组合所需解决的问题。

12.6.1　控制截面

为便于施工，阶形柱的各段均采用相同的截面配筋，并根据各段柱产生最危险内力的截面（即控制截面）进行计算。

对于上柱，最大弯矩及轴力通常产生于上柱的底截面Ⅰ—Ⅰ（图 12-15），此即上柱的控制截面。

对于下柱，在吊车竖向荷载作用下，牛腿顶面处Ⅱ—Ⅱ截面的弯矩最大；在风荷载或吊车横向水平力作用下，柱底截面Ⅲ—Ⅲ的弯矩最大，故常取这两个截面为下柱的控制截面。对于一般中、小型厂房，吊车竖向荷载不大，一般是柱底截面Ⅲ—Ⅲ控制下柱的配筋；对吊车吨位大的重型厂房，控制下柱的配筋则有可能是Ⅱ—Ⅱ截面。此外，下柱底截面Ⅲ—Ⅲ的内力值也是设计柱基础的依据，因此必须对其进行内力组合。

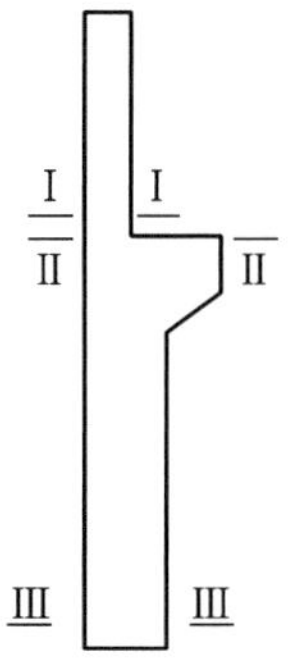

图 12-15　排架柱的控制截面

12.6.2　荷载及效应组合原则

1. 基本组合

《荷载规范》规定，对于一般排架、框架结构的基本组合，应按以下组合公式确定：

$$S=\gamma_{\mathrm{G}}S_{\mathrm{Gk}}+\gamma_{\mathrm{Q1}}S_{\mathrm{Q1k}}+\sum_{i=2}^{n}\gamma_{\mathrm{Q}i}\psi_{\mathrm{c}i}S_{\mathrm{Q}i\mathrm{k}} \tag{12-26}$$

式中　γ_{G}——永久荷载的分项系数，当其效应对结构不利时取 1.3，当有利时不应大于 1.0；

$\gamma_{\mathrm{Q}i}$——第 i 个可变荷载的分项系数，其中 γ_{Q1} 为第一可变荷载 Q_1 的分项系数，当其效应对结构不利时取 1.5，当有利时取 0；

S_{Gk}——按永久荷载标准值计算的荷载效应值；

$S_{\mathrm{Q}i\mathrm{k}}$——按可变荷载标准值计算的荷载效应值，其中 S_{Q1k} 为各可变荷载效应中起控制作用者；

$\psi_{\mathrm{c}i}$——可变荷载的组合值系数；

n——参与组合的可变荷载数。

当无法明显判断 S_{Q1k} 时，可依次以各可变荷载效应为 S_{Q1k}，再选其中最不利的荷载效应组合。当考虑以竖向永久荷载效应控制的组合时，参与组合的可变荷载仅限于竖向荷载。

根据以上荷载效应组合原则，进行排架柱内力的基本组合时，可能出现的组合工况如下：

（1）$S=1.3S_{\mathrm{Gk}}+1.5S_{\mathrm{Qk}}+0.7\times1.5S_{\mathrm{Dk}}+0.7\times1.5S_{\mathrm{Tk}}+0.6\times1.5S_{\mathrm{Wk}}$；

（2）$S=1.3S_{\mathrm{Gk}}+1.5S_{\mathrm{Dk}}+0.7\times1.5S_{\mathrm{Tk}}+0.7\times1.5S_{\mathrm{Qk}}+0.6\times1.5S_{\mathrm{Wk}}$；

（3）$S=1.3S_{\mathrm{Gk}}+1.5S_{\mathrm{Wk}}+0.7\times1.5S_{\mathrm{Qk}}+0.7\times1.5S_{\mathrm{Dk}}+0.6\times1.5S_{\mathrm{Tk}}$；

（4）$S=1.0S_{\mathrm{Gk}}+1.5S_{\mathrm{Qk}}+0.7\times1.5S_{\mathrm{Dk}}+0.7\times1.5S_{\mathrm{Tk}}+0.6\times1.5S_{\mathrm{Wk}}$；

（5）$S=1.0S_{\mathrm{Gk}}+1.5S_{\mathrm{Dk}}+0.7\times1.5S_{\mathrm{Tk}}+0.7\times1.5S_{\mathrm{Qk}}+0.6\times1.5S_{\mathrm{Wk}}$；

（6）$S=1.0S_{\mathrm{Gk}}+1.5S_{\mathrm{Wk}}+0.7\times1.5S_{\mathrm{Qk}}+0.7\times1.5S_{\mathrm{Dk}}+0.6\times1.5S_{\mathrm{Tk}}$。

上述各组合工况可用于排架柱截面设计和基础设计。其中，S_{Gk}、S_{Qk}、S_{Dk}（S_{Tk}）、S_{Wk} 分别

为恒载 G、屋面活载 Q、吊车荷载 $D(T)$及风荷载 W 作用下的荷载效应标准值。

2. 标准组合

按照《地基规范》的规定，进行地基承载力验算时，应采用荷载效应的标准组合，则此时由柱传至基础的荷载应采用标准组合值。

《荷载规范》规定，对于标准组合，荷载效应的标准组合值 S 应按下式采用：

$$S = S_{\mathrm{Gk}} + S_{\mathrm{Q1k}} + \sum_{i=2}^{n}\psi_{\mathrm{c}i}S_{\mathrm{Q}i\mathrm{k}} \tag{12-27}$$

根据式(12-27)进行排架柱内力的标准组合时，可能出现的组合工况如下：

(1) $S=S_{\mathrm{Gk}}+S_{\mathrm{Qk}}+0.7S_{\mathrm{Dk}}+0.6S_{\mathrm{Wk}}$；

(2) $S=S_{\mathrm{Gk}}+S_{\mathrm{Dk}}+0.7S_{\mathrm{Qk}}+0.6S_{\mathrm{Wk}}$；

(3) $S=S_{\mathrm{Gk}}+S_{\mathrm{Wk}}+0.7S_{\mathrm{Qk}}+0.7S_{\mathrm{Dk}}$。

12.6.3 柱控制截面的最不利内力组合

单层工业厂房排架柱是偏心受压构件，由于水平力作用方向的不同，其截面内力有异号弯矩，因此为便于施工，柱截面常用对称配筋。

偏心受压构件的纵向受力钢筋主要取决于轴力 N 和弯矩 M。当轴力 N 一定时，无论大、小偏压，M 越大，则钢筋用量越大；当 M 一定时，对小偏压构件，N 越大，则钢筋用量越大，而对大偏压构件，N 越大，则钢筋用量反而越小。因此，根据可能需要的最大配筋量，一般应进行以下四种不利内力组合：

(1) N_{max} 及相应的 M 和 V，如图 12-16 中的(a)所示；

(2) N_{min} 及相应的 M 和 V，如图 12-16 中的(b)所示；

(3) $+M_{max}$ 及相应的 N 和 V，如图 12-16 中的(c)所示；

(4) $-M_{max}$ 及相应的 N 和 V，如图 12-16 中的(d)所示。

当柱采用对称配筋及对称基础时，(3)、(4)两种组合可合并为一种，即 $|M_{max}|$ 及相应的 N 和 V。

对于可不进行抗震验算的排架，柱箍筋一般由构造控制，因此可不考虑最大剪力所对应的内力组合以及其他不利内力组合所对应的剪力值。

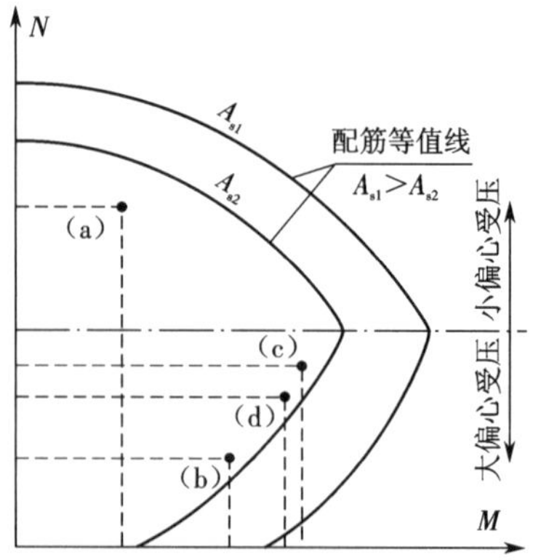

图 12-16 柱配筋量与弯矩、轴力的关系图

当内力组合时，应以某一种内力为目标进行组合。例如，当组合最大正弯矩时，其目的是求出某截面可能产生的最大弯矩值，所以凡是使该截面产生正弯矩的活载项，只要实际上是可能发生的，都要参与组合，然后将所选荷载项的值分别相加。同时，需要注意以下事项。

（1）恒载是始终存在的，因此无论何种组合均应参加。

（2）在吊车竖向荷载中，对单跨厂房，应在吊车竖向荷载 D_{max} 与 D_{min} 中取一个；对多跨厂房，由于一般按不多于四台吊车考虑，因此只能在不同跨各取一项。

（3）吊车的最大横向水平荷载 T_{max} 同时作用于其左、右两边的柱上，其方向可左、可右，不论单跨还是多跨厂房，由于只考虑两台吊车，因此组合时只能选择同时向左或向右。

（4）同一跨内，D_{max}（D_{min}）与 T_{max} 作用下的最不利内力不一定同时发生，因此组合时可仅选用 D_{max}（D_{min}），而不考虑 T_{max}；但不能仅选用 T_{max}，而不考虑 D_{max}（D_{min}），因为 T_{max} 不能脱离 D_{max}（D_{min}）而独立存在。

（5）左、右向风荷载不可能同时发生，因此只能选取一种风向参与组合。

（6）在组合 N_{max} 或 N_{min} 时，相应的 M 应考虑正、反两个方向，并应使相应的 $+M$（$-M$）尽可能大一些，这样更为不利。因此，凡是使 $+M$（$-M$）数值增大的荷载项，即使轴力为零，只要有可能，就应参与组合；且组合 N_{min} 时，恒载分项系数应取 1.0。

（7）在组合时应注意，有时弯矩 M 虽不为最大，但其相应的 N 却比 M_{max} 相应的 N 大得多（小偏压时）或小得多（大偏压时），则有可能更为不利。因此，在上述四种组合中，不一定包括所有可能的最不利组合。

（8）多台吊车同时满载作用于同一柱的可能性较小，因此多台吊车参与组合时，吊车竖向荷载和水平荷载作用下的内力应乘以表 12-2 中相应的荷载折减系数。

进行地基承载力验算与基础设计时，除要考虑由柱子传来的内力（N、M、V）外，还要考虑直接作用在基础上的荷载，如由基础梁传来的墙体荷载等。因此，基础受力的最不利组合应由柱截面 Ⅲ—Ⅲ 的内力与直接作用在基础上的外力叠加起来求得。这时，柱底剪力对基础底面还会产生弯矩，其影响是不容忽略的。

因此，在对排架柱下柱底截面 Ⅲ—Ⅲ 进行内力组合时，必须同时得到相应于荷载效应基本组合的轴力、弯矩设计值和相应于荷载效应标准组合的轴力、弯矩标准值，并将与轴力、弯矩相应的剪力求出。

12.7　排架的横向刚度验算

一般情况下，当钢筋混凝土矩形或工字形截面排架柱的截面尺寸满足表 12-1 的要求时，就可以认为排架的横向刚度已经得到保证，不必再进行验算。但在某些情况下（如吊车吨位较大），为安全起见，还需进行厂房排架的横向刚度验算。其要求是求出吊车梁顶面与柱连接处 k 的水平位移值（图 12-17），要求该值不超过水平位移限值。这是因为吊车的轨距与柱在 k 处的水平位移值相关。在排架横向刚度不足的情况下，柱在 k

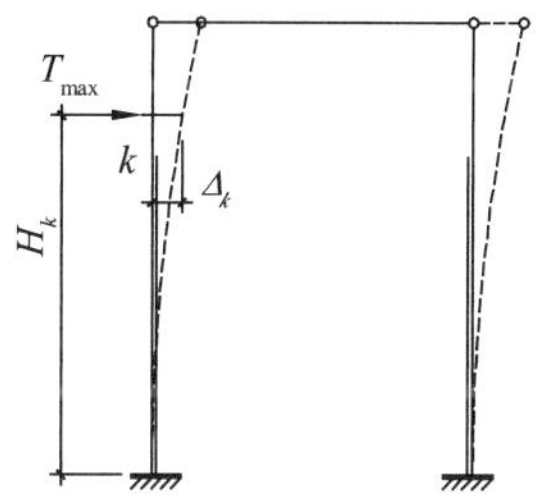

图 12-17　吊车梁顶面与柱连接处 k 的水平位移

处的水平位移较大,吊车的轨距也会增加,这将影响吊车安全行驶。

对排架的横向刚度进行验算属于正常使用极限状态,按该排架内一台起重量最大的吊车的横向水平制动力作用于 k 处进行计算。由于该横向水平制动力产生的内力和变形属于短期荷载效应,不必考虑长期荷载效应的效果。因此,该横向水平制动力只需考虑其标准值。

对厂房排架横向刚度的验算,一般可用简化方法进行,即仅考虑上述横向水平制动力作用在平面排架上,以求得吊车梁顶面与柱连接处 k 的水平位移;在计算中既不考虑吊车桥架的撑杆作用,也不考虑排架的空间作用。求得的水平位移 Δ_k,应满足以下规定。

对设有中、轻级工作制吊车的一般厂房柱,有

$$\Delta_k \leqslant \frac{H_k}{1\,800} \tag{12-28a}$$

对设有重级工作制吊车的一般厂房柱,有

$$\Delta_k \leqslant \frac{H_k}{2\,200} \tag{12-28b}$$

式中 H_k——柱自基础顶面至吊车梁顶面的高度。

在计算水平位移 Δ_k 时,可取钢筋混凝土柱的截面抗弯刚度 $B_i=0.85E_cI_i$, E_c 为混凝土弹性模量,I_i 为排架柱上、下柱各自的截面惯性矩。

12.8 排架各列柱距不等时的内力分析

由于生产工艺的要求,有时单层工业厂房排架各列柱的柱距不等。如图 12-18(a)所示,边列柱距为 6 m,中列柱距为 12 m。这时,如仍取以 6 m 为基数的计算单元,则不符合排架的实际受力状况。

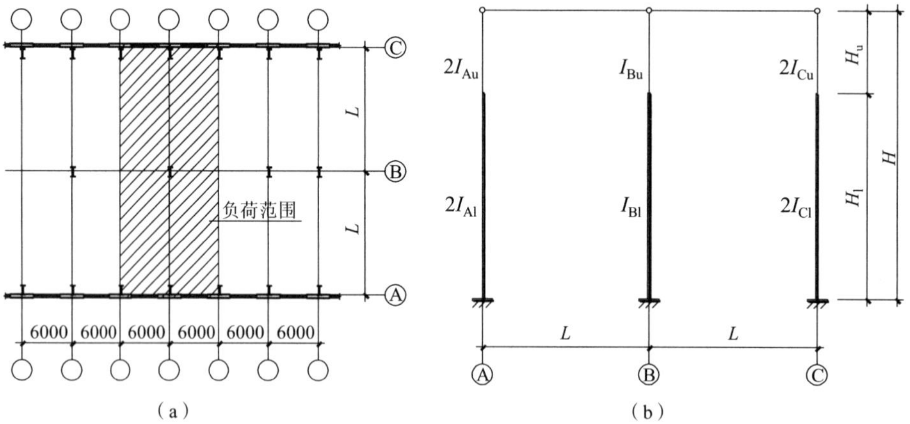

图 12-18 厂房排架的负荷范围与计算简图

(a)负荷范围 (b)计算简图

当屋盖结构刚度很大或设有可靠的下弦纵向水平支撑时,可认为厂房的纵向屋盖结构把各个横向排架连接成一个空间整体,此时可选取较宽的计算单元来进行内力分析。按图

12-18（a）所示情况，即可取 12 m 为计算单元（图中阴影部分），并假定在荷载作用下一个计算单元中各柱列的柱顶水平位移相同。这时，计算单元内的几榀排架可以合并为一榀平面排架来计算其内力，合并后排架柱的截面惯性矩应按合并的惯性矩计算。因此，排架的计算简图如图 12-18（b）所示，其中边柱的截面惯性矩为 $2I_A$ 和 $2I_C$，中柱的截面惯性矩为 I_B。排架内力分析的计算步骤如下。

（1）计算排架所受荷载，其中所有荷载，如屋面荷载、风荷载、吊车荷载等均可按 12 m 柱距计算。

（2）进行排架内力计算和组合，得到各个排架柱的截面内力（M_0、N_0、V_0）。

（3）将求得的内力 M_0、V_0 进行还原，求出各个排架柱的截面实际内力（M、V）。

A、C 列柱：$M=M_0/2$，$V=V_0/2$。

B 列柱：$M=M_0$，$V=V_0$。

（4）将求得的 N_0 进行还原，求出各个排架柱的截面实际轴力（N）。

A、C 列柱：吊车竖向荷载仍按该柱实际所承受的吊车荷载计算吊车梁加予柱的反力，其余竖向荷载 $N=N_0/2$。

B 列柱：$N=N_0$。

12.9　不等高排架内力计算——力法

如图 12-19（a）、（b）所示为两类常见的不等高排架的计算简图，这两类排架的特点是高跨与低跨在某列柱处相搭接。其中，低跨的横梁与柱在 O 处是铰接的（图 12-19（c）），但 B 列柱在节点 O 处却是整体连续的，能传递弯矩和剪力。在荷载作用下，由于不等高排架高、低列柱的柱顶水平位移不相等，不便用剪力分配法计算，适合用力法来求解。

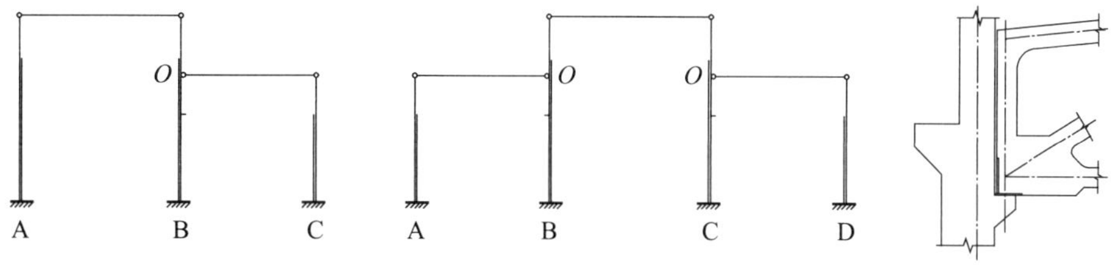

图 12-19　不等高排架的计算简图

（a）两跨不等高排架　（b）对称三跨不等高排架　（c）高低跨处构造

12.9.1　柱顶作用水平集中力时的内力计算

下面以图 12-20 所示两跨不等高排架为例，说明不等高排架内力计算的原理和解题方法。其他多跨不等高排架的计算方法与此类似。

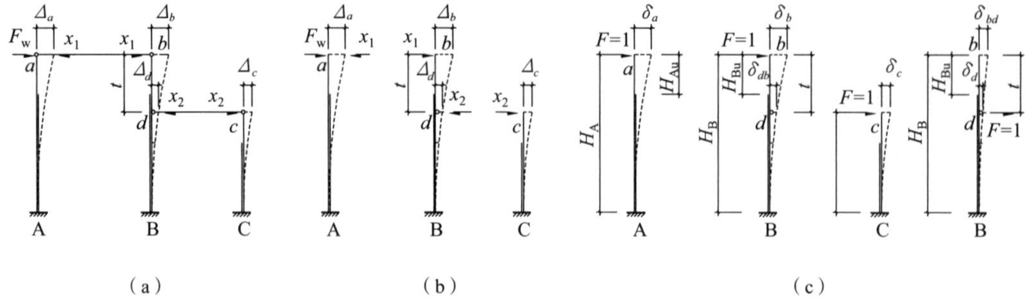

图 12-20 两跨不等高排架在柱顶水平集中力作用下的计算简图

(a)基本体系 (b)单柱受力情况 (c)单位荷载下的位移

在图 12-20(a)中，t为高低跨间的高差，柱 A 顶部a作用有水平集中力F_w。设高跨排架横梁产生的内力为x_1，低跨排架横梁产生的内力为x_2。若能将这两个横梁的内力求出，则排架内力可按图 12-20(b)中三个单柱的受力情况计算得到。因此，用力法求解不等高排架的关键是求解横梁内力x_1,x_2。

求解x_1,x_2的条件是高低跨连接处的变形连续。根据横梁刚度无限大、在轴向力作用下不变形的假定，可知同一横梁两端的柱顶位移应相等，即

$$\begin{cases}\Delta_a = \Delta_b \\ \Delta_c = \Delta_d\end{cases} \tag{12-29}$$

再根据图 12-20(b)中三个单柱的受力情况，可得

$$\begin{cases}\Delta_a = (F_w - x_1)\delta_a \\ \Delta_b = x_1\delta_b - x_2\delta_{bd} \\ \Delta_c = x_2\delta_c \\ \Delta_d = x_1\delta_{db} - x_2\delta_d\end{cases} \tag{12-30}$$

式中 δ_a、δ_b、δ_c——单柱柱顶a、b、c处作用有单位水平力时，在该点处产生的水平位移，如图 12-20(c)所示；

δ_d——单位水平力作用在单柱 B 的d点处时，在该点处产生的水平位移；

δ_{bd}——单位水平力作用在单柱 B 的d点处时，在b点处产生的水平位移；

δ_{db}——单位水平力作用在单柱 B 的柱顶b点处时，在d点处产生的水平位移。

由式(12-29)及式(12-30)，可得

$$\begin{cases}(F_w - x_1)\delta_a = x_1\delta_b - x_2\delta_{bd} \\ x_2\delta_c = x_1\delta_{db} - x_2\delta_d\end{cases} \tag{12-31}$$

取位移向右为正，未知力以图 12-20(a)所示的方向(即横梁受压)为正。式(12-31)中的参数为

$$\delta_i = \frac{H_i^3}{C_{0i}EI_{i1}} \quad (i=a\text{ 或 }A、b\text{ 或 }B、c\text{ 或 }C、d\text{ 或 }D) \tag{12-32a}$$

$$C_{0i} = \frac{3}{1+\lambda_i^3\left(\dfrac{1}{n_i}-1\right)} \quad (i=a、b、c、d) \tag{12-32b}$$

当 $t \geqslant H_{Bu}$ 时,有

$$\delta_{bd}=\delta_{db}=\frac{1}{EI_{Bl}}\times\left[\frac{H_B^3-t^3}{3}-\frac{t(H_B^2-t^2)}{2}\right] \tag{12-33a}$$

当 $t<H_{Bu}$ 时,有

$$\delta_{bd}=\delta_{db}=\frac{1}{EI_{Bl}}\times\left[\frac{H_{Bu}^3-t^3}{3n}-\frac{t(H_{Bu}^2-t^2)}{2n}+\frac{H_B^3-H_{Bu}^3}{3}-\frac{t(H_B^2-H_{Bu}^2)}{2}\right] \tag{12-33b}$$

将 δ_i、δ_{bd}(δ_{db})代入式(12-31),即可求得横梁内力 x_1, x_2。当求出结果为正值时,内力的作用方向即为所设方向;当为负值时,即与所设方向相反。

最后按图 12-20(b)中三个单柱的受力情况,即可得到排架内力。

12.9.2　任意荷载作用时的内力计算

当柱上作用其他类型的荷载时,排架内力计算的原理和方法同前。

下面以图 12-21(a)所示牛腿处受集中力矩作用的高低跨排架为例,仍设横梁内力为 x_1,x_2。根据高低跨连接处变形连续的条件,可得

$$\begin{cases}\Delta_a=\Delta_b\\ \Delta_c=\Delta_d\end{cases}$$

再根据图 12-21(b)中三个单柱的受力情况,可得

$$\begin{cases}\Delta_a=-x_1\delta_a+M_1\delta_{aM}\\ \Delta_b=x_1\delta_b-x_2\delta_{bd}-M_2\delta_{bM}\\ \Delta_c=x_2\delta_c\\ \Delta_d=x_1\delta_{db}-x_2\delta_d-M_2\delta_{dM}\end{cases} \tag{12-34}$$

式中　δ_a、δ_b、δ_c、δ_δ、δ_{bd}、δ_{db}——含义同前;

δ_{aM}、δ_{bM}——A、B 柱(单柱)牛腿处作用有单位集中力矩时的柱顶水平位移;

δ_{dM}——B 柱(单柱)牛腿处作用有单位集中力矩时在 d 点处产生的水平位移。

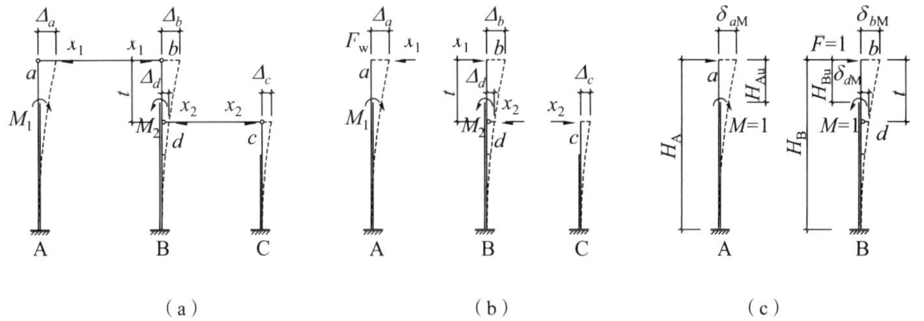

图 12-21　两跨不等高排架在牛腿顶面弯矩作用下的计算简图

(a)基本体系　(b)单柱受力情况　(c)单位荷载下的位移

由式(12-29)及式(12-34),可得

$$\begin{cases}-x_1\delta_a+M_1\delta_{aM}=x_1\delta_b-x_2\delta_{bd}-M_2\delta_{bM}\\ x_2\delta_c=x_1\delta_{db}-x_2\delta_d-M_2\delta_{dM}\end{cases} \tag{12-35}$$

式(12-35)中的参数为

$$\delta_{i\mathrm{M}}=\frac{H_i^2-H_{i\mathrm{u}}^2}{2EI_{i\mathrm{l}}}\quad(i=a\text{ 或 A、}b\text{ 或 }B)\tag{12-36}$$

当 $t\geqslant H_{\mathrm{Bu}}$ 时,有

$$\delta_{d\mathrm{M}}=\frac{(H_{\mathrm{B}}-t)^2}{2EI_{\mathrm{Bl}}}\tag{12-37a}$$

当 $t<H_{\mathrm{Bu}}$ 时,有

$$\delta_{d\mathrm{M}}=\frac{(H_{\mathrm{B}}-t)^2-(H_{\mathrm{Bu}}-t)^2}{2EI_{\mathrm{Bl}}}\tag{12-37b}$$

将求得的 $\delta_{d\mathrm{M}}$ 和其余已知参数代入式(12-35),即可求得横梁内力 x_1,x_2。当求出结果为正值时,内力的作用方向即为所设方向;当为负值时,即与所设方向相反。

第 13 章　单层工业厂房结构的抗震设计

钢筋混凝土柱单层工业厂房的抗震计算包括横向和纵向两个方向的计算。厂房的横向抗侧力构件是由柱、屋架（屋面梁）组成的排架和刚性山墙（横墙）；厂房的纵向抗侧力构件主要是由柱、柱间支撑、吊车梁、连系梁组成的柱列和刚性纵墙。

《抗震标准》规定，符合下列条件之一，可不进行横向和纵向的截面抗震验算，但应符合抗震构造措施规定：

（1）抗震设防烈度为 7 度 Ⅰ、Ⅱ类场地，柱高不超过 10 m，且结构单元两端均有山墙的单跨及等高多跨厂房（锯齿形厂房除外）；

（2）抗震设防烈度为 7 度和 8 度（0.20g）Ⅰ、Ⅱ类场地的露天吊车栈桥。

13.1　单层工业厂房的横向抗震验算

钢筋混凝土柱单层工业厂房的横向抗震计算，应采用下列方法。

（1）对钢筋混凝土无檩和有檩屋盖厂房，一般情况下宜考虑屋盖的横向弹性变形，按多质点空间结构分析；当满足简化条件时，可按平面排架计算，并考虑空间工作和扭转影响；当有吊车时，还应考虑吊车桥架的影响，并按规定考虑排架柱地震剪力和弯矩的各项调整系数。

（2）对屋面为压型钢板、瓦楞铁等有檩屋盖的轻型屋盖厂房，当柱距相等时，可按平面排架计算。

13.1.1　横向自振周期

1. 计算简图

确定单层工业厂房的横向自振周期，通常与静力计算相同，一般取单榀排架作为计算单元，其计算简图可根据厂房类型和质量分布的不同，取质量集中在不同标高屋盖处，而下端固定于基础顶面的弹性直杆，并假定结构体系中的每一个质点只发生排架平面内方向的水平振动，每一个质点只有一个自由度。于是，单跨和多跨等高厂房可简化为单质点体系，两跨不等高厂房可简化为两质点体系，三跨不对称不等高（升高中跨）厂房可简化为三质点体系，如图 13-1 所示。

集中于 i 屋盖（柱顶）处质点的等效重力荷载代表值 G_i，按下式计算：

$$G_i = 1.0G_r + 0.25G_c + 0.50G_{cb} + 0.25G_{wl} + 1.0G_w \quad (i=1,2,3) \tag{13-1}$$

$$G_r = G_{屋盖} + 0.50G_{雪} + 0.50G_{灰} \tag{13-2}$$

式中　G_r——屋盖结构自重、屋盖悬挂荷载与屋面雪荷载、积灰荷载等的组合值；

G_c——柱自重，对单跨和多跨等高厂房的所有柱以及多跨不等高单层厂房的边柱取

全部重量,对多跨不等高厂房高低跨交接处的柱,下柱自重取全部重量;

G_{cb}——吊车梁自重;

G_{wl}——纵向外围护墙自重;

G_{w}——高低跨处的高跨纵向外围护墙自重,上、下各一半可分别集中到相应的高跨和低跨屋盖(柱顶)处。

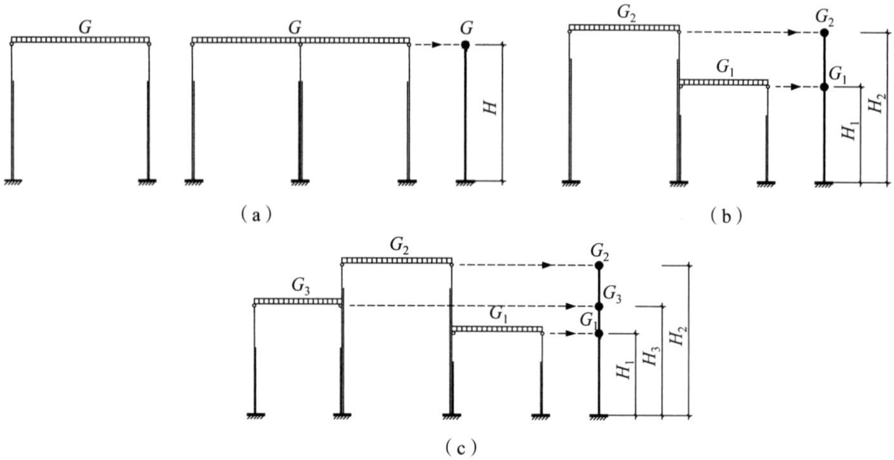

图 13-1　单层工业厂房结构基本周期计算的计算简图

(a)单跨和多跨等高厂房简化为单质点体系　(b)两跨不等高厂房简化为两质点体系

(c)三跨不对称不等高厂房简化为三质点体系

各荷载前的系数为基本周期质量折算系数,它是将沿厂房高度分布的重力荷载按动能等效原则集中至屋盖(柱顶)处的折算系数。

所谓动能等效,是指简化体系的最大动能与原体系的最大动能相等。根据此原则,可以求得两种不同类型的质点的质量比值,并称之为质量折算系数 ε,见表 13-1。将原体系中某种重力荷载乘以系数 ε,即为折算至屋盖(柱顶)处的质点重力荷载。经过等效折算的各重力荷载之和,称为质点等效重力荷载代表值。

表 13-1　单层工业厂房结构各部分重力荷载的横向基本周期质量折算系数 ε

厂房结构各部分重力荷载		集中部位	质量折算系数 ε
单跨及等高多跨厂房和不等高多跨单层厂房的低跨边柱、高跨边柱	位于柱顶以上部位的重力荷载	边柱柱顶	1.0
	柱自重、与柱等高的围护墙自重	边柱柱顶	0.25
	单跨及等高多跨厂房的吊车梁	边柱柱顶	0.50
	不等高多跨单层厂房边柱的吊车梁	边柱柱顶	0.50
不等高多跨单层厂房的高低跨交接处	中柱下柱自重	低跨柱顶	0.25
	中柱上柱自重	高跨柱顶和低跨柱顶	0.50
	高跨封墙自重	高跨柱顶和低跨柱顶	0.50
	高低跨柱顶之间的吊车梁自重	高跨柱顶和低跨柱顶	0.50
	靠近低跨屋盖处的吊车梁自重	低跨柱顶	1.0
其他集中质量		视具体情况确定	

为了简化计算，上述计算中做了以下处理：

（1）对不等高多跨厂房高低跨交接处的柱，其下柱自重应集中至低跨屋盖（柱顶）处，其上柱自重的上、下各一半可分别集中到相应的高跨和低跨屋盖（柱顶）处；

（2）不考虑吊车桥架的影响。

计算横向自振周期时，吊车桥架对厂房横向排架起撑杆的作用，使排架的横向刚度增大，而桥架自重又使周期等效重量增大，上述两种作用相互抵消，因此周期变化不大。为了简化计算，在计算周期时，不考虑吊车桥架的影响。

2. 基本周期计算公式

1）单跨和等高多跨单层厂房

可按单质点体系计算，其横向基本周期 T_1 为

$$T_1 = 2k\sqrt{G\delta} \tag{13-3}$$

式中　k——考虑在实际排架结构中纵墙以及屋架与柱连接的固结作用而引入的计算周期调整系数，对由钢筋混凝土屋架或钢屋架与钢筋混凝土柱组成的排架结构，有纵墙时取 k=0.80，无纵墙时取 k=0.90；

G——集中于屋盖（柱顶）的等效重力荷载代表值（kN）；

δ——单位水平力 F=1 作用于排架柱顶时，该处发生的沿水平方向的位移（m/kN），即排架的侧移柔度，按各柱的柔度系数 δ_i 计算，即

$$\frac{1}{\delta} = \sum \frac{1}{\delta_i} \tag{13-4}$$

2）两跨不等高厂房

可简化为两质点体系，其横向基本周期 T_1 为

$$T_1 = 2k\sqrt{\frac{G_1\Delta_1^2 + G_2\Delta_2^2}{G_1\Delta_1 + G_2\Delta_2}} \tag{13-5}$$

$$\begin{cases} \Delta_1 = \delta_{11}G_1 + \delta_{12}G_2 \\ \Delta_2 = \delta_{21}G_1 + \delta_{22}G_2 \end{cases} \tag{13-6a}$$

式中　δ_{ij}——单位水平力 F=1 作用于屋盖（柱顶）j 处时，在屋盖（柱顶）i 处产生的水平位移（m/kN）；

Δ_1、Δ_2——G_1、G_2 在质点处产生的水平位移（m），将 G_1、G_2 视为相应质点处的水平荷载。

式（13-6a）也可写成

$$\begin{Bmatrix} \Delta_1 \\ \Delta_2 \end{Bmatrix} = [\delta]\begin{Bmatrix} G_1 \\ G_2 \end{Bmatrix} = \begin{bmatrix} \delta_{11} & \delta_{12} \\ \delta_{21} & \delta_{22} \end{bmatrix}\begin{Bmatrix} G_1 \\ G_2 \end{Bmatrix} \tag{13-6b}$$

式（13-6b）中的矩阵 $[\delta]$ 即为两质点体系的侧移柔度矩阵，其元素 δ_{ij} 可由图 13-2 求得，即

$$\begin{cases} \delta_{11} = (1 - X_1^{①}) \cdot \delta_{11}^{a} \\ \delta_{21} = X_2^{①}\delta_{22}^{c} = \delta_{12} = X_1^{②}\delta_{11}^{a} \\ \delta_{22} = (1 - X_2^{②}) \cdot \delta_{22}^{c} \end{cases} \tag{13-7}$$

式中 $X_1^{①}$、$X_2^{①}$——单位水平力 F=1 作用于屋盖 1 处在横梁 1 和 2 内引起的内力；

$X_1^{②}$、$X_2^{②}$——单位水平力 F=1 作用于屋盖 2 处在横梁 1 和 2 内引起的内力；

δ_{11}^{a}、δ_{22}^{c}——在 A、C 柱柱顶作用单位水平力 F=1 时，在该处引起的侧移。

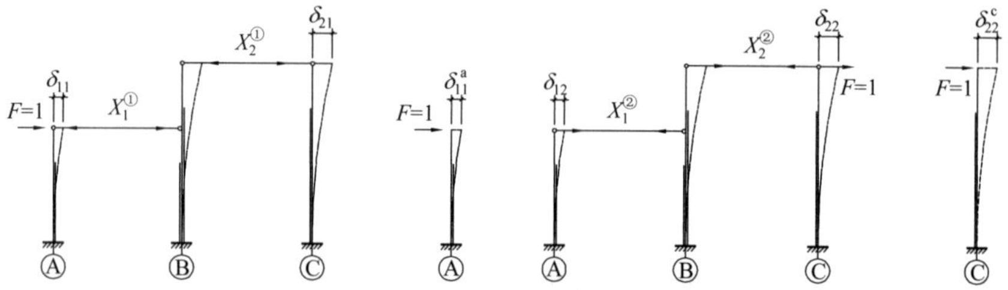

图 13-2 两跨不等高厂房的侧移

3)三跨不对称升高中跨厂房

可简化为三质点体系，其横向基本周期 T_1 为

$$T_1 = 2k\sqrt{\frac{G_1\Delta_1^2 + G_2\Delta_2^2 + G_3\Delta_3^2}{G_1\Delta_1 + G_2\Delta_2 + G_3\Delta_3}} \tag{13-8}$$

$$\begin{Bmatrix}\Delta_1\\ \Delta_2\\ \Delta_3\end{Bmatrix} = [\delta]\begin{Bmatrix}G_1\\ G_2\\ G_3\end{Bmatrix} = \begin{bmatrix}\delta_{11} & \delta_{12} & \delta_{13}\\ \delta_{21} & \delta_{22} & \delta_{23}\\ \delta_{31} & \delta_{32} & \delta_{33}\end{bmatrix}\begin{Bmatrix}G_1\\ G_2\\ G_3\end{Bmatrix} \tag{13-9}$$

矩阵 $[\delta]$ 的元素 δ_{ij} 可由图 13-3 求得，即

$$\begin{cases}\delta_{11} = (1 - X_1^{①})\cdot\delta_{11}^{a}\\ \delta_{12} = X_1^{②}\delta_{11}^{a} = \delta_{21} = X_1^{①}\delta_{21}^{c} - X_2^{①}\delta_{22}^{c}\\ \delta_{22} = X_2^{②}\delta_{22}^{c} - X_1^{②}\delta_{21}^{c}\\ \delta_{23} = X_2^{③}\delta_{22}^{c} - X_1^{③}\delta_{21}^{c} = \delta_{32} = X_3^{②}\delta_{33}^{d}\\ \delta_{33} = (1 - X_3^{③})\cdot\delta_{33}^{d}\end{cases} \tag{13-10}$$

式中 $X_j^{①}$、$X_j^{②}$、$X_j^{③}$——单位水平力 F=1 作用于屋盖 1、2、3 处在横梁 j 内引起的内力，j=1,2,3；

δ_{11}^{a}、δ_{22}^{c}、δ_{33}^{d}——在 A、C、D 柱柱顶作用单位水平力 F=1 时，在该处引起的侧移。

4)三跨对称升高中跨厂房

考虑到结构的对称性，计算其横向基本周期 T_1 时，可仅取半排架，并仍按式(13-8)计算，但式中 G_2 改为 $0.5G_2$，G_3 取消，δ_{11} 和 δ_{12} 也根据半排架计算。

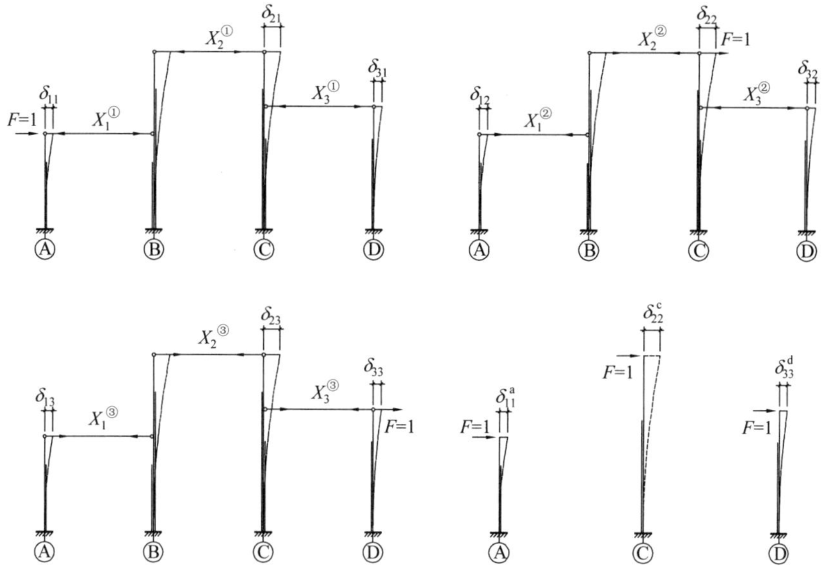

图 13-3　三跨不对称升高中跨厂房的侧移

13.1.2　横向水平地震作用的计算

1. 计算简图

为了正确反映厂房的受力特性，单层厂房在横向水平地震作用下的内力宜按弹性屋盖多质点空间结构力学模型进行分析。简化计算时，仍可按铰接平面排架的计算简图确定横向水平地震作用，但应考虑空间工作调整系数。对于无桥式吊车的单层厂房，其计算简图仍如图 13-1 所示。对于有桥式吊车的单层厂房，除把厂房各部分的质量集中于屋盖（柱顶）处外，还必须将每跨间吊车的重量集中于该跨任一柱的吊车梁顶面处，如图 13-4 所示。

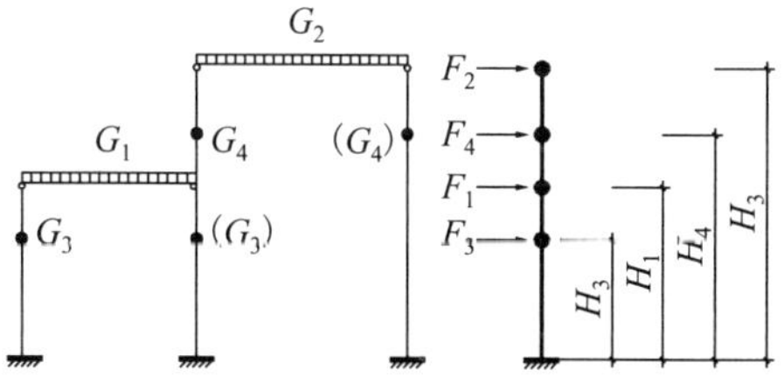

图 13-4　确定有桥式吊车的单层厂房横向地震作用的计算简图

计算横向水平地震作用时，集中于 i 屋盖（柱顶）处质点的等效重力荷载代表值 G_i 可按下式计算：

$$G_i = 1.0G_r + 0.50G_c + 0.50G_{cb} + 0.50G_{wl} + 1.0G_w \quad (i=1,2,3) \tag{13-11}$$

式中：各荷载符号意义同前，但各荷载前的系数为弯矩等效换算系数，即按弯矩等效原则将沿厂房高度分布的重力荷载集中至屋盖（柱顶）处的折算系数。

弯矩等效原则的原理是将厂房体系简化为由屋盖质点和有限个沿竖向分布的砖墙、柱质点所构成的多质点悬臂柱体系，对该体系按振型分解反应谱法所求得的柱底弯矩，应等于相应的单质点体系将柱顶集中荷载作用在柱底产生的弯矩。

2. 厂房横向水平地震作用

一般采用底部剪力法确定作用于排架的总地震剪力标准值 F_{Ek},即

$$F_{Ek} = \alpha_1 G_{eq} \tag{13-12}$$

式中 G_{eq}——确定横向水平地震作用时单榀排架的等效重力荷载,有

$$G_{eq} = 0.85\sum G_i \tag{13-13}$$

作用于质点 i 处的水平地震作用标准值 F_i 按下式计算:

$$F_i = \frac{G_i H_i}{\sum G_k H_k} F_{Ek} \tag{13-14}$$

应当注意的是,吊车梁顶标高处有一质点,将作用于该质点的横向地震作用平均分配给左、右两柱。

13.1.3 排架的内力分析

将求得的横向水平地震作用 F_i 当作静荷载施加在各质点 i 上,就可用力法进行排架的内力分析,从而得到排架柱在横向水平地震作用下的内力(弯矩和剪力)。然后,根据厂房的条件考虑空间作用和扭转影响,对内力进行调整。

1. 考虑空间工作和扭转影响的效应调整系数 ζ_1

当单层厂房的两端有山墙时,由于两端山墙在其平面内的刚度比排架计算单元在其平面内的刚度大得多,因此施加在柱顶部位的横向水平地震作用将部分地通过屋盖传至山墙,使各榀排架所受的横向水平地震作用有所减少。这时,山墙处的柱顶水平位移近似为零,各榀排架柱顶水平位移不等,中间的柱顶水平位移 Δ_1 最大,但却比两端无山墙时的柱顶水平位移 Δ_0 要小。这种现象和前面局部荷载作用下的情况类似,称为单层厂房的整体空间作用。

单层厂房排架实际承受的地震作用 F 与无整体空间作用时排架所承受的地震作用 F_0 的比值,即 $\zeta_1=F/F_0$,称为空间作用折减系数。按照弹性理论,由于排架柱顶位移与其承受的地震作用成正比,所以空间作用折减系数 ζ_1 也是单层厂房中最大的一个排架柱顶位移 Δ_1 与无整体空间作用时排架柱顶位移 Δ_0 的比值,即 $\zeta_1=\Delta_1/\Delta_0$。

单层厂房的整体空间作用与山墙的间距、屋盖类型有关。山墙间距越小,整体空间作用越大;采用无檩体系屋盖时,由于其水平刚度较大,厂房的整体空间作用比有檩体系屋盖的厂房要大。

单层厂房的动力实测试验可得到类似结论,即厂房的横向自振频率随有无山墙和山墙间距的不同而变化,也随屋盖类型的不同而变化。当有山墙时,横向自振频率将提高,而无檩体系厂房比有檩体系厂房提高得更多些,同时这种提高又随山墙间距的减小而增大。当山墙间距过长时,实测得到的横向自振频率接近于排架平面内的自振频率,这时厂房不再存在整体空间作用。

此外,对于一端有山墙、一端开口的无檩体系厂房单元,有时还要考虑厂房刚度不对称

带来的扭转问题。

《抗震标准》规定，对钢筋混凝土屋盖的单层钢筋混凝土柱厂房，当符合下列要求时，可考虑空间工作和扭转影响，按平面排架计算得到的排架柱（除高低跨交接处上柱外）地震剪力和弯矩，应乘以表 13-2 中的效应调整系数 ζ_1。

表 13-2　钢筋混凝土柱（除高低跨交接处上柱外）考虑空间工作和扭转影响的效应调整系数 ζ_1

屋盖	山墙		屋盖长度（m）											
			≤ 30	36	42	48	54	60	66	72	78	84	90	96
钢筋混凝土无檩屋盖	两端山墙	等高厂房	—	—	0.75	0.75	0.75	0.80	0.80	0.80	0.85	0.85	0.85	0.90
		不等高厂房	—	—	0.85	0.85	0.85	0.90	0.90	0.90	0.95	0.95	0.95	1.00
	一端山墙		1.05	1.15	1.20	1.25	1.30	1.30	1.30	1.30	1.35	1.35	1.35	1.35
钢筋混凝土有檩屋盖	两端山墙	等高厂房	—	—	0.80	0.85	0.90	0.95	0.95	1.00	1.00	1.05	1.05	1.10
		不等高厂房	—	—	0.85	0.90	0.95	1.00	1.00	1.05	1.05	1.10	1.10	1.15
	一端山墙		1.00	1.05	1.10	1.10	1.15	1.15	1.15	1.20	1.20	1.20	1.25	1.25

（1）抗震设防烈度为 7 度和 8 度。当抗震设防烈度大于 8 度时，由于山墙破坏严重，地震作用无法传给山墙，不能考虑整体空间作用。

（2）厂房单元屋盖长度 l_t 与总跨度 B 之比 $l_t/B<8$ 或 $B>12$ m。当满足此规定时，厂房屋盖的横向水平刚度较大，能保证将地震作用通过屋盖按相应的比例传给山墙或到顶横墙；否则，由于屋盖的横向水平刚度小，而不能考虑整体空间作用。当厂房仅一端有山墙时，l_t 应取所考虑排架至山墙（柱顶横墙）的距离（m）；当高低跨相差较大时，B 可不包括低跨。

（3）山墙的厚度不小于 240 mm，开洞所占的水平截面面积不超过总面积的 50%，并与屋盖系统有良好的连接。

（4）柱顶高度不大于 15 m。

2. 高振型对高低跨交接处柱内力的影响

由于高低跨厂房在地震时存在高振型的影响，高低两个屋盖可能产生方向相反的运动，从而增大高低跨交接处柱的上柱部分的内力（即支承低跨屋盖柱的牛腿以上各截面的内力）。也就是说，高低跨交接处柱的这部分截面的内力应按底部剪力法计算的结果乘以增大系数 η 进行修正。对不同组合形式（一高一低、一高二低、一高三低、中高二低等）、不同参数（跨度、高度、高低差）的不等高排架，按两质点和三质点体系的振型分解法进行计算比较的结果表明，影响 η 的主要因素是高低跨屋盖的质量比 G_L/G_H，随着 G_L/G_H 的增大，η 值也相应增大，呈现有规律的直线关系。

因此，《抗震标准》规定，高低跨交接处的钢筋混凝土柱支承低跨屋盖柱的牛腿以上各截面，按底部剪力法求得的地震剪力和弯矩应乘以增大系数 η，其值可按下式计算：

$$\eta = \zeta_2\left(1 + 1.7\frac{n_H}{\lambda_h n_H + n_L}\cdot\frac{G_{EL}}{G_{EH}}\right) \tag{13-15}$$

式中　η——地震剪力和弯矩的增大系数；

ζ_2——不等高厂房高低跨交接处的空间工作影响系数,可按表13-3采用;
n_H、n_L——高跨、低跨的跨数;
λ_h——计算系数,仅一侧有低跨时应取$\lambda_h=1$,两侧均有低跨时应取$\lambda_h=2$;
G_{EL}——集中于高低跨交接处一侧各低跨屋盖标高处的总重力荷载代表值;
G_{EH}——集中于高跨柱顶标高处的总重力荷载代表值。

表13-3 高低跨交接处钢筋混凝土上柱空间工作影响系数ζ_2

屋盖	山墙	屋盖长度(m)										
		≤36	42	48	54	60	66	72	78	84	90	96
钢筋混凝土无檩屋盖	两端山墙	—	0.70	0.76	0.82	0.88	0.94	1.00	1.06	1.06	1.06	1.06
	一端山墙	1.25										
钢筋混凝土有檩屋盖	两端山墙	—	0.90	1.00	1.05	1.10	1.10	1.15	1.15	1.15	1.20	1.20
	一端山墙	1.05										

3. 高振型对突出屋面天窗架内力的影响

对带有突出屋面天窗架的单层厂房,当天窗架结构的刚度和质量比排架结构小很多时,进行横向抗震计算,应考虑突出屋面天窗架的鞭端效应。

有斜撑杆的三铰拱式钢筋混凝土和钢天窗架的横向抗震计算,可采用底部剪力法;跨度大于9 m或抗震设防烈度大于9度时,天窗架的地震作用效应乘以增大系数,其值可采用1.5;其他情况下,天窗架的横向水平地震作用可采用振型分解反应谱法计算。

4. 吊车桥架引起的地震剪力和弯矩增大

在计算排架在横向水平地震作用下的内力时,要考虑吊车桥自重引起的地震作用。这时,单跨厂房取一台吊车,多跨厂房取分别在不同跨度内的两台吊车。横向水平地震作用可用式(13-14)求得,且作用于吊车梁的顶面标高处。在求此横向水平地震作用产生的排架内力时,可考虑厂房的整体空间作用,并可利用静力荷载计算中由吊车横向水平荷载所引起的内力按比例求得。

由于地震时吊车桥这一局部荷载在厂房整体振动中对所在柱产生动力效应,历经多次地震,吊车桥架对厂房局部造成了严重破坏。

因此,《抗震标准》规定,钢筋混凝土柱单层厂房的吊车梁顶标高处的上柱截面,由起重机桥架引起的地震剪力和弯矩应乘以增大系数η,当按底部剪力法等简化计算方法计算时,其值可按表13-4采用。

表13-4 起重机桥架引起的地震剪力和弯矩增大系数η

屋盖	山墙	边柱	高低跨柱	其他中柱
钢筋混凝土无檩屋盖	两端山墙	2.0	2.5	3.0
	一端山墙	1.5	2.0	2.5

续表

屋盖	山墙	边柱	高低跨柱	其他中柱
钢筋混凝土有檩屋盖	两端山墙	1.5	2.0	2.5
	一端山墙	1.5	2.0	2.0

13.1.4　排架的横向水平地震作用效应组合

排架横向抗震验算时的内力组合指地震作用引起的内力和与之相对应的竖向荷载引起的内力，在可能出现的最不利情况下所进行的组合，并根据该组合内力进行结构构件的强度验算。其计算方法同第 12 章所述，但具有以下特点：

（1）地震作用是往复的，所以由地震作用产生的排架结构构件截面内力可正可负；

（2）内力组合时不考虑风荷载，也不考虑吊车横向水平荷载；

（3）竖向荷载计算时，吊车的竖向荷载在单跨时按一台吊车考虑，在多跨时按分别在不同跨度内的两台吊车考虑，并与计算地震作用时所取的吊车台数和所在跨相对应。

地震作用效应与竖向荷载效应的组合按下式计算：

$$S = \gamma_G S_{GE} + \gamma_{Eh} S_{Eh} \tag{13-16}$$

式中　γ_G——重力荷载分项系数，一般情况下应取 1.3，当重力荷载效应对构件承载力有利时不应大于 1.0；

γ_{Eh}——水平地震作用分项系数；

S_{GE}——重力荷载代表值的效应；

S_{Eh}——水平地震作用标准值的效应。

13.2　单层工业厂房的纵向抗震验算

纵向抗震计算的目的在于确定厂房纵向的动力特性和地震作用，验算厂房纵向抗侧力构件（如柱间支撑、天窗架纵向支撑等）在纵向水平地震作用下的承载能力。

单层厂房在纵向水平地震作用下的内力分析，严格来说，应将屋盖视为一水平剪切梁，厂房的纵向承重结构（如纵向柱列、纵向柱间支撑和围护纵墙等）为一联合体，并由屋盖将纵向构件连接成一个多质点的空间结构（图 13-5），按多质点空间结构的力学模型进行抗震分析，求得厂房结构的纵向基本周期和各主振型的地震作用。由于计算模型为多竖杆的多质点体系，需要计算 3~5 个振型，求出厂房各构件的各个控制截面在 n 个主振型下的纵向水平地震作用效应，再用公式求出各个控制截面的组合地震作用效应 S。对于不等高厂房和不对称厂房，还要考虑厂房的扭转影响。

具体近似计算时，可采用柱列法和修正刚度法。

（1）柱列法即采用按各柱列自成振动体系的原则来确定各柱列的纵向水平地震作用的方法，适用于单跨厂房和多跨等高轻型屋盖厂房。轻型屋盖主要指采用石棉瓦、瓦楞铁、机瓦和木望板等轻质材料建成的屋盖，由于屋盖纵向水平面内的刚度很小，因此由它连接成的

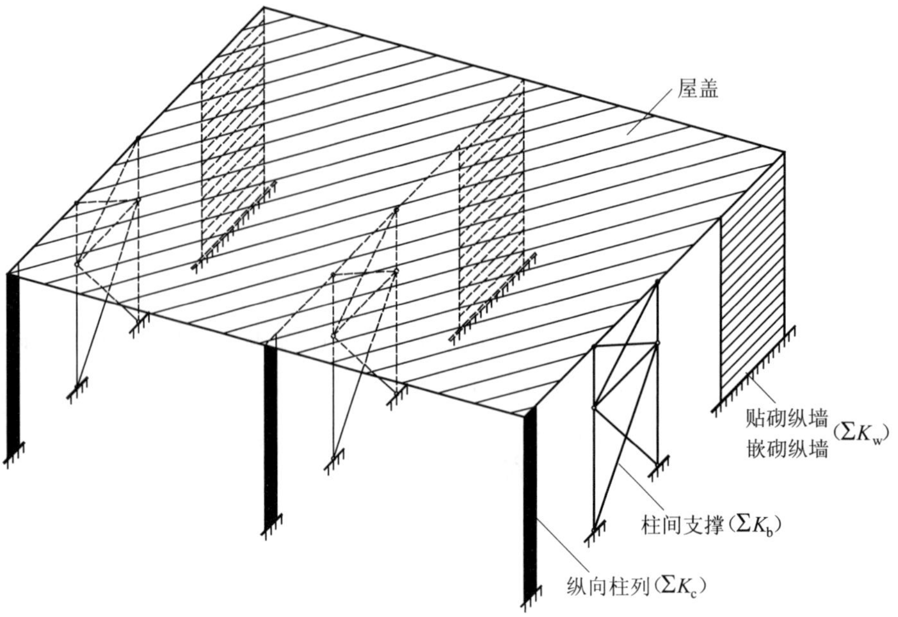

图 13-5 单层厂房纵向抗震验算的多质点空间结构模型

空间结构是“弱连接体系”,在地震作用下,整个厂房结构的纵向振动特性比较接近各柱列自成体系的振动情况。单跨厂房的柱列虽然可能与纵向水平刚度较大的屋盖相连接,但由于两侧柱列的纵向刚度一般是相同的,因此整个厂房结构的纵向振动特性也比较接近各柱列自成体系的振动情况。

(2)修正刚度法采用刚性屋盖厂房结构的纵向振动特性来确定纵向水平地震作用,并采取刚性屋盖分配的原则来确定纵向水平地震作用在各柱列间的分配,适用于多跨等高的无檩或有檩钢筋混凝土屋盖厂房。这种厂房由于屋盖的纵向水平刚度很大,整体空间作用显著,在地震作用下,整个厂房结构的纵向振动特性比较接近刚性屋盖厂房。

《抗震标准》规定,厂房的纵向抗震计算应采用以下方法。

(1)混凝土无檩和有檩屋盖及有较完整支撑系统的轻型屋盖厂房,一般情况下宜考虑屋盖的纵向弹性变形、围护墙与隔墙的有效刚度,不对称时还宜考虑扭转的影响,并按多质点体系进行空间结构分析;柱顶标高不大于 15 m 且平均跨度不大于 30 m 的单跨或多跨等高的钢筋混凝土柱厂房,宜采用修正刚度法计算。

(2)纵墙对称布置的单跨厂房和轻型屋盖的多跨厂房,可按柱列分片独立计算。

单层厂房纵向抗震验算时,应以一个伸缩缝区段为计算单元。计算单层厂房纵向基本周期时,需要将本单元各部分重力荷载按动能等效的原则折算到柱顶标高处。计算单层厂房纵向水平地震作用时,还需要将吊车梁及其配件的重力荷载、吊车桥架自重(硬钩吊车还应包括部分悬吊物重力荷载)等集中到吊车梁顶面标高处。单层厂房各部分重力荷载的折算系数 ε 可按表 13-5 采用。

表 13-5　纵向抗震验算时的质量折算系数 ε

序号	厂房各部分重力荷载	确定纵向基本周期时	确定纵向地震作用时	
			无吊车梁柱列	有吊车梁柱列
1	位于柱顶以上部位的重力荷载	1.0	1.0	1.0
2	柱	0.25	0.50	0.10（集中到柱顶） 0.40（集中到吊车梁顶）
3	山墙、到顶横墙	0.25	0.50	0.50
4	纵墙（包括贴砌墙、嵌砌墙）	0.35	0.70	0.70
5	吊车梁及配件、吊车桥架（硬钩吊车还应包括部分悬吊物重力荷载的 30%）	0.50	—	1.0（集中到牛腿顶）

13.2.1　纵向自振周期

1. 柱列法

柱列法是将厂房计算单元沿每跨屋盖的纵向中线切开，将一个柱列应承受的每侧半跨范围内所有的重力荷载按动能等效原则集中到柱顶标高处，形成柱顶集中质点；将一个柱列中所有的柱、柱间支撑和纵墙等构件的非弹性阶段刚度叠加为柱列总刚度，其计算简图如图 13-6 所示。

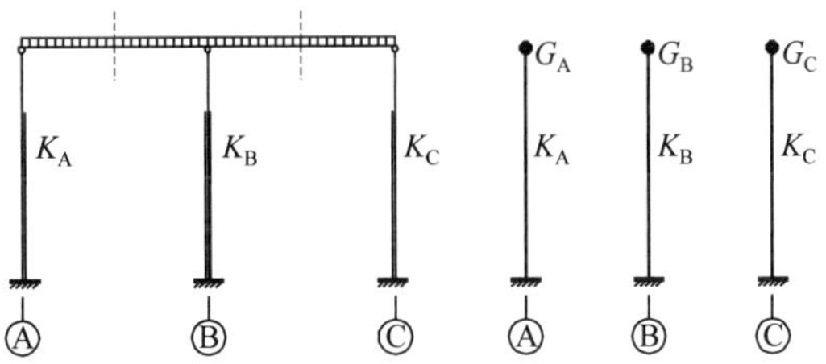

图 13-6　柱列法计算简图

集中于任意柱列 i 柱柱顶质点的等效重力荷载代表值 G_i 按下式计算：

$$G_i = 1.0G_r + 0.25(G_c + G_{wt}) + 0.35G_{wl} + 0.50(G_b + G_{cr}) \quad (i=A,B,C) \tag{13-17}$$

$$G_r = G_{屋盖} + 0.50G_{雪} + 0.50G_{灰} \tag{13-2}$$

式中　G_r——屋盖结构自重、屋盖悬挂荷载与屋面雪荷载、积灰荷载等的组合值；

G_c——柱自重；

G_{cr}——吊车重力荷载代表值；

G_{wt}——横墙（山墙）自重；

G_{wl}——纵向外围护墙自重。

其中，各荷载前的系数为基本周期质量折算系数。

按单质点体系计算其纵向基本周期 T_i，即

$$T_i = 2\phi_T\sqrt{\frac{G_i}{K_i}} \quad (i=A,B,C) \tag{13-18}$$

式中 ϕ_T——周期折减系数,当无围护墙时取 $\phi_T=0.90$,当有围护墙(砖墙、挂板、石棉瓦、瓦楞铁)时取 $\phi_T=0.80$;

K_i——非弹性阶段第 i 柱列的总刚度(kN/m)。

2. 修正刚度法

修正刚度法将厂房单元的整个屋盖视为一个刚性盘体,将所有柱列顶部的集中质点 G_i 集中为一个质点,将所有柱列的纵向刚度 K_i 叠加为厂房总刚度,其计算简图如图 13-7 所示。

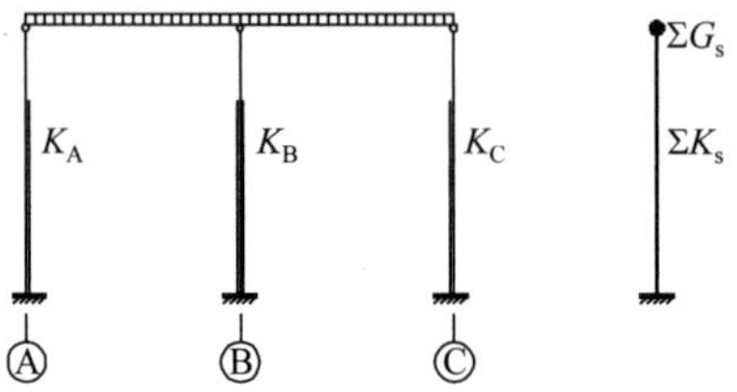

图 13-7 修正刚度法计算简图

考虑到厂房屋盖在其平面内的刚度是有限的,不同类型屋盖的刚度也不同;而且不同地震作用下砖墙不同破坏程度引起的刚度变化,都会对屋盖的变形产生影响。当屋盖刚度小、砖墙刚度大时,屋盖的变形影响大,使厂房的自振周期大于绝对刚性屋盖假定下的厂房自振周期。引入周期修正系数后,厂房纵向自振周期可按下式计算:

$$T_1 = 2\phi_T k\sqrt{\frac{\sum G_i}{\sum K_i}} \tag{13-19}$$

式中 k——周期修正系数,相应于有限刚度屋盖厂房周期与绝对刚性屋盖厂房周期的比值,按表 13-6 确定。

表 13-6 钢筋混凝土屋盖厂房的纵向周期修正系数 k

屋盖			无檩屋盖		有檩屋盖	
			边跨无天窗	边跨有天窗	边跨无天窗	边跨有天窗
纵墙为砖墙	抗震设防烈度	7 度	1.20	1.25	1.30	1.35
		8 度	1.10	1.15	1.20	1.25
		9 度	1.00	1.05	1.05	1.10
无墙、挂板、石棉瓦			1.00	1.00	1.00	1.00

根据钢筋混凝土柱厂房单元纵向自振周期的实测资料,经统计整理后,《抗震标准》建议,按修正刚度法计算单跨或多跨等高的钢筋混凝土柱厂房纵向水平地震作用时,当柱顶标高不大于 15 m 且平均跨度不大于 30 m 时,纵向自振周期可按以下公式近似计算:

$$T_1 = \phi_2(0.23 + 0.000\,25\phi_1 l\sqrt{H^3}) \tag{13-20}$$

式中 ϕ_1——屋盖类型系数,大型屋面板钢筋混凝土屋架可取 1.0,钢屋架可取 0.85;

l——厂房跨度(m),多跨厂房可取各跨的平均值;

H——基础顶面至柱顶的高度(m);

ϕ_2——围护墙影响系数,采用砖围护墙时取 1.0,其余情况可按下式计算,且不小于 1.0,即

$$\phi_2 = 2.6 - 0.002l\sqrt{H^3} \tag{13-21}$$

13.2.2　纵向结构构件的刚度计算

由图 13-5 可知,多跨等高单层厂房纵向结构构件的总刚度可以分解为图 13-8 所示的三部分,其中 $\sum K_c$ 为纵向柱列各柱刚度的总和,$\sum K_b$ 为纵向柱列中柱间支撑刚度的总和,$\sum K_w$ 为纵向墙体刚度的总和,且它们本身又都是各边列柱和各中列柱刚度之和。

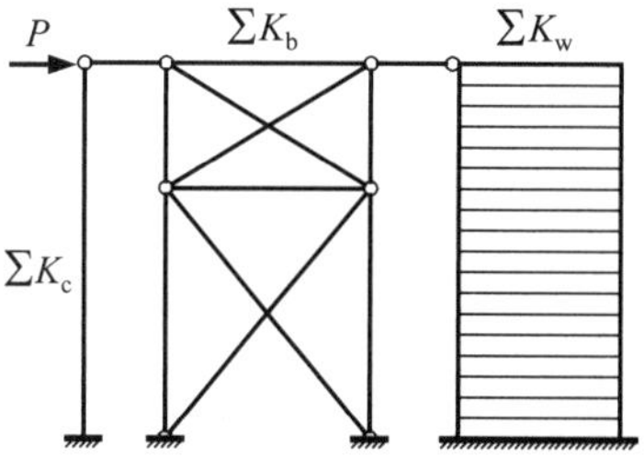

图 13-8　单层厂房纵向刚度模型

1. 柱的纵向刚度

为简化计算,柱仍采用弹性刚度,利用结构力学公式计算,可得单柱的纵向刚度为

$$K_c = \frac{1}{\delta_j} = \mu \frac{C_0 EI_1}{H^3} \tag{13-22}$$

式中　H——柱高(m);

μ——屋盖、吊车梁等纵向构件对柱抗弯刚度的影响系数,无吊车梁时取 μ=1.10,有吊车梁时取 μ=1.30;

EI_1——下柱截面在纵向排架平面内的抗弯刚度(kN·m²);

C_0——变截面柱系数,可按下式计算,但其中惯性矩应按纵向平面排架计算,即

$$C_0 = \frac{1}{1 + \lambda^3\left(\frac{1}{n} - 1\right)} \tag{13-23}$$

由此可得,纵向柱列的总刚度为

$$\sum K_c = \frac{\mu}{H^3}\sum C_0 EI_1 \tag{13-24}$$

2. 柱间支撑

水平力作用下柱间支撑的计算简图为悬臂式桁架体系(图 13-9),由于桁架竖杆(柱)和水平杆(吊车梁或系杆)的截面面积大、轴向变形小,而斜杆的截面面积小、轴向变形大,因此计算柱间支撑的侧移时,可仅考虑斜杆变形的影响。根据斜杆长细比 λ 的不同,又可分

为以下两种情况。

1)柔性柱间支撑($\lambda \geqslant 200$)

由于此类支撑斜杆的长细比 λ 很大,在设计控制阶段的地震作用下,压杆将丧失稳定而退出工作,仅有斜向拉杆参加工作。

由结构力学可知,在单位力作用下,柱间支撑桁架的侧移可按下式计算:

$$\delta_{ik} = \sum \frac{N_i N_k l}{EA} \tag{13-25}$$

式中 δ_{ik}——在 k 点作用单位力时,i 点产生的侧移;

N_i——在支撑 i 点作用单位力时,支撑斜杆中产生的内力;

N_k——在支撑 k 点作用单位力时,支撑斜杆中产生的内力;

l——支撑斜杆的长度;

E、A——支撑斜杆的弹性模量和截面面积。

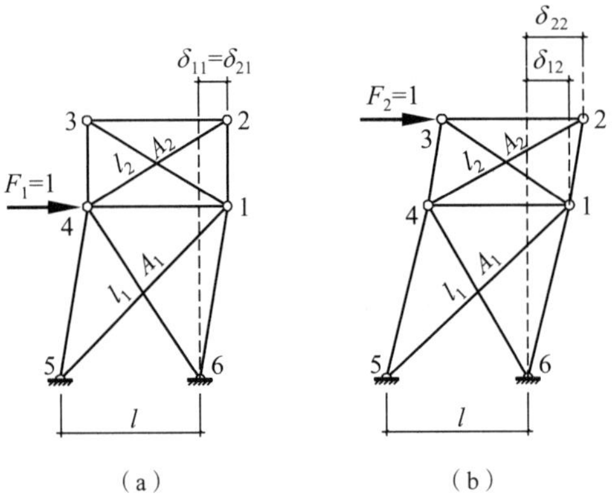

图 13-9 柱间支撑计算简图

(a)单位力作用在4点 (b)单位力作用在3点

忽略桁架体系中的斜向压杆和零杆,利用图13-9(a)中节点1的平衡条件可得出在单位力 $F_1=1$ 的作用下,斜杆51的内力为

$$N_{51}^{①} = l_1/l \tag{13-26a}$$

同理,在单位力 $F_2=1$ 的作用下(图13-9(b)),斜杆42和51的内力分别为

$$\begin{cases} N_{51}^{②} = l_1/l \\ N_{42}^{②} = l_2/l \end{cases} \tag{13-26b}$$

将斜杆内力代入式(13-25),可得单位力 $F_1=1$ 作用在支撑节点1时,在该节点产生的侧移 δ_{11};以及单位力 $F_2=1$ 作用在支撑节点2时,在该节点产生的侧移 δ_{22} 和节点1处产生的侧移 δ_{12},单位为m/kN。即

$$\delta_{11} = \delta_{12} = \delta_{21} = \frac{l_1^3}{EA_1 l^2} \tag{13-27}$$

$$\delta_{22} = \frac{l_1^3}{EA_1 l^2} + \frac{l_2^3}{EA_2 l^2} \tag{13-28}$$

式中　l_1、l_2——斜杆 51 和 42 的长度（m）；

A_1、A_2——斜杆 51 和 42 的截面面积（m^2）；

l——柱的间距（m）。

2）半刚性柱间支撑（$60 \leqslant \lambda < 200$）

试验研究表明，对于半刚性交叉柱间支撑，从开始加载到拉杆屈服前，压杆虽已达到临界荷载，但当拉杆还处于弹性阶段时，由于拉压杆的变形必须协调，支撑的荷载位移曲线大致为直线，并不出现压杆先退出工作的情况。所以，设计控制阶段地震作用下的柱间支撑侧移，应按拉杆刚度与压杆临界状态刚度之和来确定。这样，在单位力作用下，半刚性柱间支撑侧移的计算公式（单位为 m/kN）为

$$\delta_{11} = \delta_{12} = \delta_{21} = \frac{l_1^3}{(1+\varphi_1)EA_1l^2} \tag{13-29}$$

$$\delta_{22} = \frac{l_1^3}{(1+\varphi_1)EA_1l^2} + \frac{l_2^3}{(1+\varphi_2)EA_2l^2} \tag{13-30}$$

式中　φ_1、φ_2——斜杆 64 和 13 的稳定系数，可由《钢结构标准》查得。

3）刚性柱间支撑（$\lambda < 60$）

长细比 $\lambda < 60$ 的交叉柱间支撑属于刚性支撑，受压时不致发生侧向失稳现象，压杆与拉杆一样能充分发挥其全截面强度和刚度的作用。

在单位力 $F_1=1$ 的作用下，斜杆 51 的内力为

$$N_{51}^{①} = -N_{46}^{①} = \frac{l_1}{2l} \tag{13-31}$$

在单位力 $F_2=1$ 的作用下，斜杆 42 和 51 的内力分别为

$$\begin{cases} N_{42}^{②} = -N_{31}^{②} = \dfrac{l_2}{2l} \\ N_{51}^{②} = -N_{46}^{②} = \dfrac{l_1}{2l} \end{cases} \tag{13-32}$$

将斜杆内力代入式（13-25），可得到刚性柱间支撑的侧移计算公式（单位为 m/kN）为

$$\delta_{11} = \delta_{12} = \delta_{21} = \frac{l_1^3}{2EA_1l^2} \tag{13-33}$$

$$\delta_{22} = \frac{l_1^3}{2EA_1l^2} + \frac{l_2^3}{2EA_2l^2} \tag{13-34}$$

3. 纵向砖墙

1）无洞口墙体

对砖墙的上、下端转动变形都受到约束的情况（图 13-10（a）），考虑弯曲变形和剪切变形的影响，并同时考虑砖墙开裂后对刚度的折减，可得单位力 $F=1$ 作用在墙体顶部时侧移的计算公式为

$$\delta_{11} = \delta_b + \delta_s = \frac{\rho^3 + 3\rho}{k\phi_k Et} \tag{13-35}$$

对砖墙的下端固定、上端自由的情况(图13-10(b)),则可得单位力 $F=1$ 作用在墙体顶部时侧移的计算公式为

$$\delta_{11}=\frac{4\rho^3+3\rho}{k\phi_k Et} \tag{13-36}$$

式中 ϕ_k——砖墙由于开裂、破损以及与钢筋混凝土柱拉结不良的刚度折减系数,抗震设防烈度为7度时取0.6,8度时取0.4,9度时取0.2;

E——砖砌体的弹性模量;

t——墙体的厚度(m),对于有壁柱的墙面,可近似根据面积相等的原则换算为等厚截面;

ρ——墙面的高宽比,即 $\rho=h/b$,b、h 分别为墙面的宽度和高度;

k——墙面小洞口影响系数,可按经验公式 $k=1-1.2\sqrt{a}$ 计算,a 为开洞率。

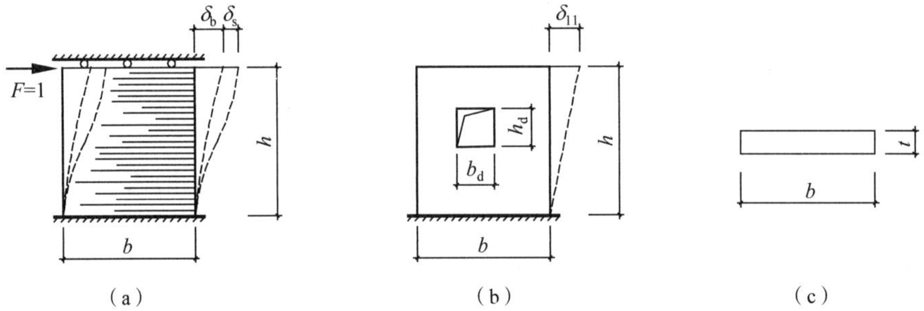

图13-10 无洞口墙体的刚度

(a)砖墙的上、下端均受约束 (b)砖墙的下端固定、上端自由 (c)截面尺寸

开洞率 a 是洞口立面面积与墙面立面面积之比,即

$$a=\frac{b_d h_d}{bd} \tag{13-37}$$

式中 b_d、h_d——墙面小洞口的宽度和高度。

当 $a<0.4$ 时,可按式(13-36)确定墙体柔度;而当 $a>0.4$ 时,则视为大洞口墙体,应按有洞口墙体确定其柔度。

2)有洞口墙体

如图13-11所示有洞口墙体,计算其侧移刚度时,对于水平实心墙带,其 ρ 值很小,可忽略弯曲变形的影响;对于水平多肢墙带,其墙带刚度应等于各墙肢(窗间墙段)刚度之和。该墙体的侧移刚度 K 为

$$K=\frac{1}{\dfrac{1}{K_1}+\dfrac{1}{K_{21}+K_{22}+K_{23}}+\dfrac{1}{K_3}} \tag{13-38}$$

$$K_{2j}=\frac{1}{\dfrac{1}{K_{2j-1}}+\dfrac{1}{2K_{2j-2}}}\quad (j=1,2,3) \tag{13-39}$$

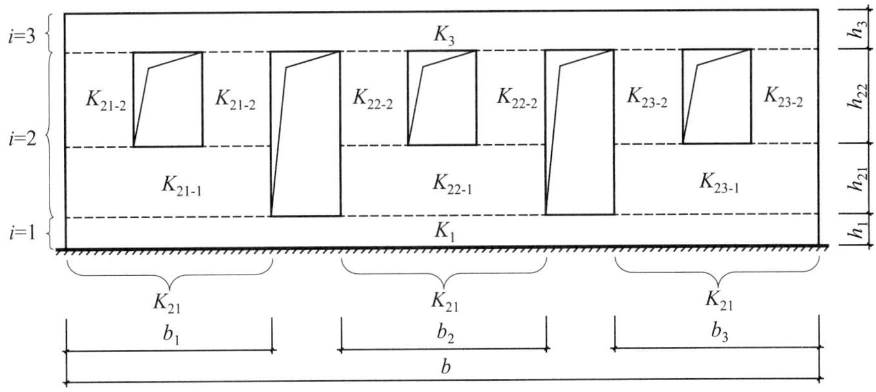

图 13-11　有洞口墙体的刚度

4. 柱列总刚度

1）仅柱列顶部作用水平力

当柱列顶部作用单位水平力（F=1）时，第 i 柱列的总刚度 K_i 为

$$K_i = \frac{1}{\delta_{22}} = \sum n_c \frac{1}{\delta_{c22}} + \sum n_b \frac{1}{\delta_{b22}} + \sum n_w \frac{1}{\delta_{w22}} \tag{13-40}$$

式中　δ_{c22}、δ_{b22}、δ_{w22}——柱列中相同的一个柱、一组支撑和一片纵墙在其顶部作用单位水平力时的侧移；

n_c、n_b、n_w——一个柱列中柱的根数、支撑的组数和纵墙的片数。

2）柱列作用两个地震力

当第 i 柱列同时作用两个地震力（F_1、F_2）时，其刚度矩阵 $[K_i]$ 按下式计算：

$$\begin{aligned}[K_i] &= \begin{bmatrix} K_{11} & K_{12} \\ K_{21} & K_{22} \end{bmatrix} = [K_c] + [K_b] + [K_w] \\ &= \begin{bmatrix} K_{c11} + K_{b11} + K_{w11} & K_{c12} + K_{b12} + K_{w12} \\ K_{c21} + K_{b21} + K_{w21} & K_{c22} + K_{b22} + K_{w22} \end{bmatrix}\end{aligned} \tag{13-41}$$

式中　$[K_c]$、$[K_b]$、$[K_w]$——第 i 柱列柱、柱间支撑和纵墙的刚度矩阵，可根据柔度矩阵求逆来计算。

13.2.3　纵向水平地震作用的计算

1. 计算简图

确定厂房的纵向水平地震作用时，对无桥式吊车的厂房，其计算简图与确定厂房自振周期相同；对有桥式吊车的厂房，整个柱列的各项重力荷载应分别就近集中到各屋盖和吊车梁顶面处，如图 13-12 所示。

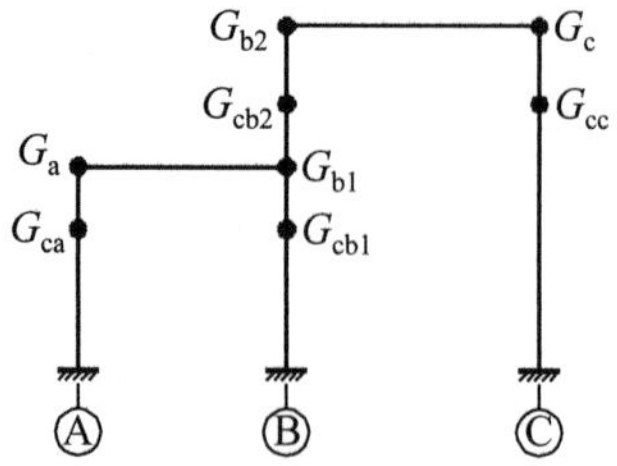

图 13-12　有桥式吊车厂房的纵向水平地震作用计算简图

集中到第 i 柱列屋盖高度处的等效重力荷载代表值 G_i 按下式计算：

$$G_i = 1.0G_r + \beta_c G_c + 0.5G_{wt} + 0.70G_{wl} + 1.0G_w \quad (i\text{=A},\text{B}_l,\text{B}_u,\text{C}) \tag{13-42}$$

式中　b_c——柱自重等效系数，对无吊车厂房取0.5，对有吊车厂房取0.1。

集中到第 i 柱列吊车梁顶面处的等效重力荷载代表值 G_{ci} 按下式计算：

$$G_{ci} = 0.4G_c + G_b + G_{cr} \quad (i\text{=A},\text{B}_l,\text{B}_u,\text{C}) \tag{13-43}$$

式(13-42)和式(13-43)中的各系数是根据多质点体系和单质点体系计算简图中两者的柱列构件地震剪力相等的原则确定。

为了简化计算，柱列吊车梁顶面处的质点重量 G_{ci}，也可就近向上并入相应柱列的屋盖高度处质点。

2. 柱列地震作用

1)柱列法

作用于第 i 柱列柱顶标高处的纵向水平地震作用为

$$F_i = \alpha_1 G_i \tag{13-44}$$

式中　α_1——相应于第 i 柱列自振周期 T_i 的地震影响系数。

作用于第 i 柱列吊车梁顶面标高处的纵向水平地震作用为

$$F_i = \alpha_1 G_{ci} \frac{h_{ci}}{H_i} \tag{13-45}$$

式中　H_i、h_{ci}——第 i 柱列柱顶和吊车所在跨吊车梁顶的高度。

2)修正刚度法

由于厂房屋盖刚度的有限性，在纵向水平地震作用下各柱列侧移值是不相等的，中柱列侧移大于边柱列侧移。所以，厂房单元屋盖处的总地震作用应按柱列刚度及其侧移的乘积分配到柱列柱顶。

多跨等高钢筋混凝土屋盖厂房，各纵向柱列的柱顶标高处的纵向水平地震作用可按下式计算：

$$F_i = \alpha_1 G_{eq} \frac{K_{ai}}{\sum K_{ai}} \tag{13-46}$$

$$K_{ai} = \phi_3 \phi_4 K_i \tag{13-47}$$

式中　F_i——第 i 柱列柱顶标高处的纵向水平地震作用标准值；

K_{ai}——第 i 柱列柱顶考虑围护墙和柱间支撑影响调整后的侧移刚度；

ϕ_3——柱列侧移刚度的围护墙影响系数，可按表 13-7 采用，有纵向砖围护墙的四跨或五跨厂房，由边柱列数起的第三柱列可按表内相应数值的 1.15 倍采用；

ϕ_4——柱列侧移刚度的柱间支撑影响系数，有纵向砖围护墙时，边柱列可采用 1.0，中柱列可按表 13-8 采用。

表 13-7　围护墙影响系数 ϕ_3

围护墙类别和抗震设防烈度		柱列和屋盖类别				
		边柱列	中柱列			
			无檩屋盖		有檩屋盖	
240 砖墙	370 砖墙		边跨无天窗	边跨有天窗	边跨无天窗	边跨有天窗
	7 度	0.85	1.7	1.8	1.8	1.9
7 度	8 度	0.85	1.5	1.6	1.6	1.7
8 度	9 度	0.85	1.3	1.4	1.4	1.5
9 度		0.85	1.2	1.3	1.3	1.4
无墙、挂板、石棉瓦		0.90	1.1	1.1	1.2	1.2

表 13-8　纵向砖围护墙的中柱列柱间支撑影响系数 ϕ_4

厂房单元内设置下柱支撑的柱间数	中柱列下柱支撑斜杆的长细比					中柱列无支撑
	≤ 40	41~80	81~120	121~150	>150	
一柱间	0.90	0.95	1.00	1.10	1.25	1.40
二柱间	—	—	0.90	1.15	1.00	

作用于第 i 柱列各吊车梁顶面标高处的纵向水平地震作用标准值为

$$F_{ci}=\alpha_1 G_{ci}\frac{h_{ci}}{H_i} \tag{13-48}$$

式中　H_i、h_{ci}——第 i 柱列柱顶和吊车所在跨吊车梁顶的高度。

13.2.4　构件的纵向水平地震作用分配

求得各纵向柱列的柱顶标高处和吊车梁顶面标高处的纵向水平地震作用后，应将其分配至相应的柱、柱间支撑、纵向砖墙上。

1. 仅柱列顶部作用地震力

考虑到在纵向地震力 F_s 作用下各构件顶部的位移应相等，柱列顶部地震作用应按其刚度分配，因此一根柱、一组柱间支撑、一片纵向砖墙所受到的地震作用分别为

$$\begin{cases}F_c=\dfrac{K_c}{K_s}F_s\\[2ex]F_b=\dfrac{K_b}{K_s}F_s\\[2ex]F_w=\dfrac{K_w}{K_s}F_s\end{cases} \tag{13-49}$$

2. 柱列顶部作用两个地震力

在纵向地震力 F_{s1} 和 F_{s2} 作用下(图 13-13),外力作用点的柱列侧移为

$$\begin{Bmatrix} \Delta u_{s1} \\ \Delta u_{s2} \end{Bmatrix} = [\delta] \begin{Bmatrix} F_{s1} \\ F_{s2} \end{Bmatrix} = \begin{bmatrix} \delta_{11} & \delta_{12} \\ \delta_{21} & \delta_{22} \end{bmatrix} \begin{Bmatrix} F_{s1} \\ F_{s2} \end{Bmatrix} \tag{13-50}$$

式中 $[\delta]$——柱列的侧移柔度矩阵,可由式(13-41)的刚度矩阵求逆得到。

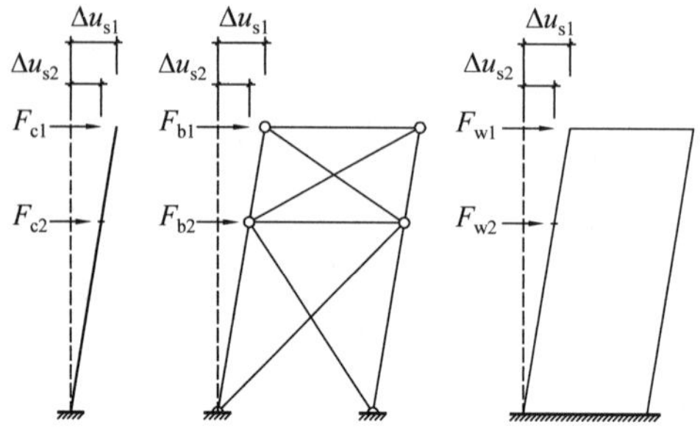

图 13-13 构件地震作用

各柱列中,柱、柱间支撑、纵向砖墙作为脱离体,在按其刚度所分配到的地震作用下,各构件相应点侧移应等于柱列侧移。

柱列中全部柱受到的地震作用分别为

$$\begin{Bmatrix} F_{c1} \\ F_{c2} \end{Bmatrix} = \begin{bmatrix} K_{c11} & K_{c12} \\ K_{c21} & K_{c22} \end{bmatrix} \begin{Bmatrix} \Delta u_{s1} \\ \Delta u_{s2} \end{Bmatrix} \tag{13-51a}$$

柱列中全部柱间支撑受到的地震作用分别为

$$\begin{Bmatrix} F_{b1} \\ F_{b2} \end{Bmatrix} = \begin{bmatrix} K_{b11} & K_{b12} \\ K_{b21} & K_{b22} \end{bmatrix} \begin{Bmatrix} \Delta u_{s1} \\ \Delta u_{s2} \end{Bmatrix} \tag{13-51b}$$

柱列中全部纵向砖墙受到的地震作用分别为

$$\begin{Bmatrix} F_{w1} \\ F_{w2} \end{Bmatrix} = \begin{bmatrix} K_{w11} & K_{w12} \\ K_{w21} & K_{w22} \end{bmatrix} \begin{Bmatrix} \Delta u_{s1} \\ \Delta u_{s2} \end{Bmatrix} \tag{13-51c}$$

第 14 章　构件设计

14.1　柱设计

单层工业厂房结构中钢筋混凝土柱的设计主要包括以下内容。

（1）选择柱的形式，即在结构设计的方案阶段，根据材料、施工等方面的具体条件，通过技术经济分析比较选择柱的形式。

（2）确定柱的外形尺寸，即根据厂房的结构形式，工艺专业要求的轨顶标高、吊车吨位，以及建筑物统一化模数要求，确定柱的各部分高度和总高度，并根据排架刚度要求，屋架以及吊车梁、墙梁等构件在柱上的支承要求，确定柱的各部分截面尺寸以及截面与轴线的关系。

（3）计算柱的配筋，即在排架内力计算和内力组合的基础上，进行截面配筋设计，并验算柱在吊装阶段的强度和抗裂度。

（4）设计支承吊车梁和墙梁的牛腿。

（5）设计连接构造，即柱与屋架、吊车梁、柱间支撑等构件连接时，柱中预埋件的设计。

其中，（1）、（2）已在前面介绍了，本章着重讨论（3）、（4）、（5）三部分。

14.1.1　柱截面设计与构造

1. 柱截面配筋计算

单层厂房柱的纵向受力钢筋和箍筋，应根据非地震组合和地震组合两种设计状况下控制截面的最不利内力组合 M 和 N，按偏心受压构件进行各控制截面配筋计算。为方便施工，一般采用对称配筋。

具有刚性屋盖的单层厂房柱和露天栈桥柱，其计算长度可按表 14-1 取用。其中，有吊车厂房排架柱的计算长度，当计算中不考虑吊车荷载时，可按无吊车厂房采用，但上柱的计算长度仍按有吊车厂房采用。

表 14-1　采用刚性屋盖的单层厂房和露天栈桥柱的计算长度

柱的类型		排架方向	垂直排架方向	
			有柱间支撑	无柱间支撑
无吊车厂房柱	单跨	$1.5H$	$1.0H$	$1.2H$
	两跨及多跨	$1.25H$	$1.0H$	$1.2H$

续表

<table>
<tr><td colspan="2" rowspan="2">柱的类型</td><td rowspan="2">排架方向</td><td colspan="2">垂直排架方向</td></tr>
<tr><td>有柱间支撑</td><td>无柱间支撑</td></tr>
<tr><td rowspan="2">有吊车厂房柱</td><td>上柱</td><td>$2.0H_u$($H_u/H_l \geq 0.3$)
$2.5H_u$($H_u/H_l<0.3$)</td><td>$1.25H_u$</td><td>$1.5H_u$</td></tr>
<tr><td>下柱</td><td>$1.0H_l$</td><td>$0.8H_l$</td><td>$1.0H_l$</td></tr>
<tr><td colspan="2">露天吊车柱和栈桥柱</td><td>$2.0H_l$</td><td>$1.0H_l$</td><td>—</td></tr>
</table>

注:H 为从基础顶面算起的柱全高;

H_l 为从基础顶面至装配式吊车梁底面或现浇式吊车梁顶面的柱下部高度;

H_u 为从装配式吊车梁底面或从现浇式吊车梁顶面算起的柱上部高度。

排架柱在平面外(即垂直于排架方向)的强度,一般按轴心受压构件进行验算,其轴力应取上述组合情况下的最大轴力设计值。

2. 构造要求

柱中纵向受力钢筋和箍筋的最小配筋率,应满足混凝土构件最小配筋率的要求。

柱中纵向受力钢筋的配置应符合下列规定。

(1)纵向受力钢筋的直径不宜小于 12 mm,全部纵向受力钢筋的配筋率不宜大于 5%。

(2)纵向受力钢筋的净间距不应小于 50 mm,且不宜大于 300 mm;对水平浇筑的预制柱,纵向受力钢筋的最小净间距可按梁的有关规定取用。

(3)在垂直于弯矩作用平面的侧面上,纵向受力钢筋的中距不宜大于 300 mm;截面高度不小于 600 mm 时,在柱的侧面上应设置直径不小于 10 mm 的纵向构造钢筋,并相应设置复合箍筋或拉筋。

柱中箍筋的配置应符合下列规定。

(1)箍筋直径不应小于 $d/4$,且不应小于 6 mm,d 为纵向受力钢筋的最大直径。

(2)箍筋间距不应大于 400 mm 及构件截面的短边尺寸,且不应大于 $15d$,d 为纵向受力钢筋的最小直径。

(3)当柱截面短边尺寸大于 400 mm 且各边纵向受力钢筋多于 3 根时,或当柱截面短边尺寸不大于 400 mm 但各边纵向受力钢筋多于 4 根时,应设置复合箍筋。

(4)柱中的周边箍筋应做成封闭式,且末端应做成 135° 弯钩,弯钩末端平直段长度不应小于 $5d$,d 为箍筋直径。

(5)当柱中全部纵向受力钢筋的配筋率大于 3% 时,箍筋直径不应小于 8 mm,间距不应大于 $10d$,且不应大于 200 mm;且箍筋末端应做成 135° 弯钩,弯钩末端平直段长度不应小于 $10d$,d 为纵向受力钢筋的最小直径。

抗震设计时,单层厂房柱混凝土强度等级不应低于 C25,柱的抗震等级应按表 14-2 采用。

表 14-2　单层厂房柱的抗震等级

<table>
<tr><td colspan="2" rowspan="2">结构类型</td><td colspan="4">抗震设防烈度</td></tr>
<tr><td>6</td><td>7</td><td>8</td><td>9</td></tr>
<tr><td>单层厂房结构</td><td>铰接排架</td><td>四</td><td>三</td><td>二</td><td>一</td></tr>
</table>

抗震设计时，单层厂房柱应设置箍筋加密区，加密区的范围应符合下列要求：

（1）对柱顶区段，取柱顶以下 500 mm，且不小于柱顶截面高度；

（2）对吊车梁区段，取上柱根部（阶形柱牛腿面）至吊车梁顶面以上 300 mm；

（3）对牛腿（柱肩）区段，取牛腿全高；

（4）对柱根，取基础顶面（下柱柱底）至室内地坪以上 500 mm；

（5）对柱间支撑与柱连接节点和柱位移受约束的部位，取节点上、下各 300 mm。

加密区箍筋间距不应大于 100 mm，箍筋肢距和最小直径应符合表 14-3 的规定。

表 14-3　单层厂房柱箍筋加密区箍筋肢距和最小直径（mm）

<table>
<tr><td colspan="2" rowspan="3">加密区区段</td><td colspan="6">柱抗震等级和场地类别</td></tr>
<tr><td rowspan="2">四级</td><td colspan="2">三级</td><td colspan="2">二级</td><td rowspan="2">一级</td></tr>
<tr><td>Ⅰ、Ⅱ类场地</td><td>Ⅲ、Ⅳ类场地</td><td>Ⅰ、Ⅱ类场地</td><td>Ⅲ、Ⅳ类场地</td></tr>
<tr><td colspan="2">箍筋最大肢距</td><td colspan="2">300</td><td colspan="2">250</td><td colspan="2">200</td></tr>
<tr><td rowspan="4">箍筋最小直径</td><td>一般柱顶、柱根区段</td><td colspan="2">6</td><td colspan="2">8</td><td colspan="2">8（柱根 10）</td></tr>
<tr><td>角柱柱顶</td><td colspan="2">8</td><td colspan="2">10</td><td colspan="2">10</td></tr>
<tr><td>吊车梁、牛腿区段；
有柱间支撑的柱根区段</td><td colspan="2">8</td><td colspan="2">8</td><td colspan="2">10</td></tr>
<tr><td>有柱间支撑的柱顶区段；
柱变位受约束的部位</td><td colspan="2">8</td><td colspan="2">10</td><td colspan="2">10</td></tr>
</table>

单层厂房柱侧向受约束且剪跨比不大于 2 的排架柱，柱顶预埋钢板和柱箍筋加密区的构造还应符合下列要求：

（1）柱顶预埋钢板沿排架平面方向的长度，宜取柱顶的截面高度，且不得小于截面高度的 1/2 及 300 mm；

（2）屋架的安装位置，宜减小在柱顶的偏心，其柱顶轴向力的偏心距不应大于截面高度的 1/4；

（3）柱顶轴向力排架平面内的偏心距在截面高度的 1/6~1/4 范围内时，柱顶箍筋加密区的箍筋体积配筋率，抗震设防烈度为 6、7 度时不宜小于 0.8%，8 度时不宜小于 1.0%，9 度时不宜小于 1.2%；

（4）加密区箍筋宜配置四肢箍，肢距不大于 200 mm。

14.1.2　吊装运输阶段的验算

单层厂房施工时，通常采用预制柱现场吊装装配，柱经历运输、吊装等工作阶段。

柱在吊装运输时的受力状态与其使用阶段不同,因此应进行施工阶段的承载力及裂缝宽度验算。柱在吊装时一般采用单点起吊,吊点设在变阶处,需按图 14-1 中的 1—1, 2—2, 3—3 三个截面进行吊装时的承载力和裂缝宽度验算。具体验算时,柱自重应采用设计值,并乘以动力系数 1.5。

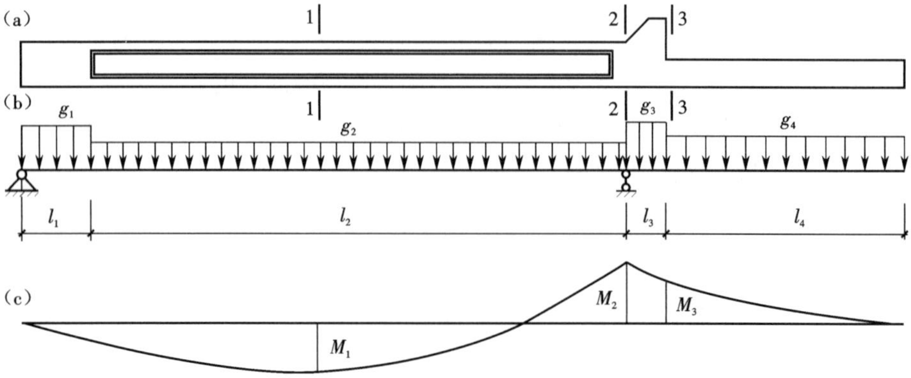

图 14-1 柱的吊装验算

(a)验算截面 (b)荷载简图 (c)弯矩图

柱在吊装时的混凝土强度一般按强度设计值的 70% 考虑,当吊装验算要求高于强度设计值的 70% 方可吊装时,应在设计图上予以说明。

承载力验算时,考虑到施工荷载下的受力状态为临时性质,安全等级可降一级使用。裂缝宽度验算时,一般可采用限制钢筋应力的方法来限制裂缝宽度。纵向受拉钢筋应力可取

$$\sigma_s = \frac{M}{0.87h_0A_s} \leqslant [\sigma_s] \tag{14-1}$$

式中 σ_s——钢筋受拉应力允许值(MPa),对 HRB400 级钢筋,σ_s=240 MPa。

当变阶处柱截面验算钢筋不满足要求时,可在该局部区段附加配筋。运输阶段的验算,可根据支点位置,按上述方法进行。

14.1.3 牛腿设计

排架柱在支承吊车梁、连系梁、墙梁、屋架及托架的部位设置牛腿,目的是在不增大柱截面的情况下,增大支承面积,保证构件之间的可靠连接,有利于构件的安装。几种常见的牛腿形式如图 14-2 所示。

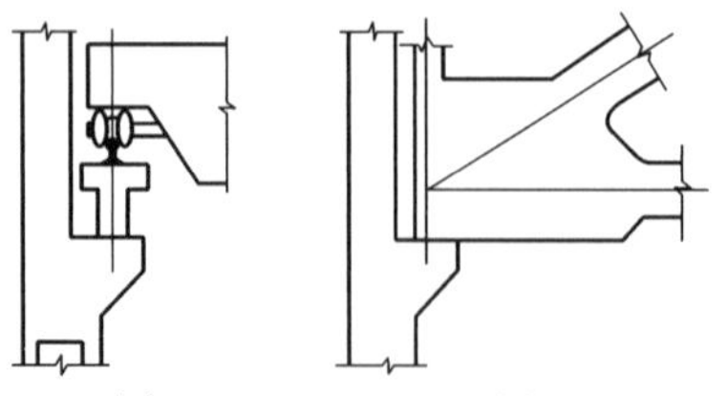

图 14-2 几种常见的牛腿形式

(a)边柱牛腿 (b)支承屋架的牛腿 (c)中柱牛腿

牛腿按其上竖向荷载的作用线至下柱边缘的水平距离 a 与其截面有效高度 h_0 之比可分为两种：当 $a/h_0>1$ 时为长牛腿，按悬臂梁进行设计；当 $a/h_0\leqslant 1$ 时为短牛腿，单层厂房中的柱牛腿一般均设计成短牛腿。

牛腿本身很小，却承受着很大的竖向荷载以及由混凝土收缩和徐变、结构水平位移、风荷载、水平地震作用引起的水平力，所以必须保证牛腿的强度和抗裂要求。

牛腿设计的内容包括确定牛腿的截面尺寸并进行配筋计算和构造设计。

1. 牛腿的受力特点与破坏形态

牛腿的受力性能与一般的悬臂梁不同，牛腿属于变截面深梁。从图14-3可以看出，主拉应力的方向基本上与牛腿的上表面平行，且分布较均匀；主压应力则主要集中在从加载点 b 到牛腿下部转角点 a 的连线附近，轨迹线的间距变化也不大，表明沿 ab 线的压应力分布也比较均匀。另外，上柱根部与牛腿交接处附近存在应力集中现象。

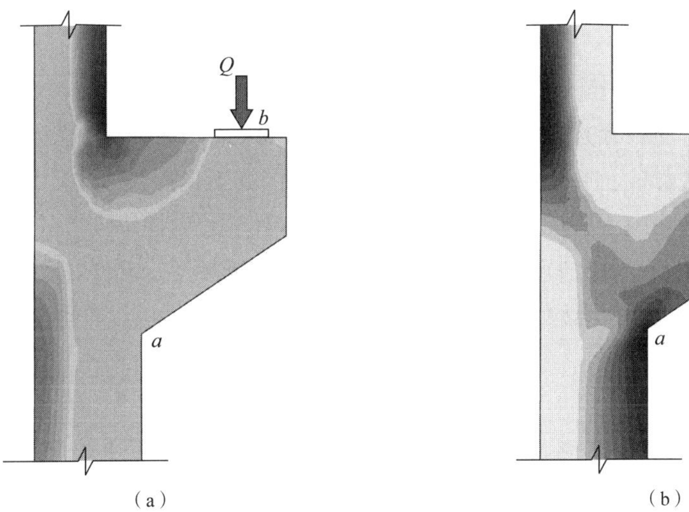

图14-3　牛腿有限元分析应力云图

(a)主拉应力　(b)主压应力

试验表明，当荷载增至极限荷载的20%~40%时，首先在牛腿上表面与上柱交接处出现垂直裂缝①(图14-4)，但它始终开展很小(当配有足够受拉钢筋时)，对牛腿的受力性能影响不大；当荷载增至极限荷载的40%~60%时，在加载板内侧附近出现斜裂缝②(图14-4)，其方向大体与图14-3所示的主压应力迹线平行；继续加载，随着 a/h_0 值的变化，牛腿呈现出下列几种破坏形态。

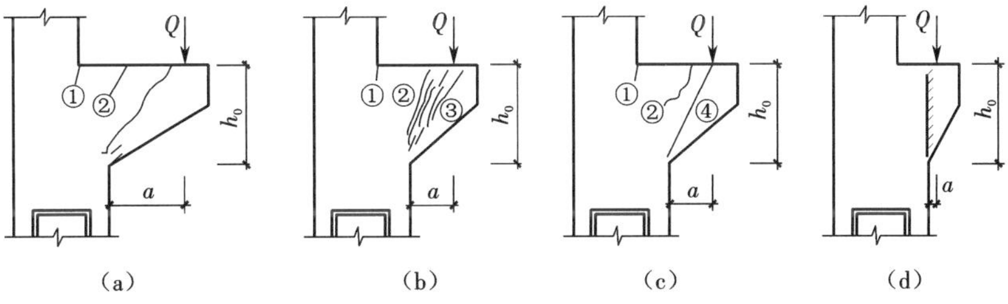

图14-4　牛腿的各种破坏形态

(a)弯压破坏　(b)、(c)斜压破坏　(d)剪切破坏

1)弯压破坏

当 $0.75<a/h_0\leqslant 1$ 和纵筋配筋率较低时,在斜裂缝②出现后,随着荷载的增大,裂缝不断向受压区延伸,同时纵向钢筋的拉应力不断增大直至屈服。斜裂缝②以外靠近荷载一侧绕牛腿和下柱的交点转动,直至受压区混凝土压碎而引起破坏。

2)斜压破坏

当 $0.1<a/h_0\leqslant 0.75$ 时,在斜裂缝②出现后,继续加载至临近破坏前,斜裂缝②以外靠近荷载一侧出现大量短而细的斜裂缝。当这些斜裂缝相互连接贯通时,斜裂缝②和③间的斜向主压应力超过混凝土的抗压强度,混凝土表面剥落,牛腿发生破坏。也有少数牛腿在斜裂缝②发展到相当稳定后,突然从加载板外侧出现一条通长斜裂缝③,然后随着此斜裂缝的开展,牛腿破坏。破坏时,牛腿上部的纵向水平钢筋像桁架的拉杆一样,在从加载点到固定端的整个长度上,其应力近于均匀分布,并达到屈服。

3)剪切破坏

当 $a/h_0\leqslant 0.1$ 时,在牛腿与下柱的交接面上出现一系列短而细的斜裂缝。最后在极限竖向荷载的作用下,牛腿沿此裂缝由上而下地被切下而破坏。

此外,还可能由于加载板过小、过柔或牛腿的宽度过窄,致使加载板下发生混凝土局部受压破坏;或由于荷载太靠近牛腿外边缘,发生受拉纵筋锚固不良而被拔出的撕裂破坏或混凝土保护层脱落;也可能由于竖向荷载和水平荷载的共同作用,而使纵向受拉钢筋屈服;或由于牛腿外侧的高度过小,而使加载板内侧发生非根部受拉破坏等。

为防止上述各种破坏,牛腿应有足够的截面,配置足够的纵向钢筋、箍筋和弯筋,并满足一定的构造要求。

2. 牛腿的尺寸

牛腿的高度是按抗裂要求确定的。由于牛腿负载很大,设计时应使其在使用荷载作用下不出现裂缝。影响牛腿第一条斜裂缝出现的主要参数是剪跨比、水平荷载和竖向荷载的大小。牛腿的截面尺寸应符合下列要求:

$$F_{vk}=\beta\left(1-0.5\frac{F_{hk}}{F_{vk}}\right)\frac{f_{tk}bh_0}{0.5+\dfrac{a}{h_0}} \tag{14-2}$$

式中 F_{vk}——作用于牛腿顶部按荷载效应标准组合计算的竖向力值;

F_{hk}——作用于牛腿顶部按荷载效应标准组合计算的水平拉力值;

β——裂缝控制系数,对支承吊车梁的牛腿取 0.65,对其他牛腿取 0.80;

a——竖向力的作用点至下柱边缘的水平距离,此时应考虑安装偏差为 20 mm,当考虑安装偏差后的竖向力作用点仍位于下柱截面以内时取 $a=0$;

b——牛腿宽度;

h_0——牛腿与下柱交接处的垂直截面的有效高度,$h_0=h_1-a_s+c\cdot\tan\alpha$,当 $\alpha>45°$ 时取 $\alpha=45°$,h_1 为牛腿的外边缘高度,c 为下柱边缘到牛腿外缘的水平长度。

根据式(14-2)可以确定牛腿的截面高度,牛腿的截面宽度一般与柱的截面宽度相等。在构造上,为了防止沿加载板内侧发生非根部受拉破坏,要求牛腿的外边缘高度 h_1 应不小

于 $h/3$，且不应小于 200 mm；牛腿底面的倾角不应大于 45°（图 14-5）。此外，牛腿外边缘与吊车梁外边的距离 c_1 不宜小于 70 mm，否则会影响牛腿的局部承压能力，并可能造成牛腿外缘混凝土保护层剥落。

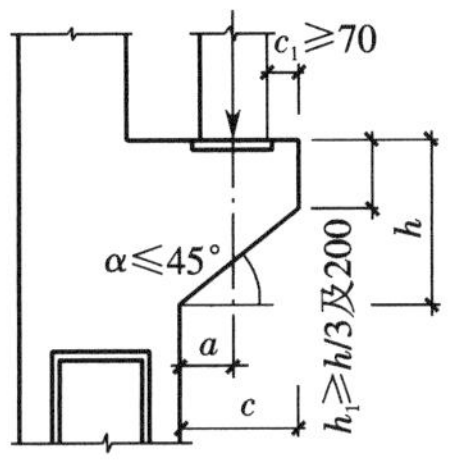

图 14-5　牛腿尺寸的构造要求

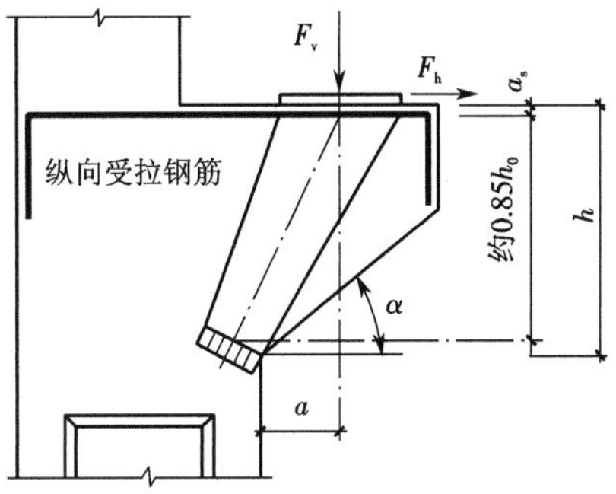

图 14-6　牛腿的计算简图

在竖向荷载标准值 F_{vk} 的作用下，为防止牛腿产生局压破坏，牛腿支承面上的局部压应力不应超过 $0.75f_c$，即

$$F_{vk}/A \leqslant 0.75f_c \tag{14-3}$$

式中　A——牛腿支承面上的局部承压面积，即加载板面积；

f_c——混凝土轴心抗压强度设计值。

不满足式（14-3）时，应采取必要的措施，如加置垫板以扩大承压面积，或提高混凝土强度等级，或设置钢筋网等。

3. 牛腿的配筋计算与构造

根据上述破坏形态，斜压破坏的牛腿可简化成图 14-6 所示的一个以纵向钢筋为拉杆，混凝土斜撑为压杆的三角形桁架，即为牛腿的计算简图。

牛腿的纵向受力钢筋由承受竖向力所需的受拉钢筋和承受水平拉力所需的水平锚筋组成，钢筋的总截面面积应按下式计算：

$$A_s \geqslant \frac{F_v a}{0.85f_y h_0} + 1.2\frac{F_h}{f_y} \tag{14-4a}$$

式中　F_v——作用在牛腿顶部的竖向力设计值；

F_h——作用在牛腿顶部的水平拉力设计值；

a——竖向力作用点至下柱边缘的水平距离，当 $a<0.3h_0$ 时，取 $0.3h_0$。

对支承吊车梁的牛腿，吊车的水平刹车力可通过设置于吊车梁顶面的制动桁架直接传给柱，因此式（14-2）及式（14-4a）中的水平拉力均等于零。

非抗震设计时，不等高厂房支承低跨屋盖的柱牛腿也只考虑承受竖向重力荷载的作用；抗震设计时，柱牛腿还同时承受包括高振型影响在内的水平地震作用。因此，在设计不等高厂房的上述牛腿时，必须使其具有同时承受竖向重力荷载和反复水平地震作用的相应抗震强度，以保障柱牛腿作为支承低跨屋盖结构的抗震安全。

《抗震标准》规定，不等高厂房中支承低跨屋盖的柱牛腿的纵向受拉钢筋截面面积，应

按下式计算:

$$A_s \geqslant \left(\frac{N_{GE} \cdot a}{0.85h_0 f_y} + 1.2\frac{N_{Eh}}{f_y}\right)\gamma_{RE} \tag{14-4b}$$

式中 A_s——纵向水平受拉钢筋的截面面积;

N_{GE}——柱牛腿面上重力荷载代表值产生的压力;

N_{Eh}——柱牛腿面上地震组合的水平拉力设计值;

γ_{RE}——承载力抗震调整系数,可取1.0。

承受竖向力所需的纵向受力钢筋宜采用HRB400级钢筋,按牛腿的有效截面计算的配筋率不应小于0.2%及$0.45f_t/f_y$,也不宜大于0.6%;钢筋数量不宜少于4根,直径不宜小于12 mm。纵向受拉钢筋的一端伸入柱内,当采用直线锚固时,伸入上柱的锚固长度不小于l_a(l_{aE});当上柱尺寸不足时,伸入上柱的水平段长度不小于$0.4l_a$(l_{aE}),向下弯入下柱内的垂直长度不小于$15d$。纵向受拉钢筋的另一端沿牛腿外缘弯折,并伸入下柱内不小于150 mm。纵向受拉钢筋是拉杆,不得下弯兼作弯起钢筋。其中,l_a为纵向受拉钢筋的基本锚固长度,l_{aE}为纵向受拉钢筋的抗震锚固长度。牛腿配筋的具体构造要求如图14-7所示。

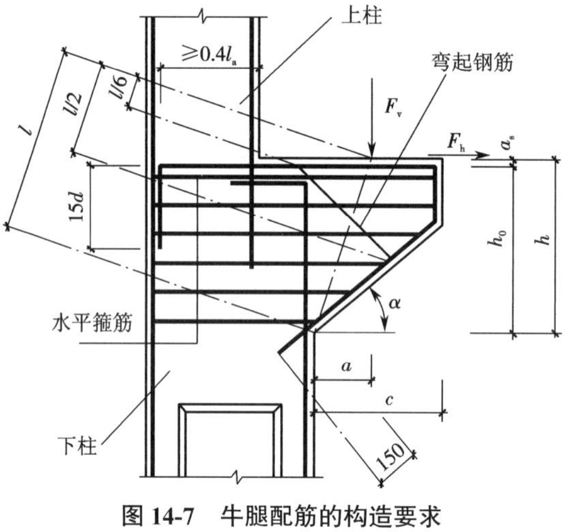

图14-7 牛腿配筋的构造要求

牛腿内应按构造要求设置水平箍筋及弯起钢筋(图14-7),它们具有抑制裂缝的作用。

牛腿内的水平箍筋应采用直径6~12 mm的钢筋,在牛腿高度范围内均匀布置,间距为100~150 mm,且在上部$2h_0/3$范围内的水平箍筋的总截面面积不宜小于承受竖向力的受拉钢筋截面面积的1/2。

当牛腿的剪跨比$a/h_0 \geqslant 0.3$时,宜设置弯起钢筋。弯起钢筋宜采用HRB400级钢筋,并应配置在牛腿上部至柱间主拉力较集中的区域(图14-7),以保证充分发挥其作用。弯起钢筋的截面面积不宜小于承受竖向力的受拉钢筋截面面积的1/2,数量不少于2根,直径不宜小于12 mm。

14.1.4　预埋件设计

柱中的预埋件一般由锚板（或型钢）和相对于力作用线对称的直锚筋组成。锚板尺寸及锚筋数量应根据其不同的受力情况分别计算。

1. 锚筋计算

由锚板和对称配置的直锚筋组成的受力预埋件，其锚筋的总截面面积应按下列原则计算（图 14-8（a））。

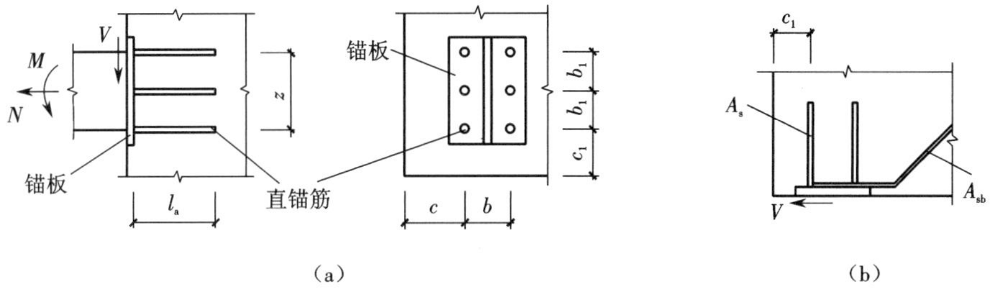

图 14-8　预埋件示意图

（a）直锚筋　（b）直锚筋和弯折锚筋

（1）当有剪力、法向拉力和弯矩共同作用时，应取以下两个公式计算值的较大值：

$$A_s \geqslant \frac{V}{\alpha_r \alpha_v f_y} + \frac{N}{0.8\alpha_b f_y} + \frac{M}{1.3\alpha_r \alpha_b f_y z} \tag{14-5a}$$

$$A_s \geqslant \frac{N}{0.8\alpha_b f_y} + \frac{M}{0.4\alpha_r \alpha_b f_y z} \tag{14-5b}$$

（2）当有剪力、法向压力和弯矩共同作用时，应取以下两个公式计算值的较大值：

$$A_s \geqslant \frac{V-0.3N}{\alpha_r \alpha_v f_y} + \frac{M-0.4Nz}{1.3\alpha_r \alpha_b f_y z} \tag{14-6a}$$

$$A_s \geqslant \frac{M-0.4Nz}{0.4\alpha_r \alpha_b f_y z} \tag{14-6b}$$

式中　α_b——锚板的弯曲变形折减系数，当采取措施防止锚板弯曲变形时可取 1.0，另有

$$\alpha_b = 0.6 + 0.25\frac{t}{d} \quad （t \text{ 为锚板厚度}，d \text{ 为锚筋直径}） \tag{14-7}$$

α_r——锚筋层数的影响系数，当等间距配置时，二层取 1.0，三层取 0.9，四层取 0.85；

α_v——锚筋的受剪承载力系数，有

$$\alpha_v = (4.0 - 0.08d)\sqrt{\frac{f_c}{f_y}} \quad （当 \alpha_v>0.7 时，取 \alpha_v=0.7） \tag{14-8}$$

M——弯矩设计值，当 $M<0.4Nz$ 时，取 $M=0.4Nz$；

V——剪力设计值；

N——法向拉（压）力设计值，法向压力设计值不应大于 $0.5Af_c$，A 为锚板的面积；

z——沿剪力作用方向最外层锚筋中心线之间的距离；

f_y——锚筋的抗拉强度设计值,不应大于 300 MPa。

(3)由锚板和对称配置的弯折锚筋与直锚筋共同承受剪力的预埋件(图 14-8(b)),其弯折锚筋的截面面积应按下式计算:

$$A_{sb} \geqslant 1.4\frac{V}{f_y} - 1.25\alpha_v A_s \tag{14-9}$$

当直锚筋按构造要求设置时,应取 A_s=0。弯折锚筋与钢板间的夹角宜为 15°~45°。

2. 构造要求

预埋件的构造要求具体如下。

(1)受力预埋件的锚筋应为 HRB400 级钢筋,严禁采用冷加工钢筋;锚板宜采用 Q235 级钢。

(2)受力预埋件的直锚筋不宜少于 4 根,且不宜多于 4 层;其直径不宜小于 8 mm,且不宜大于 25 mm。受剪预埋件的直锚筋可采用 2 根,锚筋应位于构件的外层主筋内侧。

(3)锚板厚度宜大于锚筋直径的 60%。受拉和受弯预埋件的锚板厚度还宜大于 b/8, b 为锚筋的间距(图 14-8(a))。锚筋中心至锚板边缘的距离不应小于 2d 和 20 mm。

(4)直锚筋与锚板应采用 T 形焊。当锚筋直径不大于 20 mm 时,宜采用压力埋弧焊;当锚筋直径大于 20 mm 时,宜采用穿孔塞焊。当采用手工焊时,焊缝高度不宜小于 6 mm 和 0.6d(HRB400 级钢筋),d 为锚筋直径。

(5)受拉和受弯预埋件锚筋的间距 b、b_1 和锚筋至构件边缘的距离 c、c_1(图 14-8(a)),均不应小于 3d 和 45 mm。

(6)受剪预埋件锚筋的间距 b 及 b_1 不应大于 300 mm,且 b_1 不应小于 6d 和 70 mm;锚筋至构件边缘的距离 c_1 不应小于 6d 和 70 mm,b、c 不应小于 3d 和 45 mm(图 14-8(a))。

(7)锚筋的锚固长度应符合《混凝土标准》规定的受拉钢筋锚固长度;当锚筋采用 HPB300 级钢筋时,末端应设弯钩。当无法满足锚固长度的要求时,应采取其他有效的锚固措施。

(8)受剪和受压直锚筋的锚固长度不应小于 15d,d 为锚筋的直径。

考虑地震作用的预埋件,还应满足以下规定。

(1)直锚筋的截面面积可按计算值增大 25%,且应适当增大锚板厚度。

(2)锚筋的锚固长度应符合有关规定并增加 10%;当不能满足时,应采取有效措施。在靠近锚板处,宜设置一根直径不小于 10 mm 的封闭箍筋。

(3)预埋件不宜设置在塑性铰区;当不能避免时,应采取有效措施。

(4)排架柱柱顶预埋件直锚筋除应符合上述要求外,还应符合以下规定:

①一级抗震等级时,不应少于 4 根直径 16 mm 的直锚钢筋;

②二级抗震等级时,不应少于 4 根直径 14 mm 的直锚钢筋;

③有柱间支撑的柱子,柱顶预埋件应增设抗剪钢板。

(5)在考虑地震组合的竖向力和水平拉力作用下,支承不等高厂房低跨屋面梁、屋架等屋盖结构的柱牛腿和承受水平拉力的锚筋,一级抗震等级不应少于 2 根直径 16 mm 的钢筋,二级抗震等级不应少于 2 根直径 14 mm 的钢筋,三、四级抗震等级不应少于 2 根直径

12 mm 的钢筋。

3. 预制构件的吊环

预制构件的吊环应采用 HPB300 级钢筋制作，严禁使用冷加工钢筋。吊环埋入混凝土的深度不应小于 30*d*，并应焊接或绑扎在钢筋骨架上。在构件的自重标准值作用下，每个吊环按 2 个截面计算的应力不应大于 50 MPa；当在一个构件上设有 4 个吊环时，设计时应仅取 3 个吊环进行计算。

14.2　柱下独立基础设计

基础是一个重要的结构构件，作用于厂房上的全部荷载最后都要通过基础传递到地基土中。在基础设计中，不仅要保证基础有足够的承载力，而且要保证地基的变形，使基础的沉降不能过大，以免引起上部结构的开裂甚至破坏。

单层厂房中的柱下基础可为各种形式，如独立基础（扩展基础）、条形基础及桩基础等，其中以柱下独立基础（扩展基础）最为常用。但同一结构单元的基础类型宜相同，并宜埋设在同一标高上。若选用桩基础，则宜采用低承台桩。

柱下独立基础的主要设计内容包括：①地基计算（确定底板尺寸）；②抗冲切承载力计算（确定基础高度）；③受弯承载力计算（确定底板配筋）；④构造设计（根据工程经验）。

14.2.1　基础底板尺寸的确定

基础的底面尺寸应按地基的承载能力和变形条件来确定，当符合《地基规范》表 3.0.3 的要求时，可只按地基的承载能力计算，而不必验算其变形。

1. 轴心受压基础

假定轴心受压基础底面处的压应力标准值 p_k 为均匀分布（图 14-9），则 p_k 应满足：

$$p_k = \frac{F_k + G_k}{A} \leqslant f_a \tag{14-10}$$

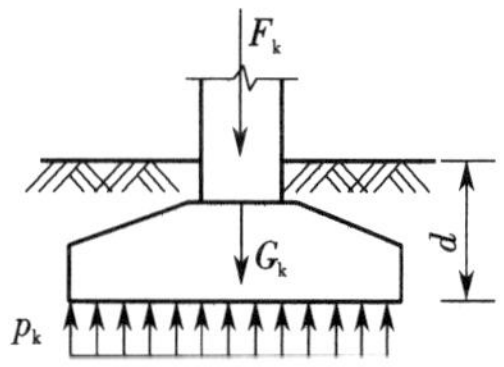

图 14-9　轴压基础的计算图形

式中　f_a——修正后的地基承载力特征值（kPa）；

F_k——相应于荷载效应标准组合时上部结构传到基础顶面的竖向力值（kN）；

G_k——基础自重值和基础上的土重（kN）；

A——基础底面面积（m^2），即 $A=bl$，l 为基础的长边边长，b 为基础的短边边长。

设 g_m 为考虑基础自重标准值和基础上的土重标准值后的平均重度，一般取 20 kN/m³；若取基础的埋置深度为 d，则有

$$G_k = \gamma_m A d \tag{14-11}$$

将式（14-11）代入式（14-10），可得

$$A \geqslant \frac{F_k}{f_a - \gamma_m d} \tag{14-12}$$

2. 偏心受压基础

基础偏心受压时，假定基础底面处的压应力标准值 p_k 按直线分布（图 14-10），则基础底面边缘的最大应力和最小应力为

$$\begin{matrix} p_{k\max} \\ p_{k\min} \end{matrix} = \frac{F_k + G_k}{lb} \pm \frac{M_{k0}}{W} \tag{14-13}$$

式中 M_{k0}——上部结构传到基础底面的弯矩值，$M_{k0}=M_k+V_kh$；

l、b——基础底面的长边与短边长度，l 为力矩作用方向的边长；

W——基础底面面积的弹性抵抗矩，$W=bl^2/6$。

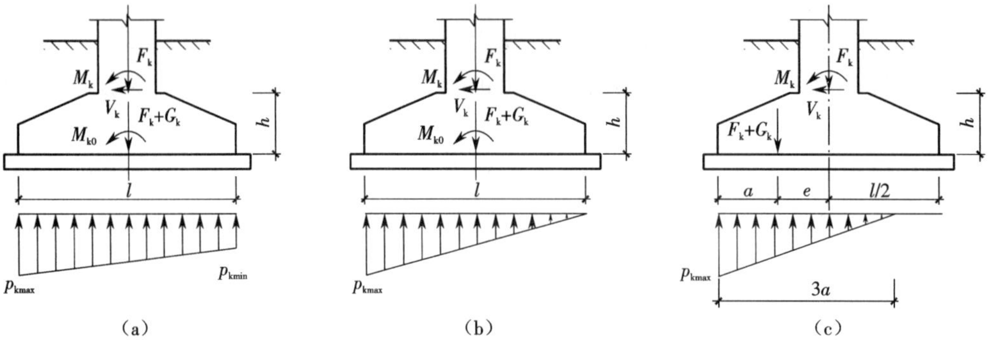

图 14-10 偏心受压基础的计算图形

（a）$e<l/6$ （b）$e=l/6$ （c）$e>l/6$

设 e 为基础底面合力的偏心距，即 $e=M_{k0}/(F_k+G_k)$，将 e、W 代入式（14-13），可得

$$\begin{matrix} p_{k\max} \\ p_{k\min} \end{matrix} = \frac{F_k + G_k}{lb}\left(1 \pm \frac{6e}{l}\right) \tag{14-14}$$

由式（14-14）可知，随着 e 值的变化，基底应力分布将发生相应变化。

（1）当 $e<l/6$ 时，$p_{kmin}>0$，这时地基反力图形为梯形，如图 14-10（a）所示。

（2）当 $e=l/6$ 时，$p_{kmin}=0$，这时地基反力图形为三角形，如图 14-10（b）所示。

（3）当 $e>l/6$ 时，$p_{kmin}>0$，这时基底将出现拉应力，由于地基与基础间无粘结作用，实际上不可能发生，因此按式（14-14）无法计算。由图 14-10（c）可知，基底反力的合力应与 F_k+G_k 相平衡。假定三角形应力分布的合力至基础底面最大应力边缘的距离为 a，则有

$$p_{k\max} = \frac{2(F_k + G_k)}{3ab} \tag{14-15}$$

$$a = \frac{l}{2} - e \tag{14-16}$$

式中 b——垂直于力矩作用方向的基础底面边长（m）；

a——合力作用点至基础底面最大压力边缘的距离（m）。

偏心受压基础的计算步骤如下：

（1）由作用于基础顶面的弯矩 M_k、剪力 V_k 求得作用于基础底面的力矩值 M_{k0}；

（2）由 F_k+G_k、M_k 求偏心距 e；

（3）按轴心受压计算基底面积 A，考虑偏心影响，将计算值放大 1.2~1.4 倍，一般取

b/l=1.5~2.0；

（4）按放大后的基础尺寸验算基础底面边缘的压应力，此时应满足

$$p_{k\max} \leqslant 1.2 f_a \tag{14-17a}$$

$$\frac{p_{k\max} + p_{k\min}}{2} \leqslant f_a \tag{14-17b}$$

对于有吊车的厂房，应满足 $e \leqslant l/6$，以免地基反力不均匀引起基础转动过大而影响厂房的正常使用；对于无吊车的厂房，当考虑风荷载时，允许基础底面与基础不完全接触，但需满足 $3a/l \geqslant 0.75$，即 $e \leqslant l/4$。

如不满足式（14-17a）和式（14-17b）的要求，则需重新假定基础底面尺寸，直至满足为止。

14.2.2　基础高度的确定

柱下独立基础可分为锥形和阶形两种形式，其高度是按构造要求和满足柱对基础的冲切承载力两个条件确定的。

试验结果表明，基础在土反力产生的剪力作用下，由于沿柱边或变阶处的基础高度不够，通常会发生穿过基础底板的冲切破坏。冲切破坏沿柱边大约成 45° 方向发生，破坏面为锥形斜截面，如图 14-11 所示。这是由于混凝土斜截面上的主拉应力超过了混凝土抗拉强度。

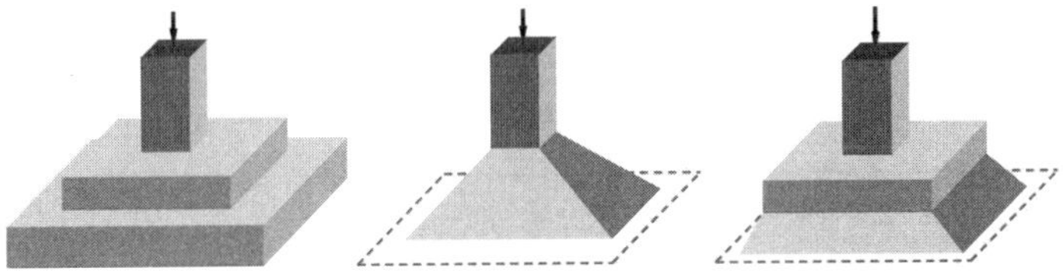

（a）　　（b）　　（c）

图 14-11　基础的冲切破坏

（a）阶形基础　（b）沿柱周边的冲切破坏　（c）沿变阶处周边的冲切破坏

为了防止产生冲切破坏，必须验算柱与基础交接处以及基础变阶处的受冲切承载力。受冲切承载力应按下列公式验算：

$$F_l \leqslant 0.7\beta_{hp} f_t a_m h_0 \tag{14-18}$$

$$a_m = (a_t + a_b)/2 \tag{14-19}$$

$$F_l = p_j A_l \tag{14-20}$$

式中　β_{hp}——受冲切承载力截面高度影响系数，当 $h \leqslant 800$ mm 时取 1.0，当 $h \geqslant 2\,000$ mm 时取 0.9，其间按线性内插法取用；

f_t——混凝土轴心抗拉强度设计值；

h_0——基础冲切破坏锥体的有效高度；

a_m——冲切破坏锥体最不利一侧的计算长度；

a_t——冲切破坏锥体最不利一侧斜截面的上边长，当计算柱与基础交接处的受冲切

承载力时取柱宽,当计算基础变阶处的受冲切承载力时取上阶宽;

a_b——冲切破坏锥体最不利一侧斜截面在基底面积范围内的下边长,当冲切破坏锥体的底面落在基础底面以内(图14-12(a)、(b))计算柱与基础交接处的受冲切承载力时取柱宽加两倍基础有效高度,当计算基础变阶处的受冲切承载力时取上阶宽加两倍该处的基础有效高度,当冲切破坏锥体的底面落在l方向基础底面以外(即$a+2h_0 \geq b$)时(图14-12(c))取b;

p_j——扣除基础自重及其上土重后相应于荷载效应基本组合时的地基土单位面积净反力,对偏心受压基础可取基础边缘处最大地基土单位面积净反力;

A_l——冲切承载力验算时取用的部分基底面积(图14-12(a)、(b)中的阴影面积$ABCDEF$或图14-12(c)中的阴影面积$ABCD$);

F_l——相应于荷载效应基本组合时作用在A_l上的地基土净反力设计值,当基础偏心受力时,可取用较大的地基反力设计值。

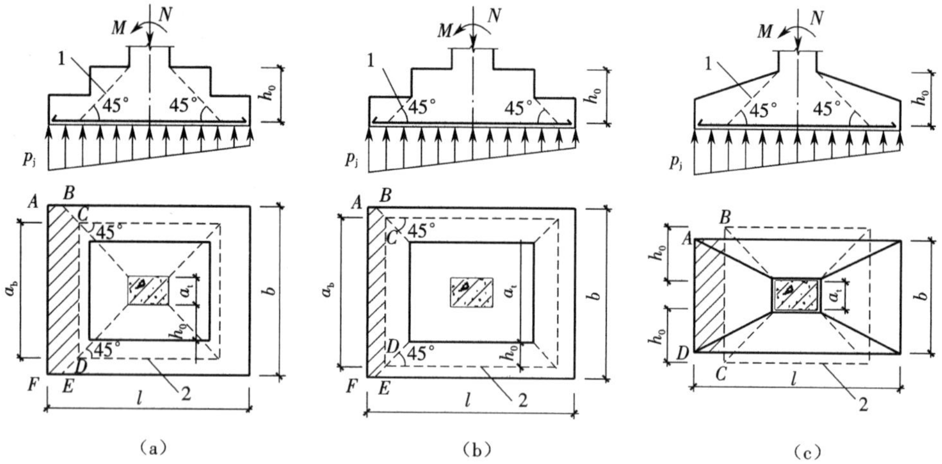

图14-12 基础受冲切承载力计算简图

(a)阶形基础与柱交接处 (b)阶形基础变阶处 (c)锥形基础与柱交接处

1—冲切破坏锥体最不利一侧的斜截面;2—冲切破坏锥体的底面线

在设计时,一般根据构造要求先假设基础高度,然后按式(14-18)进行验算,如不满足要求,则应将基础高度增大后再验算,直至满足要求为止。

对阶梯形基础,也可能发生沿变阶处周边的剪切破坏,因此变阶处的有效高度不仅要满足式(14-18)的要求,还应满足截面抗剪强度的要求,即

$$V_j \leq 0.7 f_t b h_0 \tag{14-21}$$

14.2.3 基础底板配筋计算

基础底板的配筋应按抗弯计算确定。基础在基底净反力的作用下,两个方向都发生弯曲,可将基础底板看作固定在柱子周边的四面挑出的悬臂板。当为阶形基础时,还应验算变阶处截面。

在抗弯计算中,把基础底面积分成四块,分别计算各块面积下由基底净反力产生的两个

方向的最大弯矩。当基础台阶的宽高比不大于 2.5 和偏心距不大于 1/6 基础宽度时，在轴心荷载或单向偏心荷载作用下，任意截面的最大弯矩可按下式计算（图 14-13）：

$$M_{\mathrm{I}}=\frac{1}{12}l_1^2\left[(2b+a')\cdot\left(p_{\max}+p_1-\frac{2G}{A_{\mathrm{sI}}}\right)+(p_{\max}-p_1)\cdot b\right] \tag{14-22}$$

$$M_{\mathrm{II}}=\frac{1}{48}(b-a')^2\cdot(2l+l')\cdot\left(p_{\max}+p_{\min}-\frac{2G}{A_{\mathrm{sII}}}\right) \tag{14-23}$$

式中　M_{I}、M_{II}——任意截面 Ⅰ—Ⅰ、Ⅱ—Ⅱ 处相应于荷载效应基本组合时的弯矩设计值；

l_1——任意截面 Ⅰ—Ⅰ 至基底边缘最大反力处的距离；

l、b——基础底面的边长；

$p_{\max}$、$p_{\min}$——相应于荷载效应的基本组合时，基础底面边缘最大和最小地基反力设计值；

A_{sI}、A_{sII}——受力钢筋在 Ⅰ—Ⅰ 截面和 Ⅱ—Ⅱ 截面的截面面积；

p_1——相应于荷载效应的基本组合时，截面 Ⅰ—Ⅰ 处基础底面地基反力设计值；

G——考虑荷载分项系数的基础自重及其上的土重。

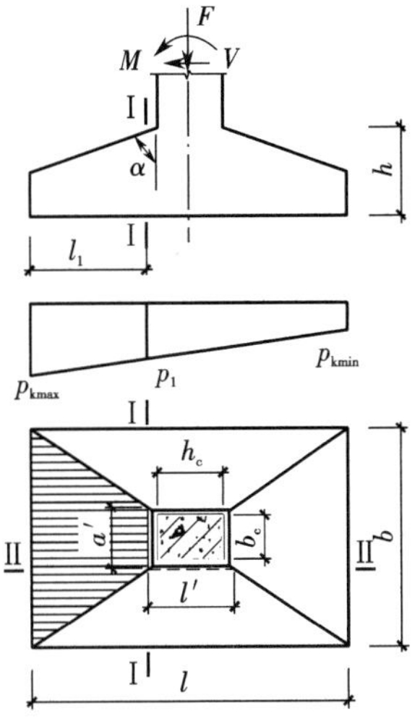

图 14-13　基础底板计算简图

受力钢筋截面面积按下列公式计算。

Ⅰ—Ⅰ 截面：

$$A_{\mathrm{sI}}=\frac{M_{\mathrm{I}}}{0.9h_{01}f_{\mathrm{y}}} \tag{14-24}$$

Ⅱ—Ⅱ 截面：

$$A_{\mathrm{sII}}=\frac{M_{\mathrm{II}}}{0.9h_{02}f_{\mathrm{y}}} \tag{14-25}$$

式中　f_{y}——钢筋抗拉强度设计值。

14.2.4　基础的构造要求

基础的具体构造要求如下。

（1）素混凝土垫层厚度不宜小于 70 mm，强度等级应为 C20。

（2）基础的混凝土强度等级不宜低于 C25；受力钢筋的直径不宜小于 10 mm，间距不宜大于 200 mm，也不宜小于 100 mm；底板受力钢筋的保护层厚度不小于 40 mm，若地基土质干燥，也可不设垫层，但保护层的厚度不宜小于 70 mm。

（3）基础底面的形状，在轴心受压时，多做成方形；在偏心受压时，多做成矩形，且其长边方向应尽可能与偏心方向一致，长边与短边之比控制在 1∶1.5~1∶2.0，任何情况下不得大于 1∶3。基础边长 ≥ 2.5 m 时，该方向的钢筋长度可减少 10%，并均匀交叉布置。

(4)锥形基础的混凝土用量较少,但设计应控制基础底板顶面的坡度,避免施工时必须支斜侧模后才能浇筑混凝土,一般其坡度控制在 $\tan\alpha \geq 2.5$(图 14-13),边缘高度不小于 200 mm。

(5)阶梯形基础与锥形基础相比,混凝土用量较多,但施工时支模比较简便,其每阶高度一般为 300~500 mm;基础高度 $h \leq 350$ mm 时用一阶,350 mm$<h<$900 mm 时用两阶,$h \geq$ 900 mm 时用三阶。阶梯尺寸在垂直与水平方向均取 50 mm 的倍数,设计时应使基础外边线在 45° 压力分布线以外。

(6)现浇柱的基础不与柱同时浇筑时,应在基础内预留与柱底部纵向受力钢筋相同的插筋,插筋应伸至基础底部的钢筋网,在端部弯直钩,并满足锚固要求。插筋长度范围内均应设置箍筋,箍筋的直径和间距应按柱端加密区要求设置。插筋上部应伸至基础顶面或 ±0.000 m 以上,伸出长度应满足插筋与柱底部纵向受力钢筋的搭接要求。

(7)预制钢筋混凝土柱与杯口基础的连接,应符合以下要求(图 14-14)。

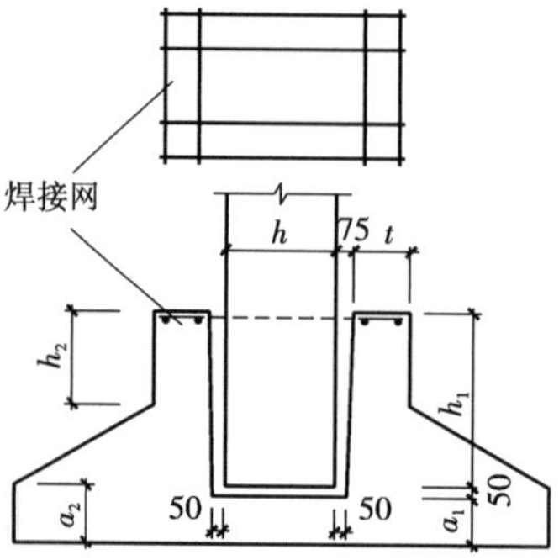

图 14-14　杯口基础构造尺寸

①预制柱的插入深度。为了保证预制柱与基础的整体结合,柱应插入基础足够的深度(表 14-4),并应满足纵向钢筋锚固长度的要求及吊装时柱的稳定性。

表 14-4　柱插入基础的深度 h_1(mm)

矩形柱或工字形柱				双肢柱
$h<500$	$500 \leq h<800$	$800 \leq h \leq 1\,000$	$h>1\,000$	
h~$1.2h$	h	$0.9h$ 且 ≥ 800	$0.8h$ 且 $\geq 1\,000$	$(1/3$~$2/3)h_a$,$(1.5$~$1.8)h_b$

注:1. h 为柱截面长边尺寸,h_a 为双肢柱全截面长边尺寸,h_b 为双肢柱全截面短边尺寸;
2. 柱轴心受压或小偏心受压时,h_c 可适当减小;偏心距大于 $2h$ 时,h_c 应适当加大。

②杯口基础的构造。为了防止安装预制柱时杯底可能发生的冲切破坏,基础的杯底应有足够的厚度,其值见表 14-5。同时,杯口内应铺垫 50 mm 厚的水泥砂浆。基础的杯壁应有足够的抗弯强度,其厚度可按表 14-5 选用。

表 14-5　基础杯底厚度和杯壁厚度

柱截面长边尺寸(mm)	h<500	500 ≤ h<800	800 ≤ h<1 000	1 000 ≤ h<1 500	1 500 ≤ h<2 000
杯底厚度 a_1(mm)	≥ 150	≥ 200	≥ 200	≥ 250	≥ 300
杯壁厚度 t(mm)	≥ 150~200	≥ 200	≥ 300	≥ 350	≥ 400

注:1. 双肢柱的杯底厚度值可适当加大;
2. 当有基础梁时,基础梁下的杯壁厚度应满足其支承宽度的要求;
3. 柱插入杯口部分的表面应凿毛,柱与杯口之间的空隙应用比基础混凝土强度高一级的细石混凝土充填密实,其强度达到基础设计强度的 70% 以上时,方能进行上部吊装。

③杯壁配筋。当柱为轴心受压或小偏心受压且 $t/h_2 \geqslant 0.65$,或为大偏心受压且 $t/h_2 \geqslant 0.75$ 时,杯壁内一般不配筋。当柱为轴心受压或小偏心受压且 $0.5 \leqslant t/h_2 < 0.65$ 时,杯壁内可按表 14-6 的要求配置钢筋,并置于杯口顶部,且每边两根(图 14-14),其他情况下应按计算配筋。

表 14-6　基础杯壁的配筋

柱截面长边尺寸(mm)	h<1 000	1 000 ≤ h<1 500	1 500 ≤ h ≤ 2 000
钢筋直径(mm)	8~10	10~12	12~16

④双杯口基础。双杯口基础用于厂房纵向伸缩缝处(图 14-15(a))及厂房纵横区段伸缩缝处(图 14-15(b))。当两杯口间的宽度不满足 $t/h_2 \geqslant 0.65$ 时,宜在中间杯壁内配筋(图 14-15(c))。

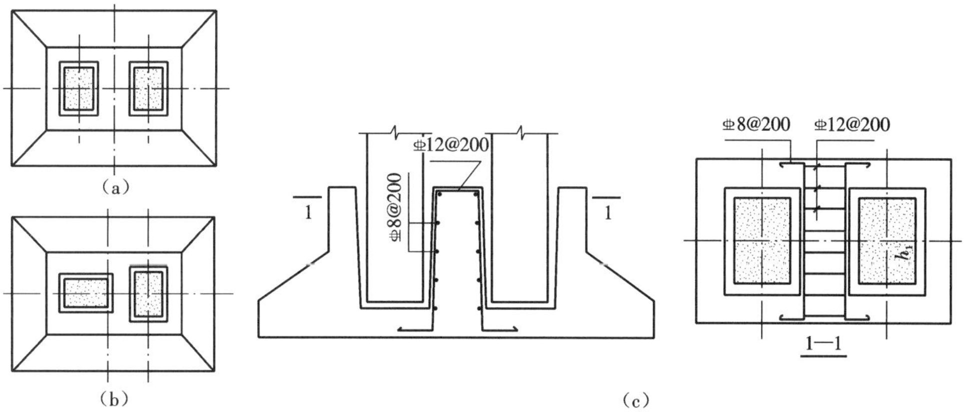

图 14-15　双杯口基础

(a)纵向伸缩缝处　(b)纵横区段伸缩缝处　(c)中间杯壁内配筋

⑤高杯口基础。因地质条件或有设备基础,在单层厂房中有时需将个别或部分柱基的埋置深度加大。为使厂房预制柱的长度相同,通常在这些柱下设置高杯口基础,其杯口尺寸和配筋可参考有关资料及规范,此处从略。

第 15 章　单层钢筋混凝土柱厂房设计例题

15.1　设计任务书

15.1.1　设计资料

1. 设计对象

某金工车间的平面图如图 15-1 所示，剖面图如图 15-2 所示，室内地面标高为 ±0.000 m，相当于绝对标高 5.000 m，厂区位于某市郊区。

根据工艺布置的要求，该车间为两跨等高厂房，跨度为 24 m；每跨各设吊车两台，工作级别为 A5，吊车规格详见表 15-1，吊车轨道顶标高为 9.000 m。

表 15-1　吊车规格及参数

额定起重量 Q(t)	桥跨 L_k(m)	吊车宽 B(mm)	轮距 K(mm)	轨面至吊车顶面距离 H(mm)	轨中至吊车端面距离 b(mm)	吊车总重量 W(t)	小车重量 g(t)	最大/小轮压 P_{max}/P_{min} (kN)
10	22.5	5 930	4 050	1 876	230	23.18	3.424	130/49.2
20/5	22.5	5 944	4 100	2 087	230	30.30	6.856	199/60.0

2. 厂区自然条件

基本风压：w_0=0.50 kN/m^2。

地面粗糙度：B 类。

基本雪压：s_0=0.40 kN/m^2。

冰冻深度：室外地坪以下 0.7 m。

天然地面标高：−0.250 m，相当于绝对标高 4.800 m。

3. 吊车资料

吊车选用大连重工·起重集团有限公司 DQQD 型吊钩起重机，具体参数见表 15-1。

4. 地质勘探资料

厂区自上而下各土层主要特征描述如下，各土层主要物理力学指标见表 15-2。

表 15-2　地质资料

层次	土层描述	厚度(m)	层底深度(m)	孔隙比(e)	液性指数(I_L)	地基承载力特征值f_{ak}(kPa)	容重(kN/m^3)
①	耕植土	0.5~1.0	0.5~1.0	—	—	—	16
②	粉质黏土	0.2~0.7	0.8~1.6	0.78	0.79	110	19.5
③	粉质黏土	4.0~4.5	5.0~5.8	0.63	0.75	120	20.3
④	粉土	>5 m	—	0.60	0.70	180	20.0

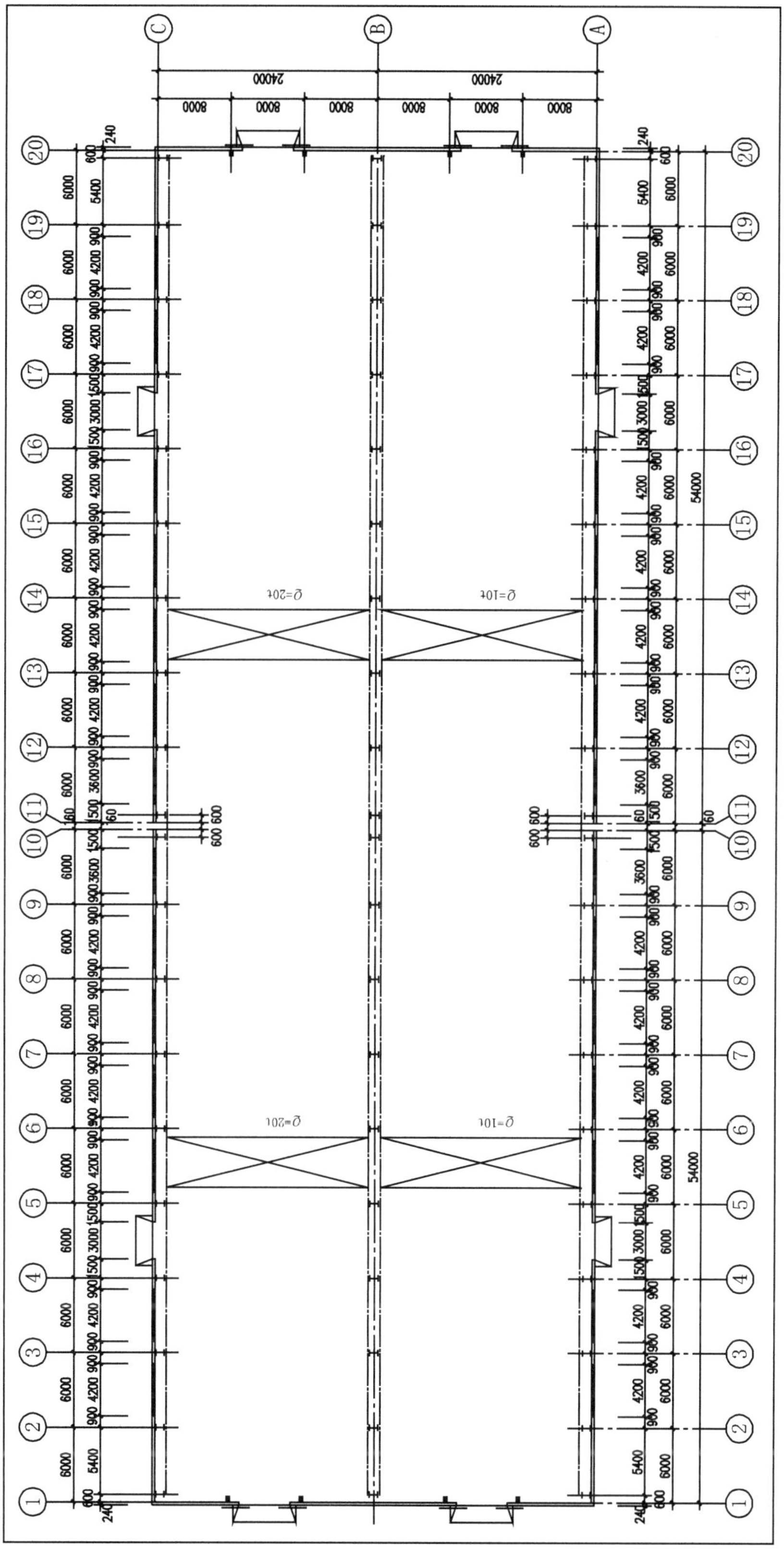

图 15-1　某金工车间平面图

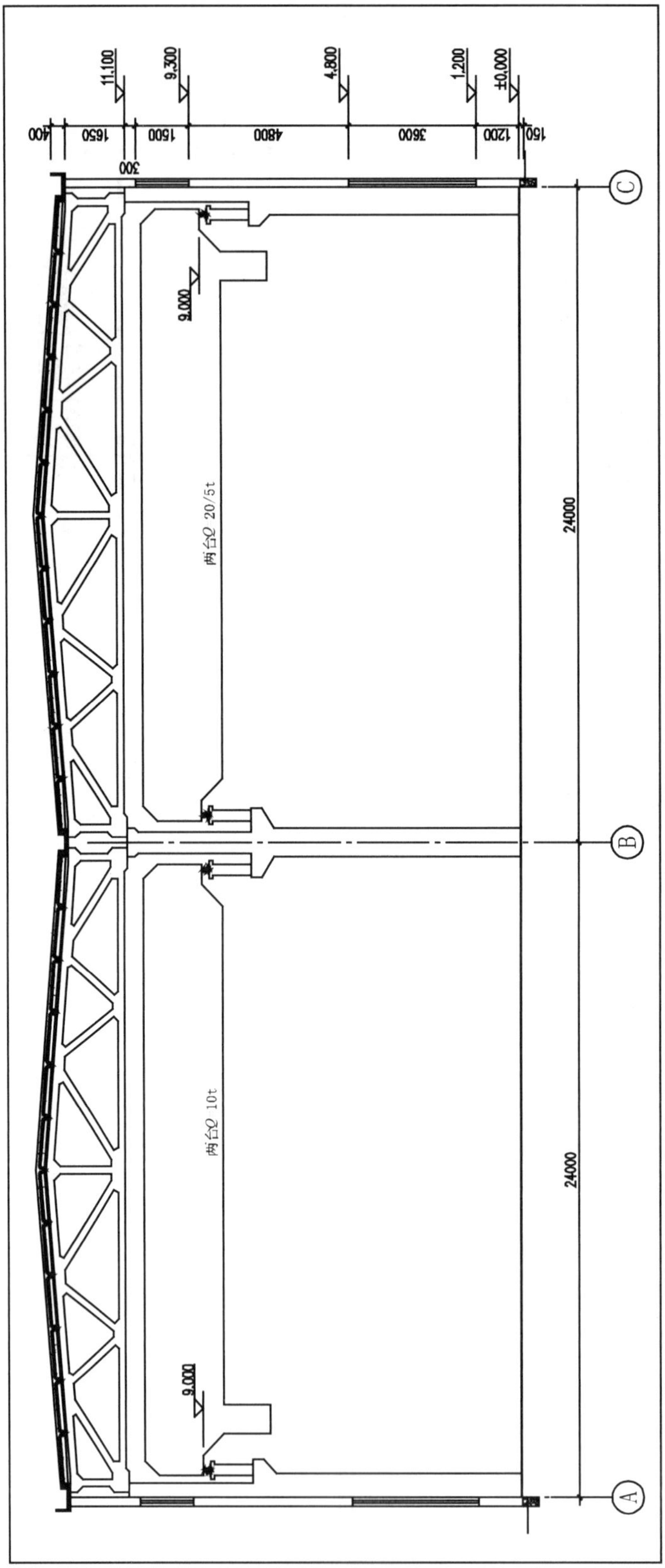

图 15-2　某金工车间剖面图

①层：耕植土，表层，厚度为 0.5~1.0 m，松散，含有机质较多。

②层：粉质黏土，厚度为 0.2~0.7 m，软塑，分布不均匀，局部夹淤泥，属于高压缩性土。

③层：粉质黏土，厚度为 4~4.5 m，可塑，分布均匀，属于压缩性土。

④层：粉土，厚度大于 5 m，密实，分布均匀，属于低缩性土。

地下水最高水位为室外地坪以下 1.00 m，地下水对混凝土及混凝土的钢筋无侵蚀性。

5. 抗震设防

抗震设防烈度为 7 度（0.15g），设计地震分组为第一组，场地类别为Ⅲ类。

6. 构造做法

1）屋面做法

采用卷材保温屋面做法：

（1）三毡四油防水层上铺小豆石一层（0.4 kN/m^2）；

（2）泡沫混凝土保温层 80 mm 厚（容重 6 kN/m^3）；

（3）1∶3 水泥砂浆找平层 20 mm 厚（容重 20 kN/m^3）。

2）围护墙

采用 240 mm 厚黏土空心砖墙（容重 14 kN/m^3）。

（1）外墙面：瓷砖贴面（含水泥砂浆打底，共 30 mm 厚）（0.55 kN/m^2）。

（2）内墙面：混合砂浆抹面 20 mm 厚（容重 17 kN/m^3）。

3）门窗

塑钢窗（0.10 kN/m^2）；木门（0.15 kN/m^2）。

7. 材料

砖强度等级为 MU10；砂浆强度等级为 M5；混凝土强度等级，柱及基础均为 C30；钢筋，柱及基础内受力主筋用 HRB400 级钢筋，其余用 HPB300 级钢筋。

8. 厂房结构构件选型

（1）屋面板按《1.5 m×6 m 预应力混凝土屋面板（预应力混凝土部分）》（04G410-1）选用。

（2）天沟板按《1.5 m×6 m 预应力混凝土屋面板（钢筋混凝土部分）》（04G410-2）选用。

（3）屋架按《预应力混凝土折线形屋架（预应力筋为钢绞线 跨度 18 m~30 m）》（04G415-1）选用。

（4）吊车梁按《6 m 后张法预应力混凝土吊车梁》（04G426）选用。

（5）吊车梁轨道联结按《吊车梁轨道联结及车挡》（17G325）选用。

（6）基础梁按《钢筋混凝土基础梁》（16G320）选用。

15.1.2　设计计算内容

（1）结构布置及构件选型。

（2）荷载计算。

（3）横向排架内力计算。

（4）柱内力组合及截面设计。

（5）纵向排架计算及纵向支撑设计。

（6）基础设计。

15.1.3 施工图设计内容

（1）结构平面布置图，包括屋架、屋盖支撑、柱、柱间支撑、抗风柱、吊车梁等构件平面布置。

（2）基础平面布置图及基础详图，包括柱基础、抗风柱基础、基础梁布置等。

（3）柱配筋详图，包括柱及抗风柱、模板图、纵向配筋图、截面配筋图、节点构造等。

（4）支撑详图，包括屋盖支撑详图、柱间支撑详图等。

（5）设计说明。

15.2 结构计算

15.2.1 结构构件选型与厂房结构布置

1. 屋面板

首先，根据卷材保温屋面做法，计算屋面荷载的标准值。

（1）三毡四油防水层上铺小豆石 $0.40\ kN/m^2$

（2）1∶3 水泥砂浆找平层 20 mm 厚 $0.02\times 20=0.40\ kN/m^2$

（3）泡沫混凝土保温层 80 mm 厚 $0.08\times 6.0=0.48\ kN/m^2$

（4）屋面活荷载 $0.50\ kN/m^2$

其次，选用屋面板时，荷载设计值如下：

$$q=1.30\times(0.40+0.48+0.40)+1.5\times 0.5=2.414\ kN/m^2$$

因此，取 $q=2.414\ kN/m^2$，查标准图集 04G410-1 中的屋面板选用表，确定选用 Y-WB-2_{II}，厂房端部及伸缩缝处选用 Y-WB-$2_{\text{II}s}$。

2. 天沟板

本设计中，外天沟采用 770 mm 宽天沟板，内天沟采用 620 mm 宽天沟板，其外荷载如下。

（1）三毡四油防水层（无小豆石） $0.20\ kN/m^2$

（2）1∶3 水泥砂浆找平层 20 mm 厚 $0.02\times 20=0.40\ kN/m^2$

（3）泡沫混凝土保温找坡层按 12 m 排水坡，5‰ 坡度，最低处 20 mm 厚处理，则 6 m 天沟按最大找坡厚度（50+80）/2=65 mm 计算： $0.065\times 6.0=0.39\ kN/m^2$

（4）天沟积水荷载按 230 mm 计算： $2.30\ kN/m^2$

考虑到卷材防水层在高低肋处的覆盖部分，按天沟平均内宽 b（= 天沟宽度 −190 mm）的 2.5 倍计算，则可得天沟外加荷载基本组合设计值为

$$q=1.3\times(0.20b\times 2.5+0.40b+0.39b)+1.5\times 2.3b=5.127b\ kN/m^2$$

根据 q 值查标准图集 04G410-2 中的天沟板选用表：

（1）外天沟，770 mm 宽，b=0.58 m，q=2.974 kN/m²，选用 TGB77；

（2）内天沟，620 mm 宽，b=0.43 m，q=2.205 kN/m²，选用 TGB62。

3. 屋架

屋面恒载标准值：

屋面做法荷载	1.28 kN/m²
6 m 预应力大型屋面板（含灌缝）	1.50 kN/m²
屋盖支撑及吊管自重（估计）	0.15 kN/m²
合计：	2.93 kN/m²
屋面活载标准值：	0.50 kN/m²

显然，屋架上的外加荷载设计值应按由永久荷载效应控制的荷载基本组合确定，即

$$q=1.3\times 2.93+1.5\times 0.5=4.559\ \text{kN/m}^2$$

查标准图集 04G415-1 中的屋面板选用表，确定选用 YWJ-2Da。

4. 吊车梁

吊车规格与标准图集 04G426 中的吊车规格相同，吊车梁直接按该图集的选用表选用。AB 跨及 BC 跨吊车梁均选用 YDL-1Z、YDL-1S、YDL-1B，梁高为 1 200 mm。

5. 轨道联结及车挡

轨道联结及车挡选用条件同吊车梁，直接按标准图集 17G325 的选用表选用。AB 跨吊车轨道联结选用 DGL-7，车挡选用 CD-2；BC 跨吊车轨道联结选用 DGL-10，车挡选用 CD-3。

6. 基础梁

基础梁按标准图集 16G320，选用 JL-4。

上述结构构件选型及其自重汇总于表 15-3 中。

表 15-3　结构构件选型及其自重

构件名称	图集号	构件型号	重力荷载标准值	备　注
屋面板	04G410-1	Y-WB-2_{II}，Y-WB-$2_{\text{II}s}$	自重 1.50 kN/m²（含灌缝）	
天沟板	04G410-2	TGB77，TGB62	自重 2.24 kN/m、2.01 kN/m	
屋架	04G415-1	YWJ-2Da	自重 112.75 kN	端部高度 1 650 mm
吊车梁	04G426	YDL-1Z、YDL-1S、YDL-1B	自重 41.3 kN	梁高 1 200 mm
轨道联结	17G325	DGL-7、DGL-10	自重 1.30 kN/m（含找平层）	轨面至梁顶 190 mm
车挡	17G325	CD-2、CD-3	—	
基础梁	16G320	JL-4	自重 16.1 kN	梁高 450 mm

15.2.2　结构计算简图与柱截面确定

1. 结构计算简图

该金工车间工艺无特殊要求，荷载分布均匀。因此选具有代表性的排架进行结构设计。

排架的负荷范围与结构计算简图如图 15-3 所示。

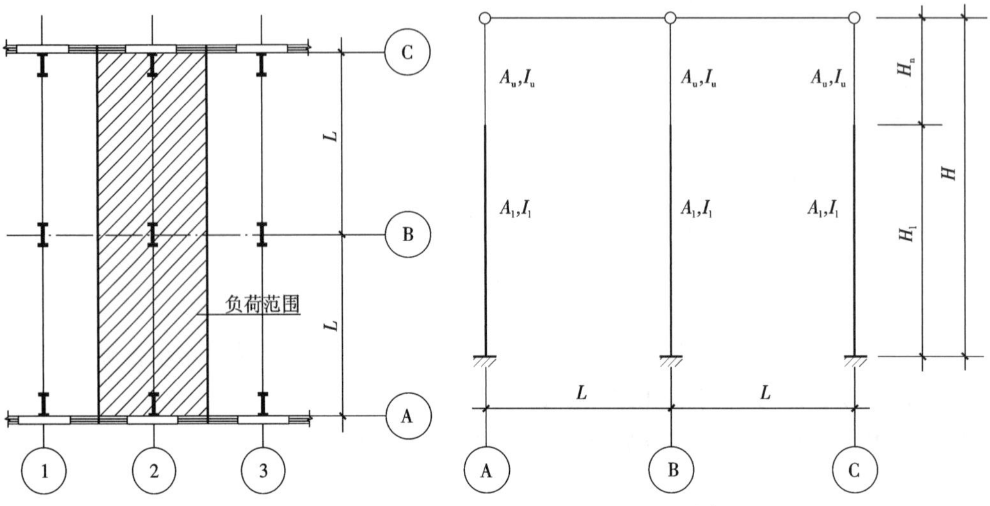

（a）　　（b）

图 15-3　排架的负荷范围与结构计算简图

（a）负荷范围　（b）结构计算简图

2. 排架柱几何尺寸

1）排架柱的高度

Ⅰ. 柱底标高

考虑到基础梁的高度和地基持力层的深度，取基础顶面标高（即柱底标高）为 −0.800 m。

Ⅱ. 牛腿顶面标高

前面已给出吊车梁轨道顶最低标高为 9.000 m，吊车梁高为 1 200 mm。另外，轨道及垫层高度为 190 mm，取整数 200 mm。因此，取牛腿顶面标高为 9.000−1.200−0.200=7.600 m。

Ⅲ. 上柱柱顶标高

由表 15-1 可知，吊车梁轨道顶面至吊车顶面的最大距离 H=2 087 mm，近似取 2 100 mm，则取上柱柱顶的标高为 9.000+2.100=11.100 m。由此可得

柱总高度 H=11.100+0.8=11.900 mm

上柱高度 H_u=11.100−7.600=3.500 m

下柱高度 H_l=7.600+0.8=8.400 m

2）柱截面

各柱下柱均选用工字形截面。按表 12-1 确定柱的截面尺寸，并考虑构造要求。

Ⅰ. 下柱

Ⅰ）下柱截面宽度 b

$b \geqslant H_l/25 = 8.400/25 = 0.336$ m，取 b=400 mm。

Ⅱ）下柱截面高度 h

A 柱：$h \geqslant H_l/14 = 8.400/14 = 0.600$ m，取 h=650 mm。

B 柱：$h \geqslant H_l/12 = 8.400/12 = 0.700$ m，取 h=800 mm。

C 柱：$h \geq H_l/12 = 8.400/12 = 0.700$ m，取 h=750 mm。

Ⅱ. 上柱

上柱选用矩形截面，一般截面尺寸不小于 400 mm×400 mm，边柱上柱取 400 mm×400 mm，满足吊车端部与上柱间的最小间隙尺寸不小于 80 mm 的要求，而中柱上柱取 400 mm×600 mm。

最终确定的柱截面尺寸如图 15-4 所示，各柱的截面几何特征见表 15-4。

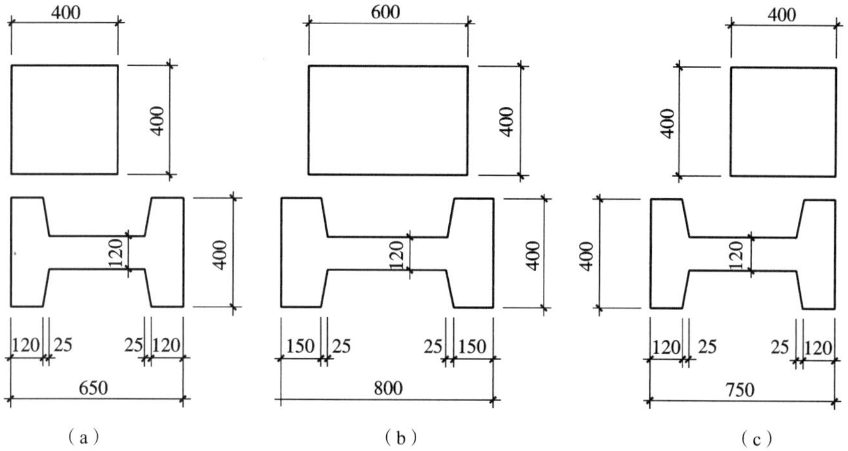

图 15-4　柱截面尺寸

(a)A 柱　(b)B 柱　(c)C 柱

表 15-4　各柱的截面几何特征及计算参数

柱号		截面尺寸(mm)	面积 A(m²)	截面惯性矩 I (m⁴)	柱高 H (m)	$\lambda=H_u/H$	$n=I_u/I_l$	自重 g (kN/m)
A 柱	上柱	□ 400×400	0.160 0	21.33×10^{-4}	3.50	0.294 1	0.272 7	4.000
	下柱	工 400×650×120×120	0.152 2	78.23×10^{-4}	8.40			3.805
B 柱	上柱	□ 400×600	0.240 0	72.00×10^{-4}	3.50		0.494 3	6.000
	下柱	工 400×800×120×150	0.187 0	145.66×10^{-4}	8.40			4.675
C 柱	上柱	□ 400×400	0.160 0	21.33×10^{-4}	3.50		0.187 1	4.000
	下柱	工 400×750×120×120	0.164 2	114.01×10^{-4}	8.40			4.105

15.2.3　荷载计算

根据荷载的作用位置，可以把竖向荷载换算成相对截面形心位置的轴向力和偏心弯矩。排架内力分析时，仅考虑水平力及偏心弯矩，但效应组合时需考虑轴力。

需要特别注意的是，柱顶的偏心压力除对柱顶存在偏心力矩外，由于边柱上、下截面形心不重合，因此对于下柱顶也存在偏心力矩。

1. *屋面恒载* G_{1k}

屋盖结构及屋架自重传给排架柱的柱顶荷载 G_{1k} 按负荷范围(图 15-3(a))计算。

三毡四油防水层上铺小豆石　0.40 kN/m²

1：3 水泥砂浆找平层　20 mm 厚　　$0.02 \times 20 = 0.40\ \mathrm{kN/m^2}$

泡沫混凝土保温层　80 mm 厚　　$0.08 \times 6.0 = 0.48\ \mathrm{kN/m^2}$

屋面板自重(含灌缝)　　$1.50\ \mathrm{kN/m^2}$

屋盖支撑折算自重　　$0.10\ \mathrm{kN/m^2}$

$$\sum q = 2.88\ \mathrm{kN/m^2}$$

为简化计算，天沟板及相应构造层的恒载取与一般屋面恒载相同的值。另外，由表 15-3 可知，屋架自重 112.75 kN/ 榀。屋面恒载作用位置如图 15-5 所示，计算结果见表 15-5。

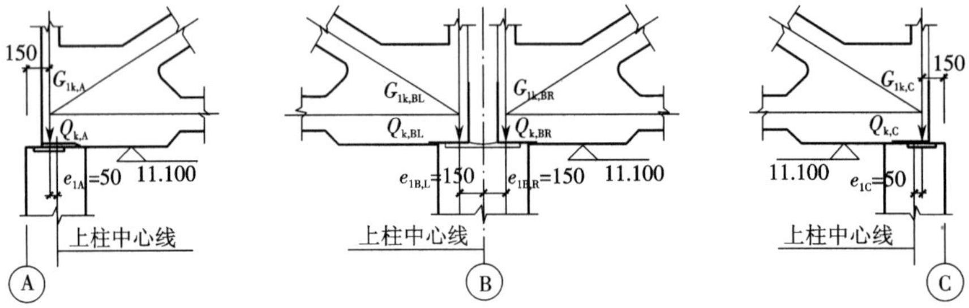

图 15-5　G_{1k}、Q_k 的作用位置

表 15-5　屋面恒载计算结果

柱号	屋面结构及天沟板传来荷载(kN)	屋架自重	G_{1k}	M_{1k}(kN·m)	M_{2k}(kN·m)
A 柱	2.88 × 6 × (24/2+0.77)=220.67	112.75/2=56.4	$G_{1k,A}$=277.07	$G_{1k,A} \times e_{1A}$=13.85	$G_{1k,A} \times e_{2A}$=34.63
B 柱	2.88 × 6 × 24=414.72	112.75	$G_{1k,B}$=527.47	—	—
C 柱	2.88 × 6 × (24/2+0.77)=220.67	112.75/2=56.4	$G_{1k,C}$=277.07	$G_{1k,C} \times e_{1C}$=13.85	$G_{1k,C} \times e_{2C}$=48.49

注：e_2 为上柱中心线与下柱中心线的距离，详见图 15-6。

2. 屋面活载 Q_k

根据《荷载规范》的规定，屋面活载标准值为 0.5 kN/m²，屋面雪荷载为 0.40 kN/m²，不考虑积灰荷载，因此应取屋面活载。

由屋架传给排架柱的屋面活载标准值，近似按图 15-3(a)所示的负荷范围计算：

$$Q_{k,A} = Q_{k,C} = 0.5 \times 6 \times (24/2+0.77) = 38.31\ \mathrm{kN}$$

$$Q_{k,BL} = Q_{k,BR} = 0.5 \times 6 \times 24 \times 0.5 = 36.0\ \mathrm{kN}$$

屋面活载的作用位置与相应柱顶恒载的位置相同，如图 15-5 所示。对于两跨单层厂房，应考虑各跨单独作用屋面活载对结构所产生的影响。屋面活载计算结果见表 15-6。

表 15-6　屋面活载计算结果

柱号	AB 跨有活载		BC 跨有活载	
	柱顶弯矩(kN·m)	牛腿顶面弯矩(kN·m)	柱顶弯矩(kN·m)	牛腿顶面弯矩(kN·m)
A 柱	$M_{1k,A} = Q_{k,A} \times e_{1A}$ =1.92	$M_{2k,A} = Q_{k,A} \times e_{2A}$ =4.79	—	—
B 柱	$M_{1k,B} = Q_{k,B} \times e_{1B,L}$=5.40	$M_{2k,B}$=0.00	$M_{1k,B} = Q_{k,B} \times e_{1B,R}$ =5.40	$M_{2k,B}$=0.00
C 柱	—	—	$M_{1k,C} = Q_{k,C} \times e_{1C}$ =1.92	$M_{2k,C} = Q_{k,C} \times e_{2C}$ =6.70

3. 柱自重 G_{2k}、G_{3k}

上柱自重作用位置如图 15-6 所示,下柱自重作用在下柱重心处,计算结果见表 15-7。

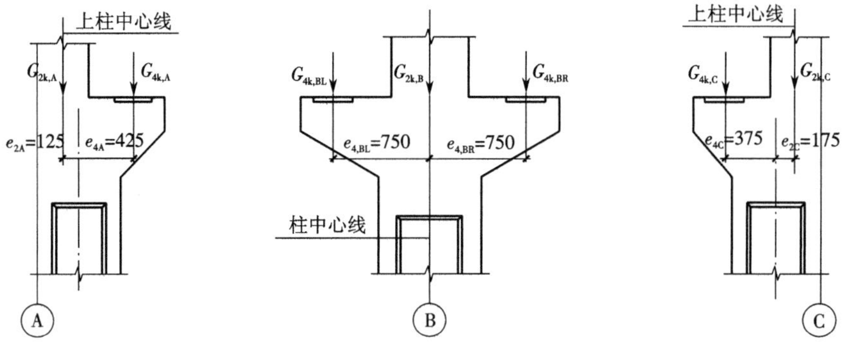

图 15-6　G_{2k}、G_{4k} 的作用位置

表 15-7　上柱及下柱自重

柱号	G_{2k}(kN)	e_2(mm)	M_{2k}(kN·m)	G_{3k}(kN)
A 柱	$G_{2k,A}$= 4.0 × 3.5=14.0	e_{2A}=325−200=125	$G_{2k,A} \times e_{2A}$ =1.75	$G_{3k,A}$=3.805 × 8.4=31.96
B 柱	$G_{2k,B}$= 6.0 × 3.5=21.0	e_{2B}=0	$G_{2k,B} \times e_{2B}$ =0	$G_{3k,B}$=4.675 × 8.4=39.27
C 柱	$G_{2k,C}$= 4.0 × 3.5=14. 0	e_{2A}=375−200=175	$G_{2k,C} \times e_{2C}$ =2.45	$G_{3k,C}$=4.105 × 8.4=34.48

4. 吊车梁、轨道及连接件自重 G_{4k}

吊车梁、轨道及连接件自重 G_{4k} 的作用位置如图 15-6 所示,计算结果见表 15-8。

表 15-8　吊车梁、轨道及连接件自重计算结果

柱号	G_{4k}(kN)	e_4(mm)	M_{4k}(kN·m)
A 柱	$G_{4k,A}$= 41.3+1.30 × 6=49.10	e_{4A}=750−325=425	$M_{4k,A}$= $G_{4k,A} \times e_{4A}$ =20.87
B 柱	$G_{4k,BL}$= $G_{4k,BR}$ =41.3+1.30 × 6=49.10	$e_{4B,L}$= $e_{4B,R}$= 750	$M_{4k,B}$=0
C 柱	$G_{4k,C}$= 41.3+1.30 × 6=49.10	e_{4A}=750−375=375	$M_{4k,C}$= $G_{4k,C} \times e_{4C}$ =18.41

注:轨道及连接件的自重中包括吊车梁顶面水泥砂浆找平层的重量 0.25 kN/m。

5. 基础梁与上部墙体自重 G_{5k}

基础梁与上部墙体自重直接传给基础,因此这部分荷载仅在计算基础时考虑,计算排架时不考虑。

墙体自重:g=0.24 × 14+0.55+0.02 × 17=4.25 kN/m^2。

为了确定墙体的荷载,需要计算墙体的净高。基础梁高为 450 mm,顶面标高为 −0.050 m,柱顶标高为 11.100 m,屋架端部高度为 1.650 m,则墙体净高为

$$H_w=11.100+0.050+1.650=12.800 \text{ m}$$

窗宽为 4.200 m,窗高为 3.600+1.500=5.100 m,窗重为 0.10 kN/m^2,则计算单元内基础梁上部墙体自重为

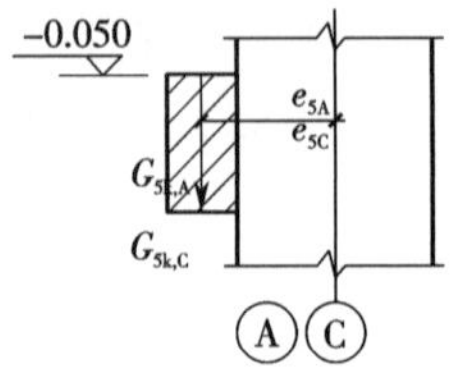

图 15-7 G_{5k} 的作用位置

$4.25\times(12.800\times6-4.2\times5.1)+0.1\times4.2\times5.1=237.51$ kN

基础梁自重为 16.1 kN,则基础梁与上部墙体总重为

$G_{5k,A}=G_{5k,C}=237.51+16.10=253.61$ kN

中柱列没有围护墙,因此 $G_{5k,B}=0$。

荷载 G_{5k} 直接作用在基础顶面(图 15-7),其中 $e_{5A}=120+325=445$ mm,$e_{5C}=120+375=495$ mm。

6. 吊车荷载

AB 跨有两台 10 t 吊车,BC 跨有两台 20/5 t 吊车,工作级别为 A5(中级工作制)。

1)吊车竖向荷载 D_{max}、D_{min}

吊车竖向荷载 D_{max}、D_{min} 按每跨两台吊车同时工作且达到最大起重量考虑,其作用位置与 G_{4k} 作用位置相同,可利用吊车支座反力影响线(图 15-8),按式(12-4a)和式(12-4b)求得。

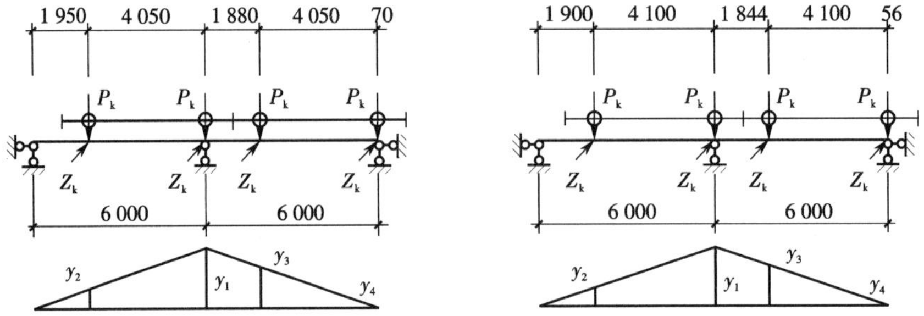

图 15-8 吊车梁支座反力影响线

(a)AB 跨 (b)BC 跨

(1)AB 跨(图 15-8(a)):

$$D_{max}=P_{max}\left(4-\frac{2B}{l}\right)=130\times\left(4-\frac{2\times5.93}{6}\right)=263.03\ \text{kN}$$

$$D_{min}=P_{min}\left(4-\frac{2B}{l}\right)=49.2\times\left(4-\frac{2\times5.93}{6}\right)=99.55\ \text{kN}$$

(2)BC 跨(图 15-8(b)):

$$D_{max}=P_{max}\left(4-\frac{2B}{l}\right)=199\times\left(4-\frac{2\times5.944}{6}\right)=401.71\ \text{kN}$$

$$D_{min}=P_{min}\left(4-\frac{2B}{l}\right)=60.0\times\left(4-\frac{2\times5.944}{6}\right)=121.12\ \text{kN}$$

2)吊车水平荷载 T_{max}

吊车水平荷载 T_{max} 按每跨两台吊车同时工作且达到最大起重量考虑。根据式(12-5)及式(12-6b)可求得每一个大车轮传递的水平荷载标准值。

Ⅰ.AB 跨(图 15-8(a))

AB 跨吊车起重量 Q=100 kN,小车重量为 34.24 kN,η_D=12%,则有

$$Z_k = \frac{\eta_D(Q+g)}{2n} = \frac{0.12\times(100+34.24)}{2\times 2} = 4.03\ \text{kN}$$

当两台吊车同时刹车时，有

$$T_{max,AB} = Z_k\left(4-\frac{2B}{l}\right) = 4.03\times\left(4-\frac{2\times 5.93}{6}\right) = 8.15\ \text{kN}$$

Ⅱ.BC 跨（图 15-8（b））

BC 跨吊车起重量 Q=200 kN，小车重量为 68.56 kN，η_D=10%，则有

$$Z_k = \frac{\eta_D(Q+g)}{2n} = \frac{0.10\times(200+68.56)}{2\times 2} = 6.71\ \text{kN}$$

当两台吊车同时刹车时，有

$$T_{max,BC} = Z_k\left(4-\frac{2B}{l}\right) = 6.71\times\left(4-\frac{2\times 5.944}{6}\right) = 13.55\ \text{kN}$$

各跨吊车水平荷载 T_{max} 作用在吊车梁顶面，即作用在距吊车梁顶 1.20 m 处。

3）吊车荷载作用下排架结构计算简图

吊车竖向荷载作用下排架的内力分析方法与恒载作用下相同，即把吊车竖向荷载等效成对下柱的轴心压力及对下柱柱顶的力矩，见表 15-9。结构分析时，考虑到 D_{max} 既可以发生在左柱又可以发生在右柱。该工程为两跨厂房，两跨均有吊车，因此应考虑四种情况，如图 15-9 所示。

表 15-9　吊车竖向荷载对排架柱产生的力矩（kN·m）

柱号	AB 跨吊车作用		BC 跨吊车作用	
	$D_{max,AB}$ 在 A 柱	$D_{max,AB}$ 在 B 柱	$D_{max,BC}$ 在 B 柱	$D_{max,BC}$ 在 C 柱
A 柱	$M_{4k,A}=D_{max}\times e_{4A}$=111.79	$M_{4k,A}=D_{min}\times e_{4A}$=42.31	—	—
B 柱	$M_{4k,BL}=D_{min}\times e_{4B,L}$=74.66	$M_{4k,BL}=D_{max}\times e_{4B,L}$=197.27	$M_{4k,BR}=D_{max}\times e_{4B,R}$=301.28	$M_{4k,BR}=D_{min}\times e_{4B,R}$=90.84
C 柱	—	—	$M_{4k,C}=D_{min}\times e_{4C}$=45.42	$M_{4k,C}=D_{max}\times e_{4C}$=150.64

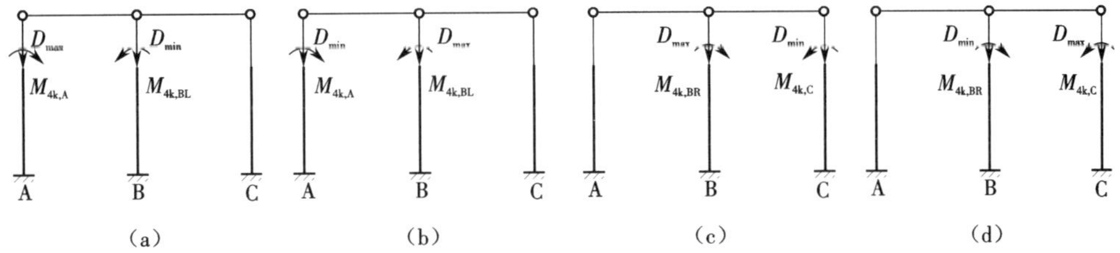

图 15-9　吊车竖向荷载作用的不利工况

（a）$D_{max,AB}$ 在 A 柱　（b）$D_{max,AB}$ 在 B 柱　（c）$D_{max,BC}$ 在 B 柱　（d）$D_{max,BC}$ 在 C 柱

吊车水平荷载作用下，按两台吊车作用在同一跨内计算，考虑到 T_{max} 既可以向左又可以向右，在吊车水平荷载作用下两跨排架的计算简图应考虑四种情况，如图 15-10 所示。

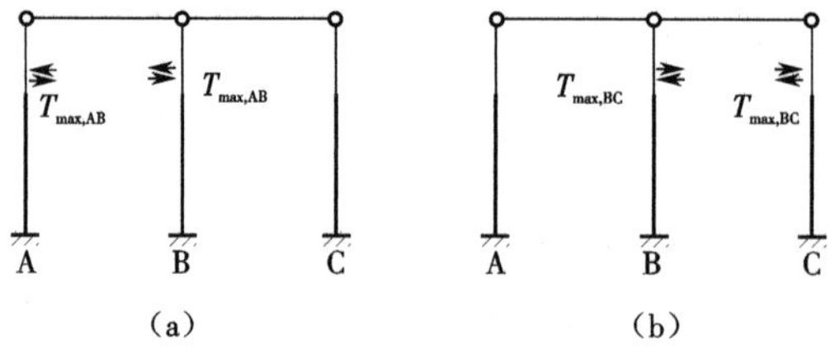

图 15-10 吊车水平荷载作用的不利工况

(a) $T_{max,AB}$ 向左(右) (b) $T_{max,BC}$ 向左(右)

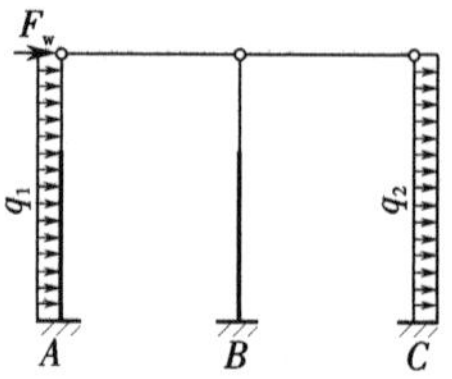

图 15-11 风荷载作用下排架计算简图

7. 风荷载标准值

该地区基本风压 w_0=0.50 kN/m^2。根据《荷载规范》表 8.3.1 第 8 项,风荷载体型系数为迎风面 μ_{s1}=0.8,背风面 μ_{s2}=−0.4,而风压高度变化系数 μ_z 按 B 类地面粗糙度确定。

1)柱顶标高以下

作用在柱顶标高以下墙面上的风荷载按均布荷载考虑(图 15-11),其风压高度变化系数可取柱顶处值。已知柱顶标高为 11.100 m,柱顶至室外地面的高度为 11.100+0.150=11.250 m,按线性内插法确定 μ_z 为

$$\mu_z=1.0+(11.25-10)\times(1.13-1.0)/(15-10)=1.033$$

迎风面、背风面的风荷载标准值分别为

$$q_1=\mu_{s1}\mu_z w_0 B=0.8\times1.033\times0.50\times6.0=2.479\ \text{kN/m}(\rightarrow)$$

$$q_2=\mu_{s2}\mu_z w_0 B=-0.4\times1.033\times0.50\times6.0=-1.240\ \text{kN/m}(\rightarrow)$$

2)柱顶标高以上

作用在柱顶至檐口间墙面上的风荷载也按均布荷载考虑,但其对排架的作用折算为作用在柱顶的水平集中风荷载标准值 F_w。这时的风压高度变化系数 μ_z 可按檐口处取值,按线性内插法确定 μ_z 为

$$\mu_z=1.0+(11.25+1.650+0.4-10)\times(1.13-1.0)/(15-10)=1.085\ 8$$

风荷载的标准值为

$$F_w=(\mu_{s1}-\mu_{s2})\mu_z w_0 Bh=(0.8+0.4)\times1.085\ 8\times0.50\times6.0\times(1.65+0.40)=8.013\ \text{kN}(\rightarrow)$$

右风和左风情况对称,方向相反。

8. 荷载汇总

作用在排架上的各种荷载汇总于表 15-10 和表 15-11 中。

表 15-10 恒载汇总

荷载类型	荷载简图	荷载值		
		A 柱	B 柱	C 柱
屋面恒载	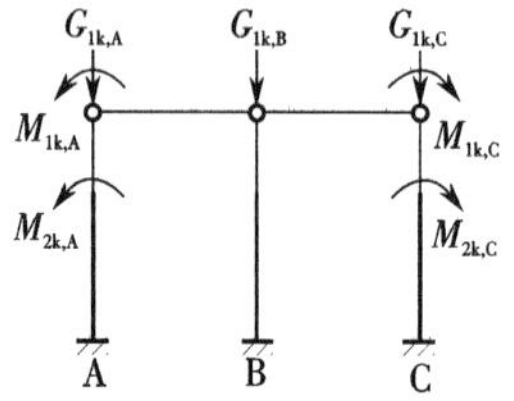	$G_{1k,A}$=277.07 kN $M_{1k,A}$=13.85 kN·m $M_{2k,A}$=34.63 kN·m	$G_{1k,B}$=527.47 kN	$G_{1k,C}$=277.07 kN $M_{1k,C}$=13.85 kN·m $M_{2k,C}$=48.49 kN·m

续表

荷载类型	荷载简图	荷载值		
		A 柱	B 柱	C 柱
柱自重	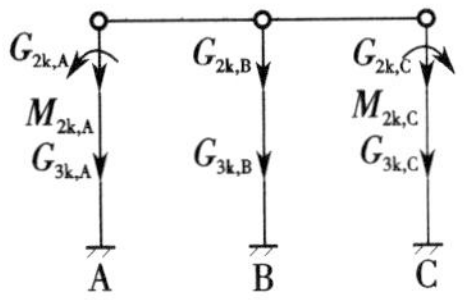	$G_{2k,A}$=14.00 kN $G_{3k,A}$=31.96 kN $M_{2k,A}$=1.75 kN·m	$G_{2k,B}$=21.00 kN $G_{3k,B}$=39.27 kN	$G_{2k,C}$=14.00 kN $G_{3k,C}$=34.48 kN $M_{2k,C}$=2.45 kN·m
吊车梁、轨道及连接件自重	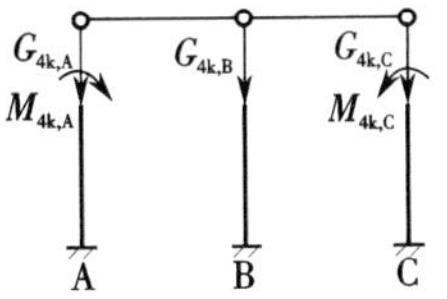	$G_{4k,A}$=49.10 kN $M_{4k,A}$=20.87 kN·m	$G_{4k,B}$=98.20 kN	$G_{4k,C}$=49.10 kN $M_{4k,C}$=18.41 kN·m
$\sum$ 恒载	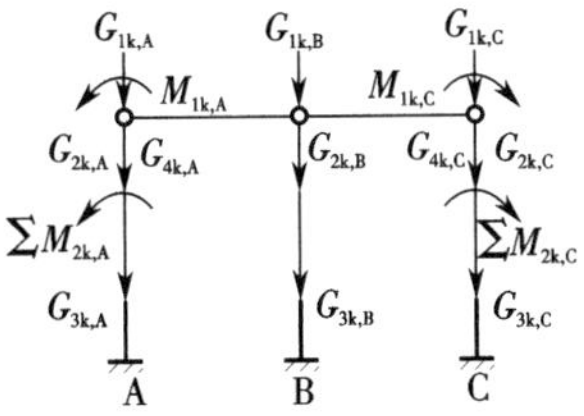	$G_{1k,A}$=277.07 kN $G_{2k,A}$= 14.00 kN $G_{4k,A}$= 49.10 kN $G_{3k,A}$= 31.96 kN $M_{1k,A}$=13.85 kN·m $\sum M_{2k,A}$=34.63+1.75 −20.87= 15.51 kN·m	$G_{1k,B}$=527.47 kN $G_{2k,B}$=21.00 kN $G_{4k,B}$=98.20 kN $G_{3k,B}$=39.27 kN	$G_{1k,C}$=277.07 kN $G_{2k,C}$= 14.00 kN $G_{4k,C}$= 49.10 kN $G_{3k,C}$= 34.48 kN $M_{1k,C}$=13.85 kN·m $\sum M_{2k,C}$=48.49+2.45 −18.41=32.53 kN·m

表 15-11　活载、风荷载及吊车荷载汇总

吊车作用情况	荷载简图	荷载值		
		A 柱	B 柱	C 柱
屋面活载（AB 跨）	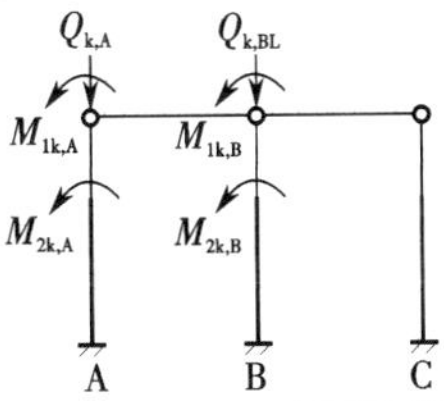	$Q_{k,A}$= 38.31 kN $M_{1k,A}$=1.92 kN·m $M_{2k,A}$=4.79 kN·m	$Q_{k,BL}$=36.0 kN $M_{1k,B}$=5.40 kN·m	
屋面活载（BC 跨）	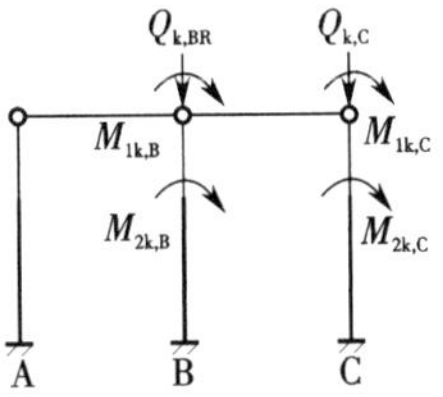		$Q_{k,BR}$=36.0 kN $M_{1k,B}$=5.40 kN·m	$Q_{k,C}$= 38.31 kN $M_{1k,C}$=1.92 kN·m $M_{2k,C}$=6.70 kN·m
风荷载	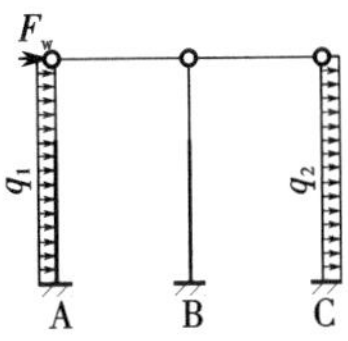	左风 F_w=8.013 kN q_1=2.479 kN/m 右风 q_2=−1.240 kN/m		左风 q_2=1.240 kN/m 右风 F_w=−8.013 kN q_1=−2.479 kN/m

续表

吊车作用情况	荷载简图	荷载值		
		A 柱	B 柱	C 柱
$D_{max,AB}$ 在 A 柱	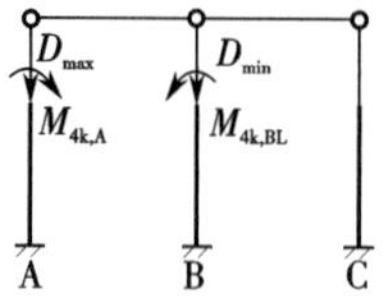	$G_{4k,A}=D_{max}$=263.03 kN $M_{4k,A}$=111.79 kN·m	$G_{4k,B}=D_{min}$=99.55 kN $M_{4k,BL}$=74.66 kN·m	
$D_{max,AB}$ 在 B 柱	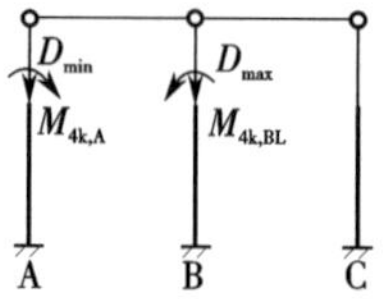	$G_{4k,A}=D_{min}$=99.55 kN $M_{4k,A}$=42.31 kN·m	$G_{4k,B}=D_{max}$=263.03 kN $M_{4k,BL}$=197.27 kN·m	
$D_{max,BC}$ 在 B 柱	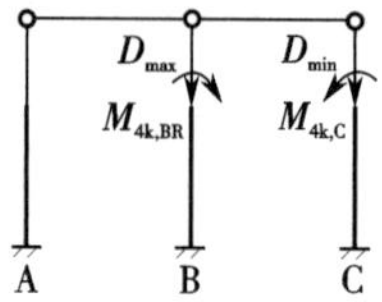		$G_{4k,B}$=401.71 kN $M_{4k,BR}$=301.28 kN·m	$G_{4k,C}$=121.12 kN $M_{4k,C}$=45.42 kN·m
$D_{max,BC}$ 在 C 柱	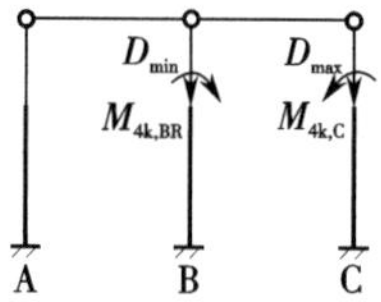		$G_{4k,B}$=121.12 kN $M_{4k,BR}$=90.84 kN·m	$G_{4k,C}$=401.71 kN $M_{4k,C}$=150.64 kN·m
$T_{max,AB}$	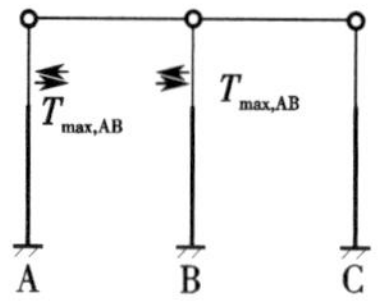	T_{max}= ± 8.15 kN	T_{max}= ± 8.15 kN	
$T_{max,BC}$	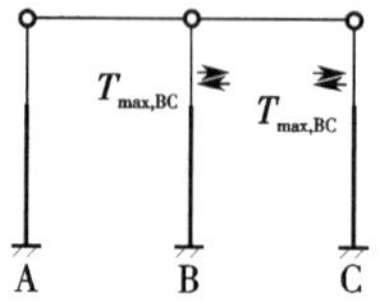		T_{max}= ± 13.55 kN	T_{max}= ± 13.55 kN

15.2.4 排架结构内力分析

该工程为两跨等高排架，可用剪力分配法进行排架结构的内力计算，不考虑厂房的空间工作。这里规定柱顶不动铰支座反力 R_a 自左向右为正，柱顶剪力 V 和水平荷载自左向右为正，截面弯矩以柱左侧受拉为正，柱的轴力以受压为正。

各柱的计算参数及剪力分配系数见表 15-12。

表 15-12　各柱的计算参数及剪力分配系数 η_i

柱号	$\lambda=H_u/H$	$n=I_u/I_l$	$S=1+\lambda^3\left(\frac{1}{n}-1\right)$	$C_0=\frac{3}{S}$	$\frac{1}{\delta_i}=\frac{C_0E_cI_l}{H^3}$	$\eta_i=\frac{1}{\delta_i}\Big/\sum\frac{1}{\delta_i}$
A 柱	0.294 1	0.272 7	1.067 8	2.809 4	$2.197\,8E_c/H^3\times10^{-2}$	0.230 5
B 柱		0.494 3	1.026 0	2.923 9	$4.259\,0E_c/H^3\times10^{-2}$	0.446 6
C 柱		0.187 1	1.110 5	2.701 4	$3.079\,9E_c/H^3\times10^{-2}$	0.322 9

具体计算步骤如下。

（1）计算各种荷载作用下的柱顶反力系数 C_1、C_2、C_6、C_8，见表 15-13。

表 15-13　各种荷载作用下的柱顶反力系数 C_1、C_2、C_6、C_8

系数计算公式	荷载简图	柱号		
		A 柱	B 柱	C 柱
$C_1=\frac{3}{2}\times\frac{1-\lambda^2\left(1-\frac{1}{n}\right)}{S}$	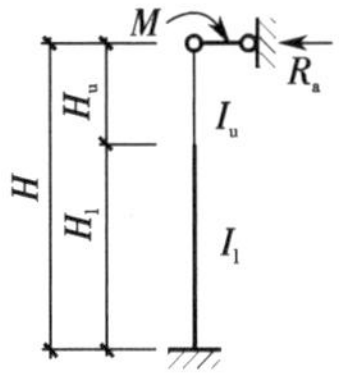	1.728 8	1.591 4	1.858 3
$C_2=\frac{3}{2}\times\frac{1-\lambda^2}{S}$	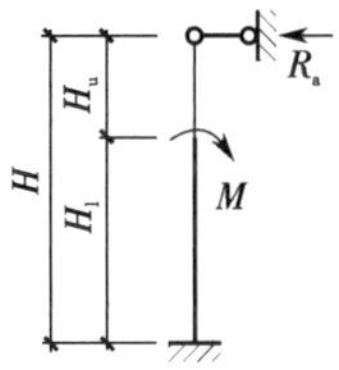	1.283 3	1.335 5	1.233 9
$C_6=\frac{2-3a\lambda+\lambda^3\left[\frac{(2+a)(1-a)^2}{n}-(2-3a)\right]}{2S}$ a=2.3/3.5	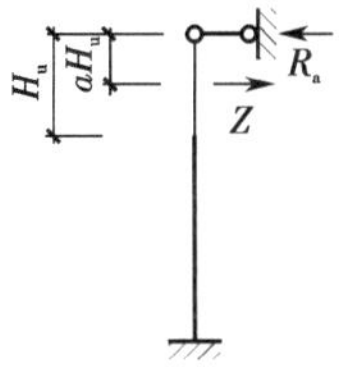	0.678 3	0.699 6	0.658 2
$C_8=\frac{3}{8}\times\frac{1+\lambda^4\left(\frac{1}{n}-1\right)}{S}$	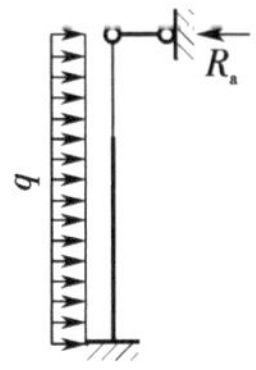	0.358 2	—	0.348 7

（2）在排架柱顶附加不动铰支座，以阻止水平侧移，并求出其支座反力 $R_{a,A}$、$R_{a,B}$、$R_{a,C}$。

（3）撤掉附加不动铰支座且加反向作用的 R_a（$=R_{a,A}+R_{a,B}+R_{a,C}$）在排架柱顶，以恢复到原受力状态。

（4）根据各柱的剪力分配系数求解其柱顶的剪力，即

$$V_i=R_i+\eta_i(-R_a)=R_i-\eta_i(R_{a,A}+R_{a,B}+R_{a,C})\quad(i=\text{A,B,C})$$

(5)根据各柱的剪力 V_i 及柱上的荷载,按悬臂柱进行内力计算。

1. 恒载作用下排架的柱顶剪力

各柱顶不动铰支座的支座反力分别为

$$R_{a,A}=\frac{M_{1k,A}}{H}C_1+\frac{\sum M_{2k,A}}{H}C_2=\frac{13.85}{11.9}\times1.728\,8+\frac{15.51}{11.9}\times1.283\,3=3.68\text{ kN}(\rightarrow)$$

$$R_{a,C}=\frac{M_{1k,C}}{H}C_1+\frac{\sum M_{2k,C}}{H}C_2=-\frac{13.85}{11.9}\times1.858\,3-\frac{32.53}{11.9}\times1.233\,9=-5.54\text{ kN}(\leftarrow)$$

$$R_a=R_{a,A}+R_{a,C}=3.68-5.54=-1.86\text{ kN}(\leftarrow)$$

各柱顶的实际剪力分别为

$$V_A=R_{a,A}+\eta_A(-R_a)=3.68+0.230\,5\times1.86=4.11\text{ kN}(\rightarrow)$$

$$V_B=R_{a,B}+\eta_B(-R_a)=0.446\,6\times1.86=0.83\text{ kN}(\rightarrow)$$

$$V_C=R_{a,C}+\eta_C(-R_a)=-5.54+0.322\,9\times1.86=-4.94\text{ kN}(\leftarrow)$$

各柱内力图如图 15-12 所示。

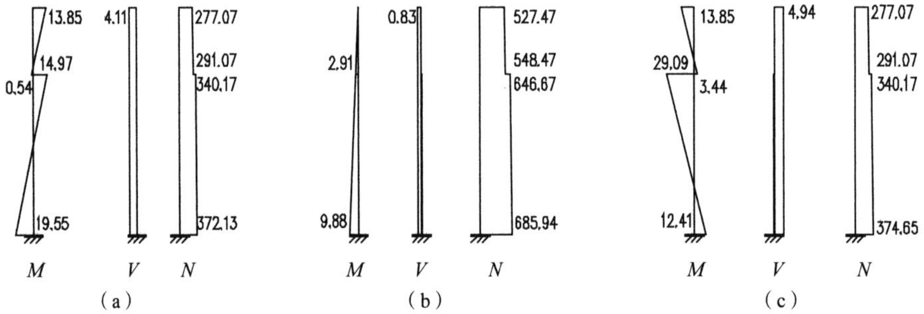

图 15-12 恒载作用下各柱内力图(单位 kN,kN·m)

(a)A柱 (b)B柱 (c)C柱

2. 屋面活载作用下排架的柱顶剪力

(1)屋面活载作用在 AB 跨时,有

$$R_{a,A}=\frac{M_{1k,A}}{H}C_1+\frac{M_{2k,A}}{H}C_2=\frac{1.92}{11.9}\times1.728\,8+\frac{4.79}{11.9}\times1.283\,3=0.80\text{ kN}(\rightarrow)$$

$$R_{a,B}=\frac{M_{1k,B}}{H}C_1=\frac{5.40}{11.9}\times1.591\,4=0.72\text{ kN}(\rightarrow)$$

$$R_a=R_{a,A}+R_{a,B}=0.80+0.72=1.52\text{ kN}(\rightarrow)$$

各柱顶的实际剪力分别为

$$V_A=R_{a,A}+\eta_A(-R_a)=0.80-0.230\,5\times1.52=0.45\text{ kN}(\rightarrow)$$

$$V_B=R_{a,B}+\eta_B(-R_a)=0.72-0.446\,6\times1.52=0.05\text{ kN}(\rightarrow)$$

$$V_C=R_{a,C}+\eta_C(-R_a)=-0.322\,9\times1.52=-0.50\text{ kN}(\leftarrow)$$

各柱内力图如图 15-13 所示。

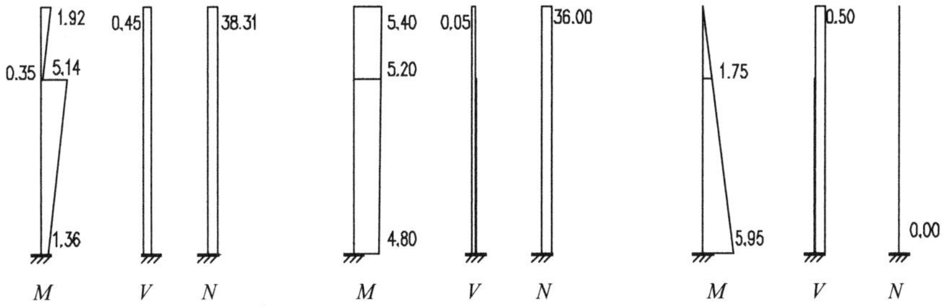

图 15-13　屋面活载作用在 AB 跨时各柱内力图(单位 kN, kN·m)

(a)A 柱　(b)B 柱　(c)C 柱

(2)屋面活载作用在 BC 跨时，有

$$R_{a,B}=-\frac{M_{1k,B}}{H}C_1=-\frac{5.40}{11.9}\times 1.591\,4=-0.72\text{ kN}(\leftarrow)$$

$$R_{a,C}=-\frac{M_{1k,C}}{H}C_1-\frac{M_{2k,C}}{H}C_2=-\frac{1.92}{11.9}\times 1.858\,3-\frac{6.70}{11.9}\times 1.233\,9=-0.99\text{ kN}(\leftarrow)$$

$$R_a=R_{a,B}+R_{a,C}=-0.72-0.99=-1.71\text{ kN}(\leftarrow)$$

各柱顶的实际剪力分别为

$$V_A=R_{a,A}+\eta_A(-R_a)=0.230\,5\times 1.71=0.39\text{ kN}(\rightarrow)$$

$$V_B=R_{a,B}+\eta_B(-R_a)=-0.72+0.446\,6\times 1.71=0.05\text{ kN}(\rightarrow)$$

$$V_C=R_{a,C}+\eta_C(-R_a)=-0.99+0.322\,9\times 1.71=-0.44\text{ kN}(\leftarrow)$$

各柱内力图如图 15-14 所示。

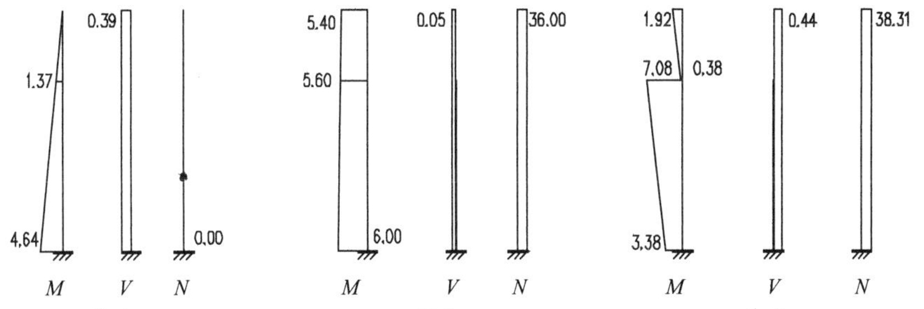

图 15-14　屋面活载作用在 BC 跨时各柱内力图(单位 kN, kN·m)

(a)A 柱　(b)B 柱　(c)C 柱

3. 吊车竖向荷载作用下排架的柱顶剪力

(1)AB 跨有吊车荷载，$D_{max,k}$ 作用在 A 柱、$D_{min,k}$ 作用在 B 柱时，有

$$R_{a,A}=-\frac{M_{4k,A}}{H}C_2=-\frac{111.79}{11.9}\times 1.283\,3=-12.06\text{ kN}(\leftarrow)$$

$$R_{a,B}=\frac{M_{4k,BL}}{H}C_2=\frac{74.66}{11.9}\times 1.335\,5=8.38\text{ kN}(\rightarrow)$$

$$R_a=R_{a,A}+R_{a,B}=-12.06+8.38=-3.68\text{ kN}(\leftarrow)$$

各柱顶的实际剪力分别为

$V_A = R_{a,A} + \eta_A(-R_a) = -12.06 + 0.230\,5 \times 3.68 = -11.21\ \text{kN}(\leftarrow)$

$V_B = R_{a,B} + \eta_B(-R_a) = 8.38 + 0.446\,6 \times 3.68 = 10.02\ \text{kN}(\rightarrow)$

$V_C = R_{a,C} + \eta_C(-R_a) = 0.322\,9 \times 3.68 = 1.19\ \text{kN}(\rightarrow)$

各柱内力图如图 15-15 所示。

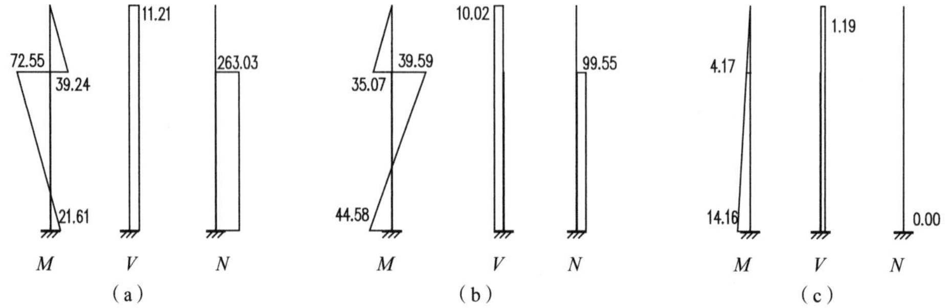

图 15-15 AB 跨有吊车荷载,$D_{max,k}$ 作用在 A 柱、$D_{min,k}$ 作用在 B 柱时各柱内力图(单位 kN,kN·m)

(a)A 柱 (b)B 柱 (c)C 柱

(2)AB 跨有吊车荷载,$D_{min,k}$ 作用在 A 柱、$D_{max,k}$ 作用在 B 柱时,有

$$R_{a,A} = -\frac{M_{4k,A}}{H}C_2 = -\frac{42.31}{11.9} \times 1.283\,3 = -4.56\ \text{kN}(\leftarrow)$$

$$R_{a,B} = \frac{M_{4k,BL}}{H}C_2 = \frac{197.27}{11.9} \times 1.335\,5 = 22.14\ \text{kN}(\rightarrow)$$

$R_a = R_{a,A} + R_{a,B} = -4.56 + 22.14 = 17.58\ \text{kN}(\rightarrow)$

各柱顶的实际剪力分别为

$V_A = R_{a,A} + \eta_A(-R_a) = -4.56 - 0.230\,5 \times 17.58 = -8.61\ \text{kN}(\leftarrow)$

$V_B = R_{a,B} + \eta_B(-R_a) = 22.14 - 0.446\,6 \times 17.58 = 14.29\ \text{kN}(\rightarrow)$

$V_C = R_{a,C} + \eta_C(-R_a) = -0.322\,9 \times 17.58 = -5.68\ \text{kN}(\leftarrow)$

各柱内力图如图 15-16 所示。

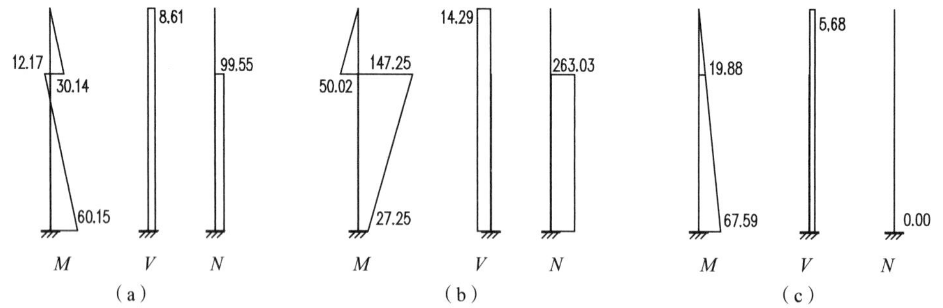

图 15-16 AB 跨有吊车荷载,$D_{min,k}$ 作用在 A 柱、$D_{max,k}$ 作用在 B 柱时各柱内力图(单位 kN,kN·m)

(a)A 柱 (b)B 柱 (c)C 柱

(3)BC 跨有吊车荷载,$D_{max,k}$ 作用在 B 柱、$D_{min,k}$ 作用在 C 柱时,有

$$R_{a,B} = -\frac{M_{4k,BR}}{H}C_2 = -\frac{301.28}{11.9} \times 1.335\,5 = -33.81\ \text{kN}(\leftarrow)$$

$$R_{a,C}=\frac{M_{4k,C}}{H}C_2=\frac{45.42}{11.9}\times 1.233\,9=4.71\ \text{kN}(\rightarrow)$$

$R_a=R_{a,B}+R_{a,C}=-33.81+4.71=-29.10\ \text{kN}(\leftarrow)$

各柱顶的实际剪力分别为

$V_A=R_{a,A}+\eta_A(-R_a)=0.230\,5\times 29.10=6.71\ \text{kN}(\rightarrow)$

$V_B=R_{a,B}+\eta_B(-R_a)=-33.81+0.446\,6\times 29.10=-20.81\ \text{kN}(\leftarrow)$

$V_C=R_{a,C}+\eta_C(-R_a)=4.71+0.322\,9\times 29.10=14.10\ \text{kN}(\rightarrow)$

各柱内力图如图 15-17 所示。

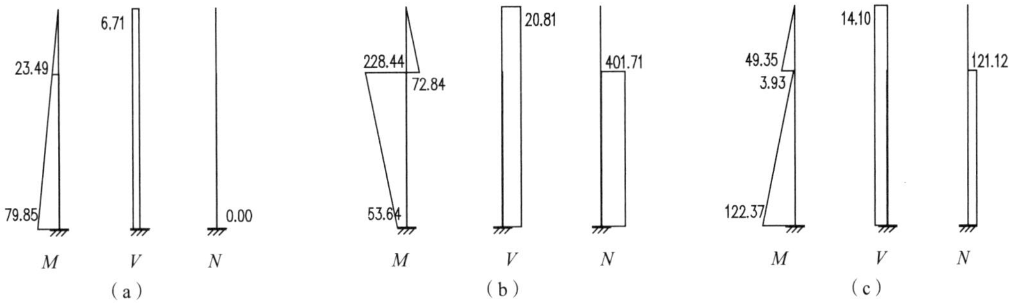

图 15-17　BC 跨有吊车荷载，$D_{max,k}$ 作用在 B 柱、$D_{min,k}$ 作用在 C 柱时各柱内力图(单位 kN，kN·m)

(a)A 柱　(b)B 柱　(c)C 柱

(4)BC 跨有吊车荷载，$D_{min,k}$ 作用在 B 柱、$D_{max,k}$ 作用在 C 柱时，有

$$R_{a,B}=-\frac{M_{4k,BR}}{H}C_2=-\frac{90.84}{11.9}\times 1.335\,5=-10.19\ \text{kN}(\leftarrow)$$

$$R_{a,C}=\frac{M_{4k,C}}{H}C_2=\frac{150.64}{11.9}\times 1.233\,9=15.62\ \text{kN}(\rightarrow)$$

$R_a=R_{a,B}+R_{a,C}=-10.19+15.62=5.43\ \text{kN}(\rightarrow)$

各柱顶的实际剪力分别为

$V_A=R_{a,A}+\eta_A(-R_a)=-0.230\,5\times 5.43=-1.25\ \text{kN}(\leftarrow)$

$V_B=R_{a,B}+\eta_B(-R_a)=-10.19-0.446\,6\times 5.43=-12.62\ \text{kN}(\leftarrow)$

$V_C=R_{a,C}+\eta_C(-R_a)=15.62-0.322\,9\times 5.43=13.87\ \text{kN}(\rightarrow)$

各柱内力图如图 15-18 所示。

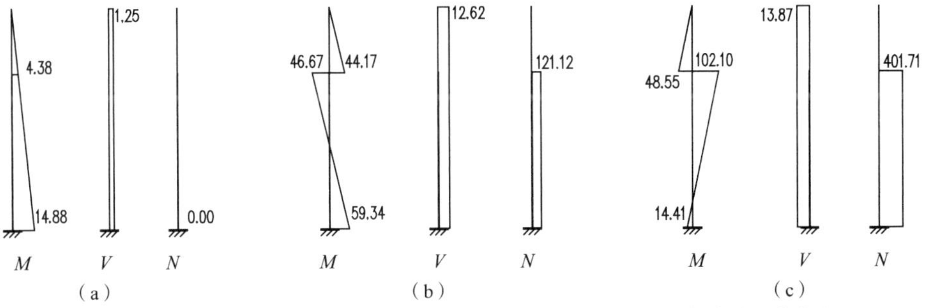

图 15-18　BC 跨有吊车荷载，$D_{min,k}$ 作用在 B 柱、$D_{max,k}$ 作用在 C 柱时各柱内力图(单位 kN，kN·m)

(a)A 柱　(b)B 柱　(c)C 柱

4. 吊车水平荷载作用下排架的柱顶剪力

(1)AB 跨有吊车水平荷载,$T_{max,AB}$ 向左作用时,有

$$R_{a,A} = T_{max,AB}C_6 = 8.15 \times 0.678\,3 = 5.53\ \text{kN}(\rightarrow)$$

$$R_{a,B} = T_{max,AB}C_6 = 8.15 \times 0.699\,6 = 5.70\ \text{kN}(\rightarrow)$$

$$R_a = R_{a,A} + R_{a,B} = 5.53 + 5.70 = 11.23\ \text{kN}(\rightarrow)$$

各柱顶的实际剪力分别为

$$V_A = R_{a,A} + \eta_A(-R_a) = 5.53 - 0.230\,5 \times 11.23 = 2.94\ \text{kN}(\rightarrow)$$

$$V_B = R_{a,B} + \eta_B(-R_a) = 5.70 - 0.446\,6 \times 11.23 = 0.68\ \text{kN}(\rightarrow)$$

$$V_C = R_{a,C} + \eta_C(-R_a) = -0.322\,9 \times 11.23 = -3.62\ \text{kN}(\leftarrow)$$

各柱内力图如图 15-19 所示。

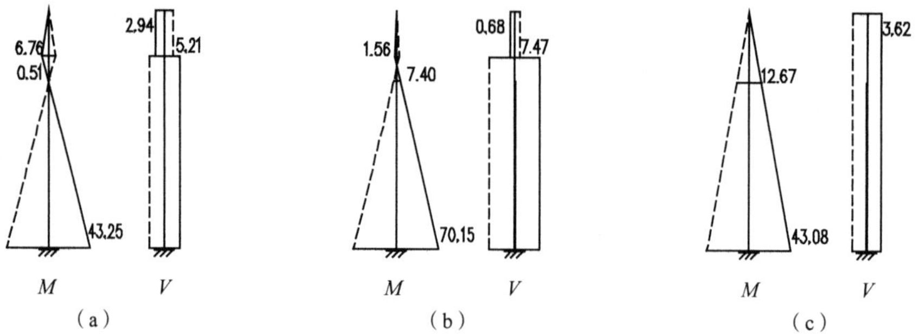

图 15-19 AB 跨有吊车水平荷载,$T_{max,AB}$ 向左作用时各柱内力图(单位 kN,kN·m)

(a)A 柱 (b)B 柱 (c)C 柱

(2)BC 跨有吊车水平荷载,$T_{max,BC}$ 向左作用时,有

$$R_{a,B} = T_{max,BC}C_6 = 13.55 \times 0.699\,6 = 9.48\ \text{kN}(\rightarrow)$$

$$R_{a,C} = T_{max,BC}C_6 = 13.55 \times 0.658\,2 = 8.92\ \text{kN}(\rightarrow)$$

$$R_a = R_{a,B} + R_{a,C} = 9.48 + 8.92 = 18.40\ \text{kN}(\rightarrow)$$

各柱顶的实际剪力分别为

$$V_A = R_{a,A} + \eta_A(-R_a) = -0.230\,5 \times 18.40 = -4.24\ \text{kN}(\leftarrow)$$

$$V_B = R_{a,B} + \eta_B(-R_a) = 9.48 - 0.446\,6 \times 18.40 = 1.26\ \text{kN}(\rightarrow)$$

$$V_C = R_{a,C} + \eta_C(-R_a) = 8.92 - 0.322\,9 \times 18.40 = 2.98\ \text{kN}(\rightarrow)$$

各柱内力图如图 15-20 所示。

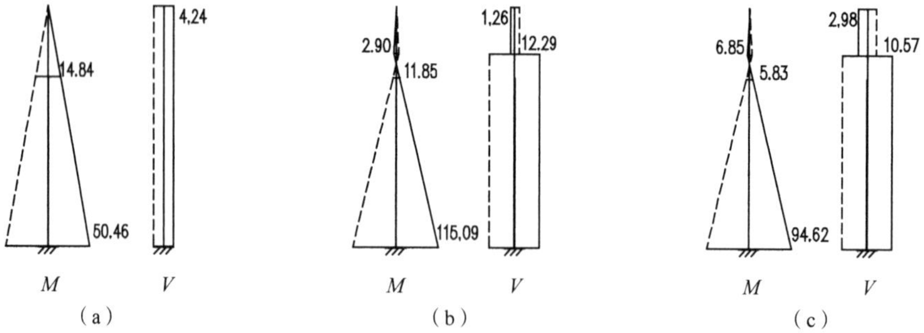

图 15-20 BC 跨有吊车水平荷载,$T_{max,BC}$ 向左作用时各柱内力图(单位 kN,kN·m)

(a)A 柱 (b)B 柱 (c)C 柱

$T_{max,AB}$ 及 $T_{max,BC}$ 向右作用时，排架内力与向左作用时大小相同，但方向相反。

5. 风荷载作用下排架的柱顶剪力

（1）风荷载从左向右作用时，有

$$R_{a,A}=q_1HC_8=-2.479\times11.9\times0.358\,2=-10.57\ \text{kN}(\leftarrow)$$

$$R_{a,C}=q_2HC_8=-1.240\times11.9\times0.348\,7=-5.15\ \text{kN}(\leftarrow)$$

$$R_a=R_{a,A}+R_{a,C}=-10.57-5.15=-15.72\ \text{kN}(\leftarrow)$$

各柱顶的实际剪力分别为

$$V_A=R_{a,A}+\eta_A(-R_a+F_w)=-10.57+0.230\,5\times(15.72+8.01)=-5.10\ \text{kN}(\leftarrow)$$

$$V_B=R_{a,B}+\eta_B(-R_a+F_w)=0.446\,6\times(15.72+8.01)=10.60\ \text{kN}(\rightarrow)$$

$$V_C=R_{a,C}+\eta_C(-R_a+F_w)=-5.15+0.322\,9\times(15.72+8.01)=2.51\ \text{kN}(\rightarrow)$$

各柱内力图如图 15-21（a）所示。

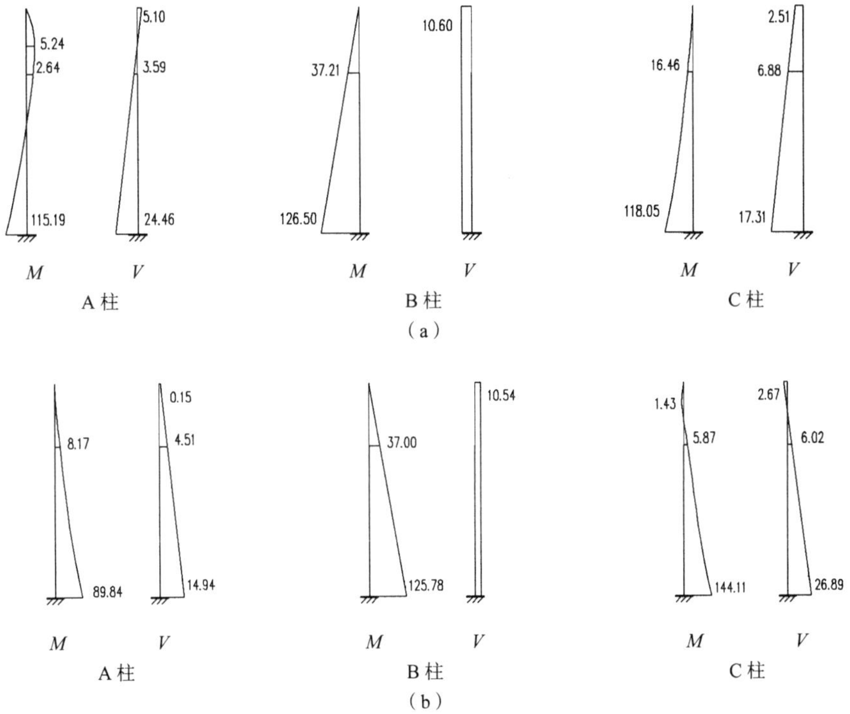

图 15-21　风荷载作用下各柱内力图（单位 kN，kN·m）

（a）风荷载从左向右作用时　（b）风荷载从右向左作用时

（2）风荷载从右向左作用时，有

$$R_{a,A}=q_1HC_8=1.240\times11.9\times0.358\,2=5.29\ \text{kN}(\leftarrow)$$

$$R_{a,C}=q_2HC_8=2.479\times11.9\times0.348\,7=10.29\ \text{kN}(\leftarrow)$$

$$R_a=R_{a,A}+R_{a,C}=5.29+10.29=15.58\ \text{kN}(\rightarrow)$$

各柱顶的实际剪力分别为

$$V_A=R_{a,A}+\eta_A(-R_a+F_w)=5.29+0.230\,5\times(-15.58-8.01)=-0.15\ \text{kN}(\leftarrow)$$

$$V_B=R_{a,B}+\eta_B(-R_a+F_w)=0.446\,6\times(-15.58-8.01)=-10.54\ \text{kN}(\leftarrow)$$

$$V_C = R_{a,C} + \eta_C(-R_a + F_w) = 10.29 + 0.3229 \times (-15.58 - 8.01) = 2.67\ \text{kN}(\rightarrow)$$

各柱内力图如图 15-21(b)所示。

上述各种荷载作用下 A 柱控制截面的内力标准值（图 15-12 至图 15-21）汇总于表 15-14，B 柱及 C 柱从略。

表 15-14　各种荷载作用下 A 柱内力标准值汇总表

荷载类型			序号	截面位置	内力值		
					M_k(kN·m)	V_k(kN)	N_k(kN)
恒载			①	Ⅰ—Ⅰ Ⅱ—Ⅱ Ⅲ—Ⅲ	0.54 -14.97 19.55	4.11	291.07 340.17 372.13
屋面活载		在 AB 跨	②a	Ⅰ—Ⅰ Ⅱ—Ⅱ Ⅲ—Ⅲ	-0.35 -5.14 -1.36	0.45	38.31
屋面活载		在 BC 跨	②b	Ⅰ—Ⅰ Ⅱ—Ⅱ Ⅲ—Ⅲ	1.37 1.37 4.64	0.39	0
吊车竖向荷载	AB 跨	两台 D_{max} 在 A 柱	③a	Ⅰ—Ⅰ Ⅱ—Ⅱ Ⅲ—Ⅲ	-39.24 72.55 -21.61	-11.21	0 263.03 263.03
吊车竖向荷载	AB 跨	两台 D_{min} 在 A 柱	③b	Ⅰ—Ⅰ Ⅱ—Ⅱ Ⅲ—Ⅲ	-30.14 12.17 -60.15	-8.61	0 99.55 99.55
吊车竖向荷载	BC 跨	两台 D_{max} 在 B 柱	④a	Ⅰ—Ⅰ Ⅱ—Ⅱ Ⅲ—Ⅲ	23.49 23.49 79.85	6.71	0
吊车竖向荷载	BC 跨	两台 D_{min} 在 B 柱	④b	Ⅰ—Ⅰ Ⅱ—Ⅱ Ⅲ—Ⅲ	-4.38 -4.38 -14.88	-1.25	0
吊车水平荷载	AB 跨	两台 T_{max}	⑤	Ⅰ—Ⅰ Ⅱ—Ⅱ Ⅲ—Ⅲ	±0.51 ±0.51 ±43.25	±5.21	0
吊车水平荷载	BC 跨	两台 T_{max}	⑥	Ⅰ—Ⅰ Ⅱ—Ⅱ Ⅲ—Ⅲ	±14.84 ±14.84 ±50.46	±4.24	0
风荷载		左风荷载	⑦a	Ⅰ—Ⅰ Ⅱ—Ⅱ Ⅲ—Ⅲ	-2.64 -2.64 115.19	3.59 3.59 24.46	0
风荷载		右风荷载	⑦b	Ⅰ—Ⅰ Ⅱ—Ⅱ Ⅲ—Ⅲ	-8.17 -8.17 -89.84	-4.51 -4.51 -14.94	0

注：Ⅰ—Ⅰ截面为上柱底面；Ⅱ—Ⅱ截面为下柱顶面；Ⅲ—Ⅲ截面为下柱底面。

15.2.5　排架结构内力组合

下面以 A 柱为例进行内力组合，各截面内力的基本组合值详见表 15-15，Ⅲ—Ⅲ截面内力的标准组合值详见表 15-16。内力组合时，已根据 12.5 节中的各种内力组合工况进行筛选，剔除了明显不属于控制内力的组合工况。

表 15-15　A 柱各控制截面内力的基本组合值

截面位置	目标组合	组合工况	内力设计值		
			M (kN·m)	V (kN)	N (kN)
Ⅰ-Ⅰ	$+M_{max}$，相应的 N	1.3 × ① +1.5 × 0.9 × ④ a+1.5 × 0.7 × ② b+1.5 × 0.9 × 0.7 × ⑥	47.88	18.82	378.39
	$-M_{max}$，相应的 N	1.0 × ① +1.5 × (0.8 × ③ a+0.8 × ④ b)+ 1.5 × 0.7 × 0.9 ⑥ +1.5 × 0.7 × ② a+1.5 × 0.6 × ⑦ b	−73.55	−18.44	331.30
	N_{max}，相应的 M	1.3 × ① +1.5 × ② a+1.5 × 0.7 × ② b+1.5 × 0.7 × 0.9 × ④ a+1.5 × 0.7 × 0.9 × ⑥	37.83	16.77	435.86
		1.3 × ① +1.5 × ② a+1.5 × 0.6 × ⑦ b+1.5 × 0.7 × 0.8 × (③ a+ ④ b)+1.5 × 0.7 × 0.9 × ⑥	−57.84	−12.51	435.86
	N_{min}，相应的 M	1.0 × ① +1.5 × 0.9 × ④ a+1.5 × 0.7 × 0.9 × ⑥ +1.5 × 0.7 × ② b	47.71	17.58	291.07
		1.0 × ① +1.5 × 0.8 × (③ a+ ④ b)+ 1.5 × 0.7 × 0.9 × ⑥ +1.5 × 0.6 × ⑦ b	−73.18	−18.91	291.07
Ⅱ-Ⅱ	$+M_{max}$，相应的 N	1.0 × ① +1.5 × 0.8 × (③ a+ ④ a)+ 1.5 × 0.7 × ② b+1.5 × 0.9 × 0.7 × ⑥	114.30	4.00	655.81
	$-M_{max}$，相应的 N	1.3 × ① +1.5 × 0.9 × ⑥ +1.5 × 0.7 × ② a+1.5 × 0.7 × 0.9 × ④ b+ 1.5 × 0.6 × ⑦ b	−56.38	−9.78	442.22
	N_{max}，相应的 M	1.3 × ① +1.5 × 0.9 × ③ a+1.5 × 0.7 × (② a+ ② b) +1.5 × 0.7 × 0.9 × ⑤	78.60	5.40	837.54
		1.3 × ① +1.5 × 0.9 × ③ a+1.5 × 0.7 × ② a+1.5 × 0.7 × 0.9 × ⑤ + 1.5 × 0.6 × ⑦ b	71.24	1.33	837.54
	N_{min}，相应的 M	1.0 × ① +1.5 × 0.9 × ④ a+1.5 × 0.7 × 0.9 × ⑥ +1.5 × 0.7 × ② b	32.20	4.42	340.17
		1.0 × ① +1.5 × 0.9 × ④ b+1.5 × 0.7 × 0.9 × ⑥ +1.5 × 0.6 × ⑦ b	−14.21	−8.06	340.17
Ⅲ-Ⅲ	$+M_{max}$，相应的 N	1.3 × ① +1.5 × ⑦ a+1.5 × 0.7 × ② b+1.5 × 0.7 × 0.9 × ④ a+ 1.5 × 0.9 × 0.7 × ⑥	326.22	52.79	483.77
	$-M_{max}$，相应的 N	1.0 × ① +1.5 × ⑦ b+1.5 × 0.7 × ② a+1.5 × 0.7 × 0.8 × (③ b+ ④ b)+1.5 × 0.7 × 0.9 × ⑥	−227.35	−14.09	495.98
	N_{max}，相应的 M	1.3 × ① +1.5 × 0.9 × ③ a+1.5 × 0.7 × 0.9 × ⑤ +1.5 × 0.7 × ② a+ 1.5 × 0.6 × ⑦ a	139.36	13.97	879.09
		1.3 × ① +1.5 × 0.9 × ③ a+1.5 × 0.7 × 0.9 × ⑤ +1.5 × 0.7 × ② a+ 1.5 × 0.6 × ⑦ b	−120.61	−3.17	879.09
	N_{min}，相应的 M	1.0 × ① +1.5 × ⑦ a+1.5 × 0.7 × ② b+1.5 × 0.7 × 0.9 × ④ a+ 1.5 × 0.7 × 0.9 × ⑥	320.35	20.25	372.13
		1.0 × ① +1.5 × ⑦ b+1.5 × 0.7 × 0.9 × ④ b+1.5 × 0.7 × 0.9 × ⑥	−176.96	−6.66	372.13

表 15-16 A 柱Ⅲ—Ⅲ截面内力的标准组合值

截面位置	目标组合	组合工况	内力标准值		
			M(kN·m)	V(kN)	N(kN)
Ⅲ—Ⅲ	$+M_{k,max}$,相应的 V_k, N_k	①+⑦a+0.7×②b+0.7×(0.9×④a+0.9×⑥)	220.08	35.74	372.13
	$-M_{k,max}$,相应的 V_k, N_k	①+⑦b+0.7×②a+0.7×0.8×(③b+④b)+0.7×0.9×⑥	-145.05	-18.71	454.70
	$N_{k,max}$,相应的 V_k, $+M_k$	①+0.9×③a+0.7×0.9×⑤+0.7×②a+0.6×⑦a	95.51	12.29	635.67
	$N_{k,max}$,相应的 V_k, $-M_k$	①+0.9×③a+0.7×0.9×⑤+0.7×②a+0.6×⑦b	-82.00	-17.91	635.67
	$N_{k,min}$,相应的 V_k, $+M_k$	①+⑦a+0.7×②b+0.7×0.9×④a+0.7×0.9×⑥	220.08	35.74	372.13
	$N_{k,min}$,相应的 V_k, $-M_k$	①+⑦b+0.7×0.9×④b+0.7×0.9×⑥	-111.45	-14.29	372.13

注意,表 15-15 和表 15-16 的各种组合工况中,括号内各工况前的系数为多台吊车作用效应的折减系数。

15.2.6 柱截面配筋计算

1. 材料

混凝土:C30,f_c=14.3 MPa,f_t=1.43 MPa,f_{tk}=2.01 MPa,$E_c=3.0\times10^4$ MPa。

钢筋:HRB400 级,f_y=360 MPa,$E_s=2.0\times10^5$ MPa。

2. 柱截面设计参数

1)上柱Ⅰ—Ⅰ截面

$$b\times h=400\ \text{mm}\times400\ \text{mm},h_0=360\ \text{mm},A_c=0.16\ \text{m}^2,\xi_b=0.55$$

求得大、小偏心受压破坏界限时的轴力 N_b,用以判断截面的大、小偏心受压情况,选择最不利的内力组合,有

$$N_b=f_c\xi_b bh_0=14.3\times0.55\times400\times360=1\ 132.56\ \text{kN}$$

由内力组合结果(表 15-15)来看,Ⅰ—Ⅰ截面各组内力的轴力 N 均小于 N_b,即为大偏心受压情况。因此,应以轴力小、弯矩大作为控制内力的选择原则。经分析比较,仅需选用

$$N=291.07\ \text{kN},M=-73.18\ \text{kN·m},V=-18.91\ \text{kN}$$

这组内力进行配筋计算。

2)下柱Ⅱ—Ⅱ、Ⅲ—Ⅲ截面

由于排架柱Ⅱ—Ⅱ、Ⅲ—Ⅲ截面一般取相同配筋,因此一起考虑两个截面。

$$b=120\ \text{mm},h=650\ \text{mm},b_f'=400\ \text{mm},h_f'=120+25/2=132.5\ \text{mm}$$

$$a_s=a_s'=40\ \text{mm},h_0=610\ \text{mm},A_c=0.152\ 2\ \text{m}^2,\xi_b=0.55$$

$$N_b=f_c\xi_b bh_0+f_c(b_f'-b)h_f'$$

$$=14.3\times0.55\times120\times610+14.3\times(400-120)\times132.5=1\ 106.25\ \text{kN}$$

由内力组合结果(表 15-15)来看,Ⅱ—Ⅱ、Ⅲ—Ⅲ截面各组内力的轴力 N 均小于 N_b,因此各控制截面均为大偏心受压情况。同样,应以轴力小、弯矩大作为控制内力的选择原则。经分析比较,仅需选用

N=372.13 kN, M=320.35 kN·m, V=20.25 kN

这组内力进行配筋计算。

3. 柱正截面配筋计算

柱正截面配筋计算按表 15-17 进行。

表 15-17　A 柱正截面配筋计算表

截面		Ⅰ—Ⅰ	Ⅱ—Ⅱ、Ⅲ—Ⅲ
内力	弯矩 M	-73.18	320.35
	轴力 N	291.07	372.13
轴力偏心距 $e_0=M/N$(mm)		251.42	860.86
附加偏心距 e_a=max(20, h/30)(mm)		20	21.67
初始偏心距 $e_i=e_0+e_a$		271.42	882.53
$\xi_c=0.5f_cA/N(\leqslant 1.0)$		1.0	1.0
h_0(mm)		360	610
计算长度 $l_0=2.0H_u$(上柱)(mm)		7 000	8 400
$\eta_s=1+\dfrac{1}{1\,500(e_a+e_0)/h_0}\left(\dfrac{l_0}{h}\right)^2\zeta_c$		1.27	1.08
$x=\dfrac{N}{\alpha_1 f_c b}$		$50.89<2a'_s=80$	$65.06<2a'_s=80$
偏心受压状态		大偏压	大偏压
A_s(mm^2)		454	1 204
$\rho_{单侧\min}\cdot A_c$(mm^2)		480	414
初选钢筋		2⌀20(628)	5⌀20(1 570)

4. 柱斜截面配箍计算

各控制截面剪力均较小，可按构造配筋，计算从略，箍筋配置详见柱施工图。

15.2.7　牛腿设计(A 柱)

1. 荷载

	标准值(kN)	设计值(kN)
吊车梁及轨道自重	49.10	1.2 × 49.10= 58.92
吊车最大轮压产生的压力	263.03	1.4 × 263.03=368.24
	F_{vk}=312.13	F_v=427.16

吊车横向刹车力 T_{max} 直接传至上柱，因此作用在牛腿顶面的 F_{hk}=0。

2. 牛腿截面高度

已知 b= 400 mm, h= 700 mm，取 h_0= 700−40=660 mm, a=100+20=120 mm<h_0。

按式(14-2)计算，有

$$\beta\left(1-0.5\frac{F_{hk}}{F_{vk}}\right)\frac{f_{tk}bh}{0.5+\dfrac{a}{h_0}}=0.65\times\frac{2.01\times400\times700}{0.5+\dfrac{120}{660}}=536.54\ \text{kN}>F_{vk}$$ (满足要求)

3. 牛腿纵向受拉钢筋和弯起钢筋

a=120 mm<0.3h_0=198 mm,因此取 a=198 mm,可不设弯起钢筋。纵向受拉钢筋截面面积按式(14-4a)计算,有

$$A_s\geqslant\frac{F_v a}{0.85f_y h_0}+1.2\frac{F_h}{f_y}=\frac{427.16\times10^3\times198}{0.85\times360\times660}=419\ \text{mm}^2$$

选用4⌀16,A_s=804 mm²。

4. 水平箍筋

水平箍筋按下列构造要求考虑:

(1)直径6~12 mm;

(2)在牛腿高度范围内均匀布置,间距100~150 mm;

(3)在上部 $2h_0/3$ 范围内的水平箍筋的总截面面积不宜小于承受竖向力的受拉钢筋截面面积的50%,即0.5×804=402 mm²。

选用⌀8@100能满足上述要求。

5. 吊车梁下局部受压验算

忽略牛腿顶面预埋件导致的承压面扩大,承压面积按吊车梁端部预埋件确定。查标准图集04G426,承压面积为

A=460×(170×2+30)=170 200 mm²

F_{vk}/A=312.13×10³/170 200 =1.83 MPa<0.75f_c=10.73 MPa (满足要求)

垫板取500 mm×400 mm,厚度 δ=10 mm。

15.2.8 柱吊装验算(A柱)

1. 柱插入杯口的深度

柱抗震等级为三级,柱插入杯口的深度 h_1,按表14-4取650 mm;按钢筋锚固长度计算 l_{aE}=1.05l_a=30.84d=30.84×20=616.80 mm。同时,假定柱长 l=11.900+0.85=12.750 m,按吊装时的稳定要求,$h_1\geqslant0.05l$=637.5 mm。因此,柱插入杯口的深度取 h_1=850 mm,满足要求。

2. 吊装验算计算参数

采用单点起吊,绑扎点在牛腿根部,计算简图如图15-22所示,按承受均布自重荷载的简支外伸梁计算。荷载计算时需乘以动力系数1.5,主要计算参数见表15-18。

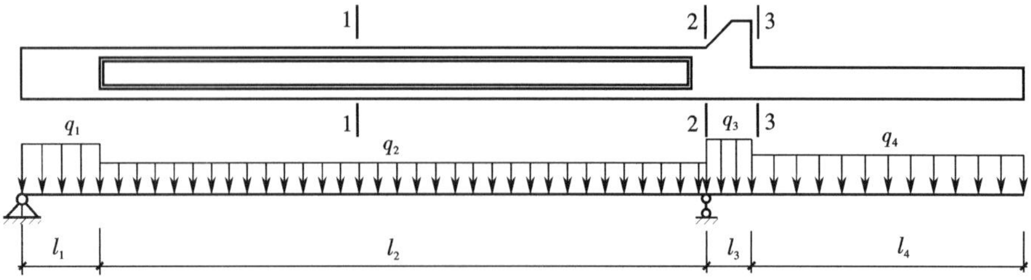

图15-22 柱吊装验算计算简图

表 15-18　排架柱吊装验算几何尺寸与荷载

几何尺寸(m)				荷载(kN/m)			
l_1	l_2	l_3	l_4	q_1	q_2	q_3	q_4
2.150	6.400	0.700	3.500	11.70	6.85	18.90	7.20

注:荷载计算中已考虑吊装时的动力系数 1.5 及永久荷载分项系数 1.3。

3. 内力与配筋计算

吊装时柱的混凝土强度按强度设计值的 70% 考虑,内力与配筋计算结果见表 15-19。

表 15-19　排架柱吊装验算的内力与配筋计算结果

1—1 截面		2—2 截面		3—3 截面	
弯矩(kN·m)	配筋(mm²)	弯矩(kN·m)	配筋(mm²)	弯矩(kN·m)	配筋(mm²)
41.00	204	66.37	333	44.1	378

注:配筋计算中已考虑结构重要性系数 0.9。

由表 15-19 可知,上、下柱截面配筋均由使用阶段控制。

吊装时验算裂缝宽度,按式(14-1)计算纵向受拉钢筋应力。

1—1、2—2 截面:

$$\sigma_s = \frac{M}{0.87h_0A_s} = \frac{66.37\times0.9\times10^6}{0.87\times610\times1\,570} = 71.69\ \text{MPa}$$

3—3 截面:

$$\sigma_s = \frac{M}{0.87h_0A_s} = \frac{44.1\times0.9\times10^6}{0.87\times360\times628} = 201.79\ \text{MPa}$$

3—3 截面钢筋拉应力大于按式(14-1)计算的钢筋受拉应力允许值,因此将上柱截面配筋调整为 2 ⏀22,下柱截面配筋调整为 2 ⏀22+3 ⏀20。

15.2.9　柱下基础设计(A 柱)

基础形式采用柱下独立基础形式,垫层采用 C20 混凝土,厚度为 100 mm,预制柱与基础之间用 C35 细石混凝土填实。

柱下基础设计的计算内容包括:①按地基承载力确定基础底面尺寸;②按基础抗冲切和抗剪承载力要求确定基础高度;③按受弯承载力计算确定底板配筋。

由于该单层厂房地基条件和荷载条件满足《地基规范》表 3.0.2 中关于不进行地基变形验算的条件,因此该工程可不进行地基变形验算。

1. 柱底截面不利内力选择

进行地基承载力验算时,选用以下三组按荷载标准组合确定的最不利内力:

(1)$N_k=372.13$ kN,$M_k=-111.45$ kN·m,$V_k=-14.29$ kN;

(2) N_k=454.70 kN, M_k=−145.05 kN·m, V_k=−18.71 kN;

(3) N_k= 635.67 kN, M_k=−82.00 kN·m, V_k=−17.91 kN。

进行基础设计时,选用以下三组按荷载基本组合确定的最不利内力:

(1) N = 495.98 kN, M =−227.35 kN·m, V =−14.09 kN;

(2) N = 879.09 kN, M =−120.61 kN·m, V =−3.17 kN;

(3) N = 372.13 kN, M =320.35 kN·m, V = 20.25 kN。

2. 基础底面尺寸确定

1)按构造要求确定基础高度

前面已确定预制柱插入基础的深度 h_1=850 mm,柱底留 50 mm 的间隙用 C35 细石混凝土填实。根据表 14-5,取基础杯底厚度 a_1=250 mm,杯壁厚度 t=200 mm(满足基础梁支承宽度要求),则基础的高度为

$$H_d = h_1 + a_1 + 50 = 850 + 250 + 50 = 1\ 150 \text{ mm}$$

由此得到自室内地坪算起的基础埋深为 1 150+800=1 950 mm。

杯壁高度 h_2 按台阶下面的基础抗冲切条件确定,应尽量使 h_2 大一些,以减少底板混凝土的用量。基础底面尺寸按地基基础承载力条件确定。

2)确定地基承载力特征值

根据地质资料(表 15-2),选定地基持力层为第③层粉质黏土层,地基承载力特征值 f_{ak}=120 kPa。由于基础宽度较小(一般小于 3 m),因此仅考虑基础埋深的修正,经修正后的地基承载力特征值为

$$f_a = f_{ak} + \eta_d \gamma_m (d - 0.5) = 120 + 1.6 \times 18.0 \times (1.75 - 0.5) = 156.0 \text{ kPa}$$

取 f_a=150 kPa。

3)换算到基础底面的弯矩和轴向力标准值

由围护墙和基础梁传到基础顶面的永久荷载标准值 $G_{5k,A}$=253.61 kN,对基础中心线的偏心距 e_{5A}=120+325=445 mm(图 15-7),偏心弯矩标准值 $M_{5k}=G_{5k,A}\, e_{5A}$=−112.86 kN·m。

传到基础底面的弯矩和轴力标准值如下。

(1)当 N_k= 372.13 kN, M_k=−111.45 kN·m, V_k=−14.29 kN 时,有

$$N_{0k} = N_k + G_{5k,A} = 372.13 + 253.61 = 625.74 \text{ kN}$$

$$M_{0k} = M_k + V_k H_d + M_{5k} = -111.45 - 14.29 \times 1.15 - 112.86 = -240.74 \text{ kN·m}$$

(2)当 N_k=454.70 kN, M_k=−145.05 kN·m, V_k=−18.71 kN 时,有

$$N_{0k} = N_k + G_{5k,A} = 454.70 + 253.61 = 708.31 \text{ kN}$$

$$M_{0k} = M_k + V_k H_d + M_{5k} = -145.05 - 18.71 \times 1.15 - 112.86 = -279.43 \text{ kN·m}$$

(3)当 N_k=635.67 kN, M_k=−82.00 kN·m, V_k=−17.91 kN 时,有

$$N_{0k} = N_k + G_{5k,A} = 635.67 + 253.61 = 889.28 \text{ kN}$$

$$M_{0k} = M_k + V_k H_d + M_{5k} = -82.00 - 17.91 \times 1.15 - 112.86 = -215.46 \text{ kN·m}$$

4)按地基承载力确定基础底面尺寸

按第三组内力标准值计算基础底面尺寸。

基础的平均埋深为

d=1.8+0.15/2=1.875 m

按中心受压确定基础底面面积 A，即

$$A=\frac{N_{0k}}{f_a-\gamma_G d}=\frac{889.28}{150-20\times1.875}=7.905\ \text{m}^2$$

基础底面面积增大 20%，即取 $1.2A=1.2\times7.905=9.486\ \text{m}^2$。

假定基础底面长边与短边之比 l/b=1.5，近似可得 l=3.8 m，b=2.5 m。

基础底面面积为

$$A=lb=2.5\times3.8=9.5\ \text{m}^2$$

基础底面的抵抗矩为

$$W=bl^2/6=6.02\ \text{m}^3$$

基础和回填土的平均重力为

$$G_k=\gamma_m dA=20\times1.875\times9.5=356.25\ \text{kN}$$

5）地基承载力验算

根据初估的基础底面尺寸，按式（14-13）进行地基承载力验算，计算结果见表 15-20。

表 15-20　地基承载力验算表

内力组	基础底面内力标准值			基础底面压应力标准值（kPa）			结论
	G_k（kN）	N_{0k}（kN）	M_{0k}（kN·m）	p_{kmax}	p_{kmin}	$(p_{kmax}+p_{kmin})/2$	
第一组	356.25	625.74	−240.74	$141.86<1.2f_a$	61.88>0	$101.87<f_a$	满足要求
第二组	356.25	708.31	−279.43	$159.98<1.2f_a$	64.14>0	$110.56<f_a$	满足要求
第三组	356.25	889.28	−215.46	$165.40<1.2f_a$	93.82>0	$129.61<f_a$	满足要求

3. 基础设计

1）换算到基础底面的弯矩和轴向力设计值

传到基础底面的弯矩和轴力设计值如下。

（1）当 N = 495.98 kN，M=−227.35 kN·m，V=−14.09 kN 时，有

$$N_0=N+1.3G_{5k,A}=495.98+1.3\times253.61=852.67\ \text{kN}$$

$$M_0=M+V_kH_d+1.3M_{5k}=-227.35-14.09\times1.15-1.3\times112.86=-390.27\ \text{kN·m}$$

（2）当 N = 879.09 kN，M=−120.61 kN·m，V=−3.17 kN 时，有

$$N_0=N+1.3G_{5k,A}=879.09+1.3\times253.61=1\,208.78\ \text{kN}$$

$$M_0=M+V_kH_d+1.3M_{5k}=-120.61-3.17\times1.15-1.3\times112.86=-270.97\ \text{kN·m}$$

（3）当 N = 372.13 kN，M=320.35 kN·m，V= 20.25 kN 时，有

$$N_0=N+1.3G_{5k,A}=372.13+1.3\times253.61=701.823\ \text{kN}$$

$$M_0=M+V_kH_d+1.3M_{5k}=320.35+20.25\times1.15-1.3\times112.86=196.92\ \text{kN·m}$$

根据以上荷载，计算地基净反力，结果见表 15-21。

表 15-21 地基净反力计算表

内力组	基础底面内力设计值		基础面积 A(m²)	抵抗矩 W(m³)	地基净反力设计值(kN/m²)		
	N_0(kN)	M_0(kN·m)			p_n	$p_{n,max}$	$p_{n,min}$
第一组	852.67	-390.27	9.5	6.02	89.76	154.62	24.89
第二组	1 208.78	-270.97	9.5	6.02	127.24	172.28	82.20
第三组	701.823	196.92	9.5	6.02	73.88	106.61	41.15

2)基础抗冲切承载力验算

冲切承载力按第二组荷载作用计算,地基最大净反力 $p_{n,\max}$=172.28 kN/m²。初步确定杯壁高度 h_2=500 mm,由于壁厚 t=200 mm 小于杯壁高度,因此仅需对台阶以下进行冲切承载力验算。

基础下设有垫层时,混凝土保护层的厚度取 40 mm,冲切破坏锥体的有效高度为

$$h_0=650-40-10=600\ \text{mm}$$

冲切破坏锥体的最不利一侧上边长为

$$b_t=400+2\times275=950\ \text{mm}$$

冲切破坏锥体的最不利一侧下边长为

$$b_b=950+2\times600=2\ 150\ \text{mm}<2\ 500\ \text{mm}$$

取 b_b=2 150 mm。

因此,有

$$b_m=(b_b+b_t)/2=1\ 550\ \text{mm}$$

$$A_l=2.5\times(1.9-0.65/2-0.275-0.6)-\left(\frac{2.5-2.15}{2}\right)^2=1.72\ \text{m}^2$$

冲切力为

$$F_l=p_{n,\max}A_l=172.28\times1.72=296.32\ \text{kN}$$

抗冲切力的计算:

$$h=650<800\ \text{mm},\beta_{hp}=1.0$$

$$F=0.7\beta_{hp}f_tb_mh_0=0.7\times1.0\times1.43\times1\ 550\times600=930.93\ \text{kN}>F_l$$

所以,抗冲切力满足要求。

3)基础底板配筋计算

(1)沿基础边长方向的钢筋计算,按变阶处截面计算。选择第二组荷载作用,地基最大的净反力 p_n,按式(14-22)计算,有

$$p_{n,\max}=172.28\ \text{kN/m}^2,p_{n,\min}=82.20\ \text{kN/m}^2$$

计算截面位置处的地基净反力为

$$p_{n1}=82.20+\frac{172.28-82.20}{3.8}\left(\frac{3.8}{2}+0.6\right)=141.46\ \text{kN/m}^2$$

$$M_1 = \frac{1}{12}l_1^2[(2b + a')\cdot(p_{n,max} + p_{n1}) + (p_{n,max} - p_{n1})\cdot b]$$
$$= \frac{1}{12}\times 1.3^2 \times [(2\times 2.5 + 0.95)\times(172.28 + 141.46) + 2.5\times(172.28 - 141.46)]$$
$$= 273.75\ \text{kN·m}$$
$$A_{s1} = \frac{M_1}{0.9 f_y h_{01}} = \frac{273.75\times 10^6}{0.9\times 360\times 600} = 1\ 408.2\ \text{mm}^2$$

单位宽度的计算配筋为 1 408.2/2.5=564 mm²/m，该值小于最小构造配筋 $A_{smin}=0.15bh_{01}=$ 900 mm²/m。因此取配筋为⌀14@150（1 027 mm²/m）。

（2）沿基础短边方向的钢筋计算，按变阶处截面计算。选择第二组荷载作用，地基最大的平均净反力，按式（14-23）计算，有

$$p_{n,max}=172.28\ \text{kN/m}^2, p_{n,min}=82.20\ \text{kN/m}^2$$
$$M_2 = \frac{1}{48}(b - a')^2\cdot(2l + l')\cdot(p_{n,max} + p_{n,min})$$
$$= \frac{1}{48}\times(2.5 - 0.95)^2\times(2\times 3.8 + 1.2)\times(172.28 + 82.20) = 112.09\ \text{kN·m}$$
$$h_{02}= h_{01} - d=600-10=590\ \text{mm}$$
$$A_{s2} = \frac{M_2}{0.9 f_y h_{02}} = \frac{112.09\times 10^6}{0.9\times 360\times 590} = 587\ \text{mm}^2$$

单位宽度的计算配筋为 587/3.8=155 mm²/m，该值小于最小构造配筋

$$A_{smin}=0.15bh_{02}=885\ \text{mm}^2/\text{m}$$

因此，取配筋为⌀14@150（1 027 mm²/m）。

15.3　结构施工图

结构平面布置图如图 15-23 所示，柱施工图如图 15-24 所示，基础施工图如图 15-25 所示，构造详图可详见《建筑物抗震构造详图（单层工业厂房）》（23G329-3）。

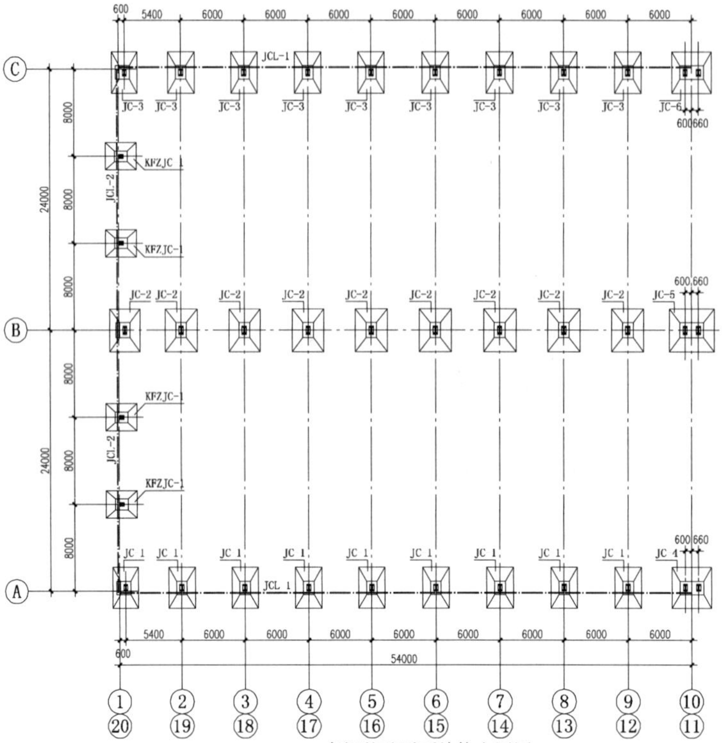

车间基础平面结构布置图

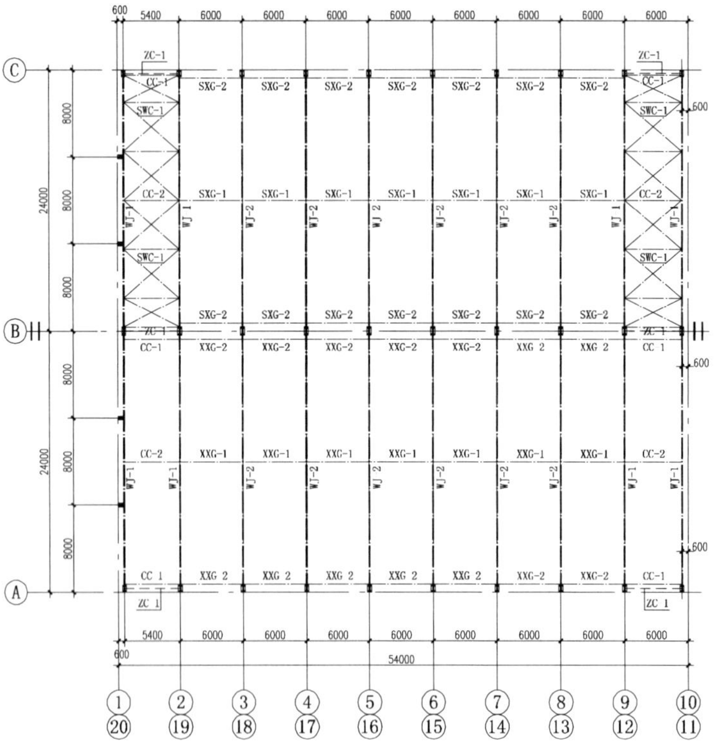

屋架及支撑布置图

屋架WJ-x；柱间支撑ZC-x

屋架上弦支撑SWC-x；上弦系杆SXG-x；

屋架下弦支撑XXG-x；垂直支撑CC-x

图 15-23　结构平面布置图

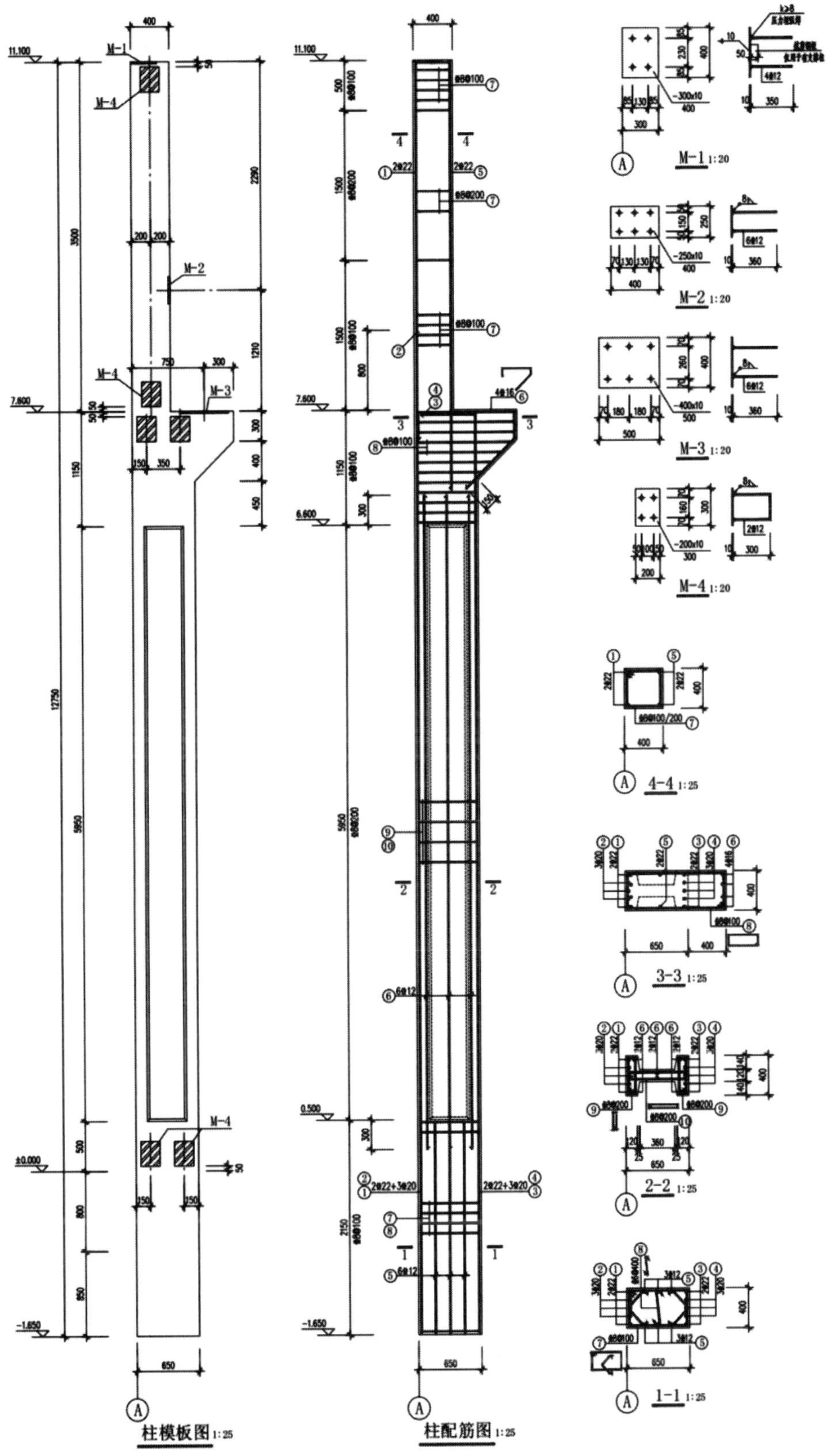

11.100
7.600
6.600
0.500
±0.000
-1.650
M-1
M-2
M-3
M-4
400
650
12750
5950
2150
4-4 1:25
3-3 1:25
2-2 1:25
1-1 1:25
M-1 1:20
M-2 1:20
M-3 1:20
M-4 1:20
柱模板图 1:25
柱配筋图 1:25

图 15-24　柱施工图

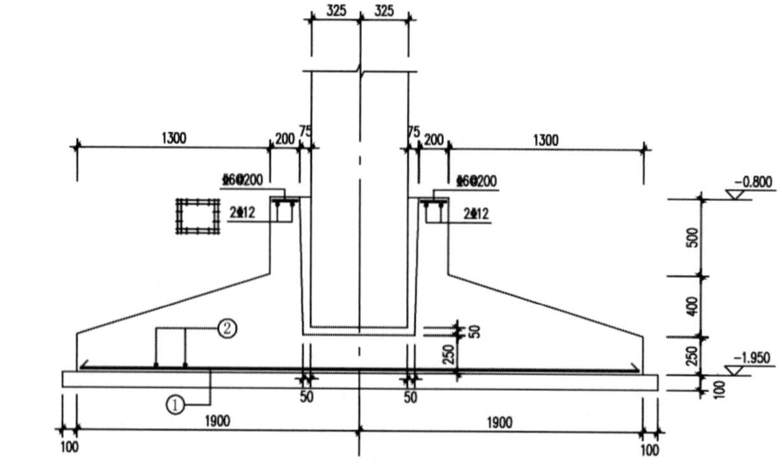

1—1

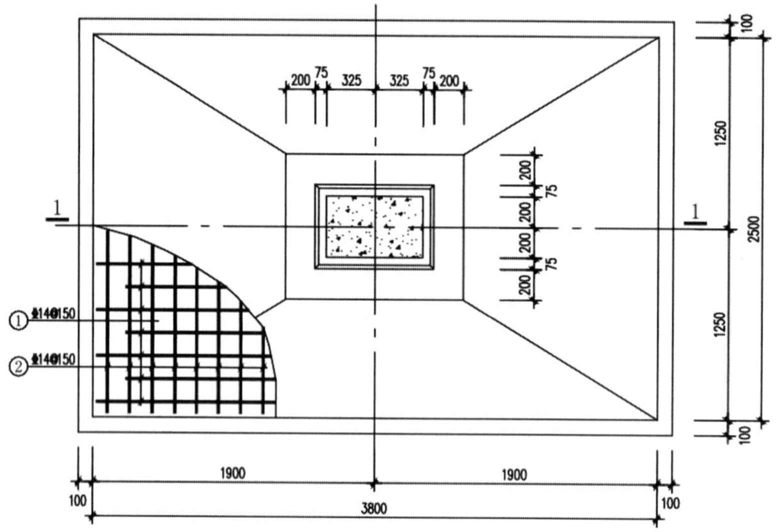

JC-1基础配筋图 1:25

图 15-25 基础施工图

本篇小结

1. 单层钢筋混凝柱厂房的主要结构形式是排架结构。排架结构由屋架（或屋面梁）、柱、基础等构件组成，柱与屋架铰接，而与基础刚接。排架结构中，屋架（或屋面梁）、托架、柱、吊车梁和基础是主要承重件；支撑虽不是主要的构件，但却是连系主要结构构件以构成整体的重要组成部分。

2. 支撑可分为柱间支撑和屋盖支撑两类。

（1）柱间支撑包括上柱柱间支撑和下柱柱间支撑。其作用主要是提高厂房的纵向刚度和稳定性。上柱柱间支撑位于吊车梁上部，用以承受由屋盖及山墙传来的纵向水平荷载，并保证厂房上部的纵向刚度；下柱柱间支撑位于吊车梁下部，用以承受上柱柱间支撑传来的纵向水平力、吊车梁传来的吊车纵向制动力。地震区厂房的柱间支撑还要承受纵向地震作用。

（2）屋盖支撑包括上弦横向水平支撑、下弦横向水平支撑、下弦纵向水平支撑、垂直支撑及水平系杆，各部分的主要作用如下。

①上弦横向水平支撑：构成刚性框，增强屋盖整体刚度，保证屋架上弦或屋面梁上翼缘的侧向稳定，同时将抗风柱传来的风力传递到（纵向）排架柱顶。

②下弦横向水平支撑：保证将屋架下弦受到的水平力传至（纵向）排架柱顶。

③下弦纵向水平支撑：提高厂房刚度，保证横向水平力的纵向分布，增强排架的空间工作性能。

④垂直支撑和下弦水平系杆：保证屋架的整体稳定（抗倾覆）以及防止在吊车工作时（或有其他振动）屋架下弦的侧向颤动。

⑤上弦水平系杆：保证屋架上弦或屋面梁受压翼缘的侧向稳定（防止局部失稳）。

3. 单层钢筋混凝柱排架结构是典型的预制装配式结构，其柱网布置、构件尺寸均应符合模数。

4. 排架结构内力分析步骤如下。

（1）确定计算单元和计算简图。根据厂房平、剖面选取一榀中间横向排架，初选柱的形式和截面尺寸，画出计算简图。

（2）荷载计算。确定计算单元范围内的屋面恒载、活载（雪荷载、积灰荷载等）、风荷载；根据吊车规格及台数计算吊车竖向荷载、横向水平荷载。应注意竖向荷载的作用位置，不能忽视竖向荷载的偏心影响。

（3）分别进行排架结构在各种荷载作用下的内力分析。等高排架采用剪力分配法，不等高排架采用力法。

（4）进行柱控制截面的最不利内力组合。根据偏心受压构件（大、小偏压）特点和荷载效应组合原则进行。

5. 单层厂房结构中钢筋混凝土柱的设计包括以下内容。

(1)选择柱的形式。在结构设计的方案阶段,根据材料、施工等方面的具体条件,通过技术经济分析比较,选择柱的形式。

(2)确定柱的外形尺寸。根据厂房的结构形式,工艺设计人员提出的轨顶标高、吊车吨位,以及建筑统一化模数要求,确定柱的各部分高度和总高;并根据排架刚度要求,屋架以及吊车梁、墙梁等构件在柱上的支承要求,确定柱的各部分截面尺寸以及截面与轴线的关系。

(3)计算柱的配筋。在排架内力计算和内力组合的基础上,进行截面配筋设计,并验算柱在吊装阶段的强度和抗裂度。

(4)进行支承吊车梁和墙梁的牛腿设计。

(5)进行连接构造设计。

(6)进行柱与屋架、吊车梁、柱间支撑等构件连接时的预埋件设计。

6. 设置牛腿的目的是在不增大柱截面的情况下,增大支承面积,保证构件之间的可靠连接,有利于构件的安装。牛腿的受力性能与一般的悬臂梁不同,属于变截面深梁。牛腿按其上竖向荷载的作用线至下柱边缘的水平距离 a 与其截面有效高度 h_0 之比可分为两种:当 $a/h_0>1$ 时,为长牛腿,按悬臂梁进行设计;当 $a/h_0\leq 1$ 时,为短牛腿。单层厂房中柱牛腿一般均设计成短牛腿。牛腿设计的内容包括确定牛腿的截面尺寸以及进行配筋计算和构造设计。牛腿的高度是按抗裂要求确定的。牛腿的计算简图可简化成一个以纵向钢筋为拉杆、混凝土斜撑为压杆的三角形桁架。承受竖向力所需的纵向受力钢筋的配筋率,按牛腿的有效截面计算。牛腿内应按构造要求设置水平箍筋及弯起钢筋,它们能起抑制裂缝的作用。

7. 柱中的预埋件一般由锚板(或型钢)和对称于力作用线的直锚筋组成。锚板尺寸及锚筋数量应根据其不同的受力情况,分别进行计算。

8. 柱下独立基础的常用形式是扩展基础,其主要设计内容包括地基计算(确定底板尺寸)、抗冲切承载力计算(确定基础高度)、受弯承载力计算(确定底板配筋)、构造设计(根据工程经验)。

思考题与习题

【思考题】

1. 画出单层厂房的竖向荷载和横向水平荷载的传力路径框图。

2. 简述厂房变形缝的种类及其作用。

3. 在单层厂房中,支撑的类型有哪几种?其主要作用是什么?

4. 抗风柱与屋架的连接应满足哪些要求?构造上如何实现?

5. 排架计算的目的是什么?排架计算的基本假定有哪些?

6. 作用于横向排架上的荷载有哪些?这些荷载的位置如何确定?

7. 怎样计算作用在排架柱上的吊车竖向荷载 D_{max} 和 D_{min},以及吊车横向水平荷载 T_{max}?

8. 什么是等高排架?用剪力分配法计算等高排架的基本原理是什么?怎样计算单阶柱的抗剪刚度?

9. 简述在任意荷载作用下等高排架内力计算步骤。

10. 排架柱的配筋由哪几种内力组合值控制?简述内力组合的原则及注意事项。

11. 排架柱的控制截面有哪几个?如何根据 N-M 相关曲线筛选对称配筋矩形截面柱的内力组合值?

12. 什么是单层厂房的整体空间作用?影响厂房整体空间作用的因素有哪些?考虑整体空间作用对柱内力有何影响?

13. 简述柱运输吊装阶段验算的基本要求。如何进行裂缝宽度验算?

14. 牛腿可分为哪几类? 简述牛腿的几种主要破坏形态。

15. 牛腿的截面尺寸如何确定?牛腿的承载力计算的内容有哪些?牛腿配筋的主要构造要求有哪些?

16. 简述柱下偏心受压基础的设计步骤和要点。

【习题】

1. 某单层单跨厂房,跨度 l=18 m,柱距 B_z=6 m,设有两台 20/5 t 桥式软钩吊车,工作制为 A5,吊车资料数据如表所示。试求作用在柱牛腿顶面处的吊车竖向荷载。

习题 1 表

额定起重量 Q(t)	桥跨 L_k(m)	吊车宽度 B(mm)	轮　距 K(mm)	吊车总重量 W(t)	小车重量 g(t)	最大 / 小轮压 P_{max}/P_{min}(kN)
20/5	16.5	5 940	4 000	23.54	6.856	178/43.7

2. 如图所示的钢筋混凝土铰接排架,柱混凝土强度等级为 C30,上柱高度 H_u=3.60 m,柱总高 H=12.6 m,屋面及天窗架传来的风荷载集中力标准值 F_w=18.0 kN,由墙传来的风荷载均布荷载标准值 q_1=3.6 kN/m,q_2=1.8 kN/m。柱截面参数如下。

边柱:上柱 $I_{Au}=I_{Cu}=2.13\times10^9\ mm^4$;下柱 $I_{Al}=I_{Cl}=9.23\times10^9\ mm^4$。

中柱:上柱 $I_{Bu}=4.17\times10^9\ mm^4$;下柱 $I_{Bl}=9.23\times10^9\ mm^4$。

试用剪力分配法计算排架在风荷载作用下的内力标准值。

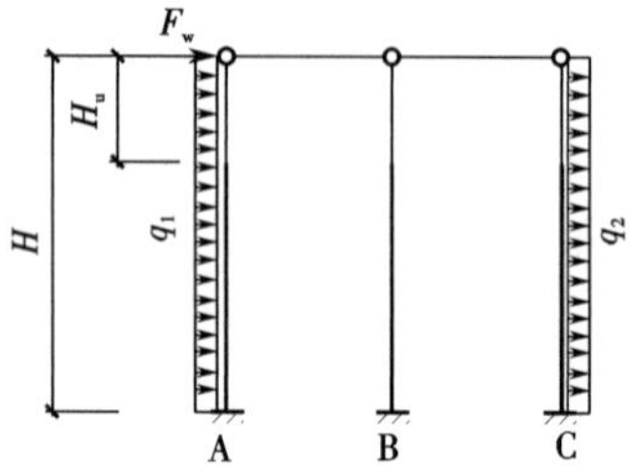

习题 2 图

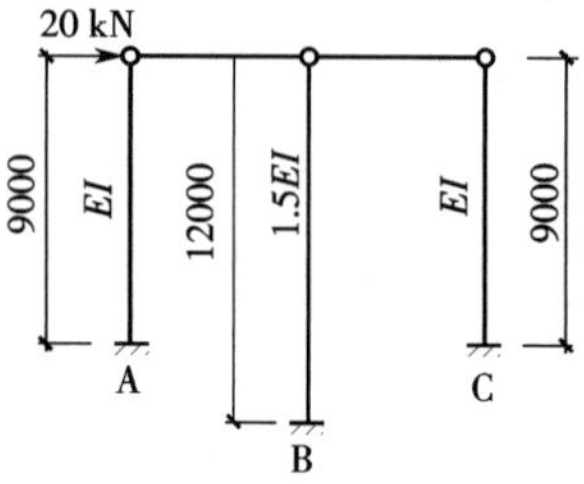

习题 3 图

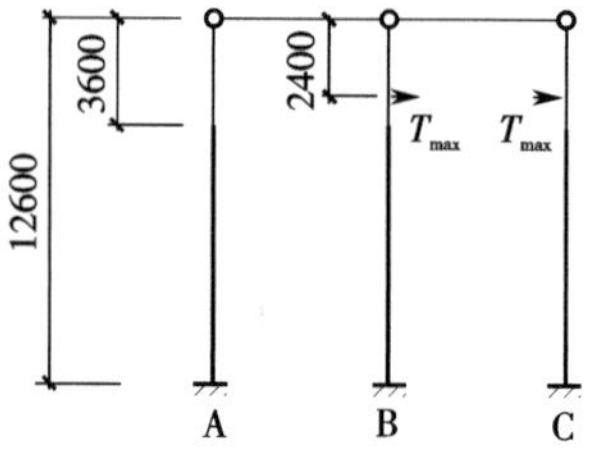

习题 4 图

3. 某单层厂房排架结构,各柱均为等截面构件,截面弯曲刚度如图所示。试求该排架在柱顶水平力作用下各柱的内力,并绘制内力图。

4. 如图所示某单层厂房为两跨排架结构,各柱截面参数同习题 2,吊车水平荷载 T_{max}=20 kN。已知各柱的剪力分配系数分别为 $\eta_A=\eta_C=0.30$,$\eta_B=0.40$,空间作用分配系数 m=0.85。试求各柱的内力,并与不考虑空间作用(m=1.0)的计算结果进行比较分析。

5. 某单跨厂房,在各种荷载标准值作用下,边柱 A 柱底截面Ⅲ—Ⅲ内力如表所示,吊车为两台,A5 级工作制。试求该截面的最不利内力。

习题 5 表

简图	荷载类型		序号	M(kN·m)	N(kN)	V(kN)
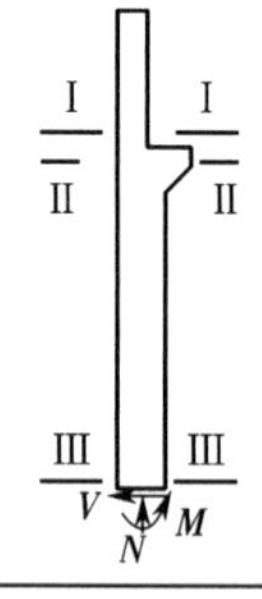	恒载		①	29.32	346.45	6.02
	屋面活载		②	8.70	54.00	1.84
	吊车竖向荷载	D_{max} 在 A 柱	③ a	16.40	290.00	−3.74
		D_{max} 在 B 柱	③ b	−42.80	52.80	−3.74
	吊车水平荷载		④	± 110.35	0	± 8.89
	风荷载	左风	⑤ a	459.45	0	52.96
		右风	⑤ b	−422.55	0	−42.10

6. 某单层厂房柱下独立锥形扩展基础,基础顶面标高为 −0.80 m。已知作用于基础顶面处的柱内力标准值为轴力 N_k=920 kN,弯矩 M_k=276 kN · m,剪力 V_k=25 kN;内力设计值为轴力 N=1 050 kN,弯矩 M=346 kN · m,剪力 V=35 kN;柱截面尺寸为 $b\times h$=400 mm × 650 mm,修正后的地基承载力设计值 f_a=180 kPa,基础埋深 d=2.0 m,基础混凝土强度等级为 C30 级,钢筋为 HRB335 级。试设计此基础,并绘制基础平面、剖面和配筋图。

第4篇　框架结构设计

框架结构体系是目前多高层建筑中应用最广泛的结构形式之一。框架结构体系优点很多,由于内隔墙可有可无,建筑平面布置较为灵活,能形成较大的空间,立面也容易处理,使用功能也可以有条件的予以改变。

钢筋混凝土框架结构按照施工方法的不同,有装配式、装配整体式和现浇式三种。

(1)装配式框架结构的全部构件为预制、通过构件吊装、节点焊接,形成框架结构。由于大量采用预制构件可节约模板、缩短工期,但连接节点的用钢量大,尤其是在荷载大、振动大、要求框架有较大刚度时,节点构造较难处理。因此,这种形式的框架目前较少采用。

(2)装配整体式框架结构的构件部分预制、部分现浇(后浇),通过叠合梁的后浇混凝土使梁柱形成整体框架。其与装配式框架相比,节点构造简单,用钢量和焊接工作量少,吊装方便,抗震性能较好,但其现场施工工序较多,节点施工要求较高,工期较长。这种形式的框架兼有装配式和现浇式的优点,多用在楼面荷载较大的工业厂房中。

(3)现浇式框架结构的全部构件在现场整体浇筑,其整体性和抗震性能好,能较好地满足使用要求,但模板较多,工期较长。

框架结构采用梁、柱组成的结构体系作为建筑竖向承重结构,并同时承受水平荷载。通常梁、柱断面尺寸都不能太大,否则影响使用面积和净高。因此,框架结构的侧向刚度较小、水平侧移大,从而限制了框架结构的建造高度。

通过合理设计,框架结构本身的抗震性能较好,能承受较大变形。但是,变形大了容易引起非结构构件(如填充墙、装修等)出现裂缝及破坏,这些破坏会造成很大的经济损失,也会威胁人身安全。所以,在地震区建造较高的框架结构,必须选择既能减轻重量,又能经受较大变形的隔墙材料和构造做法。

本篇主要介绍现浇式钢筋混凝土框架结构。

第 16 章　框架结构设计的基本要求

16.1　结构布置与结构体系

结构布置包括结构平面布置和结构剖面布置。对于一般楼面标高变化不大的房屋，可只做结构平面布置。对于同一层楼面标高变化较大的房屋，当梁、板的标高较为复杂时，还应进行结构剖面布置，显示结构构件的空间位置和相互关系。

结构布置应在建筑平面、立面和剖面确定后进行，且应注意结构层与建筑层的关系。首层结构梁板应参照二层建筑平面图进行布置，但雨篷和过梁等位于层高半腰位置的构件应参照首层建筑平面图进行布置。

结构布置图是结构工程师估算结构设计工作量、确定结构计算简图、进行荷载计算的依据，也是利用软件进行结构分析时建立结构模型的主要依据。

16.1.1　结构体系

框架结构体系应满足以下要求。

（1）对于双向抗侧力体系，框架结构只能承受自身平面内的水平力，因此框架应沿建筑的两个主轴双向设置，形成双向梁柱抗侧力体系。

（2）对于刚接体系，除个别部位外，框架的梁柱应采用刚接，以增大结构刚度和整体性。单跨框架的赘余度较少，地震时框架柱一旦出现塑性铰，将危及该柱距的上层建筑，还可能引起相邻柱距的上层建筑倒塌，因此抗震设计时不宜采用单跨框架。

（3）对于纯框架体系，抗震设计的框架结构不应采用部分由砌体承重的混合形式，其中的楼、电梯间及局部突出屋顶的电梯机房、楼梯间、水箱间等，应采用框架结构承重，不应采用砌体墙承重。

16.1.2　建筑设计和建筑结构的规则性

建筑设计应符合抗震概念设计的要求，不应采用严重不规则的设计方案。平面布置应力求简单、规则、对称、均匀，质心与刚心宜接近，以减少扭转；避免过大的内收和外伸（凹角处应力集中），避免平面不规则结构；结构的侧向刚度宜均匀变化，竖向抗侧力构件的截面尺寸和材料强度宜自下而上逐渐减小，避免抗侧力结构的侧向刚度和承载力突变。

当存在表 16-1 所列的平面不规则类型或竖向不规则类型时，应采用空间结构计算模型，按下列要求进行水平地震作用计算和内力调整，并应对薄弱部位采取有效的抗震构造措施。

表 16-1　建筑结构不规则的类型

不规则类型		定义
平面不规则	扭转不规则	在规定的水平力作用下，楼层的最大弹性水平位移（或层间位移）大于该楼层两端弹性水平位移（或层间位移）平均值的 1.2 倍
	凹凸不规则	平面凹进的一侧尺寸大于相应投影方向总尺寸的 30%
	楼板局部不连续	楼板的尺寸和平面刚度急剧变化，如有效楼板宽度小于该层楼板典型宽度的 50%，或开洞面积大于该层楼面面积的 30%，或较大的楼层错层
竖向不规则	侧向刚度不规则	该层的侧向刚度小于相邻上一层侧向刚度的 70%，或小于其上相邻三个楼层侧向刚度平均值的 80%；除顶层或出屋面小建筑外，局部收进的水平向尺寸大于相邻下一层的 25%
	竖向抗侧力构件不连续	竖向抗侧力构件（柱、抗震墙、抗震支撑）的内力由水平转换构件（梁、桁架等）向下传递
	楼层承载力突变	抗侧力结构的层间受剪承载力小于相邻上一楼层的 80%

（1）平面不规则而竖向规则时，应符合下列要求。

①扭转不规则时，应考虑扭转影响，且楼层竖向构件最大的弹性水平位移和层间位移分别不宜大于楼层两端弹性水平位移和层间位移平均值的 1.5 倍；当最大层间位移远小于规范限值时，可适当放宽。

②凹凸不规则或楼板局部不连续时，应采用符合楼板平面内实际刚度变化的计算模型，高烈度或不规则程度较大时，宜考虑楼板局部变形的影响。

③平面不对称且凹凸不规则或楼板局部不连续时，可根据实际情况分块计算扭转位移比，对扭转较大的部位应采用局部的内力增大系数。

（2）平面规则而竖向不规则时，刚度小的楼层的地震剪力应乘以不小于 1.15 的增大系数，其薄弱层应按有关规定进行弹塑性变形分析，并应符合下列要求。

①竖向抗侧力构件不连续时，该构件传递给水平转换构件的地震内力应根据烈度高低和水平转换构件的类型、几何尺寸等，乘以 1.25~2.0 的增大系数。

②侧向刚度不规则时，相邻层的侧向刚度比应依据其结构类型符合相关规定。

③楼层承载力突变时，薄弱层抗侧力结构的受剪承载力不应小于相邻上一楼层的 65%。

（3）平面不规则且竖向不规则时，应根据不规则类型的数量和程度，有针对性地采取不低于上述两项要求的各项抗震措施。

16.1.3　最大适用高度

框架结构的侧向刚度较小，在水平风荷载和水平地震作用下的水平侧移大，因此其最大适用高度不宜超出表 16-2 的规定，平面和竖向均不规则，或位于Ⅳ类场地上的框架结构，最大适用高度应适当降低。

表 16-2 框架结构的最大适用高度(m)

结构体系	非抗震设计	抗震设防烈度				
		6度	7度	8度(0.2g)	8度(0.3g)	9度
框架结构	70	60	50	40	35	24

注:表中高度是结构高度,即室外地面到主要屋面的高度,对突出建筑物平面很小的局部结构如电梯间机房、楼梯间、水箱间、构架等高度,一般不应包含在计算高度内。

16.1.4 变形缝的设置

变形缝是防震缝、伸缩缝和沉降缝的统称。在多层及高层建筑结构中,设置变形缝后,结构虽然变得简单、规则,但也给建筑设计及构造处理带来许多复杂问题:

(1)由于变形缝两侧均需布置框架而使建筑使用不便;

(2)较大的变形缝使建筑立面处理困难;

(3)地下部分容易渗漏,防水处理困难;

(4)在地震区,地震时变形缝两侧结构进入弹塑性状态,位移急剧增大而发生相互碰撞,产生严重的震害。

因此,一般情况下应采取下列措施,尽量不设缝、少设缝,以防止由于温度变化、地基不均匀沉降、地震作用等因素所引起的结构或非结构构件的破坏:

(1)建筑设计方面,应采用调整平面形状、尺寸、体型等措施;

(2)结构设计方面,应选择合理的节点连接方式、配置构造钢筋、设置刚性层等措施;

(3)施工方面,应采取分阶段施工、设置后浇带、加强保温隔热等措施。

当建筑物平面较狭长,或平面、体型复杂、不对称,或各部分刚度、高度和重量相差悬殊时,且上述措施都无法解决时,变形缝也是必要的。

1. 伸缩缝

伸缩缝的设置主要与结构长度有关。当房屋的长度较大时,温度收缩会使结构产生裂缝,宜将房屋上部结构用伸缩缝断开。框架结构伸缩缝的最大间距应满足表16-3的要求。

表 16-3 框架结构伸缩缝的最大间距(m)

结构环境		室内或土中	露天
伸缩缝最大间距	装配式	75	55
	现浇式	50	35

注:1. 当屋面无保温或隔热措施,混凝土的收缩较大或室内结构因施工外露时间较长时,伸缩缝间距可适当减小;
2. 位于气候干燥地区、夏季炎热且暴雨频繁地区的结构,伸缩缝间距宜适当减小。

当采用下列构造措施和施工措施减少温度变化和混凝土收缩对结构的影响时,表16-3中的伸缩缝间距可适当增大:

(1)顶层、底层、山墙和纵墙端开间等温度变化影响较大的部位提高配筋率;

(2)顶层加强保温或隔热措施,外墙设置外保温层;

（3）每 30~40 m 间距留出施工后浇带，带宽 800~1 000 mm，钢筋采用搭接接头，后浇带混凝土在两个月以后浇灌；

（4）顶部楼层改用刚度较小的结构形式或顶部设局部温度缝，将结构划分为长度较短的区段；

（5）采用收缩小的水泥，减少水泥用量，在混凝土中加入适宜的外加剂；

（6）提高每层楼板的构造配筋率或采用部分预应力结构。

2. 沉降缝

沉降缝的设置主要与基础受到的上部荷载以及场地的地质条件有关。在房屋的下列部位宜设置沉降缝：

（1）建筑平面的转折部位；

（2）高度差异（或荷载差异）较大处；

（3）地基土的压缩性有显著差异处；

（4）建筑结构（或基础）类型不同处；

（5）分期建造房屋的交界处。

伸缩缝与沉降缝的宽度一般不小于 100 mm。过长的钢筋混凝土框架结构的适当部位，宜将伸缩缝与沉降缝合并设置。

3. 防震缝

防震缝的设置主要与建筑平面形状、高差、刚度和质量分布等因素有关。设置防震缝，应将房屋划分为简单、规则的形状，使每一部分成为独立的抗震单元，避免地震作用对房屋薄弱部位造成震害。

框架结构防震缝最小宽度应符合表 16-4 的要求。抗震设计的框架结构，当需要设伸缩缝、沉降缝时，也应符合防震缝宽度的要求。

表 16-4　框架结构防震缝最小宽度

结构类型	结构高度 H（m）	抗震设防烈度			
		6 度	7 度	8 度	9 度
框架	≤ 15	100 mm	100 mm	100 mm	100 mm
	>15	[100+20（H−15）/5]mm	[100+20（H−15）/4]mm	[100+20（H−15）/3]mm	[100+20（H−15）/2]mm

注：结构单元之间或主楼与裙房之间如无可靠措施，不应采取牛腿托梁的做法设置防震缝。

16.1.5　柱网布置

框架结构的柱网布置既要满足生产工艺和建筑平面布置的要求，又要使结构受力合理，且施工方便。框架结构的柱网布置应力求做到简单、规则、整齐，柱网尺寸应符合经济原则，尽量符合模数。

柱网尺寸及层高应根据建筑功能要求、施工条件及材料设备等各方面因素确定。从使用上来说，柱网尺寸应越大越好；但梁的截面高度不仅影响建筑净高，而且对框架的抗侧移刚度的影响很大。因此,考虑到抗震设计时的延性要求,梁的截面尺寸不宜太大,框架结构的柱网尺寸宜为 6~8 m,不宜超过 9 m。当需要大尺寸的柱网(如 9~12 m)时,应考虑采用预应力混凝土梁。

一般情况下,在民用建筑(如旅馆、办公楼、宿舍、教室、医院等)中,框架结构的柱网常采用为对称三跨(A+B+A)式,称为内廊式柱网。其中:

(1)A 为边跨,跨度(房间进深)常为 6 m、6.6 m、6.9 m 等;

(2)B 为中间跨,跨度(走廊宽度)常为 2.4 m、2.7 m、3.0 m 等;

(3)开间方向的柱距常取房间开间的 2 倍,一般为 6~8.4 m。

工业建筑(如多层厂房、仓库等)中,框架结构常采用等跨式柱网,其进深常为 6 m、7.5 m、9 m、12 m,从经济考虑不宜超过 9 m;开间方向的柱距常为 6~9 m。

图 16-1 所示为框架结构的典型柱网布置形式。

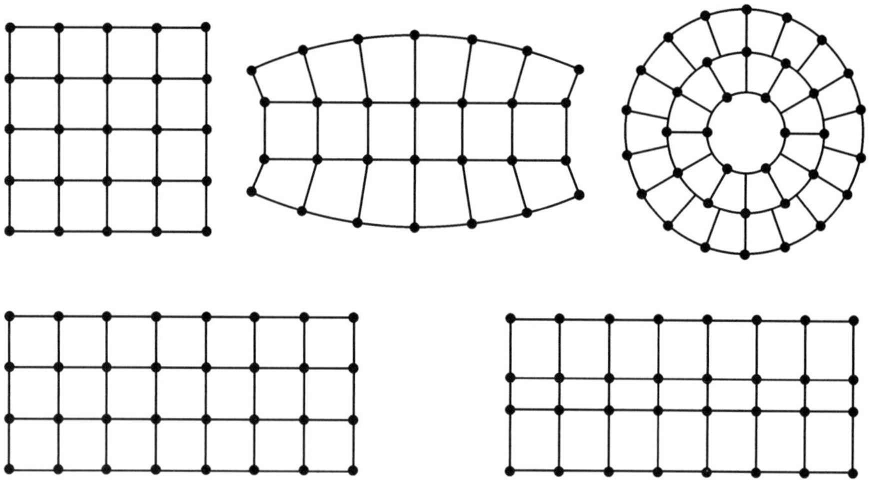

图 16-1 框架结构的柱网布置

16.2 梁、柱截面尺寸及布置

16.2.1 框架柱截面尺寸

框架柱的截面尺寸要根据所承受轴力和弯矩的大小确定。在地震区,基于框架延性的要求,柱截面尺寸受到轴压比限制,不能过小。

框架柱截面尺寸应符合下列构造要求。

(1)柱截面一般采用方形、圆形、多边形以及接近方形的矩形截面,以保证结构在纵、横两个方向都有足够的承载力、刚度和相近的动力特性。其中,矩形截面柱高度与宽度之比不宜过大,一般不超过 1.5。

(2)柱的截面宽度和高度不宜小于表 16-5 的要求。

(3)柱净高与截面高度之比不宜小于 4,当小于 4 时,称为短柱,短柱刚度大、易剪坏,为确保短柱的变形能力，需沿柱全高设加密箍筋。

（4）层高与柱截面高度之比，非抗震设计时不宜大于 15，抗震设计时不宜大于 10，否则不易满足水平侧移要求。

表 16-5　框架柱的截面尺寸的最小值（mm）

截面形式	非抗震设计	抗震设计（抗震等级与框架层数）		
		四级	一、二、三级且不超过 2 层	一、二、三级且超过 2 层
矩形（边长）	300	300	300	400
圆形（直径）	350	350	350	450

结构方案阶段，框架柱的截面尺寸可按下式估算：

$$N = \gamma_G wSn\beta_1\beta_2 \tag{16-1a}$$

$$N / (f_c b_c h_c) \leqslant [\mu_c] \tag{16-1b}$$

式中　$[\mu_c]$——框架柱的允许轴压比，非抗震设计时取 1.0，抗震设计时按表 16-6 取值；

N——估算的柱轴力设计值；

γ_G——荷载分项系数，取 1.3；

w——单位面积重量，取 12~14 kN/m^2；

S——柱承载楼面面积；

n——柱设计截面以上楼层数；

β_1——抗震等级为一、二级时角柱取 1.3，其余柱取 1.0，非抗震设计时取 1.0；

β_2——考虑水平力影响的轴力增大系数，非抗震设计和抗震设防烈度为 6 度时取 1.0，抗震设防烈度为 7 度、8 度、9 度时分别取 1.05、1.1、1.2。

表 16-6　框架柱的轴压比限值

结构类型	抗震等级			
	一级	二级	三级	四级
框架柱	0.65	0.75	0.85	0.90

16.2.2　框架梁截面尺寸

框架梁的截面尺寸应满足以下要求：

（1）梁宽不宜小于 200 mm，且不宜小于柱宽的 1/2，以保证节点连接紧密；

（2）梁截面的高度与宽度之比宜小于 4，以保证梁的抗剪能力，避免形成薄腹梁而降低其抗剪性能；

（3）梁净跨与截面高度之比宜大于 4，避免形成以抗剪为主、可能脆性破坏的深梁。

考虑强度与刚度的需要，框架梁的截面尺寸取值如下：

（1）梁高 h=（1/14~1/8）l，l 为梁跨，通常取 l/10；

(2)梁宽 $b=(1/3\sim1/2)h$,一般不宜小于 300 mm。

结构方案阶段,框架梁的截面高度也可按下述方法估算:

(1)取框架梁端弯矩 $M=(0.5\sim0.7)M_0$,M_0 为将框架梁看作简支梁时的跨中弯矩;

(2)取经济配筋率 $\rho=0.8\%\sim1.5\%$,计算受压区相对高度 ξ,即

$$\xi=\frac{f_yA_s}{f_cbh_0}=\frac{A_s}{bh}\cdot\frac{h}{h_0}\cdot\frac{f_y}{f_c}\approx1.10\rho\cdot\frac{f_y}{f_c} \tag{16-2}$$

(3)计算梁高 h_0,并取 $h=1.10h_0$,有

$$h_0=\sqrt{\frac{M}{\alpha_sf_cb}}=\sqrt{\frac{M}{(1-0.5\xi)f_cb}} \tag{16-3}$$

16.2.3 梁柱偏心

框架结构梁、柱中心线宜重合,当梁柱、中心线不能重合时,在计算中应考虑偏心对梁柱节点核心区受力和构造的不利影响,以及梁荷载对柱的偏心影响。

梁、柱中线之间的偏心距,9 度抗震设计时不应大于柱截面在该方向宽度的 1/4;非抗震设计和 6~8 度抗震设计时不宜大于柱截面在该方向宽度的 1/4,如图 16-2 所示。

此时,若建筑上要求柱墙外平,则梁宽应不小于柱在该方向宽度的一半。不满足该要求时,可在梁上设外挑沿,承托填充墙(图 16-3),或增设梁的水平加腋(图 16-4)。设置水平加腋后,在计算中仍应考虑梁柱偏心的不利影响。

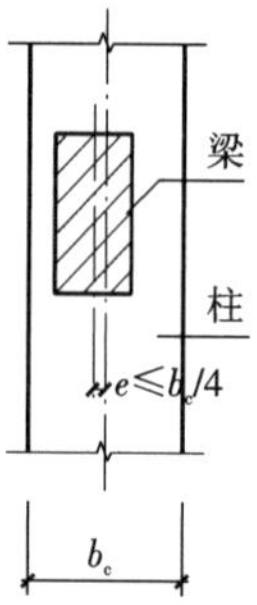

图 16-2 梁柱偏心距限值

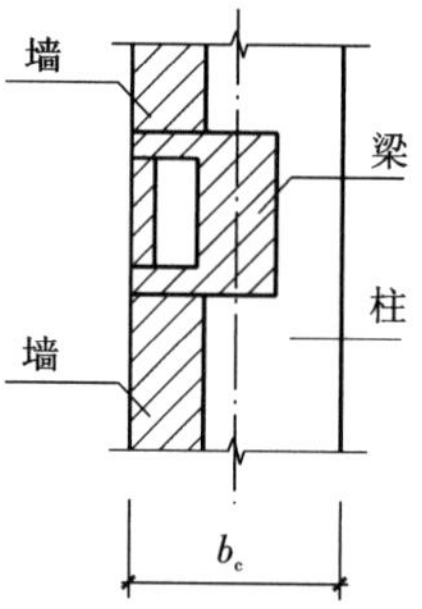

图 16-3 梁挑沿承托填充墙

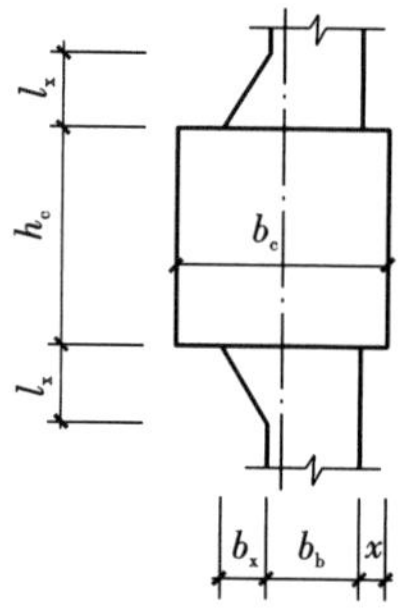

图 16-4 梁的水平加腋

梁的水平加腋厚度可取梁截面高度,其水平尺寸应满足:

$$\begin{cases}b_x/l_x\leqslant1/2\\b_x/b_b\leqslant2/3\\b_b+b_x+x\geqslant b_c/2\end{cases} \tag{16-4}$$

式中 b_x、l_x——梁的水平加腋宽度、长度;

b_b、b_c——梁截面宽度和沿偏心方向的柱截面宽度;

x——非加腋侧梁边到柱边的距离。

16.3　楼梯间的布置

现浇框架结构中的楼梯宜采用现浇钢筋混凝土楼梯，楼梯间的布置不应导致结构平面特别不规则。为减少结构扭转，不宜将楼梯间布置在结构单元的端部；也不宜将楼梯间布置在平面转折部位，以避免产生局部应力集中。楼梯构件与主体结构整浇时，应考虑楼梯构件对地震作用及其效应的影响，并应进行楼梯构件的抗震承载力验算，此外还宜采取构造措施减少楼梯构件对主体结构刚度的影响。

16.4　框架填充墙的布置

框架结构中的填充墙主要起围护和分割房间的作用。但由于其自重较大，抗侧移刚度也很大，如果布置不当，极易形成偏心，产生扭转，难免出现震害，甚至影响主体结构的安全。在窗台以下连续砌筑砌体填充墙，将使框架柱形成短柱，发生脆性破坏。

因此，抗震设计时，框架结构的填充墙及隔墙应优先选用轻质墙体。采用砌体填充墙时，在平面和竖向的布置宜均匀对称，以减少因抗侧移刚度偏心所造成的扭转，并应避免形成短柱及上下层刚度变化过大。

为避免地震作用下由于填充墙震害引起框架结构的破坏，填充墙及隔墙应具有自身的稳定性，并符合下列要求。

（1）实心块体的强度等级不宜低于 MU2.5，空心块体的强度等级不宜低于 MU3.5，砌筑砂浆的强度等级不应低于 M5；墙顶应与框架梁（或楼板）密切结合，最上面一层砖斜砌，并与梁底（或板底）顶紧。

（2）填充墙应沿框架柱全高每隔 500 mm 设 2Φ6 拉筋，拉筋伸入墙内的长度，抗震设防烈度为 6、7 度时宜应沿墙全长贯通，8、9 度时应沿墙全长贯通。

（3）墙长大于 5 m 时，墙顶与梁宜有钢筋拉结；墙长超过层高 2 倍时，宜设置钢筋混凝土构造柱；墙高超过 4 m 时，墙体半高处（或门洞上皮）宜设置与柱连接且沿墙全长贯通的钢筋混凝土水平系梁，但应注意避免产生短柱。

（4）楼梯间和人流通道的填充墙，还应采用钢丝网砂浆面层加强。

第 17 章　内力与位移计算

框架结构房屋是由梁、柱、楼板、基础等构件组成的空间结构体系，一般应按三维空间结构采用有限元分析程序进行分析。但一些近似计算的手算方法，由于计算简便，易于掌握，常用于初步设计时的估算及方案比较。通过近似计算掌握结构的内力和变形的规律，也有助于从概念上判断程序计算结果的合理性和可靠性。

框架结构是典型的杆系结构，近似计算时，根据平面结构假定和楼板自身平面刚度无限大的假定，一般将其简化为横向和纵向的若干榀平面框架。对竖向荷载作用下的各榀框架，按各榀框架承受的竖向荷载面积计算荷载，然后按平面框架进行近似分析。受水平荷载作用时，各榀框架所受的侧向力按各榀框架的抗侧移刚度大小进行分配。考虑扭转时，先按平面框架进行近似分析，再对上述结果进行修正。

17.1　计算简图

17.1.1　计算单元的确定

一般情况下，为简化计算，通常忽略结构纵向与横向之间的联系以及各构件的抗扭作用，将实际的空间结构简化为若干榀纵向框架和横向框架进行分析，每榀平面框架为一个计算单元，如图 17-1 所示。当采用现浇楼盖时，楼面分布荷载一般可按角平分线传至相应两侧的梁上，水平荷载则简化成节点集中力。

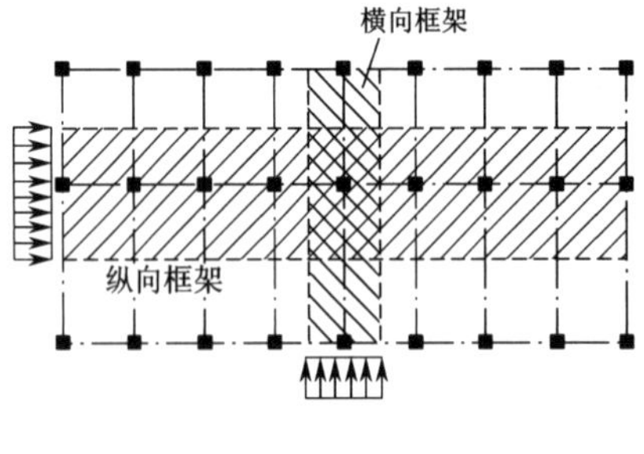

（a）

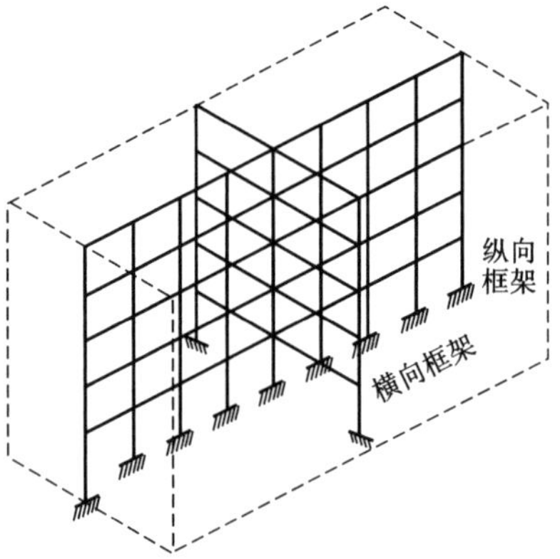

（b）

图 17-1　框架结构负荷范围及计算简图

（a）负荷范围　（b）计算简图

17.1.2　节点的简化

在现浇钢筋混凝土结构中，梁柱节点应简化为刚接节点；在装配式框架结构中，梁柱节点简化为铰接点或半铰接点；在装配整体式框架结构中，梁柱节点可以认为是刚接节点，当然这种节点的刚性不如现浇式框架好，节点梁端的实际负弯矩要小于按刚性节点假定所得到的计算值。

框架支座可分为固定支座和铰支座，当为现浇钢筋混凝土柱时，一般设计成固定支座；当为预制柱杯形基础时，则应视构造措施不同分别简化为固定支座和铰支座。

17.1.3　跨度与层高的确定

在结构计算简图中，杆件用其轴线来表示。框架梁的跨度取柱子轴线之间的距离，当上下层柱截面尺寸变化时，一般以最小截面的形心线来确定。框架的层高即框架柱的长度，可取相应的建筑层高，即取本层楼面至上层楼面的高度，但底层的层高则应取基础顶面到二层楼板顶面之间的距离。

在实际工程中，框架柱的截面尺寸通常沿房屋高度变化。当上层柱截面尺寸减小，但其形心轴仍与下层柱的形心轴重合时，其计算简图与各层柱截面不变时相同。当上下层柱截面尺寸不同且形心轴也不重合时，一般采取近似方法，即将顶层柱的形心线作为整个柱子的轴线。但是必须注意，在框架结构的内力和变形分析中，各层梁的计算跨度及线刚度仍应按实际情况取；另外，还应考虑上下层柱轴线不重合，由上层柱传来的轴力在变截面处所产生的力矩应视为外荷载，与其他竖向荷载一起进行框架内力分析。

17.1.4　构件截面弯曲刚度的计算

在计算框架梁截面惯性矩 I 时，应考虑楼板的影响。假定梁的截面惯性矩 I 沿轴线不变，对现浇楼盖，中框架取 $I=2I_0$，边框架取 $I=1.5I_0$；对装配整体式楼盖，中框架取 $I=1.5I_0$，边框架取 $I=1.2I_0$，I_0 为矩形截面梁的截面惯性矩；对装配式楼盖，则按梁的实际截面计算 I。

17.1.5　荷载计算

作用于框架结构上的荷载有竖向荷载和水平荷载两种。竖向荷载包括结构自重及楼（屋）面活载，一般为分布荷载，有时也有集中荷载。水平荷载包括风荷载和水平地震作用，一般均简化为作用于框架节点的水平集中力。

1. 楼（屋）面活载

多高层建筑中的楼面活载不可能以《荷载规范》所给的标准同时满布在所有的楼面上，所以在结构设计时可考虑楼面活载折减。对于住宅、宿舍、旅馆、办公楼、医院病房、托儿所、幼儿园的楼面梁，当其负荷面积大于 25 m^2 时，折减系数为 0.9。

2. 风荷载

风荷载的计算方法与单层厂房相同，风荷载体型系数 μ_s 可按《荷载规范》取用。

3. 水平地震作用

对于多层框架结构，当高度不超过 40 m，且质量和刚度沿高度分布比较均匀时，宜采用底部剪力法计算水平地震作用。

17.2 竖向荷载作用下的内力计算

通常，多层框架结构在竖向荷载作用下侧移比较小，可近似看作无侧移框架按力矩分配法进行内力分析。近似计算中，可采用分层法或二次弯矩分配法。

进行上述计算时，活载一般按各跨满布考虑，活载各种不利布置通常可由放大满布活载时求得的梁跨中正弯矩来考虑，该放大系数可取 1.1~1.2。

考虑到内力组合时的需要，竖向荷载作用下框架内力计算应将恒载和活载分开计算。

17.2.1 分层法

分层法就是将多层框架分解成顶层、中间各层和底层若干个计算单元，采用力矩分配法计算。

1. 基本假定与计算简图

(1)在竖向荷载作用下框架侧移很小，可看作无侧移框架进行内力分析。

(2)各层荷载对其他层杆件内力影响不大，可以忽略。即作用在某一层框架梁上的竖向荷载只对本层的梁以及与本层梁相连的框架柱产生弯矩和剪力，而对其他楼层的框架梁和隔层的框架柱都不产生弯矩和剪力。

根据上述假定，可将 n 层框架分解为 n 个单层梁连同上、下柱组成的开口刚架(图 17-2)，柱的远端为固定端，用力矩分配法进行各自的内力计算，叠加后即得到原结构的内力。

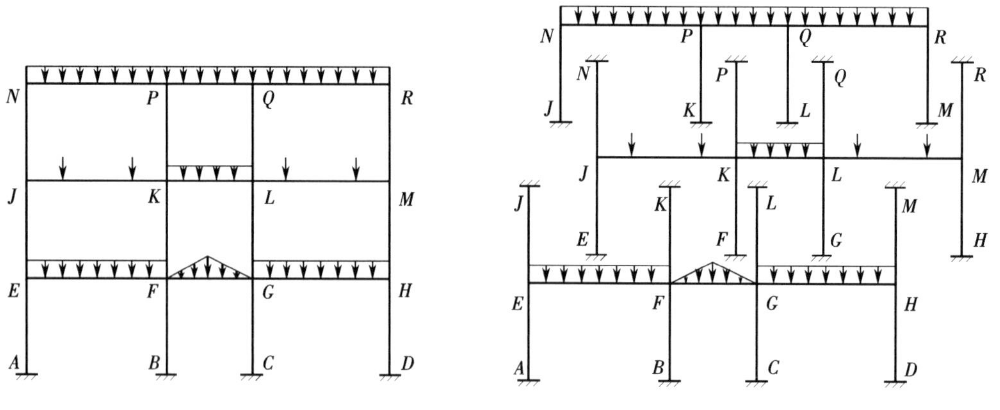

(a) (b)

图 17-2 框架分层计算简图

(a)多层框架基本体系 (b)框架分层

2. 参数修正

按以上基本假定，上、下柱的远端是固定的。实际上，除底层柱底是固定的以外，其他柱都是弹性支承。为了反映这个特点，并减少误差，应进行以下修正：

（1）除底层柱外，各层柱线刚度乘以折减系数 0.9；

（2）弯矩传递系数，底层柱取 1/2，其余各层取 1/3。

3. 计算步骤

（1）计算各层梁上竖向荷载和梁端固端弯矩。

（2）将框架按图 17-2 所示分层，各梁跨度及各柱高度与原结构相同，柱端假定为固端。

（3）计算梁、柱线刚度，确定梁端、柱端的弯矩分配系数和传递系数。

（4）按力矩分配法计算梁端、柱端弯矩，分层计算所得梁弯矩即为最后弯矩。

（5）柱的内力必须将上、下两层所得同一根柱子的内力叠加才能得到，因为每一根柱都同时属于上、下两层。

（6）考虑塑性内力重分布对梁端弯矩进行调幅，并计算梁跨中正弯矩。但调幅后的梁跨中正弯矩不得小于按简支梁计算的跨中弯矩的 50%。

分层计算结果，节点上的弯矩可能不平衡，但误差不会很大。如果需要更精确的结果，可将节点不平衡弯矩再进行一次分配。

17.2.2　二次弯矩分配法

二次弯矩分配法也是一种近似计算方法。该方法是将各节点的不平衡弯矩同时进行分配和传递，并以两次分配为限。与分层法相比，由于其考虑了各层荷载对其他层杆件内力的影响，因此其计算结果比分层法更精确，而且节点上的弯矩是平衡的；与精确法计算结果相比，其计算误差甚小，可以满足工程需要。二次弯矩分配法的计算步骤如下：

（1）计算各层梁上竖向荷载和梁端固端弯矩；

（2）计算梁、柱线刚度，确定梁端、柱端的弯矩分配系数和传递系数；

（3）将各节点的不平衡弯矩同时进行分配，并向杆件远端传递；

（4）将各节点上杆件由远端传递来的弯矩再进行一次分配；

（5）将各次分配及传递来的弯矩叠加，即可得柱端弯矩，梁端弯矩还需与固端弯矩相加方可得到最终弯矩；

（6）考虑塑性内力重分布对梁端弯矩进行调幅，并计算梁跨中正弯矩，但调幅后的梁跨中正弯矩不得小于按简支梁计算的跨中弯矩的 50%。

应当注意的是，结构几何尺寸明显不对称的框架，在竖向荷载作用下侧移较大，应采用其他更精确的方法进行内力分析。

17.2.3　例题

某三层三跨框架如图 17-3 所示，其中括号内数据为杆件的线刚度值（单位为 10^4 kN · m）。试计算该框架的弯矩。

1. 用分层法计算

（1）将框架按分层法分成图 17-4 所示三个开口框架。

（2）计算固端弯矩。

AB及CD跨:

$$M_{左} = -M_{右} = \frac{1}{12}ql^2 = \frac{1}{12} \times 25.0 \times 6.6^2 = 90.75\ \text{kN·m}$$

BC跨:

$$M_{左} = -M_{右} = \frac{1}{12}ql^2 = \frac{1}{12} \times 18 \times 3.0^2 = 13.5\ \text{kN·m}$$

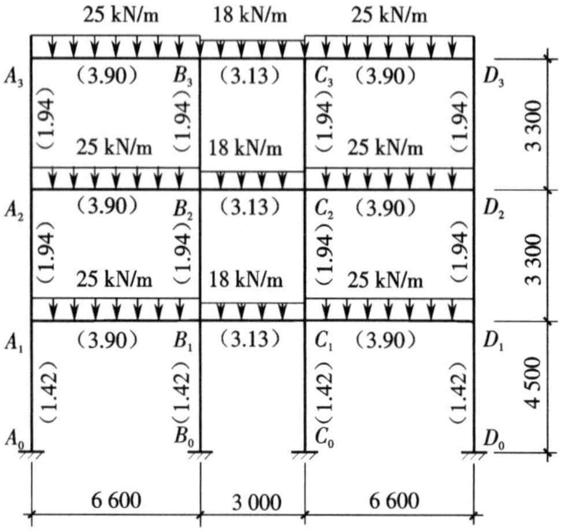

图 17-3　某三层三跨框架简图

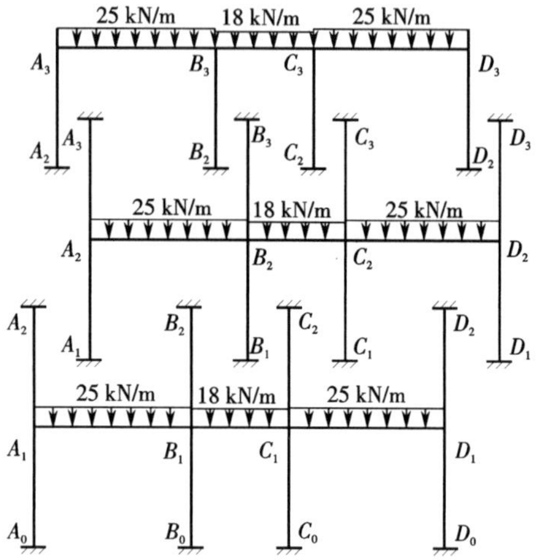

图 17-4　某三层三跨框架分层简图

(3)计算二层和三层框架,如图 17-5(a)、(b)所示。将各柱的抗弯线刚度乘以折减系数 0.9,计算各节点的分配系数,如节点 A_3 分配系数为

$$\mu_{A_3A_2} = \frac{4 \times 0.9 \times 1.94}{4 \times 0.9 \times 1.94 + 4 \times 3.90} = 0.309$$

$$\mu_{A_3B_3} = \frac{4 \times 3.90}{4 \times 0.9 \times 1.94 + 4 \times 3.90} = 0.691$$

其他各节点的分配系数可同样求出,均标于图 17-5(a)、(b)中的小方框内。

对节点弯矩进行分配与传递时,各节点只分配两次。梁的传递系数为 1/2,柱的传递系数为 1/3,计算过程和结果如图 17-5(a)、(b)所示。其中,带“*”者为梁固端弯矩,带下划线者为分配所得弯矩。

(4)计算首层框架,计算过程和结果如图 17-5(c)所示,计算步骤与上层框架相同。注意,横梁以上各柱的线刚度应乘以折减系数 0.9,传递系数为 1/3;横梁以下各柱的线刚度不乘以折减系数 0.9,传递系数为 1/2。

(5)计算杆端弯矩,梁端弯矩就是分层计算所得的梁端弯矩,柱端弯矩取上、下层相应柱端弯矩相加。

(6)根据平衡条件求梁跨中弯矩,弯矩图如图 17-6(a)所示。

2. 用二次弯矩分配法计算

计算步骤如前所述,计算过程如图 17-7 所示,计算结果如图 17-6(b)所示。可以看出,用分层法计算时,节点弯矩还有不平衡情况,这是由分层法带来的误差,还需将各节点不平衡弯矩再做一次分配(不做传递),节点弯矩才能平衡;用二次弯矩分配法计算时,节点弯矩是平衡的。

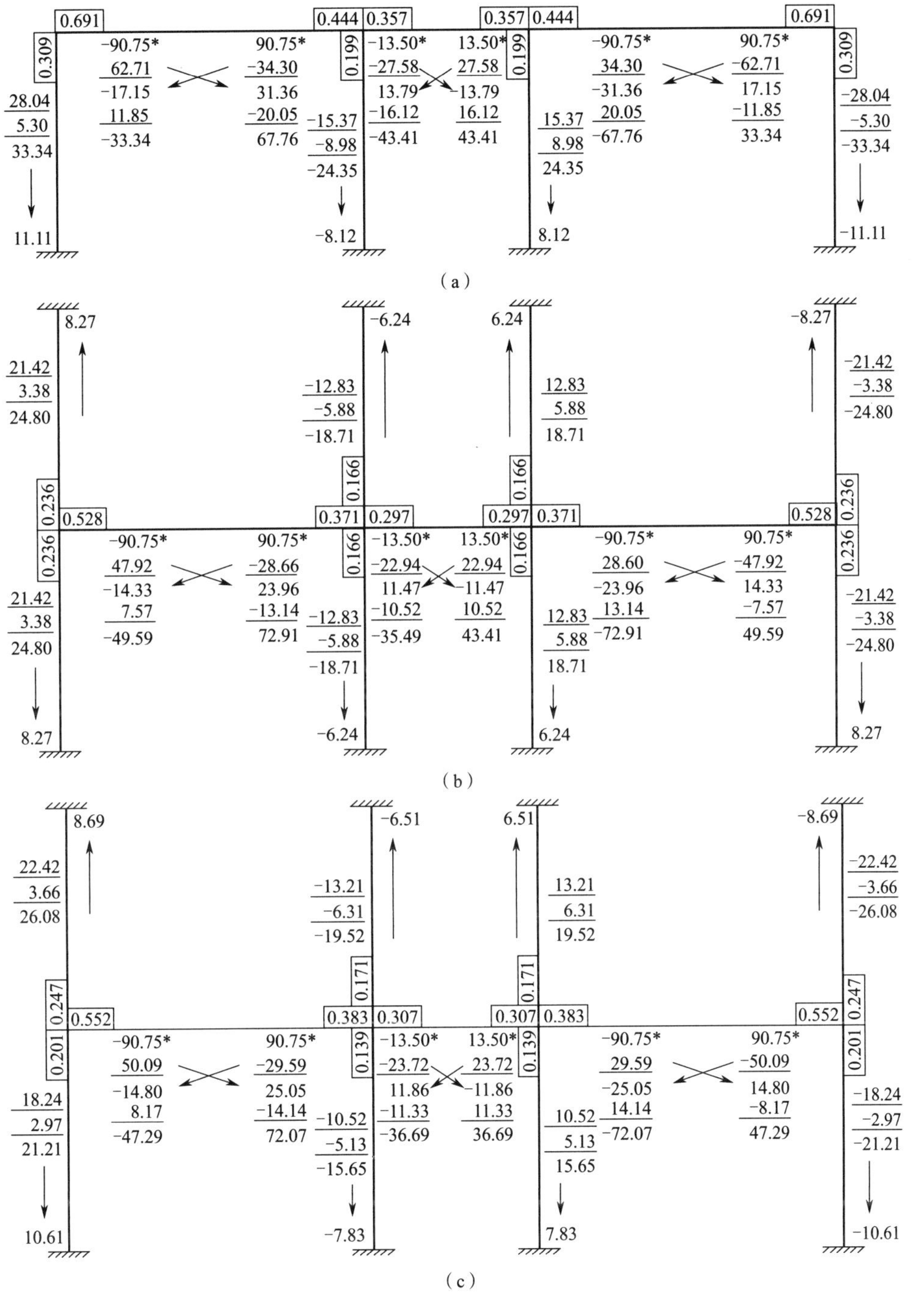

图 17-5　分层法框架内力计算

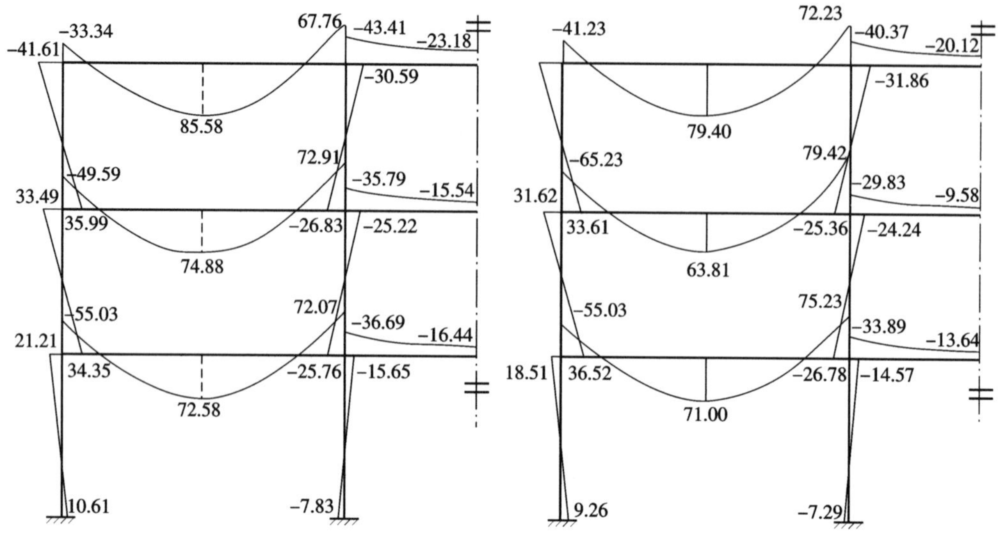

(a) (b)

图 17-6 框架弯矩图(kN·m)

(a)分层法计算结果 (b)二次弯矩分配法计算结果

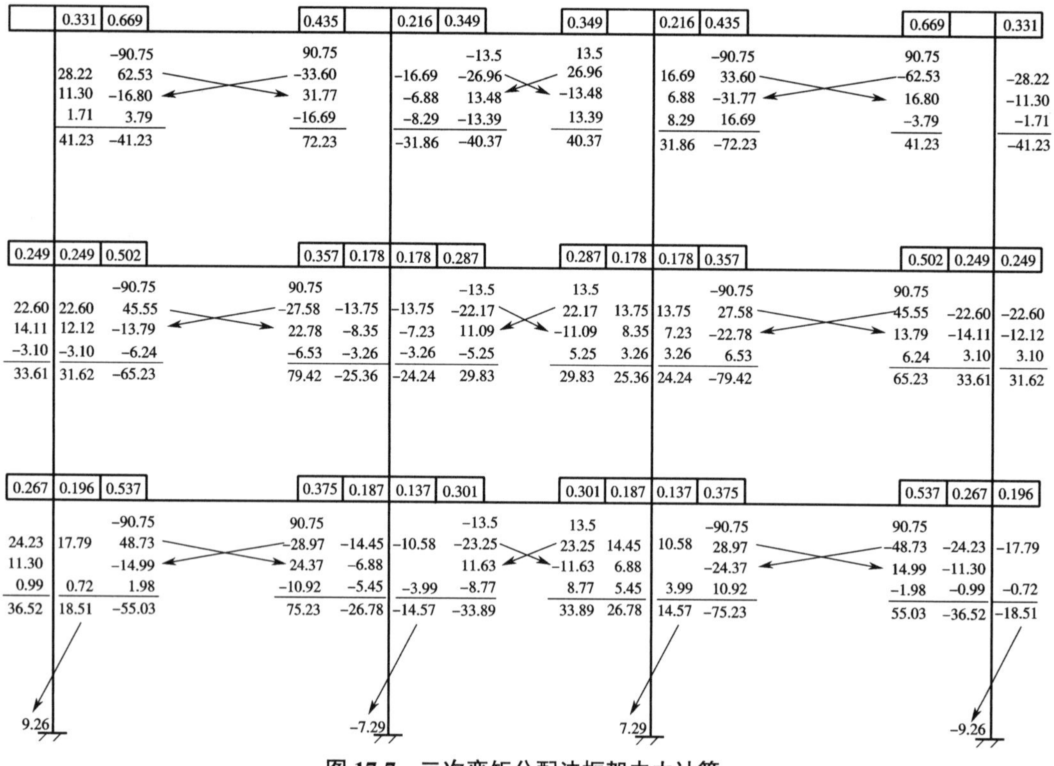

图 17-7 二次弯矩分配法框架内力计算

17.3　水平力作用下的内力近似计算

框架结构所受水平力主要是风荷载和水平地震作用。由精确法分析可知，框架结构在节点水平力作用下定性的弯矩图和变形图如图 17-8 所示，各杆的弯矩都是直线形，每根立柱一般都有一个反弯点。由于梁的轴向变形忽略不计，因此同一层内的各节点具有相同的侧向位移，同一层内的各柱具有相同的层间位移。

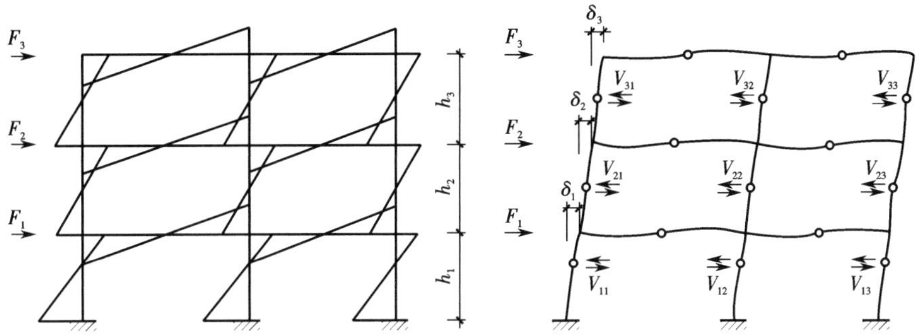

（a）　（b）

图 17-8　框架结构在水平力作用下定性的弯矩图和变形图

（a）弯矩图　（b）变形图

所谓反弯点，是指杆件受力后，杆件上弯矩为零的点，该点也是杆件变形曲线上的拐点。框架水平力作用下内力近似计算一般采用反弯点法或 D 值法。

17.3.1　反弯点法

在图 17-8 中，如能确定各柱内的剪力及反弯点的位置，便可求得各柱的柱端弯矩，并进而由节点平衡条件求得梁端弯矩及整个框架结构的其他内力。为了方便计算，做如下假定。

（1）求各根柱的剪力时，假定各柱上、下端都不发生角位移，即认为梁的线刚度与柱的线刚度之比为无限大。

（2）在确定柱的反弯点位置时，假定除底层外，各根柱的上、下端节点转角均相同，即各层柱反弯点在柱中点；对于底层柱，由于底端固定，而上端实际有转角，反弯点向上移，通常假定反弯点在距底端 $2h/3$ 高度处。

（3）梁端弯矩可由节点平衡条件求出，并按节点左、右梁的线刚度进行分配。

（4）不考虑框架横梁的轴向变形。

由上面假定（1）和（4）可知，在水平荷载作用下，节点的转角为零。产生水平位移 Δu_{AB} 时，杆端弯矩和杆件内的剪力分别为

$$\begin{cases} M_{AB} = -6i_c \dfrac{\Delta u_{AB}}{h} \\ M_{BA} = -6i_c \dfrac{\Delta u_{AB}}{h} \end{cases} \tag{17-1}$$

$$V_{AB} = \frac{M_{AB} + M_{BA}}{h} = \frac{12i_c}{h^2}\Delta u_{AB} \tag{17-2}$$

由式(17-2),可得

$$d = \frac{V_{AB}}{\Delta u_{AB}} = \frac{12i}{h^2} \tag{17-3}$$

式(17-3)表示当杆件两端发生单位侧移时杆件内的剪力,称为柱的抗侧移刚度,如图17-9所示。

设框架结构为 n 层,每层有 m 根柱(图17-10),将框架沿第 j 层柱的反弯点处截开,由水平力平衡条件可知

$$V_{Fj} = \sum_{i=j}^{n} F_i = V_{j1} + V_{j2} + \cdots + V_{jm} = \sum_{k=1}^{m} V_{jk} \tag{17-4a}$$

式中 V_{Fj}——第 j 层的总剪力;

V_{jk}——第 j 层第 k 根柱的总剪力。

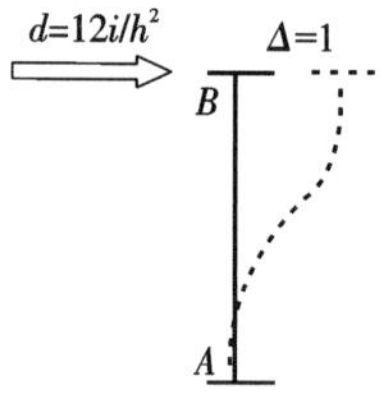

图17-9 柱的抗侧移刚度

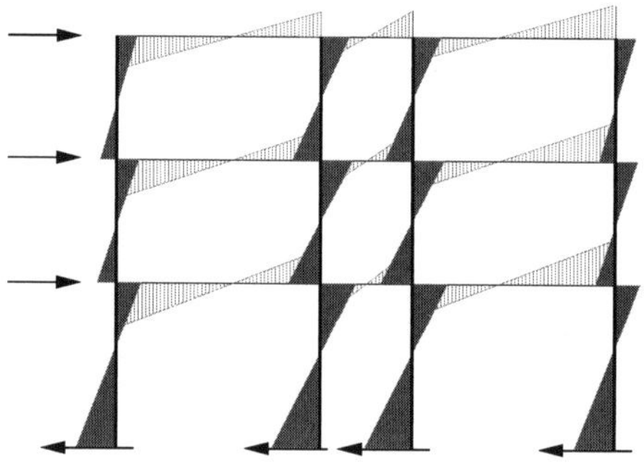

图17-10 反弯点法推导

对于第 j 层第 k 根柱,根据物理条件,相应的剪力可表示为

$$V_{jk} = d_{jk} \times \Delta u_{jk} \tag{17-4b}$$

当忽略梁的轴向变形时,同层各柱的相对侧移 δ 相等(变形协调条件),则有

$$\Delta u_{j1} = \Delta u_{j2} = \cdots = \Delta u_{jk} = \cdots = \Delta u_{jm} = \Delta u_j \tag{17-4c}$$

由式(17-4a)、式(17-4b)和式(17-4c),可得

$$V_{jk} = \frac{d_{jk}}{\sum_{s=1}^{m} d_{js}} V_{Fj} = \frac{i_{jk}}{\sum_{s=1}^{m} i_{js}} V_{Fj} = \eta_{jk} V_{Fj} \tag{17-5}$$

式(17-5)即为层间剪力 V_j 在该层各柱间的分配公式,它适用于整个框架结构同层各柱之间的剪力分配。由此可见,每根柱分配到的剪力值与其侧向刚度成比例。

求得各柱剪力后,根据假定(2),各柱端弯矩确定如下(图17-11)。

上层柱,上、下端弯矩相等,即

$$M_{ij}^{t} = M_{ij}^{b} = V_{ij} \times h_j / 2 \tag{17-6a}$$

底层柱:

下端弯矩 $M_{ij}^{b} = V_{ij} \times 2h_1 / 3$ (17-6b)

上端弯矩 $M_{ij}^{t} = V_{ij} \times h_1/3$ （17-6c）

梁端弯矩可根据节点平衡条件确定如下（图 17-12）。

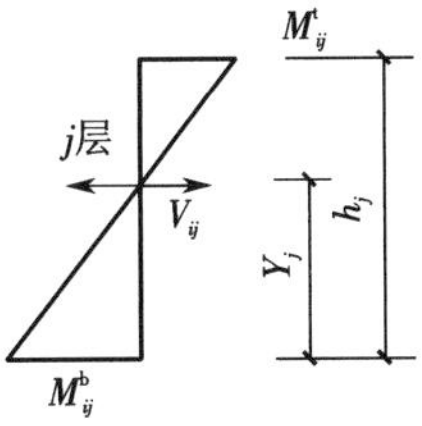

图 17-11　确定柱端弯矩

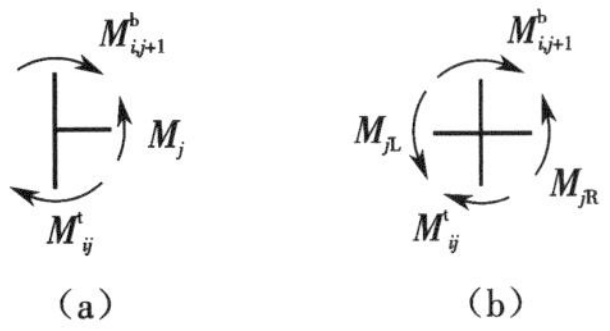

图 17-12　确定梁端弯矩

（a）边柱节点　（b）中柱节点

边柱节点：

$$M_j = M_{ij}^{t} + M_{i,j+1}^{b} \tag{17-7}$$

中柱节点，按节点左、右梁的线刚度比例进行分配，即

$$M_{jL} = (M_{ij}^{t} + M_{i,j+1}^{b}) \cdot \frac{i_{bL}}{i_{bL} + i_{bR}} \tag{17-8a}$$

$$M_{jR} = (M_{ij}^{t} + M_{i,j+1}^{b}) \cdot \frac{i_{bR}}{i_{bL} + i_{bR}} \tag{17-8b}$$

式中　i_{bL}、i_{bR}——节点左梁、右梁的线刚度。

根据梁两端的弯矩确定梁的剪力，然后由梁的剪力求得柱的轴力。

17.3.2　*D* 值法

当房屋层数较多时，通常柱截面较大，梁、柱线刚度之比也就较小，节点转角较大，用反弯点法计算的内力误差较大。此时，应采用修正柱的抗侧移刚度和调整反弯点高度的方法（即 D 值法）计算水平荷载下框架的内力。

1. 改进后柱的抗侧移刚度 D

按照定义，柱的抗侧移刚度是当柱上、下端产生单位相对横向位移时柱所承受的剪力，即对于框架结构中第 j 层的第 k 根柱，有

$$D_{jk} = \frac{V_{jk}}{\Delta u_j}$$

下面以图 17-13（a）所示框架为例，推导考虑梁、柱节点转角时，柱的侧移刚度 D_{jk} 的计算公式。

1）中间层柱的侧移刚度

为了简化计算，做如下假定：

（1）柱 AB 以及与柱 AB 相邻的各杆杆端（即 A、B、C、D、E、F、G、H）的转角皆为 θ；

（2）柱 AB 以及与柱 AB 相邻的两个柱（即柱 AC 及柱 BD）的线刚度皆为 i_c；

（3）柱 AB 以及与柱 AB 相邻的两个柱（即柱 AC 及柱 BD）的层间水平位移均为 Δ；

（4）柱 AB 以及与柱 AB 相邻的两个柱（即柱 AC 及柱 BD）的弦转角皆为 φ；

(5)与柱 AB 相交的横梁的线刚度分别为 i_1、i_2、i_3、i_4。

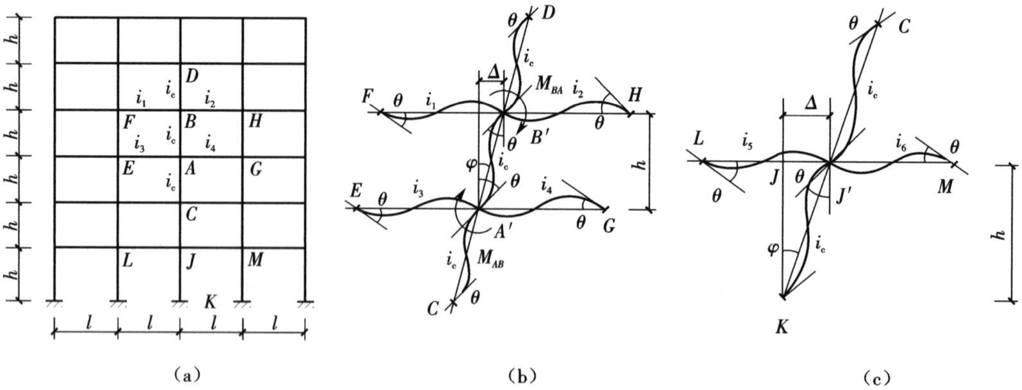

图 17-13 框架侧移刚度的计算图示

(a)整体框架结构 (b)中间梁柱单元的变形 (c)首层梁柱单元的变形

这样,框架受力后,柱 AB 及其相邻各构件的变形如图 17-13(b)所示,则各杆端的转角位移方程如下。

柱端:

$$\begin{cases} M_{AB} = 4i_c\theta + 2i_c\theta - 6i_c\varphi = 6i_c(\theta - \varphi) \\ M_{BA} = 6i_c(\theta - \varphi) \\ M_{AC} = 6i_c(\theta - \varphi) \\ M_{BD} = 6i_c(\theta - \varphi) \end{cases} \tag{17-9a}$$

梁端:

$$\begin{cases} M_{BF} = 4i_1\theta + 2i_1\theta = 6i_1\theta \\ M_{BH} = 6i_2\theta \\ M_{AE} = 6i_3\theta \\ M_{AG} = 6i_4\theta \end{cases} \tag{17-9b}$$

由节点 A 和节点 B 的力矩平衡条件 $\sum_A M = 0$ 和 $\sum_B M = 0$,分别可得

$$\begin{cases} M_{AE} + M_{AB} + M_{AG} + M_{AC} = 0 \\ M_{BF} + M_{BA} + M_{BH} + M_{BD} = 0 \end{cases} \tag{17-10}$$

将式(17-9a)及式(17-9b)代入式(17-10),可得

$$\begin{cases} 6\theta(i_3 + i_4 + 2i_c) - 12i_c\varphi = 0 \\ 6\theta(i_1 + i_2 + 2i_c) - 12i_c\varphi = 0 \end{cases} \tag{17-11}$$

由此,可得

$$\theta = \frac{4i_c}{i_1 + i_2 + i_3 + i_4 + 4i_c}\varphi = \frac{2}{2 + K}\varphi \tag{17-12}$$

其中

$$K = \frac{i_1 + i_2 + i_3 + i_4}{2i_c} \tag{17-13}$$

柱 AB 的剪力为

$$V_{AB} = \frac{M_{AB} + M_{BA}}{h_j} = \frac{12i_c}{h_j}(\varphi - \theta) \tag{17-14a}$$

将式(17-12)代入式(17-14b),可得

$$V_{AB} = \frac{12i_c}{h_j}\left(\varphi - \frac{2}{2+K}\varphi\right) = \frac{12i_c}{h_j}\frac{\Delta u_j}{h_j}\frac{K}{2+K} = \alpha_c \frac{12i_c}{h_j^2}\Delta u_j \tag{17-14b}$$

其中

$$\alpha_c = \frac{K}{2+K}, \varphi = \frac{\Delta u_j}{h_j}$$

由此,可得柱 AB 的侧移刚度为

$$D_{AB} = \frac{V_{AB}}{\Delta u_j} = \alpha_c \frac{12i_c}{h_j^2} \tag{17-15}$$

式(17-15)就是计算上部各层柱的 D 值公式。α_c 反映了梁、柱线刚度比对柱抗侧移刚度的影响,它是一个小于 1 的系数。当 $K \to \infty$ 时, $\alpha_c \to 1$,即为反弯点法采用的侧移刚度 $d=12i_c/h^2$。

2)首层柱的侧移刚度

下面以图 17-13(c)中柱 JK 为例,说明首层柱的侧移刚度的计算方法。

由转角位移方程,可知

$$\begin{cases} M_{JK} = 4i_c\theta - 6i_c\varphi = i_c(4\theta - 6\varphi) \\ M_{JL} = 6i_5\theta \\ M_{JM} = 6i_6\theta \end{cases} \tag{17-16}$$

式中　i_5, i_6——节点 J 左梁和右梁的线刚度;

i_c——首层柱的线刚度;

θ——节点 J 的转角;

φ——节点 J 的弦转角, $\varphi = \Delta/h_{JK}$。

设

$$\beta = \frac{M_{JK}}{M_{JL} + M_{JM}} = \frac{4i_c\theta - 6i_c\varphi}{6(i_5 + i_6)\theta} = \frac{2\theta - 3\varphi}{3\left(\dfrac{i_5 + i_6}{i_c}\right)\theta} \tag{17-17}$$

$$K = \frac{i_5 + i_6}{i_c} = \frac{\sum i_b}{i_c} \tag{17-18}$$

则由式(17-17),可得

$$\theta = \frac{3}{2 - 3\beta K} \cdot \frac{\Delta}{h_{JK}} \tag{17-19}$$

柱 JK 所受到的剪力为

$$V_{JK} = -\frac{M_{JK}}{h_{JK}} = -\frac{6i_c}{h_{JK}}\theta + \frac{12i_c}{h_{JK}^2}\Delta = \frac{12i_c}{h_{JK}^2}\Delta \cdot \left(1 - \frac{1.5}{2 - 3\beta K}\right) = \left(\frac{0.5 - 3\beta K}{2 - 3\beta K}\right) \cdot \frac{12i_c}{h_{JK}^2}\Delta \tag{17-20}$$

由柱的侧移刚度定义,可得

$$D_{JK}=\frac{V_{JK}}{\Delta}=\left(\frac{0.5-3\beta K}{2-3\beta K}\right)\cdot\frac{12i_{\mathrm{c}}}{h_{JK}^2}=\alpha_{\mathrm{c}}\cdot\frac{12i_{\mathrm{c}}}{h_{JK}^2}\tag{17-21}$$

其中

$$\alpha_{\mathrm{c}}=\frac{0.5-3\beta K}{2-3\beta K}$$

显然,α_{c}就是框架节点转动对首层柱侧移刚度的影响系数。其中,β是一个变数,在实际工程中,其通常在 $-0.5\sim-0.14$ 变化,为了简化计算,且在误差不大的条件下,可取 $\beta=-1/3$,于是有

$$\alpha_{\mathrm{c}}=\frac{0.5+K}{2+K}\tag{17-22}$$

α_{c}的计算公式汇总于表 17-1。由此可知,影响柱的抗侧移刚度 D 值的因素有柱线刚度、上下梁线刚度和柱端约束条件等。

表 17-1 柱刚度修正系数 α_{c}

楼层	简图	K	α_{c}
一般柱	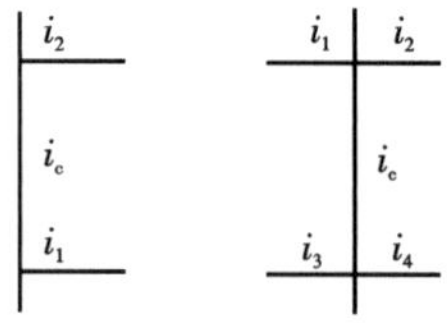	$K=\frac{i_1+i_2+i_3+i_4}{2i_{\mathrm{c}}}$	$\alpha_{\mathrm{c}}=\frac{K}{2+K}$
底层柱	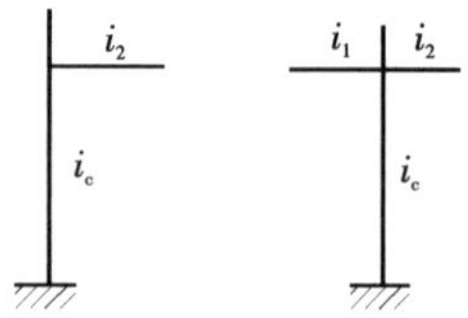	$K=\frac{i_1+i_2}{i_{\mathrm{c}}}$	$\alpha_{\mathrm{c}}=\frac{0.5+K}{2+K}$

2. 各层柱的反弯点位置

多高层框架结构的梁、柱线刚度之比较小,在节点水平力作用下,各层柱的反弯点位置与该柱上、下端的约束刚度有关,并总是偏向于约束较小的一端。影响柱上、下端约束刚度的因素主要有:①梁、柱线刚度之比;②结构总层数和该柱所在的楼层位置;③上层与下层梁线刚度之比;④上、下层层高变化;⑤外荷载的形式。

因此,各层柱的反弯点位置可表示为

$$yh=(y_0+y_1+y_2+y_3)\cdot h\tag{17-23}$$

式中 y——反弯点高度比,即柱反弯点距柱下端的高度与该柱高度的比值;

y_0——考虑梁柱线刚度之比、该柱所在的楼层位置影响的标准反弯点高度比;

y_1——上、下层梁线刚度不等时反弯点高度系数的修正值;

y_2、y_3——上、下层层高不等时反弯点高度系数的修正值;

h——该柱的高度(层高)。

1）标准反弯点高度比 y_0

为了分析上述因素对反弯点高度的影响，假定框架结构在节点水平力作用下，同层各节点的转角位移相等，即同层各横梁的反弯点均在各横梁跨度的中点，而该点无竖向位移，于是图 17-14（a）所示的框架即可简化为图 17-14（b）所示的框架。假定框架为规则框架（即各层等高、各跨相等、各层梁线刚度相等、各层柱线刚度相等），则图 17-14（b）所示的框架可叠合为图 17-14（c）所示的合成框架。在合成框架中，柱的线刚度等于原框架同层各柱线刚度之和，梁的线刚度等于原框架同层各梁线刚度之和乘以 4。

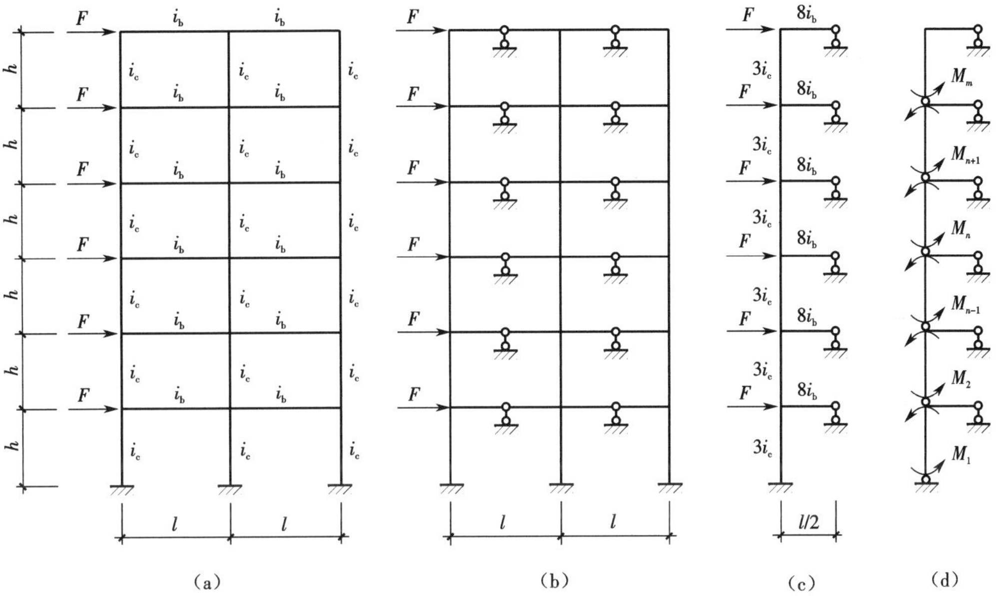

图 17-14　标准反弯点高度系数（y_0）计算

（a）原框架　（b）简化框架　（c）合成框架　（d）基本体系

用力法求解图 17-14（c）所示的合成框架的内力时，以各柱下端截面的弯矩 M_n 作为基本未知量，取图 17-14（d）所示的基本体系，即可求得 M_n。各层柱的反弯点高度比 y_{0n} 为

$$y_{0n}=\frac{M_n}{V_n h}$$

不同形式的外荷载作用下，总层数为 m 层的规则框架第 n 层的反弯点高度比 y_{0n} 如下。

在均布水平荷载作用下，有

$$y_{0n}=\frac{1}{2}+\frac{r^{m-n+1}-1}{6K(m-n+1)}+\frac{1+2m}{2(m-n+1)}\cdot\frac{r^n}{1-r} \tag{17-24a}$$

在倒三角形分布水平荷载作用下，有

$$y_{0n}=\frac{1}{2}+\frac{1}{(m+n)(m-n+1)}\left[\frac{1-2n}{6K}+\frac{1+2m}{6K}\cdot r^{m-n+1}+\left(m^2+m-\frac{1}{3K}\right)\frac{r^n}{1-r}\right] \tag{17-24b}$$

在顶点集中水平荷载作用下，有

$$y_{0n} = \frac{1}{2} + \frac{r^n}{1-r} - \frac{1}{2}r^{m-n+1} \tag{17-24c}$$

其中

$$r = (1+3K) - \sqrt{(1+3K)^2 - 1} \tag{17-24d}$$

式中　m——规则框架的总层数；

K——梁、柱线刚度之比，按表17-1计算。

可见，标准反弯点高度比 y_0 与外荷载的形式、框架总层数 m、该柱所在的楼层位置 n 以及梁、柱线刚度之比有关。为方便使用，可将标准反弯点高度比 y_0 制成表格(表17-2至表17-4)，后续直接查用。

表17-2　均布水平荷载作用下各层柱标准反弯点高度系数 y_0

m	n	K													
		0.1	0.2	0.3	0.4	0.5	0.6	0.7	0.8	0.9	1.0	2.0	3.0	4.0	5.0
1	1	0.80	0.75	0.70	0.65	0.65	0.60	0.60	0.60	0.60	0.55	0.55	0.55	0.55	0.55
2	2	0.45	0.40	0.35	0.35	0.35	0.35	0.40	0.40	0.40	0.40	0.45	0.45	0.45	0.45
	1	0.95	0.80	0.75	0.70	0.65	0.65	0.65	0.60	0.60	0.60	0.55	0.55	0.55	0.50
3	3	0.15	0.20	0.20	0.25	0.30	0.30	0.30	0.35	0.35	0.35	0.40	0.45	0.45	0.45
	2	0.55	0.50	0.45	0.45	0.45	0.45	0.45	0.45	0.45	0.45	0.45	0.50	0.50	0.50
	1	1.00	0.85	0.80	0.75	0.70	0.70	0.65	0.65	0.65	0.60	0.55	0.55	0.55	0.55
4	4	−0.05	0.05	0.15	0.20	0.25	0.30	0.30	0.30	0.35	0.35	0.40	0.45	0.45	0.45
	3	0.25	0.30	0.30	0.35	0.35	0.40	0.40	0.40	0.40	0.45	0.45	0.50	0.50	0.50
	2	0.65	0.55	0.50	0.50	0.45	0.45	0.45	0.45	0.45	0.45	0.50	0.50	0.50	0.50
	1	1.10	0.90	0.80	0.75	0.70	0.70	0.65	0.65	0.65	0.60	0.55	0.55	0.55	0.55
5	5	−0.20	0.00	0.15	0.20	0.25	0.30	0.30	0.30	0.35	0.35	0.40	0.45	0.45	0.45
	4	0.10	0.20	0.25	0.30	0.35	0.35	0.40	0.40	0.40	0.40	0.45	0.45	0.50	0.50
	3	0.40	0.40	0.40	0.40	0.40	0.45	0.45	0.45	0.45	0.45	0.50	0.50	0.50	0.50
	2	0.65	0.55	0.50	0.50	0.50	0.50	0.50	0.50	0.50	0.50	0.50	0.50	0.50	0.50
	1	1.20	0.95	0.80	0.75	0.75	0.70	0.70	0.65	0.65	0.65	0.55	0.55	0.55	0.55
6	6	−0.30	0.00	0.10	0.20	0.25	0.25	0.30	0.30	0.35	0.35	0.40	0.45	0.45	0.45
	5	0.00	0.20	0.25	0.30	0.35	0.35	0.40	0.40	0.40	0.40	0.45	0.45	0.50	0.50
	4	0.20	0.30	0.35	0.35	0.40	0.40	0.40	0.45	0.45	0.45	0.45	0.50	0.50	0.50
	3	0.40	0.40	0.40	0.45	0.45	0.45	0.45	0.45	0.45	0.45	0.50	0.50	0.50	0.50
	2	0.70	0.60	0.55	0.50	0.50	0.50	0.50	0.50	0.50	0.50	0.50	0.50	0.50	0.50
	1	1.20	0.95	0.85	0.80	0.75	0.70	0.70	0.65	0.65	0.65	0.55	0.55	0.55	0.55
7	7	−0.35	−0.50	0.10	0.20	0.20	0.25	0.30	0.30	0.35	0.35	0.40	0.45	0.45	0.45
	6	−0.10	0.15	0.25	0.30	0.35	0.35	0.35	0.40	0.40	0.40	0.45	0.45	0.50	0.50
	5	0.10	0.25	0.30	0.35	0.40	0.40	0.40	0.45	0.45	0.45	0.50	0.50	0.50	0.50
	4	0.30	0.35	0.40	0.40	0.40	0.45	0.45	0.45	0.45	0.45	0.50	0.50	0.50	0.50
	3	0.50	0.45	0.45	0.45	0.45	0.45	0.45	0.45	0.45	0.45	0.50	0.50	0.50	0.50
	2	0.75	0.60	0.55	0.50	0.50	0.50	0.50	0.50	0.50	0.50	0.50	0.50	0.50	0.50
	1	1.20	0.95	0.85	0.80	0.75	0.70	0.70	0.65	0.65	0.65	0.55	0.55	0.55	0.55

续表

m	*n*	*K*													
		0.1	0.2	0.3	0.4	0.5	0.6	0.7	0.8	0.9	1.0	2.0	3.0	4.0	5.0
8	8	−0.35	−0.15	0.10	0.10	0.25	0.25	0.30	0.30	0.35	0.35	0.40	0.45	0.45	0.45
	7	−0.10	0.15	0.25	0.30	0.35	0.35	0.40	0.40	0.40	0.40	0.45	0.50	0.50	0.50
	6	0.05	0.25	0.30	0.35	0.40	0.40	0.45	0.45	0.45	0.45	0.45	0.50	0.50	0.50
	5	0.20	0.30	0.35	0.40	0.40	0.45	0.45	0.45	0.45	0.45	0.50	0.50	0.50	0.50
	4	0.35	0.40	0.40	0.45	0.45	0.45	0.45	0.45	0.45	0.45	0.50	0.50	0.50	0.50
	3	0.50	0.45	0.45	0.45	0.45	0.45	0.45	0.45	0.50	0.50	0.50	0.50	0.50	0.50
	2	0.75	0.60	0.55	0.55	0.50	0.50	0.50	0.50	0.50	0.50	0.50	0.50	0.50	0.50
	1	1.20	1.00	0.85	0.80	0.75	0.70	0.70	0.65	0.65	0.65	0.55	0.55	0.55	0.55

表 17-3　倒三角形分布水平荷载作用下各层柱标准反弯点高度系数 y_0

m	*n*	*K*													
		0.1	0.2	0.3	0.4	0.5	0.6	0.7	0.8	0.9	1.0	2.0	3.0	4.0	5.0
1	1	0.80	0.75	0.70	0.65	0.65	0.60	0.60	0.60	0.60	0.55	0.55	0.55	0.55	0.55
2	2	0.50	0.45	0.40	0.40	0.40	0.40	0.40	0.40	0.40	0.45	0.45	0.45	0.45	0.50
	1	1.0	0.85	0.75	0.70	0.70	0.65	0.65	0.65	0.60	0.60	0.55	0.55	0.55	0.55
3	3	0.25	0.20	0.20	0.30	0.30	0.35	0.35	0.35	0.40	0.40	0.45	0.45	0.45	0.50
	2	0.60	0.50	0.50	0.50	0.50	0.45	0.45	0.45	0.45	0.45	0.50	0.50	0.50	0.50
	1	1.15	0.90	0.80	0.75	0.75	0.70	0.70	0.65	0.65	0.65	0.60	0.55	0.55	0.55
4	4	0.10	0.15	0.20	0.25	0.30	0.30	0.35	0.35	0.35	0.40	0.45	0.45	0.45	0.45
	3	0.35	0.35	0.35	0.40	0.40	0.40	0.40	0.45	0.45	0.45	0.45	0.50	0.50	0.50
	2	0.70	0.60	0.55	0.50	0.50	0.50	0.50	0.50	0.50	0.50	0.50	0.50	0.50	0.50
	1	1.20	0.95	0.85	0.80	0.75	0.70	0.70	0.70	0.65	0.65	0.55	0.55	0.55	0.50
5	5	−0.05	0.10	0.20	0.25	0.30	0.30	0.35	0.35	0.35	0.35	0.40	0.45	0.45	0.45
	4	0.20	0.20	0.35	0.35	0.40	0.40	0.40	0.40	0.40	0.45	0.45	0.50	0.50	0.50
	3	0.45	0.40	0.45	0.45	0.45	0.45	0.45	0.45	0.45	0.45	0.50	0.50	0.50	0.50
	2	0.75	0.60	0.55	0.55	0.50	0.50	0.50	0.60	0.50	0.50	0.50	0.50	0.50	0.50
	1	1.30	1.00	0.85	0.80	0.75	0.70	0.70	0.65	0.65	0.65	0.65	0.55	0.55	0.55
6	6	−0.15	0.05	0.15	0.20	0.25	0.30	0.30	0.35	0.35	0.35	0.40	0.45	0.45	0.45
	5	0.10	0.25	0.30	0.35	0.35	0.40	0.40	0.40	0.45	0.45	0.45	0.50	0.50	0.50
	4	0.30	0.35	0.40	0.40	0.45	0.45	0.45	0.45	0.45	0.45	0.50	0.50	0.50	0.50
	3	0.50	0.45	0.45	0.45	0.45	0.45	0.45	0.45	0.45	0.50	0.50	0.50	0.50	0.50
	2	0.80	0.65	0.55	0.55	0.55	0.55	0.50	0.50	0.50	0.50	0.50	0.50	0.50	0.50
	1	1.30	1.00	0.85	0.80	0.75	0.70	0.70	0.65	0.65	0.65	0.60	0.55	0.55	0.55
7	7	−0.20	0.05	0.15	0.20	0.25	0.30	0.30	0.35	0.35	0.35	0.45	0.45	0.45	0.45
	6	0.05	0.20	0.30	0.35	0.35	0.40	0.40	0.40	0.40	0.45	0.45	0.50	0.50	0.50
	5	0.20	0.30	0.35	0.40	0.40	0.45	0.45	0.45	0.45	0.45	0.50	0.50	0.50	0.50
	4	0.35	0.40	0.40	0.45	0.45	0.45	0.45	0.45	0.45	0.45	0.50	0.50	0.50	0.50
	3	0.55	0.50	0.50	0.50	0.50	0.50	0.50	0.50	0.50	0.50	0.50	0.50	0.50	0.50
	2	0.80	0.65	0.60	0.55	0.55	0.55	0.50	0.50	0.50	0.50	0.50	0.50	0.50	0.50
	1	1.30	1.00	0.90	0.80	0.75	0.70	0.70	0.70	0.65	0.65	0.60	0.55	0.55	0.55

续表

m	n	K													
		0.1	0.2	0.3	0.4	0.5	0.6	0.7	0.8	0.9	1.0	2.0	3.0	4.0	5.0
8	8	−0.20	0.05	0.15	0.20	0.25	0.30	0.30	0.35	0.35	0.35	0.45	0.45	0.45	0.45
	7	0.00	0.20	0.30	0.35	0.35	0.40	0.40	0.40	0.40	0.45	0.45	0.50	0.50	0.50
	6	0.15	0.30	0.35	0.40	0.40	0.45	0.45	0.45	0.45	0.45	0.50	0.50	0.50	0.50
	5	0.30	0.45	0.40	0.45	0.45	0.45	0.45	0.45	0.45	0.45	0.50	0.50	0.50	0.50
	4	0.40	0.45	0.45	0.45	0.45	0.45	0.45	0.50	0.50	0.50	0.50	0.50	0.50	0.50
	3	0.60	0.50	0.50	0.50	0.50	0.50	0.50	0.50	0.50	0.50	0.50	0.50	0.50	0.50
	2	0.85	0.65	0.60	0.55	0.55	0.55	0.50	0.50	0.50	0.50	0.50	0.50	0.50	0.50
	1	1.30	1.00	0.90	0.80	0.75	0.70	0.70	0.70	0.65	0.65	0.60	0.55	0.55	0.55

表 17-4　顶点集中水平荷载作用下各层柱标准反弯点高度系数 y_0

m	n	K													
		0.1	0.2	0.3	0.4	0.5	0.6	0.7	0.8	0.9	1.0	2.0	3.0	4.0	5.0
1	1	0.80	0.75	0.70	0.65	0.65	0.60	0.60	0.60	0.60	0.55	0.55	0.55	0.55	0.55
2	2	0.50	0.50	0.45	0.45	0.45	0.45	0.45	0.45	0.45	0.45	0.45	0.50	0.50	0.50
	1	1.15	0.95	0.85	0.80	0.75	0.70	0.70	0.65	0.65	0.65	0.60	0.55	0.55	0.55
3	3	0.40	0.40	0.40	0.40	0.40	0.40	0.40	0.45	0.45	0.45	0.45	0.50	0.50	0.50
	2	0.75	0.60	0.55	0.55	0.55	0.50	0.50	0.50	0.50	0.50	0.50	0.50	0.50	0.50
	1	1.30	1.00	0.90	0.80	0.75	0.70	0.70	0.70	0.65	0.65	0.60	0.55	0.55	0.55
4	4	0.35	0.35	0.35	0.40	0.40	0.40	0.40	0.45	0.45	0.45	0.45	0.50	0.50	0.50
	3	0.60	0.50	0.50	0.50	0.50	0.50	0.50	0.50	0.50	0.50	0.50	0.50	0.50	0.50
	2	0.85	0.65	0.60	0.55	0.55	0.55	0.55	0.55	0.50	0.50	0.50	0.50	0.50	0.50
	1	1.35	1.05	0.90	0.80	0.75	0.75	0.70	0.70	0.65	0.65	0.60	0.55	0.55	0.55
5	5	0.30	0.35	0.35	0.40	0.40	0.40	0.40	0.45	0.45	0.45	0.45	0.50	0.50	0.50
	4	0.50	0.45	0.45	0.50	0.50	0.50	0.50	0.50	0.50	0.50	0.50	0.50	0.50	0.50
	3	0.65	0.55	0.50	0.50	0.50	0.50	0.50	0.50	0.50	0.50	0.50	0.50	0.50	0.50
	2	0.90	0.70	0.60	0.55	0.55	0.55	0.55	0.55	0.50	0.50	0.50	0.50	0.50	0.50
	1	1.40	1.05	0.90	0.80	0.75	0.75	0.70	0.70	0.65	0.65	0.60	0.55	0.55	0.55
6	6	0.30	0.35	0.35	0.40	0.40	0.40	0.40	0.45	0.45	0.45	0.45	0.50	0.50	0.50
	5	0.45	0.45	0.45	0.45	0.50	0.50	0.50	0.50	0.50	0.50	0.50	0.50	0.50	0.50
	4	0.55	0.50	0.50	0.50	0.50	0.50	0.50	0.50	0.50	0.50	0.50	0.50	0.50	0.50
	3	0.65	0.55	0.55	0.50	0.50	0.50	0.50	0.50	0.50	0.50	0.50	0.50	0.50	0.50
	2	0.90	0.70	0.60	0.60	0.55	0.55	0.55	0.55	0.50	0.50	0.50	0.50	0.50	0.50
	1	1.40	1.05	0.90	0.80	0.75	0.75	0.70	0.70	0.65	0.65	0.60	0.55	0.55	0.55
7	7	0.30	0.35	0.35	0.40	0.40	0.40	0.40	0.45	0.45	0.45	0.45	0.50	0.50	0.50
	6	0.40	0.45	0.45	0.45	0.50	0.50	0.50	0.50	0.50	0.50	0.50	0.50	0.50	0.50
	5	0.50	0.50	0.50	0.50	0.50	0.50	0.50	0.50	0.50	0.50	0.50	0.50	0.50	0.50
	4	0.55	0.50	0.50	0.50	0.50	0.50	0.50	0.50	0.50	0.50	0.50	0.50	0.50	0.50
	3	0.70	0.55	0.55	0.50	0.50	0.50	0.50	0.50	0.50	0.50	0.50	0.50	0.50	0.50
	2	0.90	0.70	0.60	0.60	0.55	0.55	0.55	0.55	0.50	0.50	0.50	0.50	0.50	0.50
	1	1.40	1.05	0.90	0.80	0.75	0.75	0.70	0.70	0.65	0.65	0.60	0.55	0.55	0.55

续表

m	n	K													
		0.1	0.2	0.3	0.4	0.5	0.6	0.7	0.8	0.9	1.0	2.0	3.0	4.0	5.0
8	8	0.30	0.35	0.35	0.40	0.40	0.40	0.40	0.45	0.45	0.45	0.45	0.50	0.50	0.50
	7	0.40	0.40	0.45	0.45	0.50	0.50	0.50	0.50	0.50	0.50	0.50	0.50	0.50	0.50
	6	0.45	0.50	0.50	0.50	0.50	0.50	0.50	0.50	0.50	0.50	0.50	0.50	0.50	0.50
	5	0.50	0.50	0.50	0.50	0.50	0.50	0.50	0.50	0.50	0.50	0.50	0.50	0.50	0.50
	4	0.60	0.50	0.50	0.50	0.50	0.50	0.50	0.50	0.50	0.50	0.50	0.50	0.50	0.50
	3	0.70	0.55	0.55	0.50	0.50	0.50	0.50	0.50	0.50	0.50	0.50	0.50	0.50	0.50
	2	0.90	0.70	0.60	0.60	0.55	0.55	0.55	0.55	0.50	0.50	0.50	0.50	0.50	0.50
	1	1.40	1.05	0.90	0.80	0.75	0.75	0.70	0.70	0.65	0.65	0.60	0.55	0.55	0.55

2）上、下层梁线刚度不等时反弯点高度系数的修正值 y_1（图 17-15）

当（i_1+i_2）<（i_3+i_4）时，令 α_1=（i_1+i_2）/（i_3+i_4），按 α_1 和 K 查表 17-5，y_1 为正；当（i_1+i_2）>（i_3+i_4）时，令 α_1=（i_3+i_4）/（i_1+i_2），按 α_1 和 K 查表 17-5，y_1 为 0；对底层柱，不考虑 y_1 修正值。

3）上、下层层高不等时反弯点高度系数的修正值 y_2、y_3（图 17-16）

令 $\alpha_2=h_{上}/h$、$\alpha_3=h_{下}/h$，由表 17-6 查得 y_2、y_3，但对于最上层，不考虑 y_2 修正值；对于最底层，不考虑 y_3 修正值。

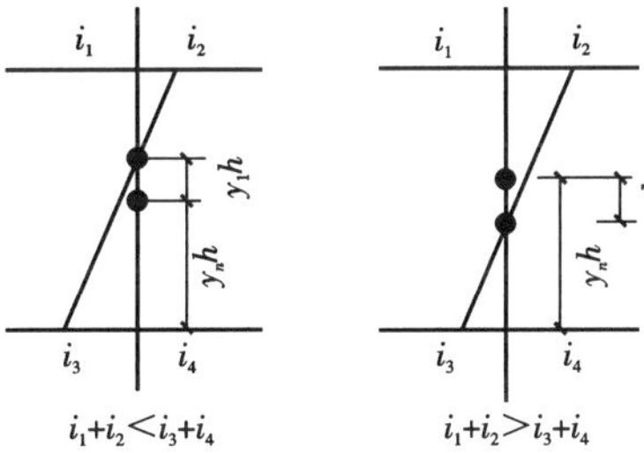

图 17-15　反弯点高度系数修正值 y_1

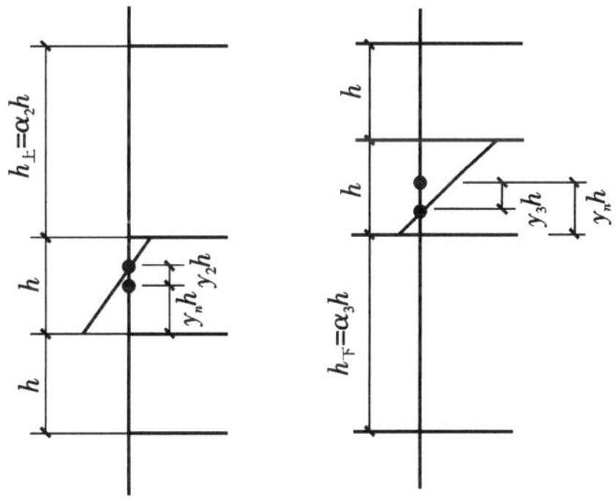

图 17-16　反弯点高度系数修正值 y_2、y_3

表 17-5　上、下梁相对刚度变化时柱反弯点高度系数的修正值 y_1

α_1	K													
	0.1	0.2	0.3	0.4	0.5	0.6	0.7	0.8	0.9	1.0	2.0	3.0	4.0	5.0
0.4	0.55	0.40	0.30	0.25	0.20	0.20	0.20	0.15	0.15	0.15	0.05	0.05	0.05	0.05
0.5	0.45	0.30	0.20	0.20	0.15	0.15	0.15	0.10	0.10	0.10	0.05	0.05	0.05	0.05
0.6	0.30	0.20	0.15	0.15	0.10	0.10	0.10	0.10	0.05	0.05	0.05	0.05	0.0	0.0
0.7	0.20	0.15	0.10	0.10	0.10	0.05	0.05	0.05	0.05	0.05	0.05	0.0	0.0	0.0
0.8	0.15	0.10	0.05	0.05	0.05	0.05	0.05	0.05	0.05	0.0	0.0	0.0	0.0	0.0
0.9	0.05	0.05	0.05	0.05	0.0	0.0	0.0	0.0	0.0	0.0	0.0	0.0	0.0	0.0

表17-6 上、下层柱高度变化时柱反弯点高度系数的修正值y_2、y_3

α_2	α_3	K													
		0.1	0.2	0.3	0.4	0.5	0.6	0.7	0.8	0.9	1.0	2.0	3.0	4.0	5.0
2.0		0.25	0.15	0.15	0.10	0.10	0.10	0.10	0.10	0.05	0.05	0.05	0.05	0.0	0.0
1.8		0.20	0.15	0.10	0.10	0.10	0.05	0.05	0.05	0.05	0.05	0.05	0.05	0.0	0.0
1.6	0.4	0.15	0.10	0.10	0.05	0.05	0.05	0.05	0.05	0.05	0.05	0.05	0.0	0.0	0.0
1.4	0.6	0.10	0.05	0.05	0.05	0.05	0.05	0.05	0.05	0.05	0.0	0.0	0.0	0.0	0.0
1.2	0.8	0.05	0.05	0.05	0.0	0.0	0.0	0.0	0.0	0.0	0.0	0.0	0.0	0.0	0.0
1.0	1.0	0.0	0.0	0.0	0.0	0.0	0.0	0.0	0.0	0.0	0.0	0.0	0.0	0.0	0.0
0.8	1.2	−0.05	−0.05	−0.05	0.0	0.0	0.0	0.0	0.0	0.0	0.0	0.0	0.0	0.0	0.0
0.6	1.4	−0.10	−0.05	−0.05	−0.05	−0.05	−0.05	−0.05	−0.05	−0.05	−0.05	0.0	0.0	0.0	0.0
0.4	1.6	−0.15	−0.10	−0.10	−0.05	−0.05	−0.05	−0.05	−0.05	−0.05	−0.05	0.0	0.0	0.0	0.0
	1.8	−0.20	−0.15	−0.10	−0.10	−0.10	−0.05	−0.05	−0.05	−0.05	−0.05	−0.05	0.0	0.0	0.0
	2.0	−0.25	−0.15	−0.15	−0.10	−0.10	−0.10	−0.10	−0.05	−0.05	−0.05	−0.05	−0.05	0.0	0.0

3. 计算步骤

(1)根据作用在各楼层标高处的水平力计算各楼层剪力,即

$$V_j = \sum_{k=j}^{n} F_k \tag{17-25}$$

式中 F_k——作用在各楼层标高处的水平力,水平地震作用下F_k由底部剪力法求得,风荷载作用下F_k按框架各层的受风面积计算。

(2)将楼层剪力V_j按该层各柱的抗侧移刚度D值分配到各柱,计算柱的剪力V_{ij},即

$$V_{ij} = \frac{D_{ij}}{\sum D_{ij}} \cdot V_j \tag{17-26}$$

式中 V_{ij}——第j层第i根柱的剪力;

D_{ij}——第j层第i根柱的抗侧移刚度D值;

$\sum D_{ij}$——第j层所有柱D值总和;

V_j——第j层由外荷载引起的总剪力。

(3)由式(17-23)求得柱的反弯点高度yh。

(4)由反弯点高度yh及第j层第i根柱的剪力V_{ij}计算柱上、下端弯矩(图17-17(a))。

柱下端弯矩:

$$M_{ij}^{\mathrm{b}} = V_{ij} yh \tag{17-27a}$$

柱上端弯矩:

$$M_{ij}^{\mathrm{t}} = V_{ij}(1-y)h \tag{17-27b}$$

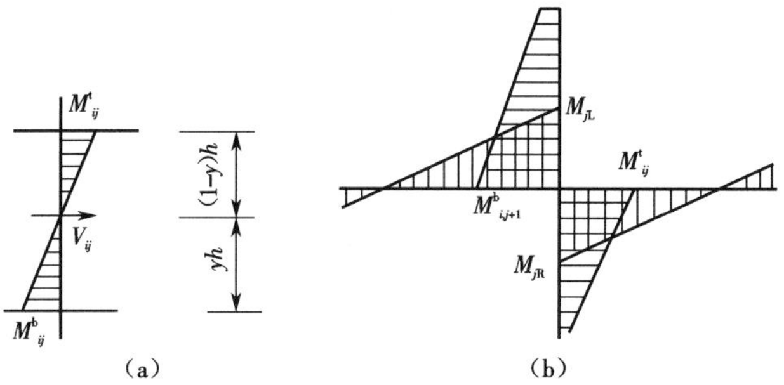

图 17-17　柱端弯矩和梁端弯矩

(a)柱端弯矩　(b)梁端弯矩

(5)根据节点平衡条件,计算梁端弯矩(图 17-17(b))。

边节点:

$$M_j = M^t_{ij} + M^b_{i,j+1} \tag{17-28a}$$

中间节点,按节点左、右梁的线刚度比进行分配,即

$$M_{jL} = (M^t_{ij} + M^b_{i,j+1}) \cdot \frac{i_{bL}}{i_{bL} + i_{bR}} \tag{17-28b}$$

$$M_{jR} = (M^t_{ij} + M^b_{i,j+1}) \cdot \frac{i_{bR}}{i_{bL} + i_{bR}} \tag{17-28c}$$

(6)梁的剪力可由梁两端的弯矩之和除以梁跨度 l 求得,即

$$V^l_{ij} = \frac{M^l_R + M^l_L}{l} \tag{17-29}$$

(7)柱的轴力可自上而下逐层叠加梁的剪力求得,即

$$N^c_{ij} = \sum_{k=j}^{n} V^l_k \tag{17-30}$$

式中　V^l_k——与该柱相连的各层梁的剪力。

17.4　水平力作用下框架的侧移

框架侧移主要是由水平力引起的,由梁柱弯曲变形引起的侧移和由柱轴向变形引起的侧移两部分组成。在层数不多的框架中,柱轴向变形引起的侧移很小,常常可以忽略。对高度超过 50 m、高宽比大于 4 的高层框架,柱轴向变形引起的侧移不能忽略。

17.4.1　梁柱弯曲变形产生的侧移

框架层间剪力会使框架层间的梁柱产生弯曲变形并引起侧移,框架的整体侧移曲线类似于等截面剪切悬臂柱的剪切变形曲线,因此称为剪切型变形。层间相对侧移下大、上小,可由 D 值计算,第 j 层结构的层间变形为

$$\Delta u^M_j = \frac{V_j}{\sum D_{ij}} \tag{17-31}$$

17.4.2 柱轴向变形引起的侧移

水平荷载产生的倾覆力矩使柱产生轴向变形并引起侧移。框架的整体侧移曲线类似于等截面悬臂柱的弯曲变形曲线,层间相对侧移下小、上大,因此称为弯曲型变形。对于一般框架,只有两根边柱轴力较大,且一拉一压;而中柱因两边梁的剪力相近,轴力很小。因此,简化计算时可假定除边柱外的其他柱轴力为零,只考虑边柱轴向变形产生的侧移。

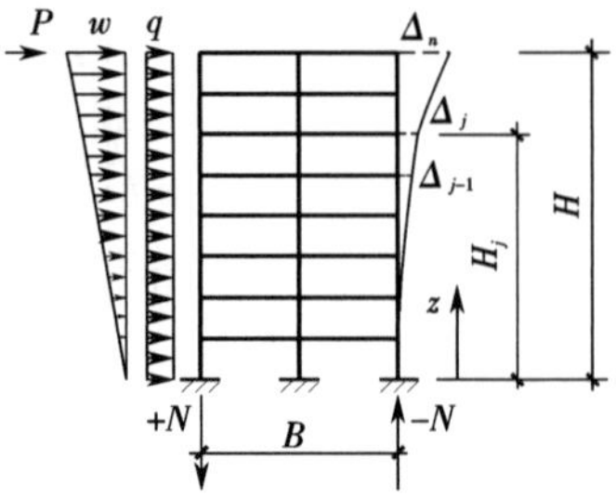

图 17-18 框架柱轴向变形引起的侧移

为了简化计算,将框架边柱轴向变形及水平位移看作连续函数(图 17-18),用单位荷载法即可求得水平荷载 $q(z)$ 作用下,由框架柱轴向变形引起的第 j 层的水平侧移为

$$u_j^{\mathrm{N}}=2\int_0^{H_j}(\bar{N}\cdot N/EA)\mathrm{d}z \tag{17-32}$$

式中 $\bar{N}$——单位水平集中力作用在第 j 层时边柱的轴力,有

$$\bar{N}=\pm(H_j-z)/B \tag{17-33a}$$

N——水平荷载引起的边柱轴力,设水平荷载引起的总力矩为 $M(z)$,则有

$$N=\pm M(z)/B \tag{17-33b}$$

E、A——混凝土弹性模量和框架边柱截面面积。

假定柱截面由底层(面积 A_b)到顶层(面积 A_t)沿 z 轴线性变化,并令

$$n=A_\mathrm{t}/A_\mathrm{b} \tag{17-33c}$$

则有

$$A(z)=\left[1-(1-n)\frac{z}{H}\right]A_\mathrm{b} \tag{17-33d}$$

各楼层处由柱轴向变形引起的水平侧移可按下式计算:

$$u_j^{\mathrm{N}}=\frac{2}{EA_\mathrm{b}B^2}\int_0^{H_j}\frac{(H_j-z)M(z)}{1-(1-n)z/H}\mathrm{d}z=\frac{V_0H^3}{EA_\mathrm{b}B^2}\cdot F_n\quad(j=1,2,\cdots,n) \tag{17-34}$$

式中 V_0——底部总剪力;

H、B——建筑物总高度和结构宽度(即框架边柱之间的距离);

F_n——根据不同的水平荷载形式计算的侧移系数,可按以下各式计算。

在均布荷载作用下,有

$$F_n=\frac{1}{(1-n)^4}\left\{\left[(n-1)^3\frac{H_j}{H}+(n-1)^2\left(1+2\frac{H_j}{H}\right)+(n-1)\left(2+\frac{H_j}{H}\right)+1\right]\ln R_j-(n-1)^3\frac{H_j}{H}\left(1+2\frac{H_j}{H}\right)-\frac{1}{3}(R_j^3-1)+\left[n\left(1+\frac{H_j}{2H}\right)-\frac{H_j}{2H}+\frac{1}{2}\right](R_j^3-1)-\left[2n\left(2+\frac{H_j}{H}\right)-\frac{2H_j}{H}-1\right](R_j-1)\right\} \tag{17-35a}$$

在倒三角形荷载作用下，有

$$F_n=\frac{2}{3}\left\{\frac{1}{n-1}\left[\frac{2H_j}{H}\ln R_j-\left(\frac{3H_j}{H}+2\right)\frac{H_j}{H}+\frac{1}{(n-1)^2}\left(\frac{3H_j}{H}+2\right)\ln R_j\right]+\right.$$
$$\frac{3}{2(n-1)^3}\left[(R_j^2-1)-4(R_j-1)+2\ln R_j\right]+$$
$$\frac{1}{(n-1)^4}\frac{H_j}{H}\left[\frac{1}{3}(R_j^3-1)-\frac{3}{2}(R_j^2-1)+3(R_j-1)-\ln R_j\right]-$$
$$\left.\frac{1}{(n-1)^5}\left[\frac{1}{4}(R_j^4-1)-\frac{4}{3}(R_j^3-1)+3(R_j^2-1)-4(R_j-1)+\ln R_j\right]\right\} \quad (17\text{-}35\text{b})$$

在顶点集中力作用下，有

$$F_n=\frac{2}{(1-n)^3}\left\{\left(1+\frac{H_j}{H}\right)\left(n^2\frac{H_j}{H}-2n\frac{H_j}{H}+\frac{H_j}{H}\right)-\frac{3}{2}-\frac{R_j^2}{2}+2R_j-\right.$$
$$\left.\left[n^2\frac{H_j}{H}+n\left(1-\frac{H_j}{H}\right)\right]\ln R_j\right\} \quad (17\text{-}35\text{c})$$

其中

$$R_j=\frac{H_j}{H}n+\left(1-\frac{H_j}{H}\right) \quad (17\text{-}36)$$

在一般多层框架结构中，柱截面沿高度方向（z 轴）往往不变，即 $A(z)=A_b$。于是，在几种常用荷载形式下，V_0 及 F_n 的表达式可做如下简化。

在均布荷载 q 作用下，有

$$V_0=qH$$

$$F_n=\frac{1}{2}\left(\frac{H_j}{H}\right)^2-\frac{1}{3}\left(\frac{H_j}{H}\right)^3+\frac{1}{12}\left(\frac{H_j}{H}\right)^4 \quad (17\text{-}37\text{a})$$

在倒三角形荷载 w 作用下，有

$$V_0=wH/2$$

$$F_n=\frac{2}{3}\left(\frac{H_j}{H}\right)^2-\frac{1}{3}\left(\frac{H_j}{H}\right)^3+\frac{1}{30}\left(\frac{H_j}{H}\right)^5 \quad (17\text{-}37\text{b})$$

在顶点集中力 P 作用下，有

$$V_0=P$$

$$F_n=\left(\frac{H_j}{H}\right)^2-\frac{1}{3}\left(\frac{H_j}{H}\right)^3 \quad (17\text{-}37\text{c})$$

第 j 层结构的层间变形为

$$\Delta u_j^{\mathrm{N}}=u_j^{\mathrm{N}}-u_{j-1}^{\mathrm{N}} \quad (17\text{-}38)$$

由此可得，第 j 层结构的总层间侧移变形为

$$\Delta u_j=\Delta u_j^{\mathrm{M}}+\Delta u_j^{\mathrm{N}} \quad (17\text{-}39)$$

17.4.3 层间侧移变形验算

《高规》规定，楼层层间最大位移 Δu 应满足：

$$\Delta u \leqslant [\theta_e] \cdot h \tag{17-40}$$

式中 Δu——楼层层间最大位移，应按弹性方法，以楼层最大的水平位移差计算，不扣除整体弯曲变形，抗震设计时楼层位移计算不考虑偶然偏心的影响；

$[\theta_e]$——楼层层间弹性位移角限值，对框架结构，取 1/550；

h——层高。

变形验算属于正常使用极限状态范畴，因此在计算 Δu 时，各作用分项系数均取 1.0，混凝土构建的截面刚度采用弹性刚度。

层间弹性位移角限值是根据以下两条原则，并综合考虑其他因素确定的。

(1)保证主结构基本处于弹性状态。对钢筋混凝土结构，既要避免混凝土墙和柱出现裂缝，还要将混凝土梁等楼面构件的裂缝数量、宽度和高度限制在规范允许范围内。

(2)保证填充墙、隔墙和幕墙等非结构构件完好，避免产生明显损伤。

当式(17-40)不满足时，应调整构件截面尺寸或提高混凝土强度等级。

17.5 水平力作用下框架结构内力与位移分布规律

在水平荷载或水平地震作用下，框架结构内力分布的特点是其底层柱的轴力、剪力和弯矩最大，且自底层向上逐渐减小，一般情况下每根柱子都有反弯点(图 17-19)；梁的弯矩和剪力自底层向上逐渐减小，每根梁都有反弯点。

框架梁柱弯曲变形产生的侧移是剪切型的，底层层间侧移最大，并自底层向上逐渐减小；框架柱轴向变形产生的侧移是弯曲型的，顶层层间侧移最大，并自顶层向下逐渐减小。由于前者是主要成分，两者综合后，框架结构位移分布仍表现出剪切型特征，即底层框架层间变形最大，且自下而上各层逐渐减小，如图 17-20 所示。

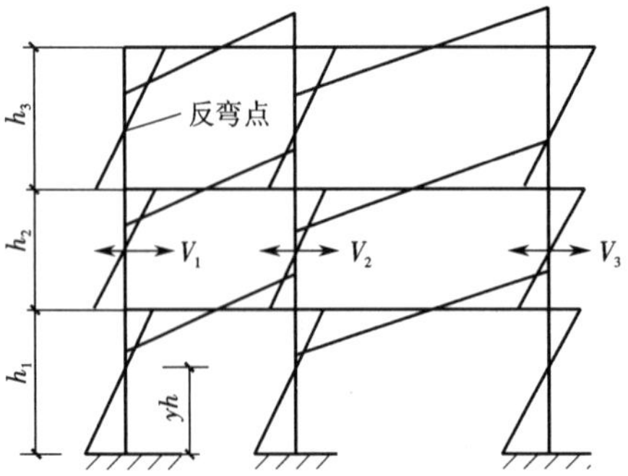

图 17-19 水平荷载作用下框架内力

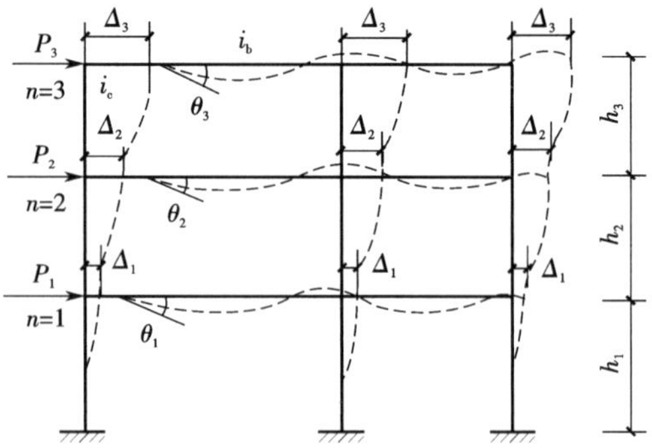

图 17-20 水平荷载作用下框架变形

17.6　内力与位移计算例题

已知某 7 层现浇框架结构的几何尺寸及水平荷载如图 17-21 所示。其中，梁柱混凝土强度等级均为 C30，弹性模量 $E=3.0\times10^7$ kPa，各层梁截面尺寸均为 0.30 m × 0.7 m，边柱截面尺寸均为 0.6 m × 0.6 m，中柱截面尺寸均为 0.7 m × 0.7 m。试求中间榀框架在外荷载作用下的各柱剪力，并验算该框架的层间侧移。

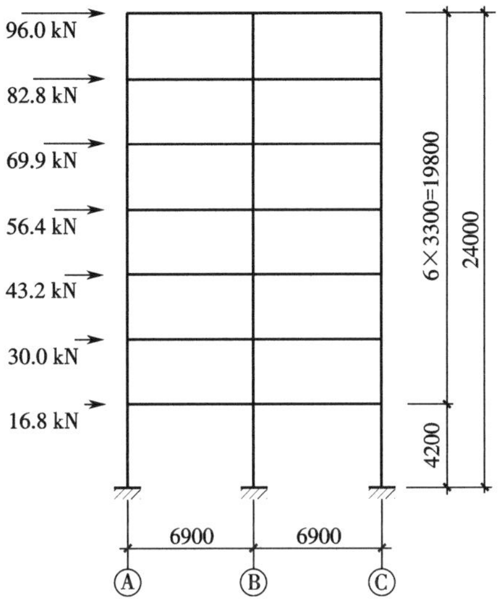

图 17-21　某 7 层现浇框架结构简图

该框架结构在水平荷载作用下各柱剪力可按各柱侧移刚度进行分配。

1. 框架各层柱承受的剪力

各层框架梁的惯性矩为

$$I_{b0}=\frac{1}{12}b_b h_b^3=\frac{1}{12}\times0.3\times0.7^3=8.575\times10^{-3}\ \text{m}^4$$

$$I_b=2.0I_{b0}=17.15\times10^{-3}\ \text{m}^4$$

各层框架梁的线刚度为

$$i_b=\frac{EI_b}{l}=\frac{17.15\times10^{-3}E}{6.9}=2.486\times10^{-3}E(\text{kN·m})$$

框架柱的线刚度为

$$i_c=\frac{EI_c}{h}=\frac{1}{12}b_c h_c^3\frac{E}{h}$$

梁、柱线刚度之比 K 和系数 α_c 计算结果见表 17-7；各柱 D 值按式（17-15）和式（17-21）计算；各柱的剪力分配系数 $\eta_{ij}=D_{ij}/\sum D_{ij}$，计算结果见表 17-8。

表 17-7　各层柱的 K 值和 α_c 值

层号	层高(m)	A 柱、C 柱			B 柱		
		i_c(kN·m)	$K=i_b/i_c$	α_c	i_c(kN·m)	$K=i_b/i_c$	α_c
2~7	3.3	$3.273\times10^{-3}E$	0.760	0.275	$6.063\times10^{-3}E$	0.820	0.291
1	4.2	$2.571\times10^{-3}E$	0.967	0.494	$4.764\times10^{-3}E$	1.044	0.507

表 17-8　各层柱的 D 值和剪力分配系数

层号	D_{ij}(kN·m)		$\sum D_{ij}$ (kN/m)	$\eta_{ij}=D_{ij}/\sum D_{ij}$	
	A 柱、C 柱	B 柱		A 柱	B 柱
2~7	$0.992\times10^{-3}E$	$1.944\times10^{-3}E$	$3.928\times10^{-3}E$	0.253	0.495
1	$0.864\times10^{-3}E$	$1.643\times10^{-3}E$	$3.371\times10^{-3}E$	0.256	0.487

按式(17-25)计算各层剪力,按式(17-26)计算各层柱分配到的剪力,计算结果见表 17-9。

表 17-9　各层柱分配到的水平剪力和框架侧移

层号	F_i (kN)	V_i (kN)	V_{ij}(kN)		$\sum D_{ij}$ (kN/m)	Δu_i^M (mm)	F_n	u_i^N (mm)	Δu_i^N (mm)	Δu_i (mm)
			V_A、V_C	V_B						
7	96.0	96.0	24.0	48.0	$3.928\times10^{-3}E$	0.815	0.366 7	0.973	0.182	0.997
6	82.8	178.8	49.7	89.4	$3.928\times10^{-3}E$	1.517	0.298 0	0.791	0.180	1.697
5	69.6	248.4	62.1	124.2	$3.928\times10^{-3}E$	2.108	0.230 1	0.611	0.174	2.282
4	56.4	304.8	76.2	152.4	$3.928\times10^{-3}E$	2.587	0.164 8	0.437	0.158	2.745
3	43.2	348.0	87.0	174.0	$3.928\times10^{-3}E$	2.953	0.105 2	0.279	0.133	3.086
2	30.0	378.0	94.5	189.0	$3.928\times10^{-3}E$	3.208	0.055 0	0.146	0.095	3.303
1	16.8	394.8	98.7	197.4	$3.371\times10^{-3}E$	3.904	0.018 6	0.049	0.049	3.953

2. 框架侧移验算

梁柱弯曲变形引起的层间侧移可按式(17-31)计算;柱轴向变形引起的楼层处水平侧移可按式(17-34)计算,即

$$u_i^{\mathrm{N}} = \frac{V_0 H^3}{EA_b B^2} F_n = \frac{394.8\times24.0^3}{3.0\times10^7\times0.6\times0.6\times13.8^2}\times F_n = 2.6536\times10^{-3} F_n$$

F_n 按式(17-37b)求得,计算结果见表 17-9。

柱轴向变形引起的层间侧移为

$$\Delta u_i^{\mathrm{N}} = u_i^{\mathrm{N}} - u_{i-1}^{\mathrm{N}}$$

总层间侧移为

$$\Delta u_i = \Delta u_i^{\mathrm{M}} + \Delta u_{i-1}^{\mathrm{N}}$$

由表 17-9 可知,层间侧移的限值 $[\Delta u/h]$=1/550,首层 $[\Delta u]=h/550$ =7.636 mm,其余各层 $[\Delta u]=h/550$ =6.000 mm。可见,各层的层间侧移均满足要求。

由表 17-9 也可看出,柱轴向变形引起的层间侧移在总层间侧移中的比例很小,顶层最大,但未超过 20%。

第 18 章　内力组合及截面设计

根据荷载效应组合原则，对非抗震设计的建筑结构，可只进行荷载效应的组合；对抗震设计的建筑结构，不仅要进行无地震作用时荷载效应的组合，还必须进行荷载效应与地震作用效应的组合。

对多层框架，可不考虑竖向地震的影响。

《高规》及《抗震标准》均规定，抗震设计时，框架的最大适用高度为 60 m。因此，根据荷载效应组合原则，对多层框架进行荷载效应与地震作用效应的组合时，一般可不考虑风荷载的影响。

18.1　控制截面及其最不利组合内力

进行钢筋混凝土构件截面设计时，需求得控制截面上的最不利组合内力作为配筋的依据。对于框架梁，一般选梁的两端截面和跨中截面作为控制截面；对于框架柱，则选柱的上、下端截面作为控制截面。

抗震设计时，构件的正截面承载力设计值表达式与非抗震设计时相同，仅在有地震作用时需考虑承载力抗震调整系数。因此，可将截面验算式 $S_E \leqslant R/\gamma_{RE}$ 变换为 $\gamma_{RE}S_E \leqslant R$，得到弯矩组合值 $\gamma_{RE}S_E$，然后与非抗震设计时弯矩组合值比较，并取最大值进行截面验算。

相反，构件的斜截面承载力在非抗震设计时与抗震设计时的表达式是不同的，因此不能按以上方法直接取剪力组合值进行计算，而应比较由各自表达式所得的箍筋配筋量。

18.1.1　框架梁最不利组合内力

1. 框架梁两端截面负弯矩和跨中截面正弯矩组合设计值

非抗震设计时，弯矩组合设计值可取式（18-1a）和（18-1b）计算值的最大值；抗震设计时，弯矩组合设计值可取式（18-1a）至式（18-1c）计算值的最大值。

$$M = \gamma_0(1.3\times M_{Gk} + 0.7\times 1.5\times M_{Qk} \pm 1.0\times 1.5\times M_{wk}) \tag{18-1a}$$

$$M = \gamma_0(1.3\times M_{Gk} + 1.0\times 1.5\times M_{Qk} \pm 0.6\times 1.5\times M_{wk}) \tag{18-1b}$$

$$M = \gamma_{RE}[1.3\times(M_{Gk} + 0.5\times M_{Qk}) \pm 1.4\times M_{Ehk}] \tag{18-1c}$$

2. 框架梁两端截面正弯矩组合设计值

进行框架梁两端截面正弯矩组合时，永久荷载效应对结构是有利的。因此，非抗震设计时，弯矩组合设计值可取式（18-2a）和式（18-2b）计算值的较大值；抗震设计时，弯矩组合设计值可取式（18-2a）至式（18-2c）计算值的最大值。

$$M = \gamma_0(-1.0\times M_{Gk} - 0.7\times 1.5\times M_{Qk} \pm 1.0\times 1.5\times M_{wk}) \tag{18-2a}$$

$$M = \gamma_0(-1.0 \times M_{Gk} - 1.0 \times 1.5 \times M_{Qk} \pm 0.6 \times 1.5 \times M_{wk}) \tag{18-2b}$$

$$M = \gamma_{RE}[-1.0 \times (M_{Gk} + 0.5 \times M_{Qk}) \pm 1.4 \times M_{Ehk}] \tag{18-2c}$$

3. 框架梁端剪力设计值

无地震作用时,有

$$V = \gamma_0(1.3 \times V_{Gk} + 0.7 \times 1.5 \times V_{Qk} \pm 1.0 \times 1.4 \times V_{wk}) \tag{18-3a}$$

$$V = \gamma_0(1.3 \times V_{Gk} + 1.0 \times 1.5 \times V_{Qk} \pm 0.6 \times 1.4 \times V_{wk}) \tag{18-3b}$$

有地震作用时,有

$$V_E = 1.3 \times (V_{Gk} + 0.5 \times V_{Qk}) \pm 1.4 \times V_{Ehk} \tag{18-3c}$$

非抗震设计时,取式(18-3a)和式(18-3b)中的最大剪力设计值计算箍筋量;抗震设计时,除按式(18-3a)和式(18-3b)计算箍筋量外,还应按式(18-3c)求得的剪力设计值计算箍筋量,并取最大值。

以上各式中:

M_{Gk}、V_{Gk}——永久荷载下梁控制截面处弯矩、剪力标准值;

M_{Qk}、V_{Qk}——楼(屋)面活载下梁控制截面处弯矩、剪力标准值;

M_{wk}、V_{wk}——风活荷载下梁控制截面处弯矩、剪力标准值;

M_{Ehk}、V_{Ehk}——水平地震作用下梁控制截面处弯矩、剪力标准值;

$M_{Gk}+0.5M_{Qk}$——重力荷载代表值作用下梁控制截面处弯矩标准值;

$V_{Gk}+0.5V_{Qk}$——重力荷载代表值作用下梁控制截面处剪力标准值。

应当指出的是,在进行框架梁端截面配筋设计时,应采用柱边截面的设计值,而非轴线处的设计值。具体计算方法参见楼盖设计部分的内容。

18.1.2 框架柱最不利组合内力

下面以双向偏心受压柱为例,说明柱的内力不利组合方法。

建立坐标系,设 x 轴平行于框架结构平面的长边,y 轴平行于短边,如图 18-1 所示。

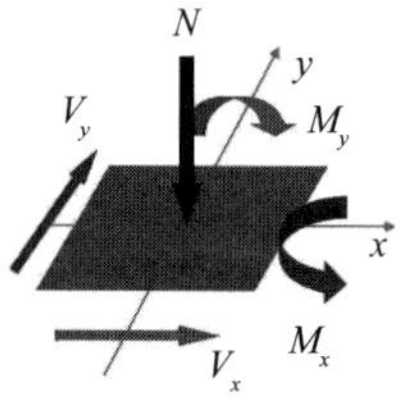

图 18-1 柱的内力方向定义

1. 无地震作用时,柱的内力最不利组合

$$M_x = \gamma_0(1.35 \times M_{Gkx} + 0.7 \times 1.4 \times M_{Qkx}) \tag{18-4a}$$

$$M_y = \gamma_0(1.35 \times M_{Gky} + 0.7 \times 1.4 \times M_{Qky}) \tag{18-4b}$$

$$N = \gamma_0(1.3 \times N_{Gk} + 0.7 \times 1.5 \times N_{Qk}) \tag{18-4c}$$

2. 有地震作用时,柱的内力最不利组合

当地震沿结构横向(垂直于 x 轴)作用时,有

$$M_{Ex} = \gamma_{RE}[1.4 \times M_{Ekx} + 1.3 \times (M_{Gkx} + 0.5 \times M_{Qkx})] \tag{18-5a}$$

$$M_{Ey} = \gamma_{RE} \times 1.3 \times (M_{Gky} + 0.5 \times M_{Qky}) \tag{18-5b}$$

$$N_E = \gamma_{RE}[1.3 \times (N_{Gk} + 0.5 \times N_{Qk}) \pm 1.4 \times N_{Ex}] \tag{18-5c}$$

当地震沿结构纵向（垂直于 y 轴）作用时，有

$$M_{Ex}=\gamma_{RE}\times 1.3\times(M_{Gkx}+0.5\times M_{Qkx}) \tag{18-6a}$$

$$M_{Ey}=\gamma_{RE}[1.4\times M_{Eky}+1.3\times(M_{Gky}+0.5\times M_{Qky})] \tag{18-6b}$$

$$N_{E}=\gamma_{RE}[1.3\times(N_{Gk}+0.5\times N_{Qk})\pm 1.4\times N_{Ey}] \tag{18-6c}$$

以上各式中：

M_x、M_y——对柱的 x、y 轴的组合弯矩设计值；

M_{Gkx}、M_{Gky}——恒载作用下绕柱截面 x、y 轴的弯矩标准值；

M_{Qkx}、M_{Qky}——活载作用下绕柱截面 x、y 轴的弯矩标准值；

N_{Gk}、N_{Qk}——恒载和活载作用下柱的轴力标准值；

M_{Ex}、M_{Ey}——考虑地震作用时，柱控制截面处的 x、y 轴方向的组合弯矩设计值；

N_E——考虑地震作用时，柱控制截面处的组合轴力标准值；

$M_{Gk}+0.5M_{Qk}$——重力荷载代表值作用下柱控制截面处弯矩标准值；

$N_{Gk}+0.5N_{Qk}$——重力荷载代表值作用下柱控制截面处轴力标准值；

M_{Ekx}、M_{Eky}——x、y 轴方向地震作用时，柱控制截面处的弯矩标准值。

框架结构中，柱是双向偏心受压构件。其纵向受力钢筋主要取决于轴力 N 和弯矩 M，为便于施工，一般为对称配筋。内力组合时，应考虑水平荷载的不同作用方向，并应进行下列三种内力组合：

（1）N_{max} 与相应的 M 和 V；

（2）N_{min} 与相应的 M 和 V；

（3）$|M_{max}|$ 与相应的 N 和 V。

以上几种组合均应进行截面设计，求得其配筋量，取最大值作为截面配筋依据。

18.2　内力调整

非抗震设计时，可直接按上述最不利组合内力进行构件截面设计。但对需进行抗震设计的框架，上述内力需要进行调整，其根本原因在于非抗震结构在外荷载作用下处于弹性状态或仅有微小裂缝，构件设计主要是满足承载力要求；而抗震结构在设防地震作用（中震）下，部分构件进入塑性变形状态，为了有足够的变形能力（维持承载力）以及保证在强震下结构不倒塌，抗震结构要设计成延性结构，即其构件应有足够的延性。

18.2.1　实现延性框架设计的措施

通过大量震害调查、试验和理论分析，实现延性框架设计的要点如下。

1. 强柱弱梁框架

延性结构在中震下就会出现塑性铰，其塑性铰可能发生在梁端或柱端而导致结构破坏，但柱端破坏要比梁端破坏造成的后果严重。然而，由于框架柱受轴向压力与弯矩的共同作用，因此属于压弯构件，尤其是轴压比大的柱，不容易实现大的延性和耗能能力，其延性通常

比框架梁小,而且作为结构的主要承重构件,柱破损后不易修复,且容易导致结构倒塌。一旦框架柱先于框架梁出现塑性铰,就会产生较大的层间侧移,甚至形成同层各柱上同时出现塑性铰的“柱铰机制”(图 18-2(a)),进而危及结构承受竖向荷载的能力。

因此,在设计延性框架时,应控制塑性铰出现的部位,使之在梁端出现(不允许在跨中出现塑性铰),形成“梁铰机制”(图 18-2(b)),使结构具有良好的通过塑性铰耗散能量的能力,同时还要有足够的刚度和承载能力以抵抗地震,这一概念称为强柱弱梁,这样的框架称为强柱弱梁框架。

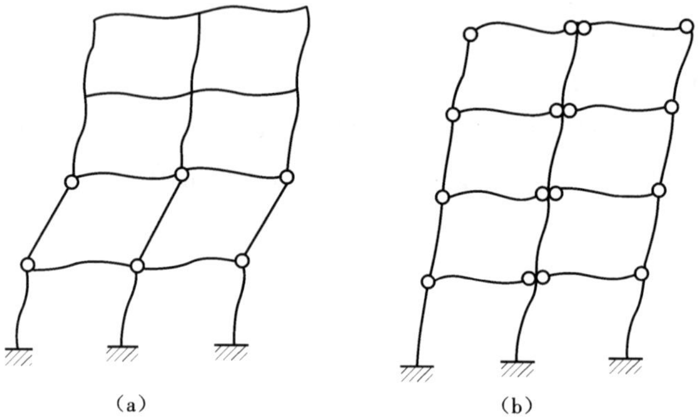

图 18-2 框架塑性铰部位

(a)柱端塑性铰 (b)梁端塑性铰

2. 强剪弱弯构件

必须保证梁、柱构件具有足够的延性,防止构件过早出现剪切破坏。即要求按强剪弱弯设计构件,并采取措施使构件中出现塑性铰后还有足够大的塑性变形能力。

3. 强节点、强锚固

必须保证各构件的连接部位不过早破坏,这样才能充分发挥构件塑性铰的延性作用。连接部位指节点区、支座连接和钢筋锚固等。因此,延性框架中应设计强节点、强锚固。

上述措施简称为“强柱弱梁”“强剪弱弯”“强节点、弱构件”。

因此,要根据其抗震等级(框架抗震等级的划分详见 19.1 节),对构件的内力进行不同程度的调整。

18.2.2 框架柱

要实现“强柱弱梁”,需使交汇于同一节点的柱端截面的受弯承载力大于梁端截面的受弯承载力;同时,要实现柱的“强剪弱弯”,应使柱的实际斜截面承载力大于正截面受弯屈服时相应的斜截面承载力。框架柱内力按以下规定调整。

(1)抗震设计时,一、二、三、四级框架结构的梁、柱节点处,除框架顶层和柱轴压比小于 0.15 者及框支梁与框支柱的节点外,柱端组合的弯矩设计值应符合下式要求:

$$\sum M_c = \eta_c \sum M_b \tag{18-7a}$$

抗震设防烈度为 9 度时可不满足上式要求,但应符合下式要求:

$$\sum M_c = 1.2\sum M_{bua} \tag{18-7b}$$

式中　$\sum M_c$——节点上、下柱端截面顺时针或逆时针方向组合的弯矩设计值之和，上、下柱端的弯矩设计值可按弹性分析分配；

$\sum M_b$——节点左、右梁端截面逆时针或顺时针方向组合的弯矩设计值之和，一级框架节点左、右梁端均为负弯矩时，绝对值较小的弯矩应取零；

$\sum M_{bua}$——节点左、右梁端截面逆时针或顺时针方向实配的正截面抗震受弯承载力所对应的弯矩值之和，根据实配钢筋面积（计入梁受压钢筋和相关楼板钢筋）和材料强度标准值确定；

η_c——柱端弯矩增大系数，一、二、三、四级可分别取 1.7、1.5、1.3、1.2。

当反弯点不在柱的层高范围内时，柱端截面组合的弯矩设计值可乘以上述柱端弯矩增大系数 η_c。

（2）一、二、三、四级框架结构的底层，柱下端截面组合的弯矩设计值应分别乘以增大系数 1.7、1.5、1.3 和 1.2。其中，底层指无地下室的基础以上或地下室以上的首层。底层柱纵向钢筋应按柱上、下端的不利情况配置。

（3）一、二、三、四级框架结构的柱组合的剪力设计值，应按下式调整：

$$V = \eta_{vc}(M_c^t + M_c^b) / H_n \tag{18-8a}$$

抗震设防烈度为 9 度时可不按上式调整，但应符合下式要求：

$$V = 1.2(M_{cua}^t + M_{cua}^b) / H_n \tag{18-8b}$$

式中　M_c^t、M_c^b——柱上、下端顺时针或逆时针方向截面组合的弯矩设计值，按式（18-7a）和式（18-7b）计算；

M_{cua}^t、M_{cua}^b——柱上、下端顺时针或逆时针方向实配的正截面抗震受弯承载力所对应的弯矩值，根据实配钢筋面积、材料强度标准值和重力荷载代表值产生的轴向压力设计值，并考虑承载力抗震调整系数计算；

η_{vc}——柱端剪力增大系数，一、二、三、四级分别取 1.5、1.3、1.2、1.1；

H_n——柱的净高。

（4）抗震设计的框架角柱应按双向偏心受压构件进行正截面承载力设计，其弯矩设计值、剪力设计值应先根据抗震等级考虑上述调整系数，然后乘以不小于 1.1 的增大系数。

18.2.3　框架梁

框架梁是受弯构件，容易实现大的延性和耗能能力，但也需使梁的实际斜截面承载力大于正截面受弯屈服时相应的斜截面承载力，以实现“强剪弱弯”。

抗震设计时，框架梁端部截面组合的剪力设计值，当抗震等级为四级时可直接取考虑地震作用组合的剪力设计值；当抗震等级为一、二、三级时应按下式计算：

$$V = \eta_{vb}(M_b^l + M_b^r) / l_n + V_{Gb} \tag{18-9a}$$

抗震设防烈度为 9 度时可不按上式调整，但应符合下式要求：

$$V = 1.1 \times (M_{\mathrm{bua}}^{\mathrm{l}} + M_{\mathrm{bua}}^{\mathrm{r}}) / l_{\mathrm{n}} + V_{\mathrm{Gb}} \tag{18-9b}$$

式中 $M_{\mathrm{b}}^{\mathrm{l}}$、$M_{\mathrm{b}}^{\mathrm{r}}$——梁左、右端逆时针或顺时针方向截面组合的弯矩设计值,一级框架且梁两端均为负弯矩时,绝对值较小的弯矩应取零;

$M_{\mathrm{bua}}^{\mathrm{l}}$、$M_{\mathrm{bua}}^{\mathrm{r}}$——梁左、右端逆时针或顺时针方向实配的正截面抗震受弯承载力所对应的弯矩值,根据实配钢筋面积(计入受压钢筋和相关楼板钢筋)和材料强度标准值计算;

l_{n}——梁的净跨;

V_{Gb}——梁在重力荷载代表值作用下,按简支梁分析的梁端截面剪力设计值;

η_{vb}——梁端剪力增大系数,一、二、三级分别取1.3、1.2、1.1。

18.3 截面设计与验算

18.3.1 剪压比

剪压比与梁柱的延性有关。梁柱截面尺寸减小,则截面上剪应力提高,此时仅用增加配箍的方法不能有效限制斜裂缝过早出现及混凝土碎裂。因此,要校核梁柱截面最小尺寸,不满足时可加大截面尺寸或提高混凝土强度等级。

无地震作用组合时,梁端、柱端的剪力设计值应满足下式:

$$V \leqslant 0.25\beta_{\mathrm{c}} f_{\mathrm{c}} b h_0 \tag{18-10a}$$

有地震作用组合时,对跨高比大于2.5的梁及剪跨比大于2的柱,梁端、柱端的剪力设计值应满足式(18-10b);对跨高比不大于2.5的梁及剪跨比不大于2的柱,梁端、柱端的剪力设计值应满足式(18-10c)。

$$V_{\mathrm{E}} \leqslant \frac{1}{\gamma_{\mathrm{RE}}}(0.20\beta_{\mathrm{c}} f_{\mathrm{c}} b h_0) \tag{18-10b}$$

$$V_{\mathrm{E}} \leqslant \frac{1}{\gamma_{\mathrm{RE}}}(0.15\beta_{\mathrm{c}} f_{\mathrm{c}} b h_0) \tag{18-10c}$$

以上各式中:

V——无地震作用组合时,梁柱计算截面的剪力设计值;

V_{E}——有地震作用组合时,梁柱计算截面的剪力设计值;

γ_{RE}——梁柱承载力抗震调整系数;

b——矩形截面宽度,T形截面、工字形截面的腹板宽度;

h_0——截面有效高度;

β_{c}——混凝土强度影响系数。

柱的剪跨比是影响柱破坏形态的主要因素,它是反映柱截面承受的弯矩与剪力相对大小的一个参数,柱的剪跨比λ按柱上、下端截面组合的弯矩计算值M_{c}的较大值、对应的截面组合剪力计算值V_{c}及截面有效高度h_0确定,即

$$\lambda = M_c/(V_c h_0) \tag{18-11}$$

对于反弯点位于柱高中部的框架柱，其剪跨比可取柱净高与计算方向 2 倍柱截面高度之比值。

18.3.2　柱的斜截面承载力

（1）矩形截面偏心受压框架柱的斜截面承载力应按以下各式计算。

无地震作用组合时，有

$$V \leqslant \frac{1.75}{\lambda+1} f_t b h_0 + f_{yv} \frac{A_{sv}}{s} h_0 + 0.07N \tag{18-12a}$$

有地震作用组合时，有

$$V \leqslant \frac{1}{\gamma_{RE}} \left(\frac{1.05}{\lambda+1} f_t b h_0 + f_{yv} \frac{A_{sv}}{s} h_0 + 0.056N \right) \tag{18-12b}$$

式中　λ——框架柱的剪跨比，当 $\lambda \leqslant 1$ 时取 $\lambda=1$，当 $\lambda>3$ 时取 $\lambda=3$；

N——考虑风荷载或地震作用组合的框架柱轴向压力设计值，当 $N>0.3f_cA_c$ 时，取 $N=0.3f_cA_c$。

（2）矩形截面框架柱出现拉力时，其斜截面承载力应按以下各式计算。

无地震作用组合时，有

$$V \leqslant \frac{1.75}{\lambda+1} f_t b h_0 + f_{yv} \frac{A_{sv}}{s} h_0 - 0.2N \tag{18-13a}$$

有地震作用组合时，有

$$V \leqslant \frac{1}{\gamma_{RE}} \left(\frac{1.05}{\lambda+1} f_t b h_0 + f_{yv} \frac{A_{sv}}{s} h_0 - 0.2N \right) \tag{18-13b}$$

式中　N——与剪力设计值 V 对应的轴向拉力设计值，取正值。

当式（18-13a）右端的计算值或式（18-13b）右端的括号内的计算值小于 $f_{yv}\frac{A_{sv}}{s}h_0$ 时，应取等于 $f_{yv}\frac{A_{sv}}{s}h_0$，且 $f_{yv}\frac{A_{sv}}{s}h_0$ 值不小于 $0.36f_tbh_0$。

框架梁和柱的正截面承载力、框架梁的斜截面承载力、无地震作用组合时梁和柱的扭曲截面承载力可按《混凝土标准》的有关规定进行计算。

第 19 章　框架结构构造措施

19.1　框架结构的抗震等级

结构的延性取决于构件的延性，而构件的延性与材料、节点的连接、截面限制条件、轴压比、配筋率、配箍率等因素有关。为了保证框架结构的延性，抗震设计时，根据抗震设防烈度、房屋高度以及构件在结构中的重要程度区分为不同的抗震等级（表 19-1），并采取相应的计算和构造措施。抗震等级的高低体现了对结构抗震性能和延性要求的严格程度。

表 19-1　框架结构的抗震等级

抗震设防烈度		6 度		7 度		8 度		9 度
高度（m）		≤ 24	>24	≤ 24	>24	≤ 24	>24	≤ 24
抗震等级	框架	四	三	三	二	二	一	一
	大跨度框架	三		二		一		一

注：大跨度框架指跨度不小于 18 m 的框架。

一般来说，框架结构大多为丙类建筑，其抗震等级应符合本地区抗震设防烈度的要求。当建筑场地为Ⅰ类时，应允许仍按本地区抗震设防烈度降低一度的要求采取抗震构造措施；当建筑场地为Ⅲ、Ⅳ类时，对设计基本地震加速度为 $0.15g$ 和 $0.30g$ 的地区，宜分别按抗震设防烈度 8 度（$0.20g$）和 9 度（$0.40g$）时各类建筑的要求采取抗震构造措施。接近或等于高度分界时，应允许结合房屋不规则程度及场地、地基条件确定抗震等级。

对采用框架结构的甲类或乙类建筑，确定其抗震等级时应将抗震设防烈度提高一度。

19.2　框架梁

19.2.1　梁截面

梁截面尺寸应满足第 16 章的要求。当梁高较小或采用梁宽大于柱宽的扁梁时，除验算其承载力和受剪截面要求外，还应满足刚度和裂缝的有关要求。楼板应现浇，梁中线宜与柱中线重合；扁梁应双向布置，且不宜用于一级框架结构。扁梁的截面尺寸应符合下列要求：

$$\begin{cases} b_b \leqslant 2b_c \\ b_b \leqslant b_c + h_b \\ h_b \geqslant 16d \end{cases} \tag{19-1}$$

式中　b_c——柱截面宽度，圆形截面取柱直径的 80%；

b_b、h_b——梁截面宽度和高度；

d——柱纵筋直径。

19.2.2　梁纵筋

（1）抗震设计时，梁端纵向受拉钢筋的配筋率不应大于 2.5%；计入受压钢筋的梁端截面混凝土受压区相对高度 $\xi(=x/h_0)$，一级不应大于 0.25，二、三级不应大于 0.35。

（2）纵向受拉钢筋的最小配筋率 ρ_{min}（%），非抗震设计时，不应小于 0.20 和 $45f_t/f_y$ 两者的较大值；抗震设计时，不应小于表 19-2 的规定。

表 19-2　梁纵向受拉钢筋最小配筋率 ρ_{min}（%）

抗震等级	位置	
	支座（取较大值）	跨中（取较大值）
一级	0.40 和 $80f_t/f_y$	0.30 和 $65f_t/f_y$
二级	0.30 和 $65f_t/f_y$	0.25 和 $55f_t/f_y$
三、四级	0.25 和 $55f_t/f_y$	0.20 和 $45f_t/f_y$

（3）抗震设计时，梁端截面的底面和顶面纵向钢筋配筋量的比值，除按计算确定外，一级不应小于 0.5，二、三级不应小于 0.3。

（4）沿梁全长顶面和底面的配筋，一、二级抗震等级时不应少于 2⌀14，且不应少于梁两端顶面、底面纵向配筋中较大截面面积的 1/4；三、四级抗震等级及非抗震设计时不应少于 2⌀12。

（5）一、二、三级抗震等级的框架梁内贯通中柱的每根纵向钢筋直径，不宜大于矩形截面柱在该方向截面尺寸的 1/20 或圆形截面柱中纵向钢筋所在位置柱截面弦长的 1/20。

（6）框架梁的纵向钢筋不应与箍筋、拉筋及预埋件等焊接。

19.2.3　抗震设计时梁箍筋的要求

（1）梁端箍筋加密区长度、箍筋最大间距和最小直径应按表 19-3 采用，当梁端纵向受拉钢筋配筋率大于 2% 时，表中箍筋最小直径数值应增大 2 mm。

表 19-3　梁端箍筋加密区长度、箍筋最大间距和最小直径

抗震等级	加密区长度（取较大值）l_j（mm）	箍筋最大间距（取较小值）s_v（mm）	箍筋最小直径 d_{min}（mm）
一级	$2.0h_b$，500	$h_b/4$，$6d$，100	10
二级	$1.5h_b$，500	$h_b/4$，$8d$，100	8
三级	$1.5h_b$，500	$h_b/4$，$8d$，150	8
四级	$1.0h_b$，500	$h_b/4$，$8d$，150	6

注：d 为纵向钢筋直径，h_b 为梁截面高度。

(2)框架梁沿梁全长箍筋的面积配箍率及在箍筋加密区范围内的箍筋肢距应符合表 19-4 的要求。

表 19-4 箍筋的面积配箍率及在箍筋加密区范围内的箍筋肢距

抗震等级	面积配箍率 ρ_{vmin}	加密区范围内箍筋最大肢距(取较大值)(mm)
一级	$0.30f_t/f_{yv}$	$200, 20d_v$
二级	$0.28f_t/f_{yv}$	$250, 20d_v$
三级	$0.26f_t/f_{yv}$	$250, 20d_v$
四级	$0.26f_t/f_{yv}$	300

(3)在纵向钢筋搭接长度范围内的箍筋间距，钢筋受拉时不应大于搭接钢筋较小直径的 5 倍，且不应大于 100 mm；钢筋受压时不应大于搭接钢筋较小直径的 10 倍，且不应大于 200 mm。

(4)框架梁非加密区箍筋最大间距不宜大于加密区箍筋间距的 2 倍。

(5)箍筋应有 135° 弯钩，弯钩端头直段长度不应小于 10 倍箍筋直径和 75 mm 的较大值。

19.2.4 非抗震设计时梁箍筋的要求

(1)应沿梁全长设置箍筋，箍筋直径不宜小于 6 mm；当梁截面高度大于 800 mm 时，其箍筋直径不宜小于 8 mm；在受力钢筋搭接长度范围内，箍筋直径不应小于搭接钢筋最大直径的 25%。

(2)箍筋间距不应大于表 19-5 的数值；在纵向受拉钢筋搭接长度范围内，箍筋间距还不应大于搭接钢筋较小直径的 5 倍，且不应大于 100 mm；在纵向受压钢筋搭接长度范围内，箍筋间距还不应大于搭接钢筋较小直径的 10 倍，且不应大于 200 mm。

表 19-5 非抗震设计梁箍筋最大间距

梁截面高度 h_b(mm)	箍筋最大间距(mm)	
	$V>0.7f_tbh_0$	$V\leq 0.7f_tbh_0$
$h_b\leq 300$	150	200
$300<h_b\leq 500$	200	300
$500<h_b\leq 800$	250	350
$h_b>800$	300	400

(3)当梁的剪力设计值 $V>0.7f_tbh_0$ 时，其箍筋面积配箍率不应小于 $0.24f_t/f_{yv}$。

(4)当梁中配有计算需要的纵向受压钢筋时，箍筋应为封闭式。箍筋直径不应小于搭接钢筋最大直径的 25%；箍筋间距不应大于 15d 且不应大于 400 mm，当一层内的受压钢筋多于 5 根且直径大于 18 mm 时，箍筋间距不应大于 10d(d 为纵向受压钢筋的最小直径)。

（5）当梁的截面宽度大于 400 mm 且一层内的纵向受压钢筋多于 3 根时，或当梁的截面宽度不大于 400 mm 但一层内的纵向受压钢筋多于 4 根时，应设置复合箍筋。

19.3　框架柱

19.3.1　柱截面

柱的截面尺寸应满足第 16 章的要求。

19.3.2　柱的轴压比

轴压比指柱考虑地震作用组合时计算得到的轴压力设计值 N 与柱的全截面面积 A 和混凝土轴心抗压强度设计值 f_c 乘积的比值，即

$$\mu_c = \frac{N}{f_c A} \tag{19-2}$$

为保证柱的延性要求，抗震设计时，柱轴压比不宜超过表 16-6 的限值。

表 16-6 的限值适用于混凝土强度等级不高于 C60、剪跨比大于 2 的柱，遇有下列情况之一时，柱轴压比限值可进行调整，但调整后的柱轴压比不应大于 1.05。

（1）建造于Ⅳ类场地上，且高度超过 40 m 的框架结构，柱轴压比限值应适当减小。

（2）当混凝土强度等级为 C65~C70 时，柱轴压比限值应减小 0.05；当混凝土强度等级为 C75~C80 时，柱轴压比限值应减小 0.10。

（3）剪跨比不大于 2 但不小于 1.5 的柱，其轴压比限值应减小 0.05；剪跨比小于 1.5 的柱，其轴压比限值应专门研究，并采取特殊构造措施。

（4）当沿柱全高采用井字复合箍筋，且箍筋间距不大于 100 mm、肢距不大于 200 mm、直径不小于 12 mm 时，轴压比限值可增大 0.10，箍筋的配箍特征值应按增大后的轴压比确定。

（5）当沿柱全高采用复合螺旋箍筋，且箍筋螺距不大于 100 mm、肢距不大于 200 mm、直径不小于 12 mm 时，轴压比限值可增大 0.10，箍筋的配箍特征值应按增大后的轴压比确定。

（6）当沿柱全高采用连续复合螺旋箍筋，且箍筋螺距不大于 80 mm、肢距不大于 200 mm、直径不小于 10 mm 时，轴压比限值可增大 0.10，箍筋的配箍特征值应按增大后的轴压比确定。

（7）当在柱的截面中部设有由附加纵向钢筋形成的芯柱，且附加纵向钢筋截面面积不小于柱截面面积的 0.8% 时，轴压比限值可增大 0.05；当此项措施与复合箍筋共同采用时，轴压比限值可增大 0.15；但箍筋的配箍特征值可按轴压比增大 0.10 确定。

19.3.3　柱纵筋

（1）柱纵向钢筋宜对称配置，其最小总配筋率应按表 19-6 采用，且柱截面每一侧纵向

钢筋配筋率不应小于0.2%;抗震设计时,对建造于Ⅳ类场地上较高的高层建筑,表19-6中的数值应增加0.1。

表19-6 柱纵向钢筋最小配筋率 ρ_{min}(%)

柱类型	抗震等级				非抗震
	一级	二级	三级	四级	
中柱、边柱	1.0	0.8	0.7	0.6	0.6
角柱	1.2	1.0	0.9	0.8	0.6

注:1. 采用HRB400级热轧钢筋时应允许减少0.1,混凝土强度等级高于C60时应增加0.1;
2. 混凝土强度等级高于C60时,上述数值应相应增加0.1。

(2)抗震设计时,截面尺寸大于400 mm的柱,纵向钢筋间距不应大于200 mm;非抗震设计时,柱纵向钢筋间距不宜大于200 mm;柱纵向钢筋净距均不应小于50 mm。

(3)全部纵向钢筋的配筋率,非抗震设计时不宜大于5%,不应大于6%;抗震设计时不应大于5%。

(4)一级抗震等级且剪跨比不大于2的柱,每侧纵向钢筋配筋率不宜大于1.2%。

(5)边柱、角柱及抗震墙端柱在地震作用组合产生小偏心受拉时,柱内纵向钢筋总截面面积应比计算值增加25%。

(6)抗震设计时,柱纵向钢筋的绑扎接头应避开柱端的箍筋加密区。

(7)框架柱的纵向钢筋不应与箍筋、拉筋和预埋件等焊接。

19.3.4 柱箍筋

(1)柱箍筋在规定的范围内应加密,加密区的箍筋间距和直径应符合下列要求。

①一般情况下,箍筋的最大间距和最小直径应按表19-7采用。

②一级框架柱的箍筋直径大于12 mm且箍筋肢距不大于150 mm,以及二级框架柱的箍筋直径不小于10 mm且箍筋肢距不大于200 mm时,除底层柱下端外,最大间距应允许采用150 mm;三级框架柱的截面尺寸不大于400 mm时,箍筋最小直径应允许采用6 mm;四级框架柱剪跨比不大于2时,箍筋直径不应小于8 mm。

③剪跨比不大于2的柱,箍筋间距不应大于100 mm。

表19-7 柱端箍筋加密区的构造要求

抗震等级	箍筋最大间距 s_v(mm)	箍筋最小直径 d_{min}(mm)
一级	$6d$ 和100的较小值	10
二级	$8d$ 和100的较小值	8
三级	$8d$ 和150(柱根100)的较小值	8
四级	$8d$ 和150(柱根100)的较小值	6(柱根8)

注:d 为柱纵筋最小直径;柱根指框架底层柱下端嵌固部位。

（2）柱的箍筋加密范围应按下列规定确定。

①底层柱的上端和其他各层柱的两端取截面长边（圆柱直径）、柱净高的 1/6 和 500 mm 三者的最大值。

②底层柱下端不小于柱净高的 1/3；当有刚性地面时，除柱端外，还应取刚性地面上下各 500 mm。

③剪跨比不大于 2 的柱和因设置填充墙等形成的柱净高与柱截面高度之比不大于 4 的柱，取全高。

④一级框架柱、二级框架的角柱以及需要提高变形能力的柱，取全高。

（3）柱箍筋加密区的体积配箍率，应符合下式要求：

$$\rho_v \geqslant \lambda_v f_c / f_{yv} \tag{19-3}$$

式中　ρ_v——柱箍筋加密区的体积配箍率，一级不应小于 0.8%，二级不应小于 0.6%，三、四级不应小于 0.4%，计算复合箍筋的体积配箍率时应扣除重叠部分的箍筋体积，计算复合螺旋箍筋的体积配箍率时其非螺旋箍筋的体积应乘以 0.8；

f_c——混凝土轴心抗压强度设计值，强度等级低于 C35 时，应按 C35 计算；

f_{yv}——箍筋或拉筋抗拉强度设计值，强度超过 360 MPa 时，应按 360 MPa 计算；

λ_v——最小配箍特征值，宜按表 19-8 采用。

表 19-8　柱端箍筋加密区最小配箍特征值 λ_v

抗震等级	箍筋形式	柱轴压比 μ_c								
		≤0.30	0.40	0.50	0.60	0.70	0.80	0.90	1.00	1.05
一级	普通箍筋、复合箍筋	0.10	0.11	0.13	0.15	0.17	0.20	0.23	—	—
	螺旋箍筋、复合或连续复合螺旋箍筋	0.08	0.09	0.11	0.13	0.15	0.18	0.21	—	—
二级	普通箍筋、复合箍筋	0.08	0.09	0.11	0.13	0.15	0.17	0.19	0.22	0.24
	螺旋箍筋、复合或连续复合螺旋箍筋	0.06	0.07	0.09	0.11	0.13	0.15	0.17	0.20	0.22
三、四级	普通箍筋、复合箍筋	0.06	0.07	0.09	0.11	0.13	0.15	0.17	0.20	0.22
	螺旋箍筋、复合或连续复合螺旋箍筋	0.05	0.06	0.07	0.09	0.11	0.13	0.15	0.18	0.20

注：普通箍筋指单个矩形箍筋和单个圆形箍筋；复合箍筋指由矩形、多边形、圆形箍筋或拉筋组成的箍筋；复合螺旋箍筋指由螺旋箍筋与矩形、多边形、圆形箍筋或拉筋组成的箍筋；连续复合螺旋箍筋指全部螺旋箍筋为同一根钢筋加工而成的箍筋，如图 19-1 所示。

（4）框架柱箍筋应为封闭式，箍筋应有 135° 弯钩，弯钩端头直段长度不应小于 10 倍箍筋直径和 75 mm 的较大值。

（5）柱箍筋加密区箍筋肢距，一级不宜大于 200 mm，二、三级不宜大于 250 mm 和 20 倍箍筋直径的较大值，四级不宜大于 300 mm；至少每隔一根纵向钢筋宜在两个方向设箍筋或拉筋约束；采用拉筋复合箍筋时，拉筋宜紧靠纵向钢筋并钩住箍筋。

（6）框架柱箍筋非加密区的体积配箍率不宜小于加密区的 50%；其箍筋间距不应大于加密区箍筋间距的 2 倍，且一、二级框架柱不应大于 10 倍纵向钢筋直径，三、四级框架柱不应大于 15 倍纵向钢筋直径。

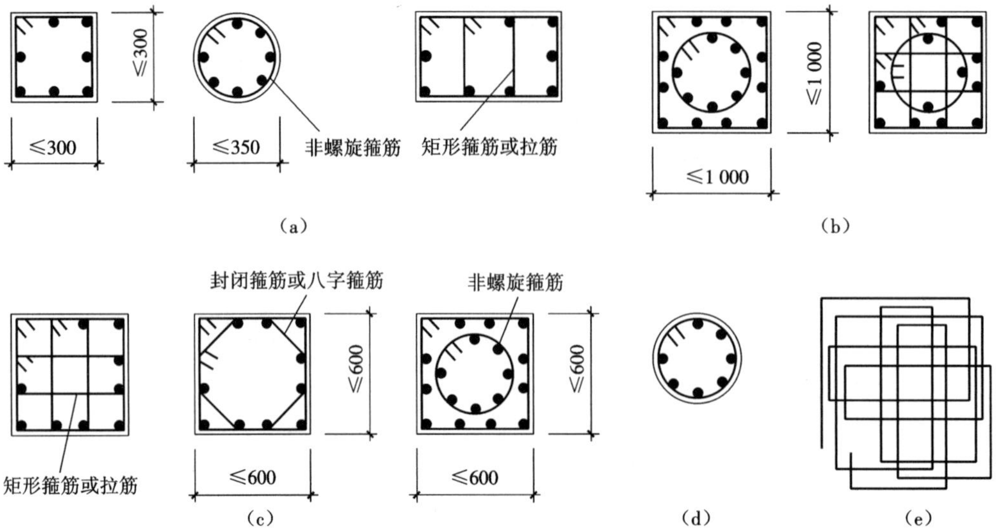

图 19-1 柱箍筋形式

(a)普通箍筋 (b)复合螺旋箍筋 (c)复合箍筋 (d)螺旋箍筋 (e)连续复合螺旋箍筋

(7)非抗震设计时,柱中箍筋应符合下列规定。

①周边箍筋应为封闭式,箍筋间距不应大于 400 mm,且不应大于构件截面的短边尺寸和最小纵向受力钢筋直径的 15 倍。

②箍筋直径不应小于最大纵向受力钢筋直径的 1/4,且不应小于 6 mm。

③当柱中全部纵向受力钢筋的配筋率超过 3% 时,箍筋直径不应小于 8 mm;箍筋间距不应大于最小纵向受力钢筋直径的 10 倍,且不应大于 200 mm;箍筋末端应有 135° 弯钩,且弯钩端头直段长度不应小于 10 倍箍筋直径。

④当柱每边纵筋多于 3 根时,应设置复合箍筋(可采用拉筋)。

⑤柱中纵向钢筋采用搭接做法时,搭接长度范围内箍筋直径不应小于搭接钢筋最大直径的 25%;在纵向受拉钢筋搭接长度范围内的箍筋间距不应大于搭接钢筋较小直径的 5 倍,且不应大于 100 mm;在纵向受压钢筋搭接长度范围内的箍筋间距不应大于搭接钢筋较小直径的 10 倍,且不应大于 200 mm。当受压钢筋直径大于 25 mm 时,还应在搭接接头端面外 100 mm 的范围内设置两道箍筋。

19.4 钢筋锚固与连接

为了保证纵向钢筋可靠工作,框架梁、柱钢筋的锚固与连接除应符合现行国家标准《混凝土结构工程施工质量验收规范》(GB 50204—2015)的要求外,还应符合下列要求。

19.4.1 纵向钢筋的最小锚固长度

1. 非抗震设计时

当计算中充分利用钢筋的抗拉强度时,受拉钢筋的基本锚固长度应按下式计算:

$$l_{ab} = \alpha \frac{f_y}{f_t} d \qquad (19\text{-}4)$$

式中　l_{ab}——受拉钢筋的基本锚固长度；

f_y——普通钢筋、预应力钢筋的抗拉强度设计值；

f_t——混凝土轴心抗拉强度设计值，当混凝土强度等级高于 C60 时，按 C60 取值；

d——钢筋的公称直径；

α——钢筋的外形系数，按表 19-9 取用。

表 19-9　钢筋的外形系数 α

钢筋类型	光面钢筋	带肋钢筋	螺旋肋钢丝	三股钢绞线	七股钢绞线
α	0.16	0.14	0.13	0.16	0.17

注：光面钢筋指 HPB235 级钢筋，其末端应做 180° 弯钩，弯后平直段长度不应小于 $3d$，但用作受压钢筋时可不做弯钩；带肋钢筋指 HRB335 级、HRB400 级钢筋及 RRB400 级余热处理钢筋。

$$l_a = \zeta_a l_{ab} \qquad (19\text{-}4)$$

式中　l_a——受拉钢筋的锚固长度；

ζ_a——锚固长度修正系数，当钢筋直径大于 25 mm 时取 1.1，施工过程中易受扰动的钢筋取 1.1。

2. 抗震设计时

纵向钢筋的最小锚固长度应按下列公式计算。

一、二级时，有

$$l_{aE}=1.15l_a$$

三级时，有

$$l_{aE}=1.05l_a$$

四级时，有

$$l_{aE}=1.0l_a$$

19.4.2　钢筋的连接

钢筋的连接可分为绑扎搭接和机械连接或焊接两类。受力钢筋的接头宜设置在受力较小处，且在同一根钢筋上宜少设接头。

位于同一连接区段内的受拉钢筋搭接接头面积百分率：对梁类、板类及墙类构件，不宜大于 25%；对柱类构件，不宜大于 50%。

钢筋混凝土框架结构梁、柱的纵向受力钢筋的接头位置应避开梁端、柱端箍筋加密区。但如有可靠依据及措施，也可将接头布置在加密区。

1. 非抗震设计时

钢筋接头宜选用机械接头，也可采用搭接接头或焊接接头。采用搭接接头时，钢筋搭接长度应根据位于同一连接区段内的钢筋搭接接头面积百分率按下式计算：

$$l_l = \zeta_l l_a \qquad (19\text{-}5)$$

式中　l_l——纵向受拉钢筋的搭接长度；

ζ_l——纵向受拉钢筋搭接长度修正系数,按表19-10取用。

表19-10 纵向受拉钢筋搭接长度修正系数 ζ_l

纵向钢筋搭接接头面积百分率(%)	25	50	100
ζ_l	1.2	1.4	1.6

注:1. 纵向钢筋搭接接头面积百分率取同一连接范围内有搭接接头的受力钢筋与全部受力钢筋面积之比;
2. 在任何情况下,纵向受拉钢筋绑扎搭接接头的搭接长度均不应小于300 mm。

2. 抗震设计时

对于框架梁,一级抗震等级宜选用机械接头,也可采用搭接接头或焊接接头;二、三、四级抗震等级可采用搭接接头或焊接接头。

对于框架柱,一级抗震等级宜选用机械接头;二、三、四级抗震等级宜选用机械接头,也可采用搭接接头或焊接接头。

当采用搭接接头时,其抗震搭接接头长度 l_{lE} 不应小于 $\zeta_l l_{aE}$,ζ_l 按表19-10取用。

柱纵向钢筋不应在中间各层节点内截断。

19.4.3 纵向钢筋在框架节点核心区的锚固和搭接

1. 抗震设计时

1)框架中间层的中间节点处

框架梁的上部纵向钢筋应贯穿中间节点,对一、二级梁,下部纵向钢筋伸入中间支座的锚固长度不应小于 l_{aE},且伸过中心线不应小于 $5d$,如图19-2(a)所示。当节点两侧梁高不等时,可按在端节点处的构造处理。

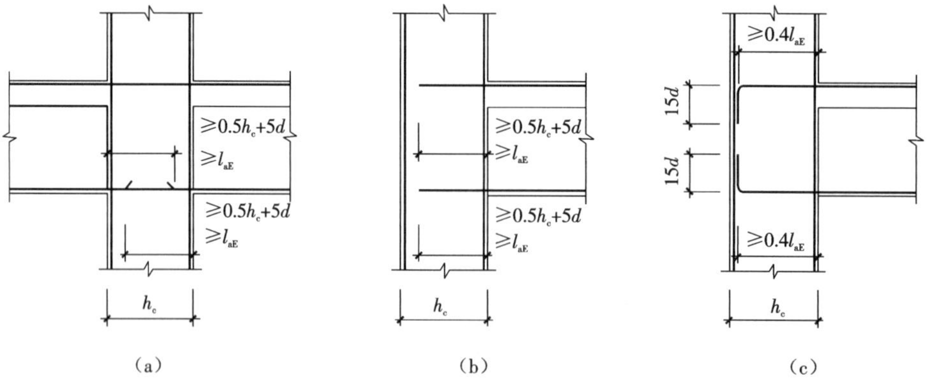

图19-2 框架中间层的中间节点处和端节点处框架柱的纵向钢筋锚固要求

(a)中间节点处 (b)端节点处直锚 (c)端节点处弯锚

2)框架中间层的端节点处

框架梁的上部纵向钢筋采用直线锚固方式锚入端节点时,其锚固长度不应小于 l_{aE},且伸过节点中心线不小于 $5d$,如图19-2(b)所示;当纵向钢筋在端节点内的水平锚固长度不够时,沿柱节点外边向下弯折,弯折前的水平投影长度不应小于 $0.4l_{aE}$,弯折后的垂直投影长度取 15d。梁下部纵向钢筋在中间层端节点中的锚固措施与梁上部纵向钢筋相同,但竖直段应向上弯入节点,如图 19-2(c)所示。

应当注意,柱断面较小时,弯折前的水平投影长度有可能不足 $0.4l_{aE}$,则应调整梁上部纵向钢筋的直径。

3)框架顶层的中间节点处

框架柱的纵向钢筋锚固长度除应满足 l_{aE} 要求外,还应伸到柱顶。当柱纵向钢筋在节点内的竖向锚固长度不够时,应伸到柱顶后向内弯折;当顶层楼板为现浇混凝土,且板的混凝土强度等级不低于 C25,板厚不小于 80 mm 时,也可向外弯折;弯折前的锚固段竖向投影长度不应小于 $0.5l_{aE}$,弯折后的水平投影长度取 12d,如图 19-3 所示。

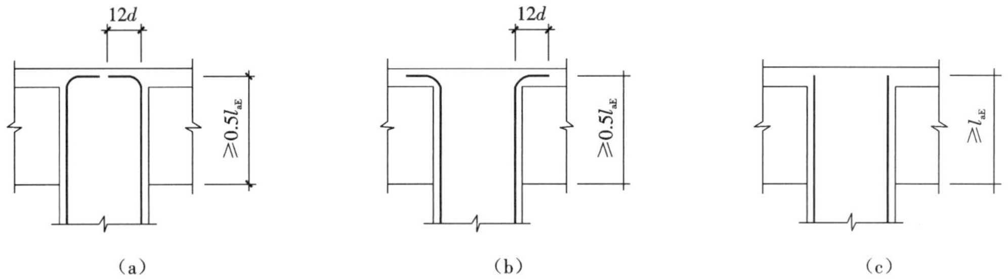

图 19-3　框架顶层的中间节点处框架柱的纵向钢筋锚固要求

(a)直锚长度 $<l_{aE}$,向内弯折　(b)直锚长度 $<l_{aE}$,向外弯折　(c)直锚长度 $\geq l_{aE}$,伸至柱顶

贯穿顶层中间节点的梁上部纵向钢筋直径,对于一、二级抗震等级,不宜大于柱在该方向截面尺寸的 1/25;梁下部纵向钢筋在顶层中间节点处的锚固措施与中间层的中间节点处相同,如图 19-2(a)所示。

4)框架顶层的端节点处

在框架顶层的端节点处,柱外侧纵向钢筋可沿节点外边和梁上边与梁上部纵向钢筋搭接连接(图 19-4(a)),搭接长度不小于 $1.5l_{aE}$,且伸入梁内的柱外侧纵向钢筋应不小于柱外侧计算需要的柱纵向钢筋的 65%,其中不能伸入梁内的柱外侧纵向钢筋宜沿柱顶伸至柱内边;当该柱筋位于顶部第一层时,伸至柱内边后,宜向下弯折不小于 8d 后截断;当该柱筋位于顶部第二层时,可伸至柱内边后截断。

当顶层楼板为现浇混凝土,且板的混凝土强度等级不低于 C25,板厚不小于 80 mm 时,也可将梁宽范围以外的柱纵向钢筋伸入现浇板内,伸入长度与伸入梁内时相同(图 19-4(b))。

当柱外侧纵向钢筋配筋率大于 1.2% 时,伸入梁内的柱纵向钢筋宜分两批截断,断点之间的距离不宜小于 20d(图 19-4(e))。

柱内侧纵向钢筋在框架顶层端节点中的锚固措施与顶层中间节点处柱纵向钢筋的锚固措施相同,当柱为对称配筋时,柱内侧纵向钢筋在框架顶层端节点中的锚固措施可放宽,但应伸至柱顶。

梁上部纵向钢筋应伸至柱外边并向下弯折到梁底标高(图 19-4(a))。当梁、柱纵向钢筋配筋率较高时,顶层端节点处的梁上部纵向钢筋和柱外侧纵向钢筋的搭接连接也可以沿柱外边设置,搭接长度不应小于 $1.7l_{aE}$,其中柱外侧纵向钢筋应伸至柱顶,并向内弯折,弯折段的水平投影长度不宜小于 12d(图 19-4(c))。

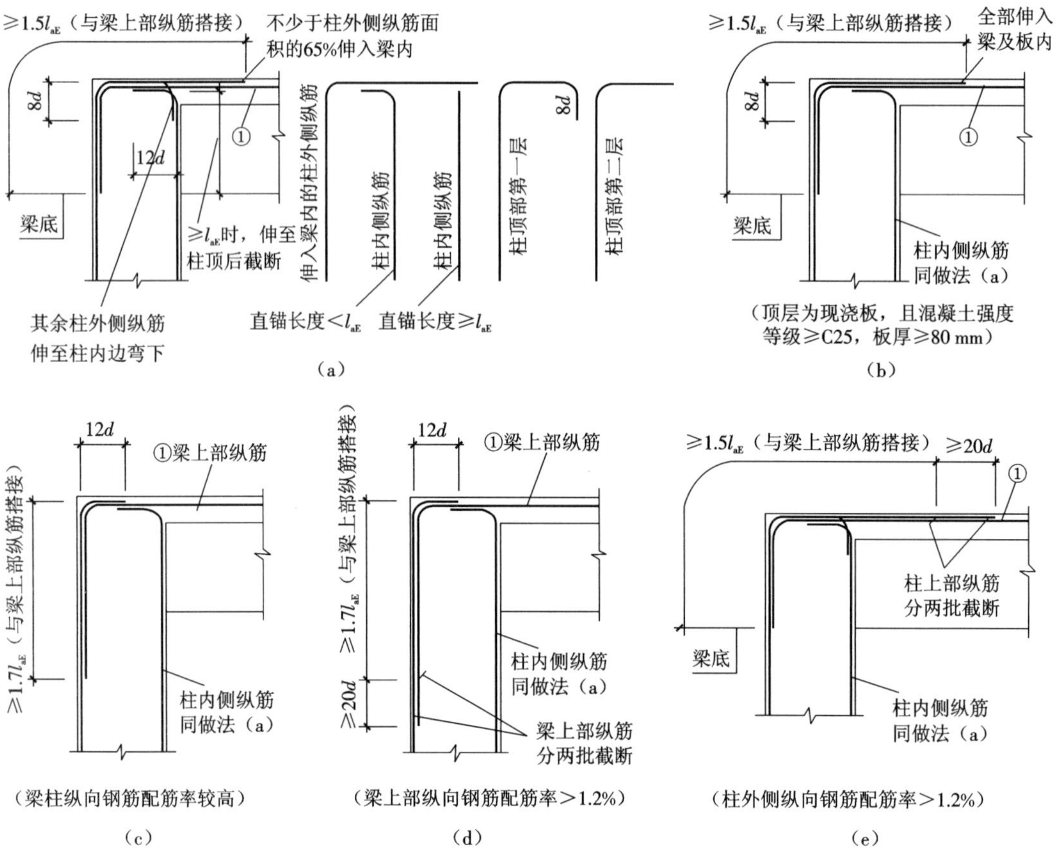

图 19-4 框架顶层的端节点处框架柱的纵向钢筋锚固要求

当梁上部纵向钢筋配筋率大于 1.2% 时，弯入柱外侧的梁上部纵向钢筋除应满足以上搭接长度要求外，宜分两批截断，断点之间的距离不宜小于 20d，d 为梁上部纵向钢筋直径(图 19-4(d))。

梁上部纵向钢筋和柱外侧纵向钢筋在框架顶层端节点上角处的弯弧内半径不宜小于 6d($d \leqslant$ 25 mm)或 8d(d>25 mm)。

梁下部纵向钢筋在框架顶层端节点中的锚固措施与中间层端节点处梁上部纵向钢筋的锚固措施相同。

2. 非抗震设计时

非抗震设计时，框架梁柱纵向钢筋在框架节点核心区的锚固和搭接与抗震设计时相同，但锚固长度均取 l_a。

19.5 框架节点

非抗震设计时，框架节点核心区箍筋要求与非抗震设计时的柱相同，但箍筋间距不宜大于 250 mm。对四边有梁与之相连的节点，可仅沿节点周边设置矩形箍筋。

抗震设计时，一、二级抗震等级的框架应进行节点核心区抗震受剪承载力计算，具体计算方法详见《抗震标准》；三、四级抗震等级的框架节点核心区可不进行抗震受剪承载力计算，但应符合以下要求：框架节点核心区箍筋的最大间距和最小直径宜按抗震设计时的柱采用，一、二、三级框架节点核心区配箍特征值分别不宜小于 0.12、0.10 和 0.08，且体积配箍率分别不宜小于 0.6%、0.5% 和 0.4%；柱剪跨比不大于 2 的框架节点核心区，体积配箍率不宜小于核心区上、下柱端的较大体积配箍率。

19.6　框架梁柱配筋构造参考图

框架梁柱配筋图如图 19-5 所示，柱纵向钢筋连接示意图如图 19-6 所示，悬挑梁钢筋配置示意图如图 19-7 所示。

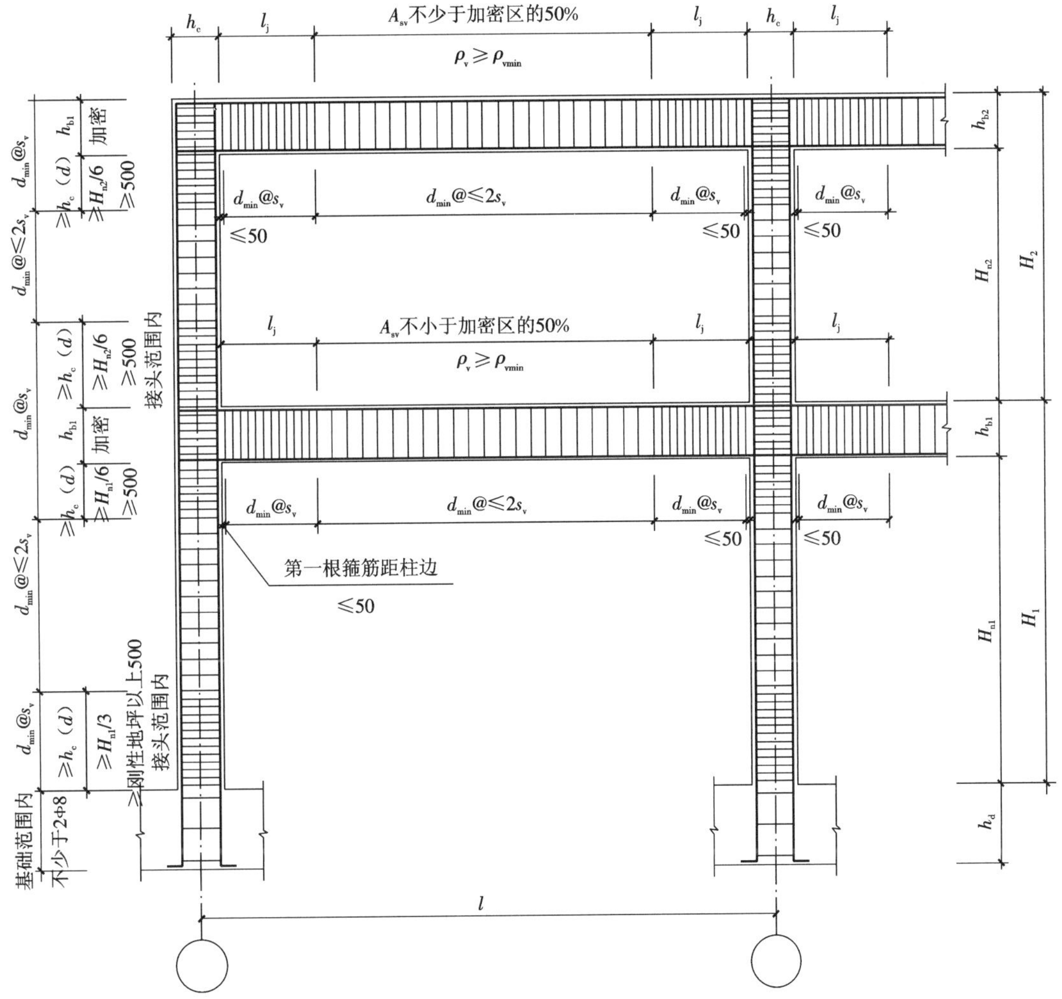

图 19-5　框架梁柱配筋图

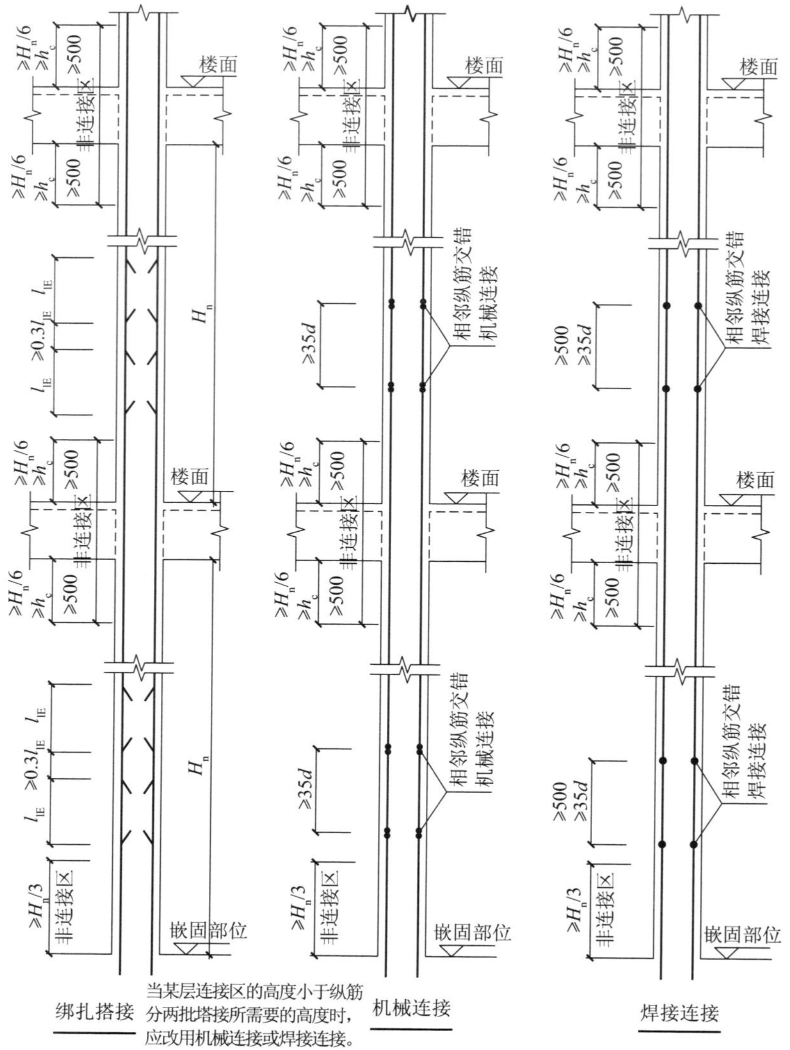

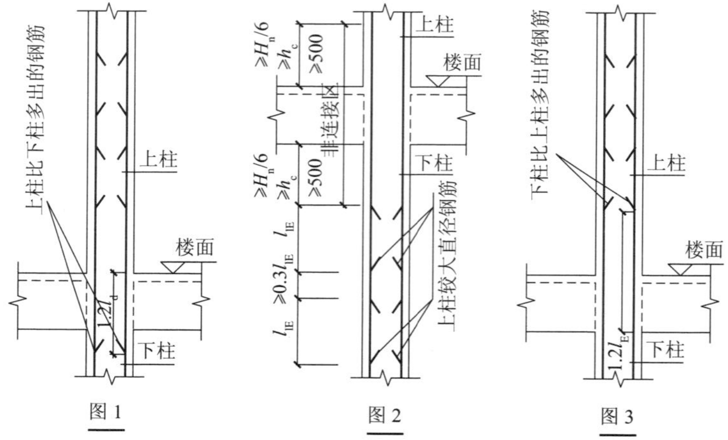

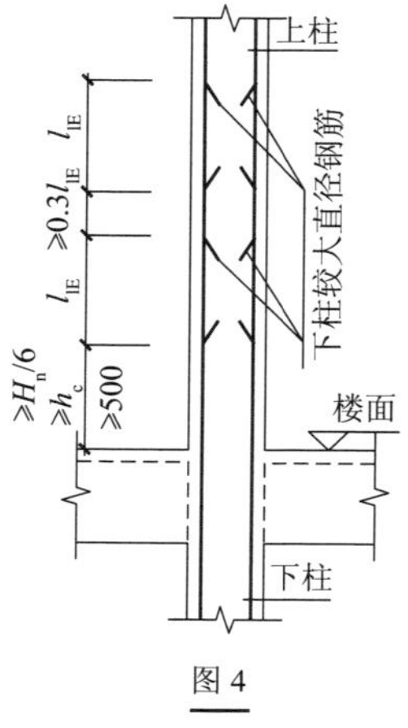

注：1. 柱相邻纵向钢筋连接接头相互错开。在同一截面内钢筋接头面积百分率不宜大于 50%。

2. 图中 h_c 为柱截面长边尺寸(圆柱为截面直径)，H_n 为所在楼层的柱净高。

3. 柱纵筋绑扎搭接长度及绑扎搭接、机械连接、焊接连接要求见图集 22G101-1 第 2-4 至 2-6 页。

4. 轴心受拉及小偏心受拉柱内的纵向钢筋不得采用绑扎搭接接头，设计者应在柱平法结构施工图中注明其平面位置及层数。

5. 上柱钢筋比下柱多时见图 1，上柱钢筋直径比下柱钢筋直径大时见图 2，下柱钢筋比上柱多时见图 3，下柱钢筋直接比上柱钢筋直径大时见图 4，图中为绑扎搭接，也可采用机械连接和焊接连接。图 1 至图 4 不适用于柱纵向钢筋在嵌固部位的构造。

6. 当嵌固部位位于基础顶面以上时，嵌固部位以下地下室部分柱纵向钢筋连接构造见图集 22G101-1 第 2-10 页。

图 19-6 柱纵向钢筋连接示意图(详图集 22G101-1 第 2-9 页)

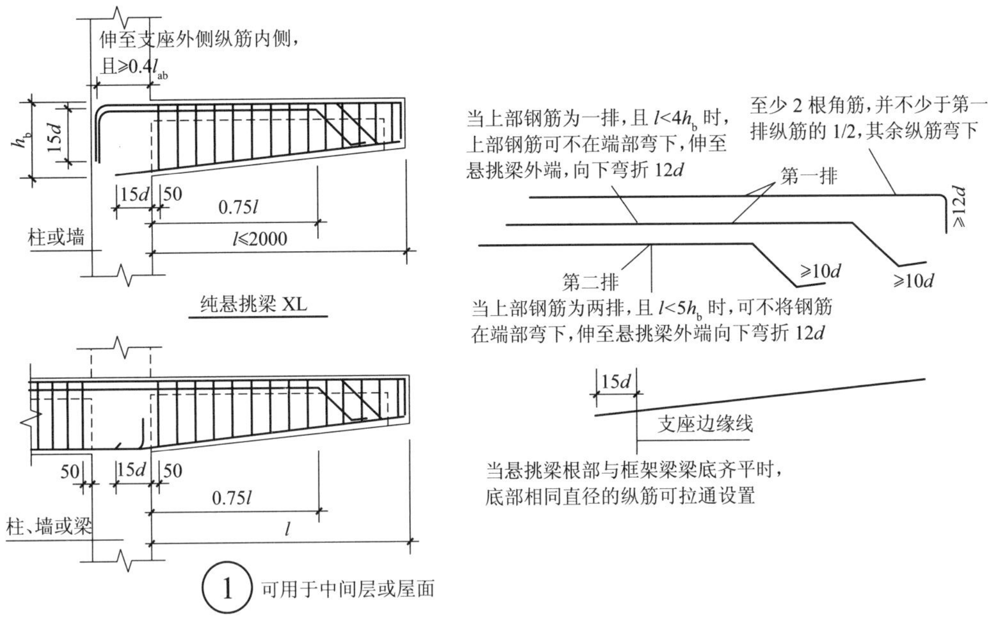

图 19-7　悬挑梁钢筋配置示意图（详图集 22G101-1 第 2-43 页）

第 20 章　多层框架基础设计

多层框架结构的基础常采用柱下独立基础、条形基础、十字形基础、筏形基础等，必要时也可采用箱形基础或桩基等。

当层数不多、荷载不大，且地基条件较好时，多层框架结构可采用柱下独立基础。当独立基础的底面积很大时，可将独立基础在一个方向连成条形基础。为了增大基础刚度，以调节基础可能的不均匀沉降，条形基础可做成肋梁式。图 20-1（a）、（b）所示分别为在横向和纵向布置肋梁的条形基础，另一方向则布置构造连系梁。当需要在两个方向增大基础的整体刚度时，则可做成十字形基础，如图 20-1（c）所示。当荷载很大，两个方向的条形基础的悬挑板宽度很大，而其边缘已互相靠近时，则做成整片（筏形）基础，如图 20-1（d）所示。为了满足地基承载力的要求，筏形基础板可适当挑出房屋底面积，必要时则需桩基。

柱下独立基础的设计详见第 14 章。本章主要介绍条形基础，并简单介绍十字形基础、筏形基础。

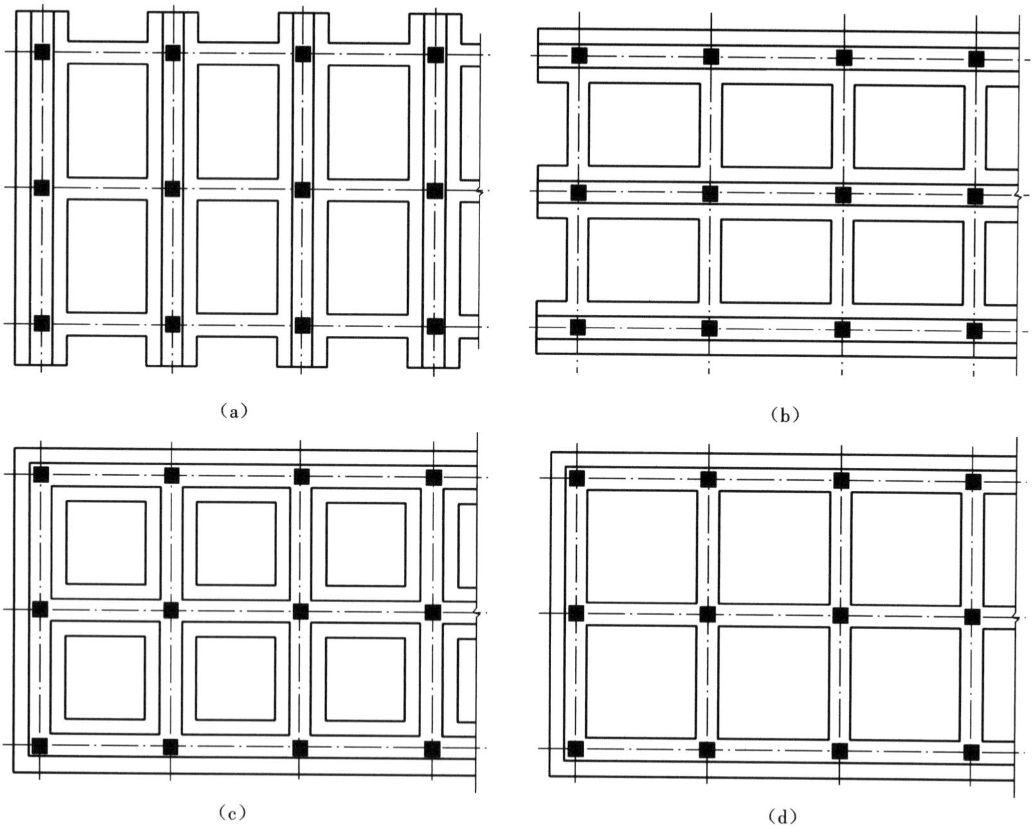

图 20-1　多层框架结构的基础形式

（a）横向条形基础　（b）纵向条形基础　（c）十字形基础　（d）筏形基础

20.1　条形基础

20.1.1　条形基础的计算方法

条形基础一方面承受上部结构传来的荷载，另一方面受土反力的作用，两者的合力满足平衡条件。但土反力的分布与上部结构的刚度、基础本身的刚度、地基土的物理力学性质等诸多因素有关，目前在工程设计中一般采用以下假定进行近似计算。

（1）线性分布假定，即近似把土反力分布看为线性分布，并由静力平衡条件确定土反力的分布，如图 20-2（a）所示。

（2）Winkler 假定，即假定地基土每单位面积上所受的压力与地基沉降成正比，如图 20-2（b）所示。

（3）半无限弹性体假定，即假定地基土是半无限的弹性连续体，并考虑基础与地基变形相协调，如图 20-2（c）所示。

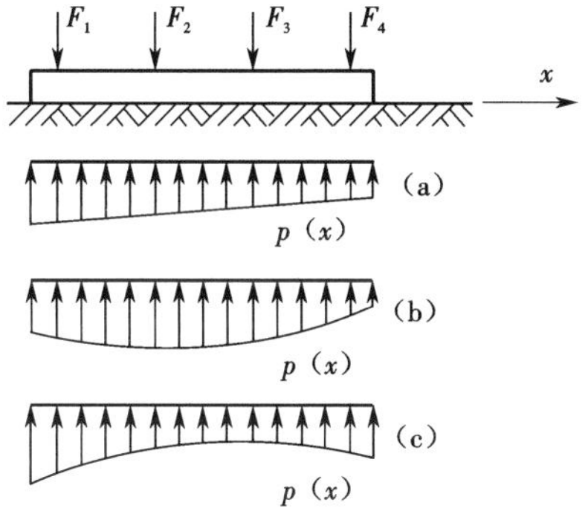

图 20-2　地基反力

（a）线性分布假定　（b）Winkler 假定　（c）半无限弹性体假定

根据以上假定，可导出条形基础内力计算的各种方法，目前常用的方法有静定分析法、倒梁法、地基系数法、链杆法、有限差分法等。下面主要介绍前两种方法。

1. 静定分析法

静定分析法是一种近似简化方法，假定土反力为线性分布（图 20-3），则地基土反力为

$$\begin{matrix} p_{max} \\ p_{min} \end{matrix} = \frac{\sum N}{BL} \pm \frac{6\sum M}{BL^2} \tag{20-1}$$

式中　$\sum N$——各竖向荷载（不包括基础自重和覆土重）的总和（kN）；

$\sum M$——各外荷载对基础底面形心的偏心力矩的总和（kN·m）；

B、L——基础的宽度与长度（m）。

式（20-1）所得结果即为地基净反力。按静力平衡条件可计算出任一截面 i 上的弯矩 M_i 和剪力 V_i，如图 20-3 所示。

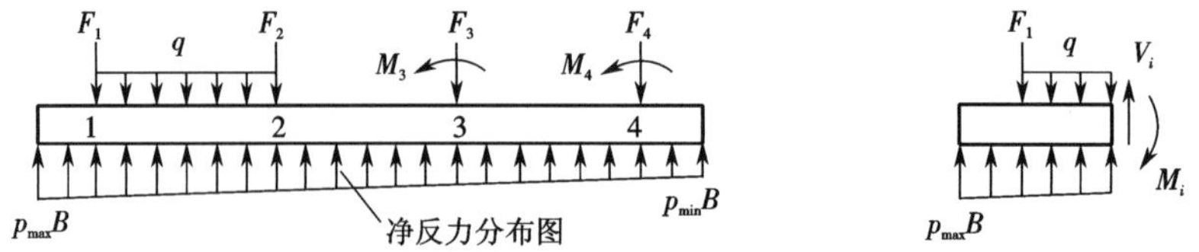

图 20-3 按静力平衡条件计算条形基础的内力

2. 倒梁法

倒梁法也是一种近似简化方法,假定土反力为线性分布(图 20-4),以柱子为支座,土反力为荷载,将基础梁视为倒置的多跨连续梁来计算各控制截面的内力。

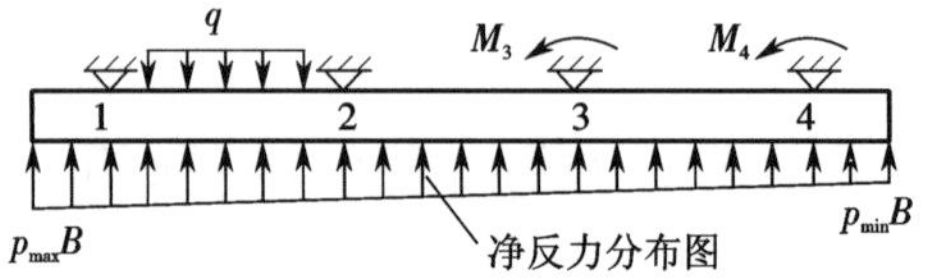

图 20-4 倒梁法计算简图

用倒梁法计算所得的支座反力与上部柱传来的竖向荷载之间有较大的不平衡力,这个不平衡力主要是由于未考虑基础梁挠度与地基土变形协调条件。为了解决这个问题,实践中提出了反力的局部调整法,即先将支座反力与柱轴力之间的差值(或正或负)均匀分布在相应支座两侧各三分之一跨度范围内,作为地基反力的调整值;然后再进行一次连续梁内力分析。如果调整一次后的结果仍不满意,还可再次调整,使支座反力和柱轴力基本符合。

上述两种方法的计算结果往往会有较大差别,只有当倒梁法计算出的支座反力未经调整就恰好等于柱轴力时,两者的计算结果才会一致。在实际工程中,必要时可参考上述两种方法计算结果的内力包络图进行截面设计。

20.1.2 条形基础的计算要求

必须指出,地基的反力分布图形对条形基础的内力影响很大。而地基反力的分布规律,不仅与基础尺寸、形状、刚度和埋置深度有关,而且还与荷载的作用情况、上部结构的刚度及地基土的物理力学性质等因素有关。因此,《地基规范》规定,柱下条形基础的计算应符合下列要求。

(1)在比较均匀的地基上,上部结构刚度较好,荷载分布较均匀,且条形基础梁的高度不小于 1/6 柱距时,地基反力可按直线分布,条形基础梁的内力可按连续梁计算,此时边跨跨中弯矩及第一内支座的弯矩值宜乘以系数 1.2。

(2)当不满足上述条件的要求时,特别是地基的压缩性显著不均匀时,宜按弹性地基梁计算。

(3)应验算柱边缘处基础梁的受剪承载力;当基础梁内存在扭矩时,还应进行抗扭计算。

(4)当条形基础的混凝土强度等级小于柱的混凝土强度等级时,还应验算柱下条形基础梁顶面的局部受压承载力。

(5)应进行翼板的受弯承载力计算及翼板的受冲切承载力计算。

20.1.3　条形基础的构造

柱下条形基础，除应满足关于扩展基础的一般要求外，还应符合下列规定（图 20-5）。

（1）柱下条形基础的横截面一般做成倒 T 形，梁的高度 h 宜为柱距的 1/8~1/4；翼板厚度 h_f 不应小于 200 mm，当 $h_f \leqslant 250$ mm 时可采用等厚度翼板，当 $h_f>250$ mm 时宜采用变厚度翼板，且其坡度不宜大于 1：3。

（2）条形基础的端部宜向外伸出，每端伸出长度宜为第一跨距的 25%~30%。

（3）现浇柱与条形基础梁的交接处的平面尺寸不应小于图 20-6 的规定。

（4）条形基础梁顶部和底部的纵向受力钢筋除满足计算要求外，顶部钢筋按计算配筋全部贯通，底部通长钢筋不应少于底部受力钢筋截面总面积的 1/3。

（5）柱下条形基础的混凝土强度等级不应低于 C25。

（6）翼板中受力钢筋的直径不宜小于 8 mm，间距不大于 200 mm。

（7）基础梁内箍筋直径不应小于 8 mm。当肋宽 $b \leqslant 350$ mm 时，采用双肢箍；当 350 mm$<b \leqslant 800$ mm 时，采用四双肢箍；当 $b>800$ mm 时，采用六肢箍。在梁跨中 $0.4L$（L 为梁的跨度）范围内，箍筋间距可适当放宽，且箍筋应做成封闭式。当梁高大于 700 mm 时，应在梁的侧面设置纵向构造钢筋。

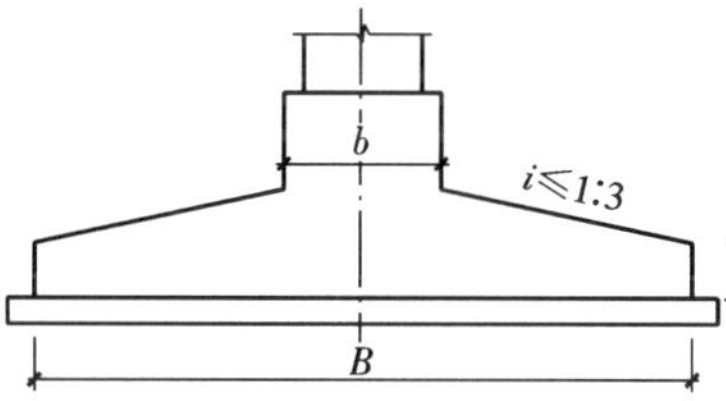

图 20-5　条形基础构造要求

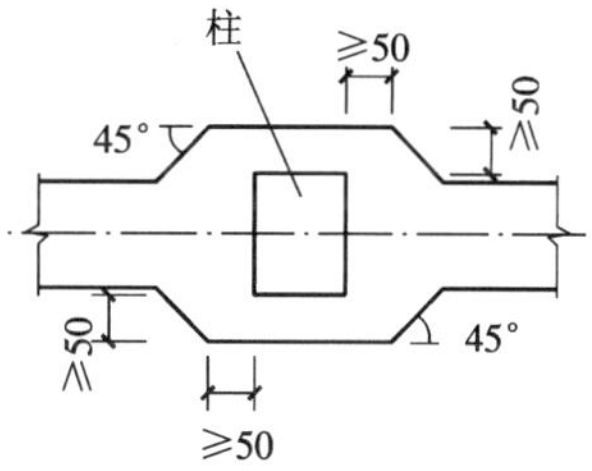

图 20-6　柱与基础梁交接处构造尺寸

20.2　十字形基础

十字形基础是由柱网下的纵、横两组条形基础组成的，其理论分析相当复杂，简化计算方法如下。

当上部结构具有很大的整体刚度时，可将十字形基础看作倒置的两组连续梁，连续梁上的荷载就是地基的净反力及传来的力矩（可假定该力矩由作用方向上的条形基础来承担）。如果地基较软而均匀，基础刚度较大，外荷载的偏心又很小，可以认为地基反力的分布是均匀的，则用全部柱压力除以基础的总支承面积便可求出反力值。若外荷载的偏心较大，也可按反力呈直线分布假设的原则近似计算，以确定其分布。

按两个方向求得连续梁的支座反力总值与柱原轴压力不等时，将其总值按两个方向确定的反力比例分配在相应方向作为调整，重新计算。但要注意，当将纵、横连续梁分开计算时，交叉重叠的面积在计算中重复了一次，即实际支承面积被扩大了，因此如果按真实的外荷载计算，则所求得的土反力不符合实际情况，因此需按重叠面积和总底面积的关系增加一项平均反力进行计算。

20.3 筏形基础

筏形基础以其整片覆盖于建筑物地基的较大面积和完整的平面连续性为明显特点,它不仅易于满足软弱地基承载力的要求,减少地基的附加应力和不均匀沉降,还具有能跨越地下浅层小洞穴和局部有软弱土不规则夹层,提供地下比较宽敞的使用空间等良好功能。筏形基础适用于上部结构荷载较大、地基承载力相对较低的工程。

筏形基础简称筏基,可分为平板式筏基和梁板式筏基,具体选型应根据工程地质、结构体系、柱距、荷载大小以及施工条件等因素确定。

平板式筏基适用于较小或中等柱荷载以及柱距较小且基本相等的情况。当柱荷载较大时,可加大柱下局部区域的板厚,使之足以承受柱下应力比较集中区域的剪力和弯矩。如果柱距过大且柱荷载差别较大,则可沿轴线设置肋梁,形成梁板式筏基,肋梁可以向上,也可以向下。

1. 筏形基础的内力分析及配筋计算

当地基土比较均匀,上部结构刚度较好,梁板式筏基梁的高跨比或平板式筏基的厚跨比不小于1/6,且柱荷载相对比较均匀(相邻柱荷载相差不超过20%)、柱距相差不大(相邻柱距相差不超过20%)时,筏基可仅考虑局部弯曲作用,筏基可视为刚性板,筏基的内力可按地基反力直线分布进行计算。

筏形基础的平面尺寸,应根据地基土的承载力、上部结构的布置及荷载分布等因素确定。为了避免基础发生太大的倾斜,并改善基础受力状况,在确定基础的平面尺寸时,可以通过改变板在四周的外挑长度(不宜挑出过多)来调整基底的形心位置,以便减小基础所受的偏心力矩。以基础底板形心为坐标原点,则地基净反力为

$$p=\frac{\sum P}{A}\pm\left(\sum P\right)\frac{e_x}{I_y}\cdot x\pm\left(\sum P\right)\frac{e_y}{I_x}\cdot y \tag{20-2}$$

式中 $\sum P$——筏基上总荷载(kN);

A——筏基底面积(m^2);

e_x、e_y——合力$\sum P$的作用点在x、y方向距基底形心的距离(m);

I_x、I_y——基础板对x、y轴的惯性矩(m^4)。

地基反力确定后,基础板某一截面上的内力(弯矩和剪力)可按"倒楼盖法"计算,即将基础板视为倒置的楼盖,以柱为支座、地基净反力为荷载,按普通平面楼盖计算。对于平板式筏基可按无梁楼盖考虑,将基础板在纵、横两个方向划分为柱上板带和跨中板带,近似取均布的地基净反力作为板带上的荷载,其内力分析和配筋计算同无梁楼盖。对于梁板式筏基,基础板视区格大小按双向或单向连续板进行计算,基础纵、横肋梁按连续梁计算。

这种方法在实质上相当于计算条形基础的"倒梁法",即假定上部结构的刚度很大,以至于柱子之间不可能产生相对的竖向位移。对于具有填充墙的现浇多层框架房屋来说,这

一假定在一定程度上是适用的。

当筏基的刚度不够大、不能满足刚性板要求时，宜按弹性地基上板的理论进行筏基的内力分析，对于平板式筏基可采用有限差分法进行分析，对于梁板式筏基则宜先划分肋梁单元和薄板单元，再采用有限元法进行分析。

2. 筏形基础的构造要求

目前，筏形基础的内力计算方法很多，但是由于基础与地基连续性的变形协调关系受到边界条件不明确的限制，加上上部结构的刚度以及筏板下素混凝土垫层和硬壳持力层的影响，实践中的内力计算方法难以接近实际情况，因此要特别注意其构造要求。

（1）筏形基础的混凝土强度等级不宜低于 C30，当有防水要求时，其外围的梁、底板混凝土抗渗要求不应低于 S6。

（2）筏形基础的筏板可稍大于上部结构的覆盖面积，基础梁不外伸的悬臂筏板伸出长度，从轴线起算横向不宜大于 1 500 mm，纵向不宜大于 1 000 mm。悬臂筏板应上、下配置钢筋，双向悬臂挑出；而基础梁不外伸的筏板，应加配放射状钢筋，如图 20-7 所示。

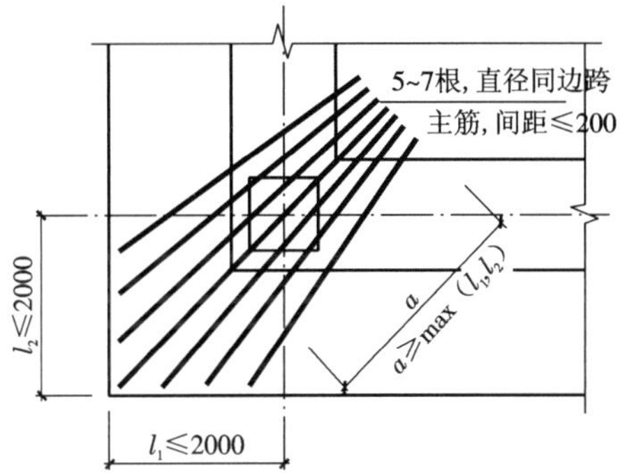

图 20-7　筏板阳角放射状附加钢筋

（3）筏板厚度应根据抗冲切、抗剪切的要求确定，也可根据楼层层数按每层 50 mm 确定，但不得小于 200 mm。

（4）柱基下垫层厚度宜为 100 mm，钢筋的保护层厚度不宜小于 35 mm。

（5）筏板配筋除符合计算要求外，纵、横两个方向支座钢筋还应分别有 0.15%、0.10% 配筋率连通；跨中钢筋应按实际配筋率全部连通，底板受力钢筋的最小直径不宜小于 8 mm。

第 21 章　框架结构设计例题

21.1　设计任务书

21.1.1　设计资料

（1）某多层办公楼，建筑平面、立面、剖面、外檐详图如图 21-1 至图 21-4 所示，室内设计标高 ±0.000 m 相当于绝对标高 10.00 m，室内外高差为 600 mm。

（2）建筑构造做法，选自华北地区《建筑标准设计图集》（05J1），各部位具体做法如下。

①楼面及屋面构造做法见表 21-1。

表 21-1　建筑楼面及屋面构造做法

名称	构造做法	厚度（mm）	使用部位
铺地砖楼面 （厚 30 mm） 05J1- 楼 10	10 mm 厚地砖铺平拍实，水泥浆擦缝	10	一般楼面
	20 mm 厚 1∶4 干硬性水泥砂浆结合层	20	
	刷素水泥浆结合层一遍	—	
花岗石楼面 （厚 50 mm） 05J1- 楼 13	20 mm 厚花岗石板铺平拍实，水泥浆擦缝	20	走廊、门厅、楼梯间
	30 mm 厚 1∶4 干硬性水泥砂浆结合层	30	
	刷素水泥浆结合层一遍	—	
铺地砖防水楼面 （厚 102 mm） 05J1- 楼 27	10 mm 厚地砖铺平拍实，水泥浆擦缝	10	卫生间
	25 mm 厚 1∶4 干硬性水泥砂浆结合层	25	
	1.5 mm 厚聚氨酯防水涂料	1.5	
	刷基层处理剂一遍	—	
	15 mm 厚水泥砂浆找平层	15	
	50 mm 厚 C15 细石混凝土找坡，最薄处不小于 30 mm	50	
上人屋面 05J1- 屋 6	10 mm 厚地砖铺平拍实，缝宽 5~8 mm，1∶1 水泥砂浆填缝	10	上人屋面
	25 mm 厚 1∶4 干硬性水泥砂浆结合层	25	
	满铺 0.15 mm 厚聚乙烯薄膜一层	0.15	
	高聚物改性沥青防水卷材	3	
	1∶3 水泥砂浆找平层	20	
	聚苯保温板	100	
	1∶8 水泥膨胀珍珠岩找 2% 坡，最薄处不小于 20 mm	100	
	1∶3 水泥砂浆找平层	20	
非上人屋面 05J1- 屋 6	涂料或粒料	—	非上人屋面
	高聚物改性沥青防水卷材	3	
	1∶3 水泥砂浆找平层	20	
	聚苯保温板	100	
	1∶8 水泥膨胀珍珠岩找 2% 坡，最薄处不小于 20 mm	100	
	1∶3 水泥砂浆找平层	20	

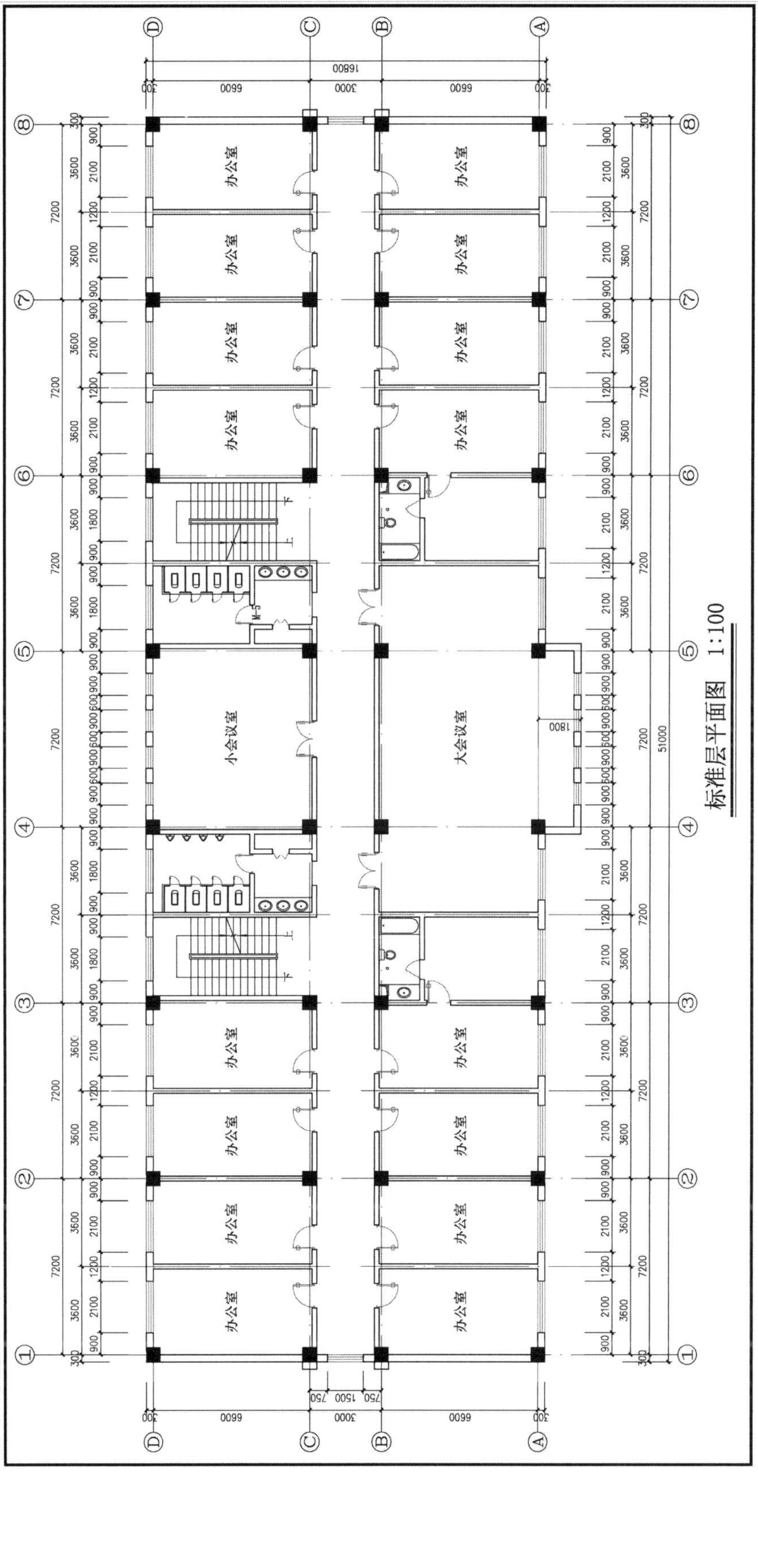

图 21-1　标准层平面图

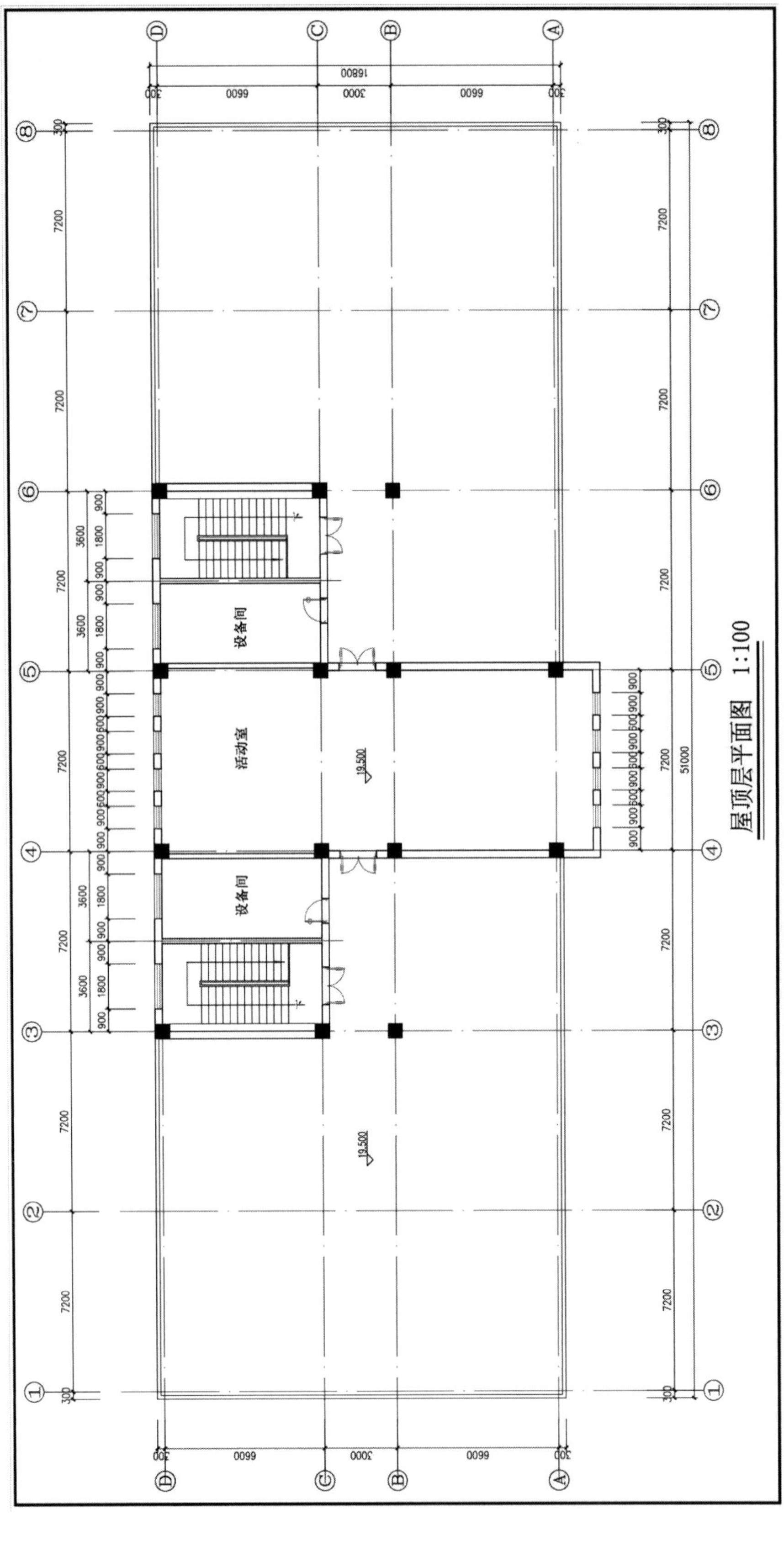
屋顶层平面图 1:100
设备间
活动室
设备间
19.500
19.500
16800
51000
300
6600
3000
6600
300
7200
3600
1800
900
600
A
B
C
D
1
2
3
4
5
6
7
8

图 21-2 屋顶层平面图

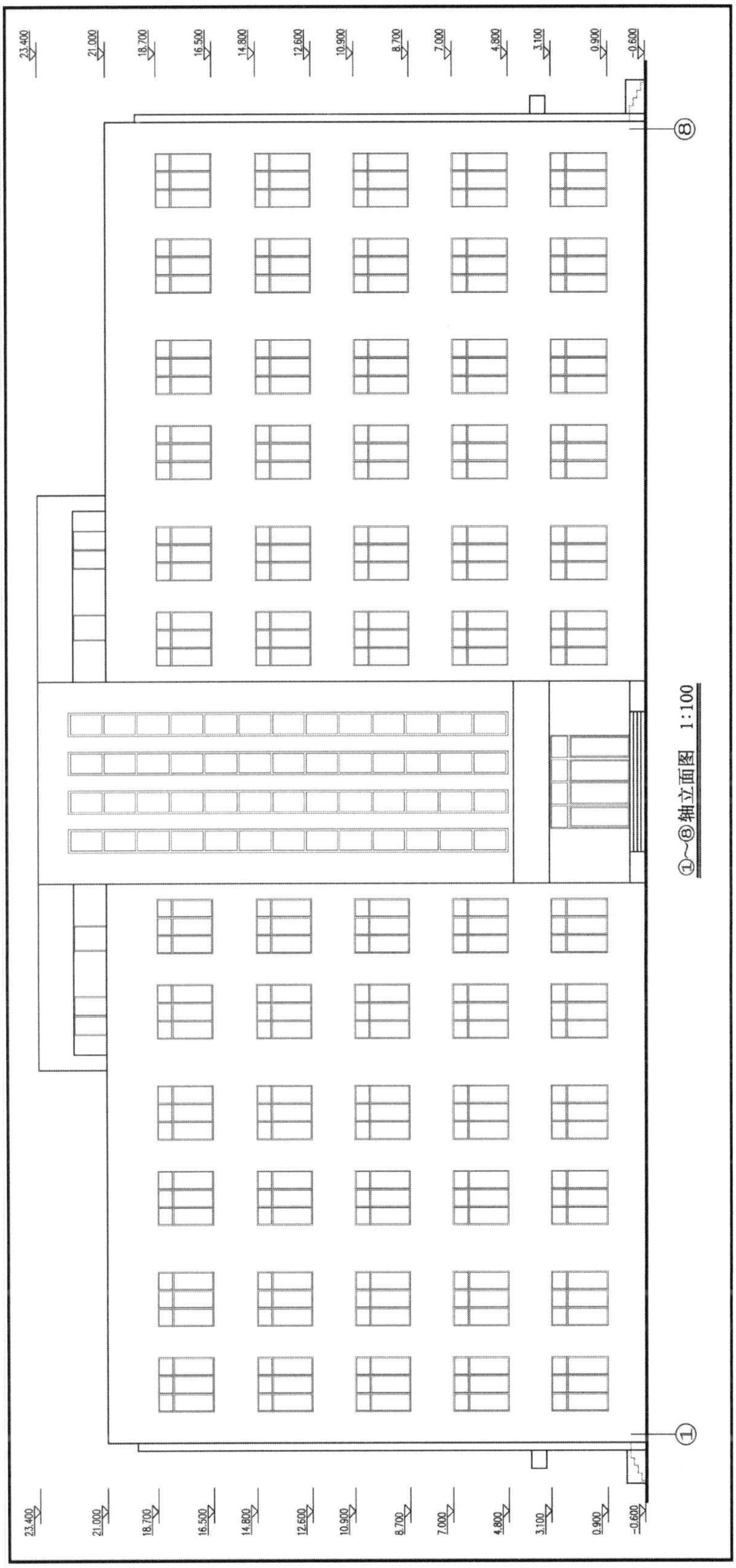
23.400
21.000
18.700
16.500
14.800
12.600
10.900
8.700
7.000
4.800
3.100
0.900
-0.600
⑧
①
①～⑧轴立面图　1:100

图 21-3　①～⑧轴立面图

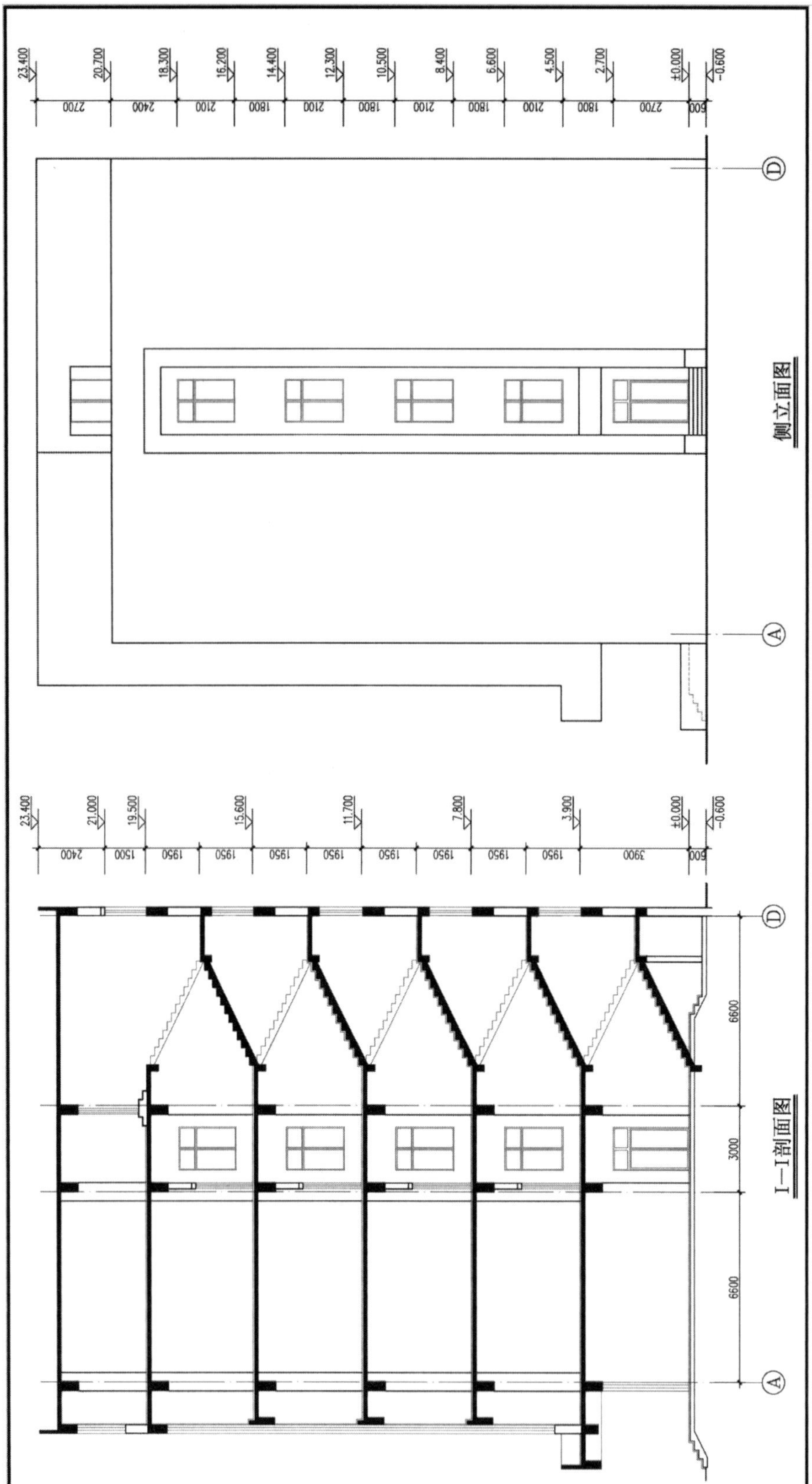

图 21-4 I—I剖面图和侧立面图

②墙体构造做法见表 21-2。墙体材料为陶粒混凝土砌块，外墙厚 300 mm，内墙厚 200 mm，容重为 8.5 kN/m³。

表 21-2　墙体构造做法

名称	构造做法	厚度（mm）	使用部位
面砖墙面（厚 27~30 mm）05J1- 外墙 13	刷素建筑胶水泥浆一遍，配合比为建筑胶：水泥浆 =1：4	10	所有外墙面
	15 mm 厚 2：1：8 水泥石灰砂浆，分两次抹灰	20	
	刷素水泥浆结合层一遍	—	
	4~5 mm 厚 1：1 水泥砂浆加水重 20% 建筑胶	—	
	8~10 mm 厚面砖，1：1 水泥砂浆勾缝或水泥浆擦缝	—	
混合砂浆墙面（厚 20 mm）05J1- 内墙 5	刷素建筑胶水泥浆一遍，配合比为建筑胶：水泥浆 =1：4	—	除卫生间外，所有内墙面
	15 mm 厚 1：1：6 水泥石灰砂浆，分两次抹灰	15	
	5 mm 厚 1：0.5：3 水泥石灰砂浆	5	
釉面砖墙面（厚 23~24 mm）05J1- 内墙 9	刷素建筑胶水泥浆一遍，配合比为建筑胶：水泥浆 =1：4	10	卫生间内墙面
	15 mm 厚 2：1：8 水泥石灰砂浆，分两次抹灰	25	
	3~4 mm 厚 1：1 水泥砂浆加水重 20% 建筑胶	—	
	4~5 mm 厚釉面砖，白水泥浆擦缝	—	

③顶棚采用轻钢龙骨纸面石膏板吊顶（05J1- 顶 7），自重 0.14 kN/m²。

④门窗采用塑钢窗（0.10 kN/m²）、木门（0.25 kN/m²）。

（3）使用荷载标准值。

①屋面：上人屋面 2.0 kN/m²；非上人屋面 0.5 kN/m²。

②楼面：办公室 2.0 kN/m²；走廊、门厅、楼梯、厕所 2.5 kN/m²。

（4）自然条件。

①基本风压：0.40 kN/m²。

②基本雪压：0.40 kN/m²。

③最大冰冻深度：0.6 m。

（5）抗震设防。抗震设防烈度为 7 度（0.15*g*），设计地震分组为第一组，场地类别为Ⅲ类。

（6）地质勘探资料。场地较为平整，天然地坪为绝对高程 9.200 m；地下水最高水位为室外地坪以下 3.00 m，地下水对混凝土及混凝土中的钢筋无侵蚀性；自上而下各土层主要物理力学指标见表 21-3，各土层主要特征描述如下。

①层：素填土，以黏土为主，局部含建筑垃圾、有机质较多，平均厚度约 1.0 m。

②层：粉质黏土，场区普遍分布，平均厚度为 2.5~3.0 m，可塑，分布较均匀。

③层：粉土，场区普遍分布，平均厚度为 4.0~4.5 m，可塑，分布较均匀。

④层：粉质黏土，厚度大于 5 m，可塑，场地内分布均匀。

表 21-3 地质勘探资料

土层	土层描述	厚度(m)	层底深度(m)	孔隙比(e)	液性指数(I_L)	地基承载力特征值 f_{ak}(kPa)	容重(kN/m³)
①	素填土	1.0	1.0	—	—	—	19.7
②	粉质黏土	2.5~3.0	4.5~5.0	0.671	0.51	140	19.5
③	粉土	4.0~4.5	8.0~9.0	0.582	0.15	150	20.0
④	粉质黏土	大于 5.0	—	0.676	0.41	160	19.5

(7)材料。

①混凝土:现浇,强度等级为 C30 或 C35。

②钢筋:板内受力钢筋和分布钢筋采用 HRB400 级钢筋;梁柱内受力主筋及箍筋采用 HRB400 级钢筋。

③填充墙:室内地面以上填充墙为陶粒混凝土砌块砌体,砌块强度等级为 MU5;砂浆采用强度等级为 M7.5 的水泥混合砂浆;室内地面以下填充墙为普通黏土砖砌体,黏土砖强度等级为 MU10,砂浆采用强度等级为 M10 的水泥砂浆。

21.1.2 设计要求

1. 计算方法及内容

(1)确定结构构件尺寸。

(2)用底部剪力法计算水平地震作用下的地震剪力,并取一榀框架计算其内力。

(3)对上述框架用分层法或二次弯矩分配法计算竖向荷载作用下的构件内力,并进行梁弯矩调幅,调幅系数 β=0.85。

(4)进行框架内力组合及截面设计。

(5)按弹性理论计算板及次梁的内力,并进行截面设计。

2. 计算书

用 A4 复印纸抄写计算书,字体工整,装订成册。

3. 图纸内容

(1)结构平面配筋图:比例 1∶100,注明轴线号、尺寸、墙厚以及主、次梁截面尺寸和钢筋规格。

(2)次梁配筋图:要求绘制弯矩包络图,纵、横剖面图,抽筋图。

①纵剖面:比例 1∶40,注明跨度,纵筋、架立筋、箍筋编号,钢筋断点位置。

②横剖面:比例 1∶25,注明截面尺寸,钢筋编号、根数、直径,箍筋直径、间距。

(3)框架配筋图。

①框架立面图:比例 1∶40,注明跨度、层高、楼面标高、纵筋及箍筋、钢筋断点位置。

②梁柱加密区范围,次梁作用处加密箍筋或吊筋规格。

③梁柱截面配筋图:比例 1∶25,注明截面尺寸,钢筋直径、根数,箍筋直径、间距。

(4)基础施工图。

21.2　结构设计流程

多层框架结构设计的主要流程如图 21-5 所示。

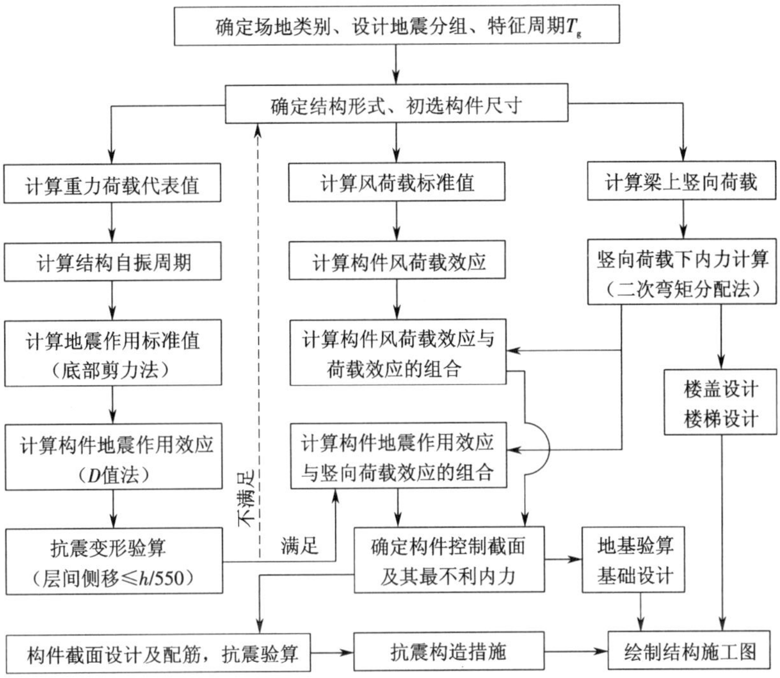

图 21-5　多层框架结构设计的主要流程

21.3　结构方案选型与结构布置

根据《建筑工程抗震设防分类标准》，本工程为标准设防类（丙类）建筑；根据《抗震标准》，按本地区抗震设防烈度 7 度（0.15g）采取抗震措施，按 8 度（0.2g）采取抗震构造措施。

本建筑高 19.500 m，局部高 22.800 m，属多层建筑，采用框架结构，现浇梁、板及柱，现浇板式楼梯；根据《抗震标准》表 6.1.2，框架抗震等级为三级。

根据地质报告，拟采用柱下条形基础，且基础埋深为 −2.50 m，基础顶面标高为 −1.30 m。

混凝土：主体结构梁、柱、板均采用 C30 级；构造柱、圈梁及过梁均采用 C25 级。

钢筋：HPB300 级钢筋、HRB400 级钢筋。

焊条：采用 E43 及 E50 型。

抗震及抗风措施：填充墙在门口标高处设抗震带一道。

1. 框架柱

柱截面尺寸根据柱的允许轴压比 $[\mu_c]$ 按式（16-1b）计算确定，即

$$\mu_c = N_c/A_c f_c \leqslant [\mu_c]$$

根据《抗震标准》第 6.3.6 条，框架抗震等级为三级时，柱的轴压比限值为 $[\mu_c]=0.85$。

为使结构在两个主轴方向的动力特性相近，柱截面采用正方形，柱的轴力设计值 N_c 按式（16-1a）估算。最大负载的柱为 4B、4C、5B、5C 处，则其最大轴力估算值为

$$N_c = \gamma_G aSwn = 1.3 \times 1.05 \times (6.6+3.0)/2 \times 7.2 \times 14 \times 6 = 3\,962.65 \text{ kN}$$

因此，主楼框架柱截面尺寸确定为 600 mm × 600 mm。

2. 框架梁

根据《抗震标准》第 6.3.1 条，梁的截面宽度不宜小于 200 mm，截面高宽比小于 4，梁净跨与截面高度之比宜大于 4。

（1）A~D 轴纵向框架梁：

$$h=(1/14\sim1/8)l=(1/14\sim1/8)\times 7\,200=514\sim900 \text{ mm}$$

取 h=750 mm，b=300 mm。

（2）1~8 轴 AB 段及 CD 段横向框架梁：

$$h=(1/14\sim1/8)l=(1/14\sim1/8)\times 6\,600=471\sim825 \text{ mm}$$

取 h=700 mm，b=300 mm。

（3）1~8 轴 BC 段横向框架梁，按与 AB 段框架梁线刚度相等计算，即

$$\frac{1}{12}b_1h_1^3/l_1 = \frac{1}{12}b_2h_2^3/l_2$$

$$h_2 = h_1\sqrt[3]{\frac{l_2}{l_1}} = 700 \times \sqrt[3]{\frac{3\,000}{6\,600}} = 538 \text{ mm}$$

取 h=550 mm，b=300 mm。

（4）楼面次梁：

$$h=(1/18\sim1/12)l=(1/18\sim1/12)\times 6\,600=367\sim550 \text{ mm}$$

取 h=550 mm，b=200 mm；跨度较小的次梁取 h=400 mm，b=200 mm。

（5）现浇板厚：

$$h=(1/35\sim1/30)l=(1/35\sim1/30)\times 3\,600=103\sim120 \text{ mm}$$

取 h=110 mm。

标准层结构平面布置简图如图 21-6 所示。

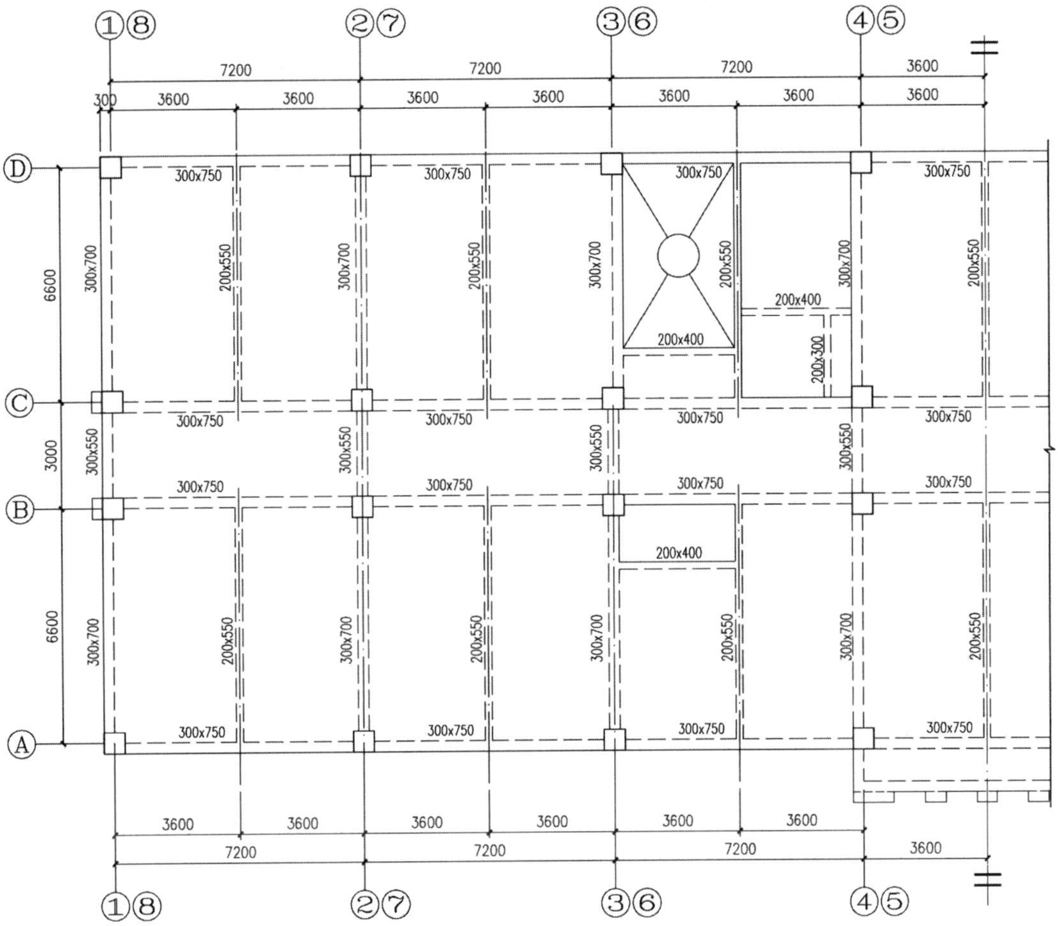

图 21-6　标准层结构平面布置简图

21.4　荷载计算

21.4.1　荷载分类计算

1. 屋面荷载

屋面恒载按照构造做法计算，列于表 21-4 中。

分析框架结构在竖向荷载作用下的内力时，屋面活载应取均布活载与雪荷载之间的较大值，即上人屋面取 2.0 kN/m^2，非上人屋面取 0.5 kN/m^2。

抗震计算时，计算屋面重力荷载代表值时不考虑屋面活载，取雪荷载 0.4 kN/m^2。

2. 楼面荷载

楼面恒载按照构造做法计算，列于表 21-5 中。

楼面活载：办公室取 2.0 kN/m^2，走廊取 2.5 kN/m^2，卫生间取 2.5 kN/m^2，屋顶设备用房取 6.0 kN/m^2。

表 21-4 屋面恒载计算

名称及部位	构造做法	厚度（mm）	容重（kN/m³）	重量（kN/m²）	恒载标准值
上人屋面（19.500）屋6	10 mm 厚地砖铺平拍实，缝宽 5~8 mm，1：1 水泥砂浆填缝	10	20	0.20	6.35
	25 mm 厚 1：4 干硬性水泥砂浆结合层	25	20	0.50	
	高聚物改性沥青防水卷材	3	—	0.10	
	1：3 水泥砂浆找平层	20	20	0.40	
	聚苯保温板	100	3.0	0.30	
	1：8 水泥膨胀珍珠岩找 2% 坡，最薄处不小于 20 mm	100	15	1.50	
	1：3 水泥砂浆找平层	20	20	0.40	
	钢筋混凝土楼板	110	25	2.75	
	板底吊顶	—	—	0.20	
非上人屋面（22.800）屋6	高聚物改性沥青防水卷材	3	—	0.10	5.65
	1：3 水泥砂浆找平层	20	20	0.40	
	聚苯保温板	100	3.0	0.30	
	1：8 水泥膨胀珍珠岩找 2% 坡，最薄处不小于 20 mm	100	15	1.50	
	1：3 水泥砂浆找平层	20	20	0.40	
	钢筋混凝土楼板	110	25	2.75	
	板底吊顶	—	—	0.20	

表 21-5 楼面恒载计算

名称及使用部位	构造做法	厚度（mm）	容重（kN/m³）	重量（kN/m²）	恒载标准值
铺地砖楼面（办公室）（厚 30 mm）楼10	10 mm 厚地砖铺平拍实，水泥浆擦缝	10	20	0.20	3.55
	20 mm 厚 1：4 干硬性水泥砂浆结合层	20	20	0.40	
	钢筋混凝土楼板	110	25	2.75	
	板底轻钢龙骨吊顶	—	—	0.20	
花岗石楼面（走廊）（厚 50 mm）楼13	20 mm 厚花岗石板铺平拍实，水泥浆擦缝	20	28	0.56	4.11
	30 mm 厚 1：4 干硬性水泥砂浆结合层	30	20	0.60	
	钢筋混凝土楼板	110	25	2.75	
	板底轻钢龙骨吊顶	—	—	0.20	
铺地砖防水楼面（卫生间）（厚 102 mm）楼27	10 mm 厚地砖铺平拍实，水泥浆擦缝	10	20	0.20	5.50
	25 mm 厚 1：4 干硬性水泥砂浆结合层	25	20	0.50	
	15 mm 厚水泥砂浆找平层	15	20	0.30	
	50 mm 厚 C15 细石混凝土找坡，最薄处不小于 30 mm	50	25	1.25	
	钢筋混凝土楼板	110	25	2.75	
	板底吊顶	—	—	0.50	

3. 楼梯间荷载

恒载：

石材地面	30 厚	$1.16\times(0.3+0.15)/0.3=1.74\ \mathrm{kN/m^2}$
楼梯踏步板	130 厚	$(0.13/\cos\alpha+0.15/2)\times 25=5.51\ \mathrm{kN/m^2}$
板下抹灰	20 厚	$0.02\times 20/\cos\alpha=0.45\ \mathrm{kN/m^2}$
合计：		$7.70\ \mathrm{kN/m^2}$

活载：　$2.50\ \mathrm{kN/m^2}$

4. 墙体荷载

外墙为 300 mm 厚陶粒混凝土砌块，外侧贴面砖，内侧摸灰。内墙为 200 mm 厚陶粒混凝土砌块，双侧抹灰。

考虑到组砌时在洞口处、墙体底部和顶部混砌部分黏土砖，混砌比例取 8∶2，黏土砖容重取 19 kN/m³，则砌体容重为

$$\gamma=8.5\times 0.8+19\times 0.2=10.6\ \mathrm{kN/m^3}$$

考虑面层的做法，求得墙体的单位面积重量如下。

外墙：

$$q_{out}=0.3\times 10.6+0.55+0.02\times 20=4.13\ \mathrm{kN/m^2}$$

内墙：

$$q_{in}=0.2\times 10.6+2\times 0.02\times 20=2.92\ \mathrm{kN/m^2}$$

21.4.2　重力荷载代表值计算

各层重力荷载代表值汇总于表 21-6 中。将表 21-6 中恒载与活载求和并除以总面积，可得框架单位面积的重量 $w=12.8\ \mathrm{kN/m^2}$，说明初选柱截面尺寸时取 $w=14\ \mathrm{kN/m^2}$ 是合理的。

表 21-6　各层重力荷载代表值计算（kN）

层号		1	2~4	5	6
梁自重	纵向框架梁 G_{bx}	1 095.1	1 095.1	1 095.1	391.1
	横向框架梁 G_{by}	668.3	668.3	668.3	276.9
	次梁 G'_{by}	302.4	302.4	302.4	69.5
	$G_b=G_{bx}+G_{by}+G'_{by}$	2 065.8	2 065.8	2 065.8	737.5
柱自重 G_c		1 664.0	1 248.0	1 248.0	455.0
楼、屋面恒载 G_s		2 963.8	2 963.8	2 682.7	1 349.6
墙重 G_w		3 996.3	3 186.1	2 387.1	501.5
门窗重 G_d		38.5	38.5	23.2	4.0
恒载 $G=G_b+G_c+G_s+G_w+G_d$		10 728.4	9 502.2	8 406.8	3 047.6
楼、屋面活载 Q		1 595.5	1 595.5	1 217.9	95.5
总重 $G_i=G+0.5Q$		11 526.2	10 300.0	9 015.8	3 095.4

21.5 基本自振周期计算

21.5.1 结构刚度计算

1. 框架梁的惯性矩及线刚度

首先计算矩形截面梁的惯性矩;然后考虑楼板的翼缘效应,将梁的惯性矩乘以增大系数,即边梁取 $I_b=1.5I_0$,中间梁取 $I_b=2I_0$,其中 $I_0=b_bh_b^3/12$;最后求框架梁的线刚度 $i_b=E_cI_b/l$,具体计算结果见表 21-7。

表 21-7 梁的惯性矩及线刚度计算

方向	层号	梁号	$b_b \times h_b$(mm)	I_0 ($\times 10^{-2}$ m^4)	I_b ($\times 10^{-2}$ m^4)	E_c ($\times 10^7$ kPa)	l(m)	$i_b=E_cI_b/l$ (kN·m)
横向	1~6	BL1	300 × 700	0.857 5	1.286	3.00	6.60	0.585×10^5
		BL2	300 × 550	0.415 9	0.624	3.00	3.00	0.624×10^5
		ZL1	300 × 700	0.857 5	1.715	3.00	6.60	0.780×10^5
		ZL2	300 × 550	0.415 9	0.832	3.00	3.00	0.832×10^5
纵向	1~6	BL1	300 × 750	1.054 7	1.582	3.00	7.20	0.659×10^5
		ZL1	300 × 750	1.054 7	2.109	3.00	7.20	0.879×10^5

2. 框架柱的惯性矩及线刚度

对于框架柱,$I_c=b_ch_c^3/12$,$i_c=E_cI_c/h$,具体计算结果见表 21-8。

表 21-8 柱的惯性矩及线刚度计算

层	混凝土	$b_c \times h_c$(mm)	I_c($\times 10^{-2}$ m^4)	E_c($\times 10^7$ kPa)	h(m)	$i_c=E_cI_c/h$(kN·m)
1	C30	600 × 600	1.08	3.00	5.20	0.623×10^5
2~5	C30	600 × 600	1.08	3.00	3.90	0.831×10^5
6	C30	600 × 600	1.08	3.00	3.30	0.982×10^5

3. 框架柱的抗推刚度

各层框架柱的抗推刚度计算结果见表 21-9 至表 21-11。

表 21-9 首层框架柱的抗推刚度

柱的类型		根数	$K=\sum i_{bj}/i_c$	$\alpha_c=(0.5+K)/(2+K)$	$D=\alpha_c \cdot 12i_c/h^2$(kN/m)	$\sum D$(kN/m)
横向	边框架边柱	4	0.939	0.490	0.135×10^5	5.244×10^5
	边框架中柱	4	1.941	0.619	0.171×10^5	
	中框架边柱	12	1.252	0.539	0.149×10^5	
	中框架中柱	12	2.587	0.673	0.186×10^5	

续表

柱的类型		根数	$K=\sum i_{bj}/i_c$	$\alpha_c=(0.5+K)/(2+K)$	$D=\alpha_c\cdot 12i_c/h^2$(kN/m)	$\sum D$(kN/m)
纵向	边框架边柱	4	1.058	0.509	0.141×10^5	5.576×10^5
	边框架中柱	12	2.116	0.636	0.176×10^5	
	中框架边柱	4	1.411	0.560	0.155×10^5	
	中框架中柱	12	2.822	0.689	0.190×10^5	

表 21-10　2~5 层框架柱的抗推刚度

柱的类型		根数	$K=\sum i_{bj}/(2i_c)$	$\alpha_c=K/(2+K)$	$D=\alpha_c\cdot 12i_c/h^2$(kN/m)	$\sum D$(kN/m)
横向	边框架边柱	4	0.704	0.260	0.170×10^5	8.168×10^5
	边框架中柱	4	1.455	0.421	0.276×10^5	
	中框架边柱	12	0.939	0.319	0.209×10^5	
	中框架中柱	12	1.941	0.492	0.323×10^5	
纵向	边框架边柱	4	1.058	0.346	0.227×10^5	13.956×10^5
	边框架中柱	12	2.116	0.692	0.454×10^5	
	中框架边柱	4	1.411	0.414	0.271×10^5	
	中框架中柱	12	2.822	0.827	0.543×10^5	

表 21-11　6 层框架柱的抗推刚度

柱的类型		根数	$K=\sum i_{bj}/(2i_c)$	$\alpha_c=K/(2+K)$	$D=\alpha_c\cdot 12i_c/h^2$(kN/m)	$\sum D$(kN/m)
横向	3、6 轴框架边柱 1	2	1.138	0.363	0.393×10^5	5.338×10^5
	3、6 轴框架边柱 2	2	0.695	0.258	0.279×10^5	
	3、6 轴框架中柱	2	1.436	0.418	0.452×10^5	
	4、5 轴框架边柱 1	2	0.695	0.258	0.279×10^5	
	4、5 轴框架边柱 2	2	0.794	0.284	0.307×10^5	
	4、5 轴框架中柱 1	2	1.542	0.435	0.471×10^5	
	4、5 轴框架中柱 2	2	1.642	0.451	0.488×10^5	
纵向	A、D 轴框架边柱	4	1.007	0.335	0.363×10^5	6.024×10^5
	A、D 轴框架中柱	2	1.342	0.402	0.435×10^5	
	B 轴框架边柱	2	1.231	0.381	0.412×10^5	
	B 轴框架中柱	2	1.678	0.456	0.493×10^5	
	C 轴框架边柱	2	1.343	0.402	0.435×10^5	
	C 轴框架中柱	2	1.790	0.472	0.511×10^5	

21.5.2 自振周期 T_1 计算

采用能量法进行计算,首先将集中在各楼层标高处的重力荷载代表值作为水平荷载作用在该质点处,求得相应的质点水平位移 u_i;然后计算基本自振周期 T_1,结果见表 21-12 和表 21-13。其中,填充墙材料为陶粒混凝土,取周期折减系数 $\phi_T=0.8$。可以看出,框架在两个方向的基本自振周期相差不多,即两个方向的动力特性相近,满足抗震设计时的要求。

表 21-12 横向基本自振周期 T_1

层号	G_i(kN)	V_i(kN)	D_i(kN/m)	d_i(m)	u_i(m)	G_iu_i	$G_iu_i^2$	T_1
6	3 095.4	3 095.4	5.338×10^5	0.005 80	0.243 66	754.225	183.774	$2\phi_T\sqrt{\dfrac{\sum_{i=1}^{n}G_iu_i^2}{\sum_{i=1}^{n}G_iu_i}}$ =0.711 s
5	9 015.8	12 011.2	8.168×10^5	0.014 71	0.237 86	2 144.498	510.090	
4	10 300.0	22 311.2	8.168×10^5	0.027 32	0.223 15	2 298.445	512.898	
3	10 300.0	32 511.2	8.168×10^5	0.039 80	0.195 83	2 017.049	394.999	
2	10 300.0	42 811.2	8.168×10^5	0.052 41	0.156 03	1 607.109	250.757	
1	11 526.2	54 337.4	5.244×10^5	0.103 62	0.103 62	1 194.345	123.758	

表 21-13 纵向基本自振周期 T_1

层号	G_i(kN)	V_i(kN)	D_i(kN/m)	d_i(m)	u_i(m)	G_iu_i	$G_iu_i^2$	T_1
6	3 095.4	3 095.4	6.024×10^5	0.005 14	0.181 17	560.794	101.599	$2\phi_T\sqrt{\dfrac{\sum_{i=1}^{n}G_iu_i^2}{\sum_{i=1}^{n}G_iu_i}}$ =0.621 s
5	9 015.8	12 011.2	13.956×10^5	0.008 61	0.176 03	1 587.051	279.369	
4	10 300.0	22 311.2	13.956×10^5	0.015 99	0.167 42	1 724.426	288.703	
3	10 300.0	32 511.2	13.956×10^5	0.023 30	0.151 43	1 559.729	236.190	
2	10 300.0	42 811.2	13.956×10^5	0.030 68	0.128 13	1 319.739	169.098	
1	11 526.2	54 337.4	5.576×10^5	0.097 45	0.097 45	1 123.228	109.459	

21.6 水平地震作用计算

本工程建筑总高度 <40 m,且属于刚度和质量沿高度分布比较均匀的框架结构,所以近似采用底部剪力法进行地震作用计算。

21.6.1 水平地震作用影响系数 α_1

根据给定条件,抗震设防烈度为 7 度(0.15g),设计地震分组为第一组,场地类别为Ⅲ类,可得以下计算参数:

$$\alpha_{max}=0.12,T_g=0.45\ s,\zeta=0.05$$

《抗震标准》第 5.1.5 条规定,$T_g<T_1<5T_g$ 时水平地震作用影响系数 α_1 如下。

横向：

$$\alpha_1=\left(\frac{T_g}{T_1}\right)^{\gamma}\eta_2\alpha_{max}=\left(\frac{0.45}{0.711}\right)^{0.9}\times1.0\times0.12=0.079\ 5$$

纵向：

$$\alpha_1=\left(\frac{T_g}{T_1}\right)^{\gamma}\eta_2\alpha_{max}=\left(\frac{0.45}{0.621}\right)^{0.9}\times1.0\times0.12=0.089\ 8$$

21.6.2 水平地震作用标准值

集中在各层楼(屋)盖标高处的重力荷载代表值 G_i 见表 21-6，总重力荷载代表值为

$$G_E=\sum_{i=1}^{6}G_i=54\ 537.4\ \text{kN}$$

结构底部总水平地震作用标准值如下。

横向：

$$F_{Ek}=\alpha_1\cdot0.85G_{eq}=0.079\ 5\times0.85\times54\ 537.4=3\ 685.36\ \text{kN}$$

纵向：

$$F_{Ek}=\alpha_1\cdot0.85G_{eq}=0.089\ 8\times0.85\times54\ 537.4=4\ 162.84\ \text{kN}$$

各层楼(屋)盖标高处的横向、纵向水平地震作用标准值 F_i 及地震剪力标准值 V_i 分别见表 21-14 和表 21-15。纵向基本自振周期 T_1=0.621 s<$1.4T_g$=0.63 s，因此不考虑顶部附加地震作用系数；而横向基本自振周期 T_1=0.711 s>$1.4T_g$=0.63 s，因此应考虑顶部附加地震作用系数 δ_5，即

$$\delta_5=0.08T_1+0.01=0.08\times0.711+0.01=0.066\ 88$$

$$\Delta F_5=\delta_5\cdot F_{Ek}=0.066\ 88\times3\ 685.36=246.48\ \text{kN}$$

表 21-14　各楼层横向水平地震作用标准值及地震剪力作用标准值

层号	G_i(kN)	H_i(m)	G_iH_i	$\frac{G_iH_i}{\sum_{k=1}^{6}G_kH_k}$	$F_i=\frac{G_iH_i}{\sum_{k=1}^{6}G_kH_k}F_{Ek}(1-\delta_5)$	$V_i=\sum_{k=i}^{6}F_k+\Delta F_5$(kN)
6	3 095.4	24.1	74 599.1	0.103 1	354.55	1 063.65
5	9 015.8	20.8	187 528.6	0.259 1	891.01	1 492.04
4	10 300.0	16.9	174 070.0	0.240 5	827.05	2 319.09
3	10 300.0	13.0	133 900.0	0.185 0	636.19	2 955.28
2	10 300.0	9.1	93 730.0	0.129 5	445.34	3 400.62
1	11 526.2	5.2	59 936.2	0.082 8	284.74	3 685.36
Σ	54 537.4		723 763.9			

注：V_6 是考虑到鞭端效应的影响，将屋顶间的地震作用计算值放大 3 倍后的结果，即 $V_6=3F_6$。

表 21-15 各楼层纵向水平地震作用标准值及地震剪力作用标准值

层号	G_i(kN)	H_i(m)	G_iH_i	$\frac{G_iH_i}{\sum_{k=1}^{6}G_kH_k}$	$F_i=\frac{G_iH_i}{\sum_{k=1}^{6}G_kH_k}F_{Ek}$	$V_i=\sum_{k=i}^{6}F_k$(kN)
6	3 095.4	24.1	74 599.1	0.103 1	429.19	1 287.57
5	9 015.8	20.8	187 528.6	0.259 1	1 078.59	1 507.78
4	10 300.0	16.9	174 070.0	0.240 5	1 001.16	2 508.94
3	10 300.0	13.0	133 900.0	0.185 0	770.13	3 279.07
2	10 300.0	9.1	93 730.0	0.129 5	539.09	3 818.16
1	11 526.2	5.2	59 936.2	0.082 8	344.68	4 162.84
Σ	54 537.4		723 763.9			

注:同表 21-14。

21.6.3 框架侧移验算

由于本工程高宽比小于4,柱轴向变形引起的侧移忽略不计,梁柱弯曲变形引起的层间侧移计算见表 21-16。从结果来看,层间侧移均满足要求。

表 21-16 层间侧移 Δ_i

层号	横向			纵向			层间侧移允许值
	V_i (kN)	D_i (kN/m)	$\Delta_i=V_i/D_i$ (mm)	V_i (kN)	D_i (kN/m)	$\Delta_i=V_i/D_i$ (mm)	$[\Delta_i]=H/550$ (mm)
6	1 063.65	5.338×10^5	1.99	1 287.57	6.024×10^5	2.14	6.00
5	1 492.04	8.168×10^5	1.83	1 507.78	13.956×10^5	1.08	7.09
4	2 319.09	8.168×10^5	2.83	2 508.94	13.956×10^5	1.80	7.09
3	2 955.28	8.168×10^5	3.62	3 279.07	13.956×10^5	2.35	7.09
2	3 400.62	8.168×10^5	4.16	3 818.16	13.956×10^5	2.74	7.09
1	3 685.36	5.244×10^5	7.03	4 162.84	5.576×10^5	7.47	9.45

以上计算结果汇总于图 21-7 中。

21.6.4 框架剪力标准值

横向共有8榀框架,纵向共有4榀框架,由于每榀框架总刚度不同,应按照各框架柱在总刚度中的比例将层地震剪力分配至各框架柱。横向4轴框架及纵向B轴框架的各柱剪力分配计算见表 21-17 和表 21-18。

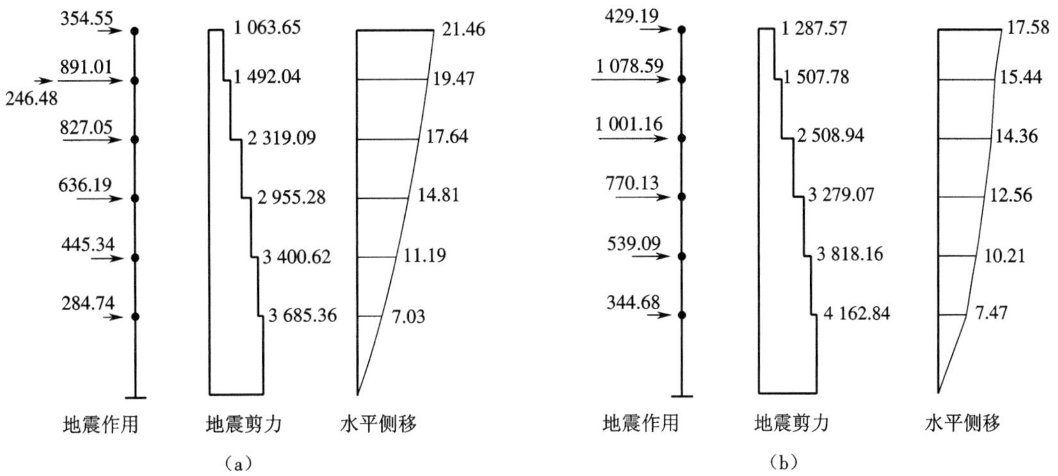

图 21-7　地震作用、地震剪力与水平侧移汇总

(a)横向　(b)纵向

表 21-17　横向 4 轴框架的各柱剪力分配

层号		层剪力	层抗侧刚度	边柱		中柱	
		V_i(kN)	D_i(kN/m)	D_{ij}(kN/m)	$V_{ij}=V_i \cdot D_{ij}/D_i$ (kN)	D_{ij}(kN/m)	$V_{ij}=V_i \cdot D_{ij}/D_i$ (kN)
横向 4 轴框架	6	1 063.65	5.338×10^5	0.279×10^5 0.307×10^5	55.59 61.17	0.471×10^5 0.488×10^5	93.85 97.23
	5	1 492.04	8.168×10^5	0.209×10^5	38.18	0.323×10^5	59.00
	4	2 319.09	8.168×10^5	0.209×10^5	59.34	0.323×10^5	91.71
	3	2 955.28	8.168×10^5	0.209×10^5	75.62	0.323×10^5	116.87
	2	3 400.62	8.168×10^5	0.209×10^5	87.01	0.323×10^5	134.48
	1	3 685.36	5.244×10^5	0.149×10^5	104.71	0.186×10^5	130.72

表 21-18　纵向 B 轴框架的各柱剪力分配

层号		层剪力	层抗侧刚度	边柱		中柱	
		V_i(kN)	D_i(kN/m)	D_{ij}(kN/m)	$V_{ij}=V_i \cdot D_{ij}/D_i$ (kN)	D_{ij}(kN/m)	$V_{ij}=V_i \cdot D_{ij}/D_i$ (kN)
纵向 B 轴框架	6	1 287.57	6.024×10^5	0.412×10^5	88.06	0.493×10^5	105.37
	5	1 507.78	13.956×10^5	0.271×10^5	29.28	0.543×10^5	58.56
	4	2 508.94	13.956×10^5	0.271×10^5	48.72	0.543×10^5	97.44
	3	3 279.07	13.956×10^5	0.271×10^5	63.67	0.543×10^5	127.35
	2	3 818.16	13.956×10^5	0.271×10^5	74.14	0.543×10^5	148.28
	1	4 162.84	5.576×10^5	0.155×10^5	115.72	0.190×10^5	141.85

21.7 水平地震作用下框架内力计算

下面以横向4轴框架为例,采用 D 值法进行计算,具体计算步骤如下。

21.7.1 计算柱端弯矩

柱反弯点距柱下端的高度 yh 按式(17-23)计算,柱端弯矩按式(17-27a)和式(17-27b)计算,计算结果见表21-19。

表21-19 横向4轴框架柱端弯矩计算

层号	柱位置	柱剪力	反弯点相对高度 y						柱端弯矩(kN·m)	
		V_{ij}(kN)	K	y_0	y_1	y_2	y_3	y	下端 M_b	上端 M_t
6	边柱4A	55.59	0.695	0.30	0.05	—	0.0	0.35	64.21	119.24
	中柱4B	93.85	1.542	0.377 1	0.0	—	0.0	0.377 1	116.79	192.92
	中柱4C	97.23	1.642	0.382 1	0.0	—	0.0	0.382 1	122.60	198.26
	边柱4D	61.17	0.794	0.35	0	—	0.0	0.35	70.65	131.21
5	边柱4A、4D	38.18	0.939	0.45	0.0	0.0	0.0	0.45	70.01	81.90
	中柱4B、4C	59.00	1.941	0.45	0.0	0.0	0.0	0.45	103.55	126.56
4	边柱4A、4D	59.34	0.939	0.45	0.0	0.0	0.0	0.45	104.14	127.28
	中柱4B、4C	91.71	1.941	0.497 1	0.0	0.0	0.0	0.497 1	177.80	179.87
3	边柱4A、4D	75.62	0.939	0.452 0	0.0	0.0	0.0	0.452 0	133.30	161.62
	中柱4B、4C	116.87	1.941	0.50	0.0	0.0	0.0	0.50	227.90	227.90
2	边柱4A、4D	87.01	0.939	0.50	0.0	0.0	-0.033 3	0.466 7	158.37	180.97
	中柱4B、4C	134.48	1.941	0.50	0.0	0.0	0.0	0.50	262.24	262.24
1	边柱4A、4D	104.71	1.252	0.637 4	—	-0.009	—	0.628 4	342.16	202.33
	中柱4B、4C	130.72	2.587	0.570 7	—	0.00	—	0.570 7	387.93	291.81

21.7.2 计算梁端弯矩及梁剪力

利用节点平衡条件,梁端弯矩按式(17-28a)或式(17-28b)和式(17-28c)计算,梁剪力按式(17-29)计算,计算结果见表21-20。

表21-20 横向4轴框架梁端弯矩、剪力计算

层号		6	5	4	3	2	1
A轴	$\sum M_{Col,A}$(kN·m)	119.24	146.10	197.29	265.76	314.27	360.70
L_{AB}	$M_A=\sum M_{Col,A}$	119.24	146.10	197.29	265.76	314.27	360.70
	$V_{AB}=(M_A+M_{B,L})/l$	30.13	39.98	50.67	70.01	83.55	95.27
	$M_{B,L}=\sum M_{Col,B}\cdot i_{AB}/(i_{AB}+i_{BC})$	79.64	117.75	137.14	196.30	237.16	268.09

续表

层号		6	5	4	3	2	1
B 轴	$\sum M_{Col,B}$(kN·m)	192.92	243.35	283.42	405.69	490.13	554.05
L_{BC}	$M_{B,R}=\sum M_{Col,B}\cdot i_{BC}/(i_{AB}+i_{BC})$	113.27	125.60	146.28	209.39	252.97	285.96
	$V_{BC}=(M_{B,R}+M_{C,L})/l$	32.67	84.73	97.52	139.59	168.65	190.64
	$M_{C,L}=\sum M_{Col,C}\cdot i_{BC}/(i_{BC}+i_{CD})$	102.33	128.60	146.28	209.39	252.97	285.96
C 轴	$\sum M_{Col,C}$(kN·m)	198.26	249.16	283.42	405.69	490.13	554.05
L_{CD}	$M_{C,R}=\sum M_{Col,C}\cdot i_{CD}/(i_{BC}+i_{CD})$	95.93	120.56	137.14	196.30	237.16	268.09
	$V_{CD}=(M_C+M_D)/l$	34.42	41.38	50.67	70.01	83.55	95.27
	$M_D=\sum M_{Col,D}$	131.21	152.55	197.29	265.76	314.27	360.70
D 轴	$\sum M_{Col,D}$(kN·m)	131.21	152.55	197.29	265.76	314.27	360.70

21.7.3　计算柱轴力

根据梁端剪力，按式(17-30)计算柱轴力，计算结果见表 21-21。

边柱轴力：

$$N_{ij}=\sum_{k=i}^{n}V_k$$

中柱轴力：

$$N_{ij}=\sum_{k=i}^{n}(V_{k,L}-V_{k,R})$$

表 21-21　横向 4 轴框架柱轴力计算

层号	各梁剪力(kN)			各柱轴力(kN)			
	V_{AB}	V_{BC}	V_{CD}	N_A	N_B	N_C	N_D
6	30.13	32.67	34.42	−30.13	−2.53	−1.72	34.42
5	39.98	84.73	41.38	−70.11	−47.29	41.60	75.805
4	50.67	97.52	50.67	−120.78	−94.13	88.45	126.47
3	70.01	139.59	70.01	−190.79	−163.72	158.03	196.48
2	83.55	168.65	83.55	−274.34	−248.65	243.13	280.03
1	95.27	190.64	95.27	−369.61	−344.19	338.50	375.30

21.7.4　绘制内力图

在左震作用下，横向 4 轴框架的内力图如图 21-8 所示。在右震作用下，内力相同，方向相反。

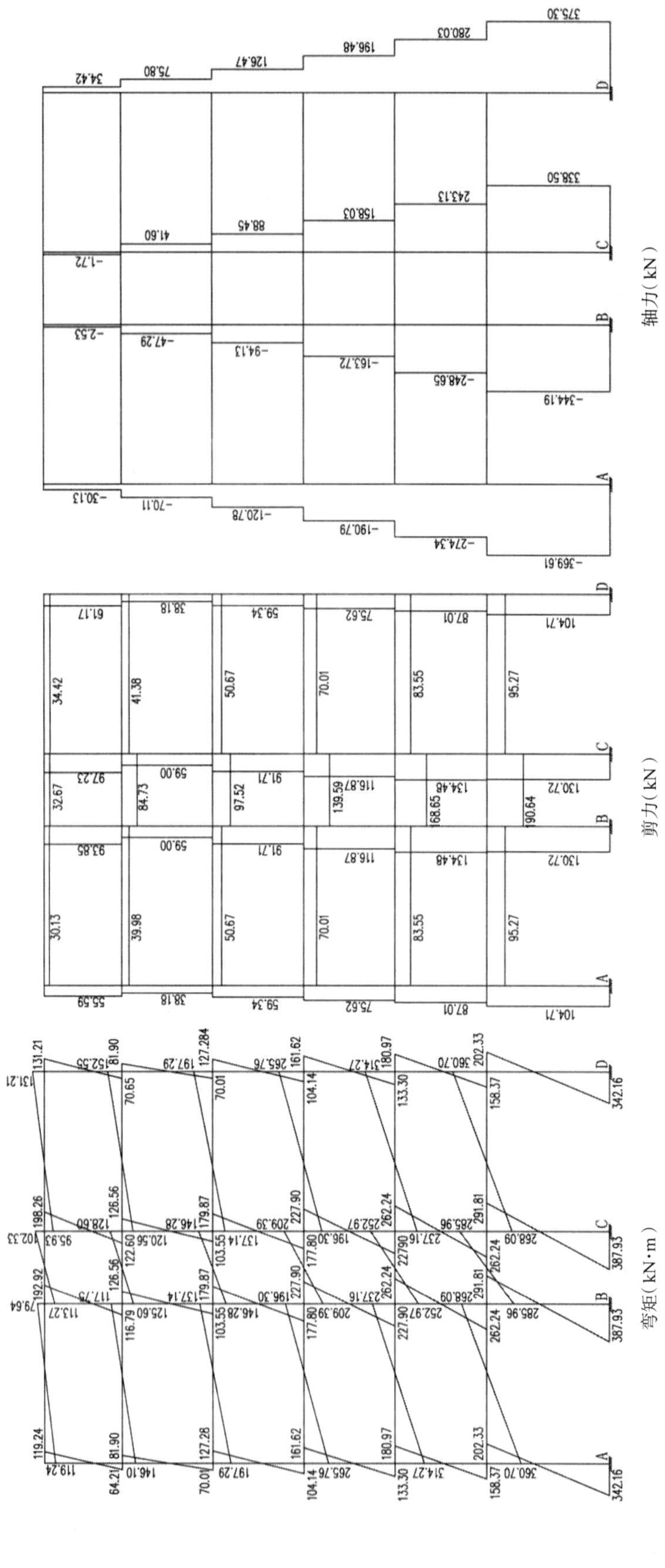

图 21-8 横向 4 轴框架内力图(左震作用下)

21.8　竖向荷载作用下框架内力计算

与水平地震作用下相同，取横向 4 轴框架进行计算。作用在梁上的竖向荷载按照各自的负荷范围计算，推算为作用在梁及梁柱节点上的荷载，荷载值详见表 21-22。由纵向框架传来的作用在梁柱节点上的竖向荷载值见表 21-23。荷载简图如图 21-9 所示，其中括号内为活载。

表 21-22　横向 4 轴框架梁竖向荷载取值

层号		均布恒载（kN/m）	T 形荷载（kN/m）	三角形荷载（kN/m）	节点弯矩（kN·m）	集中荷载（kN）
AB 跨	6	g_1=5.00	g_2=10.7，p_2=0.9，a=1.8	—	M_g=92.2，M_q=2.92	—
	5	g_1=15.80	g_2=17.82，p_2=7.2，a=1.8	—	M_g=113.80，M_q=11.66	—
	1~4	g_1=9.55	g_2=12.78，p_2=7.2，a=1.8	—	M_g=129.82，M_q=11.66	—
BC 跨	6	g_1=3.80	—	g_3=16.95，p_3=1.5	—	—
	5	g_1=14.60	—	g_3=14.85，p_3=6.0	—	—
	1~4	g_1=3.80	—	g_3=13.34，p_3=7.5	—	—
CD 跨	6	g_1=14.50	g_2=20.34，p_2=1.8，a=1.8	—	—	P_1=38.40 Q_1=7.65 仅用于 1~4 层
	5	g_1=12.60	g_2=12.78，p_2=14.4，a=1.8	—	—	
	1~4	g_1=5.00	g_2=16.30，p_2=8.1，a=1.8	—	—	

表 21-23　横向 4 轴框架梁柱节点处由纵向框架传来的竖向荷载取值（kN）

层号	柱自重	柱 A		柱 B		柱 C		柱 D	
		恒载 G	活载 Q	恒载 G	活载 Q	恒载 G	活载 Q	恒载 G	活载 Q
6	33.00	87.60	5.40	135.53	8.06	178.25	11.87	129.94	7.56
5	39.00	130.53	36.72	146.17	47.34	186.43	77.82	158.46	60.48
2~4	39.00	153.59	36.72	187.24	51.62	247.27	55.56	169.62	34.02
1	52.00	153.59	36.72	187.24	51.62	247.27	55.56	169.62	34.02

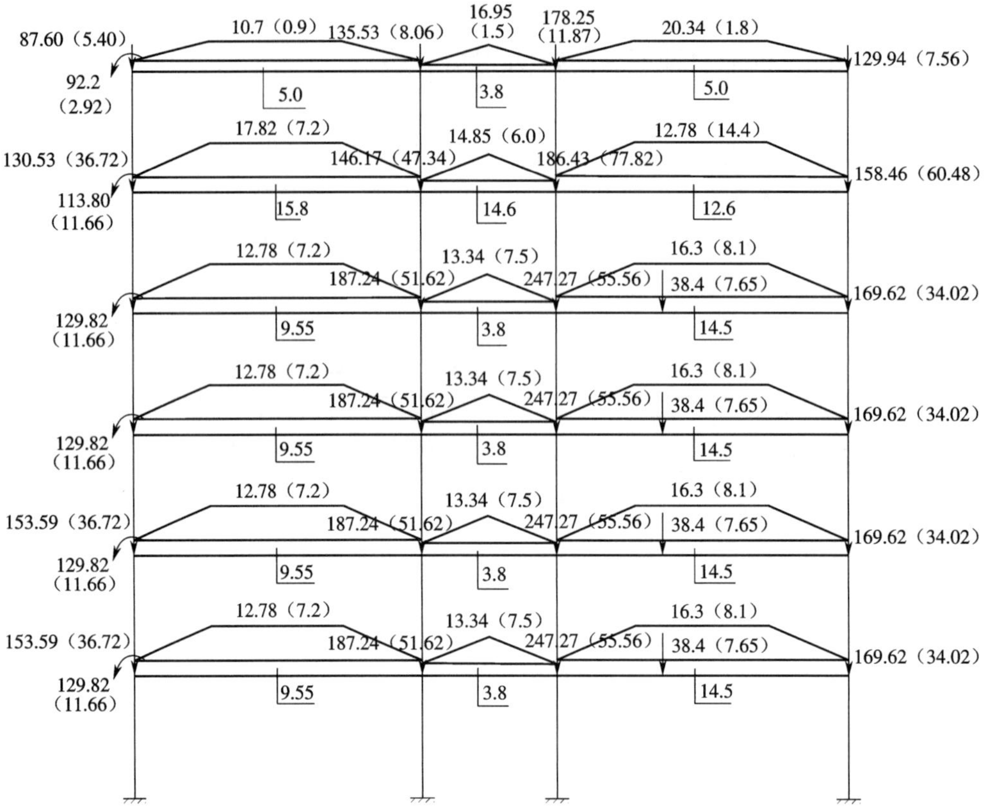

图 21-9 作用在横向 4 轴框架上的竖向荷载(kN)

21.8.1 竖向恒载作用下框架内力计算

竖向恒载作用下框架内力计算采用二次弯矩分配法,具体计算步骤如下。

(1)计算竖向荷载作用下各层梁端固端弯矩见表 21-24。

表 21-24 恒载(活载)作用下横向 4 轴框架梁端固端弯矩(kN·m)

层号	AB 跨		BC 跨		CD 跨	
	M^*_{AB}	M^*_{BA}	M^*_{BC}	M^*_{CB}	M^*_{CD}	M^*_{DC}
6	-68.52(-2.85)	68.52(2.85)	-10.80(-0.70)	10.80(0.70)	-82.50(-5.69)	82.50(5.69)
5	-113.73(-22.78)	113.73(22.78)	-19.30(-2.81)	19.30(2.81)	-86.17(-45.56)	86.17(45.56)
1~4	-58.58(-22.78)	58.58(22.78)	-9.10(-3.52)	9.10(3.52)	-141.52(-33.07)	125.53(29.88)

(2)根据梁柱线刚度确定各节点处的分配系数,如图 21-10 所示。

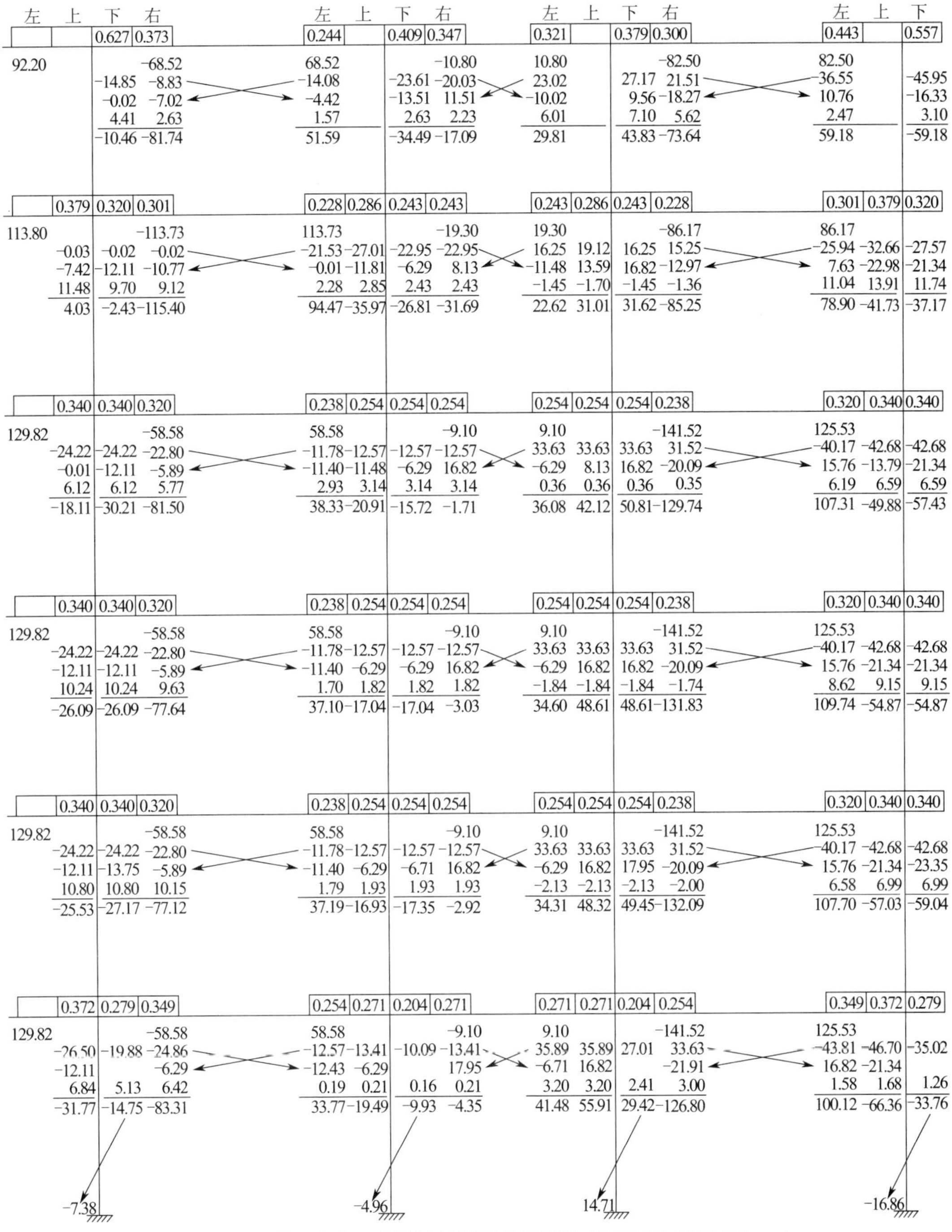

图 21-10　用二次弯矩分配法计算竖向恒载作用下框架弯矩(kN·m)

(3)进行弯矩的分配和传递,求得各节点处的杆端弯矩值。

需要注意的是,A 轴柱外侧的悬臂是静定结构,并不参与节点弯矩的分配和传递。

(4)根据静力平衡条件计算各梁跨中弯矩。跨中弯矩由取荷载实际分布并按两端简支的计算值与梁端弯矩叠加求得。跨中最大弯矩并不一定在跨度的中点处,应建立平衡方程求解,计算简图如图 21-11 所示。

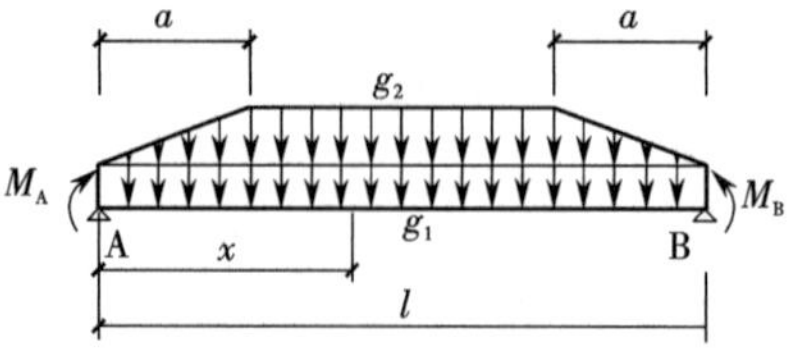

图 21-11 求解梁跨中最大弯矩的位置 x

在图 21-11 所示荷载作用下,距离 A 端 x 处的跨中弯矩为

$$M_x = \frac{1}{2}g_1 lx\left(1-\frac{x}{l}\right)+\frac{1}{6}g_2 l^2\left[-\left(\frac{a}{l}\right)^2+3\frac{x}{l}-3\left(\frac{x}{l}\right)^2\right]+M_A+(M_B-M_A)\frac{x}{l} \quad (21\text{-}1)$$

对式(21-1)求导,并令 $M'_x=0$,可求得跨中最大弯矩的位置 x,即

$$x=\frac{1}{2}l+\frac{M_B-M_A}{(g_1+g_2)l} \quad (21\text{-}2)$$

将式(21-2)代回到式(21-1)中,即可求得跨中最大弯矩 $M_{x\max}$。

以第 4 层 AB 跨为例,l=6.6 m,a=1.8 m,g_1=5.0 kN/m,g_2=12.78 kN/m,M_A=−81.50 kN · m,M_B=−38.33 kN·m,可得

x=3.667 m,$M_{x\max}$=31.20 kN·m

同理,取 $x=l/2$=3.30 m,则由式(21-1)可得跨度中点处的弯矩 $M_{中}$=30.00 kN·m。

由以上计算可以看出,最大弯矩与跨度的中点处弯矩相差不大。因此,为简化计算,近似取跨度中点处的弯矩为跨中最大弯矩。

最后可得竖向恒载作用下的弯矩图如图 21-12 所示。

(5)根据各梁、柱弯矩计算各梁、柱的剪力。梁柱剪力按照平衡条件进行计算,结果见表 21-25 和表 21-26。

表 21-25 恒载作用下梁端剪力计算

层号		6	5	4	3	2	1
AB 跨	左端弯矩 M_{AB}(kN·m)	−81.74	−115.40	−81.50	−77.64	−77.12	−83.31
	右端弯矩 M_{BA}(kN·m)	−51.59	−94.47	−38.33	−37.1	−37.19	−33.77
	V_M=(M_{BA}−M_{AB})/l(kN)	4.57	3.17	6.54	6.14	6.05	7.51
	V_0(kN)	57.20	94.91	47.17			
	$V_左=V_M+V_0$(kN)	61.77	98.08	53.71	53.21	53.22	54.68
	$V_右=V_M-V_0$(kN)	−52.63	−91.74	−40.63	−41.03	−41.12	−39.66
BC 跨	左端弯矩 M_{BC}(kN·m)	−17.09	−31.69	−1.71	−3.03	−2.92	−4.35
	右端弯矩 M_{CB}(kN·m)	−29.81	−22.62	−36.08	−34.60	−34.31	−41.48
	V_M=(M_{CB}− M_{BC})/l(kN)	−1.93	1.37	−5.20	−4.78	−4.76	−5.63
	V_0(kN)	18.41	33.04	15.71			
	$V_左=V_M+V_0$(kN)	16.48	34.41	10.50	10.93	10.95	10.08
	$V_右=V_M-V_0$(kN)	−20.34	−31.67	−20.92	−20.49	−20.47	−21.34

续表

层号		6	5	4	3	2	1
CD 跨	左端弯矩 M_{CD}（kN·m）	-73.64	-85.25	-129.74	-131.83	-132.09	-126.8
	右端弯矩 M_{DC}（kN·m）	-59.18	-78.90	-107.31	-109.74	-107.7	-100.12
	$V_M=(M_{DC}-M_{CD})/l$（kN）	2.19	0.96	3.40	3.35	3.70	4.04
	V_0（kN）	65.22	72.25	111.41/-100.93			
	$V_{左}=V_M+V_0$（kN）	67.41	73.21	114.81	114.76	115.11	115.45
	$V_{右}=V_M-V_0$（kN）	-63.03	-71.29	-97.53	-97.58	-97.23	-96.89

注：V_0 为各跨梁在两端简支条件下的剪力，梁端剪力 V 及 V_0 以使节点顺时针转动为正。

表 21-26　恒载作用下柱端剪力计算

层号		6	5	4	3	2	1
A 轴	上端弯矩 M^t（kN·m）	10.46	2.43	30.21	26.09	27.17	14.75
	下端弯矩 M^b（kN·m）	-4.03	18.11	26.09	25.53	31.77	7.38
	$V=-(M^t+M^b)/h$（kN）	1.95	5.27	14.44	13.24	15.11	4.26
B 轴	上端弯矩 M^t（kN·m）	34.49	26.81	15.72	17.04	17.35	9.93
	下端弯矩 M^b（kN·m）	35.97	20.91	17.04	16.93	19.49	4.96
	$V=-(M^t+M^b)/h$（kN）	21.35	14.80	8.40	8.72	9.45	2.86
C 轴	上端弯矩 M^t（kN·m）	-43.83	-31.62	-50.81	-48.61	-49.45	-29.42
	下端弯矩 M^b（kN·m）	-31.01	-41.12	-48.61	-48.32	-55.91	-14.71
	$V=-(M^t+M^b)/h$（kN）	-22.68	-18.66	-25.49	-24.85	-27.02	-8.49
D 轴	上端弯矩 M^t（kN·m）	59.18	37.17	57.43	54.87	59.04	33.76
	下端弯矩 M^b（kN·m）	41.73	49.88	54.87	57.03	66.36	16.86
	$V=-(M^t+M^b)/h$（kN）	30.56	22.32	28.79	28.69	32.15	9.73

注：柱端剪力 V 以使节点顺时针转动为正。

（6）柱轴力计算。柱轴力按节点处平衡条件进行计算，计算简图如图 21-13 所示。

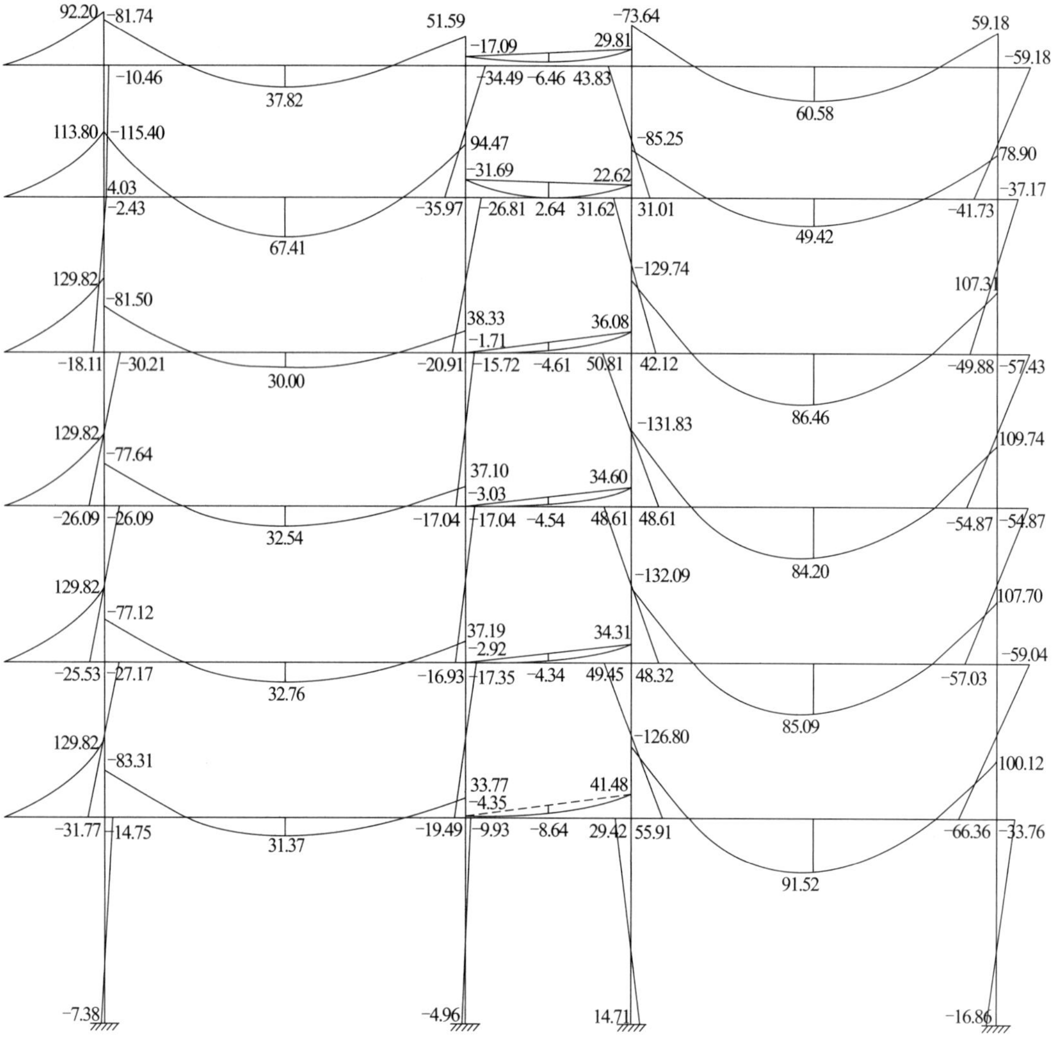

图 21-12　竖向恒载作用下框架弯矩图

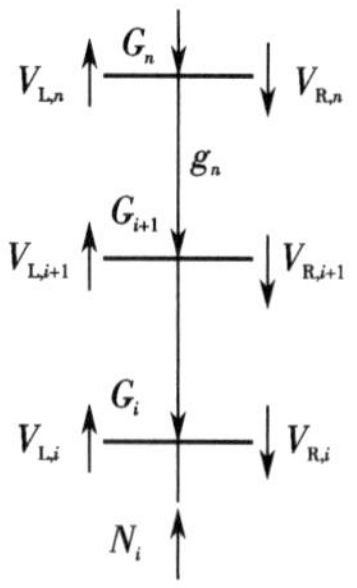

图 21-13　柱轴力计算简图

柱顶截面轴力为

$$N_i^{\mathrm{t}} = \sum_{j=i}^{n}(G_j - V_{\mathrm{L},j} + V_{\mathrm{R},j} + g_{j+1}) \tag{21-3a}$$

柱底截面轴力为

$$N_i^{\mathrm{b}} = \sum_{j=i}^{n}(G_j - V_{\mathrm{L},j} + V_{\mathrm{R},j} + g_j) \tag{21-3b}$$

式中　g_i——各层柱自重；

G_i——各层由纵向框架传来的竖向荷载；

V_{L}、V_{R}——节点左侧、右侧梁剪力。

列表计算，结果见表 21-27。

表 21-27　恒载作用下柱轴力计算(kN)

层号		6	5	4	3	2	1
柱自重 g_i		33.00	39.00	39.00	39.00	39.00	52.00
A轴	节点右端剪力 V_{R}	61.77	98.08	53.71	53.21	53.22	54.68
	纵向框架竖向荷载 G_i	87.60	130.53	153.59	153.59	153.59	153.59
	柱顶轴力 N_i^{t}	149.37	410.98	657.28	903.08	1 148.89	1 396.16
	柱底轴力 N_i^{b}	182.37	449.98	696.28	942.08	1 187.89	1 448.16
B轴	节点左端剪力 V_{L}	-52.63	-91.74	-40.63	-41.03	-41.12	-39.66
	节点右端剪力 V_{R}	16.48	34.41	10.50	10.93	10.95	10.08
	纵向框架竖向荷载 G_i	135.53	146.17	187.24	187.24	187.24	187.24
	柱顶轴力 N_i^{t}	204.64	509.96	787.33	1 065.53	1 343.84	1 619.82
	柱底轴力 N_i^{b}	237.64	548.96	826.33	1 104.53	1 382.84	1 671.82
C轴	节点左端剪力 V_{L}	-20.34	-31.67	-20.92	-20.49	-20.47	-21.34
	节点右端剪力 V_{R}	67.41	73.21	114.81	114.76	115.11	115.45
	纵向框架竖向荷载 G_i	178.25	186.43	247.27	247.27	247.27	247.27
	柱顶轴力 N_i^{t}	266.00	596.31	1 018.31	1 439.83	1 861.68	2 284.74
	柱底轴力 N_i^{b}	299.00	635.31	1 057.31	1 478.83	1 900.68	2 336.74
D轴	节点左端剪力 V_{L}	-63.03	-71.29	-97.53	-97.58	-97.23	-96.89
	纵向框架竖向荷载 G_i	129.94	158.46	169.92	169.92	169.92	169.92
	柱顶轴力 N_i^{t}	192.97	454.72	761.17	1 067.67	1 373.82	1 679.63
	柱底轴力 N_i^{b}	225.97	493.72	800.17	1 106.67	1 412.82	1 731.63

21.8.2　竖向活载作用下框架内力计算

竖向活载作用下，框架内力计算方法与竖向恒载作用时相同，为简化计算，只考虑活载在各跨满布时的情况，内力组合时将支座最大弯矩和跨中最大弯矩乘以放大系数 1.1，以考虑活载的不利布置的影响，具体计算结果见表 21-28 至表 21-30 和图 21-14。

表 21-28 活载作用下梁端剪力计算

层号		6	5	4	3	2	1
AB 跨	左端弯矩 M_{AB}(kN·m)	-3.82	-21.58	-21.95	-21.98	-22.04	-21.15
	右端弯矩 M_{BA}(kN·m)	-2.82	-19.00	-19.83	-19.83	-19.86	-18.94
	$V_M=(M_{BA}-M_{AB})/l$(kN)	0.15	0.39	0.32	0.33	0.33	0.33
	V_0(kN)	2.16	17.28				
	$V_左=V_M+V_0$(kN)	2.31	17.67	17.60	17.61	17.61	17.61
	$V_右=V_M-V_0$(kN)	-1.99	-16.89	-16.96	-16.95	-16.95	-16.95
BC 跨	左端弯矩 M_{BC}(kN·m)	0.07	-3.43	-4.82	-4.81	-4.77	-5.68
	右端弯矩 M_{CB}(kN·m)	-0.48	-11.88	-8.14	-8.50	-8.44	-10.02
	$V_M=(M_{CB}-M_{BC})/l$(kN)	-0.18	-2.82	-1.11	-1.23	-1.22	-1.45
	V_0(kN)	1.13	4.50	5.63			
	$V_左=V_M+V_0$(kN)	0.95	1.72	4.52	4.40	4.41	4.18
	$V_右=V_M-V_0$(kN)	-1.31	-6.32	-6.74	-6.86	-6.85	-7.08
CD 跨	左端弯矩 M_{CD}(kN·m)	-6.79	-41.63	-31.23	-30.89	-30.94	-29.75
	右端弯矩 M_{DC}(kN·m)	-7.42	-37.27	-26.67	-25.96	-26.15	-23.67
	$V_M=(M_{DC}-M_{CD})/l$(kN)	-0.10	0.66	0.69	0.75	0.73	0.72
	V_0(kN)	4.32	34.56	24.31/-22.22			
	$V_左=V_M+V_0$(kN)	4.22	35.22	25.00	25.06	25.04	25.03
	$V_右=V_M-V_0$(kN)	-4.42	-33.90	-22.91	-22.97	-22.95	-22.94

注:V_0 为各跨梁在两端简支条件下的剪力,梁端剪力 V 及 V_0 以使节点顺时针转动为正。

表 21-29 活载作用下柱端剪力计算

层号		6	5	4	3	2	1
A 轴	上端弯矩 M^t(kN·m)	0.91	-5.58	-5.20	-5.16	-5.28	-3.26
	下端弯矩 M^b(kN·m)	-4.34	-5.09	-5.16	-5.10	-6.24	-1.63
	$V=-(M^t+M^b)/h$(kN)	-1.04	-2.74	-2.66	-2.63	-2.95	-0.94
B 轴	上端弯矩 M^t(kN·m)	2.89	8.27	7.51	7.50	7.62	4.64
	下端弯矩 M^b(kN·m)	7.29	7.49	7.50	7.46	8.62	2.32
	$V=-(M^t+M^b)/h$(kN)	3.08	4.04	3.85	3.84	4.16	1.34
C 轴	上端弯矩 M^t(kN·m)	-6.31	-15.26	-10.83	-11.19	-11.38	-6.86
	下端弯矩 M^b(kN·m)	-14.49	-12.27	-11.19	-11.13	-12.87	-3.43
	$V=-(M^t+M^b)/h$(kN)	-6.30	-7.06	-5.65	-5.72	-6.22	-1.98
D 轴	上端弯矩 M^t(kN·m)	7.42	19.09	12.23	12.98	13.31	7.97
	下端弯矩 M^b(kN·m)	18.18	14.44	12.98	12.83	15.71	3.99
	$V=-(M^t+M^b)/h$(kN)	7.76	8.60	6.46	7.39	7.44	2.30

注:柱端剪力 V 以使节点顺时针转动为正。

表 21-30　活载作用下柱轴力计算(kN)

层号		6	5	4	3	2	1
A 轴	节点右端剪力 V_R	2.31	17.67	17.60	17.61	17.61	17.61
	纵向框架竖向荷载 Q_i	5.40	36.72	36.72	36.72	36.72	36.72
	柱轴力 N_i	7.71	62.10	116.42	170.75	225.08	279.41
B 轴	节点左端剪力 V_L	−1.99	−16.89	−16.96	−16.95	−16.95	−16.95
	节点右端剪力 V_R	0.95	1.72	4.52	4.40	4.41	4.18
	纵向框架竖向荷载 Q_i	8.06	47.34	51.62	51.62	51.62	51.62
	柱轴力 N_i	11.00	76.95	150.05	223.02	296.00	368.75
C 轴	节点左端剪力 V_L	−1.31	−6.32	−6.74	−6.86	−6.85	−7.08
	节点右端剪力 V_R	4.22	35.22	25.00	25.06	25.04	25.03
	纵向框架竖向荷载 Q_i	11.87	77.82	55.56	55.56	55.56	55.56
	柱轴力 N_i	17.40	136.76	224.06	311.54	398.99	486.66
D 轴	节点左端剪力 V_L	−4.42	−33.90	−22.91	−22.97	−22.95	−22.94
	纵向框架竖向荷载 Q_i	7.56	60.48	34.02	34.02	34.02	34.02
	柱轴力 N_i	11.98	106.36	163.29	220.28	277.25	334.21

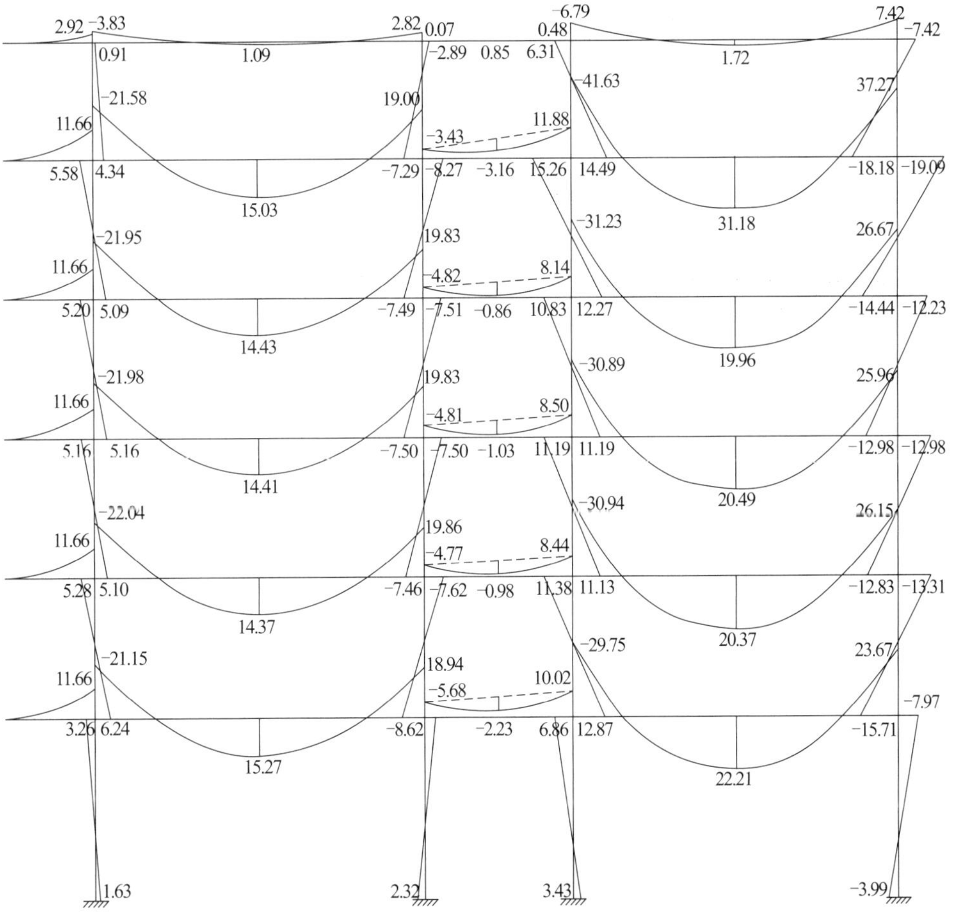

图 21-14　竖向活载作用下框架弯矩图

21.9 荷载作用效应组合

按照第18章所述的荷载作用效应组合原则,按承载力极限状态计算时,应进行以下组合。

(1)无地震作用时,取竖向恒载效应 S_G 与竖向活载效应 S_Q 的基本组合,并考虑弯矩调幅,即

$$S=1.30S_G+1.50S_Q$$

由于本例抗震设防烈度为7度(0.15g),地震作用较大,同时水平风荷载较小。因此,无地震作用时,不考虑竖向荷载效应与水平风荷载效应的基本组合。

(2)有地震作用时,取重力荷载代表值的荷载效应($S_G+0.5S_Q$)与水平地震作用效应 S_{Eh} 的基本组合,即

$$S=1.30(S_G+0.5S_Q)\pm 1.40S_{Eh}$$

或

$$S=1.00(S_G+0.5S_Q)\pm 1.40S_{Eh}$$

21.9.1 竖向荷载作用下的基本组合

根据以上组合原则,竖向荷载作用下框架组合内力结果见表21-31至表21-34。

表21-31 竖向荷载作用下梁端及跨中弯矩基本组合(kN·m)

层号	内力及其组合	AB跨			BC跨			CD跨		
		M_{ABz}	M_{ABy}	$M_{AB中}$	M_{BCz}	M_{BCy}	$M_{BC中}$	M_{CDz}	M_{CDy}	$M_{CD中}$
6	M_G	-81.74	-51.59	37.82	-17.09	-29.81	-6.46	-73.64	-59.18	60.58
	M_Q	-3.83	-2.82	1.09	0.07	-0.48	0.85	-6.79	-7.42	1.72
	组合弯矩	-112.58	-71.72	50.96	-22.10	-39.55	-7.00	-106.94	-89.18	81.59
	调幅15%	-95.69	-60.96	64.79	-18.79	-33.61	-2.37	-90.90	-75.80	96.30
5	M_G	-115.40	-94.47	67.41	-31.69	-22.62	2.64	-85.25	-78.90	49.42
	M_Q	-21.58	-19.00	15.03	-3.43	-11.88	-3.16	-41.63	-37.27	31.18
	组合弯矩	-185.63	-154.16	112.43	-46.86	-49.01	-1.78	-179.51	-164.07	115.69
	调幅15%	-157.78	-131.04	137.92	-39.83	-41.66	5.41	-152.59	-139.46	141.46
4	M_G	-81.50	-38.33	30.00	-1.71	-36.08	-4.61	-129.74	-107.31	86.46
	M_Q	-21.95	-19.83	14.43	-4.82	-8.14	-0.86	-31.23	-26.67	19.96
	组合弯矩	-142.17	-82.55	62.81	-10.18	-60.34	-7.41	-220.19	-183.51	145.33
	调幅15%	-120.84	-70.17	79.66	-8.65	-51.28	-2.12	-187.16	-155.98	175.61
3	M_G	-77.64	-37.10	32.54	-3.03	-34.60	-4.54	-131.83	-109.74	84.20
	M_Q	-21.98	-19.83	14.41	-4.81	-8.50	-1.03	-30.89	-25.96	20.49
	组合弯矩	-137.20	-80.95	66.08	-11.88	-59.01	-7.60	-222.35	-185.50	143.27
	调幅15%	-116.62	-68.81	82.44	-10.09	-50.15	-2.29	-189.00	-157.67	173.86

续表

层号	内力及其组合	AB 跨			BC 跨			CD 跨		
		M_{ABz}	M_{ABy}	$M_{AB中}$	M_{BCz}	M_{BCy}	$M_{BC中}$	M_{CDz}	M_{CDy}	$M_{CD中}$
2	M_G	-77.12	-37.19	32.76	-2.92	-34.31	-4.34	-132.09	-107.70	85.09
	M_Q	-22.04	-19.86	14.37	-4.77	-8.44	-0.98	-30.94	-26.15	20.37
	组合弯矩	-136.62	-81.12	66.30	-11.67	-58.53	-7.26	-222.77	-183.16	144.23
	调幅 15%	-116.13	-68.95	82.63	-9.92	-49.75	-1.99	-189.35	-155.68	174.67
1	M_G	-83.31	-33.77	31.37	-4.35	-41.48	-8.65	-126.80	-100.12	91.52
	M_Q	-21.15	-18.94	15.27	-5.68	-10.02	-2.23	-29.75	-23.67	22.21
	组合弯矩	-143.20	-75.15	65.98	-15.03	-70.46	-14.92	-213.93	-169.21	155.62
	调幅 15%	-121.72	-63.88	82.35	-12.77	-59.89	-8.51	-181.84	-143.83	184.36

注：1. M_G、M_Q 分别为竖向恒载、活载作用下各控制截面弯矩；

2. 弯矩组合工况为 $M=1.3M_G+1.50M_Q\times1.1$，其中系数 1.1 为考虑活载最不利布置时，将满布活载时的弯矩放大 10%；

3. 考虑调幅 15% 后，梁端弯矩降低 15%，相应的跨中弯矩按平衡条件求得。

表 21-32　竖向荷载作用下梁端剪力及跨中剪力基本组合(kN)

层号	内力及其组合	AB 跨			BC 跨			CD 跨		
		V_{ABz}	V_{ABy}	$V_{AB中}$	V_{BCz}	V_{BCy}	$V_{BC中}$	V_{CDz}	V_{CDy}	$V_{CD中}$
6	V_G	61.77	-52.63	—	16.48	-20.34	—	67.41	-63.03	—
	V_Q	2.31	-1.99	—	0.95	-1.31	—	4.22	-4.42	—
	组合剪力	83.77	-71.40	—	22.85	-28.41	—	93.96	-88.57	—
5	V_G	98.08	-91.74	—	34.41	-31.67	—	73.21	-71.29	—
	V_Q	17.67	-16.89	—	1.72	-6.32	—	35.22	-33.90	—
	组合剪力	154.01	-144.60	—	47.31	-50.65	—	148.00	-143.53	—
4	V_G	53.71	-40.63	—	10.50	-20.92	—	114.81	-97.53	—
	V_Q	17.60	-16.96	—	4.52	-6.74	—	25.00	-22.91	—
	组合剪力	96.22	-78.26	—	20.43	-37.31	—	186.75	-161.15	—
3	V_G	53.21	-41.03	—	10.93	-20.49	—	114.76	-97.58	—
	V_Q	17.61	-16.95	—	4.40	-6.86	—	25.06	-22.97	—
	组合剪力	95.59	-78.76	—	20.81	-36.93	—	186.78	-161.31	—
2	V_G	53.22	-41.12	—	10.95	-20.47	—	115.11	-97.23	—
	V_Q	17.61	-16.95	—	4.41	-6.85	—	25.04	-22.95	—
	组合剪力	95.60	-78.88	—	20.85	-36.89	—	187.20	-160.82	—
1	V_G	54.68	-39.66	—	10.08	-21.34	—	115.45	-96.89	—
	V_Q	17.61	-16.95	—	4.18	-7.08	—	25.03	-22.94	—
	剪力组合	97.50	-76.98	—	19.37	-38.36	—	187.63	-160.37	—

注：1. V_G、V_Q 分别为竖向恒载、活载作用下各控制截面剪力；

2. 剪力组合工况为 $V=1.3V_G+1.50V_Q$；

3. 各跨跨中剪力均较小，对箍筋计算不起控制作用，因此表中未给出。

表 21-33　A、B 柱竖向荷载作用下柱端内力基本组合

柱号			A 柱			B 柱		
层号			恒载效应	活载效应	组合效应	恒载效应	活载效应	组合效应
6	柱顶	弯矩 M	10.46	0.91	14.96	34.49	2.89	49.17
		轴力 N	149.37	7.71	205.75	204.64	11.00	282.53
	柱底	弯矩 M	-4.03	-4.34	-11.75	35.97	7.29	57.70
		轴力 N	182.37	7.71	248.65	237.64	11.00	325.43
	剪力 V		1.95	-1.04	0.98	21.35	3.08	32.38
5	柱顶	弯矩 M	2.43	-5.58	-5.21	26.81	8.27	47.26
		轴力 N	410.98	62.10	627.42	509.96	76.95	778.37
	柱底	弯矩 M	18.11	-5.09	15.91	20.91	7.49	38.42
		轴力 N	449.98	62.10	678.12	548.96	76.95	829.07
	剪力 V		5.27	-2.74	2.74	14.80	4.04	25.30
4	柱顶	弯矩 M	30.21	-5.20	31.47	15.72	7.51	31.70
		轴力 N	657.28	116.42	1 029.09	787.33	150.05	1 248.60
	柱底	弯矩 M	26.09	-5.16	26.18	17.04	7.50	33.40
		轴力 N	696.28	116.42	1 079.79	826.33	150.05	1 299.30
	剪力 V		14.44	-2.66	14.78	8.40	3.85	16.70
3	柱顶	弯矩 M	26.09	-5.16	26.18	17.04	7.50	33.40
		轴力 N	903.08	170.75	1 430.13	1 065.53	223.02	1 719.72
	柱底	弯矩 M	25.53	-5.10	25.54	16.93	7.46	33.20
		轴力 N	942.08	170.75	1 480.83	1 104.53	223.02	1 770.42
	剪力 V		13.24	-2.63	13.27	8.72	3.84	17.10
2	柱顶	弯矩 M	27.17	-5.28	27.40	17.35	7.62	33.99
		轴力 N	1 148.89	225.08	1 831.18	1 343.84	296.00	2 190.99
	柱底	弯矩 M	31.77	-6.24	31.94	19.49	8.62	38.27
		轴力 N	1 187.89	225.08	1 881.88	1 382.84	296.00	2 241.69
	剪力 V		15.11	-2.95	15.22	9.45	4.16	18.53
1	柱顶	弯矩 M	14.75	-3.26	14.29	9.93	4.64	19.87
		轴力 N	1 396.16	279.41	2 234.12	1 619.82	368.75	2 658.89
	柱底	弯矩 M	7.38	-1.63	7.15	4.96	2.32	9.93
		轴力 N	1 448.16	279.41	2 301.72	1 671.82	368.75	2 726.49
	剪力 V		4.26	-0.94	4.13	2.86	1.34	5.73

注:内力组合工况为 $S=1.3S_G+1.50S_Q$,且弯矩单位为 kN·m,轴力和剪力单位为 kN。

表 21-34　C、D 柱竖向荷载作用下柱端内力基本组合(kN)

柱号			C 柱			D 柱		
层号			恒载效应	活载效应	组合效应	恒载效应	活载效应	组合效应
6	柱顶	弯矩 M	−43.83	−6.31	−66.44	59.18	7.42	88.06
		轴力 N	266	17.4	371.90	192.97	11.98	268.83
	柱底	弯矩 M	−31.01	−14.49	−62.05	41.73	18.18	81.52
		轴力 N	299	17.4	414.80	224.97	11.98	310.43
	剪力 V		−22.68	−6.3	−38.93	30.56	7.76	51.37
5	柱顶	弯矩 M	−31.62	−15.26	−64.00	37.17	19.09	76.96
		轴力 N	596.31	136.76	980.34	454.72	106.36	750.68
	柱底	弯矩 M	−41.12	−12.27	−71.86	49.88	14.44	86.50
		轴力 N	635.31	136.76	1 031.04	493.72	106.36	801.38
	剪力 V		−18.66	−7.06	−34.85	22.32	8.6	41.92
4	柱顶	弯矩 M	−50.81	−10.83	−82.30	57.43	12.23	93.00
		轴力 N	1 018.31	224.06	1 659.89	761.17	163.29	1 234.46
	柱底	弯矩 M	−48.61	−11.19	−79.98	54.87	12.98	90.80
		轴力 N	1 057.31	224.06	1 710.59	800.17	163.29	1 285.16
	剪力 V		−25.49	−5.65	−41.61	28.79	6.46	47.12
3	柱顶	弯矩 M	−48.61	−11.19	−79.98	54.87	12.98	90.80
		轴力 N	1 439.83	311.54	2 339.09	1 067.67	220.28	1 718.39
	柱底	弯矩 M	−48.32	−11.13	−79.51	57.03	12.83	93.38
		轴力 N	1 478.83	311.54	2 389.79	1 106.67	220.28	1 769.09
	剪力 V		−24.85	−5.72	−40.89	28.69	7.39	48.38
2	柱顶	弯矩 M	−49.45	−11.38	−81.36	59.04	13.31	96.72
		轴力 N	1 861.68	398.99	3 018.67	1 373.82	277.25	2 201.84
	柱底	弯矩 M	−55.91	−12.87	−91.99	66.36	15.71	109.83
		轴力 N	1 900.68	398.99	3 069.37	1 412.82	277.25	2 252.54
	剪力 V		−27.02	−6.22	−44.46	32.15	7.44	52.96
1	柱顶	弯矩 M	−29.42	−6.86	−48.54	33.76	7.97	55.84
		轴力 N	2 284.74	486.66	3 700.15	1 679.63	334.21	2 684.83
	柱底	弯矩 M	−14.71	−3.43	−24.27	16.86	3.99	27.90
		轴力 N	2 336.74	486.66	3 767.75	1 731.63	334.21	2 752.43
	剪力 V		−8.49	−1.98	−14.01	9.73	2.3	16.10

注:内力组合工况为 $S=1.3S_G+1.5S_Q$,且弯矩单位为 kN·m,轴力和剪力单位为 kN。

21.9.2 水平地震作用效应与竖向荷载作用效应的基本组合

1. 水平地震作用下的梁端及跨中内力的基本组合

根据以上组合原则,水平地震作用下框架梁组合内力计算结果见表21-35和表21-36。

表21-35 水平地震作用下的梁端及跨中弯矩基本组合(kN·m)

层号	内力及其组合	AB跨			BC跨			CD跨		
		M_{ABz}	M_{ABy}	$M_{AB中}$	M_{BCz}	M_{BCy}	$M_{BC中}$	M_{CDz}	M_{CDy}	$M_{CD中}$
6	M_G	-81.74	-51.59	37.82	-17.09	-29.81	-6.46	-73.64	-59.18	60.58
	M_Q	-3.83	-2.82	1.09	0.07	-0.48	0.85	-6.79	-7.42	1.72
	M_E(左)	119.24	79.64	19.80	113.27	102.33	5.47	95.93	131.21	17.64
	M_E(右)	-119.24	-79.64	-19.80	-113.27	-102.33	-5.47	-95.93	-131.21	-17.64
	组合1	-92.44	-58.57	42.39	-18.85	-33.21	-6.67	-85.12	-69.49	67.89
	组合2	-259.37	-170.06	70.11	-177.42	-176.47	-14.33	-219.43	-253.19	92.59
	组合3	83.28	58.50	—	141.52	113.21	—	57.27	120.80	—
5	M_G	-115.40	-94.47	67.41	-31.69	-22.62	2.64	-85.25	-78.90	49.42
	M_Q	-21.58	-19.00	15.03	-3.43	-11.88	-3.16	-41.63	-37.27	31.18
	M_E(左)	146.10	117.75	14.18	125.60	128.60	1.50	120.56	152.55	15.99
	M_E(右)	-146.10	-117.75	-14.18	-125.60	-128.60	-1.50	-120.56	-152.55	-15.99
	组合1	-139.44	-114.89	82.79	-36.91	-31.56	1.17	-117.20	-107.78	71.84
	组合2	-343.98	-279.74	102.64	-212.75	-211.60	3.27	-285.99	-321.35	94.22
	组合3	78.35	60.88	—	142.44	151.48	—	62.72	116.04	—
4	M_G	-81.50	-38.33	30.00	-1.71	-36.08	-4.61	-129.74	-107.31	86.46
	M_Q	-21.95	-19.83	14.43	-4.82	-8.14	-0.86	-31.23	-26.67	19.96
	M_E(左)	197.29	137.14	30.08	146.28	146.28	0.00	137.14	197.29	30.08
	M_E(右)	-197.29	-137.14	-30.08	-146.28	-146.28	0.00	-137.14	-197.29	-30.08
	组合1	-102.18	-53.31	41.12	-4.55	-44.37	-5.57	-160.62	-133.31	106.57
	组合2	-378.39	-245.31	83.23	-209.34	-249.16	-5.57	-352.61	-409.52	148.68
	组合3	183.73	143.75	—	200.67	164.64	—	46.64	155.56	—
3	M_G	-77.64	-37.10	32.54	-3.03	-34.60	-4.54	-131.83	-109.74	84.20
	M_Q	-21.98	-19.83	14.41	-4.81	-8.50	-1.03	-30.89	-25.96	20.49
	M_E(左)	265.76	196.30	34.73	209.39	209.39	0.00	196.30	265.76	34.73
	M_E(右)	-265.76	-196.30	-34.73	-209.39	-209.39	0.00	-196.30	-265.76	-34.73
	组合1	-97.94	-51.95	43.92	-6.01	-42.93	-5.59	-162.74	-135.61	104.36
	组合2	-470.00	-326.77	92.54	-299.15	-336.08	-5.59	-437.56	-507.67	152.98
	组合3	283.43	227.81	—	287.71	254.30	—	127.55	249.34	—

续表

层号	内力及其组合	AB 跨			BC 跨			CD 跨		
		M_{ABz}	M_{ABy}	$M_{AB中}$	M_{BCz}	M_{BCy}	$M_{BC中}$	M_{CDz}	M_{CDy}	$M_{CD中}$
2	M_G	−77.12	−37.19	32.76	−2.92	−34.31	−4.34	−132.09	−107.70	85.09
	M_Q	−22.04	−19.86	14.37	−4.77	−8.44	−0.98	−30.94	−26.15	20.37
	M_E（左）	314.27	237.16	38.56	252.97	252.97	0.00	237.16	314.27	38.56
	M_E（右）	−314.27	−237.16	−38.56	−252.97	−252.97	0.00	−237.16	−314.27	−38.56
	组合 1	−97.39	−52.07	44.14	−5.86	−42.58	−5.34	−163.05	−133.46	105.28
	组合 2	−537.37	−384.09	98.12	−360.02	−396.73	−5.34	−495.08	−573.43	159.26
	组合 3	351.84	284.90	—	348.85	315.63	—	184.46	319.20	—
1	M_G	−83.31	−33.77	31.37	−4.35	−41.48	−8.65	−126.80	−100.12	91.52
	M_Q	−21.15	−18.94	15.27	−5.68	−10.02	−2.23	−29.75	−23.67	22.21
	M_E（左）	360.70	268.09	46.31	285.96	285.96	0.00	268.09	360.70	46.31
	M_E（右）	−360.70	−268.09	−46.31	−285.96	−285.96	0.00	−268.09	−360.70	−46.31
	组合 1	−103.74	−47.78	43.10	−7.94	−51.37	−10.79	−156.55	−123.71	113.40
	组合 2	−608.72	−423.11	107.93	−408.29	−451.72	−10.79	−531.88	−628.69	178.23
	组合 3	411.10	332.09	—	393.15	353.85	—	233.65	393.03	—

注：1. M_G、M_Q、M_E 分别为竖向恒载、竖向活载、水平地震作用下各控制截面弯矩标准值；

2. 组合 1，先按 M=1.30（$1.0M_G+0.5M_Q$）计算，然后在此基础上考虑调幅 15%；

3. 组合 2，支座最大负弯矩及跨中最大正弯矩组合，取组合 1 结果 $+1.4M_E$；

4. 组合 3，支座最大正弯矩组合，取 $M^{+}=1.4M_E-1.0M_G-0.5M_Q$。

表 21-36　水平地震作用下的梁端剪力基本组合（kN）

层号	内力及其组合	AB 跨		BC 跨		CD 跨	
		V_{ABz}	V_{ABy}	V_{BCz}	V_{BCy}	V_{CDz}	V_{CDy}
6	V_G	61.77	−52.63	16.48	−20.34	67.41	−63.03
	V_Q	2.31	−1.99	0.95	−1.31	4.22	−4.42
	V_E	30.13	−30.13	32.67	−32.67	34.42	34.42
	组合	123.98	−111.89	67.78	−73.03	138.56	−133.00
5	V_G	98.08	−91.74	34.41	−31.67	73.21	−71.29
	V_Q	17.67	−16.89	1.72	−6.32	35.22	−33.90
	V_E	39.98	−39.98	84.73	−84.73	41.38	−41.38
	组合	194.96	−186.21	164.47	−163.90	176.00	−172.64
4	V_G	53.71	−40.63	10.50	−20.92	114.81	−97.53
	V_Q	17.60	−16.96	4.52	−6.74	25.00	−22.91
	V_E	50.67	−50.67	97.52	−97.52	50.67	−50.67
	组合	152.20	−134.78	153.12	−168.11	236.44	−212.62

续表

层号	内力及其组合	AB跨		BC跨		CD跨	
		V_{ABz}	V_{ABy}	V_{BCz}	V_{BCy}	V_{CDz}	V_{CDy}
3	V_G	53.21	-41.03	10.93	-20.49	114.76	-97.58
	V_Q	17.61	-16.95	4.40	-6.86	25.06	-22.97
	V_E	70.01	-70.01	139.59	-139.59	70.01	-70.01
	组合	178.63	-162.37	212.50	-226.52	263.49	-239.80
2	V_G	53.22	-41.12	10.95	-20.47	115.11	-97.23
	V_Q	17.61	-16.95	4.41	-6.85	25.04	-22.95
	V_E	83.55	-83.55	168.65	-168.65	83.55	-83.55
	组合	197.60	-181.44	253.21	-267.17	282.89	-258.29
1	V_G	54.68	-39.66	10.08	-21.34	115.45	-96.89
	V_Q	17.61	-16.95	4.18	-7.08	25.03	-22.94
	V_E	95.27	-95.27	190.64	-190.64	95.27	-95.27
	组合	215.91	-195.95	282.72	-299.24	299.73	-274.25

注:1. V_G、V_Q分别为竖向恒载、活载作用下各控制截面剪力;

2. 组合工况为$V=1.30(V_G+0.5V_Q)+1.40V_E$。

2. 水平地震作用下的柱端内力的基本组合

由于框架柱的纵向钢筋配筋梁与弯矩及轴力有关,而轴力的大小对斜截面承载力也有影响,因此应同时组合弯矩、轴力及剪力,以期得到同一组合工况下的内力。

如第3篇中所述,框架柱组合内力应取以下几种最不利组合:

(1)N_{max}及相应的M,V;

(2)N_{min}及相应的M,V;

(3)$|M_{max}|$及相应的N,V。

由于柱端剪力是由弯矩产生的,因此最大剪力与最大弯矩同时出现,各柱组合内力计算结果详见表21-37至表21-40。

表21-37 A柱水平地震作用下的柱端内力基本组合

层号			恒载	活载	水平地震	组合①	组合②	组合③	组合④
6	柱顶	弯矩 M	10.46	0.91	119.24	-152.75	177.85	181.13	-156.02
		轴力 N	149.37	7.71	-30.13	241.37	111.04	157.01	195.41
	柱底	弯矩 M	-4.03	-4.34	64.21	-97.95	83.69	81.83	-96.09
		轴力 N	182.37	7.71	-30.13	284.27	144.04	199.91	228.41
	剪力 V		1.95	-1.04	55.59	-75.97	79.26	79.69	-76.40

续表

层号			恒载	活载	水平地震	组合①	组合②	组合③	组合④
5	柱顶	弯矩 M	2.43	-5.58	81.9	-115.13	114.30	114.19	-115.02
		轴力 N	410.98	62.1	-70.11	672.79	343.88	476.49	540.18
	柱底	弯矩 M	18.11	-5.09	70.01	-77.78	113.58	118.25	-82.45
		轴力 N	449.98	62.1	-70.11	723.49	382.88	527.19	579.18
	剪力 V		5.27	-2.74	38.18	-48.38	57.35	58.52	-49.55
4	柱顶	弯矩 M	30.21	-5.2	127.28	-142.30	205.80	214.09	-150.58
		轴力 N	657.28	116.42	-120.78	1 099.23	546.40	761.05	884.58
	柱底	弯矩 M	26.09	-5.16	104.14	-115.23	169.31	176.36	-122.29
		轴力 N	696.28	116.42	-120.78	1 149.93	585.40	811.75	923.58
	剪力 V		14.44	-2.66	59.34	-66.03	96.19	100.12	-69.97
3	柱顶	弯矩 M	26.09	-5.16	161.62	-195.71	249.78	256.83	-202.76
		轴力 N	903.08	170.75	-190.79	1 552.10	721.35	1 017.89	1 255.56
	柱底	弯矩 M	25.53	-5.1	133.3	-156.75	209.60	216.49	-163.64
		轴力 N	942.08	170.75	-190.79	1 602.80	760.35	1 068.59	1 294.56
	剪力 V		13.24	-2.63	75.62	-90.37	117.79	121.37	-93.94
2	柱顶	弯矩 M	27.17	-5.28	180.97	-221.47	277.89	285.25	-228.83
		轴力 N	1 148.89	225.08	-274.34	2 023.94	877.35	1 255.78	1 645.51
	柱底	弯矩 M	31.77	-6.24	158.37	-184.47	250.37	258.96	-193.07
		轴力 N	1 187.89	225.08	-274.34	2 074.64	916.35	1 306.48	1 684.51
	剪力 V		15.11	-2.95	87.01	104.09	135.45	139.54	108.18
1	柱顶	弯矩 M	14.75	-3.26	202.33	-266.21	296.38	300.32	-270.14
		轴力 N	1 396.16	279.41	-369.61	2 514.08	1 018.41	1 479.17	2 053.32
	柱底	弯矩 M	7.38	-1.63	342.16	-470.49	485.59	487.56	-472.46
		轴力 N	1 448.16	279.41	-369.61	2 581.68	1 070.41	1 546.77	2 105.32
	剪力 V		4.26	-0.94	104.71	-141.67	150.38	151.52	-142.80

注:1. 组合①为 N_{max} 及相应的 M,V,来自右震,$S=1.30(S_G+0.5S_Q)-1.40S_{Eh}$;

2. 组合②为 N_{min} 及相应的 M,V,来自左震,$S=1.00(S_G+0.5S_Q)+1.40S_{Eh}$;

3. 组合③为 M_{max} 及相应的 N,V,来自左震,$S=1.30(S_G+0.5S_Q)+1.40S_{Eh}$;

4. 组合④为 $-M_{max}$ 及相应的 N,V,来自右震,$S=1.00(S_G+0.5S_Q)-1.40S_{Eh}$。

表 21-38 B 柱水平地震作用下的柱端内力基本组合

层号			恒载	活载	水平地震	组合①	组合②	组合③	组合④
6	柱顶	弯矩 M	34.49	2.89	192.92	-223.37	306.02	316.80	-234.15
		轴力 N	204.64	11	-2.53	276.72	206.60	269.64	213.68
	柱底	弯矩 M	35.97	7.29	116.79	-112.01	203.12	215.01	-123.89
		轴力 N	237.64	11	-2.53	319.62	239.60	312.54	246.68
	剪力 V		21.35	3.08	93.85	-101.63	154.28	161.15	-108.50

续表

层号			恒载	活载	水平地震	组合①	组合②	组合③	组合④
5	柱顶	弯矩 M	26.81	8.27	126.56	-136.96	208.13	217.41	-146.24
		轴力 N	509.96	76.95	-47.29	779.17	482.23	646.76	614.64
	柱底	弯矩 M	20.91	7.49	103.55	-112.92	169.63	177.02	-120.32
		轴力 N	548.96	76.95	-47.29	829.87	521.23	697.46	653.64
	剪力 V		14.8	4.04	59	-60.73	99.42	104.47	-65.78
4	柱顶	弯矩 M	15.72	7.51	179.87	-226.50	271.29	277.14	-232.34
		轴力 N	787.33	150.05	-94.13	1 252.84	730.57	989.28	994.14
	柱底	弯矩 M	17.04	7.5	177.8	-221.89	269.71	275.95	-228.13
		轴力 N	826.33	150.05	-94.13	1 303.54	769.57	1 039.98	1 033.14
	剪力 V		8.4	3.85	91.71	-114.97	138.72	141.82	-118.07
3	柱顶	弯矩 M	17.04	7.5	227.9	-292.03	339.85	346.09	-298.27
		轴力 N	1 065.53	223.02	-163.72	1 759.36	947.83	1 300.94	1 406.25
	柱底	弯矩 M	16.93	7.46	227.9	-292.20	339.72	345.92	-298.40
		轴力 N	1 104.53	223.02	-163.72	1 810.06	986.83	1 351.64	1 445.25
	剪力 V		8.72	3.84	116.87	-149.79	174.26	177.45	-152.98
2	柱顶	弯矩 M	17.35	7.62	262.24	-339.63	388.30	394.64	-345.98
		轴力 N	1 343.84	296	-248.65	2 287.50	1 143.73	1 591.28	1 839.95
	柱底	弯矩 M	19.49	8.62	262.24	-336.20	390.94	398.08	-343.34
		轴力 N	1 382.84	296	-248.65	2 338.20	1 182.73	1 641.98	1 878.95
	剪力 V		9.45	4.16	134.48	-173.28	199.80	203.26	-176.74
1	柱顶	弯矩 M	9.93	4.64	291.81	-392.61	420.78	424.46	-396.28
		轴力 N	1 619.82	368.75	-344.19	2 827.32	1 322.33	1 863.59	2 286.06
	柱底	弯矩 M	4.96	2.32	387.93	-535.15	549.22	551.06	-536.98
		轴力 N	1 671.82	368.75	-344.19	2 894.92	1 374.33	1 931.19	2 338.06
	剪力 V		2.86	1.34	130.72	-178.42	186.54	187.60	-179.48

注:1. 组合①为 N_{max} 及相应的 M,V,来自右震,S=1.30(S_G+0.5S_Q)-1.40S_{Eh};

2. 组合②为 N_{min} 及相应的 M,V,来自左震,S=1.00(S_G+0.5S_Q)+1.40S_{Eh};

3. 组合③为 M_{max} 及相应的 N,V,来自左震,S=1.30(S_G+0.5S_Q)+1.40S_{Eh};

4. 组合④为 $-M_{max}$ 及相应的 N,V,来自右震,S=1.00(S_G+0.5S_Q)-1.40S_{Eh}。

表21-39 C柱水平地震作用下的柱端内力基本组合

层号			恒载	活载	水平地震	组合①	组合②	组合③	组合④
6	柱顶	弯矩 M	-43.83	-6.31	198.26	-338.64	230.58	230.58	-338.64
		轴力 N	266	17.4	-1.72	359.52	272.29	272.29	359.52
	柱底	弯矩 M	-31.01	-14.49	122.6	-221.37	133.39	133.39	-221.37
		轴力 N	299	17.4	-1.72	402.42	305.29	305.29	402.42
	剪力 V		-22.68	-6.3	97.23	-169.70	110.29	110.29	-169.70

续表

层号			恒载	活载	水平地震	组合①	组合②	组合③	组合④
5	柱顶	弯矩 M	-31.62	-15.26	126.56	126.16	-216.43	137.93	-228.21
		轴力 N	596.31	136.76	41.6	922.34	606.45	722.93	805.86
	柱底	弯矩 M	-41.12	-12.27	103.55	83.54	-192.23	97.72	-206.40
		轴力 N	635.31	136.76	41.6	973.04	645.45	761.93	856.56
	剪力 V		-18.66	-7.06	59	53.75	-104.79	60.41	-111.45
4	柱顶	弯矩 M	-50.81	-10.83	179.87	178.73	-308.04	195.59	-324.91
		轴力 N	1 018.31	224.06	88.45	1 593.27	1 006.51	1 254.17	1 345.61
	柱底	弯矩 M	-48.61	-11.19	177.8	178.45	-303.13	194.72	-319.39
		轴力 N	1 057.31	224.06	88.45	1 643.97	1 045.51	1 293.17	1 396.31
	剪力 V		-25.49	-5.65	91.71	91.58	-156.71	100.08	-165.20
3	柱顶	弯矩 M	-48.61	-11.19	227.9	248.59	-373.27	264.86	-389.53
		轴力 N	1 439.83	311.54	158.03	2 295.52	1 374.36	1 816.84	1 853.04
	柱底	弯矩 M	-48.32	-11.13	227.9	249.01	-372.95	265.18	-389.11
		轴力 N	1 478.83	311.54	158.03	2 346.22	1 413.36	1 855.84	1 903.74
	剪力 V		-24.85	-5.72	116.87	127.60	-191.33	135.91	-199.64
2	柱顶	弯矩 M	-49.45	-11.38	262.24	295.45	-422.28	312.00	-438.82
		轴力 N	1 861.68	398.99	243.13	3 019.91	1 720.79	2 401.56	2 339.15
	柱底	弯矩 M	-55.91	-12.87	262.24	286.09	-429.48	304.79	-448.18
		轴力 N	1 900.68	398.99	243.13	3 070.61	1 759.79	2 440.56	2 389.85
	剪力 V		-27.02	-6.22	134.48	149.10	-218.40	158.14	-227.44
1	柱顶	弯矩 M	-29.42	-6.86	291.81	365.83	-441.38	375.68	-451.24
		轴力 N	2 284.74	486.66	338.5	3 760.39	2 054.17	3 001.97	2 812.59
	柱底	弯矩 M	-14.71	-3.43	387.93	521.75	-559.53	526.68	-564.45
		轴力 N	2 336.74	486.66	338.5	3 827.99	2 106.17	3 053.97	2 880.19
	剪力 V		-8.49	-1.98	130.72	170.68	-192.49	173.53	-195.33

注：1. 组合①为 N_{max} 及相应的 M,V，1~5 层来自左震，$S=1.30(S_G+0.5S_Q)+1.40S_{Eh}$；6 层来自右震，$S=1.30(S_G+0.5S_Q)-1.40S_{Eh}$；

2. 组合②为 N_{min} 及相应的 M,V，1~5 层来自右震，$S=1.00(S_G+0.5S_Q)-1.40S_{Eh}$；6 层来自左震，$S=1.30(S_G+0.5S_Q)-1.40S_{Eh}$；

3. 组合③为 M_{max} 及相应的 N,V，来自左震，$S=1.00(S_G+0.5S_Q)+1.40S_{Eh}$；

4. 组合④为 $-M_{max}$ 及相应的 N,V，来自右震，$S=1.30(S_G+0.5S_Q)-1.40S_{Eh}$。

表 21-40　D 柱水平地震作用下的柱端内力基本组合

层号			恒载	活载	水平地震	组合①	组合②	组合③	组合④
6	柱顶	弯矩 M	59.18	7.42	131.21	265.45	-120.80	265.45	-120.80
		轴力 N	192.97	11.98	34.42	306.84	150.77	306.84	150.77
	柱底	弯矩 M	41.73	18.18	70.65	164.98	-48.09	164.98	-48.09
		轴力 N	225.97	11.98	34.42	349.74	183.77	349.74	183.77
	剪力 V		30.56	7.76	61.17	130.41	-51.20	130.41	-51.20
5	柱顶	弯矩 M	37.17	19.09	81.9	175.39	-67.95	175.39	-67.95
		轴力 N	454.72	106.36	75.81	766.40	401.77	766.40	401.77
	柱底	弯矩 M	49.88	14.44	70.01	172.24	-40.91	172.24	-40.91
		轴力 N	493.72	106.36	75.81	817.10	440.77	817.10	440.77
	剪力 V		22.32	8.6	38.18	88.06	-26.83	88.06	-26.83
4	柱顶	弯矩 M	57.43	12.23	127.28	260.80	-114.65	260.80	-114.65
		轴力 N	761.17	163.29	126.47	1 272.72	665.76	1 272.72	665.76
	柱底	弯矩 M	54.87	12.98	104.14	225.56	-84.44	225.56	-84.44
		轴力 N	800.17	163.29	126.47	1 323.42	704.76	1 323.42	704.76
	剪力 V		28.79	6.46	59.34	124.70	-51.06	124.70	-51.06
3	柱顶	弯矩 M	54.87	12.98	161.62	306.04	-164.91	306.04	-164.91
		轴力 N	1 067.67	220.28	196.48	1 806.23	902.74	1 806.23	902.74
	柱底	弯矩 M	57.03	12.83	133.3	269.10	-123.18	269.10	-123.18
		轴力 N	1 106.67	220.28	196.48	1 856.93	941.74	1 856.93	941.74
	剪力 V		28.69	7.39	75.62	147.97	-73.48	147.97	-73.48
2	柱顶	弯矩 M	59.04	13.31	180.97	338.76	-187.66	338.76	-187.66
		轴力 N	1 373.82	277.25	280.03	2 358.22	1 120.40	2 358.22	1 120.40
	柱底	弯矩 M	66.36	15.71	158.37	318.20	-147.50	318.20	-147.50
		轴力 N	1 412.82	277.25	280.03	2 408.92	1 159.40	2 408.92	1 159.40
	剪力 V		32.15	7.44	87.01	168.45	-85.94	168.45	-85.94
1	柱顶	弯矩 M	33.76	7.97	202.33	332.33	-245.52	332.33	-245.52
		轴力 N	1 679.63	334.21	375.3	2 926.18	1 321.32	2 926.18	1 321.32
	柱底	弯矩 M	16.86	3.99	342.16	503.54	-460.17	503.54	-460.17
		轴力 N	1 731.63	334.21	375.3	2 993.78	1 373.32	2 993.78	1 373.32
	剪力 V		9.73	2.3	104.71	160.74	-135.71	160.74	-135.71

注:1. 组合①为 N_{max} 及相应的 M,V,来自左震,$S=1.30(S_G+0.5S_Q)+1.40S_{Eh}$;

2. 组合②为 N_{min} 及相应的 M,V,来自右震,$S=1.00(S_G+0.5S_Q)-1.40S_{Eh}$;

3. 组合③为 M_{max} 及相应的 N,V,来自左震,$S=1.30(S_G+0.5S_Q)+1.40S_{Eh}$;

4. 组合④为 $-M_{max}$ 及相应的 N,V,来自右震,$S=1.00(S_G+0.5S_Q)-1.40S_{Eh}$。

21.10　截面设计

本工程框架抗震等级为三级，根据延性框架设计准则，截面设计时应按照“强柱弱梁”“强剪弱弯”原则对内力进行调整。

21.10.1　框架梁

1. 框架梁正截面设计

非抗震设计时，框架梁正截面受弯承载力为

$$M_u = \alpha_1 \alpha_s f_c b h_0^2$$

抗震设计时，框架梁正截面受弯承载力为

$$M_{uE} = \alpha_1 \alpha_s f_c b h_0^2 / \gamma_{RE}$$

因此，可直接比较竖向荷载作用下弯矩组合值 M 和水平地震作用下弯矩组合值 M_{uE} 乘以抗震承载力调整系数 γ_{RE} 后的大小，取较大值作为框架梁截面弯矩设计值，即

$$M = \max\{M_u, \gamma_{RE} M_{uE}\}$$

比较表 21-31 和表 21-35 中的梁端负弯矩，可知各跨梁端负弯矩均由水平地震作用控制。因此，表 21-41 中的弯矩设计值来源于表 21-35，且为乘以 γ_{RE} 后的值。

表 21-41　各层各跨框架梁上部纵筋配筋计算

层号		AB 跨		BC 跨		CD 跨	
		$-M_{ABz}$	$-M_{ABy}$	$-M_{BCz}$	$-M_{BCy}$	$-M_{CDz}$	$-M_{CDy}$
6	负弯矩 M(kN·m)	−194.53	−127.55	−133.07	−132.35	−164.57	−189.89
	配筋 A_s(mm²)	859	552	765	761	720	837
	实配钢筋	4Φ18	4Φ18		4Φ18		4Φ18
5	负弯矩 M(kN·m)	−257.98	−209.80	−159.56	−158.70	−214.49	−241.01
	配筋 A_s(mm²)	1 163	931	931	926	953	1 080
	实配钢筋	4Φ20	4Φ20		4Φ20		4Φ20
4	负弯矩 M(kN·m)	−283.79	−183.98	−157.01	−186.87	−264.46	−307.14
	配筋 A_s(mm²)	1 291	810	915	1 108	1 195	1 408
	实配钢筋	4Φ22	2Φ20+2Φ22		2Φ20+2Φ22		4Φ22
3	负弯矩 M(kN·m)	−352.50	−245.08	−224.36	−252.06	−328.17	−380.75
	配筋 A_s(mm²)	1 643	1 100	1 361	1 557	1 516	1 793
	实配钢筋	4Φ25	2Φ25+2Φ22		2Φ25+2Φ22		4Φ25
2	负弯矩 M(kN·m)	−403.03	−288.07	−270.02	−297.55	−371.31	−430.08
	配筋 A_s(mm²)	1 915	1 312	1 689	1 899	1 743	2 066
	实配钢筋	4Φ25	4Φ25		4Φ25		4Φ25/2Φ20

续表

层号		AB 跨		BC 跨		CD 跨	
		$-M_{ABz}$	$-M_{ABy}$	$-M_{BCz}$	$-M_{BCy}$	$-M_{CDz}$	$-M_{CDy}$
1	负弯矩 M(kN·m)	-456.54	-317.33	-306.22	-338.79	-398.91	-471.52
	配筋 A_s(mm²)	2 217	1 460	1 967	2 234	1 892	2 305
	实配钢筋	4⌀25/2⌀20	4⌀25/2⌀20		4⌀25/2⌀20		4⌀25/2⌀20

正截面承载力计算时,支座截面按矩形截面计算,跨中截面按 T 形截面计算。T 形截面的翼缘计算宽度如下。

AB 跨及 CD 跨:

$$b_f' = 1/3l_0 = 6.6/3 = 2.2\ \text{m},\ b_f' = b + s_n = 0.3 + 3.6 = 3.9\ \text{m},\ h_f'/h_0 \geqslant 0.1$$

取 $b_f' = 2.2$ m。

判别各跨中截面属于哪一类 T 形截面,取 h_0=700−35=665 mm,则

$$f_c b_f' h_f'(h_0 - h_f'/2) = 14.3 \times 2\,200 \times 110 \times (665 - 110/2) = 2\,211.97\ \text{kN·m}$$

该值大于跨中截面弯矩设计值,因此各跨跨中截面均属于第一类 T 形截面。

BC 跨:

$$b_f' = 1/3l_0 = 3.0/3 = 1.0\ \text{m},\ h_f'/h_0 \geqslant 0.1$$

取 $b_f' = 1.0$ m。

判别各跨中截面属于哪一类 T 形截面,取 h_0=550−35=515 mm,则

$$f_c b_f' h_f'(h_0 - h_f'/2) = 14.3 \times 1\,000 \times 110 \times (515 - 110/2) = 723.58\ \text{kN·m}$$

该值大于跨中截面弯矩设计值,因此各跨跨中截面均属于第一类 T 形截面。

各层各跨框架梁纵筋配筋计算详见表 21-41 和表 21-42。

表 21-42 各层各跨框架梁下部纵筋配筋计算

层号		AB 跨			BC 跨		CD 跨		
		M_{ABz}	M_{ABy}	$M_{AB中}$	M_{BCz}	M_{BCy}	M_{CDz}	M_{CDy}	$M_{CD中}$
6	正弯矩 M(kN·m)	62.46	43.87	64.79*	106.14	84.91	42.95	90.60	96.30*
	配筋 A_s(mm²)	260	183	348	569	354	179	377	401
	实配钢筋	4⌀16			4⌀16		4⌀16		
5	正弯矩 M(kN·m)	58.76	45.66	137.92*	106.83	113.61	47.04	87.03	141.46*
	配筋 A_s(mm²)	245	190	738	573	473	196	362	588
	实配钢筋	4⌀18			4⌀18		4⌀18		
4	正弯矩 M(kN·m)	137.80	107.81	79.66*	150.50	123.48	34.98	116.67	175.61*
	配筋 A_s(mm²)	573	449	428	805	514	146	485	729
	实配钢筋	4⌀18			4⌀18		4⌀18		

续表

层号		AB 跨			BC 跨		CD 跨		
		M_{ABz}	M_{ABy}	$M_{AB中}$	M_{BCz}	M_{BCy}	M_{CDz}	M_{CDy}	$M_{CD中}$
3	正弯矩 M(kN·m)	212.58	170.85	82.44*	215.78	190.72	95.66	187.01	173.86*
	配筋 A_s(mm²)	881	709	442	1 149	791	398	776	722
	实配钢筋	4⌀20			4⌀20		4⌀20		
2	正弯矩 M(kN·m)	263.88	213.68	82.63*	261.64	236.72	138.35	239.40	174.67*
	配筋 A_s(mm²)	1 092	886	443	1 390	981	575	992	725
	实配钢筋	4⌀20			4⌀22		4⌀20		
1	正弯矩 M(kN·m)	308.32	249.06	82.35*	294.87	265.39	175.24	294.77	184.36*
	配筋 A_s(mm²)	1 274	1 031	442	1 563	1 098	727	1 219	765
	实配钢筋	4⌀22			4⌀22/2⌀18		4⌀22		

注：1. 弯矩带"*"者由竖向荷载控制，弯矩设计值均来源于表 21-31；
2. 弯矩不带"*"者均由水平地震作用控制，弯矩设计值来源于表 21-35，且为乘以 γ_{RE} 后的值；
3. BC 跨跨中弯矩较小，表中未列出。

2. 框架梁斜截面设计

按照"强剪弱弯"原则，考虑地震作用组合时的梁剪力设计值应按式(18-9a)计算，为简化计算，可近似按下式确定梁剪力设计值：

$$V_b = 1.1\left(\frac{M_b^l + M_b^r}{l_n} + V_{Gb}\right) = 1.1(1.3V_G + 0.5\times1.3V_Q + 1.4V_E)$$

也即将表 21-36 中的剪力组合值放大为原来的 1.1 倍，作为梁端剪力设计值。

1)剪压比验算

无地震作用组合时，AB 跨及 CD 跨梁的最大剪力在 CD 跨首层左端，V_{max}=187.63 kN；BC 跨各层梁的最大剪力在 5 层右端，V_{max}=50.65 kN，根据式(18-10a)，有以下计算。

AB 跨及 CD 跨：

$$\frac{V_{max}}{\beta_c f_c b h_0} = \frac{187.63\times10^3}{1.0\times14.3\times300\times665} = 0.066 < 0.25$$

BC 跨：

$$\frac{V_{max}}{\beta_c f_c b h_0} = \frac{50.65\times10^3}{1.0\times14.3\times300\times515} = 0.023 < 0.25$$

有地震作用组合时，AB 跨及 CD 跨梁的最大剪力在 CD 跨首层左端，V_{Emax}=299.73 × 1.1 =329.703 kN；BC 跨各层梁的最大剪力在首层右端，V_{Emax}=299.24 × 1.1=329.164 kN，各梁跨高比均大于 2.5，根据式(18-10b)，有以下计算。

AB 跨及 CD 跨：

$$\frac{V_{E\max}}{\beta_c f_c b h_0} = \frac{329.703\times10^3}{1.0\times14.3\times300\times665} = 0.116 < \frac{0.20}{\gamma_{RE}} = 0.235$$

BC 跨：

$$\frac{V_{\text{Emax}}}{\beta_c f_c b h_0} = \frac{329.164\times10^3}{1.0\times14.3\times300\times515} = 0.149 < \frac{0.20}{\gamma_{\text{RE}}} = 0.235$$

各跨各层梁剪压比均满足要求。

2)箍筋计算

为简化计算,先根据“强剪弱弯”的要求,按加密区构造要求设置箍筋,计算其受剪承载能力;然后与最大剪力设计值进行比较,不足者再做调整。

《抗震标准》第6.3.4条中规定,梁端加密区箍筋肢距,二、三级不宜大于250 mm和20倍箍筋直径的较大值,本例中加密区箍筋取两肢ⴲ10@100,各跨受剪承载能力计算如下。

Ⅰ.无地震作用组合时

AB跨及CD跨:

$$V_u = 0.7 f_t b h_0 + f_y \frac{A_{sv}}{s} h_0$$

$$= 0.7\times1.43\times300\times665 + 360\times\frac{2\times78.5}{100}\times665 = 575.56\ \text{kN} > V = 180.39\ \text{kN}$$

BC跨:

$$V_u = 0.7 f_t b h_0 + f_y \frac{A_{sv}}{s} h_0$$

$$= 0.7\times1.43\times300\times515 + 360\times\frac{2\times78.5}{100}\times515 = 445.73\ \text{kN} > V = 48.95\ \text{kN}$$

Ⅱ.有地震作用组合时

AB跨及CD跨:

$$V_u = 0.42 f_t b h_0 + f_y \frac{A_{sv}}{s} h_0$$

$$= 0.42\times1.43\times300\times665 + 360\times\frac{2\times78.5}{100}\times665 = 495.68\ \text{kN}$$

$$> \gamma_{\text{RE}} V_E = 0.85\times329.703 = 280.25\ \text{kN}$$

BC跨:

$$V_u = 0.42 f_t b h_0 + f_y \frac{A_{sv}}{s} h_0$$

$$= 0.42\times1.43\times300\times515 + 360\times\frac{2\times78.5}{100}\times515 = 383.87\ \text{kN}$$

$$> \gamma_{\text{RE}} V_E = 0.85\times329.164 = 279.79\ \text{kN}$$

即各跨各层梁箍筋均满足要求。

AB跨、BC跨、CD跨非加密区箍筋取两肢ⴲ10@200,最小配箍率为

$$\rho_{sv} = \frac{A_{sv}}{bs} = \frac{2\times78.5}{300\times200} = 0.262\% > 0.26\frac{f_t}{f_{yv}} = 0.103\%$$

满足最小配箍率要求。

21.10.2　框架柱配筋计算

按照“强柱弱梁”原则，考虑地震作用组合时的柱端弯矩设计值应按式（18-7a）计算，实际就是将表 21-37 至表 21-40 中的柱端弯矩设计值乘以放大系数 1.3。

1. 轴压比验算

考虑地震作用组合时，底层柱最大轴力为 C 柱，N_{max}=3 827.99 kN，混凝土强度为 C30，则轴压比为

$$\mu_c = \frac{N_{max}}{f_c A_c} = \frac{3\,827.99\times10^3}{14.3\times600^2} =0.74<[\mu_c]=0.85$$

即柱轴压比满足要求。

2. 正截面受弯承载力计算

根据柱端内力组合值选取最不利内力设计值，并选取柱上端和下端内力设计值的较大值作为截面配筋的计算依据。

选取内力时，应先求得柱的界限受压轴力，以确定柱各截面的偏心受压状态。由于柱同一截面分别承受正反向弯矩，因此采用对称配筋。

混凝土强度为 C30；钢筋为 HRB400 级，则界限相对受压区高度为

$$\xi_b = \frac{\beta_1}{1+\dfrac{f_y}{E_s\varepsilon_{cu}}} = \frac{0.8}{1+\dfrac{360}{2.0\times10^5\times0.003\,3}} = 0.518$$

因此界限受压轴力为

$$N_b = \alpha_1 f_c b h_0 \xi_b = 1.0\times14.3\times600\times560\times0.518 =2\,488.89\text{ kN}$$

本工程中，柱截面控制内力均来自有地震作用组合工况。因此，荷载组合效应需乘以承载力抗震调整系数 γ_{RE}。

当截面轴力设计值 $\gamma_{RE}N<N_b$ 时，截面为大偏心受压状态；当截面轴力设计值 $\gamma_{RE}N>N_b$ 时，截面为小偏心受压状态。

但无论哪种偏心受压状态，轴力相近，则弯矩越大，配筋量越大。因此，大偏心受压时，应选取弯矩较大而轴力较小的内力组；小偏心受压时，应选取轴力较大且弯矩也较大的内力组。此外，对不能明显判断的内力组，则应进行配筋量的比较。

对于多层框架，顶层或顶部两层柱常处于大偏心受压状态，其配筋由计算确定；中间若干层也属于大偏心受压状态，但配筋一般是构造配筋；底层或底部两层柱在不同的内力组合工况下，偏心受压状态可能不同，应分别计算其配筋量，并取最大值。

1）大偏心受压状态

对称配筋的大偏心受压柱，配筋按下式计算：

$$x = \frac{\gamma_{RE}N}{f_c b} < x_b = \xi_b h_0$$

当 $x \leqslant 2a_s'$ 时，有

$$A_s = A_s' = \frac{\gamma_{RE}N(e_i - 0.5h + a_s')}{f_y(h_0 - a_s')}$$

当 $x>2a_s'$ 时,有

$$A_s = A_s' = \frac{\gamma_{RE} Ne - \alpha_1 f_c bx(h_0 - 0.5x)}{f_y'(h_0 - a_s')}$$

2)小偏心受压状态

对称配筋的小偏心受压柱,配筋按下式计算:

$$\xi = \frac{\gamma_{RE} N - \xi_b \alpha_1 f_c bh_0}{\dfrac{\gamma_{RE} Ne - 0.43\alpha_1 f_c bh_0^2}{(\beta_1 - \xi_b)(h_0 - a_s')} + \alpha_1 f_c bh_0} + \xi_b$$

$$A_s = A_s' = \frac{\gamma_{RE} Ne - \xi(1 - 0.5\xi)\alpha_1 f_c bh_0^2}{f_y'(h_0 - a_s')}$$

各柱配筋计算详见表21-43至表21-46。

表21-43 A柱正截面控制内力及配筋计算

层号		6	5	4	3	2	1
柱顶内力	弯矩 M	177.851	114.3	205.802	249.778	277.888	296.382
	轴力 N	111.043	343.876	546.398	721.349	877.354	1 018.411
柱底内力	弯矩 M	83.694	113.579	169.306	209.6	250.368	485.589
	轴力 N	144.043	382.876	585.398	760.349	916.354	1 070.411
轴压比 μ_c		0.02	0.07	0.11	0.15	0.17	0.20
γ_{RE}		0.75	0.75	0.75	0.75	0.80	0.80
$e_0=\eta_c \cdot M_2/N$(mm)		2 082.13	432.10	489.65	450.14	411.75	589.74
$e_a=\max(20, h/30)$(mm)		20	20	20	20	20	20
$e_i=e_0+e_a$		2 102.13	452.10	509.65	470.14	431.75	609.74
$\zeta_c=0.5f_cA/(\gamma_{RE}N)(\leqslant 1.0)$		1.0	1.0	1.0	1.0	1.0	1.0
l_c		3 300	3 900	3 900	3 900	3 900	5 200
C_m		0.841	0.998	0.947	0.952	0.970	0.883
$\eta_{ns}=1+\dfrac{1}{1\,300e_i/h_0}\left(\dfrac{l_c}{h}\right)^2\zeta_c$		1.006	1.040	1.036	1.039	1.042	1.053
$C_m\eta_{ns}(\geqslant 1.0)$		1.000	1.038	1.000	1.000	1.011	1.000
$M=C_m\eta_{ns}\eta_c M_2$		231.21	154.28	267.54	324.71	365.30	631.27
$x=\dfrac{\gamma_{RE}N}{f_cb}$(mm)		12.59	33.47	51.17	66.46	85.44	99.81
($2a_s'$=80 mm)		$<2a_s'$	$<2a_s'$	$<2a_s'$	$<2a_s'$	$>2a_s'$	$>2a_s'$
偏心受压状态		大偏压	大偏压	大偏压	大偏压	大偏压	大偏压
A_s(mm^2)		1 063	295	586	640	683	1 645
$\rho_{单侧\min} \cdot A_c$(mm^2)		720	720	720	720	720	720
初选钢筋		4⌀25	4⌀25	4⌀25	4⌀25	4⌀25	4⌀25

表 21-44　B 柱正截面控制内力及配筋计算

层号		6	5	4	3	2	1
柱顶内力	弯矩 M	306.023	208.129	271.293	339.85	388.296	420.784
	轴力 N	206.598	482.229	730.573	947.832	1 143.73	1 322.329
柱底内力	弯矩 M	203.121	169.625	269.71	339.72	390.936	549.222
	轴力 N	239.598	521.229	769.573	986.832	1 182.73	1 374.329
轴压比 μ_c		0.05	0.10	0.15	0.19	0.23	0.27
γ_{RE}		0.75	0.75	0.75	0.80	0.80	0.80
$e_0=\eta_c\cdot M_2/N$(mm)		1 925.62	561.08	482.75	466.12	429.70	519.52
e_a=max(20,h/30)(mm)		20	20	20	20	20	20
$e_i=e_0+e_a$		1 945.62	581.08	502.75	486.12	449.70	539.52
$\zeta_c=0.5f_cA/(\gamma_{RE}N)(\leqslant 1.0)$		1.0	1.0	1.0	1.0	1.0	1.0
l_c		3 300	3 900	3 900	3 900	3 900	5 200
C_m		0.899	0.944	0.998	1.000	0.998	0.930
$\eta_{ns}=1+\dfrac{1}{1\,300e_i/h_0}\left(\dfrac{l_c}{h}\right)^2\zeta_c$		1.007	1.031	1.036	1.037	1.040	1.060
$C_m\eta_{ns}(\geqslant 1.0)$		1.000	1.000	1.034	1.037	1.038	1.000
$M=C_m\eta_{ns}\eta_cM_2$		397.83	270.57	364.81	458.29	524.15	713.99
$x=\dfrac{\gamma_{RE}N}{f_cb}$(mm) ($2a_s'$=80 mm)		20.94	45.56	67.27	92.01	110.28	128.14
		$<2a_s'$	$<2a_s'$	$<2a_s'$	$>2a_s'$	$>2a_s'$	$>2a_s'$
偏心受压状态		大偏压	大偏压	大偏压	大偏压	大偏压	大偏压
A_s(mm^2)		1 618	670	748	979	1 035	1 783
$\rho_{单侧\,min}\cdot A_c$(mm^2)		720	720	720	720	720	720
初选钢筋		4Φ25	4Φ25	4Φ25	4Φ25	4Φ25	4Φ25

表 21-45　C 柱正截面控制内力及配筋计算

层号		6	5	4	3	2	1	
柱顶内力	弯矩 M	−338.644 5	−216.434	−308.043	−373.265	−422.276	−441.384	365.829
	轴力 N	359.518	606.45	1 006.51	1 374.358	1 720.793	2 054.17	3 760.391
柱底内力	弯矩 M	−221.371 5	−192.225	−303.125	−372.945	−429.481	−559.527	521.749 5
	轴力 N	402.418	645.45	1 045.51	1 413.358	1 759.793	2 106.17	3 827.991
轴压比 μ_c		0.08	0.13	0.20	0.27	0.34	0.41	0.74
γ_{RE}		0.75	0.75	0.80	0.80	0.80	0.80	0.80
$e_0=\eta_c\cdot M_2/N$(mm)		1 224.52	463.95	397.87	353.07	317.27	345.36	177.19
e_a=max(20,h/30)(mm)		20	20	20	20	20	20	20
$e_i=e_0+e_a$		1 244.52	483.95	417.87	373.07	337.27	365.36	197.19
$\zeta_c=0.5f_cA/(\gamma_{RE}N)$ $(\leqslant 1.0)$		1.0	1.0	1.0	1.0	1.0	1.0	0.8

续表

层号	6	5	4	3	2	1	
l_c	3 300	3 900	3 900	3 900	3 900	5 200	5 200
C_m	0.896	0.966	0.995	1.000	0.995	0.937	0.910
$\eta_{ns}=1+\dfrac{1}{1\,300e_i/h_0}\left(\dfrac{l_c}{h}\right)^2\zeta_c$	1.010	1.038	1.044	1.049	1.054	1.089	1.138
$C_m\eta_{ns}$(≥1.0)	1.000	1.003	1.039	1.049	1.049	1.020	1.000
$M=C_m\eta_{ns}\eta_c M_2$	440.24	282.15	415.90	508.79	585.49	741.64	−678.27
$x=\dfrac{\gamma_{RE}N}{f_c b}$(mm)	35.18	56.42	97.48	131.78	164.08	196.38	—
($2a_s'$=80 mm)	$<2a_s'$	$<2a_s'$	$>2a_s'$	$>2a_s'$	$>2a_s'$	$>2a_s'$	—
偏心受压状态	大偏压	大偏压	大偏压	大偏压	大偏压	大偏压	小偏压
A_s(mm^2)	1 587	579	744	839	897	1 472	1 404
$\rho_{单侧\,min}\cdot A_c$(mm^2)	720	720	720	720	720	720	720
初选钢筋	4Φ25	4Φ25	4Φ25	4Φ25	4Φ25	4Φ25	

表 21-46 D柱正截面控制内力及配筋计算

层号		6	5	4	3	2	1	
柱顶内力	弯矩 M	265.451	175.389 5	260.800 5	306.036	338.761 5	−245.517	332.330 5
	轴力 N	306.836	766.404	1 272.717 5	1 806.225	2 358.220 5	1 321.315	2 926.175 5
柱底内力	弯矩 M	164.976	172.244	225.564	269.098 5	318.197 5	−460.169	503.535 5
	轴力 N	349.736	817.104	1 323.417 5	1 856.925	2 408.920 5	1 373.315	2 993.775 5
轴压比 μ_c		0.07	0.16	0.26	0.36	0.47	0.27	0.58
γ_{RE}		0.75	0.80	0.80	0.80	0.80	0.80	0.80
$e_0=\eta_c\cdot M_2/N$(mm)		1 124.66	297.50	266.39	220.26	186.75	435.60	218.65
e_a=max(20, h/30)(mm)		20	20	20	20	20	20	20
$e_i=e_0+e_a$		1 144.66	317.50	286.39	240.26	206.75	455.60	238.65
$\zeta_c=0.5f_cA/(g_{RE}N)$(≤1.0)		1.0	1.0	1.0	1.0	1.0	1.0	1.0
l_c		3 300	3 900	3 900	3 900	3 900	5 200	5 200
C_m		0.886	0.995	0.959	0.964	0.982	0.860	0.898
$\eta_{ns}=1+\dfrac{1}{1\,300e_i/h_0}\left(\dfrac{l_c}{h}\right)^2\zeta_c$		1.011	1.057	1.064	1.076	1.088	1.071	1.136
$C_m\eta_{ns}$(≥1.0)		1.000	1.052	1.020	1.037	1.068	1.000	1.020
$M=C_m\eta_{ns}\eta_c M_2$		345.09	239.78	345.97	412.49	470.43	598.22	667.52
$x=\dfrac{\gamma_{RE}N}{f_c b}$(mm)		30.57	76.19	123.40	173.14	224.61	128.05	279.14
($2a_s'$=80 mm)		$<2a_s'$	$<2a_s'$	$>2a_s'$	$>2a_s'$	$>2a_s'$	$>2a_s'$	$>2a_s'$
偏心受压状态		大偏压	大偏压	大偏压	大偏压	大偏压	大偏压	大偏压
A_s(mm^2)		1 240	201	272	213	196	1 289	1 001

续表

层号	6	5	4	3	2	1	
$\rho_{单侧\min} \cdot A_c$（mm^2）	720	720	720	720	720	720	720
初选钢筋	4⌀25	4⌀25	4⌀25	4⌀25	4⌀25	4⌀25	

3. 斜截面受剪承载力计算

按照“强剪弱弯”原则，考虑地震作用组合时的柱端剪力设计值应按式（18-8a）计算，实际就是将表 21-37 至表 21-40 中的柱端剪力设计值先按柱端弯矩设计值的调整系数 1.3 进行放大（满足“强柱弱梁”），再乘以“强剪弱弯”的放大系数 1.2，即放大为原来的 1.3 × 1.2=1.56 倍。

1）剪压比验算

2 层 C 柱剪力最大，有

$$|V_{max}| = 227.44 \times 1.56 = 354.81 \text{ kN}$$

取 h_0=600−40=560 mm，则有

$$\lambda = \frac{H_n}{2h_0} = \frac{3\,900 - 700}{2 \times 560} = 2.86 > 2$$

$$\frac{1}{\gamma_{RE}} 0.2\beta_c f_c b h_0 = \frac{1}{0.85} \times 0.2 \times 1.0 \times 14.3 \times 600 \times 560 = 1\,130.54 \text{ kN} > |V_{max}|$$

即柱截面尺寸满足要求。

2）箍筋配置

抗震设计时，各柱最大轴压比、配箍特征值、最小体积配箍率见表 21-47。

表 21-47　各柱最大轴压比、配箍特征值、最小体积配箍率

层号		6	5	4	3	2	1
A 柱	最大轴力 N_{max}（kN）	284.274 5	723.493	1 149.929	1 602.797 5	2 074.635	2 581.678 5
	最大轴压比 $\mu_c = N_{max}/(f_c A)$	0.06	0.14	0.22	0.31	0.40	0.50
	最小配箍特征值 λ_v	0.06	0.06	0.06	0.06	0.07	0.09
	最小体积配箍率 $\rho_{vmin} = \lambda_v f_c / f_{yv}$	0.28%	0.28%	0.28%	0.28%	0.32%	0.42%
B 柱	最大轴力 N_{max}（kN）	319.624	829.871 5	1 303.543 5	1 810.06	2 338.202	2 894.919 5
	最大轴压比 $\mu_c = N_{max}/(f_c A)$	0.06	0.16	0.25	0.35	0.45	0.56
	最小配箍特征值 λ_v	0.06	0.06	0.06	0.065	0.08	0.1
	最小体积配箍率 $\rho_{vmin} = \lambda_v f_c / f_{yv}$	0.28%	0.28%	0.28%	0.30%	0.37%	0.46%
C 柱	最大轴力 N_{max}（kN）	402.418	973.037	1 643.972	2 346.222	3 070.609 5	3 827.991
	最大轴压比 $\mu_c = N_{max}/(f_c A)$	0.08	0.19	0.32	0.46	0.60	0.74
	最小配箍特征值 λ_v	0.06	0.06	0.06	0.08	0.11	0.14
	最小体积配箍率 $\rho_{vmin} = \lambda_v f_c / f_{yv}$	0.28%	0.28%	0.28%	0.37%	0.51%	0.65%

续表

层号		6	5	4	3	2	1
D柱	最大轴力 N_{max}(kN)	349.736	817.104	1 323.417 5	1 856.925	2 408.920 5	2 993.775 5
	最大轴压比 $\mu_c=N_{max}/(f_cA)$	0.07	0.16	0.26	0.36	0.47	0.58
	最小配箍特征值 λ_v	0.06	0.06	0.06	0.065	0.085	0.11
	最小体积配箍率 $\rho_{vmin}=\lambda_v f_c/f_{yv}$	0.28%	0.28%	0.28%	0.30%	0.39%	0.51%

根据柱端加密区的箍筋配置要求,初步确定柱加密区箍筋取井字箍⏀8@100,非加密区取⏀8@200,则加密区实际体积配筋率为

$$\rho_v=\frac{nA_{sv1}l}{b_{cor}h_{cor}s}=\frac{8\times50.3\times530}{530\times530\times100}=0.76\%$$

上述箍筋配置均可满足要求。实际配箍时为简化类型,略做调整后,配筋如下:各柱首层加密区箍筋取井字箍⏀8@100,非加密区取⏀8@200;二层及以上加密区箍筋取井字箍⏀8@100,非加密区取⏀8@200。

各柱加密区范围按构造要求,首层柱底端取基础顶面至 ±0.000 m 以上 500 mm,柱顶端取 800 mm,其他各层柱柱端均取 650 mm。

3)箍筋验算

按最大剪力设计值计算, 2 层 C 柱剪力最大值 $|V_{max}|=227.44\times1.56=354.81$ kN,剪跨比 $\lambda=2.86$,相应轴力为

$$N=2\,389.85\text{ kN}>0.3f_cA=0.3\times14.3\times600^2=1\,544.4\text{ kN}$$

取 $N=1\,544.4$ kN。

柱剪力在整个层高范围内是不变的,因此验算柱斜截面强度时应取非加密区的箍筋间距,则有

$$\frac{1}{\gamma_{RE}}\left(\frac{1.05}{\lambda+1}f_tbh_0+f_{yv}\frac{A_{sv}}{s}h_0+0.056N\right)$$

$$=\frac{1}{0.85}\left(\frac{1.05}{2.86+1}\times1.43\times600\times560+360\times\frac{4\times50.3}{200}\times560+0.056\times1\,544\,400\right)$$

$$=394.70\text{ kN}>|V_{max}|=354.81\text{ kN}\quad(满足要求)$$

非抗震设计时,各柱剪力较小,不需计算,按上述构造配置即可满足要求。

21.11 楼面构件及楼梯设计

楼盖、楼面次梁及楼梯设计参见第 2 篇相关楼盖设计内容,计算从略。

21.12 基础设计

本工程的基础形式采用横向柱下条形基础,基础梁高取 1/8~1/4 的柱距,实取 h=1.3 m

（1/5 柱距），梁宽应大于柱宽 +100 mm，实取 b=700 mm；纵向设拉梁，拉梁截面取 400 mm × 700 mm（底标高与基础底面相同）。

下面仅取横向 4 轴进行基础设计，具体计算内容包括：①按地基承载力确定基础底面尺寸；②基础梁内力与配筋计算；③按受弯承载力计算确定底板配筋。由于该建筑地基条件和荷载条件满足《地基规范》第 3.0.2 条关于不进行地基变形验算的条件，因此本设计不进行地基变形验算。

21.12.1　确定地基承载力特征值

1. 基础埋深

本工程室内外高差为 0.60 m，最大冰冻深度为 0.70 m，因此基础埋深初步确定为

基础埋深 = 室内外高差 + 冰冻深度 + 管道直径 + 纵向拉梁高度

=0.6+0.7+0.2+0.7=2.20 m

2. 地基承载力特征值

仅考虑基础埋深的修正，根据地质勘探资料（表 21-3），选定地基持力层为第②层粉质黏土层，地基承载力特征值 f_{ak}=140 kPa。该层土孔隙比 e=0.671<0.85，液性指数 I_L=0.51<0.85，查《地基规范》表 5.2.4 可得深度修正系数 η_d=1.6。

基础底标高为 −2.20 m，相当于绝对高程 7.80 m，因此修正用埋深 d=9.2−7.8=1.4 m。

基础底面以上土的加权平均重度取 20 kN/m³，则修正后的地基承载力特征值为

$$f_a = f_{ak} + \eta_d\gamma_m(d - 0.5) = 140 + 1.6 \times 18.0 \times (1.4 - 0.5) = 165.92 \text{ kPa}$$

取 f_a=160 kPa。

21.12.2　荷载计算

根据《抗震标准》第 4.2.1 条第二款的规定，本工程可不进行天然地基及基础的抗震承载力验算，即在基础设计中柱底内力均取非抗震组合工况。

1. 柱底截面内力

进行地基承载力验算时，按荷载效应标准组合确定柱底内力；进行基础设计时，按荷载效应基本组合确定柱底内力，见表 21-48。

表 21-48　竖向荷载作用下柱底内力标准组合及基本组合

柱号	A 柱				B 柱			
荷载效应工况	恒载 S_G	活载 S_Q	标准组合	基本组合	恒载 S_G	活载 S_G	标准组合	基本组合
柱底弯矩 M（kN·m）	7.38	−1.63	5.75	7.149	4.96	2.32	7.28	9.928
柱底轴力 N（kN）	1 448.16	279.41	1 727.57	2 301.723	1 671.82	368.75	2 040.57	2 726.491
柱号	C 柱				D 柱			
荷载效应工况	恒载 S_G	活载 S_Q	标准组合	基本组合	恒载 S_G	活载 S_G	标准组合	基本组合
柱底弯矩 M（kN·m）	−14.71	−3.43	−18.14	−24.268	16.86	3.99	20.85	27.903
柱底轴力 N（kN）	2 336.74	486.66	2 823.4	3 767.752	1 731.63	334.21	2 065.84	2 752.434

注：标准组合工况为 $S=S_G+S_Q$；基本组合工况为 $S=1.30S_G+1.50S_Q$。

2. 首层填充墙荷载

地基承载力计算简图如图 21-15 所示。

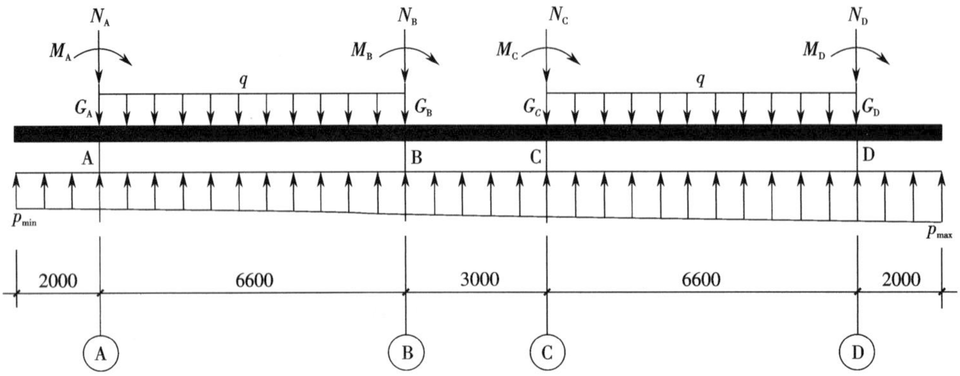

图 21-15 地基承载力计算简图

首层 ±0.000 m 以上 4 轴 AB 跨、CD 跨墙体作用在基础梁上的附加线荷载为

$$q=2.92\ \text{kN/m}^2\times(3.9-0.7)=9.344\ \text{kN/m}$$

近似取 q=9.5 kN/m。

纵向 A~D 轴上墙体有基础拉梁传至 4 轴柱底处的竖向荷载为

$$q=2.92\ \text{kN/m}^2\times(3.9-0.75)=9.198\ \text{kN/m}$$

近似取 q=9.2 kN/m。

柱 A、B 处：

$$G_A=G_B=9.2\times(3.3+6.6/4)=45.54\ \text{kN}$$

柱 C、D 处：

$$G_C=G_D=9.2\times(6.6+6.6/4)=75.90\ \text{kN}$$

21.12.3 地基承载力验算

各竖向荷载（不包括基础自重和覆土重）的总和为

$$\begin{aligned}\sum N&=N_A+N_B+N_C+N_D+2ql_n+G_A+G_B+G_C+G_D\\&=1\,727.57+2\,040.57+2\,823.40+2\,065.84+2\times9.5\times6.0+2\times45.54+2\times75.90\\&=9\,014.26\ \text{kN}\end{aligned}$$

根据构造要求，条形基础端部伸出第一跨距的 1/4~3/10，即 6.6×0.3=1.98 m，取 2.0 m，则基础长度为 L=6.6+3.0+6.6+2×2.0=20.2 m。

先按轴心受压基础粗略确定基础宽度，由式（14-12）可得

$$A\geqslant\frac{F_k}{f_a-\gamma_m d}=\frac{\sum N}{f_a-\gamma_m d}=\frac{9\,014.26}{160-20\times2.2}=77.71\ \text{m}^2$$

则基础底面宽度为 $B=A/L$=77.71/20.2=3.85 m，考虑弯矩影响放大约 15%，实取 B=4.00 m。

各外荷载对基础底面形心的偏心力矩的总和为

$$\sum M=(N_D-N_A+G_D-G_A)\times(6.6+1.5)+(N_C-N_B+G_C-G_B)\times1.5+M_A+M_B+M_C+M_D$$

$=368.63\times 8.1+813.19\times 1.5+5.75+7.28-18.14+20.85$

$=4\ 221.43\ \text{kN}\cdot\text{m}$

假定土反力为线性分布，则地基土反力计算如下。

最大反力为

$$p_{\max}=\frac{\sum N}{BL}+\gamma_{\text{m}}d+\frac{6\sum M}{BL^2}$$
$$=\frac{9\ 014.26}{4.4\times 20.2}+20\times 2.6+\frac{6\times 4\ 221.43}{4.4\times 20.2^2}$$
$$=167.5\ \text{kPa}<1.2f_{\text{a}}=1.2\times 160=192\ \text{kPa}$$

最小反力为

$$p_{\min}=\frac{\sum N}{BL}+\gamma_{\text{m}}d-\frac{6\sum M}{BL^2}$$
$$=\frac{9\ 014.26}{4.4\times 20.2}+20\times 2.6-\frac{6\times 4\ 221.43}{4.4\times 20.2^2}$$
$$=139.3\ \text{kPa}>0$$

平均反力为

$p=(p_{\max}+p_{\min})/2=(167.5+139.3)/2=153.4\ \text{kPa}<f_{\text{a}}=160\ \text{kPa}$

因此，基础底面尺寸 $B\times L=4.4\ \text{m}\times 20.2\ \text{m}$ 满足要求。

21.12.4 基础梁内力与配筋计算

1. 地基土净反力

AB 跨、CD 跨墙体作用在基础梁上的附加线荷载设计值为

$q=9.5\times 1.30=12.35\ \text{kN/m}$

纵向 A~D 轴上墙体有基础拉梁传至 4 轴柱底处的竖向荷载设计值计算如下。

柱 A、B 处：

$G_{\text{A}}=G_{\text{B}}=45.54\times 1.30=59.20\ \text{kN}$

柱 C、D 处：

$G_{\text{C}}=G_{\text{D}}=75.90\times 1.30=98.67\ \text{kN}$

各竖向荷载设计值（不包括基础自重和覆土重）的总和为

$$\sum N=N_{\text{A}}+N_{\text{B}}+N_{\text{C}}+N_{\text{D}}+2ql_{\text{n}}+G_{\text{A}}+G_{\text{B}}+G_{\text{C}}+G_{\text{D}}$$
$$=2\ 301.723+2\ 726.491+3\ 767.752+2\ 752.434+2\times 12.35\times 6.0+2\times 59.2+2\times 98.67$$
$$=12\ 012.34\ \text{kN}$$

各外荷载设计值对基础底面形心的偏心力矩的总和为

$$\sum M=(N_{\text{D}}-N_{\text{A}}+G_{\text{D}}-G_{\text{A}})\times(6.6+1.5)+(N_{\text{C}}-N_{\text{B}}+G_{\text{C}}-G_{\text{B}})\times 1.5+M_{\text{A}}+M_{\text{B}}+M_{\text{C}}+M_{\text{D}}$$
$$=490.18\times 8.1+1\ 080.731\times 1.5+7.15+9.93-24.27+27.90$$
$$=5\ 612.26\ \text{kN}\cdot\text{m}$$

根据式（20-1），可得地基土净反力为

$$\begin{matrix} p_{j\max} \\ p_{j\min} \end{matrix} = \frac{\sum N}{BL} \pm \frac{6\sum M}{BL^2} = \frac{12\ 012.34}{4.4\times 20.2} \pm \frac{6\times 5\ 612.26}{4.4\times 20.2^2} = \begin{matrix} 153.91 \\ 116.40 \end{matrix}\ \text{kN/m}^2$$

2. 内力计算

地基土净反力作用于基础梁的线荷载为

$$q_{j\max}=p_{j\max}B=153.91\times 4.4=677.20\ \text{kN/m}$$

$$q_{j\max}=p_{j\max}B=116.40\times 4.4=512.16\ \text{kN/m}$$

按倒梁法即可求出基础梁的内力，计算过程从略。基础梁计算荷载图如图21-16所示，基础梁内力图如图21-17所示。

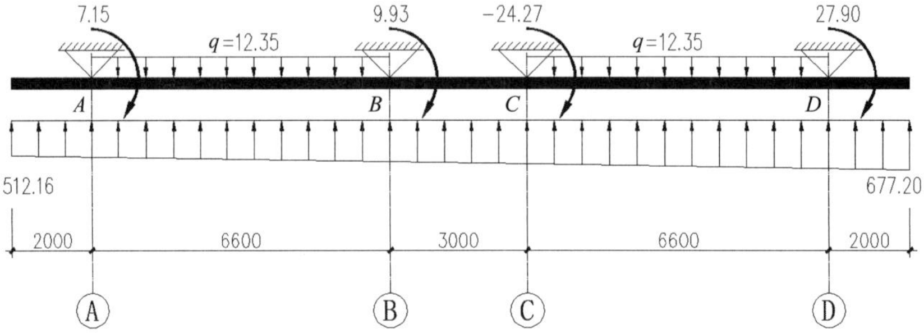

图21-16 基础梁计算荷载图(倒梁法)

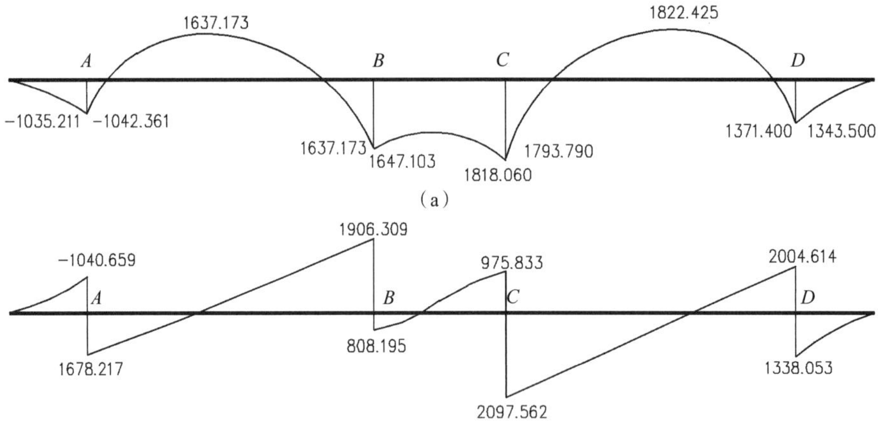

图21-17 基础梁内力图

(a)弯矩图(kN·m) (b)剪力图(kN)

为简化起见，基础梁翼缘板根部弯矩取净反力最大处计算，即

$$M=\frac{1}{2}p_{j\max}\left(\frac{B-b}{2}\right)^2=\frac{1}{2}\times 153.91\times\left(\frac{4.4-0.8}{2}\right)^2=249.33\ \text{kN}\cdot\text{m}$$

3. 配筋计算

计算基础梁配筋时，应注意对支座截面取柱边缘处的内力按矩形截面计算，对跨中截面按T形截面计算。计算过程从略，配筋详见施工图。

21.13　结构施工图

图 21-18 至图 21-22 所示为部分施工图,仅供参考。在实际工程中,目前已不再画单榀框架图,多采用平面整体表示法进行梁柱施工图的设计,具体构造详见标准图集 22G101-1。

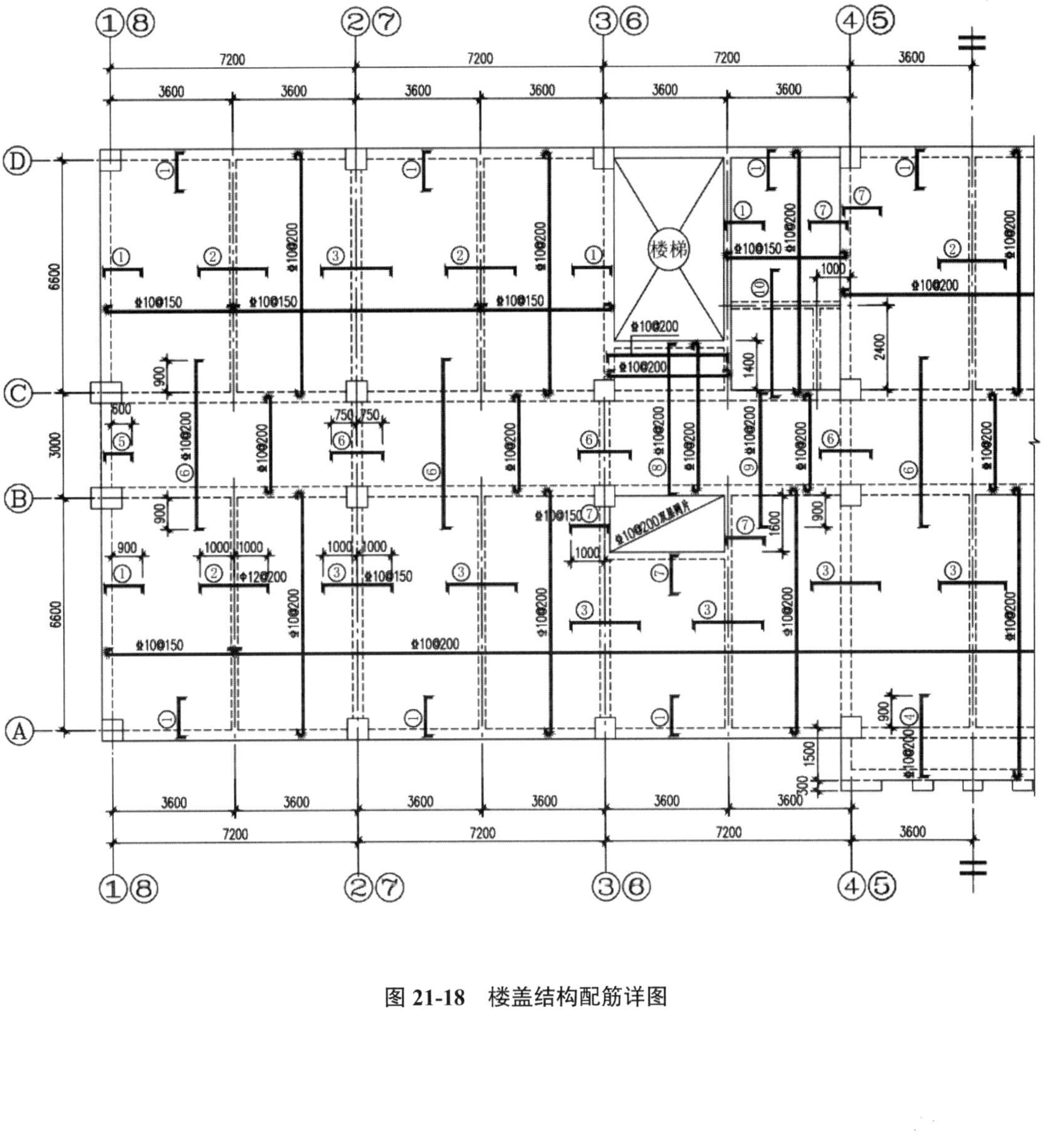

图 21-18　楼盖结构配筋详图

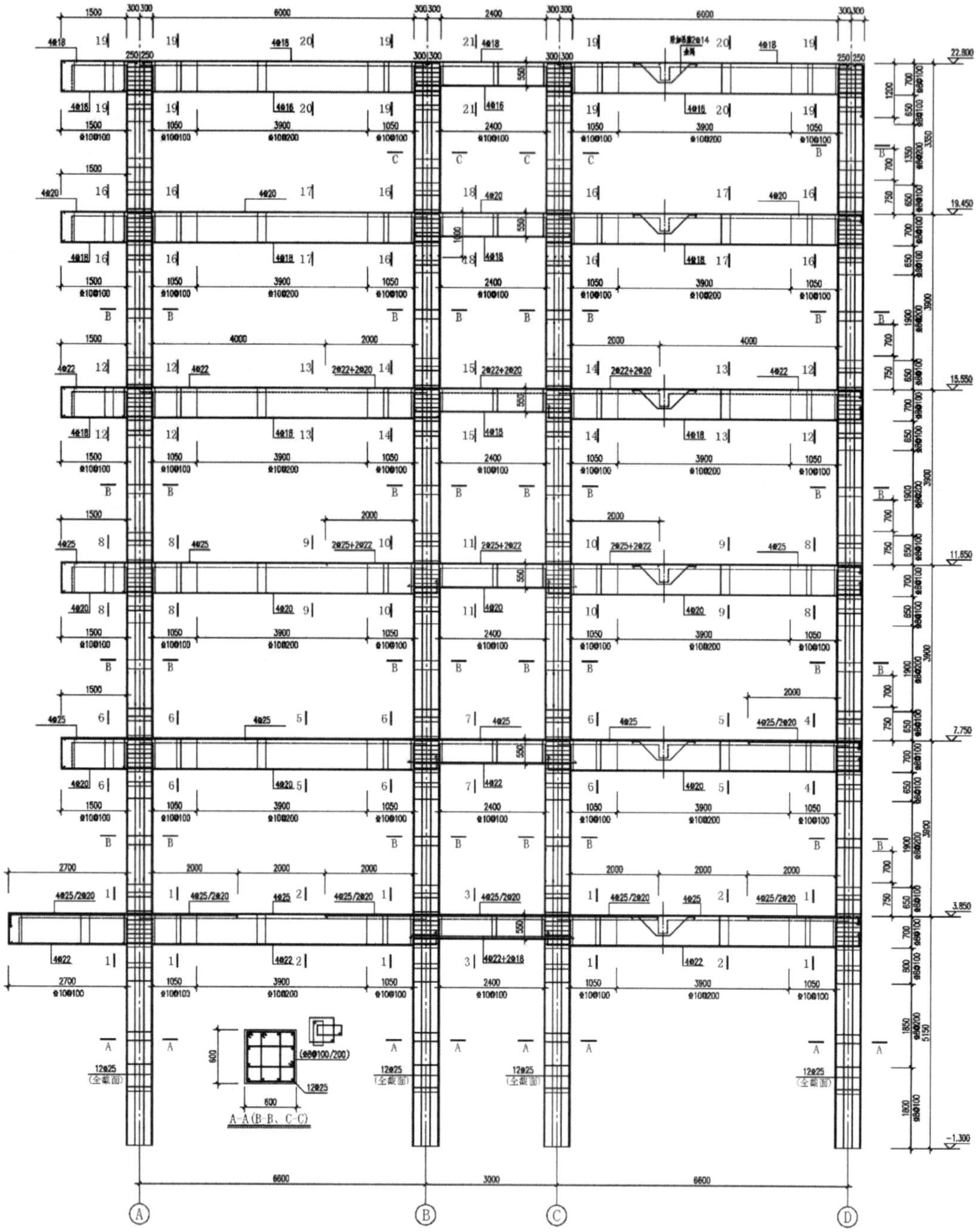

图 21-19　4 轴框架配筋详图(1)

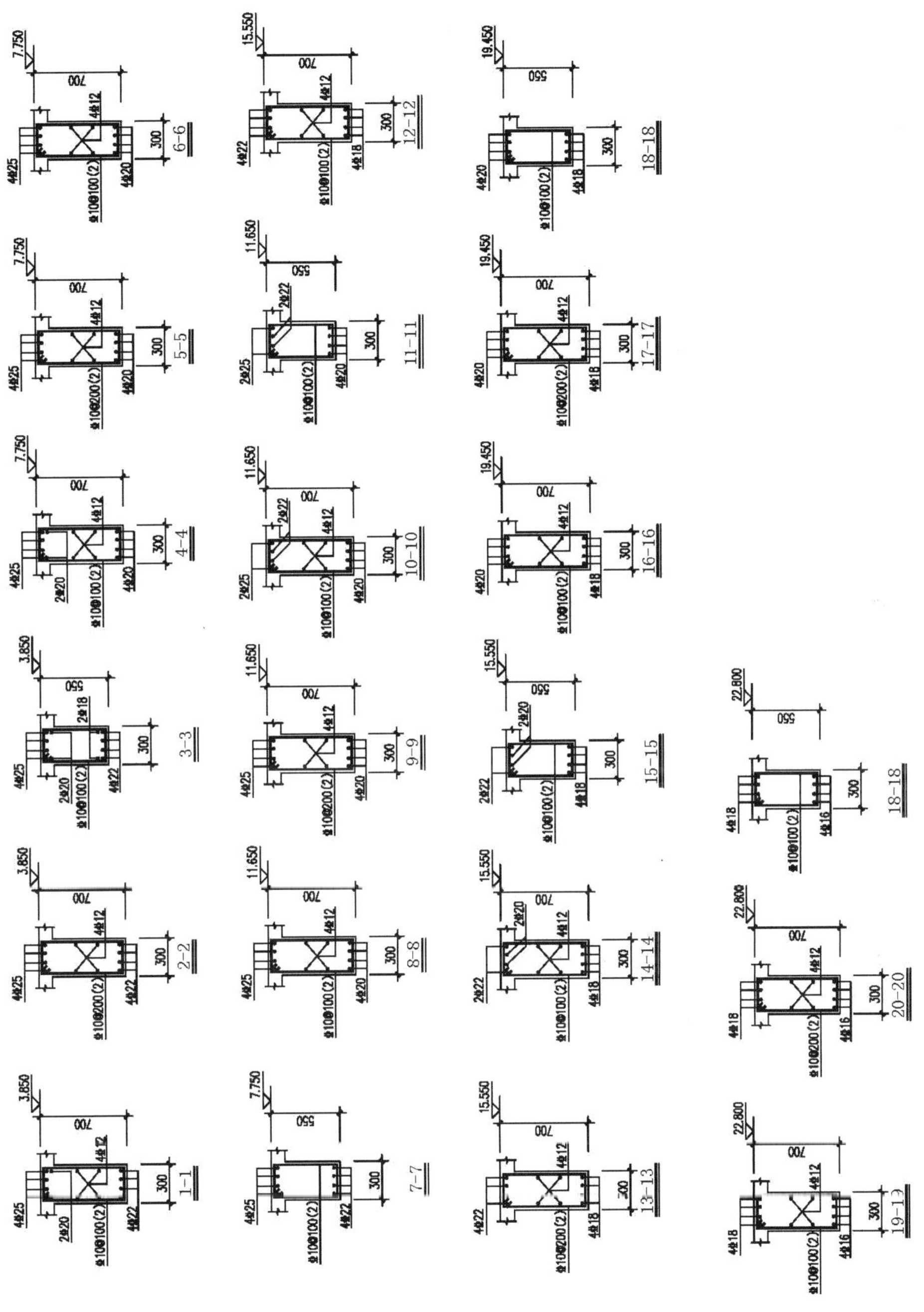

图 21-20　4 轴框架配筋详图(2)

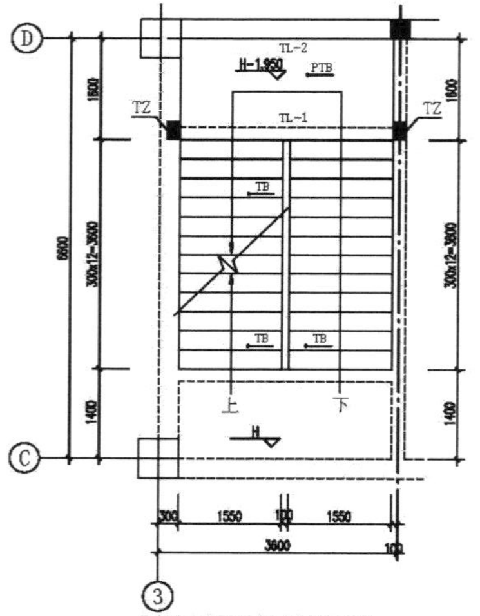

楼梯标准层结构平面图

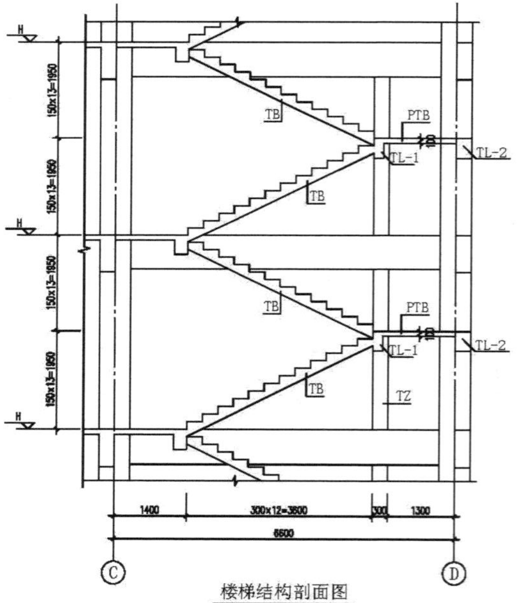

楼梯结构剖面图

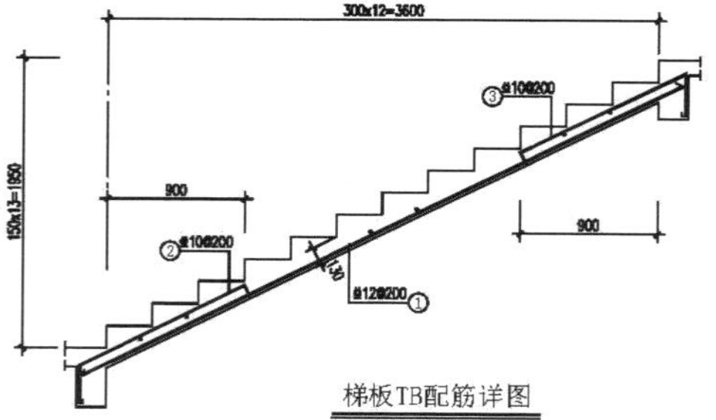

梯板TB配筋详图

说　明

1. 板钢筋保护层为15。
2. 钢筋伸入支座长度：负筋为35d，底筋为15d，d为钢筋直径。
3. 图中钢筋直钩尺寸按板厚t-20，搭接长度L_a=37d(d为钢筋直径)，钢筋按放样尺寸下料。
4. 栏杆扶手处板底另加两根纵向钢筋，直径同板底筋，栏杆预埋件详见建施。
5. 板内分布钢筋除注明外均为Φ8@200。
6. 混凝土强度等级C30；钢筋 HRB400级钢(Φ)。

图 21-21　楼梯配筋详图

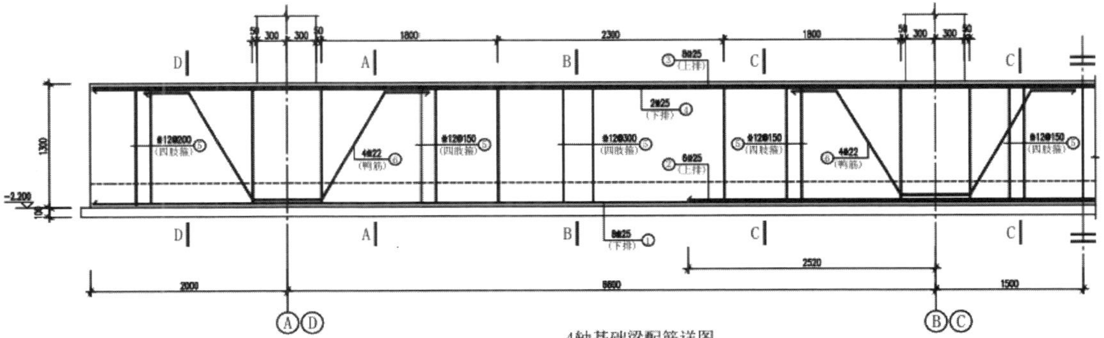

4轴基础梁配筋详图

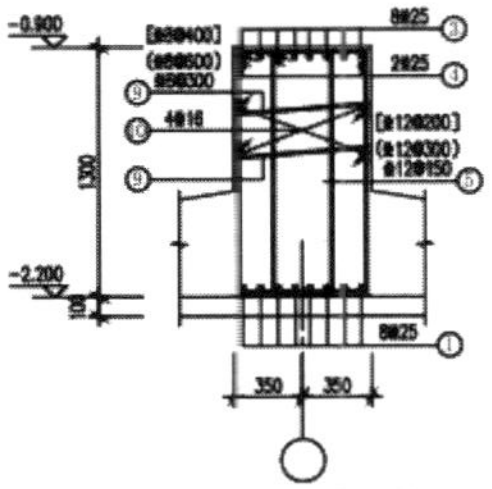

A-A(B-B)[D-D]

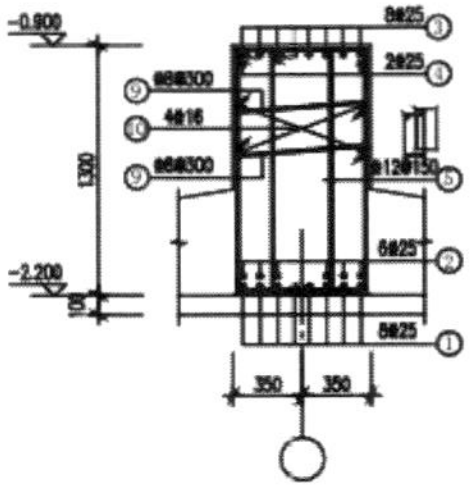

C-C

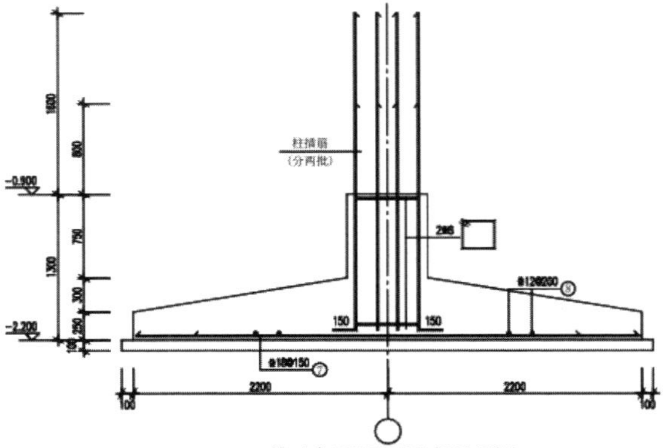

基础底板配筋及柱插筋详图

基础设计说明

1. 本工程地基基础的设计等级为丙级。
2. 本工程基础采用柱下条形基础，地基持力层为第②层粉质黏土层，地基承载力特征值f_{ak}=140kPa，基础底面设计标高为-2.200。
3. 开槽时应避免对原状砂土的扰动，基底标高以上300范围内必须采用人工开挖。
4. 垫层为C20素混凝土，厚100，四周扩出基础底边各100。
5. 钢筋强度等级：HRB400级(⌀)。
6. 基础混凝土强度等级C30，基础底板及基础梁钢筋净保护层40。
7. 基础底板受力钢筋长度取基础宽度的90%，交错放置。

图 21-22　基础配筋详图

本篇小结

1. 框架结构是多高层建筑的一种主要结构形式，一般采用现浇框架结构，其整体性好，抗震性能好。

2. 结构设计时，需首先进行结构布置和梁、柱截面尺寸拟定，确定结构计算简图。

（1）柱截面尺寸一般应满足以下要求：柱的截面高度不宜小于 300 mm；在纵、横两个方向上不宜相差过大，矩形柱边长比不宜超过 1.5；柱净高与截面高度之比不宜小于 4；层高与柱截面高度之比不宜大于 15。

结构方案阶段，框架柱的截面尺寸可按下式估算：

$$N = \gamma_G wSn\beta_1\beta_2$$

$$N/(f_c b_c h_c) \leqslant \mu_c$$

（2）梁截面尺寸一般应满足以下要求：梁宽不宜小于 200 mm，且不宜小于柱宽的 1 / 2；梁截面的高宽比小于 4；梁净跨与截面高度之比宜大于 4。

考虑强度与刚度的需要，框架梁的截面尺寸取值如下：

①框架梁高 h=（1/14~1/8）l，l 为梁跨，通常取 l/10；

②框架梁宽 b=（1/3~1/2）h，一般不小于 300 mm。

3. 在计算框架梁截面惯性矩 I 时，应考虑到楼板的影响。假定梁的截面惯性矩 I 沿轴线不变，对现浇楼盖，中框架取 $I=2I_0$，边框架取 $I=1.5I_0$；对装配整体式楼盖，中框架取 $I=1.5I_0$，边框架取 $I=1.2I_0$，I_0 为矩形截面梁的截面惯性矩；对装配式楼盖，则按梁的实际截面计算 I。

4. 设计框架结构房屋的梁、柱和基础时，应将楼面活载乘以折减系数，以考虑活载满布在各层楼面上的可能性程度。计算作用在框架结构房屋上的风荷载时，对主要承重结构和围护结构应分别计算。

5. 竖向荷载作用下框架结构的内力可用分层法、二次弯矩分配法等近似方法计算。

（1）分层法有两个基本假定：①在竖向荷载作用下框架侧移很小，可作为无侧移框架进行内力分析；②各层荷载对其他层杆件内力影响不大，可以忽略。根据上述假定，可将 n 层框架分解为 n 个单层梁连同上、下柱组成的开口刚架，柱的远端为固定端，并用力矩分配法进行各自的内力计算，叠加后可得到原结构的内力。这时，除底层柱外，各层柱线刚度乘以 0.9 的折减系数；对于弯矩传递系数，底层柱取 1/2，其余各层取 1/3。

（2）二次弯矩分配法是将各节点的不平衡弯矩同时进行分配和传递，并以两次分配为限。二次弯矩分配法与分层法相比，由于考虑了各层荷载对其他层杆件内力的影响，因而其计算结果比分层法更精确，而且节点上的弯矩是平衡的；与精确法计算结果相比，其误差很小，可以满足工程需要。

6. 水平荷载作用下框架结构的内力可用 D 值法、反弯点法和门架法等近似方法计算，

其中 D 值法的计算精度较高。

（1）用反弯点法计算各柱的剪力时，假定各柱上、下端都不发生角位移，即认为梁的线刚度与柱的线刚度之比为无限大，且不考虑框架横梁的轴向变形，也就是各柱所承受的水平剪力可按两端固定柱的侧移刚度 d 进行分配后求得。在确定柱的反弯点位置时，假定除底层外，各柱的上、下端节点转角均相同，即各层柱反弯点在柱中点；对于底层柱，由于底端固定而上端实际有转角，反弯点向上移，通常假定反弯点在距底端 $2h/3$ 高度处。梁端弯矩可由节点平衡条件求出，并按节点左、右梁的线刚度进行分配。

（2）D 值法对反弯点法做了两点改进：①不再认为框架梁的线刚度与柱的线刚度之比为无限大，因此柱的侧移刚度 $D=\alpha_c d$，α_c 是反映梁、柱线刚度之比对柱侧移刚度影响的降低系数；②反弯点高度不再定在 1/2 或 2/3 柱高处，而是随柱上、下端的约束情况而变化，影响柱上、下端的约束情况的因素主要有梁柱线刚度之比、上下层梁线刚度之比、上下层层高的变化。D 值法是在考虑框架梁为有限刚度、梁柱节点有转动的前提下求解框架的内力，因此比较接近实际情况。

7. 在水平荷载作用下，框架结构各层会产生层间剪力和倾覆力矩。层间剪力会使梁、柱产生弯曲变形，引起的框架结构侧移曲线具有整体剪切型变形特点；用楼层剪力除以该层所有柱的侧移刚度的总和，就可以得到这一楼层的层间水平侧移值。倾覆力矩会使框架柱（尤其是边柱）产生轴向拉、压变形，引起的框架结构侧移曲线具有整体弯曲型变形特点。

8. 按照内力组合原则，将竖向荷载下的内力和水平荷载作用下的内力进行组合，即可得到框架梁、柱控制截面上的最不利内力。这些最不利内力不能直接用于截面设计。还必须考虑对抗震延性要求（强柱弱梁、强剪弱弯）进行调整，再进行截面设计。

9. 施工图设计时，应满足梁柱构造措施的要求。

10. 要注意现浇框架节点处梁柱钢筋的锚固要求。多层框架共有 4 种类型的节点，即中间楼层的中间节点和边节点以及顶层的中间节点和边节点，每种类型的节点对梁、柱钢筋的锚固都有不同的要求。

11. 框架结构的基础形式有多种，主要应掌握柱下条形基础的计算与构造。

思考题与习题

【思考题】

1. 如何确定框架结构的构件截面尺寸？

2. 如何处理结构布置时框架结构的梁柱偏心？

3. 练习用分层法和二次弯矩分配法计算竖向荷载作用下的内力。

4. 在竖向荷载作用下，框架梁端负弯矩调幅的基本原理是什么？

5. D 值与 d 值有何区别？各自的物理意义是什么？

6. 反弯点法与 D 值法的基本假定有何不同？各自的适用范围是什么？

7. 在 x、y 方向分别计算时，同一根方柱的 D 值是否相同？为什么？

8. D 值法的计算步骤是什么？边柱和中柱以及上层柱和底层柱 D 值的计算公式有什么区别？

9. 影响水平荷载作用下框架柱反弯点位置的主要因素有哪些？

10. 如果某框架符合 $i_b/i_c \geq 3$ 的条件，如何用反弯点法计算该框架的内力与侧移？

11. 柱的轴向变形及梁、柱的弯曲变形对框架在水平荷载下的侧移变形有何影响？框架为什么具有剪切型侧移变形曲线？

12. 自选一个框架，并自定荷载，用 D 值法计算水平荷载下的内力和位移，并画出弯矩图、剪力图、轴力图和侧移图。

13. 如何进行框架梁柱内力的最不利组合？

14. 抗震设计时，为什么要对构件内力进行调整？如何调整？

15. 抗震设计时，对框架梁及框架柱纵向钢筋的配置有哪些要求？

16. 为什么要控制柱的轴压比？

17. 箍筋的作用是什么？要从哪三种要求中选择最大值？抗震与非抗震有什么区别？

18. 如何确定框架梁、柱的箍筋加密区？

19. 箍筋的面积配筋率和体积配箍率有什么不同？分别在什么情况下使用？

20. 对梁柱节点处的钢筋锚固有什么要求？仔细区别中间节点、边节点、顶节点、顶角节点以及它们的抗震与非抗震的异同。

21. 多层框架有哪些常用的基础类型？条形基础有哪些常用的简化计算方法？

【习题】

如图所示框架，柱截面均为 500 mm × 500 mm，梁截面均为 300 mm × 700 mm，梁柱混凝土强度等级均为 C30。试求：

（1）用二次弯矩分配法计算该框架在竖向荷载下的内力，集中力 F=100 kN，绘制弯矩图和剪力图；

（2）分别用反弯点法和 D 值法计算该框架在水平荷载下的内力（弯矩、剪力）和水平位移；

（3）绘制上述两种荷载作用下的荷载效应的基本组合内力图。

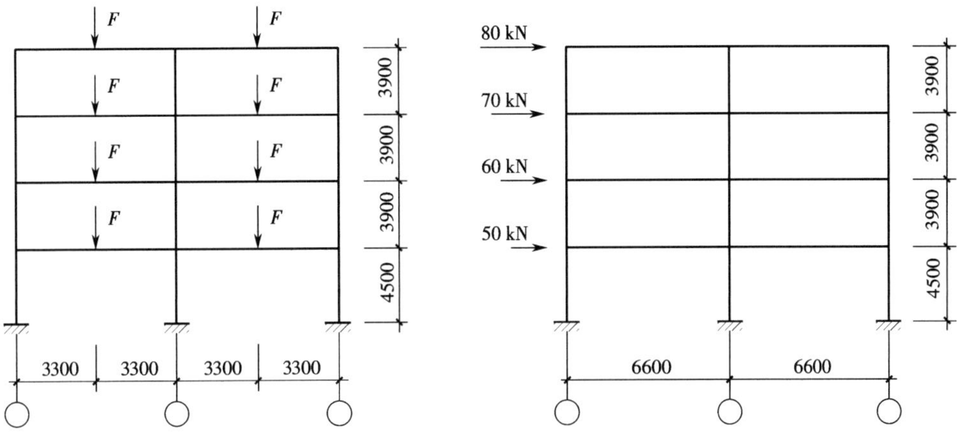

习题图

附　录

附录 A　等截面等跨连续梁在常用荷载作用下的计算系数表

A.1　制表说明

1. 在均布及三角形荷载作用下

弯矩：M= 表中系数 $\times ql^2$。

剪力：V= 表中系数 $\times ql$。

2. 在集中荷载作用下

弯矩：M= 表中系数 $\times Pl$。

剪力：V= 表中系数 $\times P$。

3. 内力正负号规定

M——使截面上部受压、下部受拉为正。

V——对邻近截面所产生的力矩沿顺时针方向者为正。

z、y——支座的左侧、右侧。

A.2　计算用表

表 A-1　两跨梁

荷载图	跨内最大弯矩		支座弯矩	剪力		
	M_1	M_2	M_B	V_A	V_{Bz} V_{By}	V_C
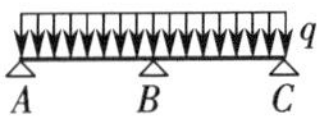	0.070	0.070	−0.125	0.375	−0.625 0.625	−0.375
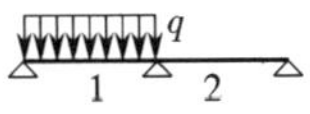	0.096	—	−0.063	0.437	−0.563 0.063	0.063

续表

荷载图	跨内最大弯矩		支座弯矩	剪力		
	M_1	M_2	M_B	V_A	V_{Bz} V_{By}	V_C
	0.048	0.048	−0.078	0.172	−0.328 0.328	−0.172
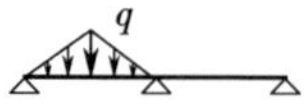	0.064	—	−0.039	0.211	−0.289 0.039	0.039
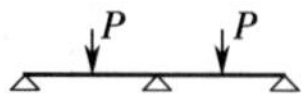	0.156	0.156	−0.188	0.312	−0.688 0.688	−0.312
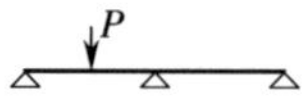	0.230	—	−0.094	0.406	−0.594 0.094	0.094
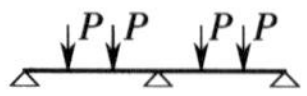	0.222	0.222	−0.333	0.667	−1.333 1.333	−0.667
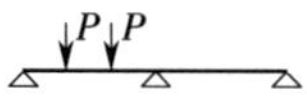	0.278		−0.167	0.833	−1.167 0.167	0.167

表 A-2 三跨梁

荷载图	跨内最大弯矩		支座弯矩		剪力			
	M_1	M_2	M_B	M_C	V_A	V_{Bz} V_{By}	V_{Cz} V_{Cy}	V_D
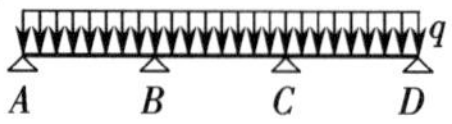	0.080	0.025	−0.100	−0.100	0.400	−0.600 0.500	−0.500 0.600	−0.400
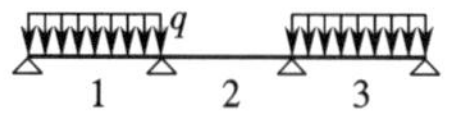	0.101	—	−0.050	−0.050	0.450	−0.550 0	0 0.550	−0.450
	—	0.075	−0.050	−0.050	−0.050	−0.050 0.500	−0.500 0.050	0.050
	0.073	0.054	−0.117	−0.033	0.383	−0.617 0.583	−0.583 0.617	−0.383
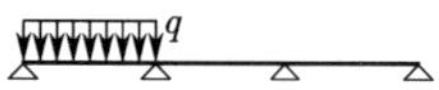	0.094	—	−0.067	0.017	0.433	−0.567 0.083	−0.083 −0.017	0.017
	0.054	0.021	−0.063	−0.063	0.188	−0.313 0.250	−0.250 0.313	−0.188
	0.068	—	−0.031	−0.031	0.219	−0.281 0	0 0.281	−0.219
	—	0.052	−0.031	−0.031	−0.031	−0.031 0.250	−0.250 0.031	0.031
	0.050	0.038	−0.073	−0.021	0.177	−0.323 0.302	−0.198 0.021	0.021
	0.063	—	−0.042	0.010	0.208	−0.292 0.052	0.052 −0.010	−0.010
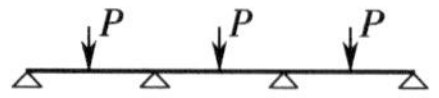	0.175	0.100	−0.150	−0.150	0.350	−0.650 0.500	−0.500 0.650	−0.350

续表

荷载图	跨内最大弯矩		支座弯矩		剪力			
	M_1	M_2	M_B	M_C	V_A	V_{Bz} V_{By}	V_{Cz} V_{Cy}	V_D
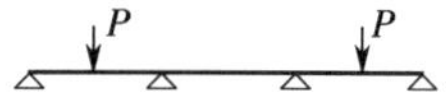	0.213	—	−0.075	−0.075	0.425	−0.575 0	0 0.575	−0.425
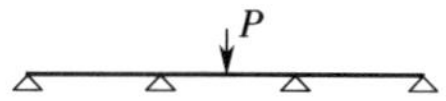	—	0.175	−0.075	−0.075	−0.075	−0.075 0.500	−0.500 0.075	0.075
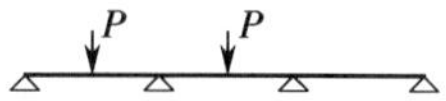	0.162	0.137	−0.175	−0.050	0.325	−0.675 0.625	−0.375 0.050	0.050
	0.200	—	−0.100	0.025	0.400	−0.600 0.125	0.125 −0.025	−0.025
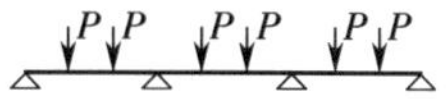	0.244	0.067	−0.267	−0.267	0.733	−1.267 1.000	−1.000 1.267	−0.733
	0.289	—	−0.133	−0.133	0.866	−1.134 0	0 1.134	−0.866
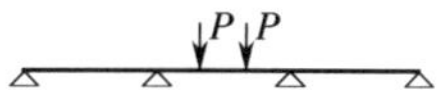	—	0.200	−0.133	−0.133	−0.133	−0.133 1.000	−1.000 0.133	0.133
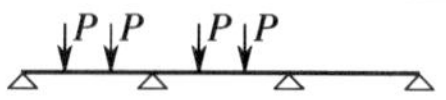	0.229	0.170	−0.311	−0.089	0.689	−1.311 1.222	−0.778 0.089	0.089
	0.274	—	−0.178	0.044	0.822	−1.178 0.222	0.222 −0.044	−0.044

表 A-3　四跨梁

荷载图	跨内最大弯矩				支座弯矩			剪力				
	M_1	M_2	M_3	M_4	M_B	M_C	M_D	V_A	V_{Bz} V_{By}	V_{Cz} V_{Cy}	V_{Dz} V_{Dy}	V_E
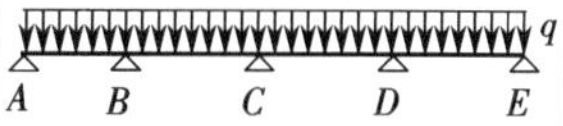	0.077	0.036	0.036	0.077	−0.107	−0.071	−0.107	0.393	−0.607 0.536	−0.464 0.464	−0.536 0.607	0.393
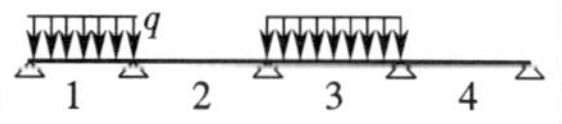	0.100	—	0.081		0.054	0.036	−0.054	0.446	−0.554 0.018	0.018 0.482	−0.518 0.054	0.054
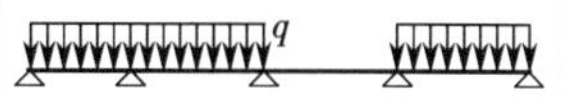	0.072	0.061	—	0.098	−0.121	−0.018	−0.058	0.380	−0.620 0.603	−0.397 −0.040	−0.040 0.558	−0.442
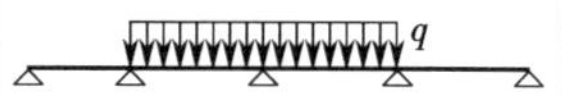	—	0.056	0.056	—	−0.036	−0.107	−0.036	−0.036	−0.036 0.429	−0.571 0.571	−0.429 0.036	0.036
	0.094	—	—	—	−0.067	0.018	−0.004	0.433	−0.567 0.085	0.085 −0.022	−0.022 0.004	0.004
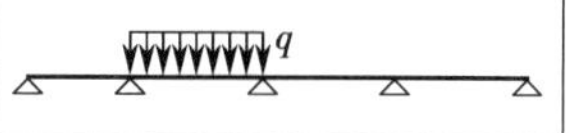	—	0.074	—	—	−0.049	−0.054	0.013	−0.049	−0.049 0.496	−0.504 0.067	0.067 −0.013	−0.013
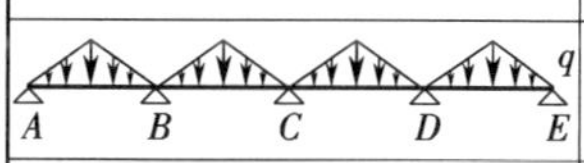	0.052	0.028	0.028	0.052	−0.067	−0.045	−0.067	0.183	−0.317 0.272	−0.228 0.228	−0.272 0.317	0.183
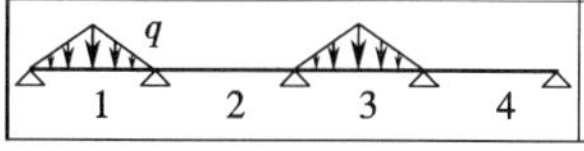	0.067	—	0.055	—	−0.034	−0.022	−0.034	0.217	−0.284 0.011	0.011 0.239	−0.261 0.034	0.034

续表

荷载图	跨内最大弯矩				支座弯矩			剪力				
	M_1	M_2	M_3	M_4	M_B	M_C	M_D	V_A	V_{Bz} V_{By}	V_{Cz} V_{Cy}	V_{Dz} V_{Dy}	V_E
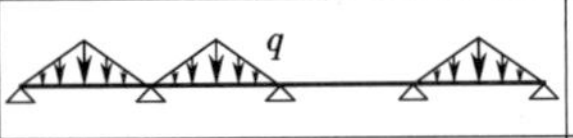	0.049	0.042	—	0.066	−0.075	−0.011	−0.036	0.175	−0.325 0.314	−0.186 0.025	−0.025 0.286	−0.214
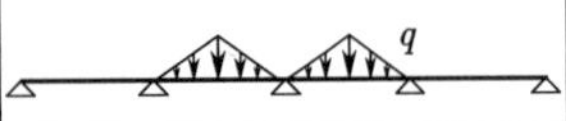	—	0.040	0.040	—	−0.022	−0.067	−0.022	−0.022	−0.022 0.205	−0.295 0.295	−0.205 0.022	0.022
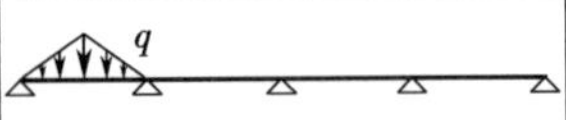	0.063	—	—	—	−0.042	0.011	−0.003	0.208	−0.292 0.053	0.053 −0.014	−0.014 0.003	0.003
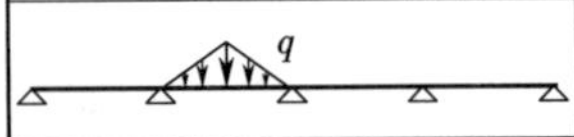	—	0.051	—	—	−0.031	−0.034	0.008	−0.031	−0.031 0.247	−0.253 0.042	0.042 −0.008	−0.008
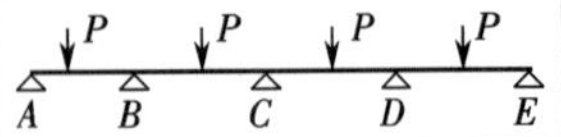	0.169	0.116	0.116	0.169	−0.161	−0.107	−0.161	0.339	−0.661 0.554	−0.446 0.446	−0.554 0.661	−0.339
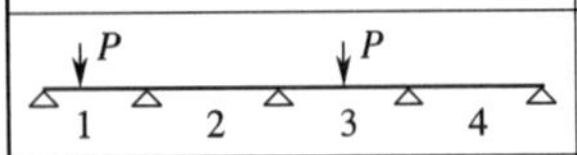	0.210	—	0.183	—	−0.080	−0.054	−0.080	0.420	−0.580 0.027	0.027 0.473	−0.527 0.080	0.080
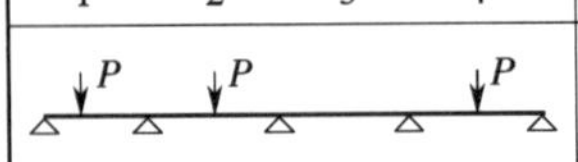	0.159	0.146	—	0.206	−0.181	−0.027	−0.087	0.319	−0.681 0.654	−0.346 −0.060	−0.060 0.587	−0.413
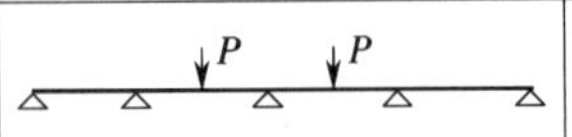	—	0.142	0.142	—	−0.054	−0.161	−0.054	−0.054	−0.054 0.393	−0.607 0.607	−0.393 0.054	0.054
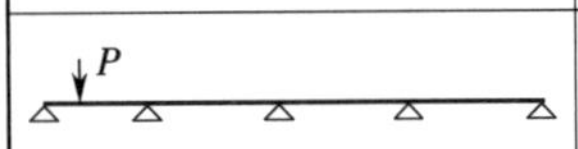	0.200	—	—	—	−0.100	0.027	−0.007	0.400	−0.600 0.127	0.127 −0.033	−0.033 0.007	0.007
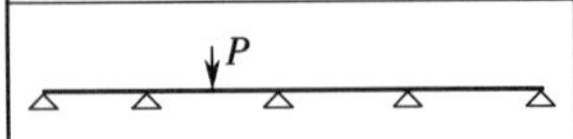	—	0.173	—	—	−0.074	−0.080	0.020	−0.074	−0.074 0.493	−0.507 0.100	0.100 −0.020	−0.020
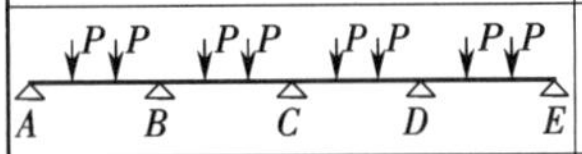	0.238	0.111	0.111	0.238	−0.286	−0.191	−0.286	0.714	−1.286 1.095	−0.905 0.905	−1.095 1.286	−0.714
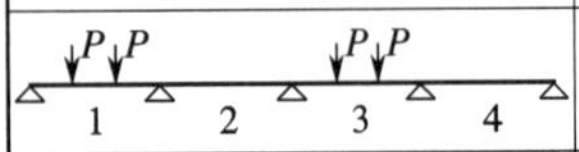	0.286	—	0.222	—	−0.143	−0.095	−0.143	0.857	−1.143 0.048	0.048 0.952	−1.048 0.143	0.143
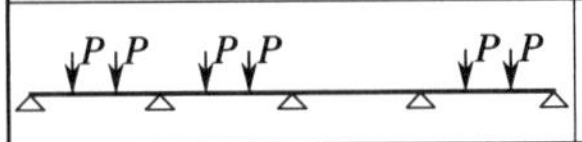	0.226	0.194	—	0.282	−0.321	−0.048	−0.155	0.679	−1.321 1.274	−0.726 −0.107	−0.107 1.155	−0.845
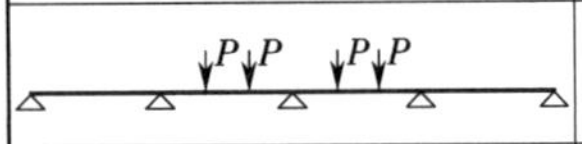	—	0.175	0.175	—	−0.095	−0.286	−0.095	−0.095	−0.095 0.810	−1.190 1.190	−0.810 0.095	0.095
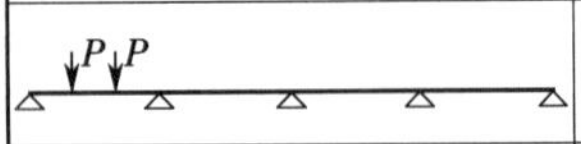	0.274	—	—	—	−0.178	0.048	−0.012	0.822	−1.177 0.226	0.226 −0.060	−0.060 0.012	0.012
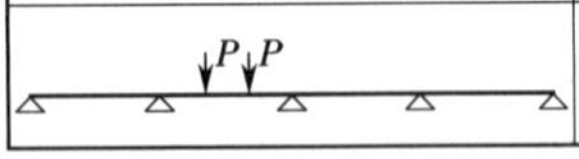	—	0.198	—	—	−0.131	−0.143	0.036	−0.131	−0.131 0.988	−1.012 0.178	0.178 −0.036	−0.036

表 A-4 五跨梁

荷载图	跨内最大弯矩					支座弯矩				剪力					
	M_1	M_2	M_3	M_4	M_5	M_B	M_C	M_D	M_E	V_A	V_{Bz} V_{By}	V_{Cz} V_{Cy}	V_{Dz} V_{Dy}	V_{Ez} V_{Ey}	V_F
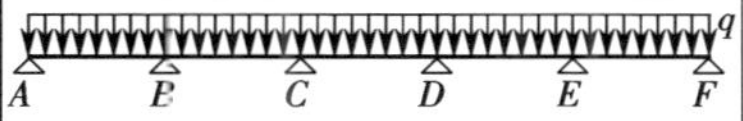	0.078	0.033	0.048	0.033	0.078	−0.105	−0.079	−0.079	−0.105	0.394	−0.606 0.526	−0.474 0.500	−0.500 0.474	−0.526 0.606	−0.394
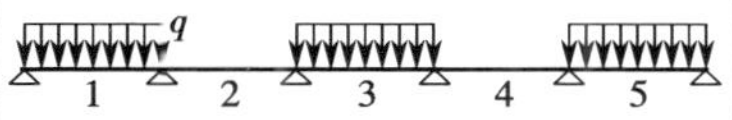	0.100	—	0.085	—	0.100	−0.053	−0.040	−0.040	−0.053	0.447	−0.553 0.013	0.013 0.500	−0.500 −0.013	−0.013 0.553	−0.447
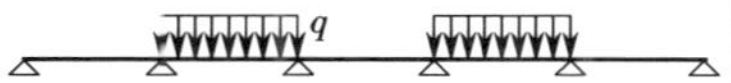	—	0.079	—	0.079	—	−0.053	−0.040	−0.040	−0.053	−0.053	−0.053 0.513	−0.487 0	0 0.487	−0.513 0.053	0.053
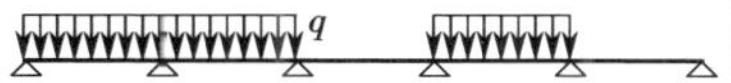	0.073	0.069	—	0.078	—	−0.119	−0.022	−0.044	−0.051	0.380	−0.620 0.598	−0.402 −0.023	−0.023 0.493	−0.507 0.052	0.052
	—	0.055	0.064	—	0.098	−0.035	−0.111	−0.020	−0.057	−0.035	−0.035 0.424	−0.576 0.591	−0.409 −0.037	−0.037 0.557	−0.443
	0.094	—	—	—	—	−0.067	0.018	−0.005	0.001	0.433	−0.567 0.085	0.085 −0.023	−0.023 0.006	0.006 −0.001	−0.001
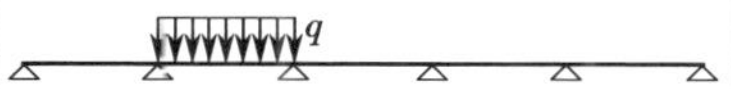	—	0.074	—	—	—	−0.049	−0.054	0.014	−0.004	−0.049	−0.049 0.495	−0.505 0.068	0.068 −0.018	−0.018 0.004	0.004
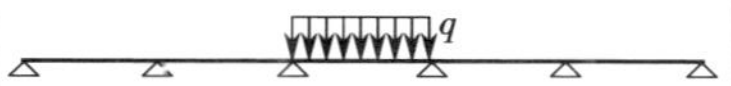	—	—	0.072	—	—	0.013	−0.053	−0.053	0.013	0.013	0.013 −0.066	−0.066 0.500	−0.500 0.066	0.066 −0.013	−0.013

续表

荷载图	跨内最大弯矩					支座弯矩				剪力					
	M_1	M_2	M_3	M_4	M_5	M_B	M_C	M_D	M_E	V_A	V_{Bz} V_{By}	V_{Cz} V_{Cy}	V_{Dz} V_{Dy}	V_{Ez} V_{Ey}	V_F
	0.053	0.026	0.034	0.026	0.053	−0.066	−0.049	−0.049	−0.066	0.184	−0.316 0.266	−0.234 0.250	−0.250 0.234	−0.266 0.316	−0.184
	0.067	—	0.059	—	0.067	−0.033	−0.025	−0.025	−0.033	0.217	−0.283 0.008	0.008 0.250	−0.250 −0.008	−0.008 0.283	−0.217
	—	0.055	—	0.055	—	−0.033	−0.025	−0.025	−0.033	−0.033	−0.033 0.258	−0.242 0	0 0.242	−0.258 0.033	0.033
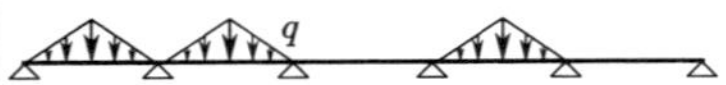	0.049	0.041	—	0.053	—	−0.075	−0.014	−0.028	−0.032	0.175	−0.325 0.311	−0.189 −0.014	−0.014 0.246	−0.255 0.032	0.032
	—	0.039	0.044	—	0.066	−0.022	−0.070	−0.013	−0.036	−0.022	−0.022 0.202	0.298 0.307	−0.193 −0.023	−0.023 0.286	−0.214
	0.063	—	—	—	—	−0.042	0.011	−0.003	0.001	0.208	−0.292 0.053	0.053 −0.014	−0.014 0.004	0.004 −0.001	−0.001
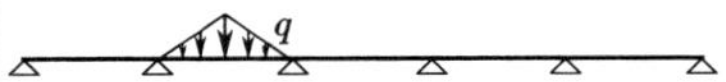	—	0.051	—	—	—	−0.031	−0.034	0.009	−0.002	−0.031	−0.031 0.247	−0.253 0.043	0.043 −0.011	−0.011 0.002	0.002
	—	—	0.050	—	—	0.008	−0.033	−0.033	0.008	0.008	0.008 −0.041	−0.041 0.250	−0.250 0.041	0.041 −0.008	−0.008

续表

荷载图	跨内最大弯矩					支座弯矩				剪力					
	M_1	M_2	M_3	M_4	M_5	M_B	M_C	M_D	M_E	V_A	V_{Bz} V_{By}	V_{Cz} V_{Cy}	V_{Dz} V_{Dy}	V_{Ez} V_{Ey}	V_F
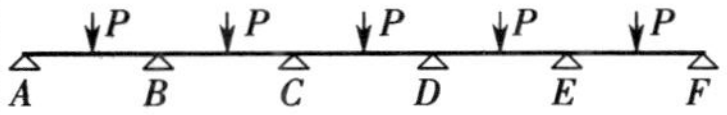	0.171	0.112	0.132	0.112	0.171	−0.158	−0.118	−0.118	−0.158	0.342	−0.658 0.540	−0.460 0.500	−0.500 0.460	−0.540 0.658	−0.342
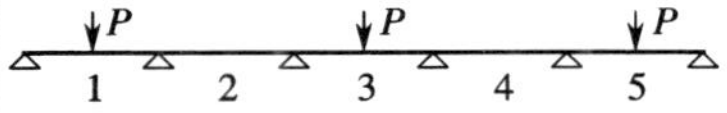	0.211	—	0.191	—	0.211	−0.079	−0.059	−0.059	−0.079	0.421	−0.579 0.020	0.020 0.500	−0.500 −0.020	−0.020 0.579	−0.421
	—	0.181	—	0.181	—	−0.079	−0.059	−0.059	−0.079	−0.079	−0.079 0.520	0.480 0	0 −0.480	−0.520 0.079	0.079
	0.160	0.144		0.178		−0.179	−0.032	−0.066	−0.077	0.321	−0.679 0.647	−0.353 0.034	−0.034 0.489	−0.511 0.077	0.077
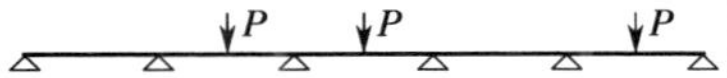	—	0.140	0.151		0.207	−0.052	−0.167	−0.031	−0.086	−0.052	−0.052 0.385	−0.615 0.637	−0.363 −0.056	−0.056 0.586	−0.414
	0.200	—	—	—	—	−0.100	0.027	−0.007	0.002	0.400	−0.600 0.127	0.127 −0.034	−0.034 0.009	0.009 −0.002	−0.002
	—	0.173	—	—	—	−0.073	−0.081	0.022	−0.005	−0.073	−0.073 0.493	−0.507 0.102	0.102 −0.027	−0.027 0.005	0.005
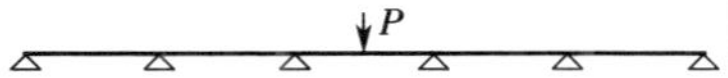	—	—	0.171	—	—	0.020	−0.079	−0.079	0.020	0.020	0.020 −0.099	−0.099 0.500	−0.500 0.099	0.099 −0.020	−0.020

续表

荷载图	跨内最大弯矩					支座弯矩				剪力					
	M_1	M_2	M_3	M_4	M_5	M_B	M_C	M_D	M_E	V_A	V_{Bz} V_{By}	V_{Cz} V_{Cy}	V_{Dz} V_{Dy}	V_{Ez} V_{Ey}	V_F
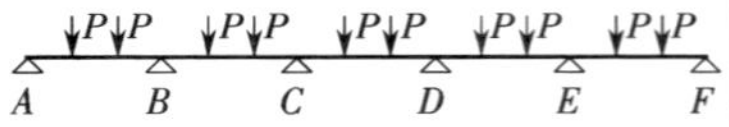	0.240	0.100	0.122	0.100	0.240	−0.281	−0.211	−0.211	−0.281	0.719	−1.281 1.070	−0.930 1.000	−1.000 0.930	−1.070 1.281	−0.719
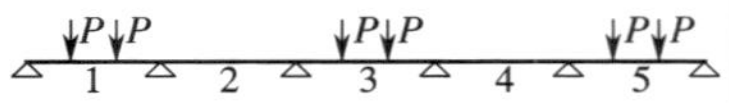	0.287	—	0.228	—	0.287	−0.140	−0.105	−0.105	−0.140	0.860	−1.140 0.035	0.035 1 000	−1.000 −0.035	−0.035 1.140	−0.860
	—	0.216	—	0.216	—	−0.140	−0.105	−0.105	−0.140	−0.140	−0.140 1.035	−0.965 0	0 0.965	−1.035 0.140	0.140
	0.227	0.189	—	0.209	—	−0.319	−0.057	−0.118	−0.137	0.681	−1.319 1.262	−0.738 −0.061	−0.061 0.981	−1.019 0.137	0.137
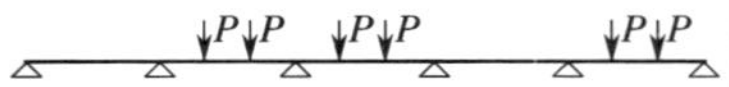	—	0.172	0.198	—	0.282	−0.093	−0.297	−0.054	−0.153	−0.093	−0.093 0.796	−1.204 1.243	−0.757 −0.099	−0.099 1.153	−0.847
	0.274	—	—	—	—	−0.179	0.048	−0.013	0.003	0.821	−1.179 0.227	0.227 −0.061	−0.061 0.016	0.016 −0.003	−0.003
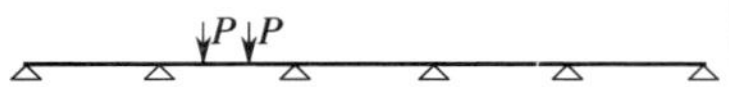	—	0.198	—	—	—	−0.131	−0.144	0.038	−0.010	−0.131	−0.131 0.987	−1.013 0.182	0.182 −0.048	−0.048 0.010	0.010
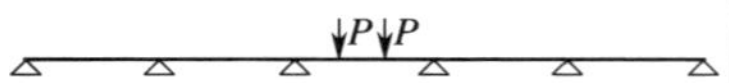	—	—	0.193	—	—	0.035	−0.140	−0.140	0.035	0.035	0.035 −0.175	−0.175 1.000	−1.000 0.175	0.175 −0.035	−0.035

附录 B　单块双向板在均布荷载作用下的计算系数表

B.1　符号说明

f、f_{max}——板中心点的挠度和最大挠度，变位方向与荷载方向相同者为正。

M_x^0——固定边中心沿 l_x 方向的弯矩，使板的受荷面受压者为正。

M_y^0——固定边中心沿 l_y 方向的弯矩。

M_x、M_{xmax}——平行于 l_x 方向板中心点的弯矩和板跨内最大弯矩。

M_y、M_{ymax}——平行于 l_y 方向板中心点的弯矩和板跨内最大弯矩。

B_c——截面抗弯刚度。

简支边　固定边

B.2　计算用表

表 B-1　四边简支

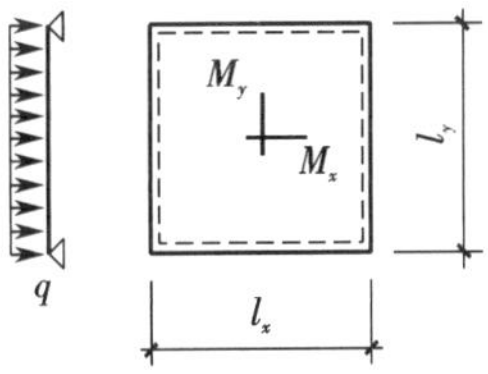

泊松比：$\upsilon=0$

挠度：$f=$ 表中系数 $\times ql^4/B_c$

弯矩：$M=$ 表中系数 $\times ql^2$

其中，l 取 l_x 和 l_y 的较小者。

l_x/l_y	f	M_x	M_y	l_x/l_y	f	M_x	M_y
0.50	0.010 13	0.096 5	0.017 4	0.80	0.006 03	0.056 1	0.033 4
0.55	0.009 40	0.089 2	0.021 0	0.85	0.005 47	0.050 6	0.034 8
0.60	0.008 67	0.082 0	0.024 2	0.90	0.004 96	0.045 6	0.035 8
0.65	0.007 96	0.075 0	0.027 1	0.95	0.004 49	0.041 0	0.036 4
0.70	0.007 27	0.068 3	0.029 6	1.00	0.004 06	0.036 8	0.036 8
0.75	0.006 63	0.062 0	0.031 7				

表 B-2 四边固定

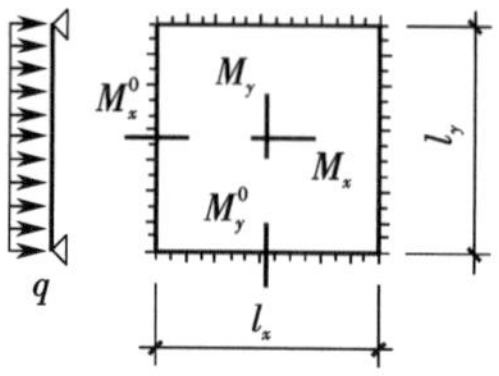

泊松比：$\upsilon=0$

挠度：f= 表中系数 $\times ql^4/B_c$

弯矩：M= 表中系数 $\times ql^2$

其中，l 取 l_x 和 l_y 的较小者。

l_x/l_y	f	M_x	M_y	M_x^0	M_y^0
0.50	0.002 53	0.010 0	0.003 8	-0.082 9	-0.057 0
0.55	0.002 46	0.038 5	0.005 6	-0.081 4	-0.057 1
0.60	0.002 36	0.036 7	0.007 6	-0.079 3	-0.057 1
0.65	0.002 24	0.034 5	0.009 5	-0.076 6	-0.057 1
0.70	0.002 11	0.032 1	0.011 3	-0.073 5	-0.056 9
0.75	0.001 97	0.029 6	0.013 0	-0.070 1	-0.056 5
0.80	0.001 82	0.027 1	0.014 4	-0.066 4	-0.055 9
0.85	0.001 68	0.024 6	0.015 6	-0.062 6	-0.055 1
0.90	0.001 53	0.022 1	0.016 5	-0.058 8	-0.024 1
0.95	0.001 40	0.019 8	0.017 2	-0.055 0	-0.052 8
1.00	0.001 27	0.017 6	0.017 6	-0.051 3	-0.051 3

表 B-3 一边固定、三边简支

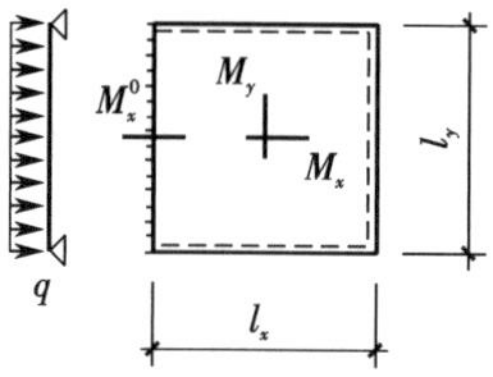

泊松比：$\upsilon=0$

挠度：f= 表中系数 $\times ql^4/B_c$

弯矩：M= 表中系数 $\times ql^2$

其中，l 取 l_x 和 l_y 的较小者。

l_x/l_y	l_y/l_x	f	f_{max}	M_x	M_{xmax}	M_y	M_{ymax}	M_x^0
0.50		0.004 88	0.005 04	0.058 3	0.064 6	0.006 0	0.006 3	-0.121 2
0.55		0.004 71	0.004 92	0.056 3	0.061 8	0.008 1	0.008 7	-0.118 7
0.60		0.004 53	0.004 72	0.053 9	0.058 9	0.010 4	0.011 1	-0.115 8
0.65		0.004 32	0.004 48	0.051 3	0.055 9	0.012 6	0.013 3	-0.112 4
0.70		0.004 10	0.004 22	0.048 5	0.052 9	0.014 8	0.015 4	-0.108 7
0.75		0.003 88	0.003 99	0.045 7	0.049 6	0.016 8	0.017 4	-0.104 8
0.80		0.003 65	0.003 76	0.042 8	0.046 3	0.018 7	0.019 3	-0.100 7
0.85		0.003 43	0.003 52	0.040 0	0.043 1	0.020 4	0.021 1	-0.096 5
0.90		0.003 21	0.003 29	0.037 2	0.040 0	0.021 9	0.022 6	-0.092 2
0.95		0.002 99	0.003 06	0.034 5	0.036 9	0.023 2	0.023 9	-0.088 0
1.00	1.00	0.002 79	0.002 85	0.031 9	0.034 0	0.024 3	0.024 9	-0.083 9
	0.95	0.003 16	0.003 24	0.032 4	0.034 5	0.028 0	0.028 7	-0.088 2
	0.90	0.003 60	0.003 68	0.032 8	0.034 7	0.032 2	0.033 0	-0.092 6
	0.85	0.004 09	0.004 17	0.032 9	0.034 7	0.037 0	0.037 8	-0.097 0

续表

l_x/l_y	l_y/l_x	f	f_{max}	M_x	M_{xmax}	M_y	M_{ymax}	M_x^0
	0.80	0.004 64	0.004 73	0.032 6	0.034 3	0.042 4	0.043 3	−0.101 4
	0.75	0.005 26	0.005 36	0.031 9	0.033 5	0.048 5	0.049 4	−0.105 6
	0.70	0.005 95	0.006 05	0.030 8	0.032 3	0.055 3	0.056 2	−0.109 6
	0.65	0.006 70	0.006 80	0.029 1	0.030 6	0.062 7	0.063 7	−0.113 3
	0.60	0.007 52	0.007 62	0.026 8	0.028 9	0.070 7	0.071 7	−0.116 6
	0.55	0.008 38	0.008 48	0.023 9	0.027 1	0.079 2	0.080 1	−0.119 3
	0.50	0.009 27	0.009 35	0.020 5	0.024 9	0.088 0	0.088 8	−0.121 5

表 B-4 对边固定、对边简支

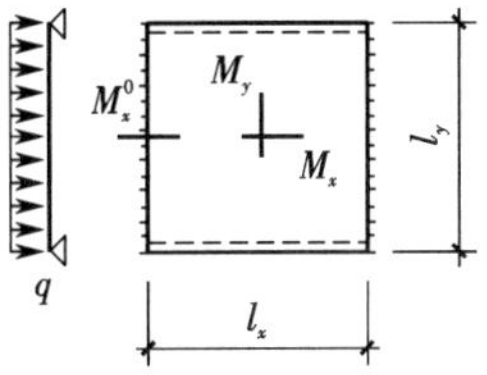

泊松比：$\upsilon=0$
挠度：$f=$ 表中系数 $\times ql^4/B_c$
弯矩：$M=$ 表中系数 $\times ql^2$
其中，l 取 l_x 和 l_y 的较小者。

l_x/l_y	f	M_x	M_y	M_x^0	l_y/l_x	f	M_x	M_y	M_x^0
0.50	0.002 61	0.041 6	0.001 7	−0.048 3	1.00	0.001 92	0.028 5	0.015 8	−0.069 8
0.55	0.002 59	0.041 0	0.002 8	−0.084 0	0.95	0.002 23	0.029 6	0.018 9	−0.074 6
0.60	0.002 55	0.040 2	0.004 2	−0.083 4	0.90	0.002 60	0.030 6	0.022 4	−0.079 7
0.65	0.002 50	0.039 2	0.005 7	−0.082 6	0.85	0.003 03	0.031 4	0.026 6	−0.085 0
0.70	0.002 43	0.037 9	0.007 2	−0.081 4	0.80	0.003 54	0.031 9	0.031 6	−0.090 4
0.75	0.002 36	0.036 6	0.008 8	−0.079 9	0.75	0.004 13	0.032 1	0.037 4	−0.095 9
0.80	0.002 28	0.035 1	0.010 3	−0.078 2	0.70	0.004 82	0.031 8	0.044 1	−0.101 3
0.85	0.002 20	0.033 5	0.011 8	−0.076 3	0.65	0.005 60	0.030 8	0.051 8	−0.106 6
0.90	0.002 11	0.031 9	0.013 3	−0.074 3	0.60	0.006 47	0.029 2	0.060 4	−0.111 4
0.95	0.002 01	0.030 2	0.014 6	−0.072 1	0.55	0.007 43	0.026 7	0.069 8	−0.115 6
1.00	0.001 92	0.028 5	0.015 8	−0.069 8	0.50	0.008 44	0.023 4	0.079 8	−0.119 1

表 B-5 邻边固定、邻边简支

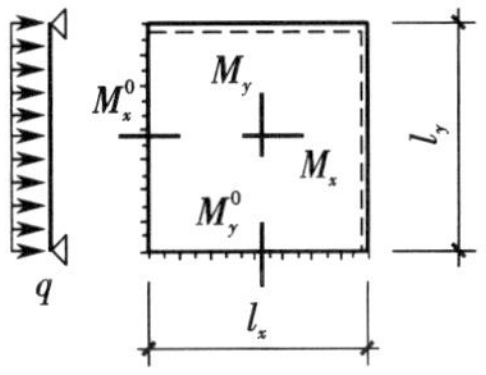

泊松比：$\upsilon=0$
挠度：$f=$ 表中系数 $\times ql^4/B_c$
弯矩：$M=$ 表中系数 $\times ql^2$
其中，l 取 l_x 和 l_y 的较小者。

l_x/l_y	f	f_{max}	M_x	M_{xmax}	M_y	M_{ymax}	M_x^0	M_y^0
0.50	0.004 68	0.004 71	0.055 9	0.056 2	0.007 9	0.013 5	−0.117 9	−0.078 6
0.55	0.004 45	0.004 54	0.052 9	0.053 0	0.010 4	0.015 3	−0.114 0	−0.078 5
0.60	0.004 19	0.004 29	0.049 6	0.049 8	0.012 9	0.016 9	−0.109 5	−0.078 2
0.65	0.003 91	0.003 99	0.046 1	0.046 5	0.015 1	0.018 3	−0.104 5	−0.077 7

续表

l_x/l_y	f	f_{max}	M_x	M_{xmax}	M_y	M_{ymax}	M_x^0	M_y^0
0.70	0.003 63	0.003 68	0.042 6	0.043 2	0.017 2	0.019 5	−0.099 2	−0.077 0
0.75	0.003 35	0.003 40	0.039 0	0.039 6	0.018 9	0.020 6	−0.093 8	−0.076 0
0.80	0.003 08	0.003 13	0.035 6	0.036 1	0.020 4	0.021 8	−0.088 3	−0.074 8
0.85	0.002 81	0.002 86	0.032 2	0.032 8	0.021 5	0.022 9	−0.082 9	−0.073 3
0.90	0.002 56	0.002 61	0.039 1	0.029 7	0.022 4	0.023 8	−0.077 6	−0.071 6
0.95	0.002 32	0.002 37	0.026 1	0.026 7	0.023 0	0.024 4	−0.072 6	−0.069 8
1.00	0.002 10	0.002 15	0.023 4	0.024 0	0.023 4	0.024 9	−0.067 7	−0.067 7

表 B-6 三边固定、一边简支

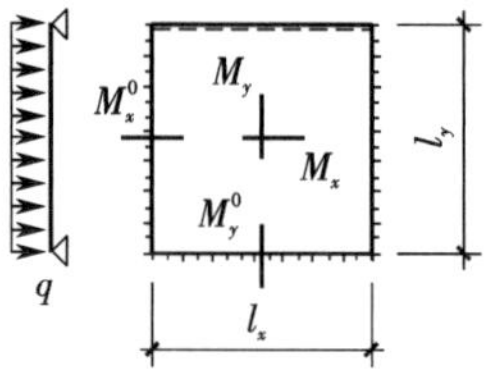

泊松比：$\upsilon=0$

挠度：$f=$ 表中系数 $\times ql^4/B_c$

弯矩：$M=$ 表中系数 $\times ql^2$

其中，l 取 l_x 和 l_y 的较小者。

l_x/l_y	l_y/l_x	f	f_{max}	M_x	M_{xmax}	M_y	M_{ymax}	M_x^0	M_y^0
0.50		0.002 57	0.002 58	0.040 8	0.040 9	0.002 8	0.008 9	−0.083 6	−0.056 9
0.55		0.002 52	0.002 55	0.039 8	0.039 9	0.004 2	0.009 3	−0.082 7	−0.057 0
0.60		0.002 45	0.002 49	0.038 4	0.038 6	0.005 9	0.010 5	−0.081 4	−0.057 1
0.65		0.002 37	0.002 40	0.036 8	0.037 1	0.007 6	0.011 6	−0.079 6	−0.057 2
0.70		0.002 27	0.002 29	0.035 0	0.035 4	0.009 3	0.012 7	−0.077 4	−0.057 2
0.75		0.002 16	0.002 19	0.033 1	0.033 5	0.010 9	0.016 7	−0.075 0	−0.057 2
0.80		0.002 05	0.002 08	0.031 0	0.031 4	0.012 4	0.014 7	−0.072 2	−0.057 0
0.85		0.001 93	0.001 96	0.028 9	0.029 3	0.013 8	0.015 5	−0.069 3	−0.056 7
0.90		0.001 81	0.001 84	0.026 8	0.027 3	0.015 9	0.016 3	−0.063 3	−0.056 3
0.95		0.001 69	0.001 72	0.024 7	0.025 2	0.016 0	0.017 2	−0.063 1	−0.055 8
1.00	1.00	0.001 57	0.001 60	0.022 7	0.023 1	0.016 8	0.018 0	−0.060 0	−0.055 0
	0.95	0.001 78	0.001 82	0.022 9	0.023 4	0.019 4	0.020 7	−0.062 9	−0.059 9
	0.90	0.002 01	0.002 06	0.022 8	0.023 4	0.022 3	0.023 8	−0.065 6	−0.065 3
	0.85	0.002 27	0.002 33	0.022 5	0.023 1	0.025 5	0.027 3	−0.068 3	−0.071 1
	0.80	0.002 56	0.002 62	0.021 9	0.022 4	0.029 0	0.031 1	−0.070 7	−0.077 2
	0.75	0.002 86	0.002 94	0.020 8	0.021 4	0.032 9	0.035 4	−0.072 9	−0.083 7
	0.70	0.003 19	0.003 27	0.019 4	0.020 0	0.037 0	0.040 0	−0.074 8	−0.090 3
	0.65	0.003 52	0.003 65	0.017 5	0.018 2	0.041 2	0.044 6	−0.076 2	−0.097 0
	0.60	0.003 86	0.004 03	0.015 3	0.016 0	0.045 4	0.049 3	−0.077 3	−0.103 3
	0.55	0.004 19	0.004 37	0.012 7	0.013 3	0.049 6	0.054 1	−0.078 0	−0.109 3
	0.50	0.004 49	0.004 63	0.009 9	0.010 3	0.053 4	0.058 8	−0.078 4	−0.114 6

参考文献

[1] 中华人民共和国住房和城乡建设部. 工程结构通用规范：GB 55001—2021[S]. 北京：中国建筑工业出版社，2021.

[2] 中华人民共和国住房和城乡建设部. 建筑与市政工程抗震通用规范：GB 55002—2021[S]. 北京：中国建筑工业出版社，2021.

[3] 中华人民共和国住房和城乡建设部. 建筑与市政地基基础通用规范：GB 55003—2021[S]. 北京：中国建筑工业出版社，2021.

[4] 中华人民共和国住房和城乡建设部. 组合结构通用规范：GB 55004—2021[S]. 北京：中国建筑工业出版社，2021.

[5] 中华人民共和国住房和城乡建设部. 木结构通用规范：GB 55005—2021[S]. 北京：中国建筑工业出版社，2021.

[6] 中华人民共和国住房和城乡建设部. 钢结构通用规范：GB 55006—2021[S]. 北京：中国建筑工业出版社，2021.

[7] 中华人民共和国住房和城乡建设部. 砌体结构通用规范：GB 55007—2021[S]. 北京：中国建筑工业出版社，2021.

[8] 中华人民共和国住房和城乡建设部. 混凝土结构通用规范：GB 55008—2021[S]. 北京：中国建筑工业出版社，2021.

[9] 中华人民共和国住房和城乡建设部. 建筑结构可靠性设计统一标准：GB 50068—2018[S]. 北京：中国建筑工业出版社，2018.

[10] 中华人民共和国住房和城乡建设部. 建筑工程抗震设防分类标准：GB 50223—2008[S]. 北京：中国建筑工业出版社，2008.

[11] 中华人民共和国住房和城乡建设部，中华人民共和国国家质量监督检验检疫总局. 建筑抗震设计标准（2024 年版）：GB/T 50011—2010[S]. 北京：中国建筑工业出版社，2024.

[12] 中华人民共和国住房和城乡建设部. 混凝土结构设计标准（2024 年版）：GB/T 50010—2010[S]. 北京：中国建筑工业出版社，2024.

[13] 中华人民共和国住房和城乡建设部. 钢结构设计标准：GB 50017—2017[S]. 北京：中国建筑工业出版社，2017.

[14] 中华人民共和国住房和城乡建设部. 砌体结构设计规范：GB 50003—2011[S]. 北京：中国计划出版社，2011.

[15] 中华人民共和国住房和城乡建设部. 建筑结构荷载规范：GB 50009—2012[S]. 北京：中国建筑工业出版社，2012.

[16] 中华人民共和国住房和城乡建设部. 建筑地基基础设计规范：GB 50007—2011[S]. 北

京:中国计划出版社,2011.
[17] 中华人民共和国建设部. 建筑桩基技术规范: JGJ 94—2008[S]. 北京:中国建筑工业出版社,2008.
[18] 中华人民共和国住房和城乡建设部. 高层建筑混凝土结构技术规程: JGJ 3—2010[S]. 北京:中国建筑工业出版社,2010.
[19] 中华人民共和国国家质量监督检验检疫总局,中国国家标准化管理委员会. 中国地震动参数区划图:GB 18306—2015[S]. 北京:中国标准出版社,2015.
[20] 戴自强. 钢筋混凝土房屋结构:钢筋混凝土结构原理 [M]. 天津:天津大学出版社,1990.
[21] 东南大学,天津大学,同济大学. 混凝土结构 [M].7 版. 北京:中国建筑工业出版社,2020.
[21] 方鄂华. 多层及高层建筑结构设计 [M]. 北京:地震出版社,1992.
[22] 周果行. 房屋结构毕业设计指南 [M]. 北京:中国建筑工业出版社,2004.
[23] 郭继武. 建筑抗震设计 [M].5 版. 北京:中国建筑工业出版社,2022.
[24] 姚谏. 建筑结构静力计算实用手册 [M].3 版. 北京:中国建筑工业出版社,2021.
[25] 包世华,张铜生. 高层建筑结构设计和计算 [M].2 版. 北京:清华大学出版社,2013.
[26] 赵西安. 现代高层建筑结构设计 [M]. 北京:科学出版社,2000.
[27] 赵西安. 钢筋混凝土高层建筑结构设计 [M]. 北京:中国建筑工业出版社,1992.
[28] 施岚青. 一、二级注册结构工程师专业考试应试指南 [M]. 北京:中国建筑工业出版社,2024.
[29] 罗福午. 单层工业厂房结构设计 [M]. 北京:清华大学出版社,1986.
[30] 张晋元. 课程设计与毕业设计:建筑工程方向 [M]. 北京:中央广播电视大学出版社,2007.
[31] 贾韵琦,王毅红. 工民建专业课程设计指南 [M]. 北京:中国建材工业出版社,1994.
[32] 董军,张伟郁,顾建平,等. 土木工程专业毕业设计指南:房屋建筑工程分册 [M]. 北京:中国水利水电出版社,2002.
[33] 叶列平. 混凝土结构（下册）[M].2 版. 北京:清华大学出版社,2006.
[34] 梁兴文,史庆轩. 混凝土结构设计 [M].5 版. 北京:中国建筑工业出版社,2022.
[35] 李碧雄. 建筑结构设计 [M]. 北京:中国电力出版社,2008.
[36] 中华人民共和国住房和城乡建设部. 混凝土结构施工图平面整体表示方法制图规则和构造详图（现浇混凝土框架、剪力墙、梁、板）: 22G101-1[S]. 北京:中国计划出版社,2022.
[37] 中华人民共和国住房和城乡建设部. 混凝土结构施工图平面整体表示方法制图规则和构造详图（现浇混凝土板式楼梯）:22G101-2[S]. 北京:中国计划出版社,2022.
[38] 中华人民共和国住房和城乡建设部. 混凝土结构施工图平面整体表示方法制图规则和构造详图（独立基础、条形基础、筏形基础、桩基础）: 22G101-3[S]. 北京:中国计划出版社,2022.

[39] 中华人民共和国住房和城乡建设部. 房屋建筑制图统一标准: GB/T 50001—2017[S]. 北京:中国建筑工业出版社,2017.

[40] 中华人民共和国住房和城乡建设部. 民用建筑工程建筑施工图设计深度图样: 09J801[S]. 北京:中国计划出版社,2009.

[41] 中国建筑标准设计研究院. 矩形钢筋混凝土蓄水池: 22S804[S]. 北京:中国标准出版社,2022.

[42] 中华人民共和国住房和城乡建设部. 厂房建筑模数协调标准: GB/T 50006—2010[S]. 北京:中国计划出版社,2010.

[43] 中国建筑标准设计研究院. 预应力混凝土三角形托架: 96G433-2[S]. 北京:中国计划出版社,2000.

[44] 中国建筑标准设计研究院.6 m 后张法预应力混凝土吊车梁: 04G426[S]. 北京:中国计划出版社,2011.

[45] 中华人民共和国住房和城乡建设部. 吊车梁轨道联结及车挡: 17G325[S]. 北京:中国计划出版社,2017.

[46] 中国建筑标准设计研究院.1.5 m × 6 m 预应力混凝土屋面板(2004 年合订本): G410-1~2[S]. 北京:中国计划出版社,2008.

[47] 中国建筑标准设计研究院. 预应力混凝土折线形屋架(预应力钢筋为钢绞线 跨度 18 m~30 m):04G415-1[S]. 北京:中国计划出版社,2010.

[48] 中华人民共和国住房和城乡建设部. 钢筋混凝土基础梁: 16G320[S]. 北京:中国计划出版社,2016.

[49] 中华人民共和国住房和城乡建设部. 混凝土结构工程施工质量验收规范: GB 50204—2015[S]. 北京:中国建筑工业出版社,2015.

[50] 中国建筑标准设计研究院. 门式刚架轻型房屋钢结构(无吊车): 23G518-1[S]. 北京:中国计划出版社,2024.

[51] 中国工程建设标准化协会. 钢筋混凝土连续梁和框架考虑内力重分布设计规程: CECS 51—1993[S]. 北京:中国计划出版社,1993.